秋实集

QIUSHIJI

（上册）

袁可林　主编

黄河水利出版社

·郑州·

图书在版编目（CIP）数据

秋实集：全2册／袁可林主编．—郑州：黄河水利出版社，2014.7

ISBN 978-7-5509-0842-0

Ⅰ．①秋…　Ⅱ．①袁…　Ⅲ．①国土资源-资源管理-中国-文集　Ⅳ．①F129.9-53

中国版本图书馆CIP数据核字（2014）第168392号

组稿编辑：王路平　电话：0371－66022212　E-mail：hhslwlp@126.com

出 版 社：黄河水利出版社

地址：河南省郑州市顺河路黄委会综合楼14层　邮政编码：450003

发行单位：黄河水利出版社

发行部电话：0371-66026940、66020550、66028024、66022620（传真）

E-mail：hhslcbs@126.com

承印单位：河南省瑞光印务股份有限公司

开本：890 mm × 1 240 mm　1/32

印张：22.25

字数：660千字　印数：1—2 300

版次：2014年7月第1版　印次：2014年7月第1次印刷

定价：60.00 元

发挥宣传主阵地
坚定弘扬主旋律

盛国民
二〇六、五月

序

文茂林

“文场艺宛，有术有门”。我出书从未叫别人写过序，也不想为他人出书作序，原由很简单：一来文责自负，坚守文德；二来位卑言轻，缺少名分。

也不知何缘何故，当接到《资源导刊》杂志社送来的一摞书稿时，我却不由自主地看了起来，越看越觉得选入其中的一篇篇文章，犹如一朵朵小浪花，可以在中原大地持久飘香，供一茬茬国土人分享。既然能给大家以分享，那就是有价值、有意义之事——该支持！

谁说“文人不相亲”，对于我们这些从文山会海中成长起来、从爬格子中磨过来的人来讲，写作构思的苦恼，思路堵塞的苦楚，挑灯熬夜的苦衷，都一次次地尝试过。平时不管多么孤独、多么辛劳，甚至为他人作“嫁衣裳”，作者们都抱着梦想的火焰，以传递更多的国土正能量足矣——该点赞！

我从军队转岗到地方，认识《资源导刊》近五个年头了，每年的例会必讲，每期刊物必看，这本不经意的小刊物成了我了解熟悉国土资源管理工作的入门向导和重要窗口。记得一次到新疆，发现好几个基层国土所都有《资源导刊》，而且封面发黄了，页面翻烂了，还整整齐齐地摆在那里，舍不得扔掉，没想到小刊物有这么大的作用——该助力！

作为分管《资源导刊》的一名领导，最高兴、最希望的是看到她在风雨中的茁壮成长，她在改制后的快速转型，她在竞争场的质量提升。近几年来，在老社长袁可林的精心指导下，全社同志携手并肩、共同拼搏，逐步打造出版面丰富多彩、内容更接“地气”、发行量稳中有升的好态势，目前已形成行政综合版、地质旅游版、地球科技版、资源导刊网“三刊一网”的总体格局，涵盖了国土资源管理工作的方方面面，在全省乃至全国的同行中位居前列。

好刊物需要好文章，好文章支撑好刊物。多年来，《资源导刊》一直开展“好文章”评选活动，引发了多层面的热切关注，激活了各界人士写稿投稿的积极性，相继推出了一大批精品力作。这次入选的近200篇文章，就是近几年的精选之作、代表之作。其中，既有专家的宏论，也有基层工作者的深入思考；既有国土新政的解读，又有实践中的难题破解；既有各地开发利用资源的成功经验，也有国土资源队伍的闪亮风采。也许看上去没有“天外天”的感觉，可有“地中地”的味道。

习近平总书记在全国宣传思想工作会议上郑重指出：“我们正在进行具有许多新的历史特点的伟大斗争，面临的挑战和困难前所未有，必然坚持巩固壮大主流思想舆论，弘扬主旋律，传播正能量，激发全社会团结奋进的强大力量。”这一论述总揽大局，指点舆论方向，进一步明确了新形势下宣传思想工作必须遵循的方针原则和内涵要义。我在杂志社宣传和通联工作会上引用过这一重要论述，并提出这应成为办好刊物的主导思想和行动指南。国土资源管理工作事关国家发展全局，事关中华民族千秋万代，与老百姓生活息息相关，宣传工作不仅要先行，而且要行出“正能量”来，用主旋律去占领主阵地。特别是在当今时代，我们面临的是信息传播技术大发展、大覆盖、大交织的局面，随着云计算、云终端的发展，信息传播量将比现在扩大1000倍。一方面，民众意见表达的渠道更为畅通，空间更加广阔；另一方面，一些别有用心的杂音蛊惑人心，虚假乱象和负面新闻扎堆，混淆是非，不仅干扰主流思想舆论的传播，更重要的是扰乱了广大干部群众的思想，对巩固全国各族人民团结奋斗的思想基础，实现中华民族伟大复兴的中国梦带来消极影响。国土资源宣传工作必须举起鲜明的旗帜，勇于唱响主旋律，敢于打好主动仗，担当起传播国土正能量的历史使命，做无愧于时代和人民的精神播种机。

《资源导刊》重在“导”，加强思想导向、改革导读、法规导行、工作导实、典型导引、问题导解、改革导航。这都是宣传的职业要求，也是办刊的质量要求。认真落实好“双要求”，真正发挥好“导”的功能，关键在于锻造一支具有新的思维方式、新的思维模式的采编人才和报道骨干队伍。恩格斯曾经指出：“一定的思维方式与一定的历史时代相适应，有什么样的时代，就要有什么样的思维方式或思维模式。”当今时代思维的特征是什么呢？是唯物辩证的思维空前活跃，是立体化、整体化的趋势日趋加强，是科学综合化的过程日益明显，是群众性复杂化的水平不断提高。现实社会立体对象的存在，要求构建立体思维模式，这就需要我们认真去学习思维科学理论，运用新的思维模式去认识周围的现实，不断优化思路的展开和表达，广泛深刻地反映时代的发展和变化，使写出和编辑的作品更鲜活、更前卫。《资源导刊》汇集这本小册子，里面大都写的是我们身边的人、身边的事，来源于生动鲜活的实践，广大基层工作者在阅读过程中更容易学习。如果对同志们宣传写作水平的提升能有那么一点帮助，那就达到编者们的目的了。

2014年5月6日

（作者系河南省国土资源厅副厅长）

目　录

（上册）

第一编　言论篇

第二编　论文篇

第三编 消息篇

第四编 科普篇

第五编 国土文化篇

（下册）

第六编 通讯篇

第一编

言 论 篇

从部长对国土协管员的一声道谢说起

□学　文

据报道，2009年5月21日下午，国土资源部部长徐绍史来到了河南省巩义市调研——

“在巩义市城区国土资源所，车还未停稳，徐部长就亲切地向基层所职工挥手致意。来到职工中间，徐绍史详细询问了国土所的建设、村镇规划、基本农田保护和涉地上访情况，并逐一视察国土所的信访、执法、档案办公室……

“‘我们强力推进国土所标准化建设，工作上档次，服务上水平。今年又推行村级土地协管员制度，各种涉地矛盾、信访案件消化在村乡，至今没有出现赴京、赴省上访案件。’巩义市国土资源局局长马振杰告诉徐部长。

“徐部长高兴地握住土地协管员郅雪宝的手说：

“‘工作开展有困难吗？’

“‘说实话困难不小，但有我们在，就能把各种违法用地及信访案件消化在基层！’

“‘今年解决消化了多少？’

“‘23起。’

“协管员的回答让徐部长不住地点头：

“‘你们辛苦了！有你们在一线，我很放心，谢谢你们！’”

请注意：在报道中，连用了两处令人难忘的形容词，一是部长“高兴地握住土地协管员郅雪宝的手”；二是“协管员的回答让徐部长不住地点头”。听了协管员的一番回答之后，徐部长充满感情地说：“谢谢你们！”

说实话，看到这里，笔者为部长对协管员的一声道谢，深为感动。也许会有人说，部长在豫调研期间，“谢谢”一类的话说得那么多，你怎么会独对这声“谢谢”产生那么多联想呢？其实原因有两个：一是笔者认为，部长同国土资源协管员的谈话并非偶然举动，而是此次行程的有意安排，它表明了部长对村级国土协管员队伍建设的重视；二是在乡村建立国土资源协管员（信息员）制度，是徐部长早在2008年初就提出来的一个重要课题，而河南省在这方面走在了全国前面，有必要了解一些情况。显而易见，国土资源协管员制度在部长心中占有何等重要的位置。

无独有偶。河南省国土资源厅党组对在农村建立国土资源协管员队伍十分重视，而且醒得早，抓得实，效果好。请看——

早在2006年9月，省厅主管的《资源导刊》，就开始宣传宁陵等地的协管员队伍建设经验；

2007年年初，张启生厅长代表厅党组在全省国土资源管理会上提出，要大力推广商丘市建立土地协管员队伍的做法；

2007年10月和2008年3月，张启生厅长在全省性的两次重要会议上，均重申了上述类似要求；

2008年12月29日，河南省国土资源厅正式行文，要求全省建立国土资源协管员队伍，并对聘任的范围、对象、条件待遇及如何管理等做出明确规定；

2009年6月5日，省国土资源厅专门召开有省辖市局主管局长参加的会议，听取汇报，督促进展。

从部长的一声道谢，联想到河南省厅领导国土资源协管员制度建设不难看出，各级领导对协管员队伍建设是多么的重视、关注！诚然，这一切都取决于一个基本事实：那就是建立村级协管员队伍是完善省、市、县（市、区）、乡、村五级执法及管理网络的重要一环，而且是最基础的环节。俗话说得好，“基础不牢，天动地摇”。人们很难想象，一个地方如果村级协管员队伍的建设抓得不好，那里的耕地保护和国土资源各项管理工作怎会有好的结果。让我们从部长向协管员一声致谢中得到启示，按照部、省的要求，切实把国土资源管理“前沿阵地”这件大事、好事，建设好，作用发挥好。

（本文获《资源导刊》2009年度“好文章”言论类一等奖）

有感于对反腐倡廉要“大喝一声、猛击一掌”

□学 文

目前，全国国土资源系统的反腐倡廉任务比较繁重。据统计，现全国每年系统内因违法违规受到党纪政纪处分的人员高达500余人，腐败案件呈现易发高发、高位频发、缓慢增长态势。针对这一情况，国土资源部部长徐绍史日前在国土资源部在上海召开的党风廉政建设会议上明确指出：对国土资源系统的腐败现象，要改变以往按部就班、零打碎敲的做法，要“大喝一声、猛击一掌”，让大家进一步警觉起来，增强忧患意识，坚决遏制腐败现象的滋长蔓延。

之所以要“大喝一声、猛击一掌”，说到底是这个问题已到了必须引起人们警醒的时候了！统计资料表明，从2007年以来，仅河南国土资源系统就有上百人因违法违纪案件，分别被追究党纪政纪或刑事责任，且大案要案、窝案串案及处以上干部发案数量有所上升。大量事实说明，反腐倡廉工作已成了“国土资源事业健康发展的生命线”，必须引起我们的足够重视。

落实“大喝一声、猛击一掌”，最重要的就是要突出反腐重点，狠抓各项措施的落实，坚持业务与廉政同步、制度与科技并举、自律与他律结合、预防与惩治相济。一句话，就是要狠抓落实，而不能把反腐只是挂在“嘴上”，停留在“文件”上，虚以应付。

在具体实施中，要突出职能转变，进一步完善市场配置资源的机制。通过市场机制配置资源，既是社会主义市场经济的客观需要，也是转变政府职能、推进廉政建设的必然要求。要通过“两个市场”建设，使国土资源管理进一步从微观管理走向宏观调控、从重审批走向重监管、从项目安排走向制度设计，真正把权力和责任放下去、把服务和监管抓起来，不与市场争权、不与企业争利，提升服务水平。

要突出制度建设，进一步强化对权力运行的监督制约。党的十七大提出，在坚决惩治腐败的同时，要更加注重治本，更加注重预防，更加注重制度建设。结合国土资源管理工作的特点，我们要针对工作中的漏洞和薄弱环节，从完善制度设计和强化制度约束入手，加强对行政权力运行全过程的监督与制约，从源头上预防和治理腐败。对于土地和矿业权等行政审批事项，要进一步完善窗口办文和内部会审制度，严格实行接办分离、集体会审、限时办结、结果公告制度，进一步加大土地使用权、矿业权审批和出让的信息公开力度。

要突出重点环节，进一步加大对腐败案件的惩处力度。在上海会议上，国土资源部明确提出了部系统要重点查处十类违法违纪案件。对这些包括土地和矿业权审批中的违法违规、收受贿赂在内的诸多案件，应作为我们反腐倡廉的重点内容。

此外，我们应运用信息化手段打造规范管理和严格监督的廉政平台。我们要借鉴上海市等地探索“制度加科技”预防腐败的经验，通过运用现代信息技术对行政权力进行科学分解和合理配置，对业务流程进行重新梳理和优化，以最大程度地保证业务操作和制度执行的刚性，提高信息公开和共享的程度，压缩自由裁量的空间，提高监督效能，实现业务工作与反腐倡廉的有机结合，维护制度的严肃性和公正性。

倘如此，我们深信，国土资源系统的反腐倡廉工作一定会出现新的可喜局面。

（本文获《资源导刊》2010年度“好文章”言论类一等奖）

对违法用地决不能“一罚了之”

□学 文

这是一个很奇怪的现象：

在一些地方，一旦发现违法用地后，人们往往不去做认真责任追究，只是简单罚点款后就补办手续。这种现象被人们称之为“一罚了之”。

其结果，由于“一罚了之”违法成本太低，一些违法用地者不仅不以为耻，反而以此为荣，甚至将此当做取得土地的“捷径”和“经验”。尤其令人不能容忍的是，个别地方政府有关部门还利用为违法用地补办手续之机，为本地“搭车”办理农用地转非手续。

大量事实说明，一些地方正是由于对违法用地处理不到位，该问责的未问责，该追究行政或刑事责任的没有去追究，结果当地违法用地势头一直难以遏制，甚至一年比一年严重，以致滑入“年年违法违规，年年补办手续”的怪圈。

这种现象告诉我们了什么？

显然，答案是清楚的——那就是原有违法用地没有处理到位的缘故。一句话，都是“一罚了之”惹的祸。

诚然，对违法用地应做到依法依规查处。在查处时要根据每宗案件情节的严重程度，分别依法做出相应处理。对查出的涉案人员，要按照干部管理权限给予应有的党纪、政纪处分；对涉及犯罪的，要及时移交司法机关追究刑事责任；对需拆除违法建筑恢复地貌的应坚决恢复原地貌；同时，对该处以经济处罚的，要给予相应的处罚，要使土地违法者付出应有的违法成本。要使其日后只要一提起违法用地就胆战心惊，就会止步不前。试想，如果能够有这样的效果，那么还有谁愿为违法用地而倾家荡产，还有谁愿为违法用地而毁其人生前程呢！

目前，全省各地各部门正按照全省土地矿产卫片执法检查工作部署电视电话会议精神，以强烈的政治责任感，早动员、早行动、早落实，努力做到部署到位、清查到位、处理到位、整改到位，力争实现“零约谈、零问责”的目标。应当看到，这是各级国土资源管理部门目前面临的一件大事，我们应认真对待，切实将其做好。

那么，怎么样才能将其做好呢？我想，我们尚有许多工作要做。比如，要领导重视，部门联动，落实严格监管的共同责任；要广泛宣传，挂牌督办，营造良好的执法检查工作环境；要强化督导，全面整改，切实解决资源管理突出问题；要敢于碰硬，及时约谈，严格落实执法检查责任追究；要完善机制，源头防范，构建完善执法监管长效机制。总之，要做的工作不少。但我认为，最重要的一点就是对违法者一定要依法依规处理到位，而不能仍然是“一罚了之”。否则一切均无从谈起。

让我们一遍又一遍地大声疾呼——对违法用地再也不能“一罚了之”了！

有道是：观念一变天地宽。笔者认为，只要我们坚持依法依规查处违法用地，不再简单“一罚了之”，那么，我们必将彻底走出“年年违法违规，年年补办手续”这个怪圈，一个有益于全省科学发展的良好国土资源环境必将到来！

（本文获《资源导刊》2011年度“好文章”言论类一等奖）

行政执法当警醒

——由国土资源部首次土地执法问责引出的话题

□于 文

日前，从7月7日国土资源部、监察部在北京召开的全国2010年度土地矿产卫片执法检查工作电视电话会议上传来消息：依据2009年卫星图片执法检查结果，全国有73名官员受到了纪律处分。

据介绍，在被问责的官员中，有44人为2个设区市政府、29个县（市、区）政府负责人，有29人为国土资源管理部门负责人。业内人士说，这是国土资源部和监察部依据《违反土地管理规定行为处分办法》首次进行的责任追究，它标志着我国国土资源执法监管方式实现了转折和提升，是一件值得称许的大事。

另据介绍，随着2010年度土地矿产卫片执法检查工作的深入开展，全国第二次土地问责也即将拉开序幕。人们完全可以预见，不久，将又有一批土地违法负责人受到应有的纪律处分。

人们不禁要问：这一事实告诉了我们什么？换言之，人们应从中得到什么启示?

“耕地红线不能碰”。我想，这应该是我们得到的首要启示。君不见，我国人口众多，人均资源相对不足，后备资源十分稀缺，人多地少的矛盾突出。我国以不到世界10%的土地，承载着世界22%的人口。更为严峻的是，我国的土地资源仍在继续减少。现全国人均占地仅有1.39亩，尚不到世界人均水平的40%。严峻现实告诉我们，为子孙后代计，坚守全国18亿亩耕地红线绝对不能动摇。倘若有人向红线挑战或者守护红线不力，必将自食其果，得到应有惩处。

“侥幸过关要不得”。很难想象，在当今，天上有卫星监控，地上有群众监督的情势下，还有哪些违法占地现象不会被发现？要想人不知，除非己莫为。也很难想象，在国家土地管理日益规范严密的今天，任何土地违法责任人可以逃避应有处理？俗话说得好：“不是不报，时机未到，时间一到，一切都报。”奉劝那些图谋不轨的人还是自重为好。

“政治责任不能丢”。值得注意的是，在受到问责的73名官员中，除一些当地政府负责人外，还有24名当地国土资源部门的负责人。他们之所以受到各种不同的纪律处分，就在于他们对当地土地违法现象或不及时报告和制止，或不及时立案查处依法处理，监管不力，对当地土地管理混乱负有不可推卸的责任。或许有人为此叫屈：“自己不是不想管，而是管不了。”甚至产生抵触情绪。这显然是很不妥当的。我们应从中吸取教训，严于律己，履行好自己的神圣职责。

唐朝良相魏征说得好：“以铜为镜，可以正衣冠；以古为镜，可以知兴替；以人为镜，可以知得失。”但愿我们国土资源系统的每一个党员、干部都能从这次首次问责中得到启示、受到教育，在土地和矿产的执法实践中，切实签好每一个字，把好每一道关，事事处处让党和人民放心。

（本文获《资源导刊》2011年度“好文章”言论类一等奖）

要大力崇尚“实干”之风

□学 文

2012年3月3日，中共河南省委书记卢展工在北京的一次座谈会上谈到何谓河南人的形象时说：河南人形象说到底是一种做的形象，就是关键在做，做出河南人的精气神。

此话说得是何等之好啊！

“关键在做”，换言之就是讲究“实干”。正如马克思所说“为了实现思想，就需要有实践力量的人”。实践、实干，求真、务实，从根本上说是一个革命者应该具备的起码政治品格。“一打纲领不如一个实际行动”，“不干，半点马克思主义也没有”，“空谈误国，实干兴邦”……这些精辟的论断，常常回响在我们耳边。

实干、重干，就是讲求实际，不搞形式，不图虚名。不能只是以文件落实文件、以会议落实会议，不能凡事只是停留在口头上、满足于计划中。无论干什么、怎么干，都要从实际出发，不盲从、不攀比、不听风就是雨。

实干、重干，就要讲求科学运作、有效运作，“先做后说，没做不说；想好了再说，说好就做；说到做到，说好做好”。就要讲究工作方法，多一些辩证思维，做到胸中有大局，善于抓突出矛盾、关键问题，善于找准症结、破解难题；就要多一些服务意识，对攸关发展和民生的大事、要事抓具体、一抓到底；就要多研究事物规律，注意用行政的、经济的、法律的等手段统筹解决问题。

实干、重干，就要有求实创新精神。在工作中，既讲原则，执行政策不走样，又讲灵活，创造性开展工作；既要跳出教条主义、本本主义的窠臼，又要防止违背客观规律、不顾实际的蛮干。总之，要多一些创新意识，不拘泥于条条框框，不止步于老经验、老办法，要让创新之风吹遍每一个角落。

实干、重干，最关键的是要用“效”来检验。何谓“效”，就是效益、效率、效能、效果。发展看速度、看数量、看质量，更要看效果，还要看人均、看资源环保、看群众评价。效果怎么样，自己说了不算，最终看群众满意不满意、高兴不高兴、拥护不拥护、赞成不赞成。

大力崇尚“实干”作风，说到底是党性问题、官德问题。正所谓“官德如风，民德如草，风之所向，草之所从”。人心恶虚贵重实，群众认干不认说。虚呈假，人人深恶痛绝；实呈真，人人推崇喝彩。我们应在单位里、在社会上努力形成实干为荣、空谈为耻的良好氛围。

实干、重干，就要树立紧迫的时间意识。“多少事，从来急；天地转，光阴迫。一万年太久，只争朝夕”。转眼间，已经进入3月下旬，2012年的四分之一将要结束。而我们一年中要做的不少事才刚刚有了开头，更艰巨的大量工作尚在后头。不久，“五一”劳动节又将来到，正所谓：“盛年不重来，一日难再晨。及时当勉励，岁月不待人。”又如同高尔基所言：“从时间角度看，人就如同灿烂阳光中的金色斑点，一闪即逝。”让我们迅速行动起来，以“只争朝夕”精神统筹一切，认真做好当前及全年的各项工作。

让我们一次又一次大声疾呼：为了国土资源事业美好明天，要大兴实干、重干之风!

（本文获《资源导刊》2012年度“好文章”言论类一等奖）

河南内乡县衙一副对联引出的话题

□学 文

据报道，前不久，习近平总书记在山东某地视察工作时，给当地市、县委书记念了一副来自河南内乡县衙的对联，引起了人们的广泛兴趣。

那副对联的内容是——

“吃百姓之饭，穿百姓之衣，莫道百姓可欺，自己也是百姓；得一官不荣，失一官不辱，勿说一官无用，地方全靠一官。”

这副对联可谓我国历史上的经典之作。虽对联辞藻并不华丽，但语言质朴，寓意深刻，内涵丰富，深入浅出地阐明了官与民、荣与辱、得与失的辩证关系。一经问世，便受到了历代社会各界人士的广泛赞誉。

那么，在当前形势下，习总书记为何再次提及这副对联？笔者认为，其含义是非常明确的，具有很强的针对性，需要我们深刻予以理解。

其一，我们每一个共产党员，特别是每一个领导干部都应牢固树立群众观点，把百姓之事时刻放在心上。因为，我们都是“吃百姓之饭，穿百姓之衣”，从根本上说，我们“自己也是百姓”。无论在什么情况下，我们都不应该忘记根本、忘记群众利益。那些脱离群众的形式主义、官僚主义、享乐主义、奢靡之风，都应在必须清除之列。

其二，我们每一个共产党员，特别是每一个领导干部都应树立正确的荣辱观、政绩观，坚持立党为公，廉洁为民，勇于担当，自觉为百姓造福，正所谓“勿说一官无用，地方全靠一官”。用句时下通俗话讲，就是：“火车跑得快，全靠车头带。”“为官一任，造福一方”，说的就是这个道理。当然，要当好这个官也并非易事，在实际工作中，既不能不作为，也不能乱作为。为此，广大领导干部在日常工作中要注意加强学习，不断提高自身驾驭全局和为人民服务的能力。

其三，封建社会时期的一些官员尚具有如此鲜明的百姓观念，那么，在社会主义新时期的今天，一个以天下为己任的共产党员和领导干部更应高瞻远瞩，开阔视野，在建设小康社会和为人民服务的宏伟事业中大显身手，谱写出壮丽篇章。

诚然，对群众路线、群众观点，真正理解固然重要，但更重要的是付诸行动，不能说起来是一套，而做起来是另一套。我们应该看到，通过党的群众路线教育实践活动，绝大多数的党员、干部对脱离群众的形式主义、官僚主义、享乐主义和奢靡之风给党和人民带来的危害，在认识上是清楚的，在感情上是深恶痛绝的，并纷纷表示，要立言立行，从我做起，从现在做起，坚决整改，且取得的成效也是十分显著的。为了避免“教育活动一阵风，过后仍是老一样”，目前，各地正在通过建章立制形成长效机制，坚持以制度管人、管事，以制度规范促进职能转变和作风改进，以制度根治“四风”突出问题产生的土壤。对此，我们乐见其成。我们完全可以相信，通过广泛深入开展党的群众路线教育实践活动及相应的建章立制，严重脱离群众的“四风”突出问题，一定会得到有效遏制，我国社会主义现代化的宏伟大船一定会高擎风帆，破浪向前。

（本文获《资源导刊》2013年度“好文章”言论类一等奖）

再谈要认真对待“村级土地协管员”队伍建设

□学 文

据反映，某市国土资源局在对某县的村级国土资源协管员（以下简称村级土地协管员）队伍建设进行检查时，该县局汇报称，全县早已建立了村级协管员制度，但在乡、村检查时，却发现该县没有给土地协管员发聘书。显然该县所谓的村级土地协管员建设，只不过是口头说说而已，并未真正形成文件及付诸行动。

值得注意的是，类似这种情况，就全省而言，并非仅某县独有，只不过表现形式不同罢了。比如，有的县市虽发有文件，但文件中的一些要求与省厅要求不尽相符，有的则只是满足于“文件发了、开会布置了”而已，满足于应付、敷衍。

众所周知，在全省实行村级土地协管员制度，是河南省国土资源厅党组审时度势，为了加强国土资源基层队伍建设，建立、健全省、市、县、乡、村五级执法动态巡查网络，将执法关口前移，把耕地保护真正落到实处而做出的一项重大决策。事实表明，这一决策合党心、顺民意，是完全正确的。

正因为如此，围绕村级土地协管员队伍建设，河南省国土资源厅自厅党组书记、厅长张启生2007年10月10日在全省乡村干部培训动员大会上提出之后，省厅又于2008年12月专门发出通知对此进行了具体部署，在2009年3月省厅召开的全省国土资源管理工作会议上再次强调，可以说已是三令五申了。与此同时，国土资源部也对此项工作提出了要求。然而一些地方却对此不去认真研究，态度冷漠。显然这是一种缺乏组织观念，是党性不纯、党风不正的表现。

那么，个别县（市、区）局为何对村级土地协管员队伍建设热不起来呢？仔细分析起来，大体有两种情况：一是一些县（市、区）国土资源部门领导对上级的文件没有很好学习，没有真正从思想上弄懂其真正的意义所在。因而，对此态度冷漠，行动迟缓。二是借口“缺乏资金”，不去积极推进土地协管员队伍建设。不少先进县市的经验表明，资金问题固然需要解决，但尤其重要的是领导同志的思想认识问题，正所谓“只要思想不滑坡，办法总比困难多”。宁陵县就是个典型例子。该县针对本地是国家级贫困县，县财政相对比较困难的情况，在解决土地协管员待遇时，采取了以奖代补的办法，虽然没有花多少钱，但也较好地解决了问题，产生了良好效果。这件事说明，事在人为，正所谓有志者事竟成。

伟人毛泽东有句名言说得好：“世界上怕就怕认真二字，共产党就最讲认真。”因此，我们完全可以说对待任何事物是否采取认真的态度，是区别一个真正共产党人与其他人的重要标志和分水岭。其他事情如此，村级土地协管员队伍建设亦然。总之，我们深信，只要以认真的态度对待这件事，那么各地的村级土地协管员队伍建设就一定会出现新的喜人局面。

（本文获《资源导刊》2009年度“好文章”言论类二等奖）

统筹谋划抓重点　努力实现新跨越

——写在全省国土资源工作会议召开之际

□学　文

当我们满怀喜悦即将迎来2010年农历新春的时候，我们既为牛年的满载而去而深感欣慰，更为春光无限的虎年到来而信心百倍……

因为我们知道，2009年是全省国土资源管理难度最大、任务最重的一年，也是工作成效显著、广泛受到好评的一年，更是经受特殊锻炼和严峻考验的一年。一年来，我们坚决贯彻中央和我省应对国际金融危机的“一揽子”计划，紧紧围绕省委、省政府确立的“三保两抓一推动”的工作格局，齐心协力、开拓进取、主动作为，在开展“双保行动”、加大耕地和基本农田保护力度、大力推进节约集约用地、着力推进地质找矿、抓紧各级土地利用总体规划修编、建设和谐国土、努力推进“两转两提”等方面，均取得了喜人的成绩。

因为我们深知，2010年是实施“十一五”规划的最后一年，也是谋划“十二五”规划，加快构建保障和促进科学发展新机制的关键一年。我们清醒地看到国土资源管理面临的“变数”与“恒数”。土地供需矛盾更加突出，“两碰头、一忧虑”的局面没有根本改变；矿产市场回暖，勘查开采投入萎缩，“一松一紧，震荡调整”的格局总体没有改变。面对复杂多变的形势和繁重的任务，国土资源管理工作面临的压力与责任更大，矛盾和困难更多，机遇和挑战并存。适应当前形势任务的要求，创造性地开展国土资源管理工作，是对我们每一个同志新的考验。

因为我们明白，在开创虎年工作新局面的时候，需要我们在工作中牢牢把握省委、省政府关于“四个重在”的要求，即坚持“重在继续”，做到“坚持、完善、落实”；坚持“重在提升”，注重“学习、调研、创新”；坚持“重在统筹”，加强“谋划、运作、协调”；坚持“重在为民”，倡导“务实、高效、廉洁”。总之，我们既要有开拓新局面的雄心，又要有开拓新局面的措施和方法，始终保持一种奋发向上的良好精神状态。

当然，我们也十分清楚，2010年我省国土资源管理头绪多、任务重，必须统筹兼顾，突出重点，要着力抓好七个方面的工作。一是深入开展“双保行动”，服务经济社会发展大局；二是坚守耕地保护红线，科学划定永久基本农田；三是严格土地市场监管，提高节约集约利用水平；四是深化矿产资源整合，维护矿业开发良好秩序；五是加大找矿力度，提高资源接续保障能力；六是着力保障改善民生，维护社会和谐稳定；七是全面夯实工作基础，为国土资源管理提供有力支撑。我们也深知，经过多年来全省上下的共同努力，目前国土资源工作又处在一个新的历史起点上，我们要按照科学发展观要求，下功夫解决好事关国土资源管理改革发展大局的几个重大问题，统筹谋划，奋力开拓，努力推动全省国土资源事业实现新的跨越，以优异成绩向党和人民交出一份圆满答卷。

（本文获《资源导刊》2010年度“好文章”言论类二等奖）

有感于“你违法，我罚款”

□冯业茂

近闻某地基层国土资源所一负责人，发出这样的感慨：“违法占地用地并不可怕，你违法，我罚款，任务自然好完成。”

乍听起来，此话似乎顺理成章，亦能显示出其驾轻就熟的自信心。但仔细推敲却耐人寻味，其认识和做法未免失之偏颇，不敢苟同。

首先，“违法占地用地并不可怕”之说，固能表现从战略上藐视困难的无畏精神，也能增强国土人攻坚克难的必胜信念。但真的对违法占地用地不可怕吗?否也!须知，我国的耕地是有限、稀缺和不可再生的宝贵资源，18亿亩耕地保护红线碰不得、动不得，那是全国人民的命根子，假若被无端占用甚或随意浪费怎能会不可怕呢!试问这些人的耕地保护意识丢到哪里去了？怎么向国人和我们的子孙后代交待，又怎能告慰传承给我们的老祖宗?

其次，“你违法，我罚款”，看似一个毫不手软的因果效应，实则歪曲了我们执法、罚款的动机和目的。众所周知，对于违法占用耕地的罚款，只不过是一种手段，其最终目的在于切实保护我们赖以生存的耕地安全。

再次，为了完成设定的目标任务而罚款更值得商榷。同时，也折射出某些部门把违法占地罚款数额，作为每年必须完成的一项硬指标下达给所辖单位。这样做的结果，必然助长和促使一些人产生错误的观点。

笔者认为，这样的制度设计和目标考核，违背了科学发展观的要求，有碍于国土资源管理工作的健康发展，其理由主要有三：一是为罚款而罚款扭曲了执法的严肃性和正当性，不利于提高和增强全体公民的法律意识；　二是由于片面的经济利益的驱使，很容易偏离法律的公正，从而导致不作为或者乱作为弊端的产生，有损于国土部门的整体形象；三是这种做法不能正确对待和处理执法与罚款的辩证关系，使执法缺乏长久的内在动力支撑，甚至带有很大的盲目性和随意性。对此，必须坚决纠正和认真克服。

（本文获《资源导刊》2010年度“好文章”言论类二等奖）

要重视提升国土资源管理及运作水平

□学　文

“要重视提升国土资源管理及运作水平。”这是刚刚结束的全省国土资源管理工作会议传出的重要声音。

众所周知，目前全省各地正处于加快推进工业化、城镇化和农业现代化的关键阶段。作为经济发展的基本要素和物质基础，国土资源管理工作承载着前所未有的压力。可以这样说，这一时期，既是我国加快发展的重要机遇期，也是落实资源节约优先战略、转变国土资源管理和利用方式的重要机遇期，国土资源参与宏观调控的任务将更加繁重，市场监管的责任将进一步加大，土地和矿产资源的保障压力将持续增加。面对此情此景，我们应该怎么办？是畏缩不前？还是迎难而上？显然，答案只能有一个：那就是主动站位、负重前行，振奋精神、奋力开拓，努力推进河南国土资源事业实现新跨越。

诚然，正如毛泽东他老人家所说的那样：“我们不但要提出任务，而且要解决完成任务的方法问题。我们的任务是过河，但是没有桥或没有船就不能过。不解决桥或船的问题，过河就是一句空话。不解决方法问题，任务也是瞎说一顿。”显然，对于国土资源管理工作而言，就是要解决管理及运作水平问题，就是要解决执行力提高的问题。

重视提高国土资源管理及运作水平是件大事，受到了各级领导普遍关注。河南省委书记卢展工就曾强调，“要注意运作、善于运作、科学运作”。无数实践说明，运作是一门领导艺术，更是处理复杂问题的一种能力。我们国土资源工作对象情况复杂、利益直接、领域宽广，必须注意运作的手段和方式，既要上下联动、形成合力，又要左右互动、赢得支持，同时还要搞好政策磨合，强化协调统筹，以形成长期有效的工作机制。

具体到当前我省的国土资源管理工作，笔者认为，我们应与时俱进，善治善为，至少应在五个方面作出应有努力：

一是要从河南资源省情和资源开发现状出发，切实把中央政策学深、吃透，并用足、用好、用活。既要注意符合国家的政策取向，又要解决实际存在的问题。

二是要妥善处理资源保护与保障发展的关系。要针对我省农业人口多、粮食生产任务重和工业化、城镇化水平低的特点，积极寻找“双保”协同推进的结合点。当前要注重农村土地整治与增减挂钩结合，促进城乡要素流动，实现统筹发展。

三是要把地政管理与矿政管理放在同等位置。要把土地管理与矿产资源管理作为一个整体，在区域规划、产业发展、资源配置等方面统筹安排，在规范土地和矿业权市场秩序、遏制违法违规方面协同配合，努力促进资源合理开发利用。

四是要改革创新与依法行政相济。要把依法行政作为实施国土资源管理的基础和前提，在法律和政策允许的范围内，解放思想，寻求创新，做到依法行政不走样，改革创新解难题。

五是要坚持抓业务工作与抓队伍建设兼顾。要做到“两手抓，两手都要硬”。要围绕中心工作抓班子、带队伍、促党建，增强全系统的凝聚力和战斗力，推动国土资源管理工作健康持续开展。

倘若这样认真去做了，笔者相信，我们的国土资源管理及运作水平必定会提升到新的水平，必定会促进全省国土管理事业跨上新的台阶。

(本文获《资源导刊》2011年度“好文章”言论类二等奖)

从何耘韬案看权与法的博弈

□宋海峰

广东省廉江市国土资源局副局长何耘韬因在招商引资中遵照市政府常务会议决定，非法减免土地出让金，被该市人民法院以玩忽职守罪判处有期徒刑6个月。该案一出，在社会上引起轩然大波，引发社会、媒体热议，在国土资源部的高度关注下，何耘韬重获自由，终于让关注此案的人们松了一口气。

此案背后所反映出来的问题，实际上又是一场权与法的博弈。案件前半部分，政府是权力部门，国土资源局是行政执法部门，权力决定的事情，即使违法，执法者能对抗得了吗？敢对抗吗？这种选择不是何耘韬的选择，而是权力的所在，相信大多数的“何耘韬们”也是这样的选择，因为他们不想“马上死”。此案不是第一案，也不会是最后一案。很多事实证明，在现行体制下，在权力与法律的博弈中，法律往往显得苍白和无奈。

从此案的后半部分看，法律又似公正的。应该说法律追究“玩忽职守罪”是没有错的，关键是谁在“玩忽职守”，是谁造成了“玩忽职守”，在不得已的情况下执行政府决定是“玩忽职守”吗？固然何耘韬不坚持原则是有错的，难道决策者的责任不应该追究吗？为什么法律只看到何耘韬“玩忽职守”而不去追究决策者的法律责任呢？这又是一场权力与法律的博弈，在此案的后半部分法律与权力的博弈中，我们期待看到法律的正义和威严，希望看到法律的胜利。

当前，国土资源部门处在社会各种矛盾集中的焦点上，所面临的问题更加复杂，肩上的担子十分沉重，特别是在基层国土资源部门工作的同志们，面临的困难和问题更加具体而复杂，处理起来十分棘手，更是集“高危行业”和“弱势群体”于一身的部门，同时又处在“两整治一改革”的关键时期，希望社会多关心、理解、支持国土部门的工作。一是呼吁国土资源部门的各级组织，要关心保护那些敢于担当、勇于负责的干部，维护国土资源部门的浩然正气，维护基层干部默默无闻、无私奉献的精神，不要让同志们流血又流泪，献了青春献自由；二是要尽快理顺国土资源机制体制，完善执法监督体系，提高全民特别是地方政府决策者的法律意识，形成良好的执法氛围和执法环境，国土资源系统干部职工才能无后顾之忧，才能“坚持原则、敢于碰硬、勇于担当、履行职责”，国土资源事业才能长足发展。

（本文获《资源导刊》2011年度“好文章”言论类二等奖）

莫让共同责任在落实上遭棚架

□崔　伍

近年来，为加大土地管理力度，及时查处和制止土地违法行为，变土地资源“一家管，大家用”为“大家管，大家用”，土地管理的共同责任机制在各地建立起来。但是，据笔者观察了解，在落实上效果并不理想，从某种意义上讲，停留在文件上、口头上的多，真正落实在行动上的少，这一问题应该引起高度重视。

长期以来，土地管理一直是国土部门在唱“独角戏”、跳“独舞”，面对错综复杂的形势，查处和制止各类土地违法问题，尤其是违法用地行为显得力不从心，处于执法难、难执法的尴尬境地，违法用地屡禁不止，强劲势头尚未得到有效遏制，土地管理工作面临的形势依然严峻。要想扭转这一被动局面，必须建立由“政府主导，部门联动，各司其职，各尽其责，密切协作”的共同责任机制，齐抓共管。

从当前的情况看，土地管理的共同责任机制虽然建立起来了，但是，在实际工作中，程度不同地存在着机制棚架的问题，主要表现形式为国土部门办理的土地违法案件移送难、执行难，致使土地违法案件得不到依法处理。

好的机制只有通过认真落实才能取得好的效果。要想把好的机制落实好，需要加大监督力度，如果监督缺失或者监督不力，是不可能收到预期效果的。因此，建议人大等监督机关要高度关注共同责任机制的落实情况，及时督导检查，让合力凝聚，让作用发挥，让效果显现。各相关部门也要认识到位，按照共同责任机制的要求，履职尽责，相互支持，相互配合，不再发生“各吹各的号，各唱各的调”的现象，真正形成土地资源“大家用，大家管”的新格局，为维护正常的土地管理秩序作出应有的贡献。

（本文获《资源导刊》2012年度“好文章”言论类二等奖）

要善于从“瓶颈”中看到潜力和光明

□学 文

何谓“瓶颈”？《现代汉语辞典》对其的定义是：瓶子上部较细的部分，比喻事情进行中易发生障碍的关键环节。

其实，“瓶颈”与困难可谓是“同义词”。正像任何事情都有困难一样，也会出现“瓶颈”问题。对国土资源管理人员而言，时下，经常面临的就是资源“瓶颈”问题。

那么，面对资源“瓶颈”，我们应取何态度？一种是怨天尤人，牢骚满腹，消极等、靠、要；另一种是以积极的态度看待“瓶颈”，善于从“瓶颈”中看到潜力，看到光明，化压力为动力，从而实现新的跨越。笔者认为，后一种应是我们采取的态度。

何以见得？因为任何工作中“瓶颈”或称困难都是客观存在的，视而不见是不妥当的。在唯物主义者看来，任何事情都有正反两方面因素，“瓶颈”中也往往孕育着光明的前景和希望。一旦某个“瓶颈”问题得以破解，事物必然会得到新的提升，进入新的境界。无数事例还表明，任何“瓶颈”都是可以克服的，问题是人们对“瓶颈”要有正确的认识与良好的态度取向。

回顾河南国土资源系统走过的12年历程，实际上就是在破解“瓶颈”问题上不断有所作为的历程。

请看——

一方面，河南人多地少，人均耕地只有1.21亩；河南又是粮食大省，对全国粮食安全负有重任；土地和矿产资源严重不足。

另一方面，全省城镇化、工业化、农业现代化快速发展，加之历史欠账太多，对建设用地提出了刚性要求。而国家同期下达用地指标只有实际需要的大约1/3。

总之，现实与要求差距较大，“瓶颈”现象十分突出。

迎难而上，路在何方？面对这一状况，河南省委、省政府响亮提出：要努力走出一条以不牺牲农业和粮食、生态和环境为代价的“三化”协调科学发展的路子。全省国土资源系统广大干部职工在省委、省政府和国土资源部党组的领导下，开拓进取，在广袤的中原大地上书写着国土资源管理的动人篇章。

勇于担当，挺直腰板守“红线”。为此，坚持从体制和制度上予以保证；以建设促保护，大搞土地整治；以严格执法促保护。

创新机制，让矿业大省再现“生机”。一方面针对现有煤矿、铝土矿等矿产开发利用中存在的矿业权分散、资源浪费等问题，强力推进资源整合。另一方面通过创新机制，推广“嵩县模式”，大搞整装勘查，努力实现地质找矿突破。

节约集约，让有限资源有效燃烧。坚持向科学编制土地利用规划要效益；转变土地利用方式，打造180个产业集约平台；连续多年推进“三项整治”；大力推进“工业项目上山”，等等。

拓展空间，千方百计保发展……

诚然，任何事情都是不断发展变化的。旧的矛盾和“瓶颈”一旦解决，新的问题和“瓶颈”又会以新的形式出现。这就告诉我们，决不能固步自封，躺在已有成绩上睡大觉，而是要振奋精神，再接再厉，在解决新的矛盾和问题中大显身手。

能否正视资源的“瓶颈”制约现实，善于破解资源“瓶颈”密码，说到底，是衡量一个人是否具有勇往直前的革命精神和有无党性问题。应该看到，善于从资源“瓶颈”中看到潜力和光明，既是时代赋予河南国土资源人的神圣职责，也是中原经济区建设向我们提出的迫切要求。让我们上下一致，共同探索破解“瓶颈”良策，谱写河南国土资源管理新的华丽篇章。

（本文获《资源导刊》2012年度“好文章”言论类二等奖）

重视向我们身边的先进人物学习

□学　文

日前，在河南省国土资源厅党的群众路线教育实践活动动员大会上，厅党组书记、厅长盛国民语重心长地说："这次我们遴选了近几年在省以上媒体宣传过的10位典型人物，他们的思想和事迹都比较好、作风都比较过硬，是'感动中原的国土人'。他们就生活在我们身边，大家一定要好好学、虚心学。"

在这些生活在我们身边的先进人物中——

既有把确保18亿亩耕地红线看得重于一切的商丘市睢阳区执法监察二队原队长孙会中；

也有勇于担当，在"保发展、保资源、保权益"方面颇有建树的洛阳市国土资源局局长丁新务；

还有心系群众、以解决群众饮水难题为己任的河南省有色水文地质专家刘振江；

更有一心想着群众、把群众的事看得比什么都重要的卢氏县国土资源局原党办主任胡发军。

……

这些人，或许你从来没有见过他们，也不知道他们长得什么模样，甚至从未听过他们的名字。但是，他们有一个共同的特点，那就是：以为民务实清廉为镜，任何时候都把人民利益举过头顶，钟情而执著地当好中原崛起、振兴河南的国土人。我相信，只要你认真阅读了他们的事迹，你会发现，他们的事迹是那样的真切、那样的感人！他们的情操是那样的高尚；他们的胸怀是那样的宽广！可以说，他们身上展现出来的精神和风貌，是河南国土资源事业发展的历史沉淀，是国土资源系统价值观念的具体体现，同时更是国土资源事业发展、前进的重要精神力量。我们为此感到无上光荣与自豪。

重视向身边的先进人物学习，这是厅党组按照党中央和河南省委的统一部署，在广泛深入开展党的群众路线教育实践活动中，在开展向焦裕禄同志学习活动中，所采取的一项重要措施。之所以如此，是因为这些身边的先进人物，他们既是党的为民宗旨和群众路线的实践者，也是向焦裕禄等先进人物学习的先行者；同时，由于他们生活工作在我们身边，大家对他们的从业环境和政策业务较为熟悉，在不少方面具有共同语言和感受，什么是对、什么是错，往往容易产生思想上的共鸣，具有较大的信服力、感染力和影响力。一句话，看得见、摸得着，并且可信、可学。无数事实表明，利用身边的先进人物教育身边的人，往往可以产生事半功倍的效果。

向身边的先进人物学习，贵在付诸行动。动起来，首先是虚心学习起来。要认真阅读有关先进人物的事迹材料，了解他们的思想和行为所在。动起来，就要“对照镜子”，好好反思自己，我们和他们同在一个蓝天下，面对共同的环境和任务，为什么他们能做到的我们却做不到？根源何在？进而要定下决心，奋发向上。让我们以孙会中等10名同志为榜样，边学边改，言行一致、一心为民，坚持从我做起，从点滴做起，“以为民务实为镜，做焦裕禄式人民公仆”，不断提升国土资源管理服务水平，为中原经济区崛起做出应有贡献。

（本文获《资源导刊》2013年度“好文章”言论类二等奖）

由“洗洗澡”联想到要勤用“四盆水”

□学 文

目前，全国各地正在开展党的群众路线教育实践活动，广大党员干部按照中央的要求正自觉“照镜子、正衣冠、洗洗澡、治治病”，思想面貌焕然一新。其中的“洗洗澡”一说使笔者想了很多，并联想到人民日报一位专家倡导的要勤用“四盆水”之说，我认为值得人们深思。

那么，何谓“四盆水”？其实，这在我们日常生活中再常见不过了，可以说人人都离不了。

第一盆水是“洗头水”。通过“勤洗头”，醒醒脑，党员领导干部能保持政治上的清醒和坚定，增强贯彻执行党的路线、方针和政策的自觉性。现实中，一些党员领导干部疏于理论知识学习，疲于应付文山会海，乐于社会人际交往，不读书、不看报，政策法规不学不用，专业知识不考不究，满足于一知半解、浅尝辄止……“勤洗头”，说到底，就是让脑子时刻保持清醒，争做带头学习的表率。

第二盆水是“洗脸水”。通过“勤洗脸”，擦灰尘，党员领导干部能保持共产党员的先进性和纯洁性，提升党在群众中的良好形象。用这盆“洗脸水”，可以洗出清新的面孔。不可否认，少数党员领导干部宗旨意识淡薄、群众感情淡漠，热衷于为上级服务、为老板服务、为熟人服务，而为群众服务则不冷不热、不闻不问，门难进、人难见、脸难看、话难听、事难办……“勤洗脸”，可让面容可亲，争做为民服务的表率。

第三盆水是“洗手水”。通过“勤洗手”，党员领导干部能时刻提醒自己不义之财不伸手，增强拒腐防变的能力。用这盆“洗手水”，可以洗出清正做事之手——在金钱面前抵住诱惑，在亲情面前摆正关系，在是非面前把握分寸，在朋友圈和社交圈中约束好自己的行为，精打细算、勤俭办事，真正把心思和功夫下到抓落实、解难题、办实事、求实效上。

第四盆水是“洗脚水”。通过“勤洗脚”，党员领导干部能真正从热衷于出入高档娱乐场所向勤下基层、多下基层开展调查研究工作转变，倾听群众的意见和呼声，提高做好新形势下群众工作的能力。一句话，用这盆“洗脚水”，可以“洗”出拉近群众距离之“脚”。

平心而论，洗洗澡、洗好澡，不仅十分重要，而且十分必要，在当前尤其刻不容缓。但在笔者看来，日常的洗头、洗脸、洗手、洗脚也必不可少。因为平时洗脸、洗手勤了，洗起澡来就显得比较轻松，身上的灰尘也就没有那么多了。说白了，反腐倡廉就是要从每一天做起，从每一件事做起，从一点一滴培养。俗话说得好，水是生命的源泉。水既能洗污去垢、放松身心、舒张毛孔、促进新陈代谢，“水”又能清洗思想和行为上的灰尘，洁身清心，洁化心灵，让人干干净净做事、清清白白做人，正所谓“物洗则洁，心洗则清”。

让我们每个人都勤用“四盆水”，经常“洗洗澡”。倘能如此，身体干净健康何愁不能实现，勤政廉政新风何愁不能树立!

（本文获《资源导刊》2013年度“好文章”言论类二等奖）

让组组数据诉说60年的辉煌

□学　文

时入仲秋，祖国大地处处硕果累累，桂花飘香。此时此刻，当我们翻开新中国成立以来的史册，便会惊奇地发现：其成就是那样的辉煌！那样的鼓舞人心！那样的可歌可泣！

仅以河南为例，60年来——

地质找矿方面。全省发现矿产资源由原来的20种增到127种，增长幅度5倍多；探明矿产资源储量由新中国成立初期的零矿种猛增到75种。在2008年前探明的矿产储量中，居全国第一位的有15种，前5位的有47种，前10位的有85种。在已探明的矿产地中，其中大型和特大型的有231处，中型的有347处，小型的有1199处，潜在资源价值1.8万亿元。

矿业开发方面。全省矿产开发利用的矿种由新中国成立初期的10种增加到90种。矿山数量，由新中国成立初期的100多个发展到2008年的4488个；全省矿业年产值由新中国成立初期的区区几十万元猛增到2008年的855.6亿元，迈进全国五大矿业省份之列。全省因矿业开发产生了以平顶山为代表的10个矿业城市（区）。

地下水和地热勘查方面。新中国成立以来，水文地质工作者为全省城市、能源和工业基地勘查出大中型水源地84处，日供水能力为630余万立方米；为缺水山区定井3000多眼，解决了豫西、豫北110万人的饮水困难；为340万公顷宜井灌区提供了用水保障；新发现矿泉水产地200多处，为全省创建42个矿泉水品牌创造了条件。

土地整理开发方面。通过土地整理，全省耕地总量由1949年的734.5万公顷增加到1954年的906.2万公顷。改革开放以来，全省又新增加耕地2万多公顷。尤其是近年，通过开展“三项整治”，全省新增耕地78万亩。其战绩之显著，在全国有较大影响。

耕地保护与土地市场方面。到1996年底，全省建立了县、乡、村三级基本农田管理保护网络，划定了1.01亿亩基本农田。从1999年起，全省连续10年保持了耕地总量占补平衡有余。与此同时，全省土地市场日益规范，从2001～2008年，全省共出让城镇国有土地使用权44622公顷，收取土地出让金1161亿元，有力支持了社会经济建设，大大加速了全省城镇化进程。

数据是最有说服力的。然而，有谁知道，在创造这些数据的背后，全省广大国土资源工作者为此付出了多少心血和汗水？大地为证，正是由于他们的辛勤劳动与无私奉献，在昔日荒凉之处，崛起了一座座新城；在昔日干涸之地，涌出了一股股清泉；在昔日偏僻之处，已建成了四通八达的高速公路网。当然，我们深知，如果没有党和各级政府以及广大人民群众的关心和厚爱，便不会有国土资源方面60年间无数奇迹和辉煌的诞生。让我们发自内心地呐喊：成绩——是属于人民的！荣誉——是属于祖国的！放眼未来，为了祖国更加美好的明天，我们相信：广大国土资源工作者必定以更加饱满的革命热情，谱写更加多彩的优美篇章！

（本文获《资源导刊》2009年度“好文章”言论类三等奖）

为城乡建设用地增减挂钩试点喝彩

□学　文

全省城乡建设用地增减挂钩试点自2009年启动以来，经过上下共同努力，已经取得了显著成效。请看：

周口市通过增减挂钩，较好解决了全市产业集聚区用地2500多亩，使32个工业项目得以落地；

汝州市通过增减挂钩，解决了一年产15万吨焦油加工项目，年产值达7.6亿元；

武陟县通过增减挂钩，解决产业集聚区1083亩，使一年产3万台风能制动器落户本地；

内黄县通过增减挂钩，解决产业集聚区用地1456亩，使12条陶瓷生产线快速上马，可年创造产值24亿元；

鄢陵县通过增减挂钩，有力保障了该县2000多亩的产业集聚区用地，有力促进了该县花卉旅游服务跨上新台阶；

……

凡此种种，一方面表明，全省各地城乡建设用地增减挂钩试点工作已取得了可喜成绩；但另一方面也清楚表明，推进城乡建设用地增减挂钩是件利国利民的大好事，应该进一步大力推进之。

既然城乡建设用地挂钩是件大好事，那么它究竟好在哪里？大量事实表明——

好就好在，它是促进新农村建设和城乡统筹发展的重要途径；

好就好在，它是有效保护耕地，破解“两难”命题的重要措施；

好就好在，它是缓解全省建设用地供需矛盾、加快构建“一个载体，三个体系”的重要手段；

好就好在，它是节约集约用地、促进经济发展方式转变的重要推手。

当前，摆在各级国土资源部门面前的重要课题是，既要看到前段取得的成绩，也要清醒看到工作中仍然存在的问题，认真贯彻国务院有关要求，牢牢把握增减挂钩的原则与规定，抓住关键环节，严格规范操作，确保此项工作沿着正确方向有序推进。

为此，我们要坚持规划先行，科学选点布局；要坚持以人为本，切实维护农民合法权益；要坚持规范推进，严格增减挂钩指标和项目实施管理；要坚持统筹运作，努力建立稳定的资金投入返还机制。

应该看到，城乡建设用地增减挂钩工作是一项多级管理、跨部门协作和分步实施的系统工程，可以说任务艰巨、责任重大、使命光荣。我们应该把思想和行动进一步统一到国务院和省委、省政府的布置与要求上来，团结一致、开拓创新、攻坚克难、扎实工作，力争增减挂钩试点取得新进展、做出新成效，为建设中原经济区、加快中原崛起和河南振兴做出重大贡献！

（本文获《资源导刊》2011年度“好文章”言论类三等奖）

让激情点燃国土资源管理之火

□于　文

翻开胡锦涛总书记“七一”发表的重要讲话，人们会欣喜地发现，内容中有不少关于思想作风建设方面的论述。现在不妨摘录其中两段：

其一，“全党同志特别是党的各级领导干部要不断提高思想政治水平，坚定理想信念，增强为党和人民事业不懈奋斗的自觉性和坚定性，咬定青山不放松，真正做到坚定不移、矢志不渝。”

其二，“只要全党同志常怀忧党之心、恪尽兴党之责，以更加奋发有为的精神状态推进党的建设，我们就一定能够更好把握历史大势、勇立时代潮头、引领社会进步。”

显然，无论是“咬定青山不放松”也好，还是“奋发有为的精神状态”也罢，其实表达的都是一个意思：良好的精神状态，对我们克难攻坚、做好各项工作十分重要。

应该看到，良好的精神状态，不仅对做好其他工作重要，对做好当今时期的国土资源管理工作尤显重要。在充分肯定国土资源系统广大干部团结进取、奋勇开拓可歌可泣壮举的同时，我们仍必须正视目前一些地方存在的精神懈怠问题。

君不见，在困难、压力和责任面前，我们有的干部在其位不能谋其政，在其岗不能尽其责；忧患意识不强，畏难情绪严重；工作中不愿负责、不敢担当，只要不出事、宁愿不做事；有的甚至只想组织照顾，不讲责任贡献，终日无所事事。

有的对上级文件不学习、不研究，文件精神吃不透，岗位职责不清楚；对新理论、新知识、新业务不熟悉；对新形势、新情况、新问题不了解；研究问题时只有笼统概念、缺少量化分析和数据支持。

有的扯皮推诿严重。在处室或单位之间自我封闭、自成体系、各行其是；一事当前，首先考虑本部门、本单位甚至个人的利益，对上级交办事项和工作部署推诿扯皮、拖着不办，甚至讲条件、打折扣。

有的开展工作患得患失、求稳怕乱，缺乏改革创新的激情和勇气。有的作风浮漂，忙于迎来送往，疲于各种应酬，抓工作浮光掠影；常常以会议落实会议，以文件落实文件，满足于走形式、走程序。

有的重行政审批、轻政策研究，重项目管理、轻制度设计，重专项活动、轻基础工作，重工作部署、轻工作落实，重循规蹈矩、轻改革创新。

凡此种种，均与“咬定青山不放松”的气质和“奋发有为的精神状态”背道而驰，均在应予纠正之列。

欧洲一位哲学家说得好：“激情，这是鼓满船帆的风；风，有时会把船帆吹断，但没有风，帆船就不能航行。”让我们用健康向上、开拓进取、奋发有为的激情，去用心点燃保护资源、保障发展之火，在挑战中寻求机遇，在工作中争取突破，在发展中实现提升，在中原经济建设的火热生活中大显身手。

（本文获《资源导刊》2011年度“好文章”言论类三等奖）

土地违法应党政领导一起问责

□崔 伍

笔者近日在《中国国土资源报》上看到一篇题为《襄阳出台约谈问责办法——土地违法问题严重，党政干部一起问责》的报道，认为这样的做法才符合客观实际，公平、公正。

仅就乡（镇）层面来讲，在乡（镇）是党的一元化领导，乡（镇）党委书记是里里外外一把手，大事小事都过手。乡（镇）政府是在乡（镇）党委领导下开展工作，换言之，从狭隘的角度讲，乡（镇）长是在党委书记领导下开展工作的。因此，乡（镇）长对任何事情，做不了主，决不了策，犹如丫鬟挂钥匙，一切都由书记定夺拍板，虽然职位在一人之下，万人之上，但始终定格于从属地位。

从现行体制而言，乡（镇）长负责各自辖区的行政事务管理，是第一责任人，就土地管理来讲也是如此。人力资源部、监察部、国土资源部联合制定的《违反土地管理规定处分办法》针对的对象就是行政领导，其中包括乡（镇）长。那么，如果某乡镇辖区违法用地占本辖区全年新增建设用地的15%以上，挨板子的非乡（镇）长莫属喽。

这种问责办法，笔者认为存在缺陷，有失公允。试想，在当今管理体制下，任何事情都由书记说了算的乡（镇）地方政府，出现了严重违法用地问题，责任全由乡（镇）长承担恐怕难以让人心服口服。诚然，属于乡（镇）长应该担承的责任，给予相应的处分无可非议。

近日，湖北省襄阳市制定出台的约谈问责办法就很好，对土地违法问题严重的区域党政干部一起问责，谁该承担什么责任就承担什么责任，党委书记也好，乡（镇）长也罢，还是其他什么人，只要与违法用地有干系，就应该划分责任，给予党纪政纪追究。

只有土地违法党政领导一起问责，才不至于出现“各吹各的号，各唱各的调”的不和谐音符，党政领导才会循规蹈矩，担起相应责任，避免或减少违法用地发生，规范本辖区用地秩序，依法科学管理使用土地，促进辖区经济社会又好又快发展。

（本文获《资源导刊》2011年度“好文章”言论类三等奖）

振奋精神
在中原经济区建设中大显身手

□学　文

日前，全省国土资源工作会议在郑胜利召开。这次会议认真贯彻中央和省部会议精神，围绕中原经济区建设大局，统一思想，研究对策，对全省全年国土资源工作做出了一系列部署。认真学习会议文件，落实会议精神，是当前摆在各级国土资源部门面前的首要课题。

会议提出，2012年全省国土资源工作的总体思路是：认真贯彻落实中央领导同志重要讲话精神和省委、省政府重大决策部署，紧紧围绕中原经济区建设，按照“有效保护、有序开发”和“四保两高”的总体要求，在不牺牲农业和粮食、生态和环境的前提下，以人地挂钩政策为抓手，以土地综合整治为平台，以深化城乡土地管理制度改革为突破口，以构建国土资源管理新格局为保障，主动服务、规范管理，改革创新、先行先试，为加快中原经济区建设、实现“三化”协调科学发展提供更加有力的资源支撑。

为实现上述要求，年内应着重做好六个方面的工作：

一是要持续改善土地调控，破解“两难”困局，进一步拓展中原经济区发展空间。为此，要强化规划管理，拓展发展空间；改进计划管理，提高指标配置效率；健全激励机制，巩固耕地保护成果；开展规模整治，建设高标准基本农田；强化执法监管，维护国土资源管理秩序。

二是要围绕“三化”协调，探索先行先试，进一步深化城乡土地管理制度改革。充分发挥农民集体和农户的主体作用，积极稳妥开展土地整治，构建城乡统筹发展平台；探索建立利益补偿机制，支持和促进农业地区发展，保障农民土地权益；深化配套制度改革，探索构建用地管理新机制。

三是要持续转变土地利用方式，促进节约集约，进一步提高土地资

源开发利用水平。年内要逐级分解“十二五”全省单位生产总值建设用地下降30%的目标任务。要引导工业项目向产业集聚区集中，推广应用三层以上标准化厂房。要加大存量建设用地盘活挖潜力度。改进土地调控方式，由以前的以批地为主逐步转向以供地为主，坚持“批前早介入，批中严把关，批后重监督”。

四是要持续加大找矿力度，优化勘查开发布局，进一步增强矿产资源保障能力。坚持以机制为引领、以市场为导向的制度平台，围绕全国地质找矿“358”目标和省部合作“6139”行动计划，周密部署，精心安排，进一步提升矿产开发规模化、集约化和综合利用水平，全力保障中原经济区建设对矿产资源的需求。

五是要持续创新社会管理，保障群众权益，进一步维护社会和谐稳定大局。年内完成覆盖农村各类土地的所有权确权登记发证，建立和完善土地管理档案。要全力做好保障性安居工程建设用地供应及加强与改进征地补偿安置工作。

六是要持续改进内部管理，加强基础建设，进一步夯实国土资源改革发展事业的根基。

总之，2012年是我省贯彻落实国务院《指导意见》，全面推进中原经济区建设的重要一年。保障中原经济区建设资源需求，国土资源部门使命艰巨、责任重大。要做好新形势下的国土资源管理工作，重在去做，关键在人。这就要求我们要进一步加强学习，提高素质，完善机制、改进管理，不断提高做好国土资源管理工作的能力和水平。让我们在省委、省政府和国土资源部的正确领导下，以更加振奋的精神、更加扎实地工作，按照“持续求进”的总要求，改革创新，在中原经济区建设的伟大事业中扬鞭策马，作出新的贡献。

（本文获《资源导刊》2012年度“好文章”言论类三等奖）

广泛深入开展向孙会中同志学习活动

□学　文

日前，中共河南省国土资源厅党组做出决定：在全省国土资源系统广泛深入开展向孙会中学习活动。这是继省厅党组于2005年3月做出在全省国土资源系统深入开展向闫道强学习活动七年之后做出的又一重要决定。这是一件事关加强全系统精神文明建设的大事，我们应迅速行动起来，认真学习孙会中平凡而伟大的先进事迹，像他那样忠于职守、勇于担当，为中原经济区建设作出应有贡献。

孙会中同志生前是商丘市国土资源局睢阳分局信访执法二中队队长，中共党员。他于1963年11月出生，1983年参加工作，1998年调入国土资源系统，一直从事基层执法监察工作。2011年11月16日，孙会中同队友在参与拆除一处违法建设的液化气站时，因围墙突然坍塌，为保护其他同志的生命安全，不幸以身殉职。他以自己可歌可泣的英勇壮举为我们树立起了一名优秀共产党员和用生命守护国土红线的优秀基层执法监察干部的光辉形象。

向孙会中同志学习，就要像他那样爱岗敬业、钻研业务，不断提升自身素质。十多年来，他一直奋战在基层国土执法第一线，兢兢业业，无怨无悔。他十分重视国土资源法律法规的学习。他把耕地保护看得比什么都重，平时只要接到群众举报或发现土地违法苗头，总是不分白天黑夜，立即前往巡查。他干一行就爱一行，从未向组织上提出过调离执法一线岗位及其他个人要求。

向孙会中同志学习，就要像他那样严格执法、敢于碰硬。长期以来，他在执法过程中，从不为说情求情所动，不为请客送礼松懈决心，不为恐吓电话而畏缩不前，充分体现了一个国土资源执法干部应有的刚正不阿、一身正气的时代秉性。

向孙会中同志学习，就要像他那样具有危急关头挺身而出、勇于担当的崇高境界。十多年来，在每次执法中，他总是冲锋在前，把安全留给别人，把危险留给自己。凡遇执法难题，他总是坚持不懈，坚守执法阵地，自觉维护国土资源法律法规的应有尊严。

向孙会中同志学习，就要像他那样清廉为本、助人为乐。他到国土资源部门后，心里始终装着一个信念：“清廉的国土人才能守好国土。”他视艰苦朴素为荣，一件上衣整整穿了19年；他省吃俭用，常常“一分钱掰成两半花”；他清正廉洁、乐善助人，多次为灾区捐钱捐物，从不向组织上伸手，多年如一日任劳任怨、默默奉献。

“春风吹来百花香”。各级党组织要高度重视厅党组关于广泛深入开展向孙会中同志学习活动的决定，要结合本单位实际，迅速制订开展学习活动的具体计划，大力营造浓厚的学习氛围。各级领导在学习活动中要做到率先垂范，以身作则。此外，各单位在开展向孙会中同志学习活动中，要注意同干好各自本身工作结合起来；注意同培养积极向上的生活情趣结合起来；注意同加强国土资源文化建设结合起来；注意同树立社会主义核心价值观结合起来，坚持从我做起，从小事做起，自觉为中原经济区建设作出应有贡献。

（本文获《资源导刊》2012年度“好文章”言论类三等奖）

构建国土管理新格局势在必行

□学 文

时下，不少地方存在着“国土管理压力大、风险大、工作被动”和“执法难、执行难”的情况。如何破解这一难题，使国土资源管理步入健康发展轨道，成为各地人们普遍关注的话题。正因为如此，本刊本期《特别报道》栏目郑重向您推出《“新格局”为南阳国土资源管理带来新变化》一文，建议您不妨仔细一读，相信对您必有启发和收获。

该文以大量事实告诉人们，正是由于“新格局”的实施为南阳市的国土资源管理带来了一系列喜人变化。

在保发展方面——该市通过“三项制度”设计使该市由“地方上项目，国土保供地”变为“部门各司其职，党政统筹决策”，全市建设用地保障更加及时有效了！

在保红线方面——该市通过“三大改变”使该市由以前的“各吹各的号，各唱各的调”变为政府主导下的“各炒一盘菜，共办一桌席”，耕地保护更加坚实有力！

在行政执法方面——该市通过“42个文件，三项举措”使该市由以前的“国土部门单打独斗”变为“党委领导，政府负责，部门协同，齐抓共管”，依法行政步入了健康发展轨道！

南阳市的实践再次表明，构建国土资源管理新格局对提升国土资源管理水平不仅十分必要、势在必行，而且是必由之路，我们应在这方面进一步下足下够功夫。

或许，有人要问，南阳市为什么能在全省乃至全国率先构建起这一新的格局？笔者认为，其原因是多方面的，但主要有以下几点——

其一，当地党政领导能够审时度势、高瞻远瞩，对在本区实施这一新格局的迫切性、必要性，认识比较清晰，行动比较自觉，这应该是首要一点。

其二，当地国土资源部门主观能动性好，经常为市委、市政府出主意、想办法，一句话，“参谋作用”发挥得好。显然，这也是十分重要的一方面。

其三，充分相信和依靠各级政府和有关部门，十分注意各项政策措施的合理对接，从而有效保证了各项举措的可行性与持续性。

应该看到，当前各地按照部省要求，努力构建国土资源管理工作新格局，总的看工作抓得是紧的，发展趋势是好的。但是，仍存在一些需要注意的问题。一是有的地方工作进度较慢，“一切等着上级催”，经常是推推动动，拨拨转转。二是有的缺乏主动参与意识，常常因怕找“麻烦”而止步于部门协调。三是有的虽然对构建新格局比较积极，但在具体行动中都缺少办法。当然，还有其他。要解决上述种种问题，笔者认为，首要一条是在思想上要进一步提高对构建国土资源管理新格局重要性的认识。必须看到，构建国土资源管理新格局，是事关落实党中央国务院号召、努力提升国土资源管理水平的大事。不是想不想做，而是必须做，而且必须做好的大事。至于怎么去做，南阳市等地已经有了不少成功的经验。只要我们虚心学习，认真实践，就一定会迎来国土资源管理的美好明天。

（本文获《资源导刊》2012年度“好文章”言论类三等奖）

抓好“五透过五反思”解决“四风”突出问题

□学　文

目前，按照党中央和河南省委的要求，河南省国土资源系统以为民务实清廉为主要内容的党的群众路线教育实践活动，正在广泛深入开展。搞好这项活动，是实现党的十八大确定的奋斗目标的必然要求，是保持党的先进性和纯洁性、巩固党的执政基础和执政地位的必然要求，也是解决群众反映强烈的突出问题、做好国土资源管理工作的必然要求。对此，我们应该深刻领会，并付诸于行动。

开展党的群众路线教育实践活动，要重点解决好形式主义、官僚主义、享乐主义和奢靡之风“四风”突出问题，切实加强党的作风建设。为此，我们应努力做好以下工作。

一是透过基层意见建议反思改进作风的责任。从群众反映的意见看，一些机关同志存在着政策水平不高、业务能力不强、工作效率偏低、服务意识不强、工作作风不实的问题。对此，我们应深刻反思，对准焦距、找准穴位、抓住要害，真正把“四风”突出问题解决好。

二是透过涉土涉矿案件反思工作指导的责任。据统计，2008年以来，全省共发现土地违法线索11232起，立案8162宗，结案8044宗；矿产资源违法事项立案642宗，结案632宗。如此众多案件的发生，除了客观原因之外，我们应深刻反思自身所承担的监管和指导责任，从体制机制、法规政策和作风建设等方面入手，改进工作，提高解决问题水平。

三是透过干部违纪现象反思管人用人的责任。自2008年以来，在全系统4.3万名干部中有530人因违纪违法被追究党纪政纪或刑事责任，其中，被移送司法机关追究刑事责任的127人。应该看到，个别干部出了问题，固然主要是其自身原因，但也从一个方面反映了干部管理工作出现了缺失。将一些不该用的干部放到了不该放的岗位上，不仅给个人和家庭造成了严重恶果，也给我们的事业、给我们党的形象抹了黑。我们应反思，这其中有无“失位、失察、失教、失管”的责任？！

四是透过机关不良风气反思示范带头的责任。人们不禁要问：一些部门为什么会出现内部融合不紧、工作状态不佳、责任意识不强、集体观念缺乏、特权思想严重的问题？说到底，问题出在机关，责任在个人，根子在领导。比如，要求群众做到的事，你是否带头做到了？各级领导应深刻反思，带头抓好整改。

五是透过难题破解不够反思推动创新的责任。近年来，我省国土资源工作面对双重压力和“两难”困局，想了不少办法，做了不少努力，取得了一定成效。但总体看，仍然缺高招、缺实招，节约集约用地还缺乏突破性进展，有许多问题尚未理出头绪。事实表明，创新能力不足、勇于担当精神显然缺失。我们应以改革突破政策瓶颈、以创新破解资源难题，努力拓展资源利用的新空间。

如何将“五透过五反思”落到实处，进而促进“四风”突出问题的解决，是摆在我们面前的头等大事。让我们积极行动起来，以饱满的精神状态，言行如一的作风，边学边改，努力开创爱岗敬业、焕然一新的国土资源管理新局面，为中原经济区建设作出新的贡献。

（本文获《资源导刊》2013年度“好文章”言论类三等奖）

莫让“我不会”成“不干事”的借口

□崔　伍

近闻，焦作市国土资源系统正在开展“转变作风年”活动，其主要内容之一就是治“庸”。由此，笔者联想起了在我们身边经常出现的一种怪现象，就是我们常常遇到有的人以“这个事我不会做，那个事我弄不成……”为借口，不想做工作，不愿干事情，这可谓“庸”的一种表现，成为机关的一种诟病，应引起高度重视，加以整治。

“我不会”成了“不干事”的挡箭牌。说“我不会”者，一种是真庸，胸无点墨，不学无术；一种是自甘平庸，只为不干事，不担责。不过，不会干的事是有选择性的。凡有利的美差、闲差，削尖脑袋、挖空心思去争、去抢。凡需要加班加点、动脑子、有点难办的事，都干不成，不会弄。如果领导“一不小心”安排给了他，他就念“拖”字诀，反正时间过去了，工作还没有做，领导自会安排会干的人接手，加班加点去完成，以后类似的事也不会再安排给自己。于是乎，不会干的混得是风生水起，左右逢源，成为单位的“闲人”。会干的，今儿补这个窟窿，明儿堵那个漏洞，忙得不可开交。

说“我不会”的人虽说是少数，但造成的负面影响却很大。首先是削弱了机关积极向上、干事创业的正气。这些“闲人”有的是时间琢磨领导的意图，溜须拍马；有的是闲工夫与人拉关系，做“好人”。会干事的人，干工作多，失误就会多，受批评就会多，得罪人也多，有时会落得出力不讨好。长此以往，一些会干事的“开窍”了、“聪明”了，也会慢慢变得“庸起来”“笨起来”。其次是削弱了党在人民群众中的威信。由于不愿干事，就会想方设法把事推走。群众来办事，不是说“领导不在，没法办”而一推了之，就是“踢皮球”“打太极”“给脸看”，在群众中造成恶劣的影响。

说“我不会”是个别人责任心的缺失，更是机关管理制度上的不足。要加强思想教育，开展“我的优势是什么，我和人家比什么”思想大讨论活动，加强学习，提升素质，形成“比、学、赶、超”干事创业的氛围。要加大对每个人的绩效考核力度，让人人头上有任务、有目标、有压力。要创新干部选拔机制，让能干事、会干事、干实事的人脱颖而出，让不干事者没有可乘之机，没法继续悠然自得、逍遥快活。只有这样，才能转变作风，优化环境，提高机关效能，更好地服务群众，为经济社会发展提速提效。

（本文获《资源导刊》2013年度“好文章”言论类三等奖）

基层国土员疾苦冷暖当挂怀

□杨国生

近日，笔者深入到河南省方城县17个国土资源所，就基层国土所标准化建设情况进行调研，通过个人的直观了解，以及同国土所工作人员的零距离接触、面对面交流，深切感受到基层国土所目前的工作生活条件不尽人意，亟待加以改善。

办公场所差。2004年国家实行省以下国土资源管理体制改革，基层国土所接受县级国土资源部门垂直领导，与乡镇党委政府“分家”后，多数国土所没有独立的办公场所，只能租房办公，实践证明，其弊端颇多：一是固定不下来。租房办公毕竟是“寄人篱下”，房东让搬就得搬，有一个所3年间搬了4次家，如无根的浮萍漂来荡去，居无定所，长年打游击。二是空间不够用。受经费限制，不少国土所租的房子空间狭小。二郎庙国土所14名工作人员共用一间不足30平方米的办公室，别说为每人放置一张办公桌，就连在里面开个全体会都拥挤。同志们下村工作一大晌，中午想找个地方躺一下根本就是奢望。三是简陋且危险。一些国土所所租房屋年久失修，破旧不堪，或墙面起灰掉渣，或房顶透风漏雨。小史店国土所所长胡治秋说：“外面下大雨，我这屋里下小雨，每逢节假日回家时，我总是把床拉到房子中间，以免下雨浇湿被褥，刚住进来时由于未加防范，结果就吃了这样的苦头。”古庄店国土所在一个四合院办公，一天，其中一间房子的屋顶突然坍塌，砖头瓦块落了一地，幸好室内当时无人，否则后果不堪设想。

个人负担重。由于办公场所条件不允许，不少所未建职工食堂，同志们就餐只得自掏腰包下饭馆，一日三餐至少要花二三十元，而且很不卫生。再者，多数乡所同志家在县城，离工作单位近则四五十里，远则上百里，每天往返一趟上下班，加之还要下乡巡查，为摩托车或私家车加油也是一项不小的开支，每个月要用掉五六百元，但单位对此不报销、不补贴，全部由个人承担。乡所人员月工资不足2000元，以上两项开支差不多将之消耗殆尽，几乎留不下什么养家钱，用一个国土员的话说，就是“天天瞎忙活，年年无收获，外人看笑话，老婆给脸色”，而这也正是一些同志萌生“退意”，申办停薪留职手续、外出谋生的主要原因之一。

安全风险高。“谁是余圣洗？”“我是。”“上，打他！”……这是笔者在小史店国土所调研时亲眼目睹的该所副所长遭3名陌生人围攻的真实场景。后经了解，这是行凶者因不满受害者查处其违规建设而采取的报复行动。近年来，因执行公务得罪人受到威胁恐吓、打击报复的事件在该县基层国土所屡有发生。然而，这些本应严肃追究作恶者法律及经济责任的恶性事件，最终都由于一些莫名其妙的原因而不了了之，对受害人及广大国土所工作人员的工作积极性造成了极大挫伤。李红晓感触良深地说：“整天‘冲锋陷阵’，到头来流血又流泪，心头确有一些寒意。”

国土所工作人员处在国土资源管理的最前沿、第一线，在执行现场摸爬滚打，在调解现场左右逢源，在田间地头巡查巡视，“晴天一身土，雨天一身泥”，辛苦、清苦、艰苦，繁重、繁忙、繁琐，然而令人肃然起敬的是他们中的大多数同志仍然选择了坚持、坚忍、坚守。

“让马儿跑，总得让马儿吃草”。一位国土所工作人员发自内心地说：“希望上级部门关心、关注、关爱一下基层国土所同志的工作生活现状，给予我们适度的经济补贴，否则，真的是马儿再想跑，也实在是跑不动了。”

倾听了基层国土所工作人员的心声与呼声，考虑到国土所工作生活的现实状况，笔者建议上级有关领导及部门能够加以换位思考，设身处地地为基层同志着想，可从以下几个方面来启动对基层国土所的扶持与抚慰工程。

一是改善其办公条件。目前，中央明令禁止新建政府类楼堂馆所，但这并不意味着可以回避现实情况，必须原地踏步、维持现状，而应讲一些灵活性，在不违背政策规定的范围内予以改善，比如可以在不超标的前提下允许他们租用一些稍宽敞一些、更坚固一些的场所来办公，让同志们都能有一张用来整理、撰写材料的桌案，让他们风尘仆仆奔忙一天回来有个歇脚的地方，让他们回到所里后能够找到“家”的感觉，能够心甘情愿在此“安居乐业”。

二是弥补其经济支出。国土所工作人员有家有口，有责任有负担，一味让他们拿工资补贴公用，他们怎有余力贴补家用？其家庭又怎能毫无怨言地支持他们的事业？故此，应当在经济上给予他们一定的补助，如燃油、误餐补贴等，不能让他们出工出力再出钱，始终在做亏本生意。

三是保证其人身安全。一方面要建立与公安机关协作的联合办案机制，在国土资源执法过程中受到应有的保护；另一方面要为国土所一线执法人员买一份人身意外伤害保险；再者，要加大对妨碍公务及公然抗法案事件的问责、追责力度，让不法之徒受到应有的惩治，为执法人员撑起腰杆、主持公道。

总之，要尽最大可能改善基层国土所当前的工作、生活条件，并切实维护国土所工作人员的切身利益及合法权益，积极营造拴心留人的良好环境，让这些奋战在国土资源战线最前沿的战友们安心、静心、舒心、顺心地继续坚守“疆场”，体面而有尊严地战斗下去。

（本文获《资源导刊》2013年度“好文章”言论类三等奖）

第二编

论 文 篇

中原城市群国土规划专题研究应关注的几个重大问题

□王西同

2003年，河南省委、省政府为全面建设小康社会，早日实现中原崛起，提出发展中原城市群的构想。几年来，随着我省工业化、城镇化进程的不断加快，现代化综合交通体系的不断完善，中原城市群的框架逐步形成，其总体框架可概括为“一极两圈三层”，一极即以郑汴新区为核心增长极（核心层），两圈是指以郑州为都市圈中心，以城际快速轨道交通和高速铁路为纽带连接起来半小时交通圈（包括开封、洛阳、平顶山、新乡、焦作、许昌、漯河、济源8个市）（紧密层）和一小时交通圈（包括安阳、鹤壁、濮阳、三门峡、商丘、信阳、驻马店、南阳）（辐射层）。

2008年底，国土资源部将中原城市群国土规划列为我国国土规划的试点区域。当前，国土规划编制的前期工作正在进行。与已先期开展国土规划试点的深圳、天津、辽宁、广东等省（市）相比，中原城市群国土规划作为区域性城市群的国土规划有其特点和侧重点。

近几年来，中原城市群经济发展迅速，地区生产总值增长速度高于全国平均水平，总体经济实力居中部地区城市群之首。然而，经济快速增长的同时也伴随着资源的大量消耗和环境的污染。各城市发展各自为战，目标定位和产业类型趋同，城市间的恶性竞争和低水平重复建设现象较为普遍，还未真正形成城市群发展的合力。

通过编制和实施中原城市群国土规划，可从宏观上和战略上协调这一区域人口、资源、环境和经济四者之间的关系，把产业结构和布局调整、城镇体系布局和重大基础设施配置等国土开发建设活动与资源开发利用、环境整治保护密切结合起来，增强中原城市群内在联动发展机制，放大城市群整体优势，促进城市群在全国区域间竞争力的提升，使之成为参与国内外竞争、承接国际和我国东部发达地区产业转移、促进中部崛起、辐射带动中西部地区发展的重要增长极。

在中原城市群国土规划前期研究中，应关注几个重大问题。

1.中原城市群地区国土资源承载力和环境容量研究

国土资源是一个国家或地区经济社会发展的基础和载体。土地、水、矿产等资源的保障程度影响甚至决定着区域经济社会发展的未来前景。中原城市群各城市在资源禀赋、环境容量方面各不相同。对单个城市国土资源承载力和环境容量的研究可为该市的产业选择、城镇布局和发展方向提出指导性定位；对整个城市群国土资源承载力和环境容量的综合研究，可为群内城市间的资源共享、优势互补和产业链接做出指导性安排，为城市群与周边地区的互利合作提出指导性意见，进而明确中原城市群发展的战略定位和目标。在中原城市群国土规划的各项专题研究中，资源承载力和环境容量的研究无疑是重要的基础。在这个专题研究中，通过对中原城市群国土资源承载力和环境容量进行综合评价，分析预测未来一个时期国土资源开发利用和环境变化的主要影响因素和发展趋势并提出相应对策。

2.中原城市群国土开发总体格局研究

国土开发总体格局是一个国家或区域经济社会发展的空间系统合理组织、资源合理开发利用和生态保护及环境整治的总体方略和基本架构，是国土规划的核心和关键。设立中原城市群国土开发总体格局研究这一专题，就是要在客观分析群内各城市资源利用、城镇和产业发展现状、特点和潜力的基础上，深入研究城市群空间开发格局，包括中心城区的空间协调发展战略、城镇和产业的轴带发展战略与空间布局、城乡协调发展战略等。划分国土综合功能区，提出功能区空间调控目标，构建中原城市群“中心带动、圈层辐射、轴带拓展、多点支撑”的国土空间开发基本格局。

3.中原城市群产业布局优化与整体合力提升问题研究

当前，中原城市群城市间产业发展同构、无序竞争、低水平重复建设是影响城市群整体合力的重要原因。如何结合各市的资源特点和产业基础，构建中原城市群分工合作、优势互补的现代产业体系，促进群内城市的合作共赢，是编制实施中原城市群国土规划的重要目的之一。在国土规划编制的前期研究阶段，有必要将优化产业布局，促进城市群整体合力提升作为一个重要的研究专题。依据各市资源禀赋、城镇和产业发展特色，研究城市间互动互补、竞争合作的关系，提出强化城市间分工合作、资源共享的指导性意见，促进城市群生产力的合理布局、产业的互补衔接、重大基础设施的共建共享，进一步缩小城市间经济社会发展的差距，促进区域统筹协调发展，提升城市群的整体合力。

4.中原城市群城镇体系和城乡一体化研究

城市是一个地区生产要素的集聚地、经济社会发展的辐射源和发动机。近些年来，中原城市群城镇化水平迅速提升，城市对经济社会发展的辐射带动作用日益增强，已进入以工促农、以城带乡、城乡统筹的发展新时期。中原城市群国土规划应设立构建现代城镇体系和推进城乡一体化为主题的研究专题，以发展生态型、复合型新城镇，建设富裕文明新农村，实现城乡一体的发展格局为主要内容。对中原城市群各级城镇的发展方向、建设目标和辐射范围进行分析和定位，对小城镇、中心村建设和村庄整治进行统筹安排，对城镇公共服务和基础设施向农村延伸进行规划，从而为中原城市群现代城镇体系的建立完善、城乡一体化的健康发展和社会主义新农村建设起到指导作用。

5.中原城市群农业现代化与粮食核心区建设研究

我省是农业大省，中原城市群中多数城市都属农业大市。近些年来，省委、省政府坚持以科学发展观为指导，坚定不移地走不以牺牲农业为代价的新型工业化、城镇化道路，形成了工业化、城镇化快速推进与粮食安全双赢的协调发展格局。加快推进农业现代化和粮食核心区建设仍然是未来一个时期我省经济社会发展的重要组成部分。中原城市群国土规划应设置推进农业现代化和粮食核心区建设专题，进行深入研究。以加快粮食核心区建设为抓手，以调整优化农用地结构与布局、严格保护耕地特别是基本农田、改善农业生产基础条件等为主要研究内容，提出加快推进农业现代化和粮食核心区建设的政策措施。

6.中原城市群重大基础设施建设工程布局研究

当前，中原城市群城市间的联系还不够密切，城市群内产业互补、资源共享、生态环境共建等还未真正实现。其中重要的原因是城市间起桥梁纽带作用的重大基础设施工程建设未能及时跟进，半小时、一小时交通圈建设还需要进一步加快。在中原城市群国土规划的研究专题中，需要设立重大基础设施建设专题，通过全面分析各城市间资源、人员等生产要素的流通状况，提出城市群需要建设的基础设施工程的具体项目、规模和布局，为城市群加速经济一体化、增强整体合力提供切入点和突破口。

7.中原城市群生态环境保护与整治研究

随着城镇化、工业化的快速推进，所引发的生态环境问题日益突出。中原城市群的建设与发展不能走“先污染，后治理”的老路，必须加大环境保护与整治力度，实现城镇化、工业化与生态环境和谐发展，建设环境友好型社会。在国土规划编制的专题研究中，要将生态环境的保护与整治作为一个研究专题，通过对中原城市群生态环境屏障和生态用地的布局、宜居型城乡生活空间的打造、重大环境整治工程的安排等问题进行深入研究，提出切实可行的构建城市群生态屏障体系，建设生态型、复合型城镇，实施环境整治重大工程的具体措施。

8.中原城市群与周边城市群的跨区域协作研究

随着经济全球化和区域经济一体化的深入发展，区域经济合作已经成为我国地区经济发展的重要带动力量。中国社科院的研究表明，我国正在形成33个大城市群和若干小城市群，城市群之间的经济合作将成为当前和未来一个时期区域经济合作的主体。中原城市群国土规划前期研究应设立中原城市群与其他城市群间的跨区域协作专题，通过深入分析中原城市群与国内京津冀、长三角、珠三角、武汉、成渝、关中等城市群之间的资源、人员、信息、资金等生产要素输入输出的关系，客观审视和判断城市群在国内所处的位置和优劣势，明确中原城市群区域发展的战略定位，提出与长三角、珠三角、京津冀、武汉都市圈、关中等城市群跨区域协作的战略措施。

（本文获《资源导刊》2009年度“好文章”论文类一等奖）

建设大中原亟须大资源管理观

□文茂林

2011年9月28日，《国务院关于支持河南省加快建设中原经济区的指导意见》永载河南发展史册，一直跻身于“国家队”背后的亿万中原儿女艰难等来了这个发展机遇，充满豪情和自信地跃上了新起点，以“关键在做”的同期声，唱响了中部崛起、河南振兴的进行曲！

打造中原经济区是实现科学发展的第一战略工程，而对国土资源的需求又是排行第一的刚性需求。随着战略工程的加快和提速，资源供需紧张将进入大发展的高峰期，传统的资源管理模式和常规的资源利用方式，已经难以破解与化解了。

——**往上要指标、扩增量毕竟有限**。据测算，“十二五”时期，全省年均建设用地需求量在80万亩左右，而预计国家下达和直接配备的计划指标每年只有30万亩左右，缺口超过60%。

——**外延扩张式发展难以持续**。“资源不是永远的主菜。”全省1.2亿亩耕地保有量不能少，全国产粮大省的地位不能动，依赖有限土地进行大规模、高强度的工业化、城镇化开发，支撑全方位的无限发展，的确是难上加难。

——**增减挂钩、占补平衡难免顾此失彼**。形式上的挂钩解决不了实质性的问题，数量上的平衡解决不了质量问题。近年来“增了城市减了农村”、“占了优地补了劣地”已成为不争的现实，迫切需要通盘考虑、全面配套作出制度性安排。

——**政府垄断资源配置易于效率低下**。繁琐的行政审批制度既增大了管理成本，又降低了土地配置效率。许多项目等不及审批，只好“先上车后买票”，既导致未报即用、未批先用，又造成批而不用、闲置浪费。目前，我省国家级和省级开发区建成工业用地平均投入强度分别为258.58万元／亩、149.10万元／亩，产出强度分别为488.82万元／亩、239.18万元／亩，普遍低于全国平均水平。特别是各地政府对土地市场过度的行政干扰，一手定价、协议出让，禁止集体土地和农民宅基地流转，扭曲了土地价格，征地难度越来越大。

——矿产开发与环境保护形成艰难的拉锯战。目前的资源整合仅仅是初级阶段，并未从根本上实现资源、资产、资本的融合，更没有跳出开发—破坏—保护—再开发的恶性循环。目前，全省采矿造成地面塌陷461平方公里，固体废料场等占压土地90万公顷，改变破坏土地110万公顷，地下水位明显下降。省内矿产开发潜力更是令人忧虑，铁矿石基本依赖进口，铝土矿仅能开发14年，煤炭由净流出省变为净输入省，国有大中型矿山中可采储量不足5年的占40%以上。深部找矿投资大、技术要求高，短期内很难见效。

战鼓催征声声急，形势喜人又逼人。喜的是：国家为河南定了位，给了许多支持、优惠政策，并允许先行先试先改，叫我们这一茬国土人赶上了好机遇；逼的是：旧难未解，新难又增，国土系统肩上的压力更大、责任更重，而且只能进不能退，只能当动力不能当阻力，除此再无别的选择。

方略一：科学规划布局，优化用地空间，精心绘制河南发展新版图

好规划是一部功德书。在对土地的开发利用中，因缺乏事先规划或规划不科学，我们已经交了不少“学费”，至今有的“城市品牌”和“形象工程”成了历史包袱。打造中原经济区，首先要科学规划，布局好“定位发展”的大盘子。这就和军队作战一样，先要根据地形敌情定准目标，搞好排兵布阵，才能出奇制胜。

河南省16.7万平方公里的国土面积，近1亿人口繁衍生息，三面环山，空间狭小，平原约占二分之一，且有“悬河”之虞。哪些地域该发展什么，能发展什么，怎样发展更好一些，围绕这些“发展点”合理规划、科学定位，形成国土空间利用新格局，不仅关系到起步高低，更关系到发展持续。

规划应体现主体功能区的定位，突出按区位限量供地。中原经

济区为国家级重点开发区，大规模高强度的工业化、城镇化开发是“十二五”期间的主要任务，GDP增速仍是未来的主要诉求。具体到河南，既是重点开发区，又是粮食主产区，也有生态功能区和各种示范区，必须坚持多区同步规划。该重点开发的必须全供，应限制开发的必须限供，属禁止开发的必须禁供，不能在推进开发项目上一线平推、分配用地指标平摊，也不能谁要指标就给谁、想建什么就建什么。要通过有保有压、差别供地，力促城市土地利用集约化、工业生产集聚化、农业生产基地化。

规划还应符合区域经济发展规律，突出按板块批次供地。中原崛起不仅仅是河南振兴，其中包括“领头羊”和辐射作用，应按“核心带动、连锁发展、节点提升、对接周边”的原则，把板块式开发、集约化发展体现在全省国土规划之中，促进各自优势充分发挥、板块优势充分彰显，力求供地一块、建成一片，每一个板块成为新的经济增长点，真正发挥河南作为中原腹地承东启西、连南贯北的区位优势，与东部、中部、西部主要经济区的功能实现高效衔接，形成中国区域经济发展的战略腹地。

规划更应促进“三化”协调发展，突出按主线重点供地。持续探索“两不牺牲”和“三化”协调科学发展的路子，是从根本上破解发展难题的必然选择，是中原经济区建设的核心任务，也是河南区别于全国其他示范区的特点特色。新国土规划应紧紧围绕“三化”建设设计框架，着力保障以重大基础设施、重大民生工程、城市新区和新型农村社区为重点的新型城镇化发展用地；保障以省市重点项目、重大招商项目、产业结构调整项目和产业集聚区为重点的新型工业化发展用地；保障以优化基本农田布局、增加耕地面积、提升耕地质量为重点的新型农业现代化发展用地。用新规划牵引新发展，强化新型城镇化的引领作用，强化新型工业化的主导作用，强化新型农业现代化的基础作用，使“三辆马车”并驾齐驱，相得益彰。

好规划还得用好。要以新修订的国土规划为蓝本，抓紧调整供地用地规划，协调统筹好与之相关的发展规划，力求多规合一、“双保”并重。对那种不惜以牺牲当地环境资源、群众利益为代价，大兴土木，大拆大建，上马一些短期内拉动经济指标，长远看却对当地发展不利的项目，应坚决果断地叫停。对那些产业集聚区形不成高端产业集聚、工业园区没有主导工业、城市新区达不到城乡一体等问题，都要重新审视和筛选，及早把一些落后、高耗、产值产能低和发展潜力不大的项目加快转型升级，或淘汰出局。通过积极的规划调控，促进土地资源时空配置、结构优化、规模控制和功能提升，有效引导发展方式转变，确保每一步发展战略、每一块产业布局、每一个重大项目都符合当地发展实际，充满持续发展后劲，经得起历史检验和群众评判，力争再过三五年，在河南的版图上叠加一组组发展惊人的新数据，创造一个个率先崛起的新奇迹。

方略二：加大市场运作力度，提高土地矿产收益，努力追求资源使用效益最大化

市场看着近、走着远。建立城乡统一的土地市场和矿产交易市场，从中央到国土资源部，早就有这个精神和要求。近几年来，全国各地的土地交易、矿产交易如火如荼，正在以各种形式蓬勃兴起，全面向市场配置资源扩展和延伸。相比之下，河南的土地矿产市场有些滞后，形式比较单一，基本还是各级政府主导、大集团垄断、开发商得利多，年度总收益一直上升不快，在全国各省份中的比较收益属于中等偏下。到目前为止，全省土地收益才760亿元，不及杭州市的一半；矿业两权价款每年30亿元多一点，资源补偿费年收入不到9亿元，也与矿产大省不完全相称。

大中原就是大市场。尽快把土地矿产资源推向市场，加大运作力度，充分发挥市场配置资源的基础性作用，无疑是明智之举、发展之势、战略之策。当下，土地政策重在改变“二元分割”格局，建立和完善城乡统一的建设用地市场，实行集体土地与国有土地的同地、同权、同价；矿产开发亟须打破“独家垄断、多家转让”的格局，进入统一的交易市场配置，实行公开的招标拍卖挂牌制度。只有用无形的市场之手调控资源供求关系，才能显现资源的真正价值。

市场呼唤“减征”。以城乡二元土地制度的名义将城市化和土地征

收捆绑在一起，这极大地扩张了政府的征收权限，剥夺了农民利用土地分享城市化收益的权利，形成了政府主导城市化进程、违背市场经济规律的畸形发展模式。首先要减少集体土地先征后用环节，允许集体建设用地使用权出让、出租、转让、转租、抵押，让其直接进入一级市场，打破对农地转用的国家垄断，改变政府对集体土地的用途管制，加快农村土地流转、城乡挂钩周转的过程。集体土地出让价格不得低于同区域、同类别国有土地使用权基准地价的30%，政府不得参与流转的收益分配，50%以上的收益应用于本集体成员的社保支出，让农民分享土地资源市场化的收益成果。其次，要缩减征地划拨范围，除军事、保障性住房、特殊用地严格履行征地程序实行点供外，其他用地应全部实行有偿使用，直至取消土地供应双轨制。这样，有利于核算土地使用者的成本，有利于公平公开竞争，有利于提高出让价和补偿费，真正实现土地管理惠民生、促发展。

市场要求“放权”。省级层面在供地指标上，主要是“控总量、审程序、保重点”，每年除留出一定指标保障国家和省重点项目落地外，其他用地指标可一次分配到地市和直管县，由市县分批次及时审批供地。省厅对上报卷宗只审不批、只核查不增补，实行自下而上的指标包干责任制，改变层层往上跑指标、级级审批设关卡的状况，切实提高用地审批效率。矿产开发办证除大矿种和特殊矿以外，对小矿种、非金属矿和续办手续的，也可适当放宽审批发证权限。

市场提倡“竞价”。有市场便有竞争，竞争必然竞价。对用地采矿，政府可规定基准价，没必要统一定价和协议出让。按河南每年固定资产增加25000亿元折算，年度用地至少在85万亩，平均每亩不到100万元，地价确实偏低。对经营性用地和工业用地出让，应实行招标拍卖挂牌方式公开出让，工业用地出让价格不得低于公布的最低价格标准。对划拨用地改变用途的，必须由政府统一收回，统一组织重新入市出让。对提高土地容积率的，必须严格按照前后市场评估价补差，依法缴纳土地出让金。国有建设用地使用权应全部纳入政府公共资源交易平台进行公开竞价，不允许有意压价或零地价招商。矿产开采也应进入统一市场竞争，并要适当提高两权价款、资源税、资源补偿费和环境保护费的标准，实现采矿市场化、货币化，增大矿产开发成本，使违法违规者付出一定代价。如果全省土地矿产都进入市场竞争，年收益肯定会成倍增长，为有序开发和保障发展提供足够的资金储备。

市场需要“阳光”。市场运行必须遵循市场规则。要从严规范政府经营土地矿产行为，防止既管又卖，通过指令性规划、计划配置资源，在工业用地、房地产、矿产交易等多个分割的市场上有偿出让，政府拿大头，百姓拿小头。有资料表明，2010年全国开发商、政府从土地出让金中分得的收益分别是农民收益的18倍和13倍。这种严重依赖资源发展的计划经济手段，越来越步入农民土地权利被侵犯和资源利益矛盾加剧的多难境地，已经到了不可持续的地步。要积极推行网上交易和网上监管，加强对招标拍卖挂牌出让前的资格预审监督，严禁设置条件限定竞买人。通过信息公开、程序公开、底价公开、竞标对象公开，实现全程透明、阳光作业和真正意义上的公平正义，充分发挥市场配置资源的最大功效。

方略三：做大挖潜盘活文章，立足自我拓展空间，不断提高资源可持续保障能力

中原经济区的起步期也是资源刚性制约期，这种快速发展中呈现出来的“用地瓶颈”问题，是一个全国性的普遍矛盾，各地都在想办法解决。河南也应该有办法解决，关键是要找到自身的潜力，发挥好后发优势，在用好用活政策中创新完善政策。

开发黄河滩涂“增地”。流经河南近千公里的黄河是一个典型的游荡性河流，伴随着三门峡水库、小浪底水利枢纽工程、西霞院反调节水库等大型水利工程的投入运营，抗御千年一遇洪涝灾害和结束下游河段季节性断流成为可能。河南省境内黄河滩区的面积、位置、行洪安全趋于稳定，宜耕滩涂的数量逐渐增加、质量逐步提高，从黄河滩区寻找耕地后备资源的时机已经成熟。这几年，焦作市共投入资金6.8亿元，开发整理了19.36万亩宜耕地，为建设用地腾出了很大空间。据测算，全省临近黄河六市的滩区总面积约118235.19平方公里，宜耕滩区面积为

61592.84平方公里，如果按照焦作模式开发的话，可增宜耕地近200万亩，大大缓解我省耕地占补平衡问题。这个潜在的大空间，就是发展的大优势。

深化土地整治“腾地”。我省农村居民点布局散乱、用地粗放，总人口6774万，建设用地12765平方公里，人均用地248平方米，按国家人均用地150平方米的最高标准相对集中居住，可腾出土地上百万亩。目前我省城镇化率仅39.5%，比全国平均水平低10个百分点，到“十二五”末需要达到48%以上，将有一半农民变市民，这是一个腾挪空间的大抓手。据测算，全省城镇化率每提高1个百分点，可以转移农村人口100万，节约用地22万亩以上。其实在这方面，我们已有成功的典范。舞钢市将全市190个行政村整合规划为4个中心镇、17个新型农村社区，先行启动的4个村庄，占地由原来的1100亩缩减到510亩，节地率达53.6%；滑县将产业集聚区内的18个村整合为一个社区，农村居民点占地由原来的4251亩缩减到1676亩，节地率达60.6%。邓州原有自然村3182个，其中有整治潜力的自然村2732个，整治后新增耕地15.32万亩。实践证明，河南农村是一个大有潜力、大有扩展空间的天地，用好土地综合整治这个平台大有可为，核心问题是要把提高城镇化率和建设新农村一并纳入土地整治之中，以“人地挂钩”政策带动和促进城乡一体化，不能就土地整治土地。全省部署的“千村整治”示范工程，应加强统筹指导，提高层次抓，真正成为“整地腾用地、新城带新村”的示范。

转变利用方式“节地”。发展离不开土地，但并不是说土地占有量和使用量越多越大，发展就越快越好，核心是利用方式要科学。“十一五”期间，全省严把项目用地预审会审关，坚决核减超标准和不合理用地，持续推进“空心村”、黏土砖瓦窑场和工业废弃地为主要内容的“三项整治”，累计新增耕地83万亩，单位GDP建设用地消耗下降24%。这有力地说明，方式一转天地宽，节地学问在转变。要引导新增建设项目合理用地，能占荒地不占耕地，能占劣地不占好地，能少占地绝不多占地，能原址挖潜则不占增量土地，有效控制建设用地规模。要抬高工业用地准入门槛，重点引进科技含量高、税收高、产业关联度高、产品附加值高和投资强度大的“四高一强”大项目，将有限的土地资源向优势项目倾斜。要鼓励企业利用地上地下空间，通过平房建楼房、楼房建多层的方法，提高单位土地投资强度和建筑容积率，实现多增资、少增地。济源实施“工业出城、项目上山”战略，经过10年挖潜，新增建设用地2.23万亩，有效解决了工业用地与城市和农业争地的问题。我省可以在沿太行山、伏牛山、桐柏山和大别山地区，探索利用低丘缓坡拓展建设用地空间，推进山地工业、坡地城镇建设。其实，城市地下开发潜力也是很大的。据郑州市调查，市中心城区浅层地下空间可以提供15200万平方米的建筑面积，次浅层地下空间可提供28900万平方米的建筑面积，开发利用可节地66.15万亩。

盘活现有存量“扩地”。当前，用地紧张与粗放浪费同时并存于全省各地，随意到一个地方走走看看，便会发现盘活用地潜力非常之大。有的大宾馆占地几百亩，空荡荡的；有的新区圈地上千亩，至今没上几个大项目，5年内也填不满；还有的产业集聚区、校园区建设用地不到一半，另一半荒芜好几年了。就全省供地率来说，不到30%的比例较为普遍，个别地方年供地率仅为15%。要从根本上解决这种乱象，一方面需要加大依法处理力度。对已经办理审批手续的非农业建设占用耕地，一年以上未动工建设的应缴纳闲置费；连续两年未使用的应无偿收回用地单位的土地使用权，交由原单位恢复耕种；工业用地投资强度低于规定标准的，折算后按比例收取土地闲置费；凡有闲置土地行为的企业，禁止参与竞拍建设用地使用权；对存在土地闲置的房地产开发企业，协调商业银行不发放新开发项目贷款，告知证监部门暂停批准其上市、再融资和重大资产重组。另一方面需要强化批后监管职责。利用处、法规处等相关职能部门应拿出主要精力，不间断地对年度审批下达的建设用地指标使用情况，采取“对号入座”的方式，逐单位、逐批次、逐宗地、逐项目实施跟踪核查，发现虚报假批、改变用途、批少用多或达不到单位GDP建设用地面积降低30%标准的，要及时通报、问责和叫停，对清查出来的批而未供、低效用地和违法用地，统一建立土地后备资源储备库。再一方面就是抓紧完善考评指标体系。应从节地机制、节地标准、节地模式、节地技术和评价体系等多个方面入手，统筹考虑和推进节约集约用地。要将市、县及产业集聚区单位GDP和固定资产投资规模增长的新增建设用地消耗量，纳入政府年度责任目标考核体系；将开发区和产业集聚区土地节约集约利用评价结果，作为其用地计划指标分配以及申请扩区或升级的重要依据，真正做到评价科学、考核严格、奖罚分明、问责到位，使有限的土地资源实现效益的最大化。

方略四：打造共同责任体，形成工作新格局，切实增强资源管理的权威和执行力

传统的国土资源管理机制是“一家管大家用”，政府行为部门化，市场行为行政化，国土部门常常处于“两难”、尴尬和高危的境地，资源管理效果事倍功半，工作的力度与违法的程度不成比例。

加强国土系统能力建设固然重要，但解决体制机制问题更带有根本性长远性。胡总书记在中共中央政治局第三十一次集体学习时强调，各级党委和政府要把土地管理工作纳入重要议事日程，建立健全党委领导、政府负责、部门协同、公众参与、上下联动的工作格局。按照这“二十字”方针构建共同责任体系，形成国土资源管理新格局，变“一家管大家用”为“大家管大家用”，变主要靠协商、协调和感情办事为严格按职责和制度行事，这无疑是理顺各种关系、化解各种矛盾的必然选择。

实行党政同责。党委、政府主要领导要高度重视和经常过问国土资源管理工作，省、市、县应成立领导小组，由党政各派一名领导成员担任小组负责人，下设办公室，专门负责国土资源管理领导工作。坚持对国土资源的重大政策、重大决策、重大问题、重大情况，及时听，定期议，重点抓，经常管，形成制度坚持下去。领导小组要明确分工，落实职责，真抓真管，切实在执行国土新政法规、耕地保有量和基本农田保护面积、节约集约用地、土地综合整治、矿产资源管理、地质灾害防治、执法监管、单位GDP新增建设用地消耗量等主要方面，从严把关定向，履行好领导责任。

分解部门职能。随着中原经济区建设带来全时空、全方位的发展，国土资源管理的社会关联度越来越强，任何环节的不配合、不相容都将

影响整个管理系统的效力，仅靠国土部门一家“单打独斗”更是力不从心，迫切需要与之相关的发展改革、住建、工信、商务、交通、环保、组织、财政、司法等部门合力共为，责任共担。这些部门不光是参与管理，而且要有协同配合的具体职责，如发展改革委应在产业政策、市场准入标准等方面，把好项目审批、核准关；住建部门应把建保障房与商品房区分开，并要严控建筑密度和容积率标准；工信、商务部门在产业转移和招商引资中，要精选高、新、尖和低碳、高效项目，防止建成后就落后；环保部门要从绿色、低碳、生态环境方面，强化建设项目和矿产开发的监督检查；组织部门应把耕地保护、矿产开发环境恢复、建设工程质量纳入领导干部考察考核指标，形成使用上的硬性约束；财政部门重点是管好土地出让金和矿产“两权价款”的收支，及时把地质灾害专项费用纳入财政预算；司法部门应对涉土涉矿问题和案件，积极查处、主动执法。通过各司其职、各负其责，真正形成“各炒一盘菜、同办一桌席”的局面。

发动公众监管。国土资源管理说到底，是要服务社会、受益公众、惠及民生。发挥广大群众的监管作用，是贯彻以人为本要求、提高服务管理水平的应有之义。凡出台国土资源新法规、新政策、新决策，事先要多到群众中去听取和征求意见，能吸纳的要尽量吸纳，实施中要多做宣传解释工作，务求人人皆知、乐意接受。要扩大网络宣传、网上交易的公开平台，将非涉密的国土资源信息及时通过网络、电视、报刊等新闻媒体公布，接受社会的监督，还可以邀请社会各界代表参与土地征用、土地出让、矿业权出让、大的违法案件处理等全过程的监督。特别是要畅通人民群众来信来访来电渠道，认真处理来信来访来电案件，做到事事有着落、件件有回音。

聚合联动力量。依法管好用好资源事关重大、难度也大，一出问题就是“上通天、下通地”的大问题，只有上下联动、同抓共管，打出的组合拳才有力量。上下联动不能停留在层层建组织、增机构、写承诺的层面上，关键是上下左右的力量要真正“动”起来、“合”起来，应坚持一级管一级、一级对一级负责，立足本单位的问题本级内解决，做到不上推下卸、不敷衍塞责，这是确保辖区内无违法违规行为的关键力量。负责批地批矿的业务处、科、室所有成员，都要严格按程序、规矩和原则来，做到在自己手里不误事、不出错、不谋私，这是确保依法用地采矿的重点力量。基层协管员和执法队伍的作用不可忽视，要尽可能地为他们解决待遇、创造条件、提供便利，激励他们及时发现问题，有效化解矛盾，把违法违规苗头遏制在萌芽之中。对潜在和出现的重大问题和案件，一定要统一组织力量，统一采取行动，联合督办、联合巡查、联动执法，坚决果断地作出处理，确保不留隐患和后患。

（本文获《资源导刊》2011年度“好文章”论文类一等奖）

国土资源管理工作应成为新型城镇化的助推器

□文茂林

建设中原经济区，走好一条不以牺牲农业和粮食、生态和环境为代价的“三化”协调科学发展之路，应坚持以什么为引领？无数事实表明，充分发挥新型城镇化的引领作用应是我们的理性选择。之所以如此，是因为城镇化具有城乡统筹、以城带乡、一体发展、互促共进的时代特征，是一项宏大而系统的民生工程。在这方面，我认为，国土资源管理工作应该而且必须努力成为新型城镇化的“助推器”。具体来讲，应重点围绕“村往城转、钱往村流、地随人走、民生有保”的总要求，打开改革创新视角，转变资源利用方式，充分发挥“一台两转”（土地整治平台、集体建设用地流转和人地挂钩周转）作用，努力为新型城镇化建设提供资源政策支撑。

——**确权登记发证的工作要往前做**。抓紧为每宗地建立“身份证”，明晰土地使用者的产权关系，为土地资产抵押融资提供服务，这不仅是土地流转周转的首要前提，也是推进新型城镇化建设的基础性工作。尽管这项工作面广量大，界定权属来源很复杂，但只能往前做而不能往后推，只能做细做好而不能粗枝大叶。要按照不改变土地现状、不增加农民负担的原则，任务可直接下到村组，由县乡政府组织负责，坚持部门实施与群众参与相结合，有资质的队伍提供技术支撑。和谐开展这项工作，关键要做到“四纳入”，即纳入各级政府的目标责任制，规定完成比例和时限，定期检查验收；纳入年度财政预算，允许从土地出让收益中支出，确保专项资金落实；纳入全民宣传教育，把具体政策规定送到村村户户，激发群众自觉主动参与的热情；纳入公开查询系统，建立数据库和档案室查询、触摸屏查询、网上查询三位一体的土地登记档案资料，便于随时查询监督。为加快此项工作进度，可以采取上下结合、统一培训、分头操作、一次完成的办法，也可采取以点带面、集中包片、分块推进的办法，争取用一年至一年半的时间，尽快把集体土地所有权、集体建设用地使用权和农民宅基地使用权的权属厘清，逐宗登记入册，逐户发证到位，为后续建设和发展开辟通道。

——以科学谋划布局支撑定位发展。新型城镇化建设是在各地基础和条件不同、发展不平衡的差异中推进的，既不能搞“一线平推”和“一刀切”，又不能套用一种模式，必须规划先行、优化空间，因地制宜发展，科学定位发展。应按照“二调”的数据变更，抓紧调整规划、修编规划，进一步优化城乡之间的用地空间布局，增强城镇集聚产业、承载人口、辐射带动区域发展的能力。省、市、县（市）要尽快完成新型城镇化社区规划、村镇体系规划和村庄布局规划，实现多规合一、总规牵引，形成多层级、多模式、多功能的发展格局。在纵向上体现多层级，坚持中心城市组团式发展、县城区内涵式发展、乡镇社区联建式发展、农产区基地式发展，构成集约高效、多级互动的产城链；在横向上探索多模式，加强协调统筹，科学选点定项目，如产城互动、引进社会资本参与、土地增减挂钩、生态旅游、休闲农业、加工服务、文化传承等模式，以丰富新型城镇化建设的内涵和路径；在要素上彰显多功能，合理分配产业比、人口比、节地比、就业结构比，实现资源有效整合，用地集约高效，吸引人口和产业向城市新区集聚，促进产城互动发展，功能复合构建互补，形成产业促就业、新城带新村的滚动效应。当前在这方面，尤其需要防止两种偏向：一种是片面追求城镇化比例，大搞去农村化、去农民化的“造城运动”，出现新一轮的“圈地热”和“政绩热”；另一种是政府包打天下，大小事都包揽起来，老百姓缺乏进城的积极性，仅有政府“一头热”是很难有序有效推进城镇化的。

——用好土地综合整治大平台。加快新型城镇化建设进程，资源和资金是启动的两大杠杆。在全国土地开发强度、城镇发展竞争力接近临界点的情况下，期望国家给更多的用地、更多的资金来建设，那是不现实的，根本出路在于向土地综合整治腾挪用地、回笼资金。要建立健全城乡统一的土地市场和资本市场，让土地资源要素在城乡之间流转，让现金生产要素向农村流动，从根本上改变农村要素短缺但资源要素价值又不断流失的状况。要多方筹资反哺农村，加大土地整治项目投入，扩大基本农田整治规模，规范推进城乡建设用地增减挂钩工作，对整治出来的新增地，一部分用于耕地占补平衡，一部分可流转为建设用地，提升农村土地的资源价值。要创新土地整治实施模式，充分发挥集体和农民的主体作用，通过以补代投、以补促建，让农民“用国家的钱、整自己的地”，调动农民建设和保护高标准基本农田的积极性。省市财政每年应拿出专项资金，补偿和奖励耕地保护较好的产粮大县。同时，要建立整合有关涉农资金与土地整治项目资金挂钩制度，对积极参与的单位及时安排项目资金，引导各地把土地综合整治与提升农业现代化水平和城镇化率有机统一起来，跳出“就土地整治土地”的圈子，努力实现“一台同唱、一举多得”之效。

——积极推进集体建设用地使用权流转。土地是统筹城乡发展的核心问题之一，应抓紧完善现行法规政策，为农村集体土地使用权流转创造良好的法律和政策环境。当前尤其要加快建立城乡统一的建设用地市场，对依法取得的农村集体经营性建设用地，必须通过统一有形的土地市场，经公开规范的方式转让土地使用权，与国有土地享有平等权益。要大胆鼓励集体土地股份制改革，成立集体土地农业经合组织、股份合作社或股份公司等，使农民对集体资产享有充分的股权。通过完善和强化土地用益物权，使农村集体土地所有权实现最大化。要严格规范集体建设用地，做到使用范围、流转条件、收益分配原则和入市交易规则四清楚，允许农民依法通过多种形式参与开发经营，允许流转指标跨区域使用，切实放大土地流转效应，提高土地经营水平，进一步发挥集体土地的保障作用，拓宽县域经济发展空间。

——引导人地挂钩政策进入实际操作。人地挂钩政策是国务院赋予中原经济区先行先试的核心政策之一，也是推进新型城镇化需要创新发展的政策。人地挂钩，实质上就是解决“地随人走”的问题，关键点是要把土地资本化，进入市场流通，实现以地增地、以地生财、以地兴城。这里面需要研究和把握几个重点问题：一是按照城市人口转移规模核定人地挂钩总规模，合理分配土地增减流量，确保建设用地总量不增加；二是从严掌握不同城镇人均建设用地标准，力求少用地多增地；三是农转城的土地增量指标可用于增加等量的城镇建设用地，允许城市用地增加与农村用地减少直接挂钩周转；四是将土地整治节余的复垦指标、耕地占补平衡指标和进入流转的用地指标，全部纳入统一的交易市场，交易收入全额返还农村和农民，用于进城后的生计保障和基础设施建设；五是实行土地承包权转让或保留，建立宅基地退出机制，进一步强化农户对土地的处理权能，鼓励农民离宅离土；六是建立人地挂钩信息管理平台，确保人地挂钩过程可控、结果可控。

——加大征地制度改革力度。无论是集体土地流转，还是人地挂钩周转，都涉及征地制度改革的系列问题。总体上，要解决好征地范围、征地程序和征地补偿三大法律问题。具体地说，对征地区片价怎么确定，征地收益怎么分配，征地补偿标准怎么掌握，征地安置怎么办，征地风险评估机制怎么建，征地由哪一级负责等问题，都要逐个拿出可供操作的具体规范，防止“以补代征”和“强行征地、非法征地”的情况发生。市场配置资源是发展的必然趋势，反市场规律再善意的管制也是徒劳，以城乡二元土地制度的名义将城市化与土地征收捆绑在一起，实际上是扩张了政府的征收权限，剥夺了农民利用土地分享城镇化收益的权利。应打破目前土地所有制的“二元”格局，严格界定公益性和经营性建设用地，逐步压减征用环节，缩小征地范围，让集体建设用地直接进入一级市场，实行公开的招标拍卖挂牌制度，交易收益按政府得小头、老百姓得大头的比例分成，让农民分享土地资源市场化的收益成果。

——从严落实审批效率追究制。这几年一直反映审批效率低，但哪一级也不承认自己低；一直强调审批制度改革，但谁都没有大刀阔斧地改。深层原因还是不想削自己的权、去自己的利。这个问题解决不好，许多意见仍会由此而生，不少违法问题也会由此而来。在全面推进城镇化建设、城乡土地增减流量较大的非常时期，特别需要非常举措倒逼审批效率追究制的落实，坚持谁延误谁担责、谁乱为就查处谁的原则。要打破“过去是怎么办的就怎么办”的常规，今天该怎么做就怎么做，真正做到急需急办、特事特办。要破除业务部门相互掣肘的壁垒，将审批工作由串联变并联，即由以前的一个处（室）办理完再转到另一个处（室）办理的办法，变成所涉处（室）提前参与、分头核查、联审联批、限时问责。对大宗项目用地，领导要亲自带队，相关处（室）全力以赴，办公服务到现场。还应建立和用好网络平台，实行网上随报随审随批，缩短审批工作流程，公开接受社会监督。大力推进自上而下的审批制度改革，省厅以上主要履行“总量控制、用途管制”的职能，对计划内的增量指标除留出保障本级重大项目落地外，可一次性分配到省辖市和直管县，年内只管审不管批、只管查不管补；对节约挖潜的存量指标，可适当扩大单位自主使用权限，允许在一定范围内调剂。通过超常办、集中办、网上办、放权办，推进审批制度改革提速增效，更好地为城镇化快速发展服务。

——**着眼于民心民生为本**。城镇化的本质问题还是农民问题，必须把农民作为城市建设的主要动力和受益主体，不仅让他们身进城，更要心进城；进得来，更要留得住、过得好，自我实现从农民到市民、从人口城市到幸福指数较高城市的转变。国土部门应坚持幸福感从人人感觉到的事情抓起，征地用地一定要建立在老百姓自觉自愿的基础上，千万不能搞强拆强建。那种认为“农民知道越多、越不好开展征地工作”的看法，或为了加快项目进场动用各种手段强行征地的做法，都是侵犯被征地农民知情权和合法权益的行为，必须坚决克服和杜绝。安排建设用地批次一定要贯穿产城互动、就业优先的原则，以县城、镇区、产业集聚区和农民创业园为依托，把新型社区作为实现城乡公共服务均等化的载体，确保进城农民有相对稳定的收入，有持续增收的长效机制。补偿安置一定要及时、足额、全员做到位，积极探索土地补偿款的多种发放方式，建立地上附着物补偿连动上涨机制，严格执行“社会保障费用不落实的不得批准征地”的规定，进一步探索以市场为导向的多种安置形式，如就业安置、入股分红安置、留地开发安置、异地替代安置等，确保失地农民基本生活和长远生计。批后监管工作一定要跟上，不间断地加强依法依规管地、集约节约用地的跟踪检查，把吸纳农民安置多少、为进城农民服务的质量等，作为评价资源利用水平和服务保障绩效的重要指标，以科学考评制度推进城镇化建设科学发展。

（本文获《资源导刊》2012年度“好文章”论文类一等奖）

尽好生态立省中的资源管理责任

□文茂林

党的十八大把生态建设上升到国策的高度，令人动容地叙述：“给自然留下更多修复空间，给农业留下更多良田，给子孙后代留下天蓝、地绿、水净的美好家园。”这“三个留下”意味深长，充分体现了党对生态建设的关切度，积极回应了事关人民生活生命的强烈呼声。“河南省生态建设规划纲要”也已正式颁布实施，提出的基本要求是：经济社会持续健康快速发展，环境污染和生态破坏得到根本遏制，自然资源永续利用，生态环境良好，人居环境优美，生态文化全面发展，生态文明程度显著提高。落实这一要求需全省上下共同为之奋斗，国土资源管理自在其中，而且有着更直接、更具体、更紧迫、更长远的责任。

一、把生态建设理念植入每个国土人头脑中

“面对资源趋紧、环境污染严重、生态系统退化的严重形势，必须树立尊重自然、顺应自然、保护自然的生态文明理念。”党的十八大报告的这一论断，是基于对人与自然的关系深刻反思的科学判断，对于建设美丽中国、实现中华民族永续发展具有重要指导意义。国土资源管理与生态文明建设犹如“车之两轮”，只有并驾齐驱，才能发挥互动共进的作用，达到一举双赢的目的。每一个国土人都应把生态建设理念，自觉植入脑子里，融进工作中。

始终坚持以“尊重自然”为首要前提。任何时候都要对自然怀有敬畏之心，尊重自然界的一切创造、一切存在和一切生命。历史上，在生产力相对低下时，人类曾崇拜自然、畏惧自然。近代以来，随着改造自然能力的大幅提高，人类开始轻视自然、藐视自然，甚至以征服者、占有者的姿态面对自然，为满足自身需要向大自然不断索取，使人类赖以生存的自然环境遭受严重破坏，环境污染、生态危机日益严重。我们一

定要认识到人只是自然界的一分子，人类属于自然，而不是自然属于人类；更要认识到自然界是人类赖以生存发展的基本条件，人类生活所需要的一切均直接或间接来自于自然，人类对自然应怀敬畏之心，决不能凌驾其上。还要认识到一切物种均有生命，均有其独特价值，均是自然大家族中不可缺少的一部分，尊重物种生命就是尊重人类生命。

始终坚持以“顺应自然”为基本原则。应看到“不以伟大的自然规律为依据的人类计划，只会带来灾难”。包括人类在内的自然界是一个完整有机的生态系统，具有自身运动、变化和发展的内在规律，不以人的意志为转移。人能改造自然却不能改变自然，利用和改造自然的实践活动只有适应自然规律，才能做到人与自然和谐相处。我们一方面要科学认识大自然中的各种规律，减少因为无知而违背自然规律；另一方面，要以制度约束人的行为，防止因为明知故犯而违背自然规律。像竭泽而渔、焚林而猎、杀鸡取卵之类的做法，大都是因为急功近利和个人贪欲而违背自然规律的。

始终坚持以“保护自然”为责任担当。自然供给人类生存发展所需，人类理应对自然担负责任。实际上，我们省土地对发展的约束是很严重的，经济发展对土地的占用强度或者说需求是越来越大，如何有意识地去保护、修复生态，这种意识没有发展的意识强。国土系统应充分发挥主观能动性，在向自然界索取生存发展之需的同时保护自然界的生态系统，确保人类永续发展，不能老处在建设、破坏、再建设、再破坏的恶性循环之中。要通过改进资源管理方式促进人类发展方式的改变，着力推进绿色发展、循环发展、低碳发展，形成节约资源和保护资源的空间格局、产业结构、生产方式和生活方式。特别要加强供地后的用地监管，督促占补平衡的数量和质量，及时实施重大生态修复工程，增强生态产品生产能力，推进荒漠化、石漠化、水土流失综合治理，扩大森林、湖泊、湿地面积，保护生物多样性。

二、优化国土空间开发格局

生态建设的目的是发展，但这种发展必须优化格局，以保持续和永续，有利于后代而不是断代和绝代。河南省版图面积16.7万平方公里，仅占全国总面积的1.73%，而人口总量大、人均占有资源少，经济发展与资源环境的矛盾十分突出，不能一味地贪大求快，想怎么发展就怎么发展，别人怎么发展也跟着怎么发展。应当从全省的实情、实效出发，把经济社会发展规划、城镇建设规划和国土开发利用规划这“三规”整合到一个版图上，按照能发展什么就发展什么的原则优化布局，实行定向、定点、定位发展。

首先，要优化城镇发展格局。按照国家“两横三纵”城市化战略布局，坚持“核心带动、轴带发展、节点提升、对接周边”的原则，努力构建放射状、网络化、板块式的空间开发格局，形成以中原城市群为主体、以县城乡镇为依托、以新型农村社区为桥梁、以工业产业为支撑、以生态创建为载体的城镇化发展链条，确保人口向城镇集中、产业向城镇集聚、土地向城镇集约，实现大城带小城、产业促就业、人地同步城镇化的良性互动，彰显河南独具特色的生态城市、生态社区、生态村镇之美。

其次，要优化农业发展格局。河南是农业大省，确保粮食安全始终具有战略地位和特殊意义，不管往哪儿发展、怎么发展都不能忽视农业发展。发展农业的首要前提，是保持相对稳定而质量较高的耕地面积，也就是说在推进发展中耕地数量不能减、质量不能降，这是国家赋予的重要任务和责任。要加大投入、加快建设，推进城市近郊都市高效农业区、黄淮海平原和南阳盆地优质粮食核心区、豫南豫西豫北丘陵区生态绿色农业区上规模、上品牌，用区域特色农业带动主产区高质量发展，形成“三区十基地”为主体的现代农业布局。

再次，要优化生态安全格局。依托山体、河流、干渠等自然生态空间，积极推进桐柏大别山地生态区、伏牛山地生态区、太行山地生态区、平原生态涵养区、沿黄生态涵养带、南水北调中线生态走廊和沿淮生态走廊建设，构筑“四区三带”区域生态网络，以增强环境新陈代谢能力和生态自净能力。科学测试表明，一亩树林一个月可吸收有毒气体二氧化硫4公斤，一年可吸收尘埃20吨至60吨。一条宽36米的林带，在距离树的高度30倍宽的地方，可使尘埃量减少30%左右，有人称“树林草地是空气的过滤器”。

三、强力推进省内适度开发战略

河南地处我国东西南北过渡带，地貌类型复杂，气候变化多样，生态系统敏感脆弱，必须加强自身生态建设和系统能力的提高。因长期以来的过度开发，目前探明的石油储量已消耗6.71%，天然气已消耗53.4%，煤矿的储采比已远低于全国平均水平，铝土矿仅够开采10年；水资源缺乏且年际与地域分布不均，人均水资源占有量只相当于全国的1/5,远远低于国际公认的人均1700吨水资源紧张警戒线；土地资源承载力较重,人均耕地资源仅为0.07公顷,不及全国平均水平的四分之一，可利用的后备土地资源严重不足，自然资源对经济社会发展的约束日益加剧。

更严峻的形势是，全省生态环境问题极为突出。据2009年污染物普查动态更新数据显示，全省化学需氧量、氨氮、二氧化硫和氮氧化物排放量分别居全国第5位、第8位、第5位和第2位；水土流失仍较严重，全省轻度以上水土面积占总面积的21%，40%以上地表水河段为劣V类水质；矿产开发造成的生态破坏既没有进行有效恢复，又没有得到有效遏制，目前全省采矿造成地面塌陷460多平方公里，固体废料场等占压土地90万公顷，改变破坏土地110万公顷；每年因气象水文、地质、生物和人为活动造成的灾害损失平均达30亿～40亿元，受灾最严重的年份可高达70亿～80亿元以上。今年的雾霾天气等生态事件，实质都是历史欠账造成的。

现在看来，提高全省生态建设水平，改进国土资源管理是很重要的一个方面。一是矿产资源开发要限量。科学整合现有矿产开发力量，从严落实定区域、定深度、定数量、定时间、定税收的责任制，把主要力量集中到主矿开发上，靠规模经营促成规模效益，防止多点散乱开发；同时要组织精干队伍走出省外、国外找矿，形成以外补内的开发格局，尽可能多储备一些接续资源，防止这一代“榨干吃净”。二是增量用地要保重点。对全省范围内要上马的重大工程和重点项目事先搞好论证，一律由省厅统供、点供、现场供，不搞平摊和平推；一般项目由各地挖潜解决、自求平衡。应大力推进低丘缓坡、工矿废弃地的综合开发，加大这些地的复垦复绿力度，引导城镇、工业和新型农村社区建设优先使用未利用地，减少对耕地的占用，拓展用地新空间。三是土地整治要科学。现在一些地方喜欢做“显性工程”，在田间修筑水泥道路，为河流、沟渠、坑塘边砌上护坡等，势必割裂系统间的联系，破坏生态环境；也有的不顾自然地理特征，一味对土地进行“格式化”改造，使土地完全失去其自然天性和肌理特征；还有的地方大量引进观赏树、绿化树，构建林网，单独看上去很美，但整体上与周围环境极不协调，脱离了区域自身的生物群落。类似这种做法，都是背离生态科学的。四是违法成本要提高。对那些不按规定办、损害生态环境的行为，应加大处罚力度，真正解决“违法成本低、守法成本高”的问题，营造一个公平发展的环境。

四、以资源利用方式转变倒逼经济发展结构转型

经济发展结构转型是生态建设的关键，而资源利用方式的转变有助于经济发展结构转型。从我省的情况看，产业层次较低，结构不合理，服务业比重明显偏低，工业内部资源能源加工业比重较大，能源原材料产业占规模以上工业的70%左右。经济增长方式比较粗放，万元生产总值能耗、水耗远超过世界平均水平和国内先进水平，能源利用效率低于国内平均水平。随着我省工业化、城镇化进程加快和经济总量的不断扩大，能源资源消耗和污染物排放还会刚性增加，资源支撑能力面临严峻挑战，国土部门应加快工作重心转移。

一是由“以地招商”向“以房招商”转变。针对我省招商引资项目多为电子信息、食品、家电、家具、服装制鞋等产业门类的状况，加大产业集聚区多层标准化厂房建设和推广使用力度，引导此类项目入驻标准化厂房。对引进的项目提高准入门槛，优先选择科技含量高、经济效益好、污染程度低的项目，优先发展单位用地产出率高的产业，变“招商引资”为“选商引资”。

二是由“用途管控”向“预审管理”转变。对要求新增建设用地的

单位，必须充分消化和使用已经批准的土地，才能安排新的用地指标；对存在闲置土地、低效用地的单位，不再报批新的建设项目用地；对投资强度、建筑容积率、非生产用地比例达不到要求的，要相应核减用地面积；禁止建造别墅和低容积率住宅。从用地预审上提前把好关口，可以有效防止用地单位粗放用地，有效遏制一些单位存在的圈地倾向。

三是由“政府主导”向“市场调节”转变。全面落实经营性用地和工业用地使用权招标、拍卖、挂牌出让制度，提高土地资源的市场化配置程度，增强市场主体用地成本意识，防止企业因用地成本低而“多占少用、宽打宽用、低效利用”。推进工业用地出让弹性年期和租赁制，探索存量工业用地退出机制，鼓励和引导企业依法转让或出租闲置厂房，实施厂房加层和余缺调剂，变存量为增量。对未达到法定收回期限的闲置土地，通过协商和合理补偿，动员土地使用者退出土地。对因规划不合理造成闲置的土地，可以根据剩余使用年限计算土地价款，退还给土地使用者，由政府收回闲置土地。

四是由“批地供地”向“监管用地”转变。强化批后监管，实行年度跟踪检查制度，重点解决批而未征、征而未供、闲置土地和违规用地四大类问题。凡供地率达不到要求的市、县，暂停办理农用地转用、土地征收审批手续；对复核验收中发现的规定时间内未完成投资总额或如数出资的，取消其享受的各项优惠政策，且不再给项目单位安排今后发展用地；在规定时间内未建成规定建筑面积、达不到规定容积率的，暂缓土地使用权登记证书发放；加强出让合同跟踪管理，防止虚报投资圈地行为。对违反土地使用权出让合同约定、逾期不开发建设、长期闲置的土地，通过收取闲置费、协议收回、无偿收回、公开出让等方式予以处置，促进各类项目的节约集约用地。

五、着力构建资源生态环境指标体系

资源生态环境指标体系决定着制度设计、政绩考核，影响着公众评判和舆论导向，唯有科学设计、不断完善，才能更好地促进各级政府贯彻落实科学发展观，并对其建设生态文明的成果做出全面准确的评判。

当前我省制定这方面的指标体系，应重点考虑三个方面：

一是尽快将土地纳入资源税征收框架。土地是不可再生的资源，鉴于土地课征的税种属于资源性质，而且我国现行对土地课征的税费过多、范围过窄、减免过宽、税率过低，不利于土地资源的合理配置，为了使资源税制更加完善，可将现行的耕地占有税、土地使用税、土地增值税、土地出让金等，作为一个税目并入资源税，并在现行土地开发利用税费负担的基础上，合理设计土地资源税的税率，扩大土地资源税的征收范围，以加强土地资源的合理开发利用和保护，建立健全调控土地资源的税收机制。从长远看，资源税征收范围应覆盖全部不可再生的自然资源及可再生但破坏严重的资源，这既能体现外部成本补偿和可持续发展理念，在实践上也有可操作性。

二是进一步完善资源生态环境补偿机制。主要包括：①矿产环境影响评价与复垦计划制度。矿山企业在申请矿业权之际必须提交环评报告，说明对在开采过程中造成的生态环境损害进行补偿的相应措施，以此作为申请矿业许可的先决条件。在美国，一个环评报告书一般需要4～5年才能履行完所有程序，直至各方满意方可动工开采。②权利金制度。这是对开采企业开征资源补偿费，征收比例一般在1%～12%之间。③环境恢复保证金制度。由采矿企业提前缴纳，主要用于日后矿山闭坑的土地复垦与生态恢复。④矿产环境监督检查制度。其目的是查明矿山企业遵守各项环境保护规章制度的情况，并在必要时采取各种强制执行措施。⑤排污收费制度。这是环境管理机关运用经济手段来保护生态环境的一项法律制度，收取的排污费主要用于治污，对排污超标违法的加重收费。⑥公众参与制度。矿区民众是矿业活动的直接受害者，也是复垦与矿区生态恢复补偿机制的直接受益者，他们的积极参与有助于生态环境补偿法律法规的实施，同时也有助于分担一部分政府的监管责任，从而增强企业自律作业意识。不少国家规定，如果受到损害的公民能够证明他们是受害方，或者证明政府主管部门有违规行为的话，他们有权对环境影响评价提出行政复议，并允许任何人提起行政诉讼。

三是改进完善资源生态保护考核体系。现有的考核体系要注意克服指标体系单一，仅从经济和生态环境保护两个层次设计和考虑，对于社会进步的指标设计太少，参考性指标偏多，缺乏可比性、可操作性的问题。例如，主要将节能减排、控污防污和生态环境修复作为考核内容，这固然重要但不全面。如果仅仅停留在生态保护的层面，生态系统并不能充分利用人类已有的科学技术尽快恢复和重建，更不能在更短的时间内为人类生产生活提供生态服务。要从根本上考核资源生态建设成效，应重点把资源消耗、环境损害、生态效益纳入经济社会发展评价体系，建立体现生态建设要求的目标体系、考核办法、奖惩机制。

（本文获《资源导刊》2013年度“好文章”论文类一等奖）

提升河南城镇化质量的模式选择

□文茂林　王文卿

面对全国城镇化推进中普遍存在的“生产、就业、消费和居住不一致，城市居住人口和户籍人口不一致，土地与人口城镇化速度不一致”等问题，国务院已将提高城镇化质量、引导城镇化健康发展列入重要日程，正在紧锣密鼓地进行全国城镇化工作会议准备，拟从指导思想、重大方针、主要任务和政策措施上予以明确，年内出台新型城镇化中长期发展规划。

新信号催生新压力。河南的特殊省情决定了与全国同步加快城镇化道路更艰难，任务更艰巨，推进更艰苦。一是农村、农民基数大，乡村总人口6200多万，搞城镇化每前进一个百分点，都是成百上千万。二是目前的城镇化率比全国平均水平低10个百分点，不加快赶不行，赶快了也不行，若是速度过快或路径不当，就可能泥足深陷，造成质量不高的城镇化。三是国家对河南农业大省的定位，确保耕地红线和粮食安全是首要责任，推进城镇化须以不牺牲农业和粮食为代价，更不能去“农”化。四是河南的工业化基础比较脆弱，“三产”发展很不平衡，至今不仅经济结构没完全调过来，产业转型还没转到位，而且发展不足不优的问题日益凸显，大规模推进城镇化缺乏可持续强劲的产业支撑。

推进特殊省情的城镇化必须按特殊规律运作。一方面，不能盲目地赶进度、比速度，需要因地制宜，量力而行，从全省实际出发搞好顶层设计，确定一个科学、合理、有序、可达的城镇化发展指标值，也许终极目标是赶上全国平均水平，也许农村、农业、农民仍为主体，城镇化率可以低于全国平均水平。就省内来讲，各地情况不一、基础不同，确定城镇化指标也可有快有慢、有高有低，千万不能平原山区“一刀切、齐步走”，强迫农民进城上楼，留下解决不完的历史隐患。另一方面，不能搞统一或单一模式，强制性地撤村并点人为造城，而要坚持城镇化发展一般规律与当地具体实际相结合，走多样化的路子，借优势和潜力发展，无论怎么城镇化，都要把产业为基、城乡一体、民生为本作为推进城镇化的底线思维。

按照以上思维和思路，河南的城镇化可走“5+1”的路子，这其中的“5”指的是“五种模式”；其中的“1”指的是“一项大政策”。

所谓“五种模式”：

（一）***产城互动模式***。以全省现有的180个产业集聚区为依托，按年度定量吸纳农村人口，有序推进产城互动。全省从2008年开始部署产业集聚区规划建设，到2011年底共有各类产业8984个，其中工业6009个、建筑业708个、房地产业801个、批发和零售业967个、住宿和餐饮业223个、规模以上服务业276个。2012年完成投资突破万亿元，占全省的投资比重达49%，对投资增长的贡献率达68%；主营业务收入占全省的比重达47%，对工业增长的贡献率超过70%；营业收入超百亿元的特色产业集聚区已经有55个，从业人员近300万人，累计新增就业人员占全省一半以上，已经成为吸纳就业的主渠道。比如，传统农区社旗县曾是多年经济徘徊不前的国家级贫困县，自2009年设立集聚区到现在，已建成投产项目73个，主营业务收入超过65亿元，其中主导产业食品行业的18家食品企业营业收入超过45亿元。随着产业集聚区的建设完善，当地根据主导产业和企业需求有针对性地培训农民，吸纳农民到产业集聚区内就业生活，并完善了各项功能性设施，2012年园区就业人数达到1.9万人，预计今年将超过2.5万人。在平原农业县临颍县，目前已经形成了一个拥有超百亿元规模的食品产业集群，并成为中国休闲食品产业基地，在不到4年的时间里，累计有4万多名外出务工人员返乡在家门口就业。照此计算，全省产业集聚区到2015年有望实现工业增加值超过1万亿元，从业人员达400万人以上目标，可提升城镇化率4%左右。

目前我省产业集聚区总规模超过3500平方公里，截至2011年已批准使用建设用地面积900平方公里，产业直接用地面积达630平方公里，按照城镇人均建设用地标准110平方米（取自《城市用地分类与规划建设用地标准》平均值）计算，应吸纳人口550万左右，现实中存在一定差距；到2020年，产业集聚区规模将达到3500平方公里，按产业用地面积2/3计算，应吸纳人口数量将达到2000万左右，还有很大的发展空间。

（二）**大城带动模式**。现有省会和地市级城市一般都具有建立早、历史长、资源多、公共设施配套、服务功能齐全的特征，通过改造升级，发展主导产业，延伸产业链，与周边县城组团发展，形成以大带中小的城市群，可以大大提高城镇化的承载力。近年来，一些城市建设用地量猛增，也建了不少的新区、新园，而真正吸纳农村人口进城不多，存在着“旧城翻新”和“以城扩城”的现象，“地”的城镇化早就快于“人”的城镇化。如果省里作一个刚性规定：每个大城市建设用地指标必须与吸纳农村人口指标相挂钩，达不到规定的吸纳指标，随即减少或停止供地指标，逼着走城乡一体发展之路。倘若大城市吸纳80万～100万，中等城市吸纳30万～50万，小城镇吸纳5万～10万，那就会把全省城镇化的大头任务承担起来，让农民充分享受到城镇化带来的成果，这也是一些发达国家加快城镇化的成功模式。据有关资料介绍，国外大城市吸纳农村人口一般都在8%左右，而我国的大城市目前吸纳农村人口还不到3%，这里面的空间大得很。

近三年来，郑州市共批准建设用地分别为5.2万亩、9.2万亩和8.5万亩，按城镇人均建设用地110平方米计算，应吸纳城镇人口140万左右。而实际上，郑州市近三年城镇化率分别为63.6%、64.8%、66.3%，比三年前提高了2.9个百分点，增加城镇人口90万左右，还有很大潜力。6月14日，《郑州市中心城区总体城市设计方案》通过专家评审，郑州市中心城区总体规划面积将从现在的480平方公里扩展到980平方公里，相当于再造一个郑州。如果规划得以实施，将能吸纳新增人口800万左右，可提升全省城镇化率5个百分点以上。

洛阳市近三年共批准建设用地面积分别为3.6万亩、2.9万亩和8.5万亩，按人均建设用地标准计算，应增加城镇人口56万人。实际上，近三年洛阳市城镇化率分别为44.2%、44.3%和46.1%，提升3.7个百分点，三年实际增加城镇人口25万左右，还有很大的提升余地。

据全省用地量统计，近三年来批准建设用地分别为39.9万亩、49.9万亩和55.8万亩，我省城镇化增加率分别为1.1%、1.8%和1.8%，增加城镇人口数量分别为103.5万人、169.0万人和169.3万人。如果按人均城市建设用地110平方米计算，土地城镇化快于人口城镇化2倍以上，高出全国平均水平。目前，全省城镇建设用地面积已经达到4000多平方公里，2020年将达到7000多平方公里。按增量计算，近三年来全省城镇建设用地年均供应45万亩左右，按照人均110平方米标准计算，每年能提高城镇化率1.5%～2.4%。

（三）企业扩城模式。河南地处中原，有着得天独厚的地理优势、交通优势、物流优势和劳动力优势。截至2011年，全省规模以上工业单位中，国有控股773个、集体控股804个、个人控股15740个、港澳台控股182个、外商控股181个、其他控股656个；规模以下工业企业中，国有及国有控股1893个、集体及集体控股2852个、非公有制企业91333个。这是扩展城镇化的大平台、大通道。企业的用地需求、劳力需求、消费需求，主渠道是当地，也最希望出自本地。一个大企业吸纳上万人，一个中小企业吸纳上千人，加在一起可解决就业岗位数以万计。

据统计，2011年末，我省就业人员总量达到6198万人，比2002年的5522万人增加676万人，年均增加75.1万人。如果政府能够打造好承接发达地区产业转移的平台，给予中小企业和创业者更多的支持，解决好农民工向市民转化过程中的住房、社保、子女入学等资金缺口问题，引导人口在就业的同时适当集中，将会继续保持我省年均增加数十万人员就业的有利形势，大大加快城镇化的进程。

如郑州市2010年承接的富士康项目，目前厂房建设面积约140万平方米，2011年底入住员工总数达13万人。2012年，完成年度投资22亿元，建成95条生产线，实现销售收入200亿美元，逐步打造成为全球最大的智能手机生产基地。

又如，我省申报的郑州航空港经济综合实验区，国务院于3月7日正式批复《郑州航空港经济综合实验区发展规划(2013～2025年)》。这是全国首个上升为国家战略的航空港经济发展先行区。据专家测算，航空港每增加10万吨的航空货物，将创造800个工作岗位；每新增异国国际直达航班，可为当地增加1500多个就业岗位。“大型枢纽机场客运量每增加100万人次，将拉动地方经济增长0.5个百分点，直接增加就业岗位1万人。”按照这个数字来计算：到2025年，我省航空港口的货邮吞吐能力将达到300万吨，可以直接创造2.4万个就业岗位。截至去年底，我省旅客吞吐量超过1100万人次、货邮吞吐量15万吨。也就是说，到2020年，旅客吞吐量可以拉动我省经济增长约9.5个百分点，可增加19万个就业岗位。再加上货运吞吐量，到时至少可以带动20万以上的人口就业。随着航空港经济综合实验区步入实质性建设，国际知名企业陆续入住，将会吸引更多的人口就业。郑州市城市规划局于2008年编制了郑州航空港地区总体规划，规划到2020年航空港地区人口控制在33万左右，建设用地规模34.93平方公里。而《郑州航空港经济综合实验区发展规划》面积415平方公里，相当于现在郑州市大小。参照上述比例计算，预计可吸纳人口300万~400万，仅此一例便可提升城镇化率3%左右。

（四）三产兴城模式。这几年的城市管理严重滞后于城市建设，城市服务严重滞后于城市发展，许多管理性、服务性的活缺人干，原本的城里人又不愿干，迫切需要扩大第三产业大军。目前，第三产业占生产总值的比重，世界平均水平为60%，许多发达国家第三产业已在其经济结构中占有绝对比重达70%左右，中等发达国家的第三产业比重也在50%以上。河南省2011年第一、二、三产业占生产总值的比重分别为13.0%、57.3%、29.7%，而全国平均值分别为10.1%、46.8%、43.1%，我省第三产业所占比例低于全国平均水平13个百分点，位列各省（市、自治区）倒数第一名，是唯一一个低于32%的省份。河南生产总值占全国的5.7%，而第三产业仅占3.9%，这与河南人口大省、农业大省和经济大省的地位极不相称。

人力资源和社会保障部公布的资料显示，2011年全国7.6亿就业人员中，第一产业就业人员占34.8%；第二产业就业人员占29.5%；第三产业就业人员占35.7%。第三产业首次超过第一产业，成为就业的主渠道。而我省第一、二、三产业就业人员分别占43.1%、29.9%、27.0%。第三产业就业人口比第一产业少了近1000万，倘若此消彼长，赶上全国平均水平，也能产生500万~600万的就业岗位，可提升城镇化率5%左右。可见，我省第三产业吸纳就业潜力巨大，尤其是信息软件业、金融保险、房地产等现代服务业和新兴服务业，以及一些环卫保安、家政家教、养老服务等需要大量从业人员。据有关资料，邓州市获得护士资格证书的已达31500人，他们分布在国内20多个省市区，成为河南一块“金字招牌”的劳务大军。

（五）**社区过渡模式**。近年来，我省把新型农村社区作为城镇公共服务功能向下延伸、城乡基本公共服务均等化的重要载体，不断加大投入。目前，新型社区建设启动试点2000多个，已初步建成400多个，预计到2020年将建设6000个左右。虽然“新型社区”不是完全意义上的“城镇化”，但可能为过渡和加快城镇化架起一座桥梁，而且有一部分可以直接跨入城镇化。如舞钢张庄社区、义马梁沟社区、滑县锦和新城、浚县中鹤社区、荥阳洞林湖新田社区等，不仅解决了进社区农民的集中居住问题，而且就业、保险、服务等都解决得非常好，完全和城里人一样生活，有些方面还优越于城市。如果按5%～10%的新型社区纳入城镇化计算范围，到2020年可纳入的社区有300～600个，相当于1/3～1/6的乡镇依托产业、集镇、旅游等优势分头建设一个社区，每个社区按中等规模5000人计算，则可提升城镇化率1.5%～3%。

近10年来，中国城镇化进程明显加快，城镇化率每年大约提高1个百分点，并在2011年首次超过50%。专家据此速度预计，到2020年，中国城镇化率将超过60%。如果我省城镇化政策运用得当，坚持走多模式的城镇化发展战略，即使按最低标准测算，产业集聚区贡献3%，大城市带动每年贡献1.5%，企业扩城贡献2%，三产转城贡献3%，社区过渡贡献1%，到2020年达到或超过60%还是可望可即的。

所谓一项政策，就是保障城镇化健康发展的“人地挂钩”政策。中央把这个政策先行先试权赋予河南，写入了《国务院关于支持河南省加快建设中原经济区的指导意见》。人地挂钩本质就是人往城转，地随人走，钱从地出。也就是人迁移到哪里，这些人所占用的建设用地面积指标就转移到哪里；人从哪里迁出，哪里就相应地减少建设用地面积指标；转移指标通过交易方式获取，交易费用反哺农村农民，“人地挂钩”的主体是农村和农民，其本质是为了实现“人”的城镇化，而非“地”的城镇化。

“人地挂钩”政策为新型城镇化建设提供了发展空间和推进抓手，主要体现在三方面：一是将彻底改变地方政府要地“不要人”的思想。以往地方政府热衷于争取建设用地指标，“要地”是为了“以地生财”，获得更多的增值收益，但“要人”则可能增加经济和工作负担。二是为统筹城乡发展创造了有利条件。“人随地走”解决了长期以来人们的定居形式，变“游离”和“半游离”状态为“固定”状态，有利于实现真正的以人为本的城镇化，让城市常住人口成为真正的市民，共享城市政府提供的各类公共服务；有利于打破城乡二元结构，缩小城乡发展之间的不平衡，让农民真正得益于新型城镇化建设；有利于提升老、少、边、穷地区的土地价值，实现省域范围内的土地占补平衡。三是为坚守“不牺牲农业和粮食”的发展思路提供了更多的缓冲。保护耕地红线，保障粮食安全，是建设中原经济区、实现中原梦的迫切需要。实施“人地挂钩”政策，通过对“人走”后的旧村建设用地复垦增加耕地，再通过用地指标交易平台，完成土地资源向资本的转化，保证耕地数量稳定，实现耕地总量动态平衡。

“人地挂钩”是一项复杂而庞大的工程，亟待完善顶层设计，需要体制机制保驾护航。

其一，各项规划合理有序衔接。“人地挂钩”政策实施需要统筹规划、总体控制、有序合理地利用人口迁移总量指标，这就要求国土资源、住建、农业、水利、环保等管理部门摒弃过去那种规划分立的局面，避免继续“摊大饼”式的造城运动。高水平的规划是高质量建设的起点，国土规划、区域发展规划、环境保护规划、水利规划、城市规划与土地利用总体规划必须相互衔接，并保持一定的刚性和弹性，做到一张科学的蓝图画好画美画精。从节约集约用地、坚守耕地红线、资源环境承载力评价、规范城市和农村建设用地等多方面着手，制定能够统筹城乡的国土规划，并完善相关法律法规，实现“人地挂钩”政策的初衷。

其二，合理确定人口迁移方案。“人地挂钩”政策的实施，需要户籍管理、社保管理等部门对人口迁移的数量和方向进行预测分析，确定各市进城农民多长时间享受到与市民平等待遇；需要财政管理部门确定每年拿出多少财政收入解决进城农民的福利保障，确定出让多少土地增值收益作为进城农民的原始资本；需要住建管理部门确定建设多少进城农民能买得起或租得起的住房；需要人力资源管理部门确定为进城农民提供多少新的稳定就业岗位；需要国土资源和住建部门共同制定迁移人口人均用地标准。在落实“人地挂钩”政策时，不能突破当前土地利用总体规划建设用地规模限制，但可以突破年度计划指标限制和周转指标限制。这也增加了土地管理的难度，尤其是对土地违法违规利用的监管提出了新的挑战，处理不当将加大耕地保护的难度。

其三，改革农村土地产权制度。“人地挂钩”政策的可操作性方案尚待加快研究，当务之急是进行农村土地产权制度改革，加快推进农村土地产权的确权颁证，积极探索农村土地产权实现形式，保障农民拥有对于土地的占有、使用、收益和处分的完整权能，能够以转让、出租、入股、抵押和担保等实现土地产权的具体形式，使农民的土地财产价值最大化，防止出现一些地方过分追求挂钩指标，而忽略了农民利益的现象。要消除因为土地产权制度缺陷导致的农民利益受损，需要建立宅基地退出补偿机制和相关保障机制，需要财政和税收管理部门提前制定相应的管理制度，杜绝“土地财政”继续蔓延。同时“人地挂钩”政策的实施需要公安、国土资源、住建、人社、财政等管理部门建立相互联网的“人地挂钩”信息共同管理平台，及时掌握人口迁移、土地增减和城市住房变化情况。

其四，完善土地承包经营权流转制度。到目前，尚没有十分完善且得到普遍认可的土地承包经营权退出制度。因此，要允许农民带“地”进城，继续探索农民工进城落户后依法处置承包地的有效形式，但任何人不得强制收回农民的土地承包经营权。在此基础上，要完善土地承包经营权流转制度，提高农民工土地流转收入。一方面，加快土地流转服务平台建设。培育和发展为农村土地流转服务的各类服务中介组织，开展土地流转的供求登记、信息发布、土地评估、政策咨询、信用担保等服务工作，以降低土地流转的成本和风险，提高流转效率。另一方面，提高农民土地流转收入。要在土地流转的基础上推进土地规模化经营，继续加大政府对规模性经营主体如农业大户、农民合作社、家庭农场的财政补贴力度。规模性经营主体利润提高后必然通过价格传导机制抬高土地价格，从而使农民获得持续、更高的土地流转收入。

其五，探索宅基地资本化的多元实现形式。要在农民自愿的基础上，逐步突破现有政策的制约，盘活农村宅基地。一方面，农民宅基地换房，即农民自愿以其宅基地，按照规定的置换标准，换取小城镇内的一套住宅，迁入小城镇居住。另一方面，通过“地票”制度，让农民在地票交易中变现农村宅基地。再就是积极探索宅基地的抵押方式，甚至条件成熟后允许宅基地自由买卖。

（本文获《资源导刊》2013年度“好文章”论文类一等奖）

浅谈金融危机下我国钼矿行业面临的形势和对策

□孔　宁　许书平

我国钼矿行业基本情况

（一）我国钼矿资源赋存现状

我国是钼矿资源丰富的国家，据统计，截至2008年底，我国钼矿储量为146.7万吨，基础储量435.53万吨，资源量796.7万吨，查明资源量1232.23万吨。具有探明储量的矿区411处，分布于27个省(区、市)。其中河南储量最多，占全国钼矿总储量的27.8%；其次吉林占25.4%，陕西占14.5%。这三个省份的钼矿储量就占到全国的67.7%。另外，钼矿储量较丰富的地区还有内蒙古、山东、江西等。

众所周知，我国是钼矿资源储量最丰富的国家之一，但是随着开采的加剧，2001～2007年，我国钼矿储量年均增长率仅为2.84%，而2008年的钼矿储量较2007年更是减少了67.02万吨，我国钼矿在世界上的资源优势呈明显下滑趋势。

（二）我国钼矿生产及产能情况

据统计，2008年我国共有钼矿矿山企业187家，分布于23个省（区、市），其中大型矿山5个，中型矿山24个，小型矿山111个，小矿47个，共有从业人员3.68万人。2008年全国年采钼矿原矿4427.55万吨，产值233.64亿元，矿产品销售收入167.15亿元。就地域来说，产量相对集中在中西部地区，产量分别为2192.51万吨和1565.68万吨，远高于中部地区的669.37万吨。就省份来说，河南、陕西钼矿产量分别为1846.41万吨和1413.85万吨，两省合计占全国总产量的73.64%。

（三）我国钼矿产品消费结构及进出口情况

钼矿资源广泛应用于生产生活的各个方面，用途构成为：80%左右的钼以氧化钼、钼铁的形式消费于钢铁行业，10%的钼以钼化工产品的形式消费于含钼催化剂、抑烟剂、阻燃剂等领域，10%的钼以金属产品的形式消费于加热元器件、电光源丝、线切割丝、喷涂材料等领域。可见钢铁行业是钼矿资源的消费主体，钢铁需求也直接影响着整个钼矿行业的生存和发展。

2007年，我国进口钼矿砂金额32470.7万美元，主要来源于智利、秘鲁、荷兰、蒙古等国家；出口钼矿砂及其精矿金额为88035.0万美元，主要销往荷兰、韩国、印度、日本等国家。对比往年数据，随着近年来我国钼矿开采量的大幅增加，已可以充分满足国内需求，形成钼矿进口量逐年递减，出口量相对平稳的形势，但是这种状况在2008年以后发生了巨大变化。

金融危机对我国钼矿行业发展造成冲击

2008年以来，美国的次贷危机演变成全球金融危机，其负面影响逐渐从虚拟经济向实体经济传导和扩散。我国钼矿行业在经历了6年的高速发展后，陷入了严重的衰退。随着国际市场钼矿产品价格大幅下降，我国钼矿产品进口量大幅增长，出口量直线下降。据有色金属协会统计数据显示，2009年以来我国钼矿产品的进口量大幅度增长，仅2009年1～2月份钼矿产品进口量为7059吨，比2008年全年钼矿产品总进口量的5948吨增加了18.68%；而2009年1～2月份我国钼产品出口量仅为1605吨，同比下降75.66%。国内独立存在的氧化钼、钼铁焙炼厂70%处于停产状态，独立存在的钼化工、钼金属生产企业产能的发挥率只有50%左右。

我国钼矿行业面临问题的原因分析

我国钼矿行业受到金融危机冲击如此之大，笔者分析原因有四点：

（一）钼矿行业内部企业之间不同利益诉求难以统一

分析我国整个钼矿行业所面临的问题，找出应对现实难题的方法，首先要区分钼矿行业中的三种不同类型的企业。这三种企业在全球金融危机下所面临的形势有所不同，其利益诉求也不尽相同，有时甚至针锋相对。第一类企业是以矿石开采为主的钼矿生产企业；第二类企业是下游深加工企业；第三类是覆盖矿石生产和后续加工的综合性企业。

出于使自身利益最大化的考虑，第一类矿山企业与第二类深加工企业对于钼矿石进口有截然不同的态度。国外矿山企业在全球性金融危机的冲击下，也在降低价格以占领国际市场，加之国外企业以开采副产钼矿为主，有开采成本低的先天优势，即使价格一落千丈，但仍有其利润空间。国内的矿山企业则不然，如跟从进口价格，不仅没有丝毫利润可言，而且严重亏本。针对这种情况，我们很容易看出，矿山企业必然想让国家限制进口以确保自己矿产品的销路，但深加工企业则认为这是一个低价买入钼矿产品的大好时机，国家应该更加开放市场，积极进行储备。第三类矿山企业由于有其自身的矿产品消化渠道，所以可做的结构调整灵活度和自主性更强一点。但是此三类企业都在矿产品价格下跌，产业机构不合理，需求不断减少的大环境下，利润减少几乎都是不可避免的。因此，谈到金融危机下钼矿行业的出路或对策，必须全面综合考虑此三种企业，不能有失偏颇，但也要有所侧重。

（二）我国钼矿赋存客观条件导致开采成本相对较高

我国钼矿赋存以原生钼矿为主，原生钼矿产量占到钼矿总产量的97%，但在全球范围内副产钼矿与原生钼矿的生产各占半壁江山，也就是说，国外的钼矿生产以副产钼居多。2008年世界副产钼矿产量占全球钼矿总量的45%左右。在钼金属市场非常低迷的1998～2001年间，副产钼矿产量占全球钼矿总产量的65%以上。原生钼矿与副产钼矿相比，开采成本相对较高，造成虽然我国占有大量的钼矿资源储量，但在参与国际竞争时，价格方面并不占优势。这种高成本现状在钼矿产品价格持续高位运行时并不明显，但是当金融危机到来，钼矿产品价格一路跳水的情形下，利润空间被大量挤占，甚至入不敷出，问题就凸显出来。

（三）市场结构不合理，消费能力萎缩

矿产品的价格（除石油等较特殊的矿产品）根本上是受供求关系所影响的。在矿产品持续高位运行的几年中，矿业作为投资回报率相对较高的行业，吸引了大量社会资金，上游开采规模不断扩大，下游深加工能力持续扩张。从某种程度上讲，扩张过于迅猛，社会发展已不足以消化如此多的钼矿产品。市场自身调节也有其滞后性的特征，金融危机的爆发，其实只是起到一个导火索的作用，其根本是供求关系的直接作用。占钼矿消费80%的钢铁工业需求骤减，国内企业的欧美订单几乎全部消失，国外副产钼的低价倾销，三个主要因素合力影响，我国钼矿行业景气度过山车般地从高峰到低谷也就不足为奇了。

（四）国家出台的税费及进出口政策不适应新形势要求

钼矿价格在2003～2008年，持续了6年爆发式增长，但自2008年9月以来，价格大幅下跌，跌幅达76%。在钼矿价格较高期间，国家为平衡社会资源、协调进出口、调控过高的资源性商品价格，对整个矿业进行了相应的宏观调控，出台了一系列政策措施：提高矿产品的资源税和增值税税率，钼矿产品的资源税由原来的0.42元/吨原矿上涨到6.0元/吨原矿；对钨、钼和稀土等国内稀缺的金属原矿产品实施15%的出口暂定关税；对氧化钼、钼酸铵、钼酸钠等产品开征5%～15%的出口关税；钼精矿和氧化钼的增值税由原先的13%提高到17%；2008年对钼铁征收20%的出口关税；地方各种税费标准也相应上涨。这些政策大多在钼矿价格最高的2003～2006年出台，为当时整个矿业市场的稳定和规范做出了贡献。但在现有的经济和社会环境下，已出台的政策是否还适用，值得进一步深入探讨。

对策及建议

针对笔者分析的原因，提出以下几点建议：

（一）灵敏调节钼矿产品进出口，建立储备制度

在目前国际钼矿产品价格较低的情况下，适当放宽进口限制。从国家整体利益出发，现阶段是钼矿价格暴跌时期，适当进口一定钼产品对国家是有益处的。相应的，目前不应该再盲目扩大生产能力，应对新上马和即将上马的工程进一步进行核准审查，否则会导致钼矿资源的开采过剩或后续冶炼加工能力过剩，造成钼矿产品的贱卖。但是企业也要过冬，如何让矿山企业在金融危机下安然度过？建议可由政府出面，不仅针对钼矿，更是针对所有对国民经济有较大影响的优势矿种，建立相应的矿产地、矿产品储备制度。在经济形势不好的时期，制定新发现矿产地的储备规划，并由国家出面收购一定数量规模的矿产品，用以平稳价格，保证资源利用效率，增加自身话语权，进而影响矿产品的市场走向。

（二）将钼矿列入保护性开采特定矿种

在这次金融危机中，相比其他矿种，钨矿所受的冲击是最小的，价格也保持基本的平稳，这与我国将钨矿列入保护性开采特定矿种有极大关系。国土资源部连续多年下达钨、稀土矿开采总量控制指标，并且今年加入了锑矿的开采总量控制指标。这对保证国家优势资源有序开发，稳定市场秩序起到了积极的作用。建议将钼矿列入保护性开采特定矿种管理，从开采、选冶、加工到市场销售、出口等各个环节，实行有计划统一管理，对勘查、开采钼矿资源实行规划调控、有序开发，保证钼矿资源的合理开发利用。建议参照钨、离子型稀土和锑矿，对钼矿实行开采总量控制管理，这样在宏观上控制了开采的总体规模，防止钼矿的无序开发，在一定程度上也是鼓励对伴生、低品位钼矿的综合回收利用，提高钼矿采、选综合回收率。

（三）加大科研投入，推广新技术的应用

纵观我国整个钼矿行业，在整体上钼制品企业的技术还是相对落后的，生产的多为附加值较低的初级产品，而且产品品种少，可以说量多而质不精，并不能完全满足市场对各种产品的综合需求，同时也受国外发达国家先进技术的竞争压力。对于此种状况，国家应该在政策、资金、贷款和税收等方面鼓励钼矿企业引进及利用先进技术，加大自主创新投入，更新关键设备，提高自动化工艺水平，实现高附加值产品的生产和出口。

（本文获《资源导刊》2009年度“好文章”论文类二等奖）

探讨规律 创新思路
实现深部找矿重大突破

□姚公一

本次地质找矿改革发展大讨论（简称大讨论）之目的，是实现地质找矿重大突破，即找到重要矿种超大型矿床。要达到此目的，就是要按科学发展观办事，也就是要按找矿规律，特别是要按深部找矿新规律办事。但我们对深部找矿新规律知之不多、知之不深，所以要把握好探讨规律与实现突破的辩证关系，即在探讨规律认识中实现突破，在实现突破过程中深化规律认识，这应始终贯穿于推进整装勘查、加强深部找矿的全过程。把握好上述辩证关系，可能是本次大讨论更新观念的重点。

一、探讨深部找矿新规律

国家实施金属老矿山深部找矿项目，取得一系列以旧矿找矿为主的显著成果后，我们对金属老矿山探边摸底型深部找矿新规律有了初步认识，有待地质学家们进一步总结，暂不多谈。但对金属重点成矿区带预测矿集区的攻深找盲型深部找矿，如何按初步认识到的深部找矿新规律进行攻深找盲并取得重大突破，笔者拟对此与大家探讨。

据多年地质找矿实践及近期已知的全球深部找矿信息，特别是根据（科学策划）洛阳市洛宁县沙沟深源岩浆热液薄脉型富银铅锌矿找矿开发取得重大突破的实践，我们将攻深找盲型深部找矿新规律初步总结为“高风险、高科技、高投入、高产出”，即“四高”。这可能是深部找矿新规律的表述之一。此类深部（500~2000米）找矿风险较之浅部（0~500米）更大，如果以往全球浅部与深部找到大矿好矿的综合命中率为百分之一，则此类深部找到大矿好矿的命中率则远小于百分之一。此类深部找矿的高风险，应由相应高科技来降低，高科技降低了高风险后，才可对此类深部找矿高投入，如沙沟矿2年找矿勘查投入约1亿元（人民币）；高投入后才有高产出，如沙沟矿1年收回找矿投资。总之，“四高”可否作为攻深找盲型深部找矿新规律，尚可讨论，此乃抛砖引玉。

二、创新深部找矿突破思路

通过全球1970年以来所找到的100个大矿好矿的典型代表分析，与深源（幔源及幔壳源）岩浆热液（成矿流体）活动有关矿床类型占70%，为其找矿重大突破的主流类型。更值得注意的是，其主流类型中，与成矿有关的隐伏岩体类型又占了80%，即这100个找矿重大突破的典型矿床中约有60个与成矿隐伏岩体有关，这是值得高度重视的。如20世纪人类找矿最伟大的发现——奥林匹克坝超大型矿床（铜3200万吨金属量、金1200吨、铀120万吨），其20年找矿历史说明，成矿隐伏岩体及其顶部隐伏储矿构造空间，是出现大矿好矿概率较高之处。为此，“四高”规律中的“高科技”，首先应体现在以高新技术综合方法科学勘查成矿隐伏岩体及其顶部储矿构造是否有大矿好矿这一重大突破目标上，当然这一深部找矿突破新认识看似简单，可能本身也是“高科技”思维的集中体现。

最近，刘全稳博士、刘宝院士等，通过对海流、气流的研究，对地球自转的惯性力有了新认识，其主要分布在北纬21° 33′ 与赤道之间，其方向是由东向西；新发现地球公转的强中纬力分布于北纬21° 33′ ～68° 27′，其方向为北东兼具南东。惯性力及强中纬力很可能对深源岩浆热液（成矿流体）的主流流向产生重大导向，尤其是对深源岩浆热液型脉状矿有关成矿流体的主流方向判断，很可能（70%概率）提供了新的地质力学依据。

2007年，笔者参加了全国流体包裹体研究会，了解到成矿流体（深源岩浆热液）方向性研究的一些新信息。

将上述三方面的新信息结合河南省找矿实践进行综合研究，初步归纳出，对（金属）重点成矿区带预测矿集区攻深找盲型深部找矿突破之新思路为“心、向、位”概念模型。

“心”，即要研究成矿中心。也就是研究成矿隐伏岩体及其顶面隐伏储矿构造定位，此乃三元同心之处，即矿元、水元、热元易聚集，构造易圈闭，成矿热液易循环，易形成大矿好矿之中心构造空间。洛阳洛宁寨凹隐伏岩体顶部储矿构造，经钻探验证，初步得到证实。据省地矿局张宗恒总工介绍，信阳千鹤冲有特大型远景富钼矿床及省地勘二院勘探提交的汝阳东沟超大型钼矿床，均赋存于成矿隐伏斑岩体的顶部储矿构造。这进一步证实三元同心之处确实易找到大矿好矿。

“向”，即要注意研究流体流向。如北东—北北东向深源岩浆热液脉状矿，从理论上讲，由于受强中纬力作用，其（热液）成矿流体由深而浅主流方向，很可能（70%概率）是从南西到北东。还应从石英包体测温、高温到低温地球化学元素分带、高温到低温矿物蚀变分带等方面研究成矿流体实测方向与理论主流方向是否一致，成矿流体方向初步确定后，可沿成矿流体反流向研究预测隐伏储矿断裂等构造定位，进行深部找矿突破。此外，尚要注意研究与成矿（热液）流体循环流向有关的深部储矿构造定位。

“位”，即研究找矿目的靶位。也就是研究成矿隐伏岩体顶面储矿构造空间及相关隐伏储矿接触带与成矿（热液）流体流向相反的隐伏储矿断裂等构造系统，可否是深部找矿目的靶位。应以地震、遥感、物探、化探等高新技术优化组合手段，圈定这些深部找矿目的靶位。在综合研究的基础上，优选目的靶位进行钻探验证，同时必须适时进行井中物探、井中化探、井中地震等工作，将获取重大找矿信息，作为判断加大探矿深度及旁侧再布深孔的科学依据。井中物探及井中化探工作千万不可忽略，对深部找矿突破实在是太重要了，安徽泥河玢岩铁矿深部找矿突破模式就是实证。

综上所述，“心、向、位”概念模型，虽然只是框架性的，但它是对“四高”深部找矿规律的主流本质细化研究。特别是如何以高科技减少深部找矿风险，逐步缩小深部找矿目标空间，将找到大矿好矿远小于百分之一的成功率，提高到百分之一或百分之三，提出了一条可供参考、比较科学，具有可操作性的攻深找盲型深部找矿突破新思路。其主流是，在心物结合，充分调动找矿专家主观能动性的前提下，应以高科技更新宏观基础资料，科学判断中观成矿环境，预测中微观矿床类型（深源岩浆热液型、浅成低温热液型、火山块状硫化物型等），优选微观目的靶位，科学打钻验证，其综合研究贯穿全过程。其本质是由浅部成环境（目的是浅部直接找矿）类比预测深部成矿环境（目标是深部间接找矿），以其差异性科学研究寻找深部储矿构造空间定位并进行工程验证（目的是深部直接找矿）。当然，此模型尚不精细，有待进一步实践，逐步加以完善。那种急功近利，情绪浮躁，不愿做精细研究工作，拟以一孔赌突破的想法是不实际的，是要走弯路的，希望引起注意。

三、建议

（一）选择深部找矿突破试点靶区

就我省攻深找盲类型深部找矿而言，深部找矿突破试点靶区可选择于金属重点成矿区带上的预测矿集区，面积30～100平方公里，研究中观成矿环境的深度可达1500～2000米，钻孔验证的深度可控制到1000米左右。熊耳山（洛宁、嵩县、栾川、汝阳等）及小秦岭（灵宝、卢氏）的金、钼、银、铅、锌等矿集区，安阳林州地区及舞阳地区的铁矿集区等，可列为首批深部找矿突破试点靶区。应将金矿放在深部找矿的首位，因其是硬通货，对积极应对金融危机，稳定货币价值，具有重大意义。

（二）更新换代基础资料

反映深部构造、隐伏岩体、热液循环成矿中心等有机组成的成矿环境有关的中小比例尺地震、重力、磁法、电法、遥感、化探等基础资料，要尽快更新换代，应向中国地调局汇报，形成上下联动的立项机制。不更新这些基础资料，无法使其数字化，不能使用高新技术软件进行演示，便无法研究深部成矿环境，也就无法有效进行深部找矿突破。

（三）重视地震技术对深部找矿突破的科技支撑

经初步调研，国家地震局郑州物探中心二维地震波高分辨率折射与宽角反射技术及三维地震波层析成像技术，经过方法试验，可较精细研究了解深部成矿环境及深部储矿构造定位，对深部找矿突破提供新的重要科技支撑是要高度重视的。

（四）简述深部找矿突破技术路线

按“心、向、位”深部找矿突破新思路，更新基础资料，分析成矿环境，研究矿床类型，预测深部储矿构造定位（目的靶位）。对该目的靶位要以三维地震波层析成像技术与电、磁、重等物探技术及深穿透化探技术，形成高新技术有效组合，较全面且直观反映该目的靶位是否有大矿好矿存在的科学依据，方可研究确定是否进行深孔验证。在钻探施工过程中，井中物、化探必须跟上，以便及时调整钻探施工深度，综合研究贯穿于全过程，才能有效进行深部找矿重大突破。

（五）构建矿集区内整合矿权新机制

推进整装勘查，就要构建政府引导、单位协商、股份双赢、（矿集区内）整合矿权的新机制及出台相关配套政策，以利实施攻深找盲型深部找矿工作。

（六）慎重确定首批深部找矿重大突破试点项目

要逐步构建政府引导、市场机制相结合的深部找矿重大突破项目之立项机制，应以重点成矿区带预测矿集区为项目单元，以是否符合深部找矿新规律为标准，以审查深部找矿突破新思路及技术路线是否合理为重点，以高新技术方法组合是否科学为依据，慎重确定首批深部找矿重点突破试点项目。

（本文获《资源导刊》2009年度“好文章”论文类二等奖）

我们是如何全力保障产业集聚区建设的

□丁新务

近年来，河南省委、省政府提出以科学发展观为指导，大力发展产业集聚区，将其作为优化经济结构、转变发展方式、实现节约集约发展的有效载体，目的是构建现代产业、现代城镇和自主创新功能体系，即“一个载体，三大体系”。与原来的工业园区、开发区相比，名称变化的背后，是产业结构的调整，是发展模式的变化，是发展理念的提升。一年来，我们科学规划、强化管理，为全力推动焦作市9个省级产业集聚区发展做了有益的探索。

一、产业集聚区土地利用现状

我市设立的9个省级产业集聚区，总面积12741公顷，其中农用地6613公顷（耕地5822公顷），占52%；建设用地5477公顷，占43%；未利用地651公顷，占5%。毫无疑问，这些工业集聚区的设立，为各县（市、区）经济发展特别是工业发展提供了平台，打下了基础，不仅对区域经济产生一定的龙头带动作用，而且将产生巨大的辐射作用。但是，这些工业集聚区在不同程度上还存在着布局分散、偏离城市、资源共享程度低、缺失某些功能等不尽如人意的地方。

二、产业集聚区用地中存在的问题

（一）统一规划有缺失，布局不尽合理

我市现有的产业集聚区用地绝大部分不符合上一轮土地利用总体规划。土地资源配置不尽合理，土地用途功能不够清晰，粗放用地现象严

重，水、电、气、暖、路等基础设施不配套，布局散乱。除此之外，年度建设用地指标不能满足遍地开花的项目建设需要，而且高达4.25万亩的基本农田分布在区内不同地方，500亩以上可以调整为建设用地的地块几乎没有。不仅导致基础设施配套不完善，而且造成重大项目难以落地，最典型的是焦作风神轮胎股份有限公司占用近千亩土地的15万套工程子午胎和500万套子午胎项目因占用基本农田而不得不异地重建。虽然这些问题通过新一轮土地规划得到了调整，但原规划先天不足所造成的功能缺失，非后天力补所能完善。

（二）用地观念有问题，违法用地时有发生

由于政绩观和考核用人机制的影响，凡是有新上项目特别是招商大项目，各工业园区千方百计争相引入。除税收优惠外，还相互攀比压低地价，有些甚至违反国家最低供地标准。一旦合同签订，先开工后用地，更有甚者项目投产后进行资产审计，才想到办理用地手续。这种以项目等地以项目用地的行为，不仅造成政府土地收益流失，还严重违犯土地管理法规，形成了违法用地，扰乱了土地市场，影响了政府依法管地用地的形象。

（三）土地利用率低，产投不成比例

首先是容积率低。国家规定工业园区用地容积率不能低于0.6，但在我市9个园区中，按现有项目用地情况看，容积率仅达到0.45的园区并不少见，其中沁北园区、武陟园区位在前列。其次是标准厂房不标准。所谓标准应是国标，而我们入区企业的产品并非都是国标产品，其生产规模、工艺流程有其特定要求，而非统一建筑模式。因此一些园区的标准厂房因其不是国家标准，口头上节约实际上闲置。最后是投入产出不成比例，没有达到节约集约用地标准。按照规定工业用地投资强度最低120万元/亩，而实际上有些企业投资强度仅80万元/亩；产出应在1.5倍以上，实际上有些企业因盲目上马，今天开工明天就停产时有发生。

（四）追求GDP增长，不求转变增长方式

我市人均耕地0.79亩，略高于全国人均水平的一半，与联合国公布的人均用地警戒线基本持平，这说明焦作市的土地资源非常有限，非常宝贵。今天的发展倡导低碳经济、绿色发展，可是过去一段时间以来，一些地方为追求GDP的增长速度，单纯靠投资拉动，规模扩张，资源推动，发展低端产业，浪费大量土地资源，这些都是不可持续的。我们必须以“等不起”的紧迫感、“慢不得”的危机感、“坐不住”的责任感，加快转变思想观念，珍惜和节约每一寸土地，严守耕地红线，保护好土地资源，把加快经济发展方式转变真正落到实处。

（五）土地补偿低，失地农民生计缺乏必要保障，征地难的现象较为突出

目前，我市一直沿用过去制定的土地补偿标准，市区补偿标准为8万～13万元/亩，县（市）标准为2万～7万元/亩。几年来，随着经济社会的发展，工业产品的物价增长幅度大大高于农产品价格增长幅度，反衬出土地补偿标准较低，失地农民生计得不到保障，农民不愿放弃赖以生存的土地。因此，征地难的现象较为突出。

三、加快产业集聚区发展的对策

（一）建立一个好班子，为产业集聚区发展提供组织保证

开发建设产业集聚区是经济社会发展的必然要求，是落实科学发展观的具体体现。为加快产业集聚区的发展，需要建立以各级政府主管领导牵头、有关职能部门参加的集聚区联席办公会议制度。重点研究集聚区建设和发展的重大问题，统筹集聚区与区外事务的协调。按照“小机构、大服务”的管理模式，尽快建立完善集聚区管理机构，形成统筹、高效、富有活力的管理体制，为产业集聚区发展提供组织保证。

（二）组建一支好队伍，为产业集聚区发展提供人力支撑

制定并实施促进产业集聚区发展的人才培训和引进政策，组织开展技术和管理人才培训。制订实施后备干部和专业人才挂职锻炼工作方案，建立引进人才“绿色通道”，形成有利于会干事、能干事、能干成事的人才队伍激励机制，为产业集聚区发展提供人力支撑。

（三）编制一个好规划，为产业集聚区设计发展空间

去年以来，我们按照“产业集聚、人口集中、布局合理，用地集约”的指导思想，坚持高起点、高标准、适度超前和“东延西展、南进北扩”加快焦作、博爱、修武一体化进程的原则，对土地利用总体规划进行了修编，把9个产业集聚区全部纳入到市、县、乡三级土地利用总体规划中。安排用地总规模12741公顷，其中建成区规模4904公顷，发展区规模4697公顷，控制区规模3140公顷。同时规定建成区要内涵挖潜，盘活存量；发展区用地全部安排建设用地指标，予以保障；远期控制区内的基本农田全部调出，安排成一般耕地，用城乡建设用地增减挂钩的办法，解决用地指标，为产业集聚区预留了充裕的发展空间。

（四）制定一个好政策，为产业集聚区发展提供动力支持

1.实行土地利用计划倾斜，优先保障产业集聚区发展

首先，省政府每年下达我市土地利用计划指标6000多亩，每年拟拿出计划的60%以上用于产业集聚区的发展。其次，实行城乡建设用地增减挂钩，周转指标优先用于集聚区项目建设。在符合国家政策规定和保证规范运作的前提下，提高指标周转速度，增加指标流量。最后，按照集聚区规划确定的村庄整合方案和用地布局，有步骤地推进集聚区村庄整合。

2.优先办理农用地转用手续，实现地等项目

根据产业集聚区规划，对拟发展的区域提前分期分批办理农用地转用手续，让地等项目而不是项目等地。除此以外，改革创新产业集聚区供地与地价体制，灵活供地方式。工业项目用地可采取出让、租赁、作价出资或入股等灵活多样的供地方式，积极推行土地年租制，逐年缴纳租金，减少一次性用地成本投入。可以对集聚区配套项目中涉及的经营性用地，实行招拍挂出让和以土地预先抵押，通过适度举债，以解决基础设施建设资金不足的问题，完善产业集聚区的硬环境。

3.推进标准厂房建设，实现节约集约用地

要加强产业集聚区工业项目建设用地的指标控制，严格实行按产品按标准定额管理，推广多层多用途标准厂房，严格限制建造单层厂房，不得圈占土地搞“花园式工厂”。对工业用地在符合规划、不改变原用途的前提下，提高土地利用率和增加容积率的，原则上不再收取或调整土地有偿使用费。坚决清理违规土地，坚决制止乡镇擅自“圈地”和私搭乱建等非法行为，保障产业集聚区用地秩序。

4.做好失地农民安置就业工作

在推动产业集聚区建设的过程中，必然要征用相当数量的农用地，农民利益保护的好坏决定了产业集聚区建设的成败，因此，应高度关注失地农民的利益保护问题。利益保护实际上就是安居和乐业，只要农民住有所居、业有所从，其他问题便迎刃而解。集聚区的失地农民可根据城市居民经济适用房、廉租房等保障性住房政策进行安置。除此之外，要给每个村组留有一定数量的经营性用地，鼓励村组发展与整个集聚区相配套的劳动密集型产业，实现有组织地发展居民服务业、批发零售业、交通运输业、水电气安装调试等行业，通过有效的组织与管理，开拓市场，挖掘潜力，增加农民的就业机会。

（五）营造一个好环境，为产业集聚区发展提供快捷服务

产业集群与投资环境之间呈现高度互动关系，就国土资源部门而言，我们将注重参与产业集聚区软环境建设，努力提高用地报批效率，实行新征土地分批次或单独组卷“直通车”报批和跟踪问效机制，研究制定全程代办和登门服务等新举措，为入驻企业提供“高效、快捷、一站式”服务，缩短项目建设和投产时间。

总之，建设产业集聚区机不可失，时不我待，功在当代，利在千秋，任务重、标准高。在开发建设工作中，要坚决摒弃小农经济意识和传统的思维模式，拓宽思路，更新观念，适应科学发展观的要求，以新的思维方式和理念研究产业集聚区建设中需要解决的主要问题。要增强大局意识，切实搞好协调配合，形成合力，全力推进产业集聚区建设。

（本文获《资源导刊》2010年度“好文章”论文类二等奖）

线性工程征地中的问题及对策

□张　涛

铁路、高速公路、水利设施、管线等线性项目的建设，直接带动了沿线地方经济的发展。然而，在建设过程中，经常伴随着因征地拆迁而引发农民与政府间的利益冲突，最常见的表现形式就是上访申诉甚至引发群体性事件。如何妥善处置这类问题，是摆在各级国土资源管理部门面前的一道难题。

一、利益冲突的主要表现

线性项目的建设单位在具体征迁工作中遇到的困难主要有以下四个方面。

表现一：补偿标准问题。随着土地价值的显现，被征地拆迁群众对补偿标准的期望值提高，特别是被征地农民要求分享土地收益增值的部分利益。政府在制定补偿标准时，一般是按既有规定给予失地农民或被拆迁人补偿，即以区片地价等有关规定以及具体地块的平均亩产值倍数来计算补偿费用。由于区片地价基本上是按行政村界限确定的，对于线性工程来说，涉及十几个、几十个村以至于跨省市的土地，如果全部按照区片地价拨付征地补偿费，不同的位置区片地价相差很大。由于线性工程可比性大，农民认为一个工程补偿标准不一样，而项目单位又严格按照区片地价标准给付征地补偿款，没有保障农民分享到土地增值的收益，引起了失地农民或被拆迁户对政府的不满。按照征地区片综合地价标准，在同一区片中，不同地类执行的征地标准相同。在实际征地过程中，被征地农村和农民提出不同耕地和未利用地补偿标准相同不合理、好地差地补偿标准不合理等，也在一定程度上影响了征地工作的进程。此外，相邻地块的征地补偿往往因用途不同而相差很大，也引发了大量争议和纠纷。

表现二：土地收益分配问题。线性工程项目的建设用地绝大多数位于农村，其征用的土地大多是集体所有的土地，按规定，土地补偿费应在集体经济组织及农民个人之间进行合理的分配。然而在实际工作中，一些地方政府也参与补偿收益的分配，而农民作为集体土地的直接使用者和经营者，在补偿中往往处于劣势，从而导致农民利益受到损害。

表现三：安置问题。农民是以土地为劳动对象而体现其价值的，伴随着土地的流失，依附土地的各种权益也随之流失，失去了土地也就意味着"下岗"。特别在我国目前第三产业还不发达的背景下，失地农民再次就业率不足25%。同时，失地也打破了他们对熟悉环境的依赖。从农民的角度看，这些都是现实存在着的失地成本，因而在征地过程中就自觉地产生了一种抵触情绪。

表现四：执行问题。《土地管理法》没有对农村房屋的拆迁问题作出规范。由于征地拆迁法律法规不健全，大量违法违章建筑给征地拆迁带来阻力。有些工程建设项目前期工作滞后，征地拆迁时间不足，以及个别建设项目资金不到位，或者是安置房建设滞后，直接影响征地拆迁的正常进行。

二、利益冲突的主要原因

（一）《土地管理法实施条例》第二十六条规定，土地补偿费归农村集体经济组织所有，地上附着物及青苗补偿费归地上附着物及青苗的所有者所有。这使得农民的土地使用权成为虚置。按照法律规定，征地补偿费是按照土地被征用前三年平均年产值的倍数测算的，由于土地利用方式、市场情况、区域差异等条件的不确定性，这种测算方法很难准确地反映被征用土地的本质特性，难以正确体现地块的区位差异及各地不同的经济发展水平，难以维持农民现有的生活水平，导致农民对征地补偿不满。

（二）征地拆迁往往是在政府立项之后以通知或文件的形式下发到被征地地区，不需要被征用土地的所有人同意，被动接受是农民的唯一选择。因此，在征地拆迁和失地农民安置的实施过程中，农民始终处于被动弱势状态，被征地农民对征地的前期工作参与不够，对征地工程建设没有发言权和知情权，对不合理的征地补偿安置方案缺乏抵抗能力，而申请征地补偿安置标准裁决的成本太高难以实现。

（三）社会保障体系不健全，虽说征地补偿能暂时缓解失去土地给农民带来的压力，但是有限的补偿费用不能给失地农民带来长期的生活保障。

三、消除冲突的对策

（一）严格控制拆迁范围。严格限定公益性用地范围，提高土地利用率。加强规划，严格管理，尽量减少占地面积；要优先利用荒地、劣地，非农业用地，尽量不用耕地、良田；严格履行审批手续，征地的耕地占用税、土地补偿费、安置补助费、取弃土（石）用地补助费、耕地开垦费、拆迁补助费以及法律、法规规定的其他税费要列入工程投资。

（二）规范拆迁权。对拆迁权的行使进行规范，使其具备严格的运作程序和充分的透明度，包括建立失地农民、被拆迁人参与及权利保障机制，保证当事人程序上的权利，包括得到通知、听取证词、上诉等都有法律保障，在这些权利没得到实施之前，征地方无权强制拆迁。

（三）科学适当确定补偿标准与方式。所谓适当补偿，就是严格依据土地管理法的规定给予补偿，以被征用土地单位的农民生活水平不降低为原则。按照现行《土地管理法》规定，我国征用集体土地的补偿费包括土地补偿费、安置补助费以及地上附着物和青苗补偿费等。尽管各地在具体实施中提高了根据土地产值补偿的倍数，但还远未消除低成本征地的不合理状况。因此，要使赔偿基准达到公正，必须综合考虑地类区位、等级供求关系、耕地质量、农民对土地的投入、农产品价格及当地经济发展水平等多方面因素。加大土地流转力度，尝试以土地入股的形式来代替征地补偿，即将征地补偿款作价入股，由被征地者作为股东参与经营，享受经营利润并承担风险。这种做法能在操作层面上付诸实践，不仅可以缓解建设资金的不足，还有利于化解征地补偿上的矛盾，保证农民获得长期稳定的收入来源。

（四）合理分配土地征用补偿收益。土地征用是对集体土地所有权和使用权的永久性转移，农民将永远失去土地的经营权，失去生活的可靠来源和保障。在土地补偿中应考虑这一特殊性，使补偿收益更多地偏向失地农民，并指导他们合理使用这部分收益，用于再就业及改善和提高生活水平。农村集体经济组织所得份额应用于本集体经济组织内的生产建设，如兴修农田水利，购置农机具，帮助农民引进先进的农业科学技术等，还可进行乡镇企业建设，为失地农民提供更多的就业机会。

（五）完善征地法律法规。尽快出台土地征用方面适用性强、操作性强的法律法规，建立起以法律机制和经济机制为纽带的土地征用制度；加强项目拆迁专项资金的管理，规范拆迁资金的拨付及使用程序，确保拆迁资金落实到村到户，保证拆迁户的合法利益。

（六）妥善安置被征迁户。对按照政策规定征地单位补偿给村里的土地补偿费，可以通过发展副业生产和创办乡镇企业来安置失地农民，或适当提高失地农民的社会保障标准，提高农民养老保险金等。还可以在具备条件的地方尝试就业安置，即项目管理单位根据需要，按照本单位的用工制度和用工标准，依法招聘被征用土地的农民，在同等条件下优先录用。

（本文获《资源导刊》2010年度“好文章”论文类二等奖）

如何在三线城市落实“房地产新政”

——以驻马店市为例

□刘勇智

地价是土地市场的“晴雨表”，是供需力量角逐的“风向标”，而土地市场又是宏观经济框架的有机构成。北京、上海等地分别制定实施了限购、限贷措施的“地方版”，而且宏观调控的目标也由原来一直强调的“遏制房价过快上涨”，调整为“引导房价回落到合理区间”。对此社会各界议论纷纷，称之为“房地产新政”。驻马店作为三线城市，又处在城镇化进程的提速阶段，如何根据本地实际贯彻执行房地产市场的宏观调控政策，保持理性判断，准确把握力度，是值得认真探讨和研究的问题。

楼控新政频繁出台

以2011年1月26日国务院推出“新国八条”为标志，新一轮房地产调控政策密集出台，涉及政府责任、购房信贷、土地供应、商品房预售、企业融资及税收等诸多方面。国土、住建、金融等部门的配套措施随之跟进，居住用地的供应量和价格变化仍然是公众、媒体以及利益群体关注的焦点。

2010年土地市场的供应与需求保持了高位运行：前三季度，全国建设用地供应总量429.9万亩，为历年同期最高，同比增长58.7%。其中，房地产开发用地供应156.3万亩，同比增长83.8%，占土地供应总量的36.4%，同比提高4.9个百分点。唯有2009年第一季度全国地价水平首次出现了负增长，主要原因是2008年底国内经济受国际金融危机冲击，但很快也就走出谷底。随后调控政策叠加市场反应，形成了居住地价的短期波动。房地产市场带着2009年迅速反弹的热情高调步入2010年。在此背景下，全国第一季度居住地价平均增幅接近3个百分点，成为本年度涨幅最高的一季。

2010年4月“新国十条”的出台，启动了“史上最严厉”的房地产调控，在短期内阻止了市场预期的膨胀，使楼市进入“量跌价滞”的观望期。土地市场上交易趋冷，供需双方均因政策影响而“谨慎从事”，流拍的底价成交再度频现。2010年9月下旬，以国土资源部、住房和城乡建设部联合发文为先导，新五条出台，调控政策再向纵深化推进。此时，第三季度的地价回升态势已成定局，居住地价增速低位回升。截至2010年第三季度末，全国105个主要监测城市地价总体水平达到2805元/平方米，商业、居住、工业用地分别为5018元/平方米、4085元/平方米和623元/平方米，较去年同期分别增长8.98%（综合）、10.14%（商业）、11.74%（居住）、5.34%（工业）。2010年前三季度，综合地价累计增长率达到5.72%，商业、居住、工业地价累计增长率则分别为6.51%、6.80%、4.17%。

新一轮包括限购在内的房地产市场调控正在全国范围内展开实质性推进。日前，广州已原则通过“新国八条”实施细则，全市10区两县级市范围都将限购。目前，已有北京、上海、南京、青岛、济南、成都、南宁、贵阳、太原、长春、哈尔滨等城市出台了落实“新国八条”的调控细则，其中以提高户籍门槛的限购为重要手段。京版“新国八条”对外地人购房的限制，是目前全国各城市中出台的限制措施中门槛最高的，同时全面推广“限房价、竞地价”，对购房需求“有保有压”的做法。京版“新国八条”充分体现了房地产调控“有保有压”的基本原则。一方面进一步抑制了投机性需求的进入，另一方面也适当保护了以换房为目的的改善性需求。

探讨把握四个问题

房地产市场保持什么样的状况才算是健康的，有没有可以量化的标准，这是一个见仁见智的问题，又是一个必须探讨的问题。只有弄清这个问题，才能理性选择调控措施，决定是“踩刹车”、“减油门”，还是“匀速前进”。这里只是根据一些专家和有关方面的意见，探讨四个概念。

一是房地产业投资与城镇固定资产投资之比。有一种说法叫“四分之一左右”，即房地产投资在城镇固定资产投资中占25%左右比较合理，比例过高有形成泡沫之虞，比例偏低则难以满足城镇快速扩张中的住房需求。

二是商品房均价与当地城镇居民家庭收入之比。有一种说法叫“3～6”，即按当地城镇居民人均可支配收入计算，用3～6年的家庭收入可购置一套普通住房。

三是商品房价格构成中地价所占的比重。有一种说法是“30%以下”，即在比较合理的房价构成中，地价应占30%以下。

四是政策性住房在住宅供应总量中应占的比例。有一个规定叫“70%”，这就是“新国十条”中要求的“保障性住房、棚户区改造和中小套型普通商品住房用地不低于住房建设用地供应总量的70%，并优先保证供应”。

三线城市房控应对策略

“新国八条”的调控目标是“坚决遏制部分城市房价过快上涨”。国办发〔2011〕1号文件中既有推及全国的宏观调控要求，如首套及二套住房的首付和贷款、调整住房供应结构、加大交易秩序监管力度等，但更直接的是针对“商品住房价格过高，上涨过快、供应紧张的地区”。

驻马店房地产市场总体状况比较稳定。驻马店属三线城市，2009年的城镇化率只有29.5%，分别比全国、全省低17.1和8.2个百分点；2009年我市房地产投资增长幅度虽然较大（54.4%），但总量仅占全省的4.95%；2010年第一季度房地产投资在城镇固定资产投资中的比重达到21.3%，仍处在比较合理的区间；2009年底中心城区商品房均价达到每平方米2576元，同年驻马店中心城区城镇居民家庭收入39577元，房价收入比在“5～6”之间，楼面地价占房价的比例多数在20%以下。这与京、沪、杭等大都市和其他一线城市有很大的不同。在房地产市场调控政策上应当实行不同于一、二线城市的差别化政策，不能简单地跟风和照搬照抄。

在房地产市场调控中必须划清界限，政策的归政策，市场的归市场。要结合本地实际实施“房地产新政”，就必须划清政策性保障和市场供给的界限，地方政府一方面应该切实肩负起解决中低收入群体住房困难的责任，把该抓的保障性住房建设抓上去，决不能让城镇中低收入群体长期“蜗居”或成为“房奴”；另一方面又要遵循市场经济的规律，放开搞活商品房市场，再以持续增长的土地收益和房地产开发税收，支持保障性住房建设和城市基础设施建设。只有这样，才能形成城镇化进程中“以富济贫”良性循环。“巧妇难为无米之炊”，那种既指责地方政府依赖“土地财政”，又要求地方政府加快保障性住房和城市公共设施建设的说法，是对市情、县情缺乏充分了解的理想化设计。

要解决好“居者有其屋”问题，必须依据收入状况，实行区别化住房供给。不管是一线大都市，还是二三线城市，中国房地产市场调控的目标都必须定位在让城镇居民买得起、住得上房子。因此在参照城镇居民人均可支配收入研究地方房价问题时，必须看到在“人均”之下掩盖着巨大的不平均。一般应按照高于“人均”120%以上、“人均”120%以下至80%以上、低于“人均”80%，这样三个区间，大致划分为三个板块，实行区别化的住房供给。对于城镇低收入群体，必须大幅度增加廉租房、经济适用房和公共租赁住房建设，同时实行棚户区改造的优惠政策，解决好这些低收入群众的住房困难，使“以人为本”的执政理念得到实实在在的体现。对于城镇中等收入者，主要应增加中小套型普通商品房和限价商品房供应，其中收入偏低者亦应纳入保障性住房供给。至于家庭收入较高已经率先致富的群体，相对应的就是“新国十条”硬性规定政策性住房用地不低于70%之外的30%，这一部分应完全按照市场机制配置住房资源，这是政府土地收益和房地产税费的主要来源。在不同区域、不同城市，经济发展状况和人均收入水平有着很大的差异，应该从本地实际出发，具体情况具体分析，不同群体不同政策。总的思路可能效仿上世纪80年代的“双轨制”：该政策保障的必须实行政策保障，该市场供给的就交给市场供给，不同的只是中间还有一个“夹心层”——既有政策规定又有市场因素的限价商品房。

要真正从本地实际出发贯彻“房地产新政”，必须认真研究好具体操作问题。“新国十条”已经确定了房地产市场调控的基本走向和主要政策，这是必须认真贯彻落实的。当然，在实际工作中还会有一些操作空间。近年来不少科学研究者认为细节很重要，甚至断言“细节决定成败”。在大政方针已经确定的前提下，细节确实很重要。何况我们的主要工作就是研究“细节”，研究具体操作问题。卢展工书记在省委举办的转变经济发展方式主题班上强调解决好“钱从哪里来，人往哪里去，民生怎么办，粮食怎么保”四大问题，房地产市场直接涉及“钱从哪里来”和“民生怎么办”两大问题，也与“人往哪里去”的就业问题密切相关。贯彻落实“房地产新政”事关重大，我们应该把房地产市场调控的宏观政策和本地实际结合起来，进行认真、深入、细致的分析研究，从不同的市情、区情、县情出发，把握好具体操作的“细节”，对房地产市场进行适地适时适度的调控，促进其持续健康发展。

（本文获《资源导刊》2011年度“好文章”论文类二等奖）

防危化险重在弘扬清风正气

□文茂林

胡锦涛总书记在庆祝中国共产党成立90周年大会讲话中，针对我们党面临许多前所未有的新情况新问题新挑战，特别指出："精神懈怠的危险、能力不足的危险、脱离群众的危险、消极腐败的危险，更加尖锐地摆在全党面前。"防危化险，就得努力形成"积极向上的精神追求"，让清风正气常驻心中。

为此，每一个党员、干部，应从五个方面加强修养。

第一，要心守一个"忠"字。"忠诚"二字看似简单，却撑起了中华民族不朽的脊梁。岳飞背上的"精忠报国"，让金军发出了"撼山易，撼岳家军难"的哀叹；文天祥一句"人生自古谁无死，留取丹心照汗青"，成为千古绝唱。各级领导干部是党的中坚力量，应当把带头坚守忠诚、追求忠诚、践行忠诚视为首要的政治品质，自觉护好从政为官的"命门"。自古官场敬忠臣、骂奸臣，曾有"忠臣贤士人人敬仰，奸臣贼子人人唾骂"的道德评判。今日之官场虽然不能和旧官场同日而语，但仍然需要除"奸"去"滑"，清洗对党三心二意的灵魂。一是要把政治道德当前卫。不论国际风云如何变幻，国内形势怎么发展，社会舆论如何混杂，党的领导干部都要始终保持对马克思主义信仰的坚定性、对共产主义理想的坚定性、对坚持党的领导的坚定性。毛泽东同志曾把这种政治上的坚定性，叫做"真正的政治道德"。他说，共产党人讲道德首先要讲这一条道德，不然的话，就叫做无道无德。这话听起来很大，其实很具体，像那种信念不坚、是非含糊，胸无大局、行令迟缓，贯彻落实上级指示明从暗顶、阳奉阴违，平时口无遮拦、言不负责、谁说党坏他说更坏等行为，就是对党的忠诚不专一的具体表现，同样具有"奸"的性质。二是要把党性诚信当为重。坚定的党性原则是领导工作的生命，不讲原则就没有是非、没有正气。当领导就得勇于负责、敢于担当，该批评的要批评，该坚守的必须坚守，时刻为党的各项方针政策实施把好大门，不能跟风应变、习惯于按潜规则行事，更不能遇到矛盾和问题绕道走，做处世圆滑的"老好人"。特别是在全社会需要进一步提高对党、对政府信任度的情况下，各级领导干部更要以诚信为贵，自觉做到言行一致、表里一致、上下一致、前后一致，决不能做玩弄两面的"阴阳人"。三是要把组织权威当依靠。现在有的人喜欢搞人身依附关系，总觉得组织靠不住，有事不找组织找个人，提升后不感谢组织而报恩某个领导，这种把组织行为变为个人行为，实际上是变相的对党不信任。党的载体就是各级组织及制度原则，相信组织才会相信党，依靠组织才能服从组织，如果对组织不信任、不依靠，那是背离党的组织原则、组织制度、组织纪律的。大多数干部的履历证明，依靠组织进步到哪儿都有依靠、都能进步，而依靠个人谋发展的人只能谋一时，却谋不了一世。四是要把法规纪律当忠告。人生路上须有忠告相伴，与忠告相随相依的日子是安全的、快乐的、幸福的。针对新形势下面临的复杂情况，党对领导干部廉洁自律适时作出了各项纪律规定，这是对领导干部政治上的最大关爱，也是克己慎行的最好忠告，老老实实听招呼，认认真真照着做，绝对不会犯错出事。

第二，要心系一个"民"字。做人也好，当官也罢，什么时候都不要忘记对人民的感情。胡总书记在庆祝建党90周年的重要讲话中，特别指出："每一个共产党员都要把人民放在心中最高位置，……坚持问政于民、问需于民、问计于民。"这无疑说明，领导干部是不是心系群众、设身处地为民想事办事，绝不是个人性格、兴趣和爱好的小问题，而是够不够党员资格、干部资格和公仆资格的大问题。热衷于领导关系而忽视群众关系，背离民生民利想事干事，纵然有千条理由，那也不是我们党所要求和提倡的。那种以单位利益为名谋求上级领导的熟悉和深交，说到底是拿单位群众利益做"私交"，最终损害的是群众利益，影响的是党群关系；那种以推进城镇化和新农村建设为名，到处圈地占地和粗放低效用地，甚至于强拆强建，说到底是那里的领导干部政绩观不够端正，类似好事实事办得再多，老百姓也不会领党的情。这几年一些地方兴起的"大广场"、"大公路"、"大校园"、"大新区"建设热，固然气势非凡、光芒四射，但究竟给老百姓带来了什么、给子孙后代留下了什么，的确值得仔细考量。事实上，凡眼睛朝上的领导干部，或只顾政府满意不顾群众满意的行为，群众是看在眼里、记恨在心里，只不过是敢怒不敢言而已，一旦矛盾爆发就会造成全局工作被动，结果是谁都不满意。近年来全省群众上访事件中，涉土涉矿上访数量仍然高位运行，这是不可麻木的。所以，每个领导同志要经常问一问自己：在群众中有多少真心实意的朋友？你在身边群众中的影响力有多大？在位期间为群众办了多少好事实事？目前落地的重点项目群众反映怎么样？发展的最终目的是人民共享成果，我们审批的每个卷宗，供出的每一块地，都应当考虑到民生民惠，尽可能地实现群众利益最大化，让民众信心可持续发展，让幸福指数稳当落地，让民生目标纳入问责，使老百姓切身感受到党和政府就在我们身边，公平和正义就在我们身边。

第三，要心修一个“正”字。古人云：“欲修其身者，必先正其心。”心正才能出正言、干正事、走正道。纵观那些触犯党纪国法的党员领导干部，更主要的并非对政策法规不清楚，而是自恃聪明精明，心术不正。许多教训告诫我们：一要克服侥幸心理。侥幸是不幸的开端，心存侥幸总想下赌注，有了第一次就会有第二次，到时想收手也收不住。某单位一名党员干部两年多的时间经常私自外出赌博，起初他云里来雾里去谁也不知道，每次回来见没人找他，自以为做得很隐秘，越赌越上瘾，最后被“双开”。其实，这完全是自己欺骗自己。若要人不知，除非己莫为，违犯法纪的事情迟早会被发觉。二要克服攀比心理。人生享受无标准，经常攀比私欲长。当然，人和人在一起，不攀比不现实，但和谁比、比什么，必须找准正确的参照系。如果总是和大款比，和进步快的比，和条件好的比，那就会越比越不服气，越比越生气，越比越沉不住气。三要克服怕吃亏心理。亏与不亏是相对的，有失必有得，这是生活中的辩证法，总想占便宜的人总有一天要吃亏。当前，谁守规矩谁吃亏的思想在一些人当中颇有市场。看到人家捞一把，自己不捞，吃亏；看到人家玩得心跳，自己不玩，吃亏；看到人家有权滥用，自己有权不用，吃亏。这些私心杂念积累多了，离危险人物也就不远了。原中纪委书记吴官正同志说得好：“心地清净，正道直行。”一个人要面对“诱惑”顶得住，身临“攀比”耐得住，吃亏之后不后悔，务必修身正心，只有心正无邪，才能无欲则刚。领导干部一定要视气节重如山，视私利轻如纸，时刻把立党为公刻在心上，不断排除外界干扰、抵制庸俗关系，力求自己的廉政行为经得起查、经得起考、经得起检验。有句古语讲得好："能吏寻常见，公廉第一难。"说的是官做到一定时候，大家的能力与水平可能都在一个层次上，真正能分出高低的是公心和廉洁，最容易丢分丢官帽的也是这个方面。所以，中纪委强调的为官不廉必须一票否决，即使再有本事、再有政绩，都不能宽容迁就，这是很有道理、很得民心的。

第四，要心装一个"怕"字。大千世界，诱惑多多，为人做官应有所畏。彭老总曾有三怕：一怕出名，二怕言过其实，三怕脱离群众。正是这些有所怕，才成就了党和人民需要的有所为。现在有的人什么话都敢讲，什么事都敢做，甚至影响家庭和谐、危及个人政治前途的事都敢铤而走险，心中根本没有"怕"字，这是潜在的最大危险。奉劝那些今天有这权那权可以为所欲为的同志，务必想到滥为乱为的后怕；也奉劝那些不怕群众有看法的同志，务必想到群众会把你变成孤家寡人的危险；更要奉劝那些只要不为己咋干都可以、只要为发展不怕有风险的同志，务必想到"无私"也要"有畏"。当今推进发展的大好机遇是我们这一辈成就事业的大舞台，但我们一定要多干那些功在千秋、利在万代的事，千万不能干那些急功近利、劳民伤财、为后人留下沉重包袱的事。清代汪辉祖说过一段富有哲理的话："官之得民与否，去官日见真。"意思是说，一个领导能否称得上好领导，不看在位的威风，关键在离开官位的公认度。我们今天在一起工作的同志，都应当从那些"人走茶凉"的领导中受到深刻启示。写好一个"人"字只需两笔，做好一个人却需一生。无论过去多么成功，多么灿烂，都不能代表未来，只有始终保持慎重前行，老老实实做人，扎扎实实干事，才能把"人"字写得更加壮丽多彩。

第五，要心防一个"变"字。随着环境条件的改变，人人都有可能变，都需要防变。任何时候都应当问问自己当年入党、提干的初衷还有没有，艰苦奋斗的精神还有没有，普通老百姓的本色还有没有，平淡生活的习惯还有没有。如果少了或没有了，那就已经在变了，这是其一。其二，一个人的变往往从微小之处打开缺口，由渐变导致突变，由量变发展到质变，平时既不能有“小节无害论”，也不能“以善小而不为、以恶小而为之”，自觉筑牢防微杜渐的堤坝。其三，人生的最大敌人是自己，变好变坏最终也在自己。若要在人生的长河中“安全着陆”，始终应为着肩上的重任而自重，为着坚持真理、修正错误而自省，为着防患于未然而自警，为着奋发进取而自励。一旦发觉自己说了算、想怎么干就怎么干之时，当面阿谀奉承、登门送礼者增多之时，功名利禄缠身、私欲难以控制之时，那就要高度清醒、高度警惕、高度戒备了。尤其是在个人独处、无人监督的情况下，更要强化慎独意识，做到自尊自重、洁身自好，经得起“酒绿灯红”的考验。“物必自腐，而后生虫。”为人做官关键在自己把握自己，自己管好自己，这一点比什么监督都重要。离开了自我约束，再好的要求、再多的规定、再严的措施也难以奏效。国土干部天天和审批、执法打交道，接触的资源利益主体多元，掌握的资金分配权力较大，特别要注意练好三个护身法：一个是交友选择法。对自己的生活圈、交往圈要经常审视，看围着身边转的是些什么人，把交往的意图和目的搞清，把可靠的朋友选准，不能什么人都交，什么吃请都去，送什么都敢要，有些“盛情”难“却”也要“却”。现在有些个体老板、中介人士身世背景非常复杂，涉足的关系又广又深，你根本摸不清底细，他出手大方是有求于你，你可千万要小心，天下没有免费的午餐，也不会有无缘无故的朋友。另一个是无求养生法。当代著名作家冰心认为：“人到无求品自高。”人生要有追求，但不要苛求，顺其自然方能轻松自如。经常保持一种淡泊心态和乐观人生，就不会对身外之物得而大喜、失而大悲，更不会对世事他人牢骚满腹、攀比嫉妒。对于普通人来讲，做本分事、持平常心、成自在人，才能完成人格的完善，而有了完善的人格，就能“任你红尘滚滚，我自清风明月”，一切有损道德形象和身心健康的因素都将被击退击败。再一个是意志定力法。当今社会，人人都在竞争和比较中艰难前行，有钱欲、物欲、官欲、性欲乃人之常情，关键靠意志的定力控制好各种欲望的“度”，节制住超出现实可能和违纪越规的欲望。加强意志力训练要像少林功夫练就不动心一样，内心不乱为定，外不着相为禅，最有效的方法就是净化灵魂，常思贪欲之害，常怀律己之心，常除非分之念，从别人“亡羊”中“补牢”，永远记住不忘党恩、不忘民生、不忘家和，不断培养自己的“定力”。

（本文获《资源导刊》2011年度“好文章”论文类二等奖）

编者按 党的十七届六中全会通过的《中共中央关于深化文化体制改革推动社会主义文化大发展大繁荣若干重大问题的决定》提出，要推进社会主义核心价值体系建设，巩固全党全国各族人民团结奋斗的共同思想道德基础。那么，国土资源部门如何构建与社会主义核心价值体系相融合的国土文化已成为国土人关注和思考的课题。为此，我们特别约请河南省国土资源厅副厅长文茂林同志撰文，畅谈他对国土文化建设的思路和真知灼见。

加快打造与社会主义核心价值体系相融合的国土文化

□文茂林

党的十七届六中全会第一次提出“社会主义核心价值体系是兴国之魂”的精辟论断，并向全党、全社会发出号召：“不论社会思想观念、人们的价值取向如何多样多变，加强社会主义核心价值体系建设绝不能动摇。”作为担负经济社会发展资源需求保障的国土战线，如何在当今社会转型、经济转轨的过渡期，在人们思想多元、价值多样的活跃期，在网络文化空前崛起的高峰期，加快构建与社会主义核心价值体系相融合的国土文化，显得尤为迫切和重要。一位学者说过：“文化是人调整世界的方式，也是进入世界的方式。”一个单位选择了一种什么样的文化，也就意味着它为自己选择了一个什么样的形象。从国土文化面临的现实与发展看，需要进一步浓厚“五个氛围”。

一是讲诚信的氛围。诚，就是真实、实在之意；信，就是言而有信、信守承诺。对一个干部而言，才华固然重要，但诚信更为关键，可以说是必备的一种重要品德、一种纯朴的文化修养。对一个单位来说，诚信则是人气、风气、士气聚合的重要文化元素，这方面若是缺失，必将形象受损、发展遇阻、事业难成。把讲诚信列为国土文化的一个重要内容，并不是说当前有多么严重的问题，更主要的是力排当今社会负面文化所需。现在社会人群中潜流着一种怪象：有的人大道正理都不信，对谁也不信，宁愿找和尚诉说心事，也不愿向组织吐真言，甚至把“做人太实在”当做优缺点的贬义词。这种信任危机蔓延开来，容易导致越来越多的人政治冷漠、是非模糊、价值扭曲、戴着墨镜看社会、用对立眼光看别人，慢慢地把人生为本、为贵、为要的东西淡忘丢掉。最近，万向集团董事局主席鲁冠球接受新华社记者专访时说过一段发人深省的话：“现在社会上弥漫着一种浮躁情绪，都不愿说真话、不想做实业。没钱不可怕，可怕的是没有信念。”由此看来，构建诚信体系是加强国土文化建设的前提和基础，要解决“信”的问题，核心之点是“四信”，即坚信马克思主义的指导地位、相信组织的公平公正、相信领导的人品官德、相信同志间的友爱真情。每个人在任何时候、任何情况下，都应当保持正确的价值追求，决不能因一时一事一人之气，在对与错、好与坏、主与次的界限上发生错位，始终用人生应有的信仰、信任和真情构筑国土精神家园。

二是重敬业的氛围。爱岗敬业是一种精神境界，是核心价值观的本质体现，也是国土文化的精要。好单位、好干部不是靠哪个领导说好，过硬的还是工作上层次、任务完成好，用踏实的政绩实现自己的承诺。在当今社会都看重国土作用、依赖土地发展的大背景下，国土系统既面临机遇又经受挑战，长时间处在“两难”和“双重压力”之中，而且只能进不能退。这就需要倡导一种敬业文化：干一行专一行，做一事成一事；八小时以内拼命干，工作争一流；八小时以外勤思责，把主要心思和精力用到想事干事上来。通过这种敬业文化的培育，催生破解“两难”的新路，变压力为动力，积极主动提供服务保障，防止因不尽心、不尽责，或审批效率低，或执法被动，直接成为重大项目落不了地、重大事故灾害没防住、重大违规行为发现迟的责任主体。面对河南发展加快和提速，有必要开展“不让本职工作在我手中延误、不让办事流程在我这里受阻、不让工作差错在我这里发生、不让服务承诺在我这里落空、不让来访群众在我这里不满意而归”的评比竞赛，切实提高工作效能，真正当好“双保双赢”的马前卒。

三是敢创新的氛围。创新是一个民族进步的灵魂，也是推进改革发展的不竭动力，本身就是文化的范畴。打造国土文化更需要推陈出新，勇于改革创新。加快中原崛起河南振兴，国土资源是第一位的需求，这一战略行动越提速，资源供求矛盾越突出，仅靠传统的、常规的管理模式和利用方式已经很难破解和化解了。比如，要指标、扩增量越来越有限，外延扩张式发展难以持续，靠增减挂钩、占补平衡难免顾此失彼，政府垄断资源配置易于效率低下，矿产开发与保护形成拉锯战难以跳出恶性循环，等等。旧难未解，新难又增。唯一的选择，就是从实际实效出发，在创新中找出路、拓空间、谋发展。要加快调整国土规划，优化空间产业布局和区域布局，围绕“三化”协调发展路子实施供地用地，解决发展布局不合理的问题；要加大市场运作力度，减少征用环节，下放审批权限，提高土地矿产的总收益，解决资金储备不足的问题；要做大挖潜盘活的文章，向山地、未利用地、低洼坡地和闲置地进军，集约高效利用，解决发展空间狭窄的问题；要抓紧构建共同责任机制，形成千斤重担众人挑、违法违规大家纠的局面，解决执行力不强的问题。国务院下发的《关于支持河南省加快建设中原经济区的指导意见》中，对河南出台了不少支持政策和优惠政策，允许我们在多个方面先行先试，要求我们加快多项改革，这应该说是中原国土人赶上了好时候、好机遇，接下来的文章要靠大家都来做，具体深入做，开拓创新做。创新不需要合上别人的脚印，该用活的政策要用活，该突破的壁垒要突破，该冒的风险要敢冒，按部就班、舒舒服服是什么新也创不出来的，应力争在先行先试上早出新经验、新成果，在土地矿产制度改革上多创新模式、新方式，切实以资源开发利用方式的转变促进经济社会发展方式的转变，在中原厚土上培植一种崭新的国土文化。

四是求和谐的氛围。自古以来，和谐就是一种文明、文化的象征。有位外国专家预言，中国社会结构正在由“金字塔式”的等级结构变为一场“马拉松”。意思是说，过去的中国人虽然也有地位高低不同的问题，但还是处在同一个结构之中，而今天的中国就像一场“马拉松”一样，每跑一段，都会有人掉队，即被甩到了社会结构之外。这个群体的规模增大，易于形成和引发底层社会的断裂风险。党中央倡导建和谐社会、创和谐文化，恐怕这是其中的根本旨意之一。我们国土部门摊子大、战线长、条条块块多，管理上垂而不直，业务上相对独立，素质上也参差不齐，易于产生“互为壁垒、各自为战”的潜本位意识，构建和谐文化不仅是现实的需要，也是长远的需要。这种和谐文化，应主要体现在共同理想、共同任务、共同责任、共同利益、共同荣誉上的同心合力。具体地说，就是要把团结协作贯穿于各业务口与领导分工之中，把敢于担当贯穿于解决一切难题和矛盾之中，把大局为重贯穿于处理个人利益之中，把维护集体荣誉贯穿于一言一行之中，真正形成关系正常融洽、相互拾遗补缺、联手打造国土名片的团体精神。

五是保廉洁的氛围。廉生威，腐必败。大力创建廉洁文化，对于处在高风险行业的国土部门，有着特别重要的意义和作用。抓廉政文化，既要重教，又要重建；既要创新形式，更要解决问题；既要有针对性，又要持续抓。从这几年的情况看，尤其要突出两个重点：一个是防止权力文化扭曲。“一旦权在手、便把利来捞”，“有权不用、过期作废”，往往是权力走向腐败的动因。对持有管地管矿审批权、发证权和经费支出权的关键岗位及关键人物，一定要常吹清风，常敲警钟，常加监督，让他们每时每刻都想到权力意味着责任，权力越大风险越大，绝对权力绝对腐败。同时，又要让他们总觉得身后有千万双眼睛在盯着，心存侥幸祸来临，伸手必被捉，始终以反腐倡廉的高压态势控制权力欲膨胀。另一个是强化廉政文化自觉。透过一些落马官员的忏悔，他们原本并非不懂廉政文化，关键是缺乏一种自觉。实践看来，没有廉政文化的高度自觉，廉政文化建设抓得再紧再好，也会是“对牛弹琴空费力”。要经常展开四查：一查官德。糊涂难，装糊涂更难，辨别糊涂并不难。二查人品。看做人的品行、做事的品位。三查交友。以势交者、势倾则绝，以利交者、利寡则断，以酒交者、酒衰则收。四查意志。精神不振，斗志衰退，事业心不强，便是懒官庸官，不可委以重任。与此同时，还需要采取一些硬性的制度措施，让不自尊的人失去尊，让不自重的失去重，让不自爱的人失去爱，逼着他们自觉严格、自我加压，坚守好廉政国土的阵地。

相关链接

坚持中国特色社会主义文化发展道路，深化文化体制改革，推动社会主义文化大发展大繁荣，必须全面贯彻党的十七大精神，高举中国特色社会主义伟大旗帜，以马克思列宁主义、毛泽东思想、邓小平理论和“三个代表”重要思想为指导，深入贯彻落实科学发展观，坚持社会主义先进文化前进方向，以科学发展为主题，以建设社会主义核心价值体系为根本任务，以满足人民精神文化需求为出发点和落脚点，以改革创新为动力，发展面向现代化、面向世界、面向未来的，民族的科学的大众的社会主义文化，培养高度的文化自觉和文化自信，提高全民族文明素质，增强国家文化软实力，弘扬中华文化，努力建设社会主义文化强国。

——摘自《中共中央关于深化文化体制改革推动社会主义文化大发展大繁荣若干重大问题的决定》

（本文获《资源导刊》2011年度“好文章”论文类二等奖）

积极应对刚性发展持续期的素质挑战

□文茂林

按照省委、省政府确定的主基调，河南“十二五”期间仍然处在经济社会刚性发展的持续期。尽管国土系统面临的形势和任务不确定因素较多，发展中的可变性需求随之增加，但国土资源管理工作的全局性、根本性、战略性地位不会变，保耕地与保发展的双重任务不会变，各地依赖土地发展、资源需求刚性增长的大趋势也不会变，这对国土干部能力素质的挑战更加现实、更加紧迫。

第一，运用政策空间能力的挑战。任何政策都是时代发展的产物，是实践需求倒逼出来的办法，往往具有一定的发挥空间、发展空间、创新空间、操作空间，关键是我们能不能找得到、展得开、用得好。广东的“三旧”改造，不仅促进了存量土地的二次开发，而且解决了大量的历史遗留问题，甚至把一些违规违法问题也合理合法化了。河南省与国土资源部签署的省部合作协议，看上去条条款款多，思路性的东西多，实际上每一段里含有多个政策，每个政策的研究运用空间非常大。像那些“优先保证”、“重点支持”、“允许探索”、“共同推进”等关键词的背后，都是一个个政策空间、发展空间、操作空间，里面可以做出大文章来。就拿人地挂钩政策来说，其核心是解决人往城转、地随人走、钱从地出的问题，操作空间就在开展土地综合整治的大平台之中，在推进城镇建设用地增加规模与吸纳农村人口进城定居规模的挂钩之中，在加快集体建设用地流转和市场配置之中，这里面的潜力巨大。目前我省农村居民点用地占全省建设用地总量的64%，人均建设用地约248平方米，比国家确定的农村居民人均建设用地标准多出100平方米。按“十二五”期间新增城镇人口900万、人均建设用地为100平方米计算，全省建设用地整治潜力可达900万亩，如果再拿出100万亩进入市场交易，每亩按10万元计算，那就是1000个亿，这无疑为实施人地挂钩政策提供了广阔空间。而近几年一些地方的实践证明，这件事情完全可以办到办好。舞钢市将全市190个行政村、834个自然村整合规划为4个中心镇、17个新型农村社区，农村居民点节地率50%多；滑县把产业集聚区内的18个村整体搬迁，节地率60%多。既然国务院已把人地挂钩先行先试的“许可证”发给了河南，我们还有什么理由左顾右盼呢？这不行那不行，什么时候也不行。给政策就是给机遇。国土干部一定要抓住和用好这个机遇，加快人地挂钩政策进入实践的具体研究和论证，努力把政策空间转化为发展空间。

第二，创新资源利用方式能力的挑战。加强国土资源管理，最根本的是实现资源利用方式转变，即从粗放浪费到集约节约，从计划配置到市场配置。目前这两个方面，河南差距比较大。一方面反映供地紧张，到处要指标、跑指标；另一方面又闲置浪费，建宽马路、大广场。国土资源部通报的闲置粗放用地的省份中，河南省是其中之一，这对人多地少、发展不足不优的河南很不利，处理不好很可能就要扣减下年度的计划指标。市场配置资源滞后的问题也比较突出，一个省的土地收益不及江浙一个地级市，靠廉价的土地发展短期内可以，长期下去是难以持续的。出现这类问题，固然有各级政府领导的原因，但国土部门也有着不可推卸的责任，至少说明我们在把握供地条件、批地原则、用地标准和批后监管等方面的素质缺失，转变土地利用方式还没有真正成为国土干部的素质要求，真正进入业务管理职责。土地是发展的最大瓶颈，也是发展的最大潜力，否定哪一面都是不对的，关键是要实现土地利用方式的根本转变。方式一转天地宽，解构瓶颈有密码，我们再也不能停留在那种“要多少地批多少地、只管供地不管用地”的浅层次管理上了。资源需求刚性增长的特殊时期必须有超常思维和特殊办法，该变则变，该改则改，拿着“旧船票”是上不了“新客轮”的，“老土地”是适应不了新需求的。

第三，依法依规运作能力的挑战。善于运用法规的手段维护国土，保障发展，是国土管理的一项重要职责，也是国土干部的一种重要素质。在当下“要发展、得违法”的暗流冲击中，坚持依法规范运作的确很难，甚至要付出一定成本和代价。胡主席强调的“三个最严格”，既是对国土资源管理方向、任务和职能的定位，也是对国土资源干部的素质要求和殷切期望。作为国土人员特别是执法者，首先要高扬法律这把利剑，自觉学法、懂法、用法，敢于纠正违法违规行为，丢掉了这个武器就会失去工作的原则性，扭曲国土管理的正义性。越是执法难，越要严执法，才能保持健康良好的发展秩序。当然，按法规行事，不仅仅是个“违法必究”的问题，更重要的是把违法控制在萌芽状态，把法规障碍排除在工作之前，把规范运作贯穿到国土管理的全过程，最大限度地减少违法违规行为，更大程度地促进经济社会发展，这才是依法依规运作的高水平。对科学有效的管理来讲，发现了多少问题，处理了多少人，其本身并不是成绩，成绩在于预防有效、制止有力。近两年全省实现“零问责”，就是一个了不起的成绩。在推进合作协议落实中，各级国土部门应发挥积极引导和从严监管的作用，坚决防止那些不顾自身实际照抄照搬外地模式的做法，防止借新型农村社区建设或土地综合整治的名义开发小产权房，防止建新不拆旧导致建设用地总量不减反增，防止那种只想从农民手中拿地、不为农民长远生计提供保障的简单行为，避免引发新的社会问题，依法引导科学发展。

第四，应对新闻媒体能力的挑战。国土部门的工作既与政府的利益紧密相连，又与群众的利益息息相关，做好了说好的不多，没做好说什么的都有，特别是某个问题在报刊电台一曝光，就会成为社会舆论的热点和焦点，搞得工作很被动。面对这一客观现实，国土干部必须学会引导社会舆论，抓紧提高应对新闻媒体的能力。要学会打主动仗，努力占据信息发布制高点，构建自己的媒体舆论场，增强党委政府意志的社会化程度和贯彻力度；要充分利用网上调研等方式，征求群众意见和建议，准确把握舆情；要善于疏导群众情绪，多与群众零距离对话，负责任地处理和纠正问题，以取得群众的谅解。开放的社会需要开放的心态，对新闻媒体不能采取“躲”的办法、“控”的办法、“封”的办法，还是要以善待善用为主。善待，就是热情接待，以理相待，多和新闻界交朋友，欢迎和接受新闻舆论的监督；善用，就是主动接触沟通，积极化解矛盾，善于与他们坐在一条板凳上交流对话，争取理解和支持，力求为我所用。新闻舆论是公开竞争的舞台，也是可以争取的阵地，你不会说事，人家就会找事，你以为出的是小事，人家可以以小见大。要学会讲好自己的故事，特别要注意加大正面宣传的力度，多推出好的经验、好的典型，借助新闻媒体力量，为国土系统说话给力。

第五，协商协调能力的挑战。加强协商协调是理顺各方关系、促进合作合力的桥梁。在社会各系统和各部门联系越来越紧密的今天，协商协调在某种意义上就是效益，就是本事，就是作为。国土部门所处的特殊位置和工作性质决定，必须把协商协调能力作为一种素质要求，落实到各业务口和每个同志的自觉行为中去。在纵向上，要学会协商，力争政策决策支持；在横向上，要善于协调，汇聚抓落实的力量。这方面的能力缺失，不仅仅是关系难处、事情难办的问题，更重要的是干不成事、难成大事。比如建新型农村社区，就不仅仅是个批地供地、建新拆旧的问题，如果没有国土资源部的人地挂钩政策支持，没有城建部门的科学规划，没有各项涉农资金的捆绑使用，没有各级党委政府的得力领导，靠国土部门一家是搞不成的。这里面，有大量的协商协调工作要做，哪一方、哪一点做不到位，都会影响进程、阻滞发展。当前全省新型农村社区建设发展不平衡，有的起步快、发展顺，而有的至今推而不动，互相掣肘，这与协商协调素质缺失有很大关系。许多同志都到外省看过，有些人家能办成的事，而我们这里办不成；有些人家能要来的政策，而我们却要不来；有些工作并不比别人差，却迟迟得不到认可。这尽管有多种因素在起作用，但起码说明我们的协商协调工作不到位。今年，省部签署的合作协议就是一个大成果，争取来的政策真正付诸实践后，比给指标要强得多。

第六，抗腐拒腐能力的挑战。社会刚性发展必然拉动资源刚性需求，而资源刚性需求又往往把国土部门推到了举足轻重的位置，不出事没人找事，一出事就是大事。这几年，社会把国土系统推举为高危行业，一方面是因为国土客观上成了谋求发展的热土，部门自然成了热点部门；另一方面是因为我们这支队伍里的确有“前腐后继”的个案，接连不断地出事。现在看，要扭转这一被动局面，不因个案而影响整体形象，最关键、最管用的是每个同志要增强抗腐的定力，切实经得起权力的考验、利益的考验、吃亏的考验。任何时候都不要把手中拥有的权力当做自己的，把送礼不拒当做应该的，把私下操作项目当做精明。省厅推行网上报件审批，绝不仅仅是个“削权去利”的问题，更深层的意义是提高效率、阳光操作、保护大家，树立国土部门公开、公平、公正的形象，让那些背后生疑者少一点议论，多增加一分信任。持续开展“两整治一改革”活动，目的和意义并不在整谁治谁，而是通过常抓教育、常严制度、常敲警钟，帮促大家筑起抗腐拒腐的坚固防线，每个同志必须重视，不可厌烦。贪心必腐，腐败必败。这方面不在说多少理、定多少规矩，核心是自己把握自己，自己管好自己，自己对自己负责。人生要始终记住两句话：广厦千间夜卧六尺，家存万贯一日三餐。钱多钱少、官大官小没有终极标准，顺其自然的日子过得最轻松、最快活、最值得回味。

（本文获《资源导刊》2012年度“好文章”论文类二等奖）

完善土地管理制度
需要顶层设计与基层创新相结合

□余纪云

当前土地管理工作面临着“两难境地”和“双重压力”，种种矛盾在短期内难以缓解。比如，保护耕地难和保障发展难“两难”同在，项目用地难与土地粗放利用问题共存，国家宏观管理严与地方发展用地急矛盾并存。

一方面，从土地管理宏观形势看，国家对土地管理工作的要求越来越高，集中体现在五个“越来越严”：一是对加强耕地保护的要求越来越严，强调质数并举，保有量不减少、质量有提高；二是对依法管地用地的要求越来越严，土地执法监管的手段和措施越来越多，卫片执法制度化、规范化，并真正开始问责；三是对建设用地管理的要求越来越严，要求认真落实《国有土地上房屋征收与补偿条例》，加强批后监管，维护农民权益；四是对保障民生的要求越来越严，要求做好保障性安居工程用地供应，坚持和完善土地招标拍卖挂牌出让制度，推进商品住房用地供应由价格主导向双向定价、配建保障房等转变；五是对节约集约用地的要求越来越严，加强和改善土地调控，促进结构调整和发展方式转变，推动产业结构调整和集约用地。

另一方面，地方政府发展工业、加快城镇化的要求极为迫切，对建设用地的需求越来越旺盛，土地管理工作面临的困难和问题新老交织，集中表现在六个“很突出”和六个“加剧”：一是土地供需矛盾很突出，在某些地区、某些时期还存在进一步加剧的趋势；二是耕地后备资源不足的问题很突出，在中心城区和部分县市占补平衡难以落实的局面还存在进一步加剧的趋势；三是土地违法违规的问题很突出，重点项目和基层违法违规用地问题还存在进一步加剧的趋势；四是土地闲置浪费和低效利用的问题很突出，在有的地方借机圈地、粗放利用的现象还存在进一步加剧的趋势；五是国土资源部门面临的外部环境复杂的问题很突出，在有的县市还存在进一步加剧的趋势；六是国土资源干部队伍整体素质不高的问题很突出，在市、县、乡，国土资源专业人才危机的现象还存在进一步加剧的趋势。

那么，问题到底出在哪里？或者说问题的症结在哪里？笔者认为，一是土地管理制度顶层设计出了问题，已经不能适应新的形势需要。二是基层土地管理工作创新不足，没有足够的招数应对挑战。

先说土地管理顶层设计问题。按照当前的土地管理制度，权力和利益集中在国家和省两级，责任和义务集中在市县两级。国家既是规则的制定者，又是规则的执行者和参与者；既管宏观，也管微观；既是裁判员，又是运动员。土地规划权、用地审批权、土地违法查处权、问责权等都集中在国家，用地报上去又不能按时批回来，出了问题还要追究市县领导责任，难以叫人心服口服。

同时，不得不承认，中央和地方政府存在利益博弈问题。在当前的管理体制和政绩考核机制下，中央和地方政府领导关心的主要问题不一致，衡量和考核领导政绩的标准不一致，导致指导思想不一致，采取的政策和措施也不完全一致。中央更关注宏观平衡，更着眼整体、稳定、均衡，地方更关注微观利益，更着眼于区域、地方、局部利益和发展。比如，中央更关注耕地的保护和持续利用，而地方更关注建设用地的保障和项目能否落地。再比如，为什么国务院关于房地产调控的老八条、新八条调控效果不明显？除了供求关系、房地产商等因素外，地方政府与中央政府的利益博弈是重要原因，没有哪个市长认为自己城市的房价高，更没有哪个市长会主动采取切实措施去降低自己城市的房地产价格。

个中原因固然复杂，首先是衡量政绩的标准问题。目前，GDP依然是衡量地方领导的最重要指标。地方GDP崇拜、唯GDP论、以GDP的多少论英雄的局面不改变，很难遏制地方上项目、多用地的冲动。其次，地方党委政府换届会导致用地量增加和土地闲置。县市换届后，新一届班子要大干快上，对土地的需求会显著增加。另外，主要领导的变化还会引起发展思路的变化，每一次发展思路和方向的变化，都会导致原来发展重点区域已经征收的土地闲置或浪费。

如何化解这些矛盾？顶层土地管理制度该如何设计?从长远观点看，要科学搞好土地管理顶层设计。首先，从定位上讲，中央是裁判员，地方是运动员；中央是规则的制定者，地方是规则的执行者。当然，制定规则时要征求地方的意见。国家管宏观，地方管微观；国家管战略，地方管战术；国家负责画圈圈，地方负责布点点。国家管土地规划、建设用地规模控制、基本农田划定以及土地执法检查与查处、责任追究问责等，地方政府执行国家规划、负责具体地块的审批与供应、负责农用地特别是基本农田保护等。如果出现超出规划用地、违法违规用地、基本农田减少等情况，可以严格问责、严惩不贷。其次，从思想理念上，彻底改变以GDP论英雄的政绩观。需从上到下根除对GDP的崇拜，不再搞GDP排名，各县市不再搞恶性竞争。第三，加强批后监管，在已批土地上下功夫。对已经批准的建设用地建立台账，对土地征收、供应和使用情况（包括实际投资强度、容积率等）逐块、逐宗登记，对于利用率未达到要求的，督促其节约集约利用；对于超过两年未使用的，收回土地使用权，调整给其他单位使用，或办理“土地储备证”，纳入土地储备；对于供地率长期低于一定比例的，暂停审批新增用地，督促县市政府盘活利用。

再说基层创新问题。为什么创新不足？一是不想创新，二是不能创新，三是不敢创新。不想创新主要是思想禁锢，满足于固有模式，习惯于原有的工作方式，缺乏热情，安于现状，不思进取，得过且过，遇到问题眼睛向上。比如，土地供需矛盾突出，只知道向上跑指标，不知道向内挖潜力。不能创新主要是视野狭窄，缺乏创新的思路与方法，或者对存在的问题把握得不准、对土地管理政策研究得不透、运用得不活，导致办法不多，缺乏新招。不敢创新主要是担心被问责，生怕自己哪一点做法出格了，畏首畏尾，束手束脚，不敢越雷池半步。

解决创新不足的问题，首先要解决思想认识问题，要解放思想，不仅基层需要解放，国家和省里更需要解放。其次，要真正把该放的权力放下去，像徐绍史部长要求的那样，勇于革思想的命、削手中的权、去部门的利。再次，不要求全责备，要允许改革创新中出现失误，只要不违背国家大的方针政策和法律法规就行。不仅如此，还应该加强对创新的指导，鼓励基层大胆创新，并对创新的成果总结提升，对普适的做法变成制度性成果，进行推广应用。只有这样，才能激发基层创新的动力，保护基层创新的热情，也才能为顶层制度设计提供鲜活的经验。

总之，破解“两难局面”、缓解“双重压力”，必须上下互动，既要对土地管理顶层制度进行科学设计，使之符合现阶段国情、符合基层实际，同时便于基层操作；又要鼓励基层在现有的体制和机制下创新方法、创新工作，缓解压力，并为制度设计提供更为生动的素材和借鉴，从根本上、制度上解决土地管理面临的困难和问题。

（本文获《资源导刊》2012年度“好文章”论文类二等奖）

关于国土资源文化建设之我见

□袁可林

党的十七届六中全会向全党全国人民发出了“深化体制改革推动社会主义文化大发展大繁荣”的伟大号召。党的十八大报告再次强调，“必须推动社会主义文化大发展大繁荣，兴起社会主义文化建设新高潮，提高国家文化软实力，发挥文化引领风尚、教育人民、服务社会、推动发展的作用。”目前，全国各级国土资源部门认真落实这一精神，已有不少成功的实践和有益的探索。诚然，也有一些需要深入探讨的问题。

一、关于国土资源文化的内涵与意义

要弄清什么是国土资源文化的内涵，我认为必须首先弄清楚什么是“国土资源”和什么是“文化”。

什么是“国土资源”？或者说什么是“国土资源部门”？按照1998年3月10日全国九届人大一次会议第三次会议通过的国务院机构改革方案，它是在原地矿部、国家土地局基础上组建起来的，同时包括国家海洋局、国家测绘与地理信息局，负有全国包括《矿产资源法》、《土地管理法》、《海洋法》、《测绘法》等四项法律的实施，管理领域较为宽广，执法任务较为繁重。因此，从广义上讲，四法实施所涉及的管理及业务技术支撑部门，即为国土资源部门。但从狭义上讲，将国土资源部门主要理解为土地与矿产资源管理部门，在现实中也不乏其人。这其中，由于全国百万地质大军的地质找矿实践囊括其中，使其文化内涵有着极为丰富深刻的意义。

关于何谓“文化”，尽管不同的民族有各自的独特地方，但更多的是其共同之处。有资料称，“文化”一词是从拉丁文的“耕种”引申而来，换言之，指经过人类耕作、培育、教育、学习而发展的各种事物和方式，是与大自然存在的事物相对而言的。1871年，英国的人类文化学家爱德华·泰勒将文化定义为：“文化是一个复杂的总体，包括知识、信仰、艺术、道德、法律、风俗，以及人类在社会里所获得的一切能力和习惯。”《美国传统词典》对文化的定义是：“人类群体或民族世代相传的行为模式、艺术、宗教信仰、群体组织或其他一切人类生产活动、思维活动的本质特征的总和。”我国的《现代汉语词典》历来将文化定义为：“人类在社会历史发展过程中所创造的物质财富和精神财富的总和，特指精神财富，如文学、艺术、教育、科学等。”

从上述古今中外前人们对文化的界定，可以概括为：文化是人类在长期生存与发展中，为满足精神或物质需要所形成、积累、创造的可遵循的习俗、信仰、规范、准则等本质特征之总和，其核心是价值观念。

基于前述种种原因，本人认为，国土资源文化的内涵应为：人类在开发、管理、利用国土资源的过程中形成的基本观念、价值判断、道德规范，以及与此相关的思维方式、行为方式、意识形态、传统习俗的总和。它是我国社会主义核心价值体系的重要组成部分，是实现经济社会可持续发展的精神动力，也是支撑国土资源工作者精神世界的坚实支柱。

值得注意的是，当前一些地方对国土资源文化的含义并不十分清楚。具体表现在两个方面。一是将传统文化片面等同于国土资源文化，忽视了文化的时代特征及国土资源部门的特殊性。二是有的片面认为所谓文化仅仅就是知识积累和工作能力等，忽视了精神文明及道德建设、廉政建设等内容。这些都是需要认真加以纠正的。

总之，在全系统加强国土资源文化建设，对规范国土资源系统发展模式、制度选择、政策取向以及资源开发和生产要素组合的水平有重要作用。做好了这件事，有利于提升队伍素质，转变工作作风，推动国土资源事业健康发展；有利于凝聚社会共识，引导社会理念，改善国土资源工作的外部环境；有利于凝聚人心，汇聚力量，激发广大干部职工为国土资源事业奋斗的积极性和创造性。一句话，大力推进国土资源文化建设，可以为国土资源事业发展提供支持和良好的文化条件。

二、现阶段国土资源文化的基本特征

作为社会主义中国文化的一个组成部分，国土资源文化也有其显著特征。认清这些特征，对于加深对国土资源文化的本质理解并努力践行，使之取得应有成果，是十分重要的。

特征之一：重要性。从国土资源管理的对象和服务内容来看，无论是土地资源还是矿产资源，均对人类经济社会的发展具有基础保证的作用。人们清楚，土地是相对于“天空”、“日月”，生长并承载一切生命、承载千山万水及一切物质的星球载体。它不仅仅指耕地，还包括荒野、戈壁、沙漠、草原，不仅仅指陆地，还包括江河湖海。无论是过去还是现在和未来，任何城市、农村、铁路、公路、水库和工厂的建设，以及粮食的生产安全，都离不开土地资源的保障。可以这样说，离开土地，人类所从事的一切活动都将无从谈起。同样，离开大自然亿万年形成矿产资源的开发与供应，现代工业所需的能源和大部分原料也都将无从谈起。因此，国土资源对当今社会经济发展的重要性是不言而喻的。何况，由于我国人口众多，我国人均占有土地量和人均占有矿产资源的比例，远远低于世界平均水平，对经济发展的制约作用十分明显。如何走出资源“瓶颈”，是人们普遍关注的课题。

特征之二：部门性。国土资源管理作为国家诸多管理部门之一，其部门性质十分明显。以土地为例，“一家管地多家供地”的现实是客观存在的。保发展、保红线的任务，常常落在一个部门的肩上，任务十分繁重。无数事实表明，要使土地管理和矿产资源开发管理卓有成效，必须努力建立起一套与之相适应的管理体制与机制，就是要努力形成“党委领导、政府负责、部门联动、齐抓共管”的良好局面。

特征之三：实践性。这一点对于矿产资源的勘查来讲尤其明显。比如地质找矿，到野外采集岩石标本，进行地质填图，从事钻探、坑探、测绘、物探、化探，都必须到野外去完成。而要完成这些工作，既需要付出大量的脑力劳动，又需要付出大量的体力劳动。脑力劳动与体力劳动在地勘行业往往是紧密结合的。对于国土资源管理而言，它尤其是一个实实在在的工作，必须根据国家经济发展的需要，适时做好保障发展和资源保护双重任务。在这其中，每一件都是实实在在的，来不得半点虚构的成分，必须落到实处。

特征之四：超前性。国土资源管理的服务与基础保障功能，决定了它在管理实践中应有超前思维，应提高预见性，做到统筹兼顾，应把做好国土资源的前期规划工作放在重要位置。如果只是头痛医头、脚痛医脚，就很难做好具体工作。国家建设用地保障如此，矿产资源的开发与资源保障更是如此。一般来说，一处大型矿产地从发现到提交勘探报告，再到立项开发，没有八九年的时间是很难奏效的。必须提前五到十年时间做好准备，才能适应需要。简言之，要想做好国土资源管理工作，必须遵循事物的客观规律，统筹兼顾。诚然，超前思维应具有创新思维，只有坚持与时俱进，不断适应形势的变化与科学技术的进步，才能在飞速发展的社会进步与技术创新中，不断提升自己，顺利达到胜利的彼岸。

三、实施国土资源文化建设的具体内容及路径

国土资源文化建设应赋予哪些内容？具体路径何在？这是我们应该而且必须首先弄明白的问题。

就具体指导思想和总体目标而言，在实施国土资源文化建设中，我们应高举中国特色社会主义伟大旗帜，坚持以邓小平理论、“三个代表”重要思想和科学发展观为指导，以满足人民群众和广大干部职工的精神文化需求为出发点和落脚点，充分挖掘国土资源行业丰富的特色文化资源，构建国土资源行业精神及行业形象，引导社会重视科学，推动资源节约集约，做到合理利用，促进资源保护和生态文明建设，在建设社会主义文化强国中发挥应有的作用。

在国土资源文化建设中，我认为在内容方面应分核心价值、制度管理、业余文化三个层次进行。

其一，核心价值层次。简言之，就是要把融合了中外历史优秀文化形成的社会主义核心价值观贯穿国土资源文化建设的始终。具体讲，要解决好三个问题，一是解决好理论指导问题，即把邓小平理论、“三个代表”重要思想和科学发展观作为文化建设指导思想问题；二是解决好法制遵从问题，即必须坚持依法治国方略的问题；三是解决好道德取向问题，即大力倡导和培养社会主义的新风尚。总之，讲文化建设，不能

不讲核心价值观，更不能离开社会主义这一基本原则。

其二，制度管理层次。没有规矩，不成方圆。任何新的行业及单位，要想在工作上取得良好成绩，就必须占领其文化制高点，用先进的文化引导人、激励人、武装人。具体讲，应在制度管理层面注意四个方面内容的建设。一是制度文化建设。应弄清建设什么样的制度体系，以及树立什么样的制度理念。比如，一个单位应建立哪些制度？制度是为谁而制定的？谁应首先去执行？需要从理念上弄明白。纵观一些地方在制度建设上尽管也应有尽有，但往往落实不够。究其原因，根本就在于没有上升到文化理念层次。这是需要人们认真思考的。二是法制文化建设。即要在广大干部中牢固树立依法行政、有法必依意识，将党和国家依法治国方略落到实处。三是廉政文化建设。即通过廉政文化建设，努力构建不愿腐、不敢腐、不能腐的良好机制。四是业务建设。通过培训学习等方式，不断提高单位人员的文化和业务技术知识，提高工作效率和办事能力。

其三，业余管理层次。具体讲，包含四个方面的内容：即网络文化、饮食文化、健康文化和娱乐文化。业余管理层次方面的文化建设，就时间来说是指8小时以外的业余活动管理。将文化建设贯穿于8小时以外的方方面面，及各项工作的始终，其作用是不可小觑的，应予以高度重视。

在实施国土资源文化建设的路径上，应该像抓经济建设、业务建设一样，切实抓好各项文化建设。在具体实施中，应注意“四个结合”。

一是要注意与落实当地、本单位的各项中心工作结合，在开展其他工作的同时，将文化建设融入其中。

二是要注意与干部职工培训、业务技术学习和考评相结合。

三是要注意与开展精神文明、党团建设、基层创先争优活动相结合。

四是要与群众喜闻乐见的各项文体活动相结合。

四、推进国土资源文化建设要在凝聚共识上下功夫

国土文化建设能否搞好，说到底是个认识问题。只有凝聚了共识，

才能有较高的自觉性，增强原动力，进而有效避免“国土文化建设说起来重要，忙起来不要”等情况出现。

应该看到，文化是民族的血脉，是人民的精神家园。富于活力的国土资源文化是开创新时期国土资源管理的坚强保障。在当前形势下，切实加强国土资源文化建设，既是落实党的十七届六中全会和十八大精神的需要，更是加强国土资源队伍建设，落实科学发展观，推动资源利用方式转变和管理创新，开创国土资源管理新局面的迫切需要。因此，要做好这项工作，首先是各级国土资源管理部门要达成共识，勇于担当，切实担负起推动国土资源文化发展繁荣的领导责任，参与并努力使自己成为国土资源文化建设的践行者、引领者、传播者。

其次，要强化国土资源文化的阵地建设。要充分利用各地已建的地质工作纪念碑、地质博物馆、个人与英雄群体事迹展览馆、重大矿山等工程遗址及中国国土资源报为主体的各种国土资源报刊等媒体平台，大力弘扬国土资源文化。

再次，要充分发挥现有国土资源系统及社会作协组织和文艺期刊的骨干作用，进一步繁荣全系统文学创作活动。要制定总体规划，注意培养基层文学创作骨干，不断提高影响力。有条件的部门、院校、单位应适应时代潮流，把影视文化创作搞起来。

最后，要切实加强对文化建设的资金支持。要制定政策，建立稳定的国土资源文化建设经费保障机制，确保各类日常文化活动的正常开展和文化艺术创作的正常进行。要探讨在各类国土资源重大工程项目中设立文化宣传专项经费，以保证各项国土资源重大成果能及时得到总结、提炼和宣传。要通过建立国土资源文化基金等方式，调动社会力量，多渠道筹集资金，形成以部门投入为主、社会力量广泛参与的文化机制。

（本文获《资源导刊》2013年度“好文章”论文类二等奖）

经济社会发展的金推手

——人地挂钩政策浅析与探讨

□丁新务

人地挂钩是国务院中原经济区发展规划指导意见给予我省的一项特殊政策，是城乡建设用地增减挂钩的细化和提升，是破解用地“两难”为“双赢”的灵丹妙药，是助推经济社会发展的有力推手。十八届三中全会提出加快农村土地制度改革，对土地综合整治和人地挂钩提出了新要求，为发挥集体土地最大效益和维护农民权益拓展了新的空间。理解好、运用好人地挂钩政策，对促进经济社会可持续发展、城乡一体化建设都将产生积极的作用。

一、人地挂钩的含义

所谓人地挂钩就是指在一个集体经济组织或若干个集体经济组织范围内，通过土地综合整治这一平台，把土地用途的变更、产业结构的调整、使用方向的流转、土地资产的变现、城镇化率的提高和集体经济组织范围内的群众就业安置生产生活紧密结合起来，推进城乡之间、地区之间土地和资金等要素流转和配置，有效破解“四化”协调发展用地难题。

二、人地挂钩的核心

人地挂钩的核心是权益的交换、利益的分配。把土地这一要素科学规划、综合治理、区分功能、合理配置，通过空间位置的置换，实现价值效益的体现，达到权、责、利关系的调整，实现人与地的真正挂钩。分析起来，要做到六个方面的挂钩：

一是与城镇化建设相挂钩。在城乡接合部，条件具备的可通过土地综合整治这一平台，将整治后的建设用地，除新农村建设所需用地外，节余的建设用地指标流转到城镇用于城镇化、工业化的建设。同时尊重村民的意见，或迁移户口到城市，或就地转变身份为市民，享受市民的同等待遇。

二是与城乡一体化相挂钩。实现城乡一体化是社会发展的必然要求。城市向农村延伸，农村向城市靠拢，指的是功能上的接近，而非空间上的靠拢。土地综合整治则是实现这一目标的途径，建设用地指标交易收益则是实现这一目标的基础。在条件成熟的区域，通过土地综合整治，建设具有城市功能的新型农村，让农民实现就地就业、就地城镇化，可提升农民生活幸福指数，让其充分享受到土地综合整治的成果。

三是与转移就业相挂钩。非城非镇近郊的综合整治项目，节余的土地指标流转到哪里，要充分尊重农民的意愿，户口随之迁移到哪里，安置就业在哪里，确保农民的权益不受侵害。

四是与就地安置相挂钩。通俗来讲，就是地走人留。土地指标变现后，要留给当地集体经济组织，用于农村土地复垦、结构的调整、产业的转移、新农村基础设施建设和农民住房建设等，为农民就地就业和长远生计提供保障。

五是与产业化相挂钩。紧紧依靠区域的产业优势，参与企业经营、入股企业分红，有条件的还可以借助企业兴办自己的产业，实行专业化生产。

六是与规模化经营相挂钩。以高产丰产田为主体，发展高效农业，加快农用地流转，采取“公司+农户”的方式，实行集中连片、规模经营、高效经营，因为规模出效能，规模出效益，规模是出路，规模是方向。

三、人地挂钩遵循的原则

人地挂钩是一项涉及土地管理、户籍改革、就业安置、社会保障等领域的社会化工程，牵涉到方方面面，体现了中华民族传统文化和现代文明的有机结合，应当慎之又慎、循序渐进地开展工作。一般来讲应遵循四个原则：一是准确选址的原则。选址定位要因地制宜，优先选择在城乡接合部、产业集聚区、独立工矿区、物产丰富区、交通便利区和旅游景点区等条件成熟的地方实施。二是科学规划的原则。要与土地利用总体规划、县（市）、乡（镇）、村体系规划及农、林、路、矿专项规划精确对接、统一协调、资源共享、优势集约、财力集中，做到规划一批、实施一批、建成一批。三是分期实施的原则。根据当地实情，列出优、中、后实施计划，以点带面，逐步展开。对条件优越、宣传到位、村民热情高、矛盾少的地方先期进行；外在条件一般、内在因素不具备的，可以放一放、缓一缓，不以数量论政绩，要以实效看成败。四是统筹安置的原则。综合整治成功与否，重在谋划，重在统筹，重在权益，重在持续。因此，一定要做到"四个一"，即确定一个目标、编制一个规划、制定一套政策、组建一个班子。在利益分配上要充分尊重农民意见，转移至城镇的，按照当地的政策妥善安置；就地就业的，按照一区一村的政策落实到位，不能有偏见，不能有遗漏。

四、人地挂钩的目标

人地挂钩既是一项政策，更是一种方法和途径。通过开展人地挂钩活动，解决"钱从哪里来、地往哪里转、人往哪里走"等一系列问题，推进以工促农、以城带乡、工农互惠，以期实现以农业现代化为基础、以工业现代化为主导、以城乡一体化为引领的三化协调发展的总体目标。

五、洛阳市实施人地挂钩的实践与体会

洛阳地貌形态以山地、丘陵为主，平原川地只占土地总面积的13.8%。全市村庄类型不一，既有城中村、城郊村，又有布局分散的丘陵村；既有地处深山的贫困村，又有得天独厚的旅游村。根据这一特殊的地理地貌，借力区位优势、资源优势、产业优势，我市在193个自然村面积64.94万亩的范围内，实施了33个土地综合整治试点项目，其中拆旧复垦5.6万亩，建新区1.62万亩，节约建设用地3.98万亩，节地率达71%。此项工作的开展，不仅促进了美好新农村建设，而且为全市经济社会发

展提供了用地支撑。

一是以城乡接合部为依托，实施撤村并城。近年来，偃师城关镇窑头村依靠城乡接合部这一区位优势，通过资源整合、撤村并镇、节约集约，建立了窑头村鞋业集聚区的5层35栋标准厂房，400多家鞋业企业入驻，节约土地488亩。通过土地流转、资源变现，这里建起了高楼大厦，村民变成了市民，农民变成了工人，不仅解决了农民进城的问题，而且还解决了就地就业的问题。伊滨区围绕城市五组团建设大局，合并33个行政村，建设10个安置小区，集中安置居民近10万人，引入了电子信息、工业制造、物业物流、生态旅游等产业，初步建立了一个城乡一体化的示范区。

二是以矿区村庄为依托，实施村庄整合。新安县五头镇紧密结合山高林密、矿产丰富、村民急于脱贫的实际，利用土地综合整治这一平台，发挥区位、资源优势，将4个村合并建成1个村，盘活用地指标400余亩。目前，该地正在紧锣密鼓的施工中。我们坚信，在不久的将来，一个美丽的乡村将耸立在这片山高、沟深之缘的古老大地上，缔结出综合整治、利国利民的灿烂硕果。

三是以库区移民为依托，实施整村搬迁。嵩县饭坡乡饭坡村依陆浑水库东岸分散而居，点多线长，占地面积大，通过拆旧建新，整村搬迁，不仅使村民极大地改善了居住条件，而且拓宽了就业渠道，增加了就业岗位；不仅增加了耕地49.21亩，节约用地指标200多亩，而且培育发展了养殖业，村民的生活如芝麻开花节节高。

四是以支柱产业为依托，实施拆旧建新。汝阳县实施旧村搬迁，以西泰山旅游为目标，建起了西泰山旅游度假村，改变了以往以耕种为主的劳作方式，兴办了旅游服务产业，不仅村民不再外出打工，还引来了务工人员。杜康村以杜康酒业公司为依托，建起了杜康风情园，公司有了建设用地，农民有了就业岗位，村庄变成了社区，村委增加了实体，农民转换成了工人，使土地得到高效利用，农民得到丰厚收益。

五是以搬迁扶贫为依托，实施异地新建。宜阳县将住在锦屏山里面的零散住户集中搬迁出来，通过腾退老宅，整治复耕，提供了流转的土地指标，盘活了土地资源，集中了各方政策资金，建设了牌窑新村和灵山新村，有效实现了搬迁脱贫。

综上所述，人地挂钩政策符合我国基本国情，顺应了社会发展的方向，满足了各方群体利益的需求。实践证明，实施人地挂钩可以有力地坚守耕地红线，确保国家粮食安全；可以破解用地困难，为工业用地提供平台，助推经济快速发展；可以转移安置，促进城镇化建设，提高人口城镇化率；可以实现农民就地安置，就地就业，助推农业现代化、农村城市化，缩小城乡差别、工农差别；可以节约集约利用土地，发挥土地的最大效益，实现土地最大价值。因此说，人地挂钩这一政策，是促进经济社会快速、高效、可持续发展的总开关、金推手。

（本文获《资源导刊》2013年度“好文章”论文类二等奖）

关于河南盐矿资源开发建设探讨

□彭天时 李建国 贾桂花

盐既是化学工业的基础原料，又是人们生活的必需品，直接关系到国计民生，在国民经济和社会发展中有着十分重要的作用。河南省岩盐资源丰富、区位优势明显，如何合理开发，引导制盐及盐化工快速协调发展，使其为振兴河南经济，促进中部崛起服务，是盐业发展中亟待解决的问题。为此，本文笔者就河南盐矿开发建设问题做一些探讨，以抛砖引玉。

一、盐矿资源及开发基本情况

河南历史上不产盐，在20世纪80年代末的地质探查中才发现了钠盐矿——平顶山盐田。该盐田位于舞阳盆地的西部，东西长40公里，南北宽10公里，展布面积400平方公里，其中叶县境内约占3/4，舞阳县境内约占1/4。平顶山盐田埋深900～2000米，多达120层以上，累积厚度32.5～496.35米，单层最大厚度28.5米，一般厚度4～10米。地质远景储量3300亿吨，列全国第二;平均品位89%，居全国第一。

近年来，根据新公布钻探资料，濮阳市又发现大型盐矿资源。该盐矿地处东濮凹陷区，主要分布在濮阳、清丰、范县三县以内。盐层展布面积500平方公里，埋藏深度一般在2100～2700米之间，初步探明储量478.5亿吨，地质远景储量达1200亿吨以上。

平顶山盐田发现后，开发大致分三个阶段：第一阶段是探采结合催生了平锅制盐，年生产能力达30万吨。第二阶段是真空制盐形成规模。1990～1994年，盐矿所在地政府及有关单位投资3.5亿元，建成6家生产企业，设计生产能力59万吨。第三阶段是随着国内工业盐价格上升，催生河南制盐企业扩大规模。2005～2008年，中盐平顶山皓龙盐化有限公司、舞阳金大地盐化集团、平煤神马集团等企业相继扩建或新上项目。目前有制盐企业6家，液体盐生产企业2家，多品种盐公司1家，固定资产总额约12

亿元，精制盐生产能力300万吨/年，液体盐生产能力20万吨/年。河南制盐工业虽起步较晚，但注重不断加大技改力度，设备技术始终保持国内先进水平。

目前，随着盐矿资源的开发利用，全省盐化工业也得到迅速发展，成为河南资源型优势产业之一。据初步统计，全省盐化工主要企业23家，其中，烧碱企业17家（含在建3家），纯碱企业9家，2007年两碱产量达215万吨（不含天然碱）。

濮阳市盐矿资源因发现较晚，目前没有大面积规模开发，只有中原油田采油二厂在其管理区试采卤水，专供濮阳可利威化工有限公司做原料使用。

二、存在主要问题及原因剖析

1.发展步子缓慢，低水平重复建设

近年来，尽管河南省的盐矿资源开发取得了一定的成绩，但与拥有盐矿资源的兄弟省市相比有不小差距。很多发展制盐和盐化产业的机遇没有及时抓住，致使目前仍没有完全摆脱小、散、乱、弱、慢的格局。

2.资源开发利用程度低，初级产品过热

平顶山盐田为复盐层矿床，当前开采地段为1300～1700米以内工业首采段。目前仅开采了1～4层，由于一系列技术问题尚未解决，采后封闭顶板稳定性差，不利于二采段开采，造成资源浪费。制盐企业和盐化工企业中，食盐、工业盐、烧碱、纯碱等初级产品多，深加工和高附加值的产品少，既没有形成产品链，也没有拉长产业链。

3.盐矿资源无序开采，规划落实不到位

有些地方政府在实际工作中，大局观念淡薄，科学发展意识不强，循环经济的理念不够明确，由此导致盐矿资源无序开采。还有些地方和企业(特别是新建两碱企业)不按《矿产资源法》和国家规定办事，对上、下游市场及竞争环境缺乏长远、全面的分析(如液碱的销售就存在市场半径问题)，发展存在着盲目性。

4.制盐和盐化工企业规模偏小，整合速度缓慢

2007年底，国家发改委文件规定：新上烧碱、PVC项目规模必须控

制在20万吨/年以上。而河南省16家烧碱企业，10万吨/年以上规模只有5家，全省烧碱产量只有江苏的二分之一、山东的三分之一。2007年，全省烧碱产量仅为135万吨，仅占全国的8%左右。中小企业多，产品成本高，整合速度慢。

三、加快河南盐矿资源开发的有利条件

中部崛起，有利时机。从宏观政策看，国家积极促进中部崛起，在政策资金和重大项目建设等方面支持中部地区发展优势产业，加大对农业和基础产业、基础设施的扶持力度，有利于河南发挥比较优势和后发优势，实现跨越式发展，有利于盐矿资源的开发。

岩盐丰富，资源保障。河南有很好的盐资源和电石资源，盐质好，埋藏浅，矿区结构简单，矿床稳定，有利开采。全省盐矿资源的支撑作用十分突出，对发展盐及盐化工具有可靠的保障。再加上煤炭资源丰富、水利条件优越，都为制盐及盐化工发展创造了有利条件。

区位适中，交通方便。河南地处中原，物流辐射广阔，产品运输半径大，在全国地域分工中起着承东启西、接南进北、吸引四面、辐射八方的作用。主要盐化工企业在中原城市群和濮阳石油化工基地，区位优势明显。

基础产业，市场广阔。河南拥有较为发达的制造业和加工业，冶金、汽车、有色金属和农产品加工等支柱产业在全国占有举足轻重的地位。制盐企业和两碱企业产销形势较好，在中部地区具有市场竞争力。高新技术产业的发展提供了新的市场需求，作为基本化工原料的盐及盐化工产品市场广阔。

四、未来盐矿资源开发基本思路与发展目标

坚持科学发展观，以盐矿资源为基础，以技术创新、体制创新为动力，以产业优化、资源整合为重点，围绕做大做强制盐和盐化工业这条主线，合理开发利用盐矿资源，充分发挥综合资源比较优势，尽快把河

南建成全国重要的制盐和盐化工生产基地。

按照《河南省盐及盐化工“十一五”发展规划》确定的“12345”发展模式，即：围绕一个主线，搞好两个结合，建设三个基地，开发四大系列，扶持五大集团。具体讲：围绕一个主线就是充分利用资源优势，合理调整产业结构，加大技术创新投入，快速、持续发展盐及盐化工；搞好两个结合就是根据产业结构调整的需要，科学、合理地开发盐矿资源，做到“盐碱结合和热电结合”；建设三个基地就是按照“因地制宜，就近供卤”的原则，把平顶山、漯河、濮阳三市建成新的盐化工基地；开发四大系列就是因地制宜重点发展盐系列产品、耗纯碱系列产品、耗烧碱系列产品、耗氯系列产品；扶持五大集团就是支持中盐平顶山皓龙盐化有限责任公司、平煤神马集团煤盐联合化工产业园、河南能源化工股份有限公司、河南金山化工有限责任公司、焦作昊华宇航化工有限责任公司等五家大型企业，争取在较短时期内把其培育成中国乃至世界级大型企业。

为了实现上述目标，我们认为，应采取如下措施：

以《纲要》、《规划》为蓝图，把目标落到实处。省委、省政府高度重视盐矿资源的开发利用，把盐化工产业作为中部崛起的优势产业来抓。各级政府及有关职能部门，要以科学发展观总揽发展全局，合理开发利用盐矿资源。通过政策引导、市场运作、法律约束等措施，保证《河南省国民经济和社会发展“十一五”纲要》和《河南省盐及盐化工“十一五”规划》的实施。今后，对新建扩建的项目，要严格手续，合理布局，认真实施，避免造成资源、人力、财力的浪费。制盐和盐化工企业应充分考虑市场、原料和技术条件，合理开发衍生产品，努力打造完整的“资源—产品—再生资源”的产业链，走循环经济之路。

加强行业管理，完善服务体系。各级政府职能部门要加强盐矿资源管理，编制组织人员抓紧制定资源勘探、开采设计、生产技术管理等规程。规程要有指导生产、规范管理的作用，使制盐和盐化工企业有章可循。要坚决贯彻执行《矿产资源法》，妥善处理好矿产资源和城市规划发展之间的关系，切实搞好盐矿资源保护，为盐及盐化工的发展提供可靠的资源保障。要建立健全服务体系，从政策、技术、市场等方面，为盐矿开发企业提供优质的服务。

提高产业集中度，增强行业竞争力。要建立盐化工行业市场准入制度和备案制度，对在建和拟建项目，要按照国家主管部门制定的环保标准、能耗标准和产品技术质量标准等要求，坚决防止低水平重复建设和盲目投资建设。要依法加强对企业投资项目活动的监管，无论其投资来源、规模大小和销售去向，盐化工项目必须经过省发改委备案。对不按规定擅自开工的项目，要责令其停止建设，并追究有关企业和人员的责任。

加快重组改制步伐，培育大型企业集团。各级政府及职能部门要从政策导向入手，按照市场运行规律，运用行政的、法律的手段，加大企业组织结构调控力度，加快改革和发展大型盐及盐化工企业集团。要积极支持、扶持中盐皓龙、平煤神马集团、河南能源化工集团、金山化工集团、焦作昊华宇航集团等大型企业，尽快形成两到三个百万吨级的盐化工企业集团，早日建成中部盐化工产业基地。

加强节能环保，保证可持续发展。在盐矿资源的开发利用过程中，要协调好能源、环境的支撑作用，重点抓好三个环节的工作：即在资源开采环节，要大力提高资源综合开发和回收利用率；在资源的利用和生产环节，要大力提高资源利用效率；在废弃物产生环节，要大力开展环境治理和资源综合利用，提高废渣、废水、废气的综合利用率。要坚持以人为本，实施可持续发展，合理开发盐矿资源，造福子孙后代。

完善技术创新体系，加快产业化进程。要积极支持大中型盐化工企业建立健全技术开发机构，加强以重点企业为依托的工程技术研究中心建设，优先支持氯碱、联碱等领域的工程技术中心建设。要组织和运用科技攻关、新产品开发、技术创新等科技计划，针对影响全省盐矿开发利用的重大关键技术，组织好科技攻关。要鼓励科研院所和高校科技人员参与产业合作研究或以各种形式进驻大型企业或企业集团，共建技术开发中心，并积极鼓励技术引进，切实加快产业化进程。

（本文获《资源导刊》2009年度“好文章”论文类三等奖）

河南省煤炭资源形势分析及对策

□宋佩德

煤炭是我国重要的基础能源和重要原料，在国民经济的发展中具有重要的战略地位。就河南省而言，煤炭是河南省重要支柱矿产之一，对“中原崛起”起着举足轻重的作用。由于新中国成立以来的持续强力开发，我省煤炭资源对国民经济社会发展的持续支撑程度已呈下降趋势，直接威胁能源、电力、钢铁等支柱产业的可持续发展，资源瓶颈已明显凸现。正确认识和分析我省煤炭资源状况，是“中原崛起”的迫切需要。

我省煤炭资源的现状

我省垂深2000米以浅的含煤面积约1.9万平方千米，占全省国土面积的11%，已勘查面积约0.4万平方千米，占全省国土面积的2.5%~3%，占含煤面积的21%。全省有52个县（市）有煤炭资源赋存，主要分布在京广铁路线以西的地区。目前垂深2000米以浅预测煤炭资源量885.44亿吨，其中垂深1000米以浅的煤炭资源量为105.95亿吨，仅占预测总量的11.97%。垂深1000~1500米为354.8亿吨，占预测资源储量的40.07%。垂深1500~2000米为424.69亿吨，占47.96%。也就是说88.03%的资源储量都在1000米以深。目前，我省1000米以浅的煤炭资源已基本查清。

全省共有煤矿区（井田）286个，保有煤炭资源储量245.55亿吨，其中生产和基建占用122亿吨，尚未利用的123.55亿吨。除去各种原因不能开发利用的资源，实际能利用的仅78.5亿吨。由此看来，我省尚未利用的保有资源储量少，可供建井的保有资源量更少，后备资源严重不足。

我省煤炭资源瓶颈日益凸显

保有资源储量与资源大省的地位相比相差甚远。我省煤炭资源较为丰富，加之地处中原，距离南方缺煤省份较近，新中国成立后进行了大规模的强力开发，原煤产量已由1949年的112.7万吨上升到2008年的1.90亿吨，增长了169倍，成为我国的主要能源生产基地。但是，我省煤炭保有资源储量仅为245.55亿吨，位居全国第10位，而邻近的山西省煤炭保有资源储量为2501亿吨，内蒙古为2226亿吨。从人均资源储量来看，全国人均780吨，而我省仅为246吨，不足全国平均水平的1/3。可见，无论从保有资源储量还是从人均资源储量来看，与资源大省的地位相比都相差甚远。

储采比率低于全国平均水平。我省煤炭资源开发利用水平高，虽然保有储量位居全国第十，但原煤产量一直处于全国的二三位，2008年原煤产量已达到1.90亿吨，位于全国第三，作为全国人口最多的省份人均煤炭产量均高于全国水平或接近全国水平。据统计，2007年我省人均产煤1.96吨，而全国的人均水平是1.91吨；2008年我省人均产煤1.93吨，而全国的人均水平是2.01吨。造成储采比严重下降，我省储采比为242：1，远远低于全国900：1的比例。

经济发展对煤炭资源的需求加大。随着河南经济的快速发展，对煤炭资源的需求也在加大，2003年以来，5年内我省累计生产原煤8.35亿吨，其中2005年原煤产量达到1.8亿吨，2007年已达到1.89亿吨，2008年达到1.9亿吨，接近2亿吨，预计今年要保持在2亿吨这个水平，远远超过了我省“十一五”规划7.5亿吨的指标。我省能利用的保有储量仅为78亿～80亿吨，按矿井回采率60%～70%计算，实际储量48亿～56亿吨，如果按产能2亿吨计算，再过25～30年，我省将无煤可采。这一论断，也与2008年3月召开的全省煤炭会议得出的结论一致。由此可见，短期内我省尚有一些可供建井的资源，但从中长期看，煤炭资源的形势将日趋严峻，必须及早加强煤炭地质勘查工作，为我省煤炭工业的可持续发展提供资源保障。

对策与建议

继续加大投入，推进煤田整装勘查及深部找煤工作，实现找煤重大突破。我省有1.9万平方千米含煤面积，已勘查的面积为0.4万平方千米，还有1.5万平方千米的含煤面积等待勘查，地质勘查的任务相当繁重，为此建议：

一是在全省范围内尽快开展新一轮煤田预测，对有望形成大型矿产地的含煤地区，加大投入，合理规划，有序部署，整装勘查。重点是对豫东、豫南煤炭资源勘查工作和豫西、豫北等隐伏煤田的找矿工作。避免盲目勘探及各地勘单位之间的无序竞争，提高整装勘查效率，减少重复工作，尽快实现找煤的重大突破。

二是对国家规划区，即老矿区深部"解禁"，允许设置"两权"价款项目，以项目带动老矿区深部及外围煤炭勘查工作，特别是一些重要的含煤盆地，应加强分析、研究，提高勘查程度。

三是进一步发挥好社会资本投资地勘的作用，完善商业性勘查市场。充分调动企业、地勘单位的积极性，拓展煤炭勘查的资金渠道，提高勘查水平，切实缓解资源紧张的局面。

高度重视地质基础理论的研究，为寻找新的煤炭资源提供理论指导。地质科学是一门基础理论科学，也是一门应用科学，首先要采取措施，鼓励广大地质工作者，特别是煤炭地质工作者，积极探索煤炭的成煤环境、赋煤规律的研究，从中总结、分析我省煤炭的成矿规律，为寻找和发现新的煤炭资源提供理论依据。上世纪80年代以来，省煤田地质局"李四光地质科学奖"获得者李万程同志率领的科研小组，在对煤炭成煤环境及其成煤构造进行认真分析后形成了表皮构造（滑动构造）下找煤的理论，从中生代三叠纪红层底下找到了埋藏浅、厚度大的煤矿区（埋藏在400～600米之间，平均厚度5米）。我省郑州地区的登封部城井田、新密樊寨井田就是在这种理论指导下成功找到煤田的范例。

其次，要坚持产、学、研相结合的找矿机制，发挥高校及科研单位在理论研究上的长处，结合地勘单位在找矿实践中的优势，加大"攻深找盲"的力度，争取在一些未知的区域得到新的发现。

提升开采水平，寻找新型资源。目前，我省煤炭矿井回采率为60%～70%，也就是将有30%～40%的煤炭资源因此而丢弃，部分煤炭企业矿井回采率还达不到60%，浪费十分严重。因此，煤炭企业应加大科技投入，提高科技水平，提高矿井回采率，减少资源浪费。据专家介绍，如果回采率每提高1个百分点，每年可节约资源200万吨，从而减少资源浪费，缓解资源紧缺的局面。

同时，大力开发利用可再生能源和清洁能源，如太阳能、风能、地热能等，在我省应加大地热资源的开发力度。豫东地区广泛分布的浅层地热能，应大力开发，以供应城市的取暖和制冷，最大限度地减少煤炭的消耗，达到保护环境和降低化石燃料的利用，逐步以可再生能源或者清洁能源来代替煤炭资源，缓解煤炭资源紧张的局面。

实施“走出去”战略，助推我省经济发展。根据我省煤炭资源的状况，应大力实施“走出去”战略，利用省外或国外的资源来保证我省经济的发展。目前我省大型煤业集团已实施“走出去”战略，在省外开办了自己的煤炭企业，已取得较好的效果。

地质勘查部门也积极响应政府的号召，实施“走出去”战略，在“走出去”战略中发挥开路先锋的作用，在参与全球资源配置中抢占先机，利用国家和省有关“走出去”的扶持政策，有组织、有规划地进军省外、国外矿产资源勘查市场，进一步增强引领我省有实力的大企业“走出去”占有资源的能力，助推我省经济发展。

(本文获《资源导刊》2009年度“好文章”论文类三等奖)

河南省深部找矿工作初探

□袁志华

据调查，我国现有的150多座大型矿山大部分已进入中晚开采期，有些矿山将在近年相继闭坑或转产。预计到2010年占矿产品供应绝对优势的大型矿山将消失50%以上，到2020年将消失80%，其中金属矿山占绝大部分。但随着经济社会的快速发展，对矿产资源的需求不断加大，资源供需矛盾日益突出，资源瓶颈凸显，迫切需要取得重大找矿新突破，因此，以科学发展观为指导，以“地质找矿改革发展大讨论活动”为契机，依靠科技进步，采用新技术、新方法，开展重要成矿区带、已有矿山深部和外围等成矿有利地区的深部找矿，充分挖掘深部矿产资源潜力，实现金、银、铜、镁、铅锌多金属等重点矿种的找矿突破，尽快形成一批重要矿产资源后备基地，为经济社会平稳较快发展提供有力资源保障具有重大的战略意义。

目前，在我省的大中型矿山中，资源严重危机矿山占41.6%，中度危机矿山占28.6%，轻度危机矿山占13%，诸多矿山企业困难重重、举步维艰，直接威胁着能源、有色、钢铁等产业的可持续发展，资源对经济的支撑能力呈下降趋势。同时，由于数十年来的地质工作，我省浅部矿产资源的勘查程度已经比较高，在露头矿、浅部矿的找矿方面取得突破的难度越来越大。在这种情况下，如何应对挑战、破解难题，如何“推进整装勘查，加强深部找矿，实现地质找矿重大突破”，迫切需要我们去思考、去研究、去探索。

深部找矿工作的重要意义

开展重要矿产资源深部找矿，开辟第二找矿空间，是贯彻《国务院关于加强地质工作的决定》和《国土资源部关于促进深部找矿工作指导意见》的战略举措，是缓解我省资源瓶颈制约、增加重要矿产资源战略储备、提高资源保障能力的必然选择，对保障我省经济社会又好又快发展意义重大。

新中国成立60年来，我省地质找矿工作取得了显著成就，在经济建设和社会发展中发挥了重要的先行性、基础性作用，以煤、铁、铝土矿等主要资源为依托形成的煤炭、冶金等行业，成为支撑我省经济的支柱产业。但是随着经济社会的快速发展，资源需求明显增长，铁、铜、铝等重要矿产查明资源储量和可供能力下降，资源供需矛盾日益突出，资源瓶颈凸显，解决资源供应问题已成为当前和今后相当长时期内面临的重大课题。因此，我们必须从全面建设小康社会、加快推进社会主义现代化的战略高度进一步提高对深部找矿重要性的认识，增强紧迫感和责任感。

重要矿产的找矿潜力依然存在，为提高资源保障能力提供了拓展空间。我省成矿地质条件优越，但以往的地质找矿主要部署在基岩裸露的山区，勘查深度一般在300～500米，绝大多数为露头矿，其中东部及山前浅覆盖区大面积地区经过矿化地段或磁异常工作的开展，发现地质找矿潜力依然很大。经过近年来的努力，小秦岭、熊耳山以及伏牛山等地区一些资源危机金属矿山的深部探矿取得了较大进展，在原有矿山深部找到了接替资源，取得了较好的经济效益和社会效益，为我们开展深部找矿工作提供了理论依据，积累了宝贵的经验。

实践证明，开展深部找矿工作是加强地质勘查的重要措施，是加快实现找矿重大突破的有效途径，对于缓解矿产资源制约、促进我省经济发展和社会稳定，具有十分重要的意义。

深部找矿工作的方向

（一）创新思路，整合优势

深部找矿是一项高风险、高投入的工作，在成矿理论、找矿模式、工作步骤以及运作机制等方面都需要有新思路、新举措。要大力采用新的综合理论、评价方法、勘查技术，加快推进重要成矿区带1：50000区域地质矿产调查、深部找矿示范工程、重大基础地质研究等，力争多提交新的工作成果。要创新找矿理论，积极开展与深部矿产勘查相关的找矿理论研究，善于运用地质资料，加强理论思维，总结经验教训，丰富和发展深部找矿理论，更好指导实践。要完善技术路线，开展矿产勘查地球物理、地球化学、钻探等探测技术方法研究，在遵循区域调查、化探扫面和浅部验证的基础上，运用地-物-化-遥综合手段，圈定深部地球物理异常，提高地球物理勘查数据处理和推断解译的能力和水平，特别是深部解译的精确度和可信性，加强定位预测，加强深部找矿典型实例的研讨和交流等。要建立有效机制，加强统筹规划和组织协调，坚持产学研一体化。要打破条块分割，整合技术、装备、人才等一切优势力量，形成拳头，增强实力，在已确定的找矿靶区，集全局之力进行整装勘查，打一场深部找矿大会战、攻坚战，实现深部找矿突破和我局跨越发展。

（二）加大投资，加强管理

深部找矿不确定因素多，技术难度高，找矿风险大，勘查成本明显高于地表露头矿，往往需要长时间、大投入的反复探索，才能取得找矿效果。因此，要用足用好“两权”价款和省地质勘查基金，建立科学合理的地质勘查项目绩效考评机制和激励约束机制，把项目资金的安排与取得的找矿成果结合起来，最大限度地发挥资金对深部找矿工作的支持作用。要积极协调地质大调查、中央和省地勘基金、社会资金等各方面力量，加大对深部找矿的投资力度。重视科技投入，集中力量组织科技攻关，研究解决重点矿种、重点成矿区带的深部找矿问题，大力推进成矿理论、找矿方法和勘探关键技术的自主创新与推广应用，引进和利用先进有效的深部探测技术和仪器设备。同时，加强对专项资金使用情况和项目执行情况的监督管理，建立项目管理的约束机制和项目监理制度，实施对深部找矿项目的全过程监管。

（三）树立信心，有所作为

美国石油地质学家W·E·普拉特在著名的《找油哲学》一文中指出，如果人们不相信还有油能被发现，他们就不会去钻探石油，那就发现不了油田。归根到底，找到石油的地方是在人的脑海里。固体矿产勘查也有同样的道理。我们要充分认识深部找矿的复杂性和艰巨性，有攻山头、打硬仗的准备，在尊重客观规律的基础上，发挥主观能动性，相信能找到矿并能找到大矿，要充满自信、饱含激情，这是深部找矿成功的前提。现在，我们有些单位利用有限的矿权挣了点钱，有了些“家底”，就骄傲自满、安于现状、不思进取，这对我们的事业是十分不利的。通过这次“大讨论活动”，务必要转变思想、认清形势、有所作为，树立大局观念和忧患意识，把人财物调动起来，以科学的态度、饱满的热情推进深部找矿工作。要继承和发扬“以献身地质事业为荣、以艰苦奋斗为荣、以找矿立功为荣”的优良传统，要有一股不达目的决不罢休的钻劲，有一种在困难面前不低头不认输的韧劲，充分发挥地质工作者的积极性、主动性和创造性，坚定信心、锲而不舍。力争找到在全省乃至全国有影响力的矿权。

加强全省深部找矿工作的几点建议

（一）加强组织领导

省政府有关职能部门要统筹布局、优化结构，从分割立项走向集成部署，从零星找矿走向整装勘查。对于重大矿产勘查项目，要积极争取国家各类资金支持，并统一规划、统一安排。要高度重视深部找矿工作，纳入重要议事日程，加强领导，成立省级专家组对全省矿权进行分析研究，把脉问诊，科学部署，制订规划，加大支持力度，建立省级深部找矿工作平台，协调全省各地勘单位集中优势兵力共同做好深部找矿工作。明确深部找矿的发展目标、总体思路、工作重点和保障措施，引导地质勘查资源合理配置，建立省级深部找矿重大专项。把深部找矿作为全省地质勘查工作的战略重点之一，选择铁矿、铝土矿、金矿、银矿作为主攻矿种，兼顾铅锌矿、钼矿等，开展重要成矿区带深部和矿山外围等成矿有利地区的找矿工作。鼓励支持大中型矿山企业自筹资金开展深边部接替资源勘查，支持已达中度危机以上的国有矿山企业开展接替资源勘查。有计划地引进战略投资者，投入重大矿山基地的整装勘查。

（二）加大财政投入

要充分调动地质勘查单位和矿山企业的积极性，以省级财政支持为主体，逐步形成地勘单位、矿山企业及其他社会出资人共同出资开展深部找矿的资金投入机制，完善深部风险地质找矿投资体系。利用省矿业权价款深部找矿专项资金给予资金支持，使用省矿业权价款地质找矿专项资金，在重点成矿区（带）安排的重点矿种勘查项目中，安排深部成矿理论研究课题及开展深部找矿试点工作。积极争取中央地质勘查基金(周转金)、全国危机矿山接替资源找矿等中央财政专项资金，开展我省重要矿产资源深部找矿工作。积极争取国家对我省矿产资源勘查开发的政策和资金支持，利用省矿业权价款和地质勘查基金，加大对重点矿种成矿区带前期勘查工作的投入力度。由省财政设立专项资金，给予开展深部找矿的勘查单位购置高技术含量的深部找矿专用设备一定比例的资金补助，扶持地勘单位加快地质勘查设备更新，提高地质勘查装备水平。制定财政性资金投入和深部找矿成效相挂钩的考评机制，提高专项资金投入效益。

（三）优化政策环境

由于深部找矿面临的都是埋藏深、不易发现的隐伏矿体，因此，必须在组织结构、投资结构和管理体制等方面进行一系列相应的调整，创造有利条件，提供良好环境。要建立政府引导、多元投资的联动机制，加大对深部找矿工作的倾斜力度。要集中省内外专家和专业技术力量，加强深部地质结构与成矿背景调查，提高地质资料综合集成与开发利用对深部找矿工作的服务水平，降低深部找矿风险。尽快制定出台深部矿权设置办法，探索深部矿权管理模式。研究制定鼓励矿业权人进行深部探矿的优惠政策，鼓励地勘单位与科研院所、高等院校联合，加强成矿研究，指导深部找矿工作，项目安排专项研究资金予以支持。要建立并实施深部找矿工作激励机制，对在深部找矿中取得理论、技术和重要矿权突破的地勘单位、矿山企业给予重奖。制定深部找矿的税费制度，完善矿产资源补偿费和资源税征收管理制度，鼓励地勘单位和矿山企业开展深部找矿工作。营造“尊重知识、重视人才”的环境，以深部找矿和重大科技攻关项目为依托，大力培养创新型人才、复合型人才和科技领军人才。逐步建立知识、技术、管理等要素按贡献参与深部找矿收益的机制，打造一支高素质的地质队伍，为提高深部找矿工作水平提供有力的人才支撑。

（本文获《资源导刊》2009年度“好文章”论文类三等奖）

完善政策　规范主体

——对矿业权市场存在问题的分析及建议

□王志刚

国土资源部开展的“地质找矿大讨论”工作要求我们找准问题，并针对问题提出解决方案。因此，对于矿业权市场建设的研究就是要找出存在的问题，并从部、省两级管理部门和国有地勘单位不同的角度找出问题，进行分析。

部、省两级管理部门反映出的问题

矿业权市场主体、市场中介缺乏规范

目前参与矿业权市场交易的市场主体既有企业单位，又有事业单位，还有政府直属机构，甚至还有个人。此外各类中介机构服务水平参差不齐，水平普遍不高，信用约束制度严重缺失。

矿业权有形交易市场体系没有建立起来，市场政策保证条件不配套

部分省（自治区）的固定交易市场没有建立起来，省级审批发证的矿业权出让主要委托地级以上市具体实施。同时，还有一些地区的矿业权交易主要委托土地交易机构进行，交易管理缺乏规范化和制度化。另外，与矿业权市场配套的专业技术、环境评价、安全评估、土地使用等方面的政策还不完善。

矿业权定价机制不完善，价款分成制度须改进

目前，实行的矿业权价款评估方式，使探矿权人获得探矿权成本过低，给探矿权转让留下了较大的利润空间。另外，安全、环境恢复治理等成本并没有在矿产品价格结构中得以反映。依据现行的政策，矿业权出让价款分成中只考虑县级以上政府的利益，没有很好地考虑和体现矿产地乡（镇）政府、村集体和群众的利益，容易造成利益纠纷。

探矿权的被动设置，导致政府调控能力较弱

在许多省（自治区）出现了矿产资源规划和地质勘查专项规划与探矿权设置不能对接的问题，按照现行法律法规规定，登记管理机关只能按照申请人的要求，被动设置探矿权，因此存在着大量矿业权布局不合理的情况。另外管理部门普遍认为，探矿权准入门槛偏低，主要通过申请方式取得，而且使用费标准过低，加之探矿权退出机制不健全，导致探矿权人申请的勘查区块面积过大，且监督管理措施不配套，在一定程度上弱化了矿业权市场配置的作用，造成政府难以合理调控矿业权市场的被动局面。

政策执行中问题较多，影响矿业权市场建设

一些地方政府对现行政策法规的理解和落实还不到位，部分地方政府没有认真贯彻落实国土资源部相关政策，使得各地矿业权出让工作发展不平衡，做法不一致。部分地区实际上扩大了探矿权招拍挂出让的范围。一些地区不分情况，为缓解矿业权审批压力，以市场配置资源的名义，一律以招拍挂方式出让矿业权，甚至部分地区对空白地也采取了招拍挂的出让方式。与此同时，一些国有地勘单位和国有矿山企业却仍然要求以行政审批方式无偿取得矿业权。还有个别地方政府通过自行设立投资公司经营矿业权，以营利为目的，垄断优质探矿权，进行矿业权储备，经营矿业权。有的地方政府越权审批矿业权，以招商引资名义将矿业权协议出让给指定的企业。由于地勘单位、矿业投资者等取得矿权的方式、成本有所不同，也给矿权的炒卖提供了条件，并容易引发在矿权行政审批过程中产生各种腐败的问题。

许多矿业权相关保障制度有待修改完善

不少地方政府至今尚未将矿业权出让前期费用纳入财政预算，由于缺少前期资金，少数地方管理部门授意矿业权申请人提前出资参与出让前期工作，很容易引发矿业纠纷和出现待遇的不公平。对于矿业权的出租和抵押问题，矿产资源法律法规与政策规定有冲突之处，直接导致了实际工作中管理尺度不好把握。政策上比较模糊的还有批准申请与协议出让在具体工作中不好区别。此外，在政策上导致的矿业权与土地使用权相互分离，也造成了矿业权批准出让后难以办理相关土地使用手续的问题。

矿业权转让的管理工作遇到了许多新问题

国家对于矿业权转让市场的管理形式比较单一，监管工作比较薄弱。多年来，国土资源管理部门对矿业权转让的审批还只是一种形式上的审查，现行法律、法规规定的转让审批方式已不适应实际情况。由于转让审批权限集中在部、省两级，转让程序复杂、周期长，导致有的矿业权转让人采取非法手段转让矿业权。也有的矿业权转让人为逃避应该缴纳的税费，不按规定办理有关手续。由于非法转让矿业权行为难以界定，在市场上普遍存在矿业权“隐形”转让问题。

国有地勘单位反映出的问题

矿业权获取门槛越来越高，但矿业权人进入门槛比较低

绝大多数省（自治区）实行了矿业权有偿取得，使资金实力不足的国有地勘单位陷入被动局面，特别是一些地方政府出台的管理办法给国有地勘单位获取矿业权带来难度。因此在大多数勘查项目中，国有地勘单位只是处于“打工者”的角色。另一方面地方政府对矿业权人资格审查不严，从而使许多无专业技术、无经济实力的经济组织、自然人等进入了矿业权领域，大量占有了矿业权，炒作矿业权并牟取暴利，使矿业权市场变得混乱。

矿政管理存在的问题

矿政管理部门没有形成比较完善的科学制度和机制，对出现的问题简单应对，结果是“一管就市、一放就乱”，陷入了恶性循环。个别市、县政府出台了与中央、省、市政府文件精神不一致的“土政策”，如大幅度提高探矿权最低投入标准。有些地方政府在矿产勘查项目管理中以矿产开发项目的标准和规范来监管勘查项目，使矿业权人和勘查单位的勘查成本成倍增加，加大了矿业权人勘查成本。

地勘单位遇到的困难和问题

地方政府和国土资源管理部门对矿业权转让市场进行干预和限制。管理部门有时以整合资源为由强迫国有地勘单位将矿业权转让，且转让费用被压低；有时对国有地勘单位要转让的矿权，在转让材料已提交的情况下，无故拖延多年不予以办理。

部分省（自治区）的国有地勘单位近几年来没有获得矿业权。大部分国有地勘单位拥有的相当数量探矿权的登记时间已逾10年，仍需继续开展勘查工作，但探矿权延续在审批上存在着很大的困难。一些地方政府为地方矿山企业争地盘，强迫国有地勘单位廉价转让矿业权，侵害了国有地勘单位的合法权益及经济利益。

中央管理的国有地勘单位开始处于边缘化，在矿业权市场上既无法和民营企业、大型国企抗衡，同时与属地化的国有勘查队伍也难以获得平等。中央地勘队伍一方面很难拿到矿业权，单位的矿业权拥有量和市场占有率锐减；另一方面持有的矿业权都需要缴纳使用费的最高限，加上许多地区对勘查区最低投入的调高以及种种附加条件的制约，在金融危机的情况下，使中央地勘单位要保持现有矿业权，无论是资金上还是精力上都难以支撑。

对找矿主体缺乏激励机制

在出让国家设置的探矿权中，包含着国有地勘单位、地质工作者长期辛勤的工作和创新的“智力劳动”，应该在矿业权中体现国有地勘单位的权益。但在探矿权出让市场中，国有地勘单位和其他投资者享受一样的政策待遇，使国有地勘单位在竞争中往往处于弱势和不利地位，挫伤了国有地勘单位的积极性，也使得地勘单位在技术、经验、资料方面的巨大作用得不到发挥，影响了勘查成果的质量和科技含量。

大多数省（自治区）尚未出台地质找矿成果奖励办法。

意见和建议

制定矿业权相关政策必须兼顾完整性、系统性和统一性

构建完整的政策体系是一个行业持续健康发展的基础，这个政策体系包括从宏观发展层面到微观操作层面的多种政策。一些重要的政策只有原则性的条文，没有被细化为可执行的政策，许多法律条文对行业外的政府执行机构并没有强制性。因此有许多利好的政策由于可操作性差而束之高阁。要尽快出台细则，以增加政策的可操作性和实用性。

要进一步规范矿业权市场主体

对作为市场主体的探矿权人基本条件要设置规范性的要求，一定要将勘查的主要资质条件（即技术和专业条件）作为必要条件与资金条件相结合，这样可以屏蔽一大批盲目的行业外的投资者和投机者。

要维护国家政策的权威性和统一性

国家对于全国矿业权市场管理的政策应该具有一致性，在新修改的《矿产资源管理法》等法律政策出台之前，地方政府制定的诸如提高勘查区块的最低投入标准、自行设置了探矿权的准入条件等地方政策，虽然可以看成是对现行国家法律政策探索性的尝试，但必须将其纳入国家现行相关法律的框架约束之中。

部分省（自治区）没有严格执行中央政策，盲目扩大了招拍挂出让的范围（甚至包括地质勘查的空白地），地方政府垄断和经营探矿权等问题。国土资源部从管理全国地勘行业工作的层面上必须有明确的态度，遏制这类问题的扩大化趋势。

针对制定了与国家政策相悖的部分地方性政策，国家政策制定部门和执行部门也必须从两个方面对此做法进行回应：一是认真审视中央政策是否需要调整和修改，以是否有利于今后国家和地方行业经济的发展为前提，作出相应的修改和调整；二是对于地方出台的有悖于中央政策的地方性法规要予以及时制止，防止地方政府各自为政的情况发生。

重新进行制度设计，以适应新的形势和条件

矿业权人进入门槛低是地勘行业发展初期的一种制度设计。随着地勘市场的发展，已经从起初的许多无专业技术、无经济实力的经济组织、自然人等大量进入了矿业权领域，大量占有矿业权，到了近期许多具有相当经济实力但不具备地勘专业背景的经济实体大举进入地勘行业，导致了矿业权被大量炒作。

地方政府对于“矿业财政”的热衷干预，已经从矿业开发环节扩展到了探矿权市场运作的环节。国家对于地勘市场仿照对土地市场的管理出台了《探矿权采矿权招标拍卖挂牌管理办法》等一系列矿业权市场的管理政策，使国家和地方政府能够合法地从市场中获取巨额的预算外收入。地方政府利用法律漏洞，打擦边球对矿业权市场进行管理和干预并乐此不疲，由此导致了许多行政干预市场后出现的问题。

以上出现的问题，是当初制度设计使然，要彻底解决这类问题，就必须在国家层面上依据新的形势和发展需要重新进行新制度设计和新机制的构建。

及时修正国家对于探矿权获利的政策性导向

国家应该重新审视探矿权市场的现行政策，认真研究从探矿权市场获利后对于整个矿产资源勘查开发体系和矿产品市场的影响。从产业投资流向来看，真正的投资回报在矿产品生产以后。如果在探矿阶段就利用探矿权市场得到了巨额回报，无异于“寅吃卯粮”，提前消费了未来生产的矿产品，同时为矿产品价格的高企推波助澜。

要制定政策促进国有地勘单位的发展

国家政策制定部门要认识到，对国有地勘单位的改革发展缺乏统一的做法和规划，是造成国有地勘单位具有多种生存状态的最重要因素，这实际上也是国有地勘单位遇到各种问题最主要的原因。

矿业权采取市场方式进行配置是许多地方政府国土资源管理部门的首选。但探矿权不是一般的市场商品，在按照市场方式进行配置时，必须附加上一些必要的条件，这些条件必须包含专业的、技术的、资质的条件，必须将国有地勘单位和国有矿山企业完全纳入市场竞争主体的行列。

对于国有地勘单位要进行二次属地化改革，就是要将中央管理的国有地勘单位全部属地化，归属地方政府管理，以改变国有地勘单位现有的多种管理形式，利于国有地勘单位全面改革发展。

建立地勘行业诚信制度

地勘行业诚信制度的建立是未来整个行业健康发展的基本保障。建立行业诚信制度管理体系是一项比较复杂的系统工程，需要全体地勘专业技术人员参与。笔者认为需要做好以下几方面事情：建立对于地勘成果由单位负责（原有的三总师制度）和个人负责（新立的注册地质师制度）相结合的责任体系；建立由政府、行业协会等组成多层面相关联的监管体系；建立由各类同业者构成的多角度的行业监督体系；制定对违规者进行惩戒和处罚的政策体系等。

（本文获《资源导刊》2010年度“好文章”论文类三等奖）

征地制度改革势在必行

□姚志禄

不改变集体土地所有权性质，“用而不征”，让农民以土地所有者的身份参与开发经营，共享经济发展成果。

从土地管理特别是征地制度来看，无论是破解我国城乡经济二元结构，还是推动新时期我国农村的新发展，征地制度改革都是势在必行的。

深化改革的初步构想

建议取消现行征地制度，在符合规划、执行计划前提下，不改变集体土地所有权性质，“用而不征”，让农民以土地所有者的身份参与开发经营，共享经济发展成果。

一是敲定征地范围，除国家安全项目外，其余所有建设项目用地一律不再先行征地。二是保留集体土地所有权性质不变，用地单位以资金、技术为条件，农民以土地为条件，双方按照一定的合作方式和利益分配方案共同开发经营。三是调整计划执行方式，年度计划指标直接分配到农民集体，由集体经济组织作为责任主体实施。四是政府加收集体土地开发经营税，通过税费杠杆调控集体土地开发行为，防止集体土地被无序、过度开发。五是建立城乡统一的土地交易市场，推动集体建设用地入市，规范集体土地交易行为。六是为改革保留足够的缓冲空间和回旋余地，确定征地制度取消时限和政策界限，用于消化历史遗留问题、解决改革推进过程中面临的新困难。

法律修改和政策配套保障

一是补充现行《土地管理法》第二章（土地所有权和使用权）第十条、第十四条、第十五条内容，增加农民集体经济组织和农户个体可以依法申请使用集体土地搞建设的内容，把农民对集体土地的承包经营权利放大到从事农业和建设使用并行的宽度。二是扩充现行《土地管理法》第三章（土地利用总体规划）内容，增加条款强调农村集体经济组织和农户个体建设用地纳入土地利用总体规划，年度计划充分考虑农村集体经济组织和农户个体建设用地需求并适当划分比例。三是调整现行《土地管理法》第五章（建设用地）内容，对涉及土地征用的相关条款重新设计，重点从取消现行征地制度、严格缩小界定征地范围、建设占用集体土地合作方式、权益保护等方面，重新确立法律原则，从根本上突破现行建设用地特别是征地格局。四是国家层面出台相应的实施条例、实施细则，地方出台具体实施办法，以配合上述《土地管理法》的修改与调整，形成改革后的法规制度配套，用于规范、指导改革的具体实施。

改革后的前景展望

假若征地制度取消，今后，从农民集体那里拿地（所有权不变）就不再那么容易，也不再那么便宜。更重要的是，此项改革将直接助推我国城乡经济发展发生根本性转变：一是产业大转移，城乡不平衡、区域不平衡加剧的现状有望得到根本性扭转，因为土地权属攥在农民集体手里，招商引资、产业项目必然向农村转移，大规模落户农村。二是农村大发展，农民集体有了发展经济的原始资本及制度保障，乡镇企业、集体经济、民营经济发展空间放大，农村必然会掀起新一轮发展高潮。三是土地大集约，城市发展空间日趋缩小，必然珍惜，农村土地“值钱了”，也必然会“锱铢必较”，“掰开了、揉碎了”经营土地。四是结构大调整。城市发展被倒逼着盘活土地、集约挖潜，再加上节能减排的硬任务，低端产品、重复建设必然会被淘汰，取而代之的是优化、升级、环保的可持续产业。

综上所述，现行征地制度经过数十年的“光热”发挥，功勋卓著，但其政策的生命力已经随着时间的推移而逐步趋于递减衰竭，目前亟待改革突破。要从根本上解决征地问题，政府必须退出与民争利的舞台，全面释放农民对集体土地的自主开发权，为农民集体提供参与经济建设的土地资本，最终实现城乡统筹发展。

（本文获《资源导刊》2010年度“好文章”论文类三等奖）

农村“飞地”如何管理和利用

□智通祥　刘富荣

“飞地”，俗称插花地，分为外“飞地”与内“飞地”。本文仅指虽拥有集体土地所有权，但不在本行政区主体内的土地。

在行政区域界线交错的农村，虽然土地利用逐步节约集约化，一些零星荒地和闲散地也都能被充分利用起来，但仍有一种地未得到农村集体经济组织和基层政府的重视，或者说虽被重视了，但由于历史和自然等多种原因未能得到有效利用，产出极低，这就是“飞地”。

“飞地”的利用不仅低效，而且由于缺乏有效管理，极易发生违法用地。因此，应加强对农村集体“飞地”的利用和管理。

——题记

涉及“飞地”的两起信访案

2008年12月，江苏省东台市溱东镇苏庄村村民李某写信给分管国土资源管理工作的副省长，反映该村有两座小土窑仍在烧制黏土实心砖，与省政府办公厅关于整治砖瓦窑业的文件精神相悖。

经查，苏庄村确实有两座小土窑，且在烧制黏土“旺砖”（农村砖瓦结构房屋用于放在椽上瓦下的薄片砖）。据当事人称，小土窑不是本地村组所有，而是邻县(市)的，具体属哪个镇、哪个村，因镇村撤并，情况不清楚。

通过查阅东台市1986年土地利用现状调查资料，这两座小土窑占用的是姜堰市的“飞地”，一宗属姜堰市娄庄镇三联村16组，面积为36.3亩；另一宗属姜堰市娄庄镇团结村9组，面积48.5亩。因信访反映的问题涉及两个省辖市，江苏省国土资源厅责成泰州市和盐城市国土资源局联合调查处理。目前此事已得到了妥善处理。

2009年9月，溱东镇高桥村村民谢某向东台市国土资源局举报一砖瓦企业非法取土。经查，高桥村有一“飞地”位于兴化市张郭镇辖区内，面积40亩，离村子约15公里，因距离太远，交通不便，自上世纪80年代初实行家庭联产承包责任制开始，就无人去那里耕种，以致被撂荒，而当地政府和村组又不便进行管理，加上当时无法可依，该“飞地”被一些砖瓦企业和小土窑主挖得坑坑洼洼，不能正常耕种，又没能整理成养殖基地，只能被当地村民私自零星种植。

现阶段，由于矿产资源管理力度加大，过去没人感兴趣的一些地方成了砖瓦企业的香饽饽。一些砖瓦企业钻管理松懈的空子，在该“飞地”取土制砖，恰好被谢某出车时无意中发现并举报。该企业已被东台市国土资源局严肃查处。

以上两起信访案，都涉及“飞地”，前者为内“飞地”，后者为外“飞地”。不管是内“飞地”还是外“飞地”，都存在着低效利用和违法用地现象，这说明在“飞地”的利用和管理上还存在着不足之处，应予改进。那么，“飞地”的利用现状如何？又应怎样加强管理呢？

“飞地”利用和管理的现状

在行政区域界线交错的农村，由于自然和历史等原因，形成了众多“飞地”。东台市第二次土地利用现状调查资料显示，其辖区内有内“飞地”273宗，面积1580.62公顷。

溱东镇地处里下河地区，位于东台市西南角，辖区内砖瓦黏土资源遍布，与泰州市下辖的姜堰、兴化市和南通市下辖的海安县毗邻，是“三市四县(市)九乡(镇)”交界之地，辖区有内“飞地”22宗，面积390.28公顷，其中耕地348.83公顷。目前，东台市的外“飞地”调查情况还未得到调查单位和上级部门的反馈，数据统计结果还未出来，所以上述数据不包括外“飞地”以及“二调”过程中遗漏调查的“飞地”面积。

“飞地”所处位置的特殊性，造成了利用和管理的局限性。

所有权虚拟，使用权不明。自然因素和历史因素是“飞地”形成的主要因素，由于时间长久、管辖不便、行政区划以及隶属关系的调整变动，使“飞地”的所有权和使用权都得不到充分体现。

例如，溱东镇高桥村位于兴化市张郭镇辖区内的“飞地”，是原罗三村的“飞地”。1990年，罗三村被撤销，一部分并入高桥村，一部分并入罗二村，该“飞地”划归给了高桥村。因该“飞地”地处外市县，距离本村太远，自上世纪80年代分田到户开始，就没有村民愿意承包该地，无人去那里耕种。于是，该地被当地一些村民私自“拾种”，此情形一直延续至今，导致高桥村的集体土地所有权形同虚设，土地使用权也不明晰。

利用不足，产出低效。以溱东镇为例，“飞地”的利用经历了四个阶段：第一阶段是上世纪80年代初分田到户前，“飞地”由所属农村村组组织村民集体耕种；第二阶段是分田到户后至《土地管理法》实施前，由于不便耕种，许多村组在“飞地”上建小土窑，就地取土制作砖瓦销售，取土后形成的坑塘被用来养鱼，前面所讲的姜堰市娄庄镇在溱东镇苏庄村的两座小土窑就是这种情况；第三阶段是1987年至1999年《土地管理法》修订，这期间因各地加强了土地管理，狠刹在耕地特别是基本农田内建窑、挖土的行为，小土窑的发展受到制约，一些村组响应地方政府发展多种经营和产业结构调整的号召，在“飞地”上搞“堤水养殖”，即将中间的土推至四周，围成封闭堤坝，在堤坝内抽水用于养殖；第四阶段是1999年以后，随着土地管理工作的逐步深入，小土窑因高耗能、重污染、浪费资源被拆除复垦，绝大多数“飞地”处于粗放利用和半撂荒状态，利用效率极低。

管理松懈，监管不力。对拥有“飞地”所有权的集体经济组织而言，由于距离较远，有的甚至地处外市、县，虽然想管理，但力量有限，鞭长莫及，而且管理成本高，收益低。对“飞地”所在地集体经济组织而言，因为所有权和使用权非其所有，不便管理，多数都持多一事不如少一事的态度。况且，如花费时间和精力管理，即使出效益了，可能又会引起新的利益分配矛盾，还不如避免麻烦。于是，对“飞地”权属地和所在地的基层政府及相关部门而言，既然“飞地”所有权单位没有提出问题、主张权利，加上自身工作繁忙、对“飞地”情况了解不够、难以协调多部门和村组等情况，也就不愿或顾不上对“飞地”的管理。

以上情况的存在，造成了对“飞地”管理的缺失。失去监管，会给违法用地者留下可乘之机，极易引发违法用地和涉土信访案件。等到查处时，往往已形成了违法用地事实。

对“飞地”管理的松懈和监管不力的状况，不仅目前如此，而且在今后一段时期内，仍会延续。

加强“飞地”管理应解决的问题

从思想上重视“飞地”利用。就某一地区来说，“飞地”占土地总面积的比重也许不大，但面积仍然可观。在将“稳增长、促转变、调结构”作为经济社会发展核心任务的形势下，有关部门更要正确认识“飞地”所蕴藏的潜力。

溱东镇辖区内有内“飞地”390.28公顷，如被充分利用，则能发挥出可观的经济和社会效益。因此，基层政府及相关部门、“飞地”权属地和所在地集体经济组织，都要从充分利用和优化配置资源的高度出发，重视对“飞地”的管理。只要利用得充分，“飞地”就会有产出，投入就一定会有回报。

对“飞地”进行规划，统筹安排。“飞地”不仅要被利用，而且要被优化利用。只有这样，才能发挥出最佳效益。对“飞地”的优化利用，单靠村组的努力还不够，必须有政府和有关部门的参与。“飞地”所在地政府要从经济社会发展的高度和大局出发，节约集约利用“飞地”，将“飞地”纳入辖区土地利用总体规划和城乡建设规划中，进行统筹考虑，合理安排，做到宜工则工、宜农则农、宜渔则渔，并严格按规划组织实施，不能对“飞地”不理不问，任其被无序甚至违法违规使用。“飞地”权属地集体经济组织要尊重和服从“飞地”所在地政府的土地利用总体规划和城乡建设规划，在依据规划的前提下，确定每块“飞地”的具体用途，不能想当然地使用。“飞地”权属地和所在地政府要加强联系，对“飞地”的管理和利用经常通报情况、交换意见，督促各自村组依规合理使用“飞地”，兼顾双方利益，力争实现双赢。

切实加强对"飞地"的监管。对"飞地"监管主体如何确定，目前的土地管理法律法规没有具体明确。但分析来看，应是"飞地"权属地政府及其国土资源部门和相应的集体经济组织，由于路途远、交通不便等原因，实施日常监管确有困难。从监管的实效看，笔者认为，"飞地"的日常监管应以"飞地"所在地政府及其国土资源部门为主体。"飞地"所在地政府应建立监管制度，落实监管措施，不推诿扯皮，对"飞地"的日常监管负起责任来。

更重要的是，双方国土资源部门要针对"飞地"建立起监管的沟通协作机制，切实加大监管力度，保证"飞地"按土地利用总体规划确定的用途使用。"飞地"所在地国土资源部门在日常执法巡查中，对"飞地"上发生的违法用地行为要立即调查制止，并将情况通报给"飞地"权属地国土资源部门。"飞地"权属地国土资源部门要及时作出反应，根据具体情况，决定是否立案查处，并将情况及时进行反馈，以共同打击土地违法行为。

采取灵活方式经营和处置"飞地"资源资产。土地既是资源，又是资产，"飞地"也不例外。在农村，"飞地"的利用现状一般为耕地和水域，如东台市溱东镇390.28公顷内"飞地"中，耕地有348.83公顷，水域及水利设施用地有27.19公顷。随着经济社会的发展，工业化、城市化进程快速推进，一些"飞地"原有的用途已发生或即将发生改变。因此，应按照规划要求，采取灵活多变的方式，对"飞地"进行生产经营，以提高产出，发挥效益。

例如，某"飞地"规划用途为农用地而实际为种植、养殖或撂荒，可以由"飞地"权属地集体经济组织承包给"飞地"所在地村民从事种植或养殖，双方签订土地承包经营合同，按合同经营和缴纳承包金；也可以采取灵活的资金筹措方式，进行土地整治，在处理好所有权和使用权关系的基础上，对经营获得的利润进行合理分配。当然，以上均不得改变土地性质和用途。

"飞地"规划用途为建设用地而实际为农用地的，可由"飞地"权属地集体经济组织申请办理农地转用后，兴办集体企业或者与其他单位、个人以土地使用权入股、联营等形式，共同兴办企业。也可以由

“飞地”所在地政府依照国家征用（收）土地的程序，对“飞地”进行征用（收），在对“飞地”权属地集体经济组织补偿时按补偿标准的上限计算各类补偿款，再适当给予一些补贴。总之，只要能提高“飞地”产出和效益，群众得到实惠，促进社会和谐稳定，在依法依规前提下，所有灵活的生产经营和处置方式都可以进行尝试。

（本文获《资源导刊》2010年度“好文章”论文类三等奖）

筑牢四道防线　践行廉洁从政

——学习《清风浩然正气根》心得

□司喜云

通过学习纪岩的文章《清风浩然正气根》，我更加深刻地认识和理解了胡锦涛总书记在庆祝建党90周年大会讲话中指出的“四种考验”、“四种危险”的严峻形势和深刻内涵。在全省以领导方式转变加快发展方式转变、全面推进中原经济区建设之际，作为一名纪检干部，静思细琢这篇文章，深切感到肩负的责任之重。确保省委、省政府中原崛起、河南振兴战略目标的实现，廉洁从政是政治保障，必须筑牢四道防线。

用“忠诚”筑牢道德防线

树朽先朽其根，人毁先毁其志。根基不稳、志向迷茫，是思想腐朽、精神颓废、信念迷失、防线崩溃的总根源。自古为官“忠”为先，忠诚是为官从政的根基。忠于党、忠于国家、忠于人民是共产党人的基本政治品德要求。党员干部是党的中坚力量，理想崇高、信念坚定、情操高尚、不为物质诱惑所折腰、不为低级趣味所蛊惑，才能做到爱党、爱国、爱民。党员干部特别是领导干部，只有书写好对党、对国家、对人民的“忠诚”，把坚守忠诚、践行忠诚视为为官从政之首要，才能守住道德防线。

“忠诚”二字看似简单，但时时、事事、处处做到却需要不断的修炼。党员干部用“忠诚”筑牢道德防线，首先是要坚守理想信念。理想信念是党员干部的政治道德方向和根基。党的领导干部无论在风云变幻的国际形势下，还是在纷繁复杂的改革大潮中，始终保持坚定的马克思主义信仰和共产主义理想，始终坚持和服从党的领导，才能做到对党的忠诚。其次是要坚守党性原则。党性原则是党的生命，是党员干部为官从政的基本准则。坚守党性原则，就能从政勤、为官廉，敢担当、勇负责；就能树正气、立形象，以正派聚人心，以勤政获敬重，才能做到对国家的忠诚。再次是要维护组织权威。各级组织是党的载体，党的制度原则是党的权威的集中体现。坚持集体领导，服从组织决定，严格党的制度，严守党纪法规，才能真正履行忠诚。最后是要心系人民群众。领导因群众而存在，权力是人民给的，为民、惠民、爱民，时刻视群众的利益高于一切，是党的群众路线的基本要求。坚持问政于民、问需于民、问计于民。做任何事情心系群众、设身处地为民谋事，把工作目标定在群众利益最大化上，才能做到对人民的忠诚。

用“清正”筑牢权力防线

历览腐败案件，行贿总是围绕权力而聚集。有权力就可能有腐败，绝对的权力产生绝对的腐败。在权力增大和职务提高的影响下，放纵自己、我行我素的风险就会加大，被腐蚀、被拉拢的风险就会加大，道德失范、权力失控、决策失误的风险就会加大。权力是把“双刃剑”，为公用权可以造福百姓，以权谋私则会祸国殃民。党员干部是人民的公仆，掌好权、用好权、依法用权、清正用权是党员干部筑牢权力防线的关键。

心正才能身正，心身正才能干正事、走正道、用正权。“欲修其身者，必先正其心”。筑牢权力防线，首筑心理防线。党员干部做到清正用权，必须要克“三欲”防“三习”。一要克制“官欲”严防“眼歪”。为事而谋官，无可厚非。为谋“官”而投机钻营、费尽心机，唯上不唯下，唯官不唯民，就会背离“为官就要为民”的宗旨，极易忘记公仆之责，走上公权私用、滥权谋私的歪路，最终陷入腐败的深渊。克制“官欲”，就要用超然的心态看待官场，追求公利、约束私利，勤政为官，尽心为民，常想群众之所虑，常解群众之所难，常谋群众之所求。二要克制“钱欲”严防“手长”。古人云“家有万贯，日食三餐”、“广厦千间，夜眠七尺”。当今世界，金钱的诱惑时刻考验着各级领导干部。明代郑喧把“钱”解释为：“金旁着戈，真杀人之物，而人不自悟也。”党员干部无休止地追求“金钱”，必然会陷入权钱交易、滥权谋私的歧途。党员干部节制“钱”欲，才能立清廉之志、修清廉之心、用清廉之权，才能面对不义之财不伸手，堂堂正正做人、清清白白为官、公公正正用权。三要克制“情欲”，严防“心迷”。人生在世，皆有七情六欲。“情欲”不遏，必至“心迷”。无数贪官的堕落，大多与沉溺于声色犬马、灯红酒绿、权色交易有关。党员领导干部遏制不良“情欲”，就要培养高尚的生活情趣，恪守共产党人的道德节操，讲人民之情，讲同志和亲友之情，讲情不越法、讲情不越轨、讲情不越德，耐得住寂寞，顶得住“诱惑”，做到心正无邪、无欲则刚，才能守住权力防线。

用“自律”筑牢监督防线

自律胜于监督。自觉筑牢防微杜渐的堤坝，比任何监督都重要。人生的最大敌人是自己，离开了自律，再好的要求、再多的规定、再严的措施都会弱化监督的效果。尤其是在个人独处、无人监督的情况下，守住监督防线，慎独慎行，自重自省，自警自励，洁身自好，尤为重要。

我国春秋时期楚国杰出的政治家孙叔敖主张，“吾爵益高，吾志益下；吾官益大，吾心益小；吾禄益厚，吾施益博”，意思是说，爵位越高心气越要卑下，权力越大处事越要谨慎小心，俸禄越厚对民众的施予越要广博。这三点是消除人怨、避免灾祸的有效方法。当前，国土资源的稀缺性、在经济社会发展中的重要性越来越突出，国土资源党员干部接触的利益主体更趋多元化，资源利用审批权、大额资金使用分配权集中，权力大、诱惑多、风险高，既是各级党委、政府眼中的“红人”，又是企业老板重点“公关”的目标，也是社会舆论关注的焦点，更是纪检监察部门、司法机关紧盯的对象。筑牢监督防线，仅靠制度和外界监督远远不够，更重要的是自律。用自律筑牢监督防线，要注意做好三点：一是慎交友。俗话说：近朱者赤，近墨者黑。与邪佞人交，如雪入墨池，愈融为水，其色愈污；与端方人处，如炭入熏炉，虽化为灰，其香不灭。党员干部与谁交朋友、交到何种程度，是世界观、人生观和价值观的外在反映，是人品官德、道德情操、党性修养的具体体现。交直友，可以砥砺自己的道德修养；交才友，可以提高自己的学识；交民友，可以提高自己为官从政的能力。党员干部要经常审视自己身边的人，经常审视自己生活圈、交往圈里的人，把友选准。二是不苛求。常言道，人到无欲品自高。对身外之物得而不大喜、失而不大悲，始终保持一种淡泊心态和乐观人生，就能做到不越“雷池”、洁身自好。党员干部行使权力没有个人私利，就一定能做到公正用权、公平处事、廉政为民。三是强定力。坚持好各种制度，遵守好各项法纪、控制好各种欲望，节制好各种苛求，超权越规的事不做，腐败诱惑的利不沾，常思贪欲之害，常怀律己之心，常除非分之念，让自律筑牢防线。

用“敬畏”筑牢法纪防线

古人说：“凡善怕者，必身有所正，言有所规，行有所止，偶有逾矩，亦不出大格。”人一旦没有敬畏之心，往往就会肆无忌惮、为所欲为，甚至无法无天。当前，腐败现象在权力集中领域、资金密集领域、资源聚集领域和监管薄弱领域，呈多发易发态势。中高级干部尤其是少数单位“一把手”违法违纪案件时有发生，影响恶劣。纵观他们的犯罪根源，除理想信念动摇偏离外，就是心中缺少“敬畏”之心，这是最大的危险。

筑牢法纪防线，除严格执行法纪、严惩腐败分子外，党员干部“敬畏”法纪的观念和意识必须牢固树立。一要敬畏党纪。党纪是执行党的路线的根本保证，党对领导干部廉洁自律作出了各项纪律规定，是对党员干部政治上最大的关爱，也是对党员干部克己慎行的最好忠告。二要敬畏国法。法律是维护社会公平正义的最后屏障，党员干部手中的权力是国法赋予的、是人民赋予的，违法违纪用权等于自掘坟墓。三要敬畏权力。职位越高，权力越大，肩负的责任也越大，也越要保持清醒的头脑，越要有辨别是非的能力。在用权上，要有如履薄冰、战战兢兢之感，尤其在遵纪守法上，胆子越小越好；在履职用权上，越谨慎越好，越“有畏”越好。

构建四道防线，使党员干部强化廉洁从政意识，自觉做到不愿腐败、不想腐败、不能腐败、不敢腐败。

（本文获《资源导刊》2011年度“好文章”论文类三等奖）

当前土地执法监察工作面临的问题及对策

□范喜峰 徐映雪

土地执法监察是国土资源管理工作的重要环节，对维护土地管理秩序，确保土地资源合理开发利用和国家粮食安全起着支撑和保障作用。近年来，随着城市化进程的不断加快，发展与用地矛盾日益突出，土地执法出现“瓶颈”效应，各地土地违法案件层出不穷，屡禁不止，面临的形势愈加严峻。笔者结合工作实际，浅析当前土地执法难的症结所在，并提出几点对策与建议。

当前土地执法监察工作存在的主要问题

近年来，土地执法监察工作经过“土地市场秩序整顿”、“土地违法违规案件专项行动”、“土地执法百日行动”和卫片执法监察等几次大规模执法行动，土地市场秩序有所好转，土地违法行为在一定范围内和一定程度上得到了遏制，但是“土地执法难”这一问题还没有从根本上得到解决，土地违法案件仍然屡禁不止，并出现一些新的动向、新的特点。主要表现在：

（一）政府成为违法用地主体，使执法难度加大

据国土资源部有关数据显示，当前政府占土地违法案件主体的70%左右，这无疑增加了土地执法的难度。首先，当前我国市场经济体制尚未健全，政府职能也未完全转换到位，政企不分、政事不分导致政府不得不扮演土地管理者和使用者的双重角色，这势必造成政府行政行为的矛盾性，易引发土地违法行为。其次，为了增加地方财政收入，部分基层政府热衷于搞政绩工程和形象工程，大规模招商引资，非法征地、非法批地或背后支持默许违法用地行为发生。而国土资源有关部门既是查处

违法行为的行政执法主体，又是政府的组成部门，在查处此类案件时往往慎之又慎，思前顾后，更有甚者干脆隐瞒不报，想方设法使其用地合法化。特别是在处理重点工程项目违法用地时难度更大，处罚措施很难落实到位。

（二）土地执法社会环境不佳

法制意识淡薄，土地管理相关法律法规宣传力度不够。虽然我国不断加大土地管理相关法律法规的宣传，但离“人人知法、人人守法”仍有很大差距。特别是在经济欠发达地区，部分群众和少数领导干部法制观念淡薄，私搭乱建，滥用土地；或为了一己私利知法犯法，互相攀比，跟风效仿。此外，国土资源部第十次卫片执法检查结果显示，一些村级养老院、卫生院等乡村民生工程建设项目也触犯了耕地红线，这和农村干部、群众依法用地意识缺失及土地政策宣传不到位有直接的关系。

土地执法易受行政干预和人情世故阻碍。当前，部分乡镇领导以权代法、以言代法，直接对土地违法案件查处进行行政干预的现象愈演愈烈。有些案件，国土资源执法部门刚开始立案调查，就有行政领导或熟人打招呼、拉关系，替违法违纪者开脱说情，以期大事化小，小事化了。特别是追究相关人员的领导责任和直接责任时，土地执法人员往往面对巨大的行政干预压力和人情阻碍，导致行政处罚很难落到实处。

（三）土地执法手段有待提高

土地执法缺乏强制执行手段。在实际工作中，土地执法人员对违法者没有暂留权，对其拒绝接受调查、不配合取证、不听制止继续实施违法行为也没有强制执行权。部分案件在下达《行政处罚决定书》后，违法者拒不履行处罚决定，国土资源执法部门只能移送人民法院申请强制执行。但由于需要审核卷宗、反复沟通协调等因素，申请移送耗时较长，违法者往往趁机抢建，使违法规模进一步扩大，增加了执法成本，也影响了土地执法的权威性。

土地联合执法机制形同虚设。尽管为了适应土地执法形势的需要，一些地方政府出台了土地联合执法的文件，要求纪检监察、公安、法院、检察院、发改、规划、建设、城管、工商、税务等职能部门，电力、供水、供气等公用企业和相关金融机构共同配合，形成执法合力。

但在实际运作中，其他部门和单位往往以这样那样的理由推诿，不予配合，致使国土部门在查处违法用地中孤军奋战。

信息化管理手段有待提高。当前我国土地执法监察的网络信息化管理还处于初级阶段，离实现“数字执法”还有很大差距。如土地违法案件的立案、呈报、审批等仍需要人工以纸质材料方式完成，完整的土地违法案件管理信息系统尚未建立；土地卫片执法检查信息系统虽已投入使用，但其稳定性和便捷性仍有待提高。

（四）执法监察队伍机制不健全，动态巡查难以落实

我国部分县、区辖区范围广大，执法监察人员却明显不足，且经费短缺，装备落后，有些地区仅仅具备最基本的办案条件，执法人员往往疲于应付，顾此失彼，不能严格落实土地动态巡查制度，对土地违法行为很难做到及时发现、及时制止。

（五）相关法律法规、规章制度亟待完善

现行土地管理法律法规缺乏可操作性。比如，《土地管理法》对非法占用土地的处罚是限期拆除或没收非法占地新建的建筑物和其他设施，可以并处罚款。但是对于拆除或没收的方法、途径与具体实施人，法律却没有明确的规定，结果往往是以罚代法，收取罚款结案了事。这也在一定程度上使土地违法行为人产生了只要缴纳罚款就算代替办理合法用地手续的错误观念。

土地审批程序过于烦琐。有部分土地闲置、未报即用、未供即用等违法行为在一定程度上是由于行政审批耗时过长造成的。如由于审批程序烦琐，开发商不能及时办理用地手续，从而不能按时进场开工，导致土地闲置。又如，近年来重点工程违法用地案件时有发生，往往是因为急于开工而不顾征地报批所需的时间，在未取得批文的情况下就开工建设。

对策与建议

（一）深化行政管理体制改革，进一步转变政府职能

政府违法的负面效应要远大于一般法人和自然人，必须引起从中央到地方各级党委、政府的高度重视。一是要进一步健全社会主义市场经济体制，继续推行行政管理体制改革，推进政企分开、政事分开，尽快转变政府职能，改变政府土地管理者和土地使用者的双重身份；二是国土资源系统实现人、财、物、事完全的垂直管理，打破既是执法主体，又是政府组成部门的尴尬境地，有效抵制地方保护主义和地方政府的行政干预。

（二）严格执法，敢于碰硬，加大土地违法案件查处力度

一是国土资源有关部门在查办案件时要立场坚定，态度鲜明，有敢于碰硬的精神和坚决破除行政干预及人情阻碍的决心。对每一宗违法案件，无论违法主体是政府还是企业，是单位还是个人，都要一查到底，绝不姑息，坚决杜绝有案不立、压案不查、以罚代处等情况发生。二是坚持“既处理事又处理人”的原则，按照三部委《关于违反土地管理规定行为行政处分办法》要求，既要对违法者进行经济制裁，又要“切实”追究其党纪政纪和法律责任，该移送公安、司法机关的坚决移送，刹风止乱，以儆效尤。三是各级国土资源部门要定期或不定期地开展大规模违法违规用地专项整治行动，依法拆除一批违法建筑，有效遏制违法用地的突发势头。

（三）加强土地执法监察的保障

一是建立健全联动执法机制和快速反应机制，多部门齐抓共管，综合治理。针对当前土地执法面临的新形势，建议在各地建立由党委、政府牵头，国土、规划、房管、纪检监察、公安等部门参加的联席会议制度，一旦发现重大土地违法案件，多部门通力合作，共同进行会商会审，迅速实行联动执法，第一时间对土地违法行为给予重击。二是提高土地执法监察装备水平。进一步健全完善土地违法案件管理信息系统、土地卫片执法检查信息系统等，依托3S技术，真正实现办公无纸化、网络流程化、工作透明化，构建“天上看、地上查、网上管”的三维动态立体监管体系。

（四）充实执法力量，严格落实土地动态巡查责任制

各地要完善队伍机构建制，充实人员，提供经费保障，更新执法装备，认真落实“预防为主、防治结合”的方针，实行分片包干、责任到人的动态巡查责任制，进行多点多面、循环往复的排查，以城乡接合部、基本农田保护区等违法行为高发区作为巡查重点，加大巡查力度，形成“全场紧逼、盯人防守”的高压态势，对违法案件做到及时发现、及时制止、及时处理。

（五）加大法律法规的宣传力度，营造良好的执法环境

一是要强化地方各级领导干部尤其是乡、村干部的土地法制宣传教育，把国土资源相关法律法规作为干部教育培训的重要内容，使其牢固树立科学发展观，提高依法管地、集约用地意识。二是以多形式、多角度、多层次的宣传活动为载体，使依法用地意识深入人心。国土资源有关部门可以世界“地球日”、“全国土地日”等为契机，采取发放传单、设立咨询点、举办讲座和知识竞赛等形式，广泛宣传国土资源法律法规和相关政策。还可采用以案说法的形式，对一些重大、典型案件给予曝光，充分发挥警示、威慑作用。

（六）完善土地管理法律法规，提高可操作性

在新的《土地管理法》没有出台之前，应以国务院令、省政府令或国土资源部通知、办法等法规政策的形式，对土地执法监察的制止权、强制权和其他相关问题予以明确，作为现行《土地管理法》及相关法律法规的补充，便于各级国土部门实际操作。

赋予土地执法监察必要的制止权和强制权。例如：土地执法监察部门对拒不停止土地违法行为或拒不接受处罚的违法当事人，可以拆除非法占地建筑物，没收在非法占地现场的施工设备和材料等权力。

缩短土地违法案件的查处时限，简化执法程序。针对非法占地建筑物形成快，而土地违法案件立案查处周期长、程序复杂的现实状况，为尽早将违法用地消除在初发阶段，以减少土地违法行为人的经济损失，降低土地执法难度，应删去一些不必要的程序。

（本文获《资源导刊》2011年度“好文章”论文类三等奖）

编者按 2011年10月22日，在中国地质学会旅游地学与地质公园研究分会第26届年会上，本刊作为特邀代表参加了年会。在大会上，中国地质学会旅游地学与地质公园研究分会副会长陈安泽郑重宣布《资源导刊·地质旅游版》成为该学会的会刊。本刊代表在分组学术交流会上就《加强科普宣传是当前地质公园建设的迫切任务》进行了交流发言，受到了与会代表的肯定。

加强科普宣传是当前地质公园建设的迫切任务

□袁可林　左金安

自2000年全国实施国家地质公园建设计划以来，我国地质公园建设快速发展。据统计，截至目前，全国已有世界地质公园24处，国家地质公园193处，另外还有众多的省级、县级国家地质公园。这些地质公园的建立，为繁荣当地旅游市场，推动当地经济发展发挥了重要作用。但也存在着一些需要解决的问题。比如，在一些地方存在着重申报、轻管理，甚至放弃地质公园的科普宣传教育工作，使地质公园发挥不了应有的作用。因此，加强地质公园的科普宣传，是我国目前地质公园建设中的迫切任务。

一、加强地质公园建设应把科普宣传放在重要位置

首先，加强科普宣传是地质公园建设的重要任务之一。为什么要建立地质公园？由国土资源部地质环境司编撰的《中国国家地质公园建设工作指南》明确指出："建立地质公园是崇尚科学和破除迷信的重要举措。地质公园建设以普及地学知识、宣传唯物主义世界观、反对封建迷信为主要任务，既有对自然景观的人文解释，又有对地质科学的解释，

从而使地质公园既有趣味性，更有科学性。”显然，做好地质科普宣传是地质公园建设的重要任务之一。值得注意的是，如何发挥地质公园的重要科普作用，目前已引起越来越多的专家学者、管理者和游客们的高度重视，成为当前我国地质公园发展建设迫切需要关注的问题。

其次，加强地质公园科普宣传是落实科学发展观，满足人民群众精神文明建设的需要。近年来，随着国内旅游业的蓬勃发展，人们在旅游中不再满足于单纯的游山玩水，而希望在游山玩水的同时提高自身科学文化素养，开阔眼界，陶冶身心。在以往的山水旅游中，人们对大自然造成的种种奇异景观，往往由于无法给予科学解释，便赋予其不少神灵鬼怪的传说。随着科学的发展，旅游者已渐渐不能满足于此。特别是随着地质科学的普及，人们更喜欢用现代地学理论来解释大自然的鬼斧神工。这种将山水旅游科普化的潮流，迎合了当今人们追求科学、追求知识的文明理念。而以地质景观为主要内容的地质公园以其优美而独特的山水风光、丰富而珍贵的地质遗迹和灿烂深厚的文化底蕴，适应了人们崇尚自然山水、探索地球奥秘的兴趣，逐步受到人们的青睐，成为旅游市场新的热点。中国地质学会旅游地学与地质公园研究分会副会长陈安泽教授说：“科学是地质公园之魂，是其生命力永不枯竭的源头。社会在发展，人的需要也在提高，神话传说已经不能满足人们对旅游的要求。现在，大家更想看到和听到的是带有科技含量的导游词，是山水地貌形成的科学原理，而不是哪个神仙哪个妖怪施了什么法术之类的肤浅之辞。”澳大利亚塔斯马尼亚大学的Arthur Clarke教授还认为，游客在旅游中得到的科学知识有利于提高他们的生态环境保护意识。旅游景点可以通过科学引导来提高游客的环保意识。游客增长了知识，对景点的科学价值就有更深刻的认识，不仅得到了精神上的享受，而且自然而然地就会更加珍惜和爱护这些有价值的景物了。

最后，加强地质公园科普宣传，是保护地球资源、促进人类和谐发展的需要。地质公园内的岩石、矿物、化石、土壤、地形和自然景观，都是地球这颗行星演化的产物和记录，构成了自然世界不可分割的一部分。植物和动物的分布不仅依赖于气候条件，也取决于地质和地形条件。地质和地形因素对于人类社会和文明也具有深刻的影响。地质公园作为地质学科的重要自然基地，通过人们游览地质公园，会加强公众对地球价值的了解和尊重、加深我们对地壳的了解、增强我们明智地利用地壳的能力，以进一步促进人类与地球之间的平衡关系。另外，地质公园具有更广泛的科普教育作用。地质公园不只具有地质意义，还可能具有考古、生态学、历史和文化价值。生物及生态景观也是地质公园综合景观的一个重要的部分。

二、目前我国地质公园科普教育的主要平台、途径及存在的问题

目前，我国地质公园的科普教育主要有以下平台：

1.地质公园博物馆。地质公园博物馆利用实物、模型、照片、图件、文字、影视多媒体及信息系统等多种形式，向游客全面介绍地质公园的自然景观和地质遗迹形成过程，使其成为进行科学知识和环境保护的宣教基地。

2.景区景点说明牌和宣传材料。地质公园景区景点说明牌是地质公园的基本特色和要求，是营造地质公园氛围、保护珍贵地质遗迹、发挥地质公园科学普及功能的重要手段。精心规划、合理设计地质景点说明牌，将成为天然的博物馆、无声的导游，使游客增加地学知识，提高对地质遗迹的保护意识，体现出地质公园的独特魅力，从总体上提高公园旅游的科学文化品位。同时，通过编制系列导游和科普宣传材料，如地质公园导游图、导游手册、导游词、科普画册和书籍等，既系统介绍地质公园科学内容，又能体现通俗易懂、深入浅出的特点。它既可使专业人员和地质导游能够接受，也可使普通游客容易理解，起到更好的科教宣传作用。

3.科普刊物——《资源导刊·地质旅游版》杂志。《资源导刊·地质旅游版》杂志是经国家新闻出版总署批准，在国内外公开发行的以宣传地质山水风光为主要内容的科普性读物。在酝酿、筹建和创办过程中，得到了国土资源部环境司、科技司有关领导和中国地质学会旅游地学与地质公园研究分会的大力支持，得到了中国科学院院士李廷栋、肖序常和赵逊、

陈安泽、王秉忱等一大批专家学者的悉心指导。作为全国唯一的地质科普类杂志，两年多来，通过积极探索、大胆创新，在地质公园的科普宣传上走出了一条独具特色的道路，已引起了不少地方人们的关注。

4.地质公园网站。目前，全国多数地质公园都建设了自己的门户网站，因其容量大、信息更新快受到人们特别是年青人的宠爱。地质公园网站已经成为科普宣传的一个重要阵地。虽然每个公园网站的架构和风格各不相同，但在内容上都设有“地质科普”栏目，且作为一级栏目设置在网站主页上。有些公园还在科普栏目下设置“儿童科普”类别，针对少儿、中小学生设计浏览内容。

我国许多地质公园在科普工作中存在的主要问题：一是一些地质公园博物馆重“硬件”、轻“软件”，缺乏相应配套的科普宣传材料，使之不能完全发挥科普宣传中心的作用；《资源导刊·地质旅游版》杂志在创刊至今两年多的时间里，尽管有一定的办刊水平，但由于宣传力度不够，发行量还小，不能起到应有的宣传作用；地质公园地质景点标示牌专业性强，缺乏通俗性，游客很难理解与之有关的深奥的地质地貌知识；同时，大多数地质公园缺少相应的一些主题性科普教育活动和科普读物为青少年服务，这在一定程度上影响了地质公园科普教育功能的发挥。

三、加强地质公园科普宣传应采取的对策

针对上述科普宣传工作中存在的问题，提出如下建议：

一是在进一步加强地质博物馆建设的同时，增加配套的科普读物。从目前情况看，我国不少省份和地质公园均建立了地质博物馆，在科普宣传中也发挥了积极的作用，但总的来看，缺少一些配套设施，比如配套的科普宣传资料、一些互动性的场地等。建议地质博物馆能编辑一些通俗易懂的科普读物，针对不同的人群，可分为青年版、少年版等，在地质博物馆显著位置摆放，以增加游客的不同需求。

二是充分发挥《资源导刊·地质旅游版》杂志的科普宣传作用。目前，从国内已有的杂志来看，尽管全国旅游和地理类杂志不少，但系统介绍地质公园并进行相应科普宣传的只有《资源导刊·地质旅游版》杂

志。由于宣传力度不够和地域限制，该刊物仅在省内有些影响，在全国还缺少知名度和读者。建议国土资源部有关部门在合适时间加大宣传推广，建议地质学会旅游分会将其作为会刊在全国予以推广。

三是结合地球日等重大节日，开展一些地质公园科普宣传活动。据了解，我国许多地质公园重视利用“世界地球日”开展各种各样的宣传活动，但多数为形象宣传，缺少地质公园的科普宣传，建议再搞活动时，印刷一些通俗易懂的科普读物，或进行地质科普猜谜、有奖问答等大家喜闻乐见的科普宣传活动，寓教于乐。比如，2010年5月，中国世界地质公园宣传周在北京房山世界地质公园宣布启动，宣传周活动同时在中国的22个世界地质公园展开。宣传周期间，各地质公园都围绕“地质公园公众科普培训”、“中小学生走进地质公园”、“地质公园志愿者活动”、“‘探寻地质公园’知识竞赛”、“地质公园摄影比赛”等主题开展丰富多样的宣传活动，收到了良好效果。

四是上级主管部门进一步加大对地质科普工作的领导，设立科普教育专项资金，确保地质公园科普工作的实施。建议国家主管部门在已有的《建设指南》的基础上，加大对地质公园科普工作的管理、监督和检查的力度，各省督察员在具体执行过程中，将地质公园的科普工作检查作为一项专项检查，建议把科普读物作为评估的一项考核内容。同时，可以统筹和协调不同地质公园之间的科普教育资源，把优秀的科普作品和成功的科普教育工作经验推广到各个地质公园。通过借鉴国外地质公园的预算经费和统计往年地质公园的预算决算情况，地质公园管理者可以从公园的旅游收入中设定一定比例的科普教育专项资金，建议用于地质公园的科研、编制科普教材和科普读物、制作科普产品及开展科普主题工作的实施。

诚然，地质公园的科普宣传是一项长期的任务，我们应树立常抓不懈思想。我们相信，在各级主管部门的重视和大力支持下，通过广大科普宣传工作者的共同努力，我们就一定能迎来我国地质科普宣传的美好明天！

（本文获《资源导刊》2011年度“好文章”论文类三等奖）

我省国土资源行政复议案件有关问题浅析和对策

□石昆山 陈彦召 沈 辉 马新波

随着我省经济社会的快速发展和城镇化进程的加速推进，农村集体土地大量被征收，而现行土地征收法律法规不完善，地方政府在征地过程中操作不规范，导致与征地有关的行政复议案件数量激增，给国土资源管理工作带来极大挑战。

一、近年来我省国土资源行政复议工作基本情况

近年来，全省国土资源系统干部职工着力推进依法行政工作，认真履行行政复议职责，着力解决国土资源领域行政争议，化解社会内部矛盾，使国土资源行政复议工作在维护社会和谐稳定、保障经济社会健康发展中的独特功能日益增强。

行政复议化解争议、维护稳定、促进和谐作用明显增强。行政复议是解决行政争议的重要渠道，具有方便群众、快捷高效、方式灵活的特点。广大公民、法人和其他组织为表达利益诉求、维护自身合法权益，越来越多地选择行政复议这一途径解决行政争议。通过依法办案，以法明理，我省国土资源行政复议工作基本上做到了“定纷止争、案结事了”，大量的行政争议被化解在内部，化解在基层，尽可能地避免了行政相对人因行政争议而层层上访。

行政复议案件依法、公平、公正办理，成效显著。2008年1月以来，国务院法制办、国土资源部、省政府受理的涉及我省国土资源行政复议、裁决案件52件，申请人达千余人次；仅2011年，我厅就收到相关行政复议申请21件，征地补偿标准争议裁决案件13件，已全部按期办结，保障了人民群众的合理诉求，维护了人民群众的合法权益，提高了行政

机关依法行政的形象。

行政复议的层级监督功能得到有效发挥。2011年，我厅收到21件行政复议申请，受理14件，其中责令履行3件，撤销1件，监督履行3件，占受理总数的50%，有效地纠正了一批违法、不当的具体行政行为，监督行政机关依法行使职权，维护行政管理相对人的合法权益。

行政复议的办案方式得到不断创新。在行政复议案件审理过程中，办案方式不断创新，从原来主要进行书面审查到现在运用调查取证、开庭审理、听证审理、行政调解等多种方式综合运用。特别在行政调解方面，加大案外协调疏导工作，2010年国务院法制办、国土资源部、省政府受理的涉及我省国土资源行政复议、裁决案件13件，有8件通过案外调解的方式解决，占总数的61%。

二、我省国土资源行政复议案件的主要特点

2008年以来，我省的国土资源行政复议案件主要有以下几个特点：

行政复议案件总体数量急剧增长。2008年以来，国务院法制办、国土资源部、省政府受理的涉及我厅的行政复议、裁决案件52件，其中2008年1起，2009年2起，2010年13起，2011年36起，成几何倍数增长。我厅收到的行政复议案件也从2010年的5件猛增到2011年的21件。

行政复议案件的种类呈多样化趋势。2008～2010年，国务院法制办、国土资源部、省政府受理的涉及我省国土资源行政复议案件全部为征地批复类及涉矿案件，信息公开类案件直到2010年底才开始从无到有。我厅受理的行政复议案件也存在对行政处罚、信息公开、行政不作为、越权行政、征地补偿等多种具体行政行为不服。

土地权益纠纷仍是行政复议案件的主体。国务院法制办、国土资源部、省政府受理的52件行政复议和裁决案中，涉及征地批复和涉土信息公开案件共48件，占总数的92%。其中，涉及征地批复案件35件，占总数的67%；涉土信息公开案件13件，占总数的25%。申请人要求公开的多为征地批文及相关文件，要求裁决的也是省政府维持的征地批复案件，其性质仍为征地批复类案件。

行政不作为成为行政复议案件新的高发点。2011年我厅受理的21件行政复议案件中有6件是对行政机关不依法履行职责不服，占总数的29%。2010年收到征地补偿裁决案件6件，受理1件；2011年收到13件，受理6件，未受理的12件中有10件是因为省辖市、县级人民政府未经过法定协调程序而告知申请人不予受理，占案件总数的53%。

三、国土资源行政复议案件增多的成因分析

近几年国土资源行政复议案件急剧增多的原因，主要有以下四个方面：

群众法律意识普遍提高，是行政复议案件增多的外在条件。近年来，我省加大了对国土资源法律法规政策的宣传力度，广大群众对保护资源、保障发展的认识不断深入，利用法律手段解决争议、维护自身合法权益的意识不断加强。较之信访，行政复议具有的方便群众、快捷高效、方式灵活的特点也使更多的群众热衷于行政复议这一维权手段，使大量的信访案件转化为行政复议案件。

土地增值和相关利益冲突，是导致行政纠纷产生的客观动因。随着市场经济的发展和人口的增长，工商业、房地产用地的增多，新型工业化和新型城镇化进程的推进，大量农用地转为非农用地，导致征地范围广、速度快，不可避免地引发大量行政争议。作为一种不可再生的资源，土地在使用权流转过程中，因矿产开发、基础设施建设、城镇改造等而增值，其自身价值得以凸现。同时，失地农民所得的征地补偿费过低，对征地补偿费的管理使用造成误解。他们从追求“失地”后更好生存和发展的现实需求出发，希望获得更高的补偿安置费，进而选择行政复议，期望通过复议谋求更高标准的补偿安置费。

有些地方政府信息不透明、不对称，是行政复议案件形成的重要因素。有些地方要求主动公开的信息不公开或不及时公开，对“两个公告”不是积极宣传而是一贴了事；有些地方对依照申请公开的信息置若罔闻、置之不理、消极怠政，或因未按文件要求办理征地手续而不敢公开相关政府文件；有些地方信息公开程序混乱，征地前的告知、确认程

序不规范，征地后地方政府“两公告一登记”不规范，公告主体混乱或两公告变为一公告，无登记，且无据可查；有些地方信息公开答复不合理，不予公开的理由无法律依据或法律依据不充分。凡此种种，都导致管理相对人申请行政复议，希望通过行政复议，达到自己的预期目的。

有些地方行政不作为、乱作为，是行政复议案件存在的主要原因。其一，有的地方政府擅自改变征地用途、规划。如商服用地改为住宅用地；个别地方政府为达到征地目的，在申请征地前或征地的同时，根据征地的需要调整或修改土地利用总体规划，扩大城市用地范围，实现圈外征地，将原本是土地利用总体规划确定的城市建设用地范围外的土地，修改为城市建设用地，再以批次征地的形式进行征收。其二，有的地方补偿不到位、不规范。农民补偿不到位或未按政府安置方案及时补偿即出让土地，个别地方是农村集体经济组织内部分配引发的纠纷；区片地价、社保资金出台后地方执行不到位，地上附着物标准没有及时调整，农民领取的补偿金低于省政府批准的补偿方案，社保资金不落实。其三，有的地方用地、供地程序不规范。用地批准后，没有按法定程序、时限征地、供地，且部分用地长时间闲置，个别地方用地闲置多年仍未按要求收取闲置费或收回组织耕种。其四，有的地方政府职能错位，把本应在基层解决的矛盾上交。

四、对策建议

加大法制宣传教育力度，消除群众法律认识误区，提高行政执法人员的依法行政意识。一要继续开展行政基本法律和国土资源法律法规的宣传教育，突出抓好宪法和行政强制法的学习宣传和培训，充分利用新闻媒体，突出“世界地球日”、全国“土地日”、“法制宣传日”等特定主题的要求，创新普法宣传教育形式，增强国土资源法制宣传教育效果。二要指导基层加强国土资源政策法规业务建设，组织开展政策法规、行政复议工作业务培训，转变工作作风，提高行政执法人员的依法行政意识。三要推进建立科学规范的行政执法责任目标考核体系，推进依法科学民主决策，规范行政执法行为，进一步强化行政执法监督制约管理，增强行政执法人员依法办事的责任心，提高行政执法工作整体水平。

适当提高征地补偿标准，维护群众的合法权益，积极探索调解在土地行政复议中的运用。地方政府和行政执法机关工作人员应严格按照法律法规和政策办事，在行政决策中充分考虑群众利益诉求和群众意愿，保障和实现群众权益、维护社会公平正义。要适时提高补偿标准，根据当地物价水平及时调整地价标准，保障失地农民享受到经济发展成果；要加大基层行政争议协调力度，把矛盾纠纷化解在行政机关内部，减少当事人的诉累，更好地保护当事人的合法权益。行政复议机关要积极探索调解在土地行政复议中的运用，认真做好各方当事人的协调工作，通过行政调解妥善解决行政争议，维护群众的合法权益，做到案结事了，达到法律效果、政治效果与社会效果的统一。

增加政府信息透明度，畅通信息公开渠道，建立、健全主动公开政府信息的工作机制。对申请我厅的信息公开事项，要及时做出答复，特别是对有关征收（用）土地的批复文件、征地补偿安置和社会保障方案等政府信息，要加大主动公开的力度；对依照申请公开的政府信息，相关部门要认真审查，及时受理，依法答复，并对答复内容做好解释工作，宣传到位；积极探索信息公开方式，通过报纸、网络等媒体及时公开相关政府信息，畅通信息公开渠道，以减少信息公开案数量。

规范征地程序，严格依法行政，对征地要加强批后监管。各级政府应认真贯彻落实国家和省有关征地管理工作的政策规定，加强征地依法报批前的告知、听证和征地补偿安置工作。要在征地过程中，严格执行告知、确认、听证等程序，坚持在拟征地依法报批前按程序进行告知和确认，使被征地群众了解听证权利。拟征地经依法批准后，省辖市、县级政府要严格执行“两公告一登记”制度，依法及时将土地征收公告、征地补偿安置方案在被征地村组进行公告，严格按征地补偿安置方案及时足额兑现补偿费用，对农民补偿必须到位后才能供地；对安置补偿落实不到位、征地程序不合法、群众反映强烈的市（县），要加强督导检查，确保整改到位。要严格规划的审批与管理，维护规划管控的严肃性。对申请批准的建设用地，要对农用地转用方案是否符合土地利用总体规划严格审查，对不符合土地利用总体规划的坚决不予审批。

（本文获《资源导刊》2012年度“好文章”论文类三等奖）

城乡建设用地增减挂钩工作存在的问题及建议

□张永强　刘风明

2009年以来，我省各地进行了将通过整治节约的少部分农村建设用地以指标调剂的方式按规划调整到城镇使用的政策探索，开展城乡建设用地增减挂钩试点（以下简称增减挂钩试点），在加强耕地保护、推动节约集约用地、促进新农村建设和城乡统筹发展等方面发挥了重要作用。但由于开展增减挂钩试点工作是一项新课题，没有现成的经验可循，一些地方出现了重指标轻质量、补偿安置不到位、挂钩项目布局不合理等亟须规范的问题，影响了土地管理秩序。

一、我省开展城乡建设用地增减挂钩工作情况

几年来，在增减挂钩试点中，我省各地充分运用政策，将增减挂钩与土地整治有机结合，整体推进田、水、路、林、村综合整治，不仅增加了有效耕地面积，也提高了耕地质量，为推进农业适度规模经营、提高农业综合生产能力创造了有利条件。目前，增减挂钩和农村土地整治已成为我省建设性保护耕地的一条重要途径。据统计，2006年以来全省共安排土地整治项目4317个，整治总规模583万亩，新增耕地100多万亩，对稳定耕地数量、提高耕地质量起到了重要作用。

我省增减挂钩试点工作启动以来，共安排建新项目区263个，保障新增建设用地11.17万亩，其中城镇建设用地6.69万亩、新农村建设用地4.48万亩。按照项目类型计算，安排工业项目用地3.79万亩，城市商品住宅用地7000多亩，商业用地8400多亩，农民安置住房用地2.56万亩，缓解了建设用地供需矛盾，促进了项目及时落地和城乡统筹发展。开展增减挂钩已成为保障项目用地和促进县域经济发展、缓解用地矛盾的重

要抓手之一。

2009年以来，全省通过增减挂钩，共安排产业集聚区用地6万多亩，其中安排道路等基础设施用地2万多亩，有力地促进了产业集聚区的快速发展。如：周口市通过增减挂钩解决全市产业集聚区用地2500多亩，安排了32个工业项目；平顶山市通过增减挂钩解决全市产业集聚区用地6000余亩，新建工业项目35个，总投资约80亿元；临颍县通过增减挂钩安排产业集聚区用地950多亩，保障了一批重大招商项目落地，投资规模达14亿元，可安排就业5200人。

二、城乡建设用地增减挂钩工作中存在的问题

由于开展城乡建设用地增减挂钩是一项创新性、探索性很强的工作，在我省开展时间不长，仍处于探索阶段，缺乏足够的经验，在实施过程中，少数地方出现了片面追求增加城镇建设用地指标、多部门协作机制不健全、补偿安置不到位、挂钩项目布局不科学等一些亟须规范的问题。

（一）重视建设用地指标，轻视提高耕地质量

一些地方领导把申报增减挂钩项目作为解决建设用地指标不足的唯一办法，一些乡镇政府一味地追求建设用地指标，从而忽略了国家出台这项政策的初衷，把优化农村用地结构、提高耕地的数量和质量抛在一旁，为了挂钩而挂钩。所谓的成果是拆并了多少农户的房屋、新增了多少耕地，不谈结构和资源利用的优化。片面追求耕地数量的平衡，无视“占优补劣”问题，补充耕地的质量无法达到被占用耕地的质量，背离“耕地面积不减少，质量不降低”的基本要求。

（二）多部门协作机制不健全，资金保障体系不完善

城乡建设用地增减挂钩试点工作不是国土部门一家的事，涉及地方各级政府以及发展改革、规划、劳动保障等多个部门，需要由县政府协调相关单位，统筹解决好规划、调查、评估、申请、审批、建设、拆迁、复垦以及项目运作等一系列问题。但目前，一些地方政府尚未建立起多部门协作推进的工作机制，仍由国土资源部门单打独斗，致使部分项目难以实施。各部门支农惠农的项目和资金由各部门管理使用，工作

中存在着"各唱各的调、各吹各的号"的问题，造成整体项目实施中的不同环节各行其道，导致资金不能得到有效整合，效益不能充分发挥。一些地方实施建设用地增减挂钩项目的资金来源主要靠财政投入和土地整理项目资金，社会资金投入数量不大，造成预算资金安排较少，不能满足拆迁补偿的实际需要，给拆迁改造工作带来了较大难度。

（三）存在"重建新、轻拆旧"的倾向

部分地方存在"重建新、轻拆旧"的倾向，试点方式单一，热衷于建新区，对建新区的相关环节、税费、政策较为关心，而对拆旧区的拆迁、补偿、安置、整理等工作重视不够。同时，部分农户受传统"故土难舍"思想的禁锢，不愿轻易搬迁。而个别地方领导由于担心拆迁会引发上访，影响稳定，产生畏难情绪，对该项工作积极性不高，拆旧工作难以开展，从而造成拆旧工作进展缓慢。

（四）农民补偿安置不到位，标准不一

一些地方没有建立起有效的资金投入和返还机制，土地增值收益未能足额返还农村，农民住宅拆旧建新、农村基础设施和公共服务设施建设得不到应有的资金保障。一些地方政府，对于上级拨付的补偿款不能及时发放到位，补偿标准不一，以至于相邻的乡镇、相邻的村庄补偿标准有一定的差异，从而导致矛盾激化，工作无法进展。

（五）项目选点布局不科学

增减挂钩试点以项目区为主体组织实施。挂钩试点项目区，由若干拟整理复垦为耕地的农村建设用地地块和拟用于城镇建设的地块等面积共同组成。在实践中，多数地方都能按要求选择确定项目区，并对项目区实施规划和建新拆旧进行整体审批。但也存在一些不够规范的现象，有的地方片面追求土地级差收益，违反规定超出县域范围进行增减挂钩；有的地方不顾农村发展需要，将周转指标集中安排在城镇使用；有的地方未将拆旧、建新地块封闭实施，将节余的指标用在中心城市。

三、完善城乡建设用地增减挂钩的几点建议

城乡建设用地增减挂钩政策的出台，是一项有利于城乡统筹发展，

加快新农村建设，保护土地资源，优化用地结构，提高土地集约化利用程度，改善农村经济社会面貌的有效途径，也是实现工业反哺农业，城市反哺农村的好路子，这是一个系统工程，需要我们在实施过程中，不断探索、创新，把这个利国利民的政策落实好，真正体现国家出台这个政策的初衷，让各级政府和群众都能享受到这项政策带来的益处。

（一）坚决扭转片面追求增加城镇用地指标的倾向

实施城乡建设用地增减挂钩，实质是在我国人多地少基本国情和城镇化快速发展背景下，以城乡用地结构调整为纽带，显化城镇土地价值，并将土地级差收益返还农村，促进新农村建设和城乡统筹发展。

各地要提高对增减挂钩试点政策的认识水平，开展增减挂钩试点要以保护耕地、保障农民土地权益为出发点，以改善农村生产生活条件、统筹城乡发展为目标，以优化用地结构和节约集约用地为重点，依据土地利用总体规划和土地利用年度计划规范推进。不得以单一解决城镇建设用地供需矛盾为目的，片面追求扩大城镇建设用地规模，导致农村大拆大建，影响农村社会和谐稳定和长远可持续发展。拆旧还建项目区具备土地整治条件的，要优先安排适当规模的土地整治项目，将增减挂钩与农村土地整理相结合，增加对拆旧区农田整治的资金投入，使耕地的数量、质量得到实实在在的提高。

（二）政府重视，调动项目涉及单位和群众的积极性

各级政府要把城乡建设用地增减挂钩工作列入工作目标考核序列，建立相应的考核、奖惩、检查、监督制度，制定严格的操作程序和科学的管理体系以及符合农村实际的补偿机制，积极宣传增减挂钩政策，增强干部群众开展增减挂钩工作的紧迫感和责任感，引导群众自觉参与到增减挂钩工作当中来，确保增减挂钩取得实实在在的效果，达到节约集约用地的目的。

（三）建立完善的资金保障体系

目前，各级政府最为头疼的就是资金问题。资金筹措可以采取上级政府奖励一点，实施单位筹一点，村级出工补一点的办法，同时出台挂钩指标有偿使用政策，落实用地单位的“占一补一”责任，凡是需要使用挂钩指标的用地单位，均需按照标准支付指标使用费，收取的挂钩指标有偿使用费专项用于当地的挂钩项目土地复垦工作。

要按照国发〔2010〕47号文件提出的“要以新增建设用地土地有偿使用费、用于农业开发的土地出让收入、耕地开垦费、土地复垦费等资金为主体，引导和聚合相关涉农资金，实行专账管理，统筹集中使用”的总体要求，在继续将新增建设用地土地有偿使用费、用于农业土地开发的土地出让收入、耕地开垦费和土地复垦费用于农村土地整治的同时，将其他相关部门的涉农资金也大量投入到土地开发、农村基础设施建设领域，如交通部门的农村道路基础设施建设资金、水利部门的农田水利建设资金、农业综合开发部门的专项资金等，集中使用，提高资金的规模效益。

（四）创新新增耕地的收益分配机制，保障集体和群众的合法权益

农民最关心的是拆迁复垦的补偿能否到位，新增耕地的利益如何分配。各地实施挂钩项目前，必须根据当地的实际情况，制定出切实可行的补偿标准和利益分配机制，要充分尊重农民意愿，凡涉及村庄撤并的，要以农民为主体，由农村集体经济组织和农户自主决定，不同意的不得强拆强建，切实维护被拆迁户的利益；新增耕地的利益分配要充分尊重群众意见，按照明晰产权、维护权益的原则，合理分配增值收益，做到公平、公正、公开，形成专门的利益分配机制。增值收益全部返还农村，用于支持农村集体发展生产和农民改善生活条件。

（五）合理确定挂钩项目的布局

要合理确定挂钩项目的布局，通过项目区建新拆旧和土地整理复垦等措施，实现项目区内建设用地总量有减少、布局更合理、耕地面积有增加、质量有提高。同时，要合理安排建新区城镇村建设用地的比例，优先保证被拆迁农民安置和农村公共设施建设用地，并为当地农村集体经济发展预留空间。建新区必须符合土地利用总体规划，并与城镇体系规划充分衔接，避免城乡建设中的二次拆迁。要优先选择符合各项规划、整治潜力大、村级班子能力强、群众热情较高的村进行改造，以保证挂钩项目的顺利实施。

（本文获《资源导刊》2012年度“好文章”论文类三等奖）

新型农村社区建设存在的问题与对策

□李国桥

党的十六届五中全会指出，建设社会主义新农村要“搞好乡村建设规划，节约和集约使用土地”。党的十七大提出“开展农村社区建设”后，我省各地高度重视，站在统筹城乡发展的高度，加大投入，强力推进以合村并点为主要形式的新型农村社区建设，取得了初步成效。新农村社区建设已成为我省推进“三化”协调，强化新型城镇化引领的着力点和突破口。但是，在新型农村社区建设过程中，也存在着一些亟待解决的问题，影响了新型农村社区的建设，需要及时纠正，以确保新型农村社区建设顺利推进。

实行村庄合并，建设新型农村社区的必要性

实行村庄合并，建设新型农村社区，是指在农村土地流转制度创新的基础上，通过对两个或多个村庄土地、人口和其他相关资源的全方位流转，实现生产要素的集聚和规模经营，以达到充分利用闲置土地，减少土地资源的浪费。同时，通过整合资源，健全完善农村公共基础设施，改善农民生产生活条件，让农民群众享受到改革发展带来的成果。

首先，实行村庄合并有利于优化配置农村资源，推动农村经济的可持续发展，缩小贫富差距。在新农村社区建设中，通过对那些分布散、规模小的村庄进行合理、适当的合并，能够使农村资源得到有效、合理的配置和优化组合，避免或减少重复建设，提高资源的共享度和利用率，更加有利于资源的开发、规划、建设和利用。

其次，实行村庄合并有利于节约用地，保护土地资源，促进农村基础设施的共建和共享。随着社会经济的不断发展，耕地面积在不断减

少，但是农村建设用地却仍然保持着原有状态。通过村庄合并，把原来单一自然村闲置的土地充分利用起来，大力发展集体经济，从很大层面上带动了整村经济的提升。

再次，实行村庄合并有利于提高公共服务的质量，增加村民的社会福利。村庄之间的合并可以集中原来村庄的公共资源，增强村集体经济实力，提高新村的集体能力，从而为村民提供更多、更好的公共服务设施，提高公共服务质量，增加全体村民的社会福利。

最后，实行村庄合并，符合当前我国建设社会主义新农村的发展战略。“三农”问题一直是党和政府高度关注的重大问题。党的十六届五中全会指出，建设社会主义新农村要“搞好乡村建设规划，节约和集约使用土地”。同时，珍惜每一寸土地，保护耕地是我国的一项基本国策。通过村庄合并，使住宅向集聚、多层发展，公用设施共享，这些都将极大地节约土地，增加耕地面积，十分适合我国国情。

新型农村社区建设中存在的问题

近年来，我省各地积极探索村庄合并模式，推进新型农村社区建设，已成为推进城乡一体的切入点、统筹城乡发展的结合点、促进农村发展的增长点。目前，全省已初步建成新型农村社区近300个，在建的1600多个。从各地实践来看，新型农村社区建设在节约集约用地、改善农村环境、提高农民生产生活水平方面取得了明显成效。

但也应该看到，在一些地方的推进过程中，也出现了一些不符合科学发展的问题，主要表现在以下几个方面：

（一）**全面推进，超越承受能力，不堪重负**。有的地方实行全面推进的做法，在全县（市、区）大力开展农村社区建设。这种全面推进的做法初衷是好的，但如果人力、物力和财力达不到，良好的意愿未必带来良好的结果。譬如：某个县在全县大搞农村社区建设，平均六七个村就建一个社区，由于战线过长过宽，造成当地财政不堪重负、人员不够用、管理跟不上、服务不到位，不仅使管理和服务的目标落空，还导致了一些其他问题。

（二）一味模仿，搞一刀切。某个县各乡镇、街道之间发展很不平衡，但在全县推进农村社区建设时，却以县城内的社区建设标准为样板，并以此作为实现城乡一体化的一种措施。这种做法忽视了城乡差别和地区差别。农业生产是农村的主要生产方式，农村社区和城市社区的功能应当是不同的。我国各地发展程度不均，就是同一个县，各个乡镇之间的发展程度也不一样。推进农村社区建设，应当考虑城乡差别和各地的实际发展水平，城乡接合部应该如何搞，以农业生产为主导产业的农村应该如何搞，都应该有明确的目标，有所区别。

（三）没有正确处理社区建设与和谐社会构建、新农村建设及村民自治的关系。社会主义新农村建设的方针是“生产发展、生活富裕、乡风文明、村容整洁、管理民主”，要求的是农村经济、政治、文化和社会的全面建设。而农村社区的基本职能是管理和服务，属于上层建筑的范畴，应当是社会主义新农村建设的一个方面、一项内容，而不能等同于社会主义新农村建设。但有些地方把社区的功能与新农村建设的内涵混为一谈，说什么建成了农村社区就等于建成了新农村，忽视了新农村建设的长期性、渐进性。统筹城乡发展，提高农村地区的公共服务水平是构建和谐社会的具体体现。在没有被城市化的地方，农村社区建设离不开我国原有的农村村民自治体制。但有些地方不以村界为社区范围，而是打破村界，重新划分社区范围，想以社区管理取代原来村民自治的作用，结果是社区管理与村民自治发生冲突，不仅旧矛盾没有消除，反而造成了新的不和谐。

（四）强行合并村庄。出于发展地方经济等某些需要，一些地方政府采取行政命令的方式和高压手段，对一些村庄进行强行合并。我国的村落是人们生活多年的聚居区，都有各自的文化积淀。对于一些人来说，虽然由于社会变迁导致了村庄地理界限的消失，但人们心目中的文化界限、认同界限，还会在相当长时间内存在。而出于某种目的的强行合并村庄，既没有消除现实中的地理界线，更没有消除人们心目中的思想界线，只是对几个利益集体的一种缺乏有力约束的行政捏合而不是经济社会文化的融合。由于各个村庄出于各自利益的维护，使新组建的社区难以发挥有效管理的作用，也难以解决新产生的矛盾。因此，这种强行合并村庄的做法，在相当程度上不符合我国的传统，有违我国农村的实际。

（五）**借机侵占农民的土地。通过村庄搬迁、集中居住的方式推进新农村社区建设，有的地方政府是醉翁之意不在酒，而是在打土地的主意**。随着耕地的不断减少和国家耕地保护政策的加强，土地越来越成为稀缺资源。于是，有的地方政府绞尽脑汁打以地生财的主意。在推进新农村社区建设过程中，政府通过建造楼房使农民集中居住，腾出部分土地用于非农建设。这其中，有的农民进楼居住是被迫的而非自愿。但一同用于非农建设的土地，不仅仅是腾出的宅基地，还有周围的农田。对很多农民来说，农业生产还是一种主要的生产方式和谋生手段。在社会保障不到位、没有充分就业岗位的情况下，借推进社区建设侵占农民的土地，制造工作无位、社保无份、种地无田的“三无”农民，不是构建和谐社会，而是制造社会不稳定因素。

对推进新农村社区建设的思考和建议

针对我国新农村社区建设中存在的问题，笔者提出一管之见，以期能对新农村社区建设健康推进起到积极作用，使其真正起到统筹城乡发展、惠及广大农民的作用。

（一）**准确定位，明确功能**。社区服务和社区管理是社区的两项基本职能。应结合以变革农村上层建筑为核心的农村综合改革，对农村社区建设准确定位，明确其职责和功能，加大公共物品的供给力度，提高管理水平，扎实推进社会主义新农村建设，真正“把社区建设成为管理有序、服务完善、文明祥和的社会生活共同体”。

（二）**注意农村社区与城市社区的不同性能**。农村社区是以农业生产方式为基础的社区，是不同于城市社区的另一种社区类型。推进新农村社区建设，必须以当地生产力和社会发展水平为依据，从当地实际出发。我国13亿人口中还有7亿多是农民。农业既是国民经济的基础，也是广大农民谋生的手段。推进新农村社区建设，不仅要方便生活，也要有利于生产；要根据当地的实际情况，加大与生产相关的挖井、修路、筑桥等公益性设施的建设力度，解决约束当地生产发展的瓶颈问题，为实现农业现代化创造条件，以促进农业的发展，增加农民的收入。

（三）**统筹城乡发展的关键是城乡制度的统一**。改革开放以来，我国经济取得了高速发展，但城乡差距不仅没有缩小，反而在扩大。引发城乡发展失衡的根本原因是“一国两策、城乡分治”的二元经济社会体制和城市偏向、工业优先的战略与政策选择。缩小城乡差距，解决“三农”问题，全面建设小康社会，需要统筹城乡发展。统筹城乡发展关键是要确立统一的城乡经济体制和经济政策，实现城乡制度的一体化。所以，在推进农村社区建设时，需要深刻认识城乡差距的实质，全面、准确地理解统筹城乡发展的内涵，进行相应的政策调整和制度变革。

（四）**注意维护社会稳定**。通过合并村庄的方式推进农村社区建设，在有的地方非常盛行；通过社区管理取代村民自治以解决“村支两委”矛盾的做法，已不是个别现象。对这两个问题，在推进农村社区建设时，一定要慎重对待。每个村庄都有各自的利益，村民意识中的村界是难以短时间内消除的。在进行村庄合并和以社区管理取代村民自治的时候，一定要尊重中国的村落文化传统、尊重农民的意愿。对于失地农民，要做好安置工作和解决好社会保障问题，这是维护社会稳定的一个重要方面，也是社区管理和服务的内容之一。

（五）**保护耕地，防止兴起新的“圈地”潮**。一些地方通过合并村庄、集中居住、以楼房置换农民宅基地的做法，腾出部分土地用于非农建设。这种做法，对耕地的侵占，看似问题不大，其实非常严重。从数量上看，非农用地往往超出所腾出的宅基地面积。在这一过程中，通过统一规划、连片开发所占用的土地，不仅包括原来的宅基地，同时被占用的往往还有周围的耕地。从质量上看，占用的农村宅基地及其周围的土地基本上都是当地土质好、水源好，便于生产和生活的好地。因此，对那种以蚕食方式侵占耕地的现象，必须引起重视，防止其成为继开发区建设之后又一种蔓延全国的“圈地”潮。

（本文获《资源导刊》2012年度“好文章”论文类三等奖）

土地征收在经济社会发展中的作用

□丁新务

土地是人类活动的载体，是支撑经济社会发展最基础、最宝贵的资源。土地征收事关发展大局、事关农民权益、事关社会稳定，日益成为群众瞩目、社会关注、党和政府关心的热点问题。因此，全面分析、准确把握理解土地征收在经济社会发展中的作用显得至关重要。

一、我国征地制度的本质内涵

土地征收制度是我国基本的土地法律制度之一，它对于保障我国经济建设具有重要作用。没有征地就没有经济社会的发展，没有经济社会的发展就没有土地权益人利益增加的空间，我们要正确理解征地制度在经济社会发展中的重要性和本质内涵。

（一）征地制度是我国社会主义土地公有制所有形式的特殊属性。我国是社会主义国家，土地为公有制，一种是国家所有，一种是集体所有。我国《土地管理法》总则中明确规定，“国家为共同利益的需要，可以依法对土地实行征收或者征用并给予补偿”。土地的“征收”和“征用”，二者既有共同之处，又有不同之处。共同之处，都是为了共同利益需要，都要经过法定程序，都要依法给予补偿，都要落实占补平衡。不同之处在于，涉及土地所有权改变的是征收，不涉及所有权改变的是征用。土地的公有制是我国社会制度的特殊属性，将集体土地征收为国有土地，用于国家建设则是这一属性的具体反映。

（二）征地制度是保障经济社会发展的重要措施。随着市场经济的建立，土地作为人类生活的载体，它不仅是一种资源，还是一种资产，在某种意义上来说它更是一种资本。在计划经济时期，它作为一种资源，发挥了配置的作用；在市场经济条件下，它体现的是一种资产，起到了经济的杠杆作用；在市场经济快速发展的今天，它更是一种资本，它可以为政府换来大量的发展资金。实践证明，政府也只有通过征收和征用，才能有效地把土地作为资源予以配置、把土地作为资产予以盘活、把土地作为资本予以深层次运作，使土地真正成为经济社会发展的动力源泉。就洛阳而言，如果没有土地征收，大新区和伊滨区的开发建设，重大项目建设，重大民生项目建设，旧城改造等就无从谈起。

（三）**土地征收是法律赋予县以上人民政府的一种行政权力**。征收土地，是法律授予政府的专有行政权力，其他任何单位和个人无权征收土地。征收土地不是向农民购买土地，被征收单位和个人必须服从。按照审批权限对土地实施依法有序的征收，这是法律赋予县以上人民政府的权力。那么谁来具体组织实施？是政府的土地管理部门。由此可见，土地管理部门肩负着保护耕地和保障发展的双重责任，两者兼顾、两者相辅，任务艰巨，责任重大，决不可顾此失彼，掉以轻心。

（四）**实施依法征地必须具备三个基本要素**。第一个要素是报批。只有依法批准，用地才有法律效力，否则就是违法用地。第二个要素是补偿。补偿往往是货币补偿，第一部法律规定的是前三年平均年产值的10倍；第二部法律规定的是前三年平均年产值的30倍；现在实行的则是区片价格，要按照当地政府制定的标准足额补偿，只要一不挪用，二不克扣，三不拖延，农民是通情达理的。第三个要素是安置。对于工人来讲，他们的生产资料是厂房和设备，这是工人的生活来源；对于农民来讲，他们的生产资料就是责任田，一旦失去了土地，仅靠补偿还是有后顾之忧的。为解后顾之忧，就要有持续稳定的生活来源，要有持续稳定的生活来源就要采取多渠道安置办法。洛阳市作为国土资源部征地制度改革的试点单位，在征地补偿安置方面，探索出了一些安置办法，积累了一些经验。洛阳新区建设时就采取了留地安置、产业安置、依托新区就业安置及参与大学后勤设施建设安置等形式，得到政府和社会的认可，外地曾经借鉴过，我们还要继续完善。

二、洛阳市征地工作中存在的主要问题

总体上看，上世纪90年代至今，特别是洛阳新区开发建设以来，全

市征地工作有序健康开展，没有因征地拆迁补偿不到位而发生重大集体上访事件。这主要是因为洛阳作为全国征地改革试点单位，市委、市政府高度重视，坚持依法征地依法补偿，并且采取多种形式搞好被征地农民补偿安置。但通过全面排查和深入思考，也发现存在一些较为突出的问题，以及一些深层次的疑虑。可概括为“六重六轻”：

一是重经济发展轻耕地保护。一些基层领导没有真正树立科学发展观，为了出政绩，在缺资金、缺资源、缺发展优势的情况下，就在土地上做文章，调整规划，包装项目，以地招商。超越自身能力搞大拆大建、外延扩张，忽视了保护耕地和节约集约用地，实际上走的是一条影响农业、影响生态环境的发展道路。

二是重新增用地轻盘活存量。有的地方小项目、大张口，动则几十亩上百亩，导致圈地囤地违规用地；有的项目能进产业集聚区的也要单独选址，能用闲置废弃地的也要占新增建设用地。一方面喊着手中有了好项目没有地用，一方面是批而未征、征而未供、供而未用。目前，洛阳市本级和各县（市）均有一定数量的征而未供、供而未用的土地。

三是重政府意志轻群众意愿。有的地方感到招来一个大项目不容易，政府对投资商有求必应，甚至提出零地价。但在征地补偿标准上却一压再压，当农民对补偿不满意时，派干部吃住在农村，亲临一线督阵，还组织村干部党员挨家挨户做群众工作，农民不签字，驻村干部就轮番入户软缠硬磨，直到同意为止。个别地方甚至置国家明文规定于不顾，顶风作案、违法强征，造成严重后果。

四是重依法补偿轻长远生计。土地是农民的命根子，是农村稳定的基础。虽然现行的征地区片综合地价明显高于以往的年产值倍数补偿标准，但经营性土地价格上涨较快，被征地农民心理落差增大，难以接受土地被低价征收、高价出让的现实。一些农民讲，征地补偿价不但大大低于土地出让价，还远远没有菜价上涨快。为此，有条件时，适当让利于民则更有利于土地征用，更有利于项目建设，更有利于社会稳定。

五是重征地效率轻程序规范。有的地方，为了加快项目建设，明知拆迁进行不下去，补偿费用不能到位，却出具承诺报市领导批转职能部门办理，结果是项目立了，“路条”有了，边报批边施工的目的达到了，但在运行中有的工程半途而停，有的投入运营但没有兑现承诺，致使合法手续批不下来，形成了事实上的违法建设，造成了新的负面影响并留下诸多后遗症。

六是重项目落地轻和谐稳定。有的干部错误地认为，征地是为了给当地办大事、好事，就忽视了依法依规，忽视了群众权益，结果引发矛盾，好事办成了错事。如果说征地的具体行为都能严格规范，征地矛盾防范预警处理机制都能真正落实，群众又何必舍近求远地进京赴省上访，甚至不惜以命抗争？这充分说明我们的行为不够规范，我们的信访评估不够到位，我们的预警防范机制还存在漏洞。

我们要把这些问题分析透、梳理顺、把握准，切实把问题解决在初始，解决在当地，解决在平时。

三、洛阳市完善征地机制的构想

完善征地机制，一方面要充分肯定政府依照法定的权限和程序征用农民集体土地；另一方面要在制度上制约行政部门的权力，以保证被征地农民和集体的合法权益。

（一）强化各方法律地位。1.赋予集体土地与国有土地平等的权利。目前，对两种公有制的土地不能“一视同仁”，形成严重的二元体制。这就要求赋予集体与国家平等的所有权、价值权、收益权，在坚持土地公有的前提下，实行“同地、同权、同价”。2.赋予农民参与征地谈判的权利，使农民有知情权、参与权、监督权和申诉权，对政府征用土地的必要性、可行性、合法性进行有效的监督和制约。

（二）合理界定征地范围。我国《宪法》和《土地管理法》规定，因“公共利益”需要可以征用土地，因此对“公共利益”要有明确解释和严格界定。1.明确公共利益的界限，严格控制征地范围。把公共事业项目与经营赢利项目严格区分开来，避免赢利性项目搭乘公共利益的“便车”。2.明确“公益项目”与“赢利项目”的判别标准。在征地中要根据公益项目与赢利项目的区别，制定不同的安置政策和补偿措施，以便更好地维护被征地农民的权益。

（三）**规范政府管理职责**。1.正确行使征地权力。征地权是国家的强制性行政权力，政府是这一权力的执行者和维护者，应当严格遵守征地用于公共利益的原则，不允许以国家建设的名义，牟取非法的超额利润。2.通过土地规划来调控建设用地。通过征收土地所得税或土地增值税，来调节土地市场的运行，真正发挥市场配置土地资源的基础性作用。3.政府部门必须依法征地。在征地中要“为民谋利”，而不是“与民争利”。要逐渐构建一套公正、合理、规范的征地程序和操作标准。

（四）**坚持市场定价原则**。从市场经济的角度看，不管是谁来征用土地，实质都是土地使用权的转移，必须依照市场价格给予合理的补偿。1.严格执行土地管理法中按“平均年产值”倍数计算征地补偿的规定，制定出更加合理、规范和能为多数人接受的计价方法。征地补偿既要包括被征地者的直接损失，又要包括他们的间接损失；既要考虑被征地者的眼前利益，又要考虑他们的长远生计。2.不应以农用地的价格来确定补偿标准，而应以建设用地的价格来评估与确定补偿标准，避免土地低价征收与高价出让，差价过大让农民难以接受的问题。3.农民作为弱势群体，除按照市场机制补偿外，还要对农民实行倾斜性保护政策，使他们在保证生存的基础上，还能得到可持续发展。

（五）**合理调配补偿费用**。分配征地补偿费时，应合理规定集体留存的比例。在土地补偿资金的分配中，乡（镇）、村、组层层截留的现象比较普遍；在资金的分配比例、发放时间、发放对象上随意性较大。建议规范征地补偿费的比例，在承包地被征用后，农民与集体可参照原先承包收益的比例分配补偿费，并为失地农民建立稳定的社会保障制度。

（六）**健全预警防范制度**。补偿安置纠纷是征地中最集中、最多发的矛盾。要按照信访评估到位、审批程序到位、政策公开到位、补偿安置到位的要求，建立健全征地纠纷仲裁和调处机制，畅通被征地农民利益申诉渠道，及时掌握和化解苗头性、倾向性问题，防止征地矛盾积累激化。

（本文获《资源导刊》2013年度“好文章”论文类三等奖）

立足发挥"引领"作用
强力推进县城和小城镇建设

——对驻马店市新型城镇化的调研报告

□崔秀琴　李文友

在强力推进新型城镇化、新型工业化和新型农业现代化的过程中，注重发挥新型城镇化的引领作用，是中原经济区建设的一大亮点，也是保障"三化"协调发展、科学发展的关键节点。在驻马店这样一个农业比重较高的人口大市，发挥县城和小城镇在全市特别是在县域经济社会发展中的引领作用，显得尤为重要和紧迫。

一、我市县城和小城镇发展现状

驻马店市城镇体系构成主要包括1个中心市区，9个县城，75个建制镇（另有3个建制镇为县城），86个乡。在县城以下建制镇中，有8个国家级重点镇、6个省级重点镇、29个市级重点镇，全市有12个产业集聚区，初步形成了以市中心城区为核心，以县城为主线，以乡镇为基础的发展格局。目前，全市城镇人口280万，其中县城和小城镇220万，占78.6%，已经成为全市加快新型城镇化建设的生力军。县城和小城镇居民人均年可支配收入13702元，人均年消费10000元，比2006年分别增加4559元和3860元。城镇公共服务设施配套逐步完善。城镇经济在县域经济中所占比重加快提升。

二、县城和小城镇建设发展的制约因素比较突出，仍有不少需要克服的困难和问题

（一）城镇规划相对滞后，管控作用未能发挥。一是一市九县中心城

区的新一轮城市总体规划（2010～2030年）修编工作目前只有3个县完成了报批或汇报稿，还有6个县正在进行编制。同时，不管过去还是现在，县城控制性详规的编制覆盖率很低，这样就不可避免地影响到项目修建性详规编制的科学性，也对规划的严格执行留下了隐患。二是乡镇建设规划的编制仍是一个突出的薄弱环节。尤其是2012年4月省住建厅颁布的《新型农村社区建设导则》，对乡镇建设规划提出了很多新的标准和要求，现有乡镇规划需要据此进行调整或重新编制。三是小城镇建设规划管制力度不够，规划执行不力。

（二）推进城镇化建设的资金短缺，社会融资难度大。一是县级财力有限，无力拿出足够的资金用于城镇化建设。二是土地市场经营不活，以地生财的城市建设融资平台尚显单一。三是经营城镇步伐缓慢，城乡建设仍处于政府投入和对上争取的传统模式。

（三）城镇化建设用地供求矛盾比较突出，保障压力大。按照县城和小城镇的发展规划，预计我市“十二五”期间每年用地需求量在4万亩左右，而省里每年分配的新增建设用地指标只有五六千亩，即使积极争取每年最多达到1万亩，用地缺口仍然很大。与此同时，各县城和小城镇又普遍存在土地利用率不高的问题。

（四）公共服务体系不完善，基础设施和公用事业的配套水平还相当低。总体看，目前全市县城和小城镇道路、排水、供水、垃圾处理等公用设施不配套，不能满足城镇发展的需要。同时，环卫设施数量少，公共停车场、文化体育设施滞后，环境质量差和入学、就医、购物等条件也十分有限。乡镇道路网缺乏系统性的功能分工，缺少必要的次干道系统；道路与公共交通设施落后于交通量的增长，公路与街道功能不清，以路代街、以街代市现象十分突出；管网建设严重滞后，未实现雨污分流，未集中进行污水处理和垃圾分类收集，环境污染还比较严重。

（五）城镇管理粗放，监管不到位。一是管理机制不健全，制度规定有缺失，没有形成科学管理、综合治理的长效机制，存在职责不明、分工不细、运作不规范等现象。二是监督管理不到位，城镇秩序不正规。表现在：车辆违章行驶停放、人车抢道和横穿马路；商户店外经营、占道摆摊和沿街叫卖、建筑生活垃圾乱堆乱倒等现象。三是城镇居民城市观念淡薄，参与管理意识不强。

三、加快县城和小城镇建设的意见和建议

（一）**解放思想，积极改革，大胆进行政策创新**。一是要善于学习借鉴先进地区的成功经验。二是要敢于打破常规，大胆创新，挖掘城镇地区的政策优势、资源优势、环境优势，以此实现跨越发展、赶超发展。当前，主要应在招商引资、户籍政策、土地政策、投融资政策、社保政策这五个方面力争有大的突破。要实行更加优惠的招商引资政策，加快第二产业发展步伐，为新型城镇化提供强大的产业支撑，给进城农民提供可靠的就业岗位。要积极改革户籍政策，打破城乡二元户籍制度，为新增城市人口获得住房保障、子女入学、参加城镇医保、社保等，打破政策障碍，与原有城镇居民享受同等的市民待遇。要认真研究国家支持中原经济区建设的土地政策，以县区政府为主体，积极推进农村土地综合整治和城乡建设用地增减挂钩以及近期即将出台的人地挂钩政策，发挥驻马店农村建设用地存量大和耕地后备资源相对较多的巨大优势，真正把土地经营这篇大文章做深、做透、做大、做活，力争解决好“地到哪里要”和“钱从哪里来”这两大难题。要积极学习借鉴外地经验，以市场经营为主体，搞活城建投资融资。要认真落实国家的社保政策，同时加强新型城镇化中教育、医疗、文化等公共服务体系建设，让城镇居民包括新增城市人口真正享受到现代城市生活，增强新型城镇化的吸引力和凝聚力。

（二）**立足县城经济发展的实际状况，进一步理清县城和小城镇的发展思路**。县城和小城镇的发展毕竟具有一定的规律性和应当遵循的共性原则。目前，按照全省统一部署，一市九县中心城区都在编制新一轮城市总体规划（2010～2030年），按每年城镇化率提高两个百分点匡算，2030年我市城镇化率可达70%，应该说基本完成了城镇化进程。因此，现在编制的城市总体规划（2010～2030年），就是我市最终要建成的城镇体系，就是我市实现新型城镇化的基本蓝图。在具体发展思路上，要坚持产业集聚区、县城新城区和老城区“三个板块”协调发展。在老城

区的改造提升上，要学习借鉴广东进行“三旧”改造的经验，放宽规划调整，放活土地政策，充分调动市场主体和现有土地产权人的积极性。对于新城区的城乡接合部，在统一规划管理的前提下，应允许现有村民按照新型农村社区建设的优惠政策和城市的控制性详规，由街道办、村（居）委自主开发建设新型城市社区。在乡镇这个层面，要注重把新型农村社区建设与小城镇建设结合起来。同时，还要重点加强公用事业的配套建设，使在乡镇政府所在地居住的人口真正享受到现代城市应有的生活环境和公共服务。

（三）**着力破解用地难题，为新型城镇化建设提供保障**。人多地少是中国的基本国情。坚守18亿亩耕地红线是一项基本国策。任何地方的发展都不可能完全依靠国家每年分配的用地指标。尤其是在河南省集中用地指标支持中原城市群建设的情势下，解决我市发展用地的根本路径在于强力推进农村土地综合整治和实行人地增减挂钩。今后，可以把每年争取到的国家计划指标集中用于产业集聚区建设，城乡挂钩（人地挂钩）指标实行有偿使用，主要用于城镇商业、住宅等经营性土地开发。城乡挂钩指标按市政府〔2011〕92号文件提出的每亩15万元计算，2020年前我市可有500多亿城乡挂钩指标有偿使用费返还用于支持新型农村社区建设。同时，每年几万亩的城乡挂钩指标用于城镇开发建设，又可以创造几十亿的土地出让收益。这是一个城乡互惠的大平台，也是一个双利双赢的好政策。目前的关键是县、乡两级政府是不是认识到位、能不能统筹协调、愿不愿真抓实干。只要这个问题解决了，驻马店加快新型城镇化和新型工业化的用地问题就迎刃而解，加快城市建设和新型农村社区建设的资金来源也可以进一步拓宽。

（四）**进一步拓展投融资渠道，千方百计筹措城建资金**。一是各县区应根据城镇发展水平和综合经济实力增长，逐步提高政府财政预算对城镇建设的投资比例，抓住中原经济区建设先行先试和省部合作协议政策机遇，积极争取国家项目资金支持。二是充分发挥城建投资公司的融资平台作用。建立城投公司资本运作机制，通过整合利用城市资源，发挥城市建设投融资职能。同时，依托政府支持，通过股份制改造、出让公共设施经营权、无形资产商品化、盘活土地资源、公益性基础设施建设与商业开发相结合、吸纳民间资本建设基础设施等形式，筹措城镇建设资金。三是有效利用政府信用，深度利用银行信贷资源。在政府办公大楼、标准厂房、道路、桥梁、污水处理厂等城市基础设施和大型基建领域实施融资租赁，通过以小搏大，解决政府投融资平台的融资难问题。也可借鉴外地经验，将道路沿线广告收益注入到负责城市道路建设的城投公司中，城投公司以此为质押，与金融机构开展融资租赁业务，盘活城市存量公益性资产。四是建立多元化投资机制，发挥国有资产的引领撬动作用。以土地、市场等资源吸纳社会资金投入，推行BT、BOT、TOT以及托管，形成多元化投资来源。搞好资本运作，形成以社会资金为主，银行资金、政府资金为辅的投入模式。

（五）加强政府统筹协调，同心协力搞好城镇公共服务建设。一是发挥政府的统筹作用。各县区政府要强化属地责任，编制辖区推进城镇化的目标计划和方法步骤，并实行“一把手”负责制。相关部门要明确分工，强化职责，着重办好两件事：即积极出台政策和抓好工作落实，形成积极推进新型城镇化的强大合力。二是强化基本服务功能。加快基础设施建设、加快公共服务设施建设、加快社会保障制度建设。三是积极探索公共服务管理创新。打破行业、区域、所有制的界限，放开经营，公开竞争，大胆探索市场化、社会化的公共服务管理体制。

（六）规范城镇管理，不断提高居民文明素质。一是强化居民素质教育。深入贯彻《公民道德建设纲要》，加强社会公德、职业道德、家庭美德、个人品德教育，增强城镇居民文明意识。二是充分发挥社区的作用。搞好居民自我管理、自我教育、自我服务，健全和完善居民公约、共建公约等，逐步形成城镇是我家、管理靠大家的良好氛围。三是创新管理机制。重点要强化社区的管理功能，投资建设互通互联的数字化城市综合管理平台，实现城镇管理由被动向主动、单一向协同、低效向高效转变。四是大力培育城镇文化。挖掘特色文化、地域文化、历史文化等优秀传统文化，打造区域文化品牌。

（本文获《资源导刊》2013年度“好文章”论文类三等奖）

栾川县矿产资源开发利用情况的实践与研究

□魏敏强

栾川县总面积2477平方公里，已探明金属、非金属、能源和水汽矿产四大类50余种。目前，全县有效矿业权241个，矿证面积占全县总面积的50%以上，是中国16个重要多金属成矿带核心区域的钼铅锌重要矿产地，是国家实施找矿突破战略的47片整装开发区之一，是闻名遐迩的“中国钼都”。

一、矿产资源的开发利用，为栾川插上了腾飞的翅膀

（一）**矿产资源的开发利用，使昔日的深山穷县变成了经济强县**。60年前，栾川是一个鲜为人知的穷乡僻壤。近十几年来，栾川县委、县政府实施了“工矿强县”战略后，以矿业为主的采矿、选矿、冶炼业星罗棋布、迅猛发展。截至目前，全县的247家工业企业中，工矿业就占据了77.3%。其中，钼采选企业67家，日采矿量11万吨，选矿规模14.75吨/日；铁采选企业41家，选矿规模61.350吨/日；铅锌采选企业30家，选矿规模8850吨/日；萤石企业9家；黄金采选企业7家；白钨企业4家；钼、锌、铜、银等深加工企业28家。“工矿强县”战略的高歌猛进，先后培育和壮大了一批企业：以钼钨采选冶深加工为一体的在香港上市的洛钼集团公司，其市值跃居世界矿业前30位，成为国内钼业的巨头；以钼采选为一体的龙宇钼业、鑫达矿业、启源矿业等大型矿业集团如日中天；以铅锌开发为主的鑫川矿业、金山矿业成为一棵棵参天大树；以黄金采选为一体的金兴矿业、潭头金矿等矿山企业不断发展壮大。矿业的开发和利用，也催生出了一批批运输、餐饮、旅游产业落地生根、开花结果。仅2011年，全县地区生产总值完成168亿元，财政一般预算收入完成15亿

元。其中，矿业经济就占到了80%，在河南省118个县(市)综合实力排名中位居第8位。栾川先后被授予“中国钼都”、“中国最美的小城”、“全国卫生县城”等60余项国家和省部级荣誉称号。昔日有名的深山穷县，一举成为全省县域经济腾飞的一颗新星。

（二）不断加强矿产资源的勘查力度，为“工矿强县”的发展战略提供资源支撑。栾川县境内目前有探矿权71个，探矿权面积达642.53平方公里。几年来，栾川县一是加大对勘查项目的监督管理，规定了探矿权人每年度上报勘察项目施工方案投资计划、勘查设计方案，直至把重点工作、报件审查、违法行为查处、档案管理等责任到人。同时，栾川县不断完善勘查工作开工汇报制、实地检查验收制、探矿权业务报件会审会签制、勘查施工火工产品供用报批等制度，科学地规范了探矿权人的诚信档案。二是积极引导探矿权人和区内的22个勘查单位定期对勘查项目的施工秩序、探矿工程、资金投入等情况进行上报，并不断对探矿权进行实地监督检查，以确保按照方案施工。三是在探矿权年检工作中，认真坚持与日常矿山动态巡查和实地检查相结合、与探矿权人履行法定义务情况相结合、与探矿权诚信档案相结合的“三结合”原则。在实地检查过程中刨根问底，对实施的探矿工程量进行跟踪检查，槽探看位置、钻探看机台岩芯、坑探看巷道，并对照工程实施平面图，利用GPS进行定位。2009年以来，栾川县积极引导商业投入勘查资金近2亿元，已探明资源量钼2.8万吨，金2.26吨，银24.9吨，铅3.2万吨，锌2.4万吨，铁矿石2809万吨。

（三）打好矿业秩序整顿攻坚战，为栾川矿业经济撑起一片蓝天。矿业让栾川县冲出贫困，多了几分喜悦的同时，也给栾川矿业经济带来了挥之不去的阴影。仅1988年，全县钼选厂总数就发展到5087个，从业人员27800人，最多时两三平方公里的山头就分布着大小矿洞120个。1985～1988年，就乱采滥挖钼矿石1086吨。针对当时矿产资源乱采滥挖的问题，栾川县组织开展了席卷全县的矿业秩序整顿专项行动，共出动700余名县乡村及企业干部，历时25天，封停各类矿口150个，取缔各类小选厂、碾子1900多个。2007年至今，栾川县再次封停无证采矿21处，制止以采代探4起，填埋氮化池170个，拆除各类非法小选厂93家、小碾子321台，封闭废弃矿口46个。初步统计，1988～2012年的24年间，栾川县共进行大规模的矿业秩序整顿达20余次，累计关停各类矿口近2000个，取缔小选厂、小碾子3000多个，从而实现了矿产规模化、集约化生产，使矿产资源得到了充分利用，矿山环境有了明显的改善，企业的经济效益得到了进一步提高，为栾川矿业经济的健康、有序发展撑起一片蓝天。

（四）攻坚克难开展资源整合，使栾川基本形成了钼钨、铅锌、黄金、萤石四大“矿业航母”。2004年，栾川县在矿山秩序整顿工作中，先后对三道庄、南泥湖、上房沟三大钼矿区周边的20多个采坑口进行了整合，首次实现了三大钼矿区的露天开采。2008年以来，栾川县坚持“以整顿促整合、以整合促规范、以规范促发展”的原则，按照《矿产资源法》的相关规定，依法办矿，编制整合方案，全面查处超层越界以采代探、非法转让探矿权、采矿权，破坏矿山生态环境等各类违法行为。栾川县依照“政府主导，企业参与，多方出资，合作共赢”的精神，搭建了一个开展优势资源整合的融资平台，建立了退出机制，提出了倒逼机制，兼顾市场规律和地质规律，采取有偿转让、作价入股、破产重组、到期注销等方式，实行了采矿权会审会签制、火工产品报批等制度。通过整合，栾川县促成了洛钼集团对三强矿业、九扬矿业、大东坡矿业的控股经营，结束了三道庄矿区多年来存在的“上露采，下地采”的历史；完成了鑫川矿业公司周边的24个矿业权，及周边的60余处生产、半生产、废弃的坑口整合，探获铅锌钼资源储量30万吨；完成了25个萤石采矿权整合，使原有采矿储量50万吨增加到现在的130万吨。通过整合，栾川基本形成了以洛钼集团、龙宇公司为首的“钼业航母”，以鑫川公司、金山公司为首的“铅锌航母”，以金兴公司、潭头金矿为首的“黄金航母”，以丰瑞公司为首的“萤石航母”等四大“矿业航母”。资源整合得到了国土部门的充分肯定，鑫川矿业公司还被授予了“全国资源整合先进矿山”的荣誉称号。

（五）大力提高资源节约与综合利用水平，增强企业抗风险能力。一是洛钼集团采用高台阶分区处理大面积采空区技术，回收残矿5637万吨。同时，该公司还引进浮选柱选钼新技术，使选矿回收率提高了2.46个百分点，精矿品位提高了5个百分点，仅此一项该公司每年可增加效益

1亿元。另外，该公司还突破了白钨不易深选的技术难题，使回收率达到了72%，回收能力达到了3万吨/日，年创效益近2亿元。2012年该公司被授予“全国矿产资源节约与综合利用先进企业”荣誉称号。二是豫鹭公司采用了加温脱落精选消泡洗涤工艺技术，使白钨综合回收率比过去提高了16.4个百分点，精矿品位提高了9.58个百分点，综合回收率达到了36.6%，年增加效益900余万元。三是金兴公司通过对60万吨废渣和多金属综合回收，开采率达到了38.7%，选矿回收率和综合回收率分别达到了91%和79.2%，累计增加效益近600万元。

在矿产资源开发利用中，栾川县还不断推进矿山地质环境恢复治理，强化资源征管、深化与科研院所的合作，建立了矿产资源与地质环境产学研基地、野外观测基地等，并对全县277座尾矿库综合利用开展了前期工作，洛钼集团公司和牛心垛矿先后被评为国家绿色矿山试点矿山企业。

二、推进地质勘查，开展资源节约与综合利用，打造可持续发展的新型矿业经济

（一）大力推进地质勘查，为“工矿强县”提供资源保障。栾川县目前有67家钼选企业，选矿规模为14.75万吨/日，而采矿能力不足10万吨/日，缺口4.75万吨/日。单从这一数据，就可看出仅县内的钼选企业就严重存在着找米下锅情况，其他铅、锌、铁、金及萤石的近90家选矿企业也因原材料缺乏而不能满负荷生产。因此，除了对现有选矿规模进行严格控制和优化结构外，亦应在地质勘查上下大力气，下硬功夫，勘查出更多更好的资源来保障选矿企业的正常生产。一是加强地质勘查监管力度，把勘查项目分区、分块监管。二是要求探矿权人在规定时间内完成勘查实施方案的勘查工作。三是引导探矿权人实行引资、入股、合伙等多种经济模式实施探矿。栾川计划在3～5年内勘探出一批优势矿种，以延长矿山的服务年限、选矿企业的寿命，为可持续发展提供资源保障。

（二）全面开展矿产资源节约与综合利用，提高企业的抗风险能力，打造新型的矿业经济。毋庸置疑，矿业经济不仅主导着栾川经济的兴衰

成败，还是栾川经济的“晴雨表”和“风向标”。栾川只有坚持不懈地开展资源节约与综合利用，其企业才能在逆境中站稳脚跟，破浪前行。其一，要引导矿业权人提高法律意识、道德意识、忧患意识，不搞竭泽而渔。要使他们清醒地认识到只有开展综合利用，企业才能拨云见日，在瞬息万变、波起波伏的市场中站稳脚跟。其二，各级政府要做出规划，制定政策，把此项工作纳入各级政府的考核目标。其三，将那些综合利用取得成功的企业先进技术引进到同类的中小企业，培养几个“种子”企业进行推广。其四，要充分利用“栾川矿产资源产学研基地”的人才、技术优势，开展矿产资源综合利用的研究，对县内277座尾矿库进行充分、合理地利用。

（三）进一步搞好资源整合，大刀阔斧优化产业结构。大量的事实证明，资源整合是解决矿山企业重采轻探、圈而不探、采富弃贫、技术落后、浪费资源、采选失调、事故频发、环境污染、效益低下等问题的一项主要措施和手段。因此，应在不断总结前段成功经验，更加科学、合理、稳固的基础上深入广泛地推进资源整合，巩固资源整合的成果。在资源整合的基础上，让那些只有矿山而无加工能力，或者只有加工能力而缺乏原材料的选矿企业，进行“联姻”。总之，要使资源整合和优化后的企业从困境中突围出来，提高企业竞争力。

（四）稳定长治久安的矿业秩序，延长矿产品的产业链条。稳定的矿业秩序对提高栾川的矿业管理水平有着重要的意义。因此，加大矿业执法巡查力度，防止矿业秩序“反弹”，是栾川地矿部门当前乃至今后责无旁贷的一项主要任务，要时刻绷紧矿业秩序长期稳定这根弦。同时，还要依托栾川资源的优势延长矿产品产业链条，增加矿产品的附加值，使企业从粗放型的生产模式中解放出来。

（本文获《资源导刊》2013年度“好文章”论文类三等奖）

第三编

消 息 篇

编者按 去年秋天以来，河南省遭遇罕见的旱情，严重威胁到粮食生产的安全。今年以来，全省上下积极行动，抗旱保苗，确保夏粮丰收。在这场抗旱保苗的战役中，人们发现，土地整理项目发挥了至关重要的作用。近些年有土地整理项目的地方，由于已建成项目区水利排灌设施完善，保证了有效的灌溉面积，不仅有效缓解了旱情，满足了项目区的取水需求，而且项目区内作物生长明显好于周边，显示了巨大的综合效益。

大旱之年凸显土地整理威力
河南四百万亩小麦绿意盎然

□袁可林　琚福林

从2008年10月到2009年2月，河南省大部分地区干旱少雨，创下了自1951年以来的特大旱情。然而，令人欣喜的是，近几年凡是搞过土地整理的项目区，普遍已浇一至两遍小麦返青水，处处麦苗青青，绿意盎然。目睹此情此景，河南省政府一位负责同志充满感慨地说：“应该感谢国土资源部门的同志们，抗旱保苗，你们功不可没！”

河南省是全国重要的产粮区之一，小麦产量占全国的四分之一。为了服务全国粮食安全，提高产粮区的抗旱排涝能力，从2001年开始，国家、省级地方投资建成的成规模的土地整理开发项目929个，已建设规模近400万亩。为了提高抗旱能力，各地在平整土地、提高耕地质量、植树造林、加强生态建设的同时，共修建排灌渠道2160千米，打机井23035眼，修建大型水窖、坑塘和蓄水池450个。同时，与电业部门合作，完善了机井抽水设备及变压器等设施，一旦需要，即可开闸抽水灌溉。

维持良好的抽水设备运行状态，是确保抗旱浇麦的重要前提。在新乡等地采访时，陪同的市国土资源局一位负责同志称，对此，他们主要做了三件事：一是在供水措施上尽可能将引水自流灌溉和机井抽水灌溉结合起来，实行供水措施“双保险”；二是在设备维护上，为防止被人偷盗、破坏，在建立严格养护责任的同时，普遍引进高科技遥控仪器，一旦出现盗情，即可同时报警10人，做到万无一失；三是在电力供应上，与电业部门联动，采用刷卡用电，为农民及时浇地提供了便利条件。

春节前后，河南各地国土资源部门广大职工，认真落实党中央、国务院的有关指示精神，想旱区人民所想、急旱区人民所急，在充分利用原来土地整理项目形成的抗旱能力进行浇地抗旱的同时，又主动派出抗旱工作组和找水打井人员奔赴宜阳、长葛、荥阳等地，帮助当地群众打井抗旱。在原阳县采访时，县国土资源局局长张国新告诉记者：受国家和省投资土地整理良好效益的影响，县里也投资1958.14万元，开展了7个土地整理项目，可新增耕地2万亩。当前，全县人民对开展土地整理充满极大热情。

（本文获《资源导刊》2009年度“好文章”消息类一等奖）

河南省省级地质公园和省级矿山公园添“新丁”

□张永强

新年伊始，河南省省级地质公园和省级矿山公园再添“新丁”，有6处省级地质公园和2处省级矿山公园获得建设资格。

2010年1月5日，河南省国土资源厅办公室印发《关于批准鲁山县尧山等6处省级地质公园和新密密玉等2处省级矿山公园建设资格的通知》，称：经省级地质公园、省级矿山公园评审委员会评审通过，省级地质公园领导小组、省级矿山公园领导小组研究批准，同意授予鲁山县尧山等6处省级地质公园建设资格，授予新密密玉等2处省级矿山公园建设资格。

6处获得省级地质公园建设资格的是：鲁山县尧山省级地质公园、渑池县韶山省级地质公园、唐河县凤山省级地质公园、新县大别山省级地质公园、永城市芒砀山省级地质公园、宜阳县花果山省级地质公园。2处获得省级矿山公园建设资格的是新密密玉省级矿山公园和焦作省级矿山公园。

《通知》要求，获得建设资格的地质公园和矿山公园要以科学发展观为指导，遵循“在保护中开发，在开发中保护”的原则，编制公园发展建设规划，按照省级地质公园和矿山公园建设要求，积极开展建设工作，确保2年内完成各项建设任务、申请验收并揭碑开园。公园所在地市、县国土资源行政主管部门要加强对地质公园、矿山公园的监督管理，加强地质遗迹和矿业遗迹保护，为促进区域资源、环境、经济的可持续发展作出贡献。

（本文获《资源导刊》2010年度“好文章”消息类一等奖）

我省挂牌出让26个探矿权成交1.66亿元

□张永强

12月6日，河南省国土资源厅探矿权挂牌出让现场竞价及成交确认仪式在郑州举行。河南省矿业权交易中心成立后的首次矿业权挂牌交易实现开门红，挂牌出让26个探矿权，成交25个，总成交金额达1.66亿元。

本次河南省矿业权交易中心受省国土资源厅委托，在郑州挂牌出让全省各市报送的26个探矿权，经过公告、挂牌等程序，到12月6日进入现场竞价阶段。当日，吸引了来自河南、北京、山东、广东、陕西等省内外66个竞买人到现场参与竞价。

上午10时整，主持人宣布现场竞价开始。河南省新密市石贯峪村石英岩普查项目第一个亮相，起始价为55万元，有5位竞买人参与竞价，最后被郑州战伟矿业有限公司以588万元竞得探矿权。在竞价现场，竞价人出人意料的报价一次次引起竞买人的惊叹。第22个探矿权项目河南省确山县刘楼矿区铁矿普查项目起始价为90万元，当主持人报出郑州同鑫矿业有限公司报价3110万元时，引起全场一片惊呼和掌声。该公司最后获得了此项目的探矿权，也成为当天所有成交项目的最高价。

当日的现场竞价活动持续到下午两点。本次挂牌出让的26个探矿权，除河南省濮阳市油田二所地热普查项目无人报名外，其余25个项目全部成交。据统计，当天成交的25个探矿权项目总出让底价1644万元，最终成交金额1.6615亿元，是出让底价的10.1倍。这笔资金将上缴省财政，专门用于地质环境保护与治理。

河南省国土资源厅副厅长郭公民在接受记者采访时说，挂牌出让探矿权项目，是我省建立并完善矿业权交易市场的具体体现。充分利用市场机制、公开公平公正地配置矿业资源，有利于铲除腐败的土壤，堵死腐败的根源，促进我省矿业权交易市场健康有序发展。

据介绍，这次探矿权挂牌出让是河南省矿业权交易中心自今年4月成立以来举行的第一次交易会。今后河南省矿业权交易中心还将探索招标、拍卖、网上交易等多种交易形式，不断加大我省矿产资源的市场配置力度。

（本文获《资源导刊》2011年度“好文章”消息类一等奖）

利用直升机航空电磁探矿项目在南阳实施

□张征 宋伟

1月7日，一架直升机悬吊着一个直径十余米的圆环，盘旋在南阳市东部桐柏山区的上空，这里正在进行的是国家高技术研究计划（863计划）中唯一的地质找矿项目最新成果“吊仓式时间域直升机航空电磁勘查系统”的处女航。

“是那山谷的风吹动着我们的红旗，是那山谷的雨洗涮着我们的帐篷……”曾几何时，一代又一代的地质工作者满怀豪情，跋涉在崇山峻岭之中，为国家建设寻找着珍贵的矿藏，但随着地表矿床的不断发现，找矿难度越来越大，利用现代化技术找矿显得越来越重要。这次在南阳市桐柏地区开展的“吊仓式时间域直升机航空电磁勘查系统”是我国经过近10年的考察了解和艰苦的谈判从法国引进的一套具有世界先进水平的仪器设备，她的应用有望对桐柏山区400多平方公里内多个成矿带进行全面系统的勘查了解，并对南阳市其他一些具有找矿前景的地区进行初步勘查，为今后开展系统地质找矿指明方向。

“十二五”期间，国土资源部为实现地质找矿重大突破，实施国家358地质找矿行动，大力推进整装勘查。南阳市作为全省三个整装勘查试点市之一，在构建地质找矿新机制和实现地质找矿重大突破方面做了许多积极探索，成立了南阳金土矿业开发有限公司，组织实施了“桐柏安棚合作勘查”项目等工作。但是，现阶段南阳市矿山企业普遍面临矿产资源枯竭、浅部矿床正逐渐采空等问题。寻找深部高品位、大规模的矿床，对于保障市域经济安全运行，最大限度地延长矿山寿命，促使投资收益最大化具有重大的经济和社会意义。时间域航空电磁勘查系统综合运用电法、磁法、重力等方法，是相应的频率电磁系统探测深度的数倍，以其探测深度大、空间分辨高等优势，在寻找深部隐伏矿床方面有着其他探矿方法无法比拟的优势，特别适合多山复杂地形条件找矿。

（本文获《资源导刊》2012年度“好文章”消息类一等奖）

栾川县金岭公司
从尾矿库中抱出个“金娃娃”

□崔世俊　谷西甫　孙江河

近日，笔者从栾川县金岭矿业公司白土铅银选矿厂欣喜地看到，这个停产多年的厂子又打破了往日的寂静，80多名工人正在这里紧张而有序地工作着。据该公司副经理常金良介绍，自恢复生产以来，他们已从尾矿渣中回收了1300公斤的银精矿。

栾川金岭矿业公司成立于1996年，是一个专业从事铅、银、铜、铁、钼的采选冶深加工和旅游服务为一体的大型综合性企业，拥有采矿证6个、探矿证2个，矿证面积29平方公里。十多年来，该企业依靠资源优势，大力加强矿产资源勘查开发，企业内部管理水平不断提高，采选规模不断壮大，先后获得了洛阳市矿业管理先进企业、栾川县诚信纳税企业、栾川县先进企业等20多项荣誉，吸纳下岗失业人员、农村富余劳动力1200余人，为当地经济发展作出了不可磨灭的贡献。

但是，由于十几年前选矿技术水平有限，选矿设备落后，致使在选矿过程中的银金属没有得到充分回收利用，在每吨尾矿渣中有120克的银金属长期堆放在尾矿坝内。近年来，该公司积极落实国土资源部关于矿产资源节约与综合利用的精神，不断探索从尾矿中回收银金属的新路子，成立了技术攻关领导小组，从科研单位和大专院校聘请了3名专业技术人员，又投入630万元对选矿工艺进行改造，到2012年10月底，该公司从尾矿中回收银金属的技术实现了突破，并一次性试验成功。

据悉，该公司的银金属回收项目可为国家回收近2万公斤的银金属，为企业增加8400万元销售收入。

（本文获《资源导刊》2013年度“好文章”消息类一等奖）

河南“双保行动”喜结硕果

□袁　华

今年以来，针对全省计划开工的329个“扩内需、保增长”项目，河南省国土资源系统主动服务、周密部署，截至6月底，除83个项目正处于项目前期准备阶段外，已完成批准用地手续项目184个，正在向省政府、国务院申办用地手续项目62个。在此推动下，全省已有73个项目开工建设，21个项目建成投产，全面实现了上半年目标。全省重点项目上半年共完成投资774亿元，占年目标的59.5%。同时，全省在连续10年实现耕地占补平衡的基础上，不断加大补充耕地储备力度，今年1～5月，全省储备可用于占补平衡的用地为10.3296万亩，保证了“扩内需、保增长”的建设项目实现占补平衡，从而受到了河南省委、省政府领导的高度评价。

为打赢“双保行动”这一仗，河南省国土资源厅党组从高度的政治责任感出发，在充分调查研究的基础上，研究制定了9项保障措施。为加快用地报件的审批时间，省厅明确规定，省辖市国土资源部门审查转报建设用地的办结期限为5个工作日，省国土资源厅审查、省政府批准和转报建设用地的办结期限为15个工作日，其中“扩内需、保增长”项目及国家和省重点项目缩短至7个工作日，对部分特别重大项目建设用地实行加“急”办理。同时，省厅还专门成立了重点项目协调办公室，加强与厅机关各处室及省直各单位的协调对接，积极主动做好各项工作。

有无用地指标是项目能否落地的关键。为此，该省在加快土地利用总体规划修编工作、统筹安排项目用地的基础上，按照“有限指标保重点、一般项目靠挖潜”的原则，着力保障重点项目用地指标。对重大项目用地服务还按照集中领导、集中力量、集中办理、集中协调、“一站式”服务的原则，开辟重点项目用地报批“快速绿色通道”，坚持提前介入，全程跟踪服务。郑州国际航空港的建设属于省内重点项目，为切实做好该项目用地工作，省国土资源厅多次派工作组与用地单位沟通联系，全程跟踪服务，确保了项目顺利进行。

征地拆迁进度的快与慢是关系项目能否及时开工建设的重要环节。为此，该省明确，对于一些关系重大尤其是属于国家重点建设项目的征地拆迁工作一律由省里统一组织实施。石家庄至武汉铁路客运专线河南段永久性占地2.1万亩，拆迁工作涉及8个省辖市，时间紧，任务重。接此任务后，省国土资源厅立即召开沿线有关市、县负责人的专项工作会议，并派出工作组到现场督察，帮助解决实际问题。目前，该项目的征地拆迁工作进展顺利。

密切关注项目建设进度，重视对“难点”问题的解决是我省开展“双保行动”的又一特色。今年以来，省政府、省“企业服务年”活动办公室和各地经济运行督察组分解交办了3批共47个企业反映的需要国土资源部门解决的问题。目前，除1件不符合国家和省相关政策的问题外，已解决问题35个，正在协调解决的问题11个，受到了用地单位的一致好评。

（本文获《资源导刊》2009年度“好文章”消息类二等奖）

豫东平原又见大煤田

□周　强　李振国

近日，河南省地矿局地质十一队在河南省柘城县胡襄煤普查取得突破性进展：探明煤资源量高达25亿吨以上，成为河南省单个煤炭项目资源量之最。至此，该队在豫东700平方公里的地面下发现煤炭资源35亿吨以上，这就意味着将在豫东平原再现一个“永夏煤田”。

2005年，河南省国土资源厅下达了在豫东地区找煤的项目任务书。新一轮的找矿探索，在永夏煤田之外的豫东如何找到煤，到哪里去找？河南省地矿局第十一地质队组织专家应用新的找矿理论和预测方法，通过对豫东古地理、沉积建造和构造的分析，结合以往地质资料，提出了商丘永夏煤田外围及睢阳区和柘城县交界区域是找煤前景比较好的地区。

依据推断果敢施工，在柘城县胡襄布设了第一钻，终于在1051米处见到了4米厚的煤层，经化验为低硫、低磷、低灰分、高发热量的中高变质贫煤。作为河南省17个重点勘查项目，胡襄煤矿普查面积450平方公里，含煤面积360平方公里，共施工22个钻孔，钻探进尺近25000米。煤普查资源量高达25亿吨以上。

随后，该队又相继在永城市顺和西、永城市马庄马桥北、永城市谷熟镇南等地发现了煤层。其中，河南省永城市顺和西煤普查面积166平方公里，共施工钻孔17个，钻探进尺19934米，探明煤资源量达5.55亿吨，为省国土资源厅重点项目，现已转入详查。

（本文获《资源导刊》2009年度“好文章”消息类二等奖）

河南：地下水超采致11城市地面沉降

□张 毅 于 雷

近日，“河南省主要城市环境地质调查评价”结果显示，因地下水开发利用造成河南省11个主要城市地面沉降，降落漏斗总面积达1247.17平方千米。

“河南省主要城市环境地质调查评价”项目属《全国主要城市环境地质调查评价》计划项目，于近日通过专家评审，该项目由河南省地调院承担实施。历时两年多的大量地质工作，项目组查明了郑州、洛阳、开封等14个城市的地质背景条件、地质资源及主要环境地质问题，并对地质灾害等环境地质问题进行经济损失评估，提出了城市规划地学建议，编制了城市环境地质调查评价图系，建立了环境地质调查数据库。

调查发现，河南省多数城市地下水资源短缺，地下水开发利用引发了一系列地质环境问题，14个城市中11个城市存在降落漏斗，总面积达1247.18平方千米。这11个城市分别是：郑州市、开封市、洛阳市、焦作市、平顶山市、新乡市、许昌市、鹤壁市、濮阳市、三门峡市、济源市。其中开封市地面沉降面积182平方千米，1954～1989年累计最大沉降量242毫米；许昌市地面沉降面积77平方千米，1989～1996年累计最大沉降量245毫米；濮阳市地面沉降面积100平方千米，1997～2001年累计最大沉降量41毫米。

此外，项目组还查明浅层地热能资源主要分布于河南省东部城市，地热资源主要分布于京广铁路以西地区；评价了郑州、洛阳、三门峡、安阳、新乡等城市地下空间开发适宜区，分析其对城市建设所起的作用。该成果为河南省城市环境地质问题与地质灾害防治、城市规划建设以及管理提供了地质依据。

（本文获《资源导刊》2009年度“好文章”消息类二等奖）

汝州、伊川交界建起“伏牛第一哨”

□连宏志　陈亚强　王大庆

7月13日，新落成的轿顶山“伏牛第一哨”上，鲜艳的五星红旗迎风招展，远程探照灯旁，身着迷彩服的哨兵正手握钢枪，目视远方，严密监视着大山深处的一举一动。当天上午，驻汝某部军事禁区安全控制范围警示标志、界碑落成暨“伏牛第一哨”启动仪式在这里举行。这标志着由济南军区某部领导命名的军地联合执勤哨所“伏牛第一哨”正式启用。

“伏牛第一哨”坐落在伏牛山脉的轿顶山山顶，位于汝州市临汝镇小山沟村和伊川县半坡乡交界处，处在担负着国防战备任务的解放军驻汝某部安全控制区内。这一带铝土矿资源丰富，而且品位高，近年来，受经济利益驱使，时常有不法分子擅自在部队安全控制区附近的山坡上，采取开山放炮、机械作业等手段进行非法采矿，直接威胁到部队军事设施安全。汝州市委、市政府和伊川县委、县政府高度重视这一问题，有关领导多次深入此地区协调处理，研究制定解决办法。在此基础上，汝州市地矿局多次联合伊川县执法部门和部队开展集中行动，对这一区域的非法采矿行为进行严厉打击。经过军地双方的不懈努力，这一带的非法采矿问题得到了有效治理。

为从根本上消除这一威胁部队军事设施安全的隐患，形成常态化监管机制，汝州市政府召集市武装部、地矿、安监、公安、临汝镇政府及驻地部队等单位负责同志，就保护部队军事设施安全有关问题进行了会商，明确由部队在军事禁区和安全控制区边界设立界碑和警示标志，并在汝州、伊川交界处的轿顶山制高点建立执勤哨所，由部队官兵值勤放哨，地方执法部门定期不定期到哨所蹲点，与部队联合监管，有效防范治理军事设施安全控制区域内的非法采矿。今年4月，设置在汝州、伊川两地的50余个军事禁区安全控制范围界碑建设完毕，具备多种功能的军地联合值勤哨所“伏牛第一哨”也同期顺利竣工。哨所为两层小楼，总建筑面积214.05平方米，建筑高度8.65米，楼顶有瞭望平台和远程探照灯，内部设施齐全，有房间10余个，设有监测室、会议室、执勤人员宿舍、活动娱乐室、厨房、餐厅，完全能够满足部队官兵和地方执法人员日常值勤和生活需要，可实现对军事控制区域内非法采矿活动的全天候监测。

（本文获《资源导刊》2010年度“好文章”消息类二等奖）

河南省地矿局第二地勘院在新疆发现特大型钼矿

□周　强　王怀智

日前，河南省地矿局第二地质勘查院在新疆哈密东戈壁发现一特大型钼矿，查明钼金属量39万多吨，平均品位0.113%。

据河南省地矿局第二地质勘查院院长孟怀中介绍，该院2006年12月申请获得该处探矿权，至2009年完成了区域预查、普查工作。河南省地矿局把该项目列为2010年度重点勘查项目，要求年底提交勘探报告。目前，该项目共投入勘查资金5000万元，进行了大比例尺地质测量、水工环调查、槽探，钻探进尺22303米，获取各类样品9016件。项目详查报告已通过评审，目前正进行勘探工作。

据了解，东戈壁钼矿区位于东天山造山带中段，雅满苏大断裂北盘。区内共圈定5个矿体，矿石类型以脉状及细脉浸染状为主，分别分布于东西两个矿段。其中，I号矿体平均厚度125.67米，平均品位0.114%。该矿是新疆迄今为止发现的最大斑岩型钼矿，品位高、埋藏浅，矿床开采技术条件简单，可选性能较好，适宜大规模机械化露采。它的发现对在东天山觉罗塔格多金属成矿带上寻找同类型的矿床，以及与其相关系列的铜、铅、锌、金、银等多金属矿床具有重要指导意义。

（本文获《资源导刊》2010年度“好文章”消息类二等奖）

河南省首家国土资源纠纷人民调解委员会在栾川成立

□陈海硕

11月30日上午，栾川县国土资源纠纷人民调解委员会在栾川县国土资源局正式成立。这是河南省国土资源系统第一家与司法部门联手成立的调解组织。

近年来，在化解国土资源矛盾纠纷实践中，栾川县国土资源局发现，现行的行政调解协议在司法领域只能作为参考，达成的调解协议法律效力不足，缺乏强制力。而人民调解委员会达成的人民调解协议具有民事合同的性质和效力，一经依法达成，双方当事人不得随意反悔违约，有利于协议履行。栾川县国土资源局大胆实践，及时调整工作思路，把行政调解“嫁接”到人民调解，依法成立了行业性人民调解委员会，以把纠纷解决在基层，化解在萌芽状态。

该县国土资源纠纷人民调解委员会成立当天，对城关镇耕莘东路居委会曲某和付某一起长达8年之久的房屋边界权属纠纷进行调解。调解委员会邀请司法部门的调解员、律师、法律工作者等一起，对该起已调解多次却一直无法达成协议的信访案件重新分析案情，寻找突破口，最后决定启动联动联调机制，联合县司法局、居委会共同做双方的思想工作。同时，向双方宣传国家有关土地管理的政策和规定，希望双方都能做出适当让步。国土资源纠纷人民调解委员会成员经过不懈努力、多次调解，双方在当天达成协议。一桩历时8年的纠纷得到化解。

（本文获《资源导刊》2010年度“好文章”消息类二等奖）

济源：十年用地两万余亩耕地面积未减一分

□刘晓玲 王文江 张青海

“去冬今春我市开展28个土地综合整理项目，可以新增耕地3600余亩。这不仅为市里的发展置换了建设用地，又确保了耕地不减。”日前，谈到土地综合整理，济源市土地整理中心主任王键如是说。据了解，近十年来，济源市通过实施工业上山、居住改革、平坟拆丘、土地整理等措施，有效缓解了用地矛盾，在全市建设用地增加2.23万亩的同时，耕地面积未减一分。

济源市总面积1931平方公里，山区丘陵面积占88%，耕地面积只有62.5万亩，人均0.8亩。人多地少，建设用地却在急剧增加。黄河小浪底水利枢纽工程上马，库区占地80%在济源境内；交通建设日新月异，先后有4条高速公路和多条干线公路、地方道路开工建设；工业发展迅猛，2010年的工业总产值比2000年增加了7.8倍；城区规模不断扩大，建成区面积2010年比2000年增加近10平方公里。针对用地矛盾愈来愈突出的问题，济源市按照科学发展观的要求，强力实施殡葬改革、用地改革、城乡居住改革、土地综合整理等，实现了集约用地和经济发展的双赢。

该市一是实施“工业出城、项目上山”战略，先后在市区北部、南部山区确定了两个工业集聚区，面积达51平方公里，切实解决了工业发展与城市争地、与农业争地的问题。二是在广大山区掀起了一场“居住革命”，对居住分散、生活生产条件极差的村民实行迁户并村，腾出了大量的土地。同时，鼓励农村建设公寓楼，代替独门独户的农家小院，每户减少占地190平方米。三是实施殡葬改革，2000年以来全市先后平坟10万余座，推碑5万余个，拆丘6000余座，整理耕地面积1400余亩。四是加大土地综合整理力度。济源市制订了土地开发整理复耕规划，坚持对土地后备资源进行科学可持续发展利用。2003年至今，济源市土地开发整理项目达110个，总面积达5.21万亩，新增耕地面积1.75万亩。与此同时，“空心村”、砖瓦窑场废弃地整理工作全面推进，新增耕地面积1.5万余亩，在置换建设用地2.029万亩后，实现耕地占补平衡有盈余。

（本文获《资源导刊》2011年度“好文章”消息类二等奖）

陕县国土协管队伍经费有了保障

协管员津贴补助、培训经费、奖励经费、管理经费全部纳入县财政预算

□魏　姗

自今年3月起，在陕县菜园国土资源所每周一的例会上，都会有几名当地村民和国土所工作人员一起讨论、研究工作。自陕县县政府聘任村级资源环保村容协管员以来，这种现象在基层国土所便屡见不鲜。

和以前国土协管员不一样的是，这些协管员由县财政统一发工资，专职负责本村耕地保护、土地和矿产资源管理、地质灾害防治、村庄规划、环保等工作，对全村违法用地情况进行监督、举报。目前，陕县国土资源局已先后与13个乡镇的200余名村级资源环保村容协管员签订了目标责任书。

今年以来，陕县政府为增强农业农村发展活力，在全县13个乡镇258个行政村开展了建立农村"六大员"（村级农民技术员、村级社会治安综合治理协管员、村级计划生育管理员、村级资源环保村容协管员、村级医疗卫生员、村级文化协管员）制度试点工作。

行船趁顺风，打铁趁火红。在县政府的政策和资金的大力支持下，陕县国土资源局趁势对现有的村级国土资源协管队伍进行改造和升级，会同相关部门研究制定了村级资源环保村容协管员的聘任条件、程序、期限，按照个人自愿和从常驻村民中选聘产生的原则，对入选的村民进行了公开招考。该县对村级资源环保村容协管员坚持"县聘、乡管、村用"的原则，协管员聘任期为3年，由乡镇党委、政府、国土部门和村两委统一管理，在聘用合同中约定权利、义务、聘任期限、管理目标与考核、违约等条款。县国土资源局在深入调查研究的基础上，从五大类40多个方面明确了村级资源环保村容协管员的岗位职责，并结合各村镇的不同情况，制定了个人具体的工作目标。

该县明确，对村级资源环保村容协管员实行津贴补助制度，补贴数额按照村两委成员工作补贴数额的50%按季度发放，对工作出色的发放特殊奖励，并将协管员的津贴补助、培训经费、奖励经费、管理经费列入县财政预算。该局坚持开展经常性的业务学习交流活动，明确对协管员每年业务培训时间不少于一周，定期进行考评考核。对年度考评不称职或不能胜任本岗位职责的，该县及时予以解聘，对连续3年被评为优秀协管员的，列入村级后备干部加以培养。

这些激励政策自实施以后，极大地调动了协管员们的积极性。譬如菜园国土资源所，3月份以来，通过以会代训的方式，逐步提高9名村级资源环保村容协管员的管理能力和业务水平，在平时工作中，赋予协管员查阅宅基地档案、协助办案的职能，9名协管员很快进入了角色，几个月来，先后协助化解各类土地纠纷13起，提供违法用地、乱挖滥采线索20余条。同时，其他12个乡镇的协管员也都陆续进入了角色，对基层国土资源管理起到了积极的推进作用。

（本文获《资源导刊》2011年度“好文章”消息类二等奖）

想当村干部 先过国土关

汝南县3名村干部候选人因违法用地被刷下

□李新喜

近日，汝南县三门闸国土资源所在对三门闸街道办事处提名的村干部候选资格审查中，发现候选人存在违法用地行为，当即在国土资源部门资格审查栏中签注土地违法情况，并上报街道选举指导组审核。由此，六里庄村的1名村党支部委员候选人在土地部门资格审查中被否决。截至目前，三门闸街道20个村118名村“两委”换届候选人中，已有3人因存在土地违法行为，在国土资源部门的资格审查中被刷掉。

在这次第七届村“两委”换届选举中，三门闸街道除原有的纪检、计生、综治、民政等部门对村“两委”候选人资格进行审查外，特增设“土地部门资格审查”一栏，由辖区国土资源所对参加村“两委”换届选举的候选人资格进行审查，凡提名推荐的新一届村“两委”候选人一律经国土资源所审核把关。凡现任村干部管地不力、没有切实履行土地管理共同责任的，或新提名候选人自身存在违法用地行为的，一律取消新一届村“两委”候选人资格。此举有效地防止违法用地者混入村“两委”，保证了村组织的战斗力。

三门闸国土资源所在审查村“两委”候选人资格时，通过查阅日常土地违法巡查登记表、历年土地违法档案，实地核实群众举报反映的情况和违法用地事实，严格把关，对上一届村“两委”成员提名为候选人的，重点审查近3年是否存在违法用地行为；对新提名的候选人，主要调查2009年以来是否存在违法用地行为。

（本文获《资源导刊》2011年度“好文章”消息类二等奖）

禹州市节前为657名国土资源协管员送“双礼”

□张延伟

春节前夕，禹州市657名国土资源协管员每人收到了两份新年礼物：一份是由禹州市国土资源局寄送的新春贺卡；一份是禹州市财政拨付、市国土资源局代发的1200元工作补贴。

2011年，禹州市657名村级国土资源协管员积极履行职责，配合国土资源部门做好国土资源政策和相关法律法规知识的宣传工作、所辖村组土地矿产资源的日常巡查监管和涉土涉矿矛盾纠纷调处工作，及时收集和反映干部群众对国土资源管理工作的意见和建议等，在全市国土资源管理工作中发挥了重要的作用。为进一步调动广大国土资源协管员的工作积极性，春节前夕，禹州市国土资源局在向每位协管员邮寄贺卡、送上一份温馨新春祝福的同时，协调市财政为他们一次性发放了全年的工作补贴。

（本文获《资源导刊》2012年度“好文章”消息类二等奖）

河南省地调院
在豫西发现大型铝土矿

□张　毅

近日，河南省地质调查院在豫西陕县—新安—济源一带发现大型铝土矿矿产地一处，估算铝土矿资源量达5000万吨。

“豫西陕县—新安—济源铝土矿远景调查”项目是中国地质调查局2008年新开的矿产资源调查评价增量项目，项目总经费620万元，由河南省地质调查院承担。经过两年多的努力，该院的地质技术人员对初步优选出的渑池礼庄寨、汝州上庄、荥阳崔庙隐伏铝土矿勘查区，通过1∶10000地质草测及遥感影像解译，大致了解勘查区地层、构造以及含矿岩系的分布范围、产状和变化特征，通过可控源音频大地电磁测深，研究古侵蚀面的埋深和形态以及新生界覆盖层和含铝岩系的厚度，预测深部铝土矿体。在综合研究的基础上，进行钻探工程控制，探求资源量，并提交新发现矿产地。该项目提交了大型铝土矿矿产地一处，铝土矿资源量（333）+（334_1）5000万吨，并圈定找矿靶区49处，为河南省的铝土矿整装勘查的工作部署提供了依据。

（本文获《资源导刊》2012年度“好文章”消息类二等奖）

1580米——河南省小口径钻探创新纪录

□周 强

记者日前从河南省地矿局获悉，该局地调一队承担的“河南省小秦岭金矿田南中矿带金矿普查”项目ZK3902钻孔，创下河南省金属矿产勘查1580米孔深新纪录，标志着河南省使用国产机具开展小口径岩芯钻探施工技术跃上新水平。

据了解，“河南省小秦岭金矿田南中矿带金矿普查”项目设计钻孔9个，总工作量15000米。ZK3902钻孔位于39勘探线，设计孔深1800米，孔口标高1515.4米，孔口径91～56毫米。该孔岩芯采取率93.1%，矿心采取率95.4%。

随着地质工作程度的逐步提高，地质找矿的主要方向逐步转移到深部隐伏矿床，其找矿方法也逐步向综合性、多样性、多方位转变。钻探是目前验证深部地下信息推断与解释的唯一手段，也是最终圈定矿体、估算资源储量的主要技术手段。这项纪录的诞生，为河南省小秦岭金矿田深部整装勘查钻探后续施工提供了宝贵经验和重要技术支撑。

（本文获《资源导刊》2012年度“好文章”消息类二等奖）

栾川县
给120名地质灾害监测员"充电"

□崔世俊 谷西甫

7月中旬，栾川县地质矿产局给辖区内116处地质灾害隐患点的120余名监测员进行"充电"，取得了良好效果。

栾川县地处豫西南秦岭分支伏牛山北翼，熊耳山南麓，境内地势险峻，地形地貌复杂，具有发生各种地质灾害的地质环境条件。近两年来，栾川县地质矿产局全面贯彻落实科学发展观，将"以人为本"的理念贯穿于地质灾害防治的各个环节，建立了一整套地质灾害调查评价体系、监测预警体系、防治体系及应急体系，形成了科学而又切合实际的地质灾害群测群防网络，被国家授予地质灾害群测群防"十有县"。进入汛期以来，栾川县地矿局为了全面做好地质灾害防治工作，对全县116处地质灾害隐患点的120名监测员进行了为期1天的地质灾害防治培训。培训的主要科目有防治地质灾害的三项原则、防治地质灾害的五项制度及五项措施，怎样预防滑坡、崩塌、泥石流、地面塌陷，以及监测员如何做好值班、处理应急地质灾害等。

通过培训，120名地质灾害监测员不仅熟练掌握了地质灾害防治知识，而且也进一步提高了地质灾害防范意识。

（本文获《资源导刊》2012年度"好文章"消息类二等奖）

河南省煤田地质局十年完成煤层气井近4000口

□王伟灿

5月10日，从河南省煤田地质局了解到，该局近十年先后完成各类煤层气井近4000口，成井数量连年保持全国煤层气钻井总数1/3的地位。

煤层气俗称瓦斯，主要成分是甲烷，是煤矿瓦斯爆炸事故的根源，同时它又是煤的伴生矿产资源，非常规天然气，是近一二十年在国际上崛起的洁净、优质能源和化工原料。煤层气的开采与利用，对保障煤矿生产安全和新兴能源产业的发展、生态环境保护等有着重要意义。据国外研究机构统计，世界产煤国1000～1800米深度内的煤层气资源80%以上在美国、加拿大、俄罗斯、中国。我国煤层气资源总量为30万亿～35万亿立方米，主要集中在沁水盆地、鄂尔多斯盆地。目前，我国已制定“十二五”发展规划，煤层气的开发利用已经被提到国家发展、能源安全的战略高度。

近十年来，河南省煤田地质局先后与国内外知名能源公司牵手合作进行煤层气开发，共完成了各类煤层气井近4000口。其中，该局豫中地质勘察工程公司完成的涉及煤层气参数井、定向井、掏穴井、U形对接井、裸眼井等井型就达2200口，完成的煤层气U形对接井、裸眼井钻井技术不但达到国内先进水平，而且也大大提高了煤层产气量。截至2009年底，全省深度为2000米以浅的煤层气资源量为10501.48亿立方米，目前，河南省已在焦作、鹤壁、平顶山、义马等地打出大约80口煤层气井。

（本文获《资源导刊》2013年度“好文章”消息类二等奖）

河南公开出让2500亩补充耕地指标

□袁 华

近日，河南省矿业权交易中心首次在网上公开即将出让的补充耕地指标。此次出让的补充耕地指标共4宗2500亩，分别位于陕县、泌阳县、确山县、正阳县。

河南省国土资源厅明确，受让方须满足以下条件：宜耕后备资源严重匮乏、非农重点建设项目多的地区，且补充耕地指标使用方向为国家、省重点项目或民生工程的县（市、区）人民政府或单独选址项目用地单位。7月25日～8月7日为挂牌出让时间，挂牌出让价最低为每亩4.5万元。

据介绍，河南各省辖市之间可供补充的耕地后备资源并不平衡，如郑州、商丘、周口、漯河等地，因为耕地大多为基本农田，后备补充耕地资源欠缺，而南阳、信阳、驻马店等省辖市后备耕地资源相对宽裕。后备补充耕地资源较少的地区如果有建设项目，需向后备资源丰富地区购买指标。为提升出让耕地指标价值，减少对补充耕地指标的行政干预，河南省国土资源厅为各地补充耕地指标交易提供了一个公共平台，今后所有补充耕地指标交易均须通过这一平台完成。

（本文获《资源导刊》2013年度“好文章”消息类二等奖）

河南发现一大型铝土矿

□袁　华

日前，笔者从有关部门获悉，河南省新发现一处资源量达1.94亿吨的铝土矿。

据介绍，该项目是河南有色六队承担的渑池县曹窑以西煤下铝整装勘查项目，横跨三门峡市陕县和渑池县，总面积约51平方公里。项目于2011年6月13日启动，目前普查工作已进入扫尾阶段，已于10月底完成野外钻探工作。目前，曹窑以西煤下铝普查区内已确定铝土矿资源量1.94亿吨，其中，新增资源量铝土矿1.61亿吨、黏土矿3388万吨、铁矾土4684万吨、溶剂灰岩3447万吨、菱铁矿2220万吨、赤铁矿524万吨。

（本文获《资源导刊》2013年度“好文章”消息类二等奖）

汝阳县被命名为“中国恐龙之乡”

□陈 海

2008年12月29日，因出土恐龙化石而蜚声中外的汝阳县，被中国地质调查局地层与古生物中心正式命名为“中国恐龙之乡”。同日，被中国地质科学院地质研究所命名为“科学研究与科学普及教育基地”。

2006年以来，在中国地质科学院地质研究所、河南省地质博物馆等单位和汝阳县委、县政府的共同努力下，在汝阳县刘店、三屯乡的30余平方公里区域内，共发现恐龙化石点96处。经国内外专家判定，有大型蜥脚类、结节龙类、肉食龙类等6种以上的恐龙，首批正式命名了“汝阳黄河巨龙”、“洛阳中原龙”两个新属种恐龙，还有一批新属种恐龙正在研究之中。特别是“汝阳黄河巨龙”，复原后的体长达18米、高6米，宽3米，属亚洲最大。“洛阳中原龙”是中国迄今为止唯一发现的尾椎末端无尾锤的结节龙类甲龙。近期发掘的巨型汝阳龙，可望成为世界最大或次大的新属种恐龙。

为了保护地质遗迹，让更多的人了解自然，珍惜古生物遗迹资源，汝阳县政府于2008年11月25日向中国地质调查局地层与古生物中心提出授予汝阳县为“中国恐龙之乡”的申请。中国地质调查局地层与古生物中心、中国地质科学院地质研究所接到申请后，邀请有关专家对汝阳县进行了实地考察和研究，最终同意授予汝阳县为“中国恐龙之乡”和“科学研究与科学普及教育基地”。

（本文获《资源导刊》2009年度“好文章”消息类三等奖）

河南地勘一院
完成南阳核电厂选址地质调查

□高建伟

日前，河南省地矿局第一地质勘查院提交了河南首座核电站——南阳核电厂选址的地质工作报告。报告显示，南阳地壳稳定，宜建核电站。

2007年，河南地勘一院经过近一年时间完成了河南南阳核电厂可行性研究阶段近区域和厂址附近范围地质调查以及地质灾害危险性评估等工作，对南阳高庄厂址近区域和厂址附近范围的地质、构造、水文地质、地形地貌等进行了详细调查，并对近区域和厂址附近范围的地质灾害进行了预评估，在核电厂址附近范围未发现地质灾害及不良工程地质现象。报告显示，核电厂近区域范围地理条件、地质条件较好，厂址附近范围未发现活动性断层，区域地壳相对稳定；高庄厂址在水文、地质、运输等方面同比条件较优，适宜建设核电厂。

（本文获《资源导刊》2009年度“好文章”消息类三等奖）

河南省煤田地质局重奖功臣

□郝拴元

日前，在河南省煤田地质局召开的2009年工作会上，对成绩突出、贡献较大的地质二队队长、党委副书记何新安和局副总工程师、地质处处长石彪予以通令嘉奖，并各颁发奖金3万元。

何新安同志自2004年6月担任队长以来，团结带领地质二队干部职工开拓进取，锐意创新，各项工作都取得了比较优异的成绩。五年来，地质二队生产总值增长335%，货币工作总量增长253%，对外创收增长200%，利润总额增长703%，在岗职工收入增长148%，从而使地质二队一跃跨入亿元队行列，成为河南局先进单位。同时，他还积极抓煤田文化建设，使职工的精神面貌和基地面貌都发生了根本性的变化，取得了有目共睹的成绩。近年来，二队先后获得“省级文明单位”、“全国模范职工之家”、“省级卫生先进单位”、“省级绿色社区”等荣誉称号。

石彪同志作为地质处处长，在负责两权项目的承揽、管理和与有关部门协调工作中，成绩突出。目前，该局已经落实两权项目57个，累计争取资金27835万元，特别是2008年首次突破了亿元大关。在这其中，石彪同志做了大量工作。他积极督促煤田地质局下属地勘单位准备新项目，在项目申报和项目立项评审过程中，多次与上级职能部门及有关专家沟通联系，说明情况。不但保证了该局勘查前景较好项目的立项和续作，而且使一批不被专家看好，甚至已经被否决的项目起死回生，仅此类项目的资金累计就达近2000万元。

（本文获《资源导刊》2009年度“好文章”消息类三等奖）

济源："工业出城、项目上山"破解建设用地"瓶颈"

□刘晓玲

如果不是亲眼看见孔山脚下拔地而起的一栋栋规划有序的厂房，如果不是亲眼目睹在流水线上忙碌的工人，你绝对不会想到，昔日荆棘丛生的荒山荒坡地，如今变成了绵延6平方公里的现代化工业区。

被济源人称为新型工业走廊的孔山、"五三一"工业集聚区，如今已有沁北电厂、联创化工、铅锌冶炼、中原特钢等十余家企业入驻。这些企业废水、废气、废渣相互利用，形成循环链条，不仅破解了该市工业项目用地"瓶颈"，而且实现了经济发展与环境保护的双赢。

近年来，为了坚守耕地红线，节约集约用地，构建保障和促进科学发展的新机制，济源市委、市政府早觉悟，济源市国土资源管理部门早行动，主动适应新的发展形势，在厉行资源保护、基本保障经济社会建设的资源需求方面赢得了主动。

济源市山区丘陵面积占全市总面积的88%，人均耕地仅0.8亩，已接近联合国规定的粮食安全警戒线。特别是随着济源市经济社会的快速发展，国家、河南省投资的重点项目纷纷落户济源，济洛、济焦、济晋、济邵四条高速公路，以及西霞院水库、华能沁北电厂、豫光10万吨电解锌等近30个国家、河南省重点项目相继开工建设，靠土地供给指标远远不能满足招商引资和项目建设的需要，土地供需矛盾十分突出。与此同时，济源市市区的空气污染也十分严重。据统计，2003年以前，济源市城区的粗铅冶炼企业已发展到92家，市直各单位的燃煤锅炉发展到了140台。由于这些企业和锅炉大量排放二氧化硫和粉尘，济源市区的空气质量曾被河南省环保质量监测站确定为"重度污染"。

为解决耕地保护与经济发展的矛盾，改善济源市区的环境，2003年初，济源市组织发展改革、国土、建设、环保等有关部门对全市土地资源进行摸底调查后，认为市域北部太行山脚下的两三万亩荒山荒坡，如果加以整理，完全可以用做建设用地。为此，济源市委、市政府提出了“工业出城、项目上山”的工业发展思路，按照科学规划、合理定位、立足发展、节约用地、保护环境的原则，在济源市北部、南部山区确定了孔山和“五三一”两个工业集聚区，面积73平方公里。

围绕“工业出城、项目上山”的发展战略，济源市委、市政府从北京等地请来资深规划专家，帮助制定包括土地利用在内的全市长远经济发展规划，并成立了由相关部门主要负责人组成的项目服务领导小组，对每一个项目，从签订合同开始直至项目竣工投产，全程跟踪，提供服务。

从2003年至今，济源市已先后拿出了3.6亿元资金用于“工业出城、项目上山”的基础设施建设，并以最快的速度安排有关部门将新厂址的水供上、电架通、路修好，做到“三通一平”。目前，济源市已有华能沁北电厂、豫光10万吨电解锌、联创化工等十多家大型企业依次排列在孔山上，形成了一条长二三十里的新型工业走廊，十分壮观。据济源市国土资源局局长杨学忠介绍，从2008年至今，孔山工业集聚区已经省政府批复征收土地2270亩，现已新申报工业项目4个，批回项目2个，用地面积1247亩，其余2个工业项目前期准备工作已结束，正等待省政府审批。还有30多家企业已签订了意向合同，拟在孔山建厂。

在此基础上，济源市采取措施，对污染严重又不主动出城的企业坚决予以关闭，将水泥、化工、冶金等污染严重的企业全部搬迁到了孔山工业集聚区，实现了城中区环境污染的零排放。

在“工业出城、项目上山”的实施过程中，济源市并非是企业看中哪一块地就给哪一块地，而是对每一块用地，都要严把“三关”，即：规划关、用地预审关、环保关。

规划关：对愿意上山发展的项目，要看该项目用地是否符合土地利用总体规划、工业发展规划、城乡一体化规划、环保规划等，只有符合这些规划，才能作为项目进行论证。

用地预审关：由市发展改革委牵头，国土、建委等部门参加，对项目投资强度、用地面积、容积率等进行预审，凡超过用地定额标准的项目一律核减用地规模。如恒通化工公司新上10万吨PVC树脂项目，开始选址计划用地1200余亩，投资3.8亿元，经测算，此类用地每亩投资额不能低于60万元，即最多可用地630余亩。为此，市国土资源局及时与企业沟通，调整工业流程布局，最后上报用地面积513亩，节约用地687亩。

环保关：对所有的用地项目，该市坚持“四不批三严查”，即凡不符合产业政策的不批，布局不合理的不批，对环境产生不利影响的不批，增加排污总量和严重影响生态环境的不批；严查未批先建行为，严查未落实环保“三同时”制度的企业，严查拖延试运行时间不验收的企业。5年来，济源市共将293个工艺落后、污染严重、布局不合理的项目拒之门外，从源头上控制了新污染源的产生。

济源实施“工业出城、项目上山”工业发展模式，经过5年多的发展，目前已取得了显著成效，并走出一条符合市情、有利于节约耕地、有利于保护环境、有利于工业发展的新路子。由于宣传、引导到位，济源市没有因土地问题制约经济发展，也没有一家招商企业落不了地。

节约集约用地。据不完全统计，近年来，济源市工业项目建设共节约耕地1.2万余亩。其中，入驻孔山工业集聚区的10多个企业，共占土地7977.5亩，但荒山未利用地就占了6517.34亩，其他为存量闲置土地及山坡地，至少节约用地近7000亩。

环境质量好转。随着一批企业被迁出城区和28个污染企业被关闭，济源城区的空气质量逐年出现喜人变化。资料表明，2003年该市空气质量被定为重度污染，2004年空气质量被定为中度污染，2005年空气质量被定为轻微污染，2006、2007、2008年连续三年全市好天气超过300天以上，达到了良好状态。

工业发展迅速。在“工业出城、项目上山”战略的推动下，济源市生产总值已从2002年的78.68亿元猛增到2008年的288.3亿元，平均年增长16.2%；财政收入从2002年的8.09亿元增加到2007年的36.61亿元，平均年增长39.1%；全市规模以上工业销售收入、生产总值、社会消费品零售总额等指标增幅连年居河南省第一位。

（本文获《资源导刊》2009年度“好文章”消息类三等奖）

汝阳局执法监察工作推行“一线工作法”

□陈 海

汝阳县国土资源局执法监察工作自推行“一线工作法”以来，该县矿业秩序得到明显好转，多次受到县委、县政府和市国土资源局领导的好评，2009年被洛阳市国土资源局授予整顿和规范矿产资源开发秩序工作先进单位。

“一线工作法”就是机关瘦身后，将力量向矿管一线扩展，从人力和物力上给予大力支持。2009年年初，为确保连年来矿业秩序治理整顿成果，汝阳县国土资源局根据县情，分别在王坪、付店、靳村三个重点矿区设立矿管站，将矿产资源执法监察工作重心前移，将力量向三个矿管站倾斜，着力解决三个矿管站力量薄弱、日常巡查不到位、错过最佳执法时机等问题。同时，给三个矿管站配置了专门的交通工具、照相机等执法设备。按照机关瘦身、基层强体、人员优化的原则，汝阳县国土资源局把职能相近、职能交叉的科室进行整合，根据职能重新定编，把整编后的富余人员充实到三个矿管站。

该县推行“一线工作法”后，如同抓住了破解矿业秩序治理整顿难题的牛鼻子，矿产资源管理难题迎刃而解。一年来共查封、取缔非法盗采矿点12处，炸毁非法盗采硐口7处，依法拆除扣押矿山机器设备8台，拘留8人，全年共立案查处违法矿业案件30起，结案30起，从而有效打击了违法开采“回潮”势头。

（本文获《资源导刊》2010年度“好文章”消息类三等奖）

河南省铁矿石储量超过37亿吨

□张 毅

3月5日，记者从河南省地质调查院获悉，按照国土资源部统一部署，河南省矿产资源潜力评价已获得阶段性成果：河南省铁、铝矿产资源潜力评价成果报告日前顺利通过国家审查验收，查明全省铁矿石储量超过37亿吨，铝土矿资源量超过56亿吨。

按照全国矿产资源潜力评价的统一部署，河南省矿产资源潜力评价项目于2006年启动，由河南省国土资源厅统一组织，河南省地质调查院等单位承担，计划到2010年全部完成煤炭、铁、铜、铝、铅、锌、金、磷、钨、锑和稀土等11个矿种的资源潜力评价工作，到2011年，完成锰、镍、银等共39个(类)矿种的评价。

（本文获《资源导刊》2010年度“好文章”消息类三等奖）

全国第一家“土地法庭”在新乡成立

□崔会然

6月24日，河南省首个专职审理土地纠纷案件的“土地审判庭”在新乡市中级人民法院挂牌成立。据介绍，成立这样的“土地法庭”在全国尚属第一家。

针对土地违法案件和土地纠纷不断上升，土地违法案件疑案多、积案多、处理难、执行难以及处理周期长等问题，为及时有效化解公民之间、公民与政府之间因土地使用、土地执法引发的纠纷，新乡市国土资源局积极协调新乡市中级人民法院整合审判资源，并经市编委批准，成立了专业“土地审判庭”，其主要职责是：审理因统筹城乡发展、城市化建设、房屋拆迁、土地征用等引发的各种土地产权纠纷案件。新乡市编委专门给新乡市中院增设机构编制，并增加人员编制10人。

有关人士认为，随着“土地法庭”的成立将为解决土地纠纷案件开辟“绿色通道”，对有效化解土地纠纷，规范用地秩序，保护国家、集体和个人土地利益，构建和谐土地法律关系，推进城乡一体化建设将起到积极作用。

（本文获《资源导刊》2010年度“好文章”消息类三等奖）

《资源导刊》进了“农家书屋”

□李会明　祝玉明

去年，修武县郇封镇后雁门村、大纸坊、万箱铺等6个行政村在全镇率先建起了“农家书屋”，配备的图书涉及政治、经济、科技、法律、卫生等，使农民群众享受到了丰富的文化“大餐”。

为了让农民群众在读书中更好地了解和掌握国土资源法规知识，修武县郇封国土资源所主动联系，将《资源导刊》等国土资源方面的报刊和其他书籍共计一百余册，免费赠送给“农家书屋”，为农民群众进一步了解和学习与农村基层息息相关的国土资源法规知识提供了便利，此举得到了农村干部群众的一致好评。

（本文获《资源导刊》2010年度“好文章”消息类三等奖）

连霍高速（民权段）改扩建取土不占一分田

□杨　恒　冯春海

民权县国土资源局精心安排，既保证了连霍高速公路改扩建项目(民权段)用土，又不破坏一分农田。

连霍高速公路改扩建项目属国家重点项目，该项目贯穿民权县境内6个乡镇，长37.51公里。民权县国土资源局协同连霍高速公路改扩建项目工程建设指挥部的有关人员，按照土地利用总体规划，通过多次图上对照，实地对比，精密计算，为项目拟选了30余处共计3000多亩的取土用地，未破坏一分基本农田。

（本文获《资源导刊》2010年度“好文章”消息类三等奖）

孟州市连续六年土地违法案件“零诉讼”

□杨丽霞

从2005年至今，孟州市国土资源局共查处土地违法案件119起，结案率100%，未发生一起行政复议和行政诉讼案件，连续六年实现了土地违法案件“零诉讼”。

聘请领导专家授课。六年来，孟州市国土资源局邀请省厅、市局、市政府法制办等单位的56位专家教授，举办《土地管理法》、《矿产资源法》、《行政复议法》、《行政诉讼法》等相关法律法规学习培训班72期，要求在查处土地违法案件中做到事实清楚、证据确凿、定性准确，适用法律法规正确，符合法定程序和法定职责权限。学习结束后组织闭卷测试，所有试卷全部装订入档，作为局内年终评先、提拔重用的一项考核依据，确保学习收到实效。

组织业务技能大练兵。几年来，该局投资15万元，购置25台微机，建立计算机培训中心，开展计算机汉字输入、依法行政和法律法规知识测试大练兵活动。对相关政策法规的内涵，特别是近期出台的新政策、新精神，要求执法人员做到理解深刻、把握准确。

严格实行案件集体会审制度。每周五下午，该局组织执法、监察、规划、用地、地籍、耕保等科室主要负责人对本周立案的案件进行集体会审，反复对案件进行研究，确保每个案件程序合法、定性准确、证据确凿、适用法律法规正确。

构建“人性化”、“服务型”执法体系。该局将国土资源执法监察重心前移，由被动查处案件向重预防、重教育、重服务转移，积极构建“市、乡（镇）、村”三级国土资源“人性化”、“服务型”执法网络。对巡查发现的违法案件，严格做到当天汇报，第二天立案调查。该局明确提出，各基层国土资源所在“人性化”、“服务型”执法中必须做到“三早”，即违法苗头发现早、违法案件发现早、对当事人说服教育要早，以降低违法成本，把违法案件及时消灭在萌芽状态。

（本文获《资源导刊》2011年度“好文章”消息类三等奖）

滑县局“双保”工作
登上央视《新闻联播》头条

□王德彬　张自磊

2月26日晚7点，在中央电视台播出的《新闻联播》头条新闻中，以《河南集约利用资源农业工业双增长》为标题，对滑县国土资源局积极转变工作作风，实施“双保”行动，不仅保证耕地不减、粮食持续增长，又保证地方经济发展、百姓增收工作进行了报道，并对该局党组书记、副局长张东迎进行了采访。近年来，该局以保障科学发展、保护耕地红线为主线，一手抓耕地保护，一手抓集约开发，实现了保护耕地、科学发展的有机统一。

为确保国家粮食安全，该局立足部门职责，严格执行土地用途管制、农用地转用审批和占一补一等政策规定，落实最严格的耕地保护制度，同时以建设粮食核心区为抓手，先后投入资金1.96亿元，实施各类土地开发、整理项目近20项，建成田成方、林成网、路相通、渠相连的高标准粮田12074.39公顷，新增耕地3724.96公顷。全县耕地总面积连续12年保持在13.3189万公顷以上，为滑县夺得全国粮食生产先进县标兵“七连冠”起到了重要的基础作用。

为保证地方经济发展，百姓增收致富，该局通过节约集约利用资源，在沙荒地上建起了省级产业集聚区，最大限度地节约了土地。同时，多方筹措资金，投资1.5亿元建设了15万平方米标准化厂房，直接节约土地420余亩，真正形成产业集聚、资源节约。截至目前，滑县产业集聚区共引进安置各类招商引资项目148个，项目计划总投资77.1亿元，实际到位固定资产33.03亿元，其中建成投产项目94个。项目全部建成投产后，年产值可达107.6亿元，年可创利税14.52亿元，可安排3.15万人就业，真正实现了全县农业、工业的双增长。

（本文获《资源导刊》2011年度“好文章”消息类三等奖）

河南省首次编印红色旅游地图

□秦福军　王红闯

为庆祝建党90周年，重温革命先辈的光辉历程和丰功伟绩，河南省测绘局安排河南省地图院特别编制的《河南省红色旅游地图》，于6月17日在省地图院举行了开印仪式。首期印制40000份，作为庆祝建党90周年活动的宣传材料，由省测绘局赠阅，服务于领导机关和社会大众。

该系列地图由四幅双面四开彩色地图组成，分为“河南省红色旅游”、“省辖市红色旅游”、“省辖市城区红色旅游”。用地图形式反映红色主题，全面展示河南省的革命战争历史、围绕在省内发生的革命历史题材编制红色旅游地图，在河南省尚属首次。通过独特的地图语言全面系统地反映了河南省内的红色旅游景点，其中重点推出2个红色旅游区、5条精品红色旅游线路、26个红色旅游经典景区（点），路线设计方便旅游者查询出行。

该系列地图设计新颖，立意鲜明，内容丰富，色彩以厚重的深红色为基调，庄重、大气，图文并茂，每个红色景区图幅旁边都有文字简介，简明扼要地叙述了每个区域内曾发生过的历史事件、有影响的历史人物以及所留下的宝贵的历史遗迹、遗址，包括大型战役旧址、将军故里、作战指挥部旧址、英雄纪念馆、纪念地等；同时为了满足旅游者需求，也介绍一些知名度较高的普通景点及当地风土人情、土特产品。

此系列地图的编制不但是向建党90周年献的一份厚礼，同时也展示了测绘工作在各种重大纪念活动中发挥的重要作用，更是一部再现党的红色史迹、让后人了解革命历史，进行爱国主义传统教育的新教材。

（本文获《资源导刊》2011年度“好文章”消息类三等奖）

宁陵县连续六年重奖优秀土地协管员

□贾孝印

7月5日，宁陵县委、县政府召开专门会议，隆重表彰表现突出的优秀土地协管员。这是该县县委、县政府连续第六年重奖土地协管员。

宁陵县是全省第一个建立土地协管员制度的县。自建立土地协管员制度以来，该县不断探索改进协管员管理制度，创新协管员工作思路，从法律宣传、纠纷调解、信息反馈、查处制止等10个方面加强对协管员的管理，逐步形成了一整套较成熟的土地协管员管理体系，连年受到省厅、市局领导的表扬。近年来广大协管员积极发挥其前沿哨兵和堡垒作用，使该县的耕地得到有效保护，土地违法案件得到有效制止，国土资源知识得到广泛普及，土地纠纷得到有效化解。宁陵县国土资源局连续四年被省厅评为“信访稳定工作先进单位”。

今年，宁陵县委、县政府又从耕地保护资金中拨付12万元，专项用于协管员的表彰奖励，为每个优秀土地协管员分别颁发荣誉证书和奖金1000元。

（本文获《资源导刊》2011年度“好文章”消息类三等奖）

谁来接访群众说了算

陕县局实行领导挂牌群众来访点名接访

□范恩茂

8月初，陕县国土资源局推行了领导挂牌群众来访点名接待制度，将局领导、信访接待人员、股室负责人的照片、姓名、职务及分管工作等张贴在接待室的墙上，来访群众可以根据需要点名选择接访者。

对群众来访，信访接待员先行接待，初步了解所反映的问题和基本诉求。来访人点名挂牌领导接访的，接待人员填写《领导挂牌、群众点名接访安排表》，及时向被点名领导报告上访人的基本情况和反映的问题，被点名领导即时做出接访安排，听取来访人的陈述和诉求，帮助来访人解疑释惑，理顺情绪，解决问题。不能实时接访，可与上访人协商，约定时间接访，亦可带案下访，实地进行调查，协调解决问题。对经过点名接访的信访案件实行接访领导首办责任制和“五包”责任制，即包掌握情况、包思想教育、包跟踪督办、包处理化解、包息访息诉。

“群众点名接访”制度的推出，一方面更好地解决了来访群众问题；另一方面各业务部门负责人能通过接访，了解、掌握有关国土资源信访问题的症结，切实做到在处理国土资源信访中发现和解决工作中存在的问题，实现国土资源工作良性互动。

（本文获《资源导刊》2011年度“好文章”消息类三等奖）

河南探矿四队为焦作找到大型煤井田

□周 强 麻 哲 侯芳芳

焦作煤田块村营煤详查项目，是河南省地矿局第四地质探矿队在2006年通过招标方式获得的。经过5年的艰苦奋斗，项目成果取得了重大突破，详查阶段估算资源量达4.2亿吨，潜在价值达1000多亿元。该项目被省地矿局评为“2010年度地质找矿十大发现”和“2011年度地质找矿十大成果”之一。

二维地震显神通

河南省地矿局第四地质探矿队多年来一直从事多金属矿勘查，煤矿项目是该单位接触到的一个新型矿种，二者是有很大区别的。接到任务后，他们迅速抽调薛海涛等精干力量成立了“焦作煤田块村营煤详查项目组”，开始了野外工作。他们首先进行二维地震工作，在豫北平原地区，那个季节早已是深冬，按照地质工作的时间来说，是准备收队的时候，可是接到任务后，他们不畏严寒，依然组织人员进行野外工作。

二维地震是煤矿勘查前期一项重要的手段。根据规范要求，点与点之间距离20米，要在老百姓的麦田里打孔放炮，一条线要穿过几十户人家的庄稼地，这给外部协调工作造成了很大麻烦。有些老乡根本不听解释，不管赔多少钱，死活不让设备通过。项目人员只好耐心地给他们解释、沟通。一天下来他们口干舌燥，连口水都顾不上喝。

协调工作结束之后，他们就和地震施工人员一道穿越树林、麦田，逐点丈量打孔的深度，检查放炮的效果。由于勘查区村庄和河流分布密集，为了一条线不惜绕行几公里，他们的足迹踏遍了矿区的沟沟坎坎。

为了取全第一手资料，项目组人员必须长时间蹲守在仪器显示屏前，力争不放过任何有价值的信息。由于工作的特殊性，每条线一旦开始就不能暂停，由于正值冬季，刺骨寒风吹得他们浑身哆嗦，但他们仍然坚守在岗位，随时观察数据的变化，所以他们常常错过了吃饭、忘记了寒冷。

晚上收工后，他们还要加班整理资料，及时把采集到的数据输入到电脑里面，对比研究矿区的成矿规律。详查阶段共完成地震点3500个，专家们认为二维地震野外多数单炮记录及初叠剖面目的层反射波显示较好、能量较强、连续性较好，原始资料质量较高，符合规范要求。同时也对野外测量剖面线工作方法和工作布置的灵活调整给予了高度评价，并对测量剖面线记录方法建议在全局二维地震工作中推广使用，最终野外地质工作质量及报告被评为优秀。

钻机轰鸣找矿忙

2011年12月，眼看就要到年底了，他们并没有停下来，反而更加紧张起来。由大队统一协调，在钻探技术研究院的配合下迅速组织了6台钻机进驻现场。随着钻机陆续进场，项目组的几名同志更加忙碌了，由于矿区面积达57.12平方公里，平均每台钻机的距离都在2公里以上，最远的钻孔相距达14公里。

按照施工的复杂性和现场的特殊性，煤田钻探要求每台钻机要有专职地质编录员。但其他项目还没有结束，人员不能及时调配，他们不得不克服人员少、任务重的困难，每个人最少要管理3台钻机，无形中给他们增加了很大的工作量。钻机上的几个新工人对于打煤还比较陌生，有的不知道如何规范填写班报表。遇到这种情况，他们就到各自包干的钻机上，一遍一遍耐心地去讲解，教新工人做记录。

快要打到煤层的时候，他们要进行守煤。钻机是属于24小时工作制，不知何时见到煤层，凌晨2点、3点，接到钻机人员的电话，及时赶赴现场是常有的事情。煤心取出后要及时进行清洗，带着冰碴的水，真是一下凉到了骨子里，但是他们没有想那么多，而是放在水里用刷子仔细地清洗附在煤心上的泥浆皮。

同时，他们还需要将一段煤心装入瓦斯罐进行现场瓦斯解析，解析过程中每隔2分钟要记录一次，规范要求最少要记录2个小时以上。凌晨的气温都在零下好几摄氏度，但他们早已忘记了寒冷，等把整个过程梳理好以后，天已经亮了。这些地质人来不及松一口气，就要准备迎接下个回次的煤心，他们就是这样重复地忙碌着，实在瞌睡了就躺到后机房歇一会，接着干。

像这样的情况根据煤层厚度的不同，一般要持续两三天，等把整个煤层穿透后，他们早已筋疲力尽了。项目负责人席善峰说："我们不怕辛苦，希望煤层再厚点。"他们共完成1：25000水工环调查72.12平方千米，钻探工作量近30000米，物理测井29000米，编录28000米，采集各类样品150个。

众志成城结硕果

项目组有10名专业技术人员，席善峰作为项目负责人，工作中也付出了比别人更多的努力。他在妻子怀孕最需要陪伴、照顾和安慰的时候，没能陪在妻子身边。一次，怀孕8个月的妻子打电话告诉他："我感到不舒服，你能陪我到医院检查一下吗？"不巧的是，钻机刚下了"见煤通知书"，席善峰在钻机上忙到天黑，最终未能赶上回郑州的末班车。那夜，远望星空下充满希望的焦作煤田，牵挂着怀有身孕的妻子，他久久不能入睡。第二天一早，他就拨通了妻子的电话，妻子却安慰他说："你忙吧！我已经找同事陪我检查了。"此时，铮铮铁骨的男儿，泪花却在眼眶里打转。

新来的大学生陶世旭，负责钻孔地质编录，该钻孔地层复杂，对于刚来的大学生，他每天都在接受新的挑战，创造新的纪录。记得有一次，由于长时间的熬夜守煤，他病倒了，嘴里长了水泡，化脓感染，高烧不退，医生诊断需要做手术。可他不愿意离开工作岗位半步，他放弃手术，只是简单处理一下，在矿区宿舍里输液，仍坚守在野外一线。因为他心里很清楚，"钻孔已经1200多米了，责任重大啊！"

每逢遇到技术难题，刘国印总工、薛海涛副总等领导都鼓励项目部的人员，大胆发表自己的看法，提出新思路、新见解；组织技术人员进行专题讨论，集思广益、群策群力，攻克技术难关。对于疑难问题，他们虚心向兄弟单位人员学习，还多次邀请相关专家进行技术讲座，积极请教，反复实践，认真钻研，很快就摸清了矿区地质条件和成矿规律，为更好地完成详查工作打下了坚实的基础。

为尽可能搜集区域地质资料，项目部技术人员多次前往省、市地质资料管理部门，最大限度利用已有成果，在前人研究的基础上寻求新的突破。特别是在寻找深部煤层方面，借鉴他人经验，探寻着地球深部的奥秘。

该矿的发现，可使所在煤矿延长开采年限20年，为地方经济发展作出了突出贡献。

（本文获《资源导刊》2012年度“好文章”消息类三等奖）

全国第一口大口径煤层气钻井顺利开工

□刘德印

近日，由河南省煤田地质四队施工的全国第一口煤层气大口径（直径1600毫米）瓦斯管道直排井，在山西釜山（晋煤集团长坪公司）顺利开工，它标志着该队在全国煤田地质勘探行业大口径钻孔施工中成了领军群体。

近几年来，河南省煤田地质四队按照省局“一业为主，多元关联”和“五个转变”的发展战略和思路，引进新技术，购置新设备，贮备栋梁才，积极向其他施工领域延伸、发展，特别是大口径瓦斯井的施工方面，积累了丰富的经验，先后开发研制了空气潜孔锤钻进、气举反循环钻进、绳索取芯钻进和水平定向井钻井施工，可承担各类煤田地质钻孔、盐井、石油井、水源井、地热井、瓦斯排放井、煤层气井（参数井、掏穴井）等钻井项目施工，为煤田地质勘探和煤矿地下井的降温、瓦斯的开发与利用打下了坚实的基础。

（本文获《资源导刊》2012年度“好文章”消息类三等奖）

河南省小口径钻探首次突破两千米

□刘泉锋 齐江涛

日前，笔者从灵宝市国土资源局获悉，自该市小秦岭金矿整装勘查项目启动后，小口径岩芯钻探首次突破2000米，成为河南省小口径岩芯钻探第一深孔。

灵宝市是国内重要的黄金生产基地，拥有小秦岭金矿田矿区664平方公里，但经过30余年的开发，浅部资源日渐枯竭，2009年被国家列为第二批资源枯竭型城市，深部探矿已成为该市解决资源瓶颈的重要途径。近年来，灵宝市强力推进境内小秦岭金矿田深部及外围金矿整装勘查，该项目已成为全国“首批找矿突破战略行动整装勘查区”和河南省地质找矿行动计划重点项目。整个项目计划用5年时间（2011～2015年）完成，预期提交金金属资源量120吨左右。据了解，ZK8302钻孔是河南小秦岭金矿田南中矿带金矿普查项目钻孔，属小秦岭金矿田深部金矿整装勘查子项目，预计总体投入4.6亿元，计划施工钻探10万米、坑探2万米、槽探2.5万立方米，预期提交金金属资源量70吨左右。项目由河南省地勘基金出资，河南省地矿局第四地质勘查院具体负责施工，于今年3月开工，至目前实际施工孔深达2018.86米，最小孔径达77厘米，刷新了河南省小口径岩芯钻探深度的纪录。

（本文获《资源导刊》2012年度“好文章”消息类三等奖）

我省首个矿山环境治理恢复项目保证金已顺利返还

□陈国庆

日前，河南神火煤电股份有限公司从缴存的矿山环境治理恢复保证金中按返还比例成功提取保证金738.3万元。这标志着我省首个矿山环境治理恢复项目保证金已顺利返还。

据河南省国土资源厅地质环境处调研员梁世云介绍，河南神火煤电股份有限公司新庄煤矿新庄村地面塌陷区地质环境治理工程是我省建立矿山环境治理恢复保证金制度后，首个使用保证金开展矿山环境治理恢复的工程项目。该项目于2012年5月6日由商丘市国土资源局组织有关单位及专家进行了审查验收，认为该项目所有工程均达到合格标准，顺利通过验收。该项目也因此成为我省首个通过验收并返还矿山环境治理恢复保证金的工程。

在保证金的提取使用上，按照“企业所有、政府监管、专户储存、专款专用”的原则，河南神火煤电股份有限公司认真填报了《河南省矿山环境治理恢复保证金使用审批表》，永城市地矿局会同财政局、环保局对该工程完成情况进行了会审。经审核批准，按批准数额办理了资金使用手续，返还保证金738.3万元。

本次通过保证金的返还，有效缓解了企业的资金周转压力，提高了企业开展塌陷区治理复垦的积极性。同时，使永城市矿山环境治理恢复保证金制度得到进一步完善，真正建立了一套从申报、审核、缴存、管理、使用于一体的机制，为我省矿山环境治理恢复保证金制度的管理、使用机制提供了积极借鉴作用。

（本文获《资源导刊》2012年度“好文章”消息类三等奖）

河南省地调院豫西找矿提交铝土矿8500万吨

□张　毅

近日，从中国地调局天津地质调查中心传来消息，河南省地质调查院承担的豫西-新安-济源铝土矿远景调查成果报告经过有关专家委员会评审，报告综合得分91分，获优秀级，提交铝土矿8500多万吨，取得找矿新突破。

豫西—新安—济源铝土矿远景调查项目是中国地质调查局地质调查矿产资源调查评价增量项目，由河南省地质调查院承担。该院组织优秀地质、物探、遥感等专业的技术骨干组成项目组，经过两年的不懈努力，取得了丰硕成果：在礼庄寨铝土矿工作区西部进行了钻探工程验证，新增铝土矿（333）+（334_1）资源量6217.13万吨；在荥阳崔庙—杨树岗工作区提交大型矿产地1处，估算铝土矿（333）+（334_1）资源量2330.48万吨。探获硫资源量200.13万吨，伴生用组分镓（Ga）资源量1041.88吨，而且还对伴生的轻稀土元素进行了初步评价。

专家委员会成员一致认为，豫西—新安—济源铝土矿远景调查项目全面完成了实物工作量和总体目标任务，新发现大型矿产地1处。新提交（333）+（334_1）资源量8547.61万吨。报告资料翔实、内容丰富，附图、附表、附件齐全，客观反映了该项目工作和取得的成果。

（本文获《资源导刊》2012年度“好文章”消息类三等奖）

灵宝：小秦岭金矿田整装勘查再获突破

□刘泉锋

近日，从豫西灵宝市传来喜讯，该市小秦岭金矿田整装勘查再获新突破，开工钻孔已达49个，终孔43个。其中14个钻孔见金矿，7个钻孔见钼矿。

灵宝市是以金矿开发为主的资源型城市，拥有小秦岭金矿田面积480平方公里，占整个小秦岭金矿田总面积的75%，探明工业储量476吨。但经过30多年的开发，浅部资源日渐枯竭，2009年被列为国家第二批资源枯竭型城市。近年来，灵宝市强力推进境内小秦岭金矿田深部及外围金矿整装勘查，2010年底该项目被列为河南省地质找矿行动计划重点项目，次年被列为全国“首批找矿突破战略行动整装勘查区”，计划在5年时间里完成项目施工，预期提交金金属资源量120吨左右。2011年5月，小秦岭整装勘查“第一钻”正式启动。

2012年，灵宝市全力推进整装勘查工作，各项工作紧锣密鼓地进行。其中，整装勘查区矿业权设置方案获国土资源部批复，完成了北矿带合作协议书签订、2012年度续作项目设计编制（修编）和整装勘查矿山企业与国土资源厅合作勘查协议的签订等大量实际工作，为整体工作全面进行铺平了道路。同年10月，整装勘查小口径岩芯钻探ZK8302钻孔首次突破2000米，刷新纪录，成为河南省小口径岩芯钻探第一深孔。截至目前，整装勘查启动实施的4个子项目已投入资金7280万元，开工钻孔49个（含终孔43个），累计完成钻探4.3万米。从探矿效果来看，39个孔见构造带，14个孔见金矿，7个孔见钼矿。其中，由省地勘基金计划实施的24个钻孔已终孔19个，由企业配套资金计划实施的39个钻孔终孔24个。

（本文获《资源导刊》2013年度“好文章”消息类三等奖）

河南省地质博物馆被国土资源部评定为优秀国土资源科普基地

□尚玉华 李 杰

日前，在国土资源部科技司和国土资源科普基地管理办公室组织开展的第一批国土资源科普基地评估工作中，河南省地质博物馆被国土资源部评定为优秀国土资源科普基地。

河南省地质博物馆自2009年被国土资源部命名为国土资源科普基地以来，按照《国土资源科普基地标准》提出的工作任务，更加重视科普工作，结合自身实际制订了科普工作计划和发展规划，加强基础设施、科普队伍建设和科普作品的创作工作，创新开展了一系列富有成效的科普活动，取得了良好而广泛的社会效应，受到了国土资源部的充分肯定和社会的广泛认同。

（本文获《资源导刊》2013年度“好文章”消息类三等奖）

小秦岭金矿田深部验证取得突破

□曾 威 赵丽君

近日，《小秦岭金矿田深部及外围金矿整装勘查区综合研究与深部验证》项目在小秦岭金矿田深部验证中取得进展。

该项目由天津地调中心统一部署，河南省地质矿产勘查开发局第一地质矿产调查院承担。在小秦岭金矿田北矿带施工的一个钻孔深1584.11米，共见金矿体2层，钼矿体6层，使小秦岭地区金矿体控制标高由原来的−156米下降到−912米，标高下降756米，矿脉向下斜长延深1079米。通过本次验证，肯定了小秦岭金矿田深部较大的金矿和钼矿的找矿潜力。

（本文获《资源导刊》2013年度“好文章”消息类三等奖）

栾川地矿局三十七名职工喜领中国地大毕业证

□崔世俊 张亚飞 孙江河

8月7日，中国地质大学（北京）在栾川县举行隆重的毕业证书颁发仪式。该校研究生院副院长张寿庭出席颁发仪式，为栾川县地矿局的宋玉敏、郭晓东等37名职工颁发了中国地质大学（北京）毕业证书。

栾川县地矿局共有120名职工。近年来，该局领导班子在做好地质矿产管理与服务工作的同时，审时度势，始终把使用人才、培养人才作为可持续发展的一项主要任务，不断加强对职工队伍的人才培养，鼓励职工不断学习，参加继续教育，成为地质矿产方面的实用人才，以保障全县矿业管理工作的可持续发展。

2010年，栾川县地矿局加大人才培养的投入力度，与中国地质大学（北京）合作，依托矿产资源与地质环境产学研基地，积极培养人才。该局先后有71名职工接受了中国地质大学（北京）的继续教育，其中有在职研究生4人、本科生12人、专科生55人。本次领到毕业证的37人中，有30人完成了专科学习课程，7人完成了本科学习课程，并顺利通过了中国地质大学（北京）组织的学历考试。

（本文获《资源导刊》2013年度“好文章”消息类三等奖）

黄河迎宾馆利用浅层地热能年节约费用300余万元

□周　强　杜佳音

日前，由河南省地热能开发利用有限公司和河南省地矿局第二地质环境调查院承担的黄河迎宾馆浅层地热能（地源热泵）开发项目（二期）顺利通过省专家组验收。

地源热泵技术是一种可再生能源技术，利用地下浅层地热资源，通过输入少量的高品位能源(如电能)，实现热能由低温位向高温位转移，以解决采暖和制冷问题。随着相关技术的发展成熟，地源热泵技术在采暖空调中的应用发展迅速。

采用地源热泵系统，冬季无燃烧过程，无污染物排放，夏季减少了冷却塔的飘水损失，减缓了城市的热岛效应，具有极为显著的经济和社会效益。

据了解，河南省黄河迎宾馆地源热泵中央空调系统改造项目（二期）用双“U”形PE管地源热泵垂直地埋管方案，项目于2013年2月18日开工，2013年4月18日竣工，累计工期60天。项目一期、二期共完成施工地埋管换热孔450口，单孔深度120米，在夏季基本能满足4万平方米的需求。

省地热开发公司总经理卢豫北介绍，项目整体完成后将发挥出地源热泵系统的节能减排优势。河南省黄河迎宾馆11万平方米建筑面积需冷负荷11000千瓦，热负荷7700千瓦。在冷负荷工况下每天约节约23吨标准煤，热负荷工况下每天约节约16吨标准煤。冷负荷工况下，相当于大约每天可节排二氧化碳60.3吨、二氧化硫0.2吨、氮氧化物0.17吨；热负荷工况下，相当于大约每天可节排二氧化碳42.2吨、二氧化硫3.2吨、氮氧化物0.12吨，环境效益显著。

在同等工况同等负荷下，2012年7月使用原溴化锂机组制冷所需费用分别为131万元，2013年7月使用地源热泵机组所需费用分别为99.6万元，同比减少费用30万元，年节约300万元以上，经济效益显著。

（本文获《资源导刊》2013年度“好文章”消息类三等奖）

第四编

科 普 篇

洛阳牡丹何以甲天下

□众 文

“啊……牡丹，百花丛中最鲜艳……”曾几何时，这熟悉优美的动人旋律在全国各地大街小巷流淌。一株株牡丹绿叶伸展，花苞迎春，展示着一届又一届洛阳市牡丹花会的繁荣，展示着祖国大地处处欣欣向荣的新局面……

“洛阳牡丹甲天下”名不虚传

牡丹雍容华贵，有“富贵花”和“花中之王”的美称。它既是洛阳市的市花，又是中国的国花。

牡丹作为观赏植物栽培，始于南北朝，盛于唐宋。明清时期，牡丹的栽培技术更加趋于完善。洛阳牡丹的人工栽培随着政治中心的转移和洛阳名园的毁夷而衰落，至南宋时，四川天彭牡丹继起，有小洛阳之盛。从陆游的《天彭牡丹谱》中所列60多个品种看，大都是从洛阳引进的。明代，安徽亳州牡丹盛极一时。清代，曹州牡丹取亳州牡丹而代之。总之，洛阳牡丹直接或间接地与天彭、亳州和曹州以及其他地区后来牡丹的兴衰、存续都存在密不可分的渊源关系，足见洛阳牡丹的传播和影响。

牡丹不但历史悠久，而且品种齐全。目前我国发现芍药属牡丹组植物共有8种、两个变种、1个亚种、1个变型；其中洛阳就有两个种，是中国野生牡丹的原生产地之一。2007年经有关专家鉴定，洛阳为我国野生牡丹最主要的发源地。以洛阳原生种为主，繁育并形成了中国以洛阳为中心的中原牡丹品种群，辐射、传播至全国各地，并不断繁衍，形成当地的生态型品种。在位于洛阳北邙的“国色牡丹园”（国家牡丹基因库）里，现有野生原始种6个，有各色牡丹品种600多个。

洛阳牡丹的花色也是多种多样的。根据牡丹花瓣的多少、大小、排列方式以及整个花朵的形态分10种类型。仅1990年经牡丹协会鉴定的品种属红色系的204个，白色系67个，粉色系133个，黄色系11个，紫色系69个……据统计，现如今洛阳牡丹包括传统品种、新品种和从国内外引入品种共有960个牡丹品种，占全国牡丹品种总量的67.25%。1959年周恩来总理视察洛阳时说："牡丹是我国的国花，她雍容华贵，富丽堂皇，是我们中华民族兴旺发达、美好幸福的象征。"此外，洛阳牡丹根皮也具有较高的药用价值，是一种名贵的中药材。目前国内年需求量在250万公斤左右，年出口量约为50万公斤。

破解洛阳牡丹甲天下之谜

洛阳牡丹甲天下，如今早已是不争的事实。那么，它为何能有如此盛誉呢？

在享有13朝古都之称的洛阳市内采访，笔者听到大约有三种原因：

一是来自于神话传说。话说唐朝某隆冬腊月，一个大雪飘飞的日子，喜欢搜奇猎艳的武则天在长安的宫廷里呆腻了，即刻吩咐起驾，到皇宫的后花园里摆宴赏雪。环佩叮当，觥筹交错，直到暮帘高挂，武后踱步亭台楼榭，忽见皑皑白雪之间，独有梅花怒绽显露峥嵘，便与才女上官婉儿即兴赋诗。于是莺啭鸾啼，好不尽兴，女皇乘着酒劲，面对花畦大笔一挥，留下了她那惊世骇俗的奇思妙想——"明朝游上苑，火速报春知。花须连夜发，莫待晓风吹。"

且说武后一声令下，立马惊呆了天界的百花仙子。数九寒天，哪有百花盛开的道理，可是人间皇帝贵为天子，金口玉言，下诏和玉皇大帝具有同等效力，怎么办？大家众说纷纭，莫衷一是，议来论去的结果，最终还是慑于女皇淫威，纷纷在不合时令的季节里，命令所司之花绽苞吐蕊。子夜过去，晓风徐徐吹动，姹紫嫣红缓缓铺开，然而百花之中，唯有牡丹仙子坚守节操不唯命是从，所司之花依旧傲骨独立，不展芳容。武则天见状，红颜大怒，下令把牡丹全部连根拔起，贬到洛阳。谁知牡丹一到洛阳，却舒展芳容灿烂盛开，消息传入皇宫，气急败坏的武后急令用大火焚烧。于是牡丹被烧得枝叶焦枯，面目全非，纵然如此，翌年春天仍然新芽勃发，艳压群芳，史称“焦枝牡丹”，从此洛阳牡丹驰名天下……

当然，牡丹仙子之说毕竟是传说，只能归于文学范畴。但它反映出广大人民对洛阳牡丹的深切喜爱和美好愿望。清人羊之有诗赞曰：“即便烧焦亦不平，根根铁骨自铮铮。洛阳恰得相宜地，留取花中强项名。”

二是区域地理说。在一些人看来，洛阳牡丹甲天下，是因为这里的地理环境和气候好，适宜于洛阳牡丹喜燥恶湿、耐寒耐旱，易生长于高亢向阳之处的生理习性特点。洛阳位于伊洛河流域的中下游，“居三河间（指黄河、洛河、伊河），古善地”，它的地貌是三面环山的箕型盆地，很有利于夏季雨水的排泄，不但是人类的适居地，更是牡丹生长的天堂。洛阳冬季没有东北寒冷，夏季没有南方湿热，有利于牡丹的冬眠、越夏，使得洛阳牡丹具有了得天独厚的生长条件。

为破解其中之谜，洛阳市政府于1984年报请国务院批准成立了洛阳牡丹研究所。洛阳牡丹研究所多年对洛阳牡丹的研究中发现，一些野生及引种到洛阳的牡丹，经过人工栽培及进化，与原种相比在植物学形态方面发生了一系列变化。一是在花的器官上雌雄蕊产生了瓣化现象，使花瓣增多，花朵变大、增厚；二是在花的颜色上由单色发展到多色和复色；三是花的头数出现了多头花，即一茎多花的奇特花型；四是出现了同品种同样花型进化不一的多花型现象；五是引起一些牡丹的生物学性状的变化。总的演化结果是，牡丹的观赏价值大大提高，但也造成了牡丹有性繁殖能力的降低。应该说，这些研究是取得了很大成绩的。不过，这些工作仍限于植物的生态与栽培研究，并没有揭示出“洛阳牡丹变异现象”的真正原因。

三是地质环境说。为真正破解“洛阳牡丹甲天下”之谜，在以前科学研究的基础上，洛阳市政府于2002年初，向国家提出立项申请，要求对洛阳城区560平方公里土地和主要牡丹园区生态环境以及伊洛河流域上游地质环境等进行系统调查，开展生态地球化学调查及牡丹的专题研究工作。2003年初，该市有关部门与河南省地质调查院组成了联合调查组，按照中国地质调查局多目标区域地球化学调查（暂行规定）要求，调查组对区内表层（耕作层）和深层（地表150~200厘米）土壤进行了系统样品采集，共采集土壤样品780余件。这些样品随后被送到较具权威的原地质矿产部武汉岩矿测试研究中心进行分析测试，除分析测试对农作物生长影响明显的氮、磷、钾和土壤酸碱度外，还测试了组成土壤物质成分的有机质、无机成分的氧化物和微量元素等54项指标。

经过地质科技人员一年多的调查研究发现，洛阳城区土壤中的部分化学元素与我国或河南其他地区土壤背景相比，均存在比较大的差异。尤以镉、硒、钼和钙高出中国土壤背景值最为突出，其次铜、锌、磷、铬、镍、镁、铁等含量也较高。硒是河南土壤背景的3.8倍、镉为2.7倍、钼2.2倍，铜、磷在1.51～1.58倍，锌、锰、钴、镍、铁、钙及其他元素在1.04～1.46倍以上，这些现象说明洛阳土壤是我国或者河南其他地区土壤中这些元素的富集或高含量区，确实存在明显的差异。

调查组研究还发现，牡丹花的品质与土壤中有效的氮、磷养分和有益微量元素有密切的关系，尤其是铜、锌、硼、氮、镁、铁、磷含量随牡丹品质而升高，反之则降低。这进一步证实了有关专家的研究成果，一些微量元素能有效促进植物细胞生长，促进叶绿素、糖类、酶类的合成及花蕾的形成和品质提高。由此证实了“种植好牡丹，必取洛阳土”这一民间谚语的真实性。

此外，优质牡丹的生长除与地质生态环境及地理环境有关外，其实与土壤质地、土壤类型也有着密切的关系。因洛阳位于伊洛河流域的中下游，多属新生代河流洪冲积粉砂质土、亚黏质土，质地以壤质或黏壤质土为主；土壤结构相对疏松，土层深厚、分层理作用明显，熟化程度高，适耕性强；土壤类型以褐土和洪积褐土为主。这些对牡丹生长有利的自然条件，正好适宜了洛阳牡丹的生态习性。因此，“洛阳地脉花最宜，牡丹尤为天下奇”也就是理所当然的了。到此，洛阳牡丹的甲天下之谜，已被科学的诊断所揭示了。

未来，洛阳牡丹的明天将更加美好

洛阳牡丹是世界上园艺化最早、栽培技术较高的花卉之一，自古以来就深受广大人民群众的喜爱。我国于1929年曾把牡丹定为国花，时过境迁后七八十年，新中国依旧把牡丹作为国花定格，再次凝聚了牡丹富贵吉祥的象征，以及中华民族对花中之王的浓厚情感。

沐浴着改革开放的春风，洛阳市从1983年开始举办“洛阳牡丹花会”后，牡丹的种植规模迅猛扩展，到2002年洛阳牡丹种植面积达1.5万余亩。每年初春的4月间正是牡丹花开的季节，如果您行走在市区中州路、延安路、凯旋路等两旁绿化带、花圃，处处可见盛开的牡丹花。洛阳市牡丹品种已由新中国成立初期的105个，经半个世纪的栽培、驯化和杂交，目前已达近千品种，分为红、黄、蓝、白、黑、绿、紫、粉以及复色9大色系。在位于洛阳北邙的“国色牡丹园”(国家牡丹基因库)里，现共收集引进国内外园艺品种600多个、野生原始种6个，上世纪80年代以来培育出新品种70多个，最新的如天娇、花帝、黄狮等。这里平均每两年就有一项科研项目获得成功，尤其是1999年牡丹的“无土、有机(轻质)基质”盆栽试验成功，2000年牡丹的“周年”开花研究初步成功，2001年由周年开花科研成果培育出的牡丹在第五届全国花卉博览会上荣获金奖等，牢牢奠定了目前我国唯一一个国家级牡丹品种收集、繁衍、发展重要基地的龙头地位。

“若问古今兴废事，请君只看洛阳城”，宋代史学家司马光的一声感慨，道出了千年帝都的悠远历史；“阅尽大千春世界，牡丹终古是花王”，清代学者王国维的一句吟诵，印证了牡丹花城的绝代风流。我们相信，在改革开放30年后国泰民安的今天，在迈进2009年继往开来的今天，雍容富贵、情系万众的洛阳牡丹，必定会更加绚丽多彩，倍享尊荣！

（本文获《资源导刊》2009年度“好文章”科普类一等奖）

大风刮来的邙山

□章秉辰

在郑州市西北部，黄河南岸，有一条东西走向的山岭，人们习惯把它称为邙山或邙岭。邙山又名北邙，是崤山的支脉。广义的邙山起自洛阳市北，沿黄河南岸绵延至郑州市北。

邙山在地理位置上处于我国秦岭东西向构造体系的东端，嵩山隆起带的北部边缘，东邻华北沉降带，到达郑州附近后骤然消失。邙山是一座东西走向的山脉，地形狭窄，呈带状蜿蜒于黄河南岸，长达200余公里，海拔250米左右，构成了黄河南面的天然屏障。邙山主要是由黄土构成的，岭面比较平坦，周边为沟谷环绕，在地貌上可视为黄土塬。那么——

邙山，你从哪里来

到邙山游玩，在欣赏完她的雄伟与秀丽之后，你也许会问：“你从哪里来？我的朋友。”邙山是从哪里来的？它又是如何形成的呢？如果我告诉你邙山是大风刮来的，你会相信吗？别急，让我们一起走近邙山、了解邙山。

神话传说：传说西海之中有一条修炼万年的大蟒，玉帝到下界巡视时，前去讨封不成，便窜入中原大河中兴风作浪。到禹王时期，大禹率众治水，发现巨蟒作怪，挥剑与巨蟒交战七天七夜，终于斩杀恶蟒。蟒血流进大河，把河水都弄浑了，便成了黄河。百里蟒身化成蟒形山岭，这就是邙（蟒）山，又叫邙岭。

传说毕竟是传说，邙山到底是如何形成的呢？地质学家们认为邙山是几百万年前沙尘暴作用的结果。

风成说：今天的亚洲中部大部分是干燥的荒漠地区，而在距今大约6500万年之前，这些地方曾经气候温暖宜人，河流遍布。那时中国大陆东边是太平洋，北边的西伯利亚、南面的喜马拉雅山地区是浅海，西边是与地中海相连的特提斯洋（现代的地中海是特提斯洋的残留海域），温暖潮湿的海洋气流滋润着平坦的中国大陆。中国西北部和中亚内陆大部分为亚热带地区，并没有出现大范围的沙漠和戈壁。当印度板块在向北移动与亚欧板块碰撞后，印度大陆的地壳插入亚洲大陆的地壳之下，并将后者顶托起来，喜马拉雅山地区的浅海消失，喜马拉雅山开始形成并渐渐升高，这时，青藏高原也在印度板块的挤压下向上抬升，这个过程持续6000多万年以后，到了距今大约260万年前，青藏高原已有2000多米高了。

地表形态的巨大变化直接改变了大气环流的格局。东西走向的喜马拉雅山挡住了印度洋暖湿气团的向北移动，久而久之，中国的西北地区越来越干旱。由于气温的冷热剧变，岩石内部不同矿物的热胀冷缩程度不一样，强烈的物理风化作用使岩石开裂、剥落，产生砂粒和粉尘。化学反应和生物作用的参与，加快了风化的速度，渐渐形成了大面积的戈壁和沙漠。戈壁和沙漠中的砂粒被风长年累月地吹来吹去，互相碰撞打击，产生许多细小的尖角颗粒，它们就是形成堆积黄土高原那些沙尘的主要物质。青藏高原的隆起促使了强大的西北季风的形成。面积巨大的青藏高原正好耸立在北半球的西风带中，并把西风带的季风分为南北两支，南支沿喜马拉雅山南侧向东流动，北支从青藏高原的东北边缘开始向东流动，这支高空气流常年存在于3500～7000米的高空，成为搬运沙尘的主要动力。与此同时，由于青藏高原的强烈隆起，东亚季风也加强了，从西北吹向东南的冬季风与西风急流一起，将数以百万吨的细砂和粉尘旋入天空，随风南下。于是粗粒的先沉降下来聚成沙漠，细粒的则被飘移至秦岭北麓，沉积在黄河中下游一带。200多万年以来，亚洲的这片地区从西北向东南搬运沙土的过程从来没有停止过，沙土大量下落的地区正好是黄土高原所在的地区，连五台山、太行山等华北许多山的顶上都有黄土堆积。经过二三百万年的搬运堆积，终于形成了黄土高原，在这个黄土高原的东南缘也就有了一个叫邙山的地方。

邙山，您了解多少

邙山，不但山川秀丽、风景宜人，而且蕴藏着丰厚的历史知识，具有重要的科研价值。

邙山黄土类型比较齐全，离石黄土、午城黄土、马兰黄土等均有分布。这些黄土在整个华北地区有极强的代表性和可对比性，尤以巨厚的晚更新世马兰黄土研究价值最高，其厚度远远超过黄土高原内部同时代地层厚度，堪称世界之最，所含古土壤和土壤化显著的黄土层之多，也是黄土高原内部难以见到的，是第四系黄土研究的重要基地。

又是什么原因造成邙山马兰黄土的厚度出现异常变化并成为世界黄土厚度之最呢？如果我说邙山的黄土能够告诉你，你会相信吗？

我们知道分析黄土的结构和成分，可以得到当时气候环境的线索，例如颗粒的粗细能反映冬季风的强弱，不同矿物抵抗风化的能力、环境的变化就会反映在黄土的矿物和化学成分里。对河南省内黄土的对比分析和黄河中游流域黄土的比较研究均表明，该区黄土堆积与区域环境和地貌部位有直接关系，也就是说，邙山一带在开始形成从地表向下第二层黄土层时，周边的沉积环境逐渐开始发生了变化，造成了邙山巨厚的马兰黄土堆积。

经对黄土中的沙粒含量进行对比分析表明，马兰黄土堆积期间，黄河中游地区，尤其是邙山地区黄土物质来源发生了明显变化，是什么原因造成本区黄土沉积的物质来源发生变化的呢？

这种显著变化的根本原因应是受本区局域环境的突然改变的影响所致。对本区能够造成如此影响的因素，只有黄河。黄河其实是一条比较年轻的河流，在距今大约15万年前，黄河并没有全线形成东流入海，当时在河南省的三门峡以西有一个巨大的古湖泊存在，地学上称之为三门峡古湖，当时的黄河水就流入该湖，属内陆河。由于在距今20万～15万年间这段时间内，地球上气候比较炎热，降雨量比较充沛，当时的黄河上游来水量也就比较大，三门峡古湖的水逐渐外泄下切三门峡以西的基岩山地，至距今15万年前后，逐渐形成向外泄的河道并接近现代的规模，现代意义的黄河才真正形成。黄河形成以后由于三门峡至孟津宁嘴之间为基岩山地，河流地貌形态以峡谷地貌为主，过宁嘴以后冲出山口进入开阔的华北平原区，将其携带的大量泥沙堆积于孟津宁嘴以东地区，形成广大的冲洪积扇，洪水过后强劲的西北风将这些泥沙二次吹扬起来在黄河南岸的邙山一带再次沉降，造成了邙山巨厚的马兰黄土堆积，由于黄河出山口附近的泥沙吹扬主要受西北风的影响，因此也就造成了我们今天所看到的马兰黄土厚度在黄河南岸明显高于北岸的不对称分布。

郑州，可以没有邙山吗

邙山，守卫在黄河岸边，时时保护着郑州，成为保护郑州免遭黄河威胁的一道“天然长城”。

郑州位于我国黄土地貌的末端与华北平原的交接地带，地势西高东低。表现为典型的西部黄土地貌景观，向东大致到京广铁路一线戛然而止，形成一道高达100余米的陡崖，陡崖以东成为广阔坦荡的大平原。地貌形态按成因可进一步划分为黄土丘陵岗地、倾斜平原、黄河冲积平原。

造成郑州这种东西两侧地貌景观迥然不同现象的根源，在于一条大断层的存在。资料研究表明，郑州西部大致沿京广铁路有一条北西向隐伏断层，地学上称之为老鸦陈断层，该断层对郑州一带的新生代地层及水文地质条件具有明显的控制作用。该断层的活动性，对黄河也产生着极其微妙的影响，即黄河的两堤夹一河的悬河势态也以此为界限向东展开。

郑州雄踞中原腹地，是河南省省会所在地和历史文化名城。她北临黄河，南依嵩山，西邻十三朝古都洛阳，东邻七朝古都开封，郑州本身也是中国八大古都之一。历史上曾有夏、商、管、郑、韩五朝以此为都，隋、唐、五代、宋、金、元、明、清八代以此为州。如此辉煌的历史功绩与邙山对黄河的阻挡作用密不可分。

郑州段邙山位于荥阳市最北部，横亘东西，西起汜水镇口子村的汜河汇入黄河处，东至京广线上的黄河铁桥，绵延32公里，海拔150～250米。古代称其为三皇山、三室山，西汉称之为广武山或荥阳山，近代人们称其为邙山或北邙。

从地质构造上讲，郑州段邙山处于济源—开封洼陷盆地的南部边缘，由于该盆地边缘大断裂的活动，造成黄河北部地区下降，南部地区上升，使邙山高高抬起，耸立在黄河南岸，成为黄河南岸的一道天然屏障。受黄河水向南侵蚀的影响，邙山的北坡不断地崩塌。如果你有幸来到郑州邙山游览，你会见到在邙山之巅的黄河岸边，尚有两处古城残存，这就是秦汉之际，刘邦与项羽争霸天下时在这里所筑的两座城池。西城为刘邦所筑，称汉王城；东城为项羽所筑，称霸王城。二城中间那条黄土峡谷便是当时的鸿沟。由于黄河的不断冲刷侵蚀，二城早已失去原貌，特别是二城的北墙已塌入滚滚的黄河之中了。黄河对邙山的南侵作用在不间断地进行中，研究表明在有史以来的四五千年间黄河至少向南吞噬掉邙山1500米。如果没有邙山的阻挡，郑州这块历史文明的沃土，不知要被黄河吞噬了多少次了。

相反与郑州相距不足100千米的古都开封，就没有那么幸运了，由于邙山以东黄河进入黄淮大平原，河道明显变宽，坡降变小，河沙大量淤积形成悬河，河水到开封附近已成居高临下之势，一次次的天灾与人祸，使古开封城一次又一次经受灭顶之灾。据资料记载，有七座古城被黄河泥沙淹埋在开封市地下，大致包括战国时期魏国的国都大梁、南北朝隋唐时的汴州、五代时的开封府、北宋的东京开封、金代后期的国都南京、元代的汴梁、明代朱元璋之子周王朱木肃的封地周王府等。

因此，我们说邙山像一道天然的屏障，守卫在黄河岸边，时时保护着郑州，成为保护郑州免遭黄河威胁的一道“天然长城”。

（本文获《资源导刊》2009年度“好文章”科普类二等奖）

古生物化石

——开启地球历史之门的一把钥匙

□冯进城

朋友，如果你是一个科普爱好者，或是一个善于探秘的人，一定会对各地的自然博物馆和地质博物馆感兴趣，因为博物馆里有许多鲜为人知的秘密。你会看到诸如恐龙、大象等大型动物的化石，也会看到长在石头里的树叶和小鸟……这就是化石。虽从表面看只是石头而已，但你可知道，它可是地质学家们开启地球历史之门的一把重要钥匙。你是否想了解一下：化石是如何形成的？专家们为什么把它当成“心肝宝贝”呢？如果你有兴趣的话，今天，就让我们一起来了解古生物化石的奥秘吧——

古生物化石是什么？它是如何形成的

要了解古生物化石知识，首先要知道古生物化石是人类史前的一些地质痕迹。所谓史前就是正式历史记载之前的人类发展史，包括早期猿人、晚期猿人、母系氏族以及有关三皇五帝的传说史，直到最后建立夏朝。这段时间的跨度大约为170万年前到公元前21世纪。

那么，再来说什么是古生物化石吧。古生物化石在地质术语上指的是人类史前地质历史时期形成并赋存于地层中的生物遗体和活动遗迹，包括植物、无脊椎动物、脊椎动物等化石及其遗迹化石。

那么，化石是如何形成的呢？原来，在遥远的过去，地球的内部很不稳定，火山爆发、海啸、泥石流时常发生，当时的一些生物突然被沉积埋藏，以后随着漫长的地质年代，沉积物形成石头，这些被埋藏的生物就变成了化石。

当时的生物都能转为化石吗？答案是否定的，据古生物学家研究，古代生物1万个个体，有一个个体保存成化石就算是“幸运儿”了。而能被人们发现、采集和研究的化石比例就更低了。

为什么有的生物能形成化石而有的不能呢？其中的因素很多，但主要取决于生物本身和地质环境。具有硬体的生物保存为化石的可能性较大，像各种贝壳、动物的骨骼等。此外，植物的叶子和笔石的体壁等，虽然容易遭受破坏，但是不容易溶解，在高温下能够炭化而成为化石。而动物的内脏和肌肉等软体容易被氧化和腐蚀，除了在极特殊的条件下就很难保存为化石。

化石的形成和保存还需要一定的埋藏条件。生物死亡后如果能够被迅速埋藏则保存为化石的机会就多。如果生物遗体长期暴露在地面或者长久留在水底不被泥沙掩埋，它们就很容易遭到活动物的吞食或细菌的腐蚀，还容易遭受风化、水动力作用等破坏。在特殊的条件下，松脂的包裹和冻土的掩埋甚至可以保存完好的古生物软体，为科学家提供更为全面丰富的科学研究材料，琥珀里的蜘蛛和第四纪冻土中的猛犸象就是这样被保存下来的。

时间因素在化石的形成中也是必不可少的。生物遗体或其硬体部分必须经历长期的埋藏，才能够随着周围沉积物的成岩过程而炭化成化石。有时虽然生物死后被迅速埋藏了，但是不久又因冲刷等各种自然力的作用而重新暴露出来，这样它依然不能形成化石。

古生物化石有哪些种类

通常情况下，古生物化石分为实体化石、遗迹化石和化学化石(或分子化石)三类。

实体化石——古代生物的遗体本身全部或部分保存下来的化石，亦称遗体化石。

遗迹化石——地质历史时期生物活动时产生在底质表面或其内部的各种活动痕迹所形成的化石，例如高级动物行走时留下的足迹、脚印，低级动物移动时留下的移迹，钻孔生物在石质底质中钻蚀的栖孔和在软底质表面或内部挖掘的潜穴等。植物的根系，动物的粪团、粪粒、蛋、卵，珍珠，胃石等生物代谢、排泄和生殖的产物，甚至古人类使用的石器和骨器等遗物，也称遗迹化石。

化学化石（或分子化石）——保存在地层及化石中的古生物的残留有机组分。

古代植物的遗体或它们的印痕称为植物化石，古代动物的遗体或部分遗体称为动物化石。个体较大一般不需要利用显微镜即能进行研究的化石称为大化石（包括大部分古无脊椎动物和古脊椎动物）；而需要利用显微镜才能进行研究的微小化石称为微体化石；子个体特别微小（一般小于10微米）、通常需要在电子显微镜下进行观察研究的微小化石称为超微化石。

古生物化石的科学意义

20世纪90年代初，南阳西峡大量恐龙蛋化石的出现，震惊了世界，成为专家们眼中的“世界第九大奇迹”。化石在普通人眼里，可能是金钱，也可能是普通石头，但在专家眼中，那可是宝贝呢！这是为什么呢?

第一，古生物化石是划分和对比地层的主要依据。每一地质年代都有地层的形成。因此，每一地质年代单位都有一个相应的年代地层单位。地层是研究地球发展规律的物质基础，也是地质工作者必须研究的对象。地层学就是研究地层在时间和空间上的发展分布规律。古生物学的方法是目前地层学研究地层划分和对比的行之有效的主要方法。

第二，古生物化石是识别古代生物世界的窗口。化石是生命的记录。通过对各地、各时代化石的不断发现和挖掘，以及利用生物学和地质学等知识对化石的形态、构造、化学成分、分类、生活方式和生活环境的不断研究，地球有生物圈以来，特别是后生生物（由多个细胞组成，有组织器官分化的生物）出现以来，千变万化的古代生物就可被逐步识别，古代生物的形态就能得到复原，古代的生物世界就能被栩栩如生地再现给世人，古代生物在全球的地质地理分布就能不断得到揭示，古代生物的系统分类或谱系就可逐步完善起来。

第三，古生物化石为生命的起源和演化研究提供直接的证据。从老到新的地层中所保存的化石，清楚地揭示了生命从无到有、生物构造由简单到复杂、门类由少到多、与现代生物的差异由大到小和从低等生物到高等生物的一幅生物演化的图。地层中化石出现的顺序清楚地显示了细菌—藻类—裸蕨—裸子植物—被子植物的植物演化，和无脊椎—脊椎动物的动物演化，以及鱼类—两栖类—爬行类—哺乳类到人类的脊椎动物的演化规律。

第四，古生物化石是重建古环境、古地理和古气候的可靠依据。各种生物生活在特定的环境中，生物的身体结构和形态能反映生活环境的特征，如现代的珊瑚、腕足类、头足类、棘皮动物等是海洋中的生物，河蚌类、鳄类则是河流或湖泊淡水生物，松柏类、马类为陆地生物。陆生植物和海洋生物的脂肪酸的组成有别。大多数生物活动痕迹出现在滨海或湖泊、河流近岸地带。遵循“将今论古”的原则，可依据化石重建不同地质时代的大陆、海洋、深海、浅海、海岸线、湖泊，甚至河流的分布，了解水质的含盐度，大陆、湖泊、海洋底部的地形，恢复古代的气候，揭示沧海桑田的古地理和古气候变迁历史。

第五，古生物在沉积岩和沉积矿产的成因研究中有着广泛的应用。有些沉积岩和沉积矿产本身是生物直接形成的。如煤是由大量植物不断堆积而形成的，石油、油页岩等矿产的形成直接与生物有关系。很多碳酸盐岩油田与生物礁相关，硅藻土由大量的硅藻硬壳堆积而成，有孔虫石灰岩由有孔虫形成，介壳石灰岩由贝壳形成，藻类灰岩由藻类形成。动植物的有机体还常富集诸如铜、钴、铀、钒、锌、银等成矿元素。古代含有浓缩矿物元素的古生物大量死亡、堆积、埋葬，有可能形成重要的含矿层。细菌在很多方面影响沉积作用，是一个重要的地质作用因素，也是地壳地球化学循环的一个重要环节。细菌化石的研究对沉积岩和沉积矿产的成因研究非常重要。中国所有大中型煤田、油田、油气田，甚至沉积铁矿等能源和沉积矿床的勘探与开发，均离不开古生物学的研究和指导作用。

第六，古生物的兴衰史为人类提供了保护地球的经验和教训。生物的起源、发展和演化经历了漫长和极端艰难坎坷的历程。根据化石记录，科学家们目前已经发现，地质历史时期地球上曾发生过6次大的和无数次中、小型生物灭绝（集群灭绝）事件。通过生物大灭绝的原因和灭绝后的复苏的控制因素的研究，地质古生物工作者们能揭示出更多的生物起源与演化的规律，并能为人类控制生态平衡和保护人类的家园——地球，提供大尺度的历史的和科学的借鉴。

朋友，让我们珍惜它——化石吧。在记录地球46亿年沧海桑田的变化中，它为我们留下了了解地球历史的一把钥匙。其实，除了科学研究之外，化石的美学价值、文化价值和社会价值也很大。许多造型美观的化石既是自然遗产，又是天成的艺术品。国外发达国家许多普通人都是化石的爱好者和收藏家，通过收藏化石，既能了解自然历史等科学知识，又起到了修身养性、陶冶情操的作用。近年来随着我国经济的发展和人民生活水平的提高，也出现了一批化石爱好者和收藏者，他们的活动不仅起到了一定的科学普及作用，而且还在很大程度上促进了古生物学的发展。

（本文获《资源导刊》2009年度“好文章”科普类三等奖）

第五编

国土文化篇

相思中秋节

□颜 冰

月如人影独自悬，

空照深山泪阑珊。

莫笑男儿泪如雨，

天涯相思各一端。

那是我离开中原大地后的第一个中秋节。

月亮出奇的圆，出奇的大，出奇的明亮，遥望着慢慢沉入西边群山之中的太阳，独自从东边的群山中悄悄升起。没有星星，没有云，天蓝蓝的，从天顶由湛蓝向山顶渐变为浅蓝，隐没在棱角分明、光秃荒凉的群山里。

那天接上级要求停钻一周，大家忙着起钻、保养设备，晚上8点便早早下了班，食堂已经准备好了中秋晚宴，一桌一桌摆在院子里，等着如狼似虎的井队汉子们前来吞咽。肉是标准的高原羊肉，菜是格尔木田园青菜，酒是青海最好的青稞酒，笑声、酒令声、碰杯声，在柴油发电机的轰鸣声中肆无忌惮地撞击着月光下的旷野。

月亮苍白的脸挂在井架顶端的时候，酒已经喝完。太阳却还在西边的山丛里露出半边脸，红红的，像是吃醉了酒，攀着山缘，不肯离去，似乎那山顶是他的家乡，或是山中住着他的爱人。院子里东倒西歪的汉子们已经睡到了屋子里，几个不省人事的也被人连拖带拉、连土带泥地丢在了床上，鼾声挤出房门，扩散在月光里。一部分人没有喝醉，有些慢慢地爬上山，站在山顶或坐在山腰；有些沿着井队走出的山路向山口走去，手中拿着电话不停地寻找信号；地质录井人员霸占着唯一的卫星电话，时而流泪时而欢笑……心中莫名的苦闷迫使我走出铁皮房，融在孤寂的月光里。

门外的月光将天地照得如同白昼，远处不时地传来几声狼嚎，几个黑黑的人影散落在群山中，营地西边的半山腰里坐着一个人，他斜坐在山坡上，手托着下巴，胳膊支着膝盖，眼睛望向西边仅剩一丝的太阳。在月光的清白与夕阳的金黄辉映下，像一尊神像，一动也不动。

他在看什么想什么呢？我望着他，突然觉得那人就是我，我看到的人就是我自己，坐在高高的山腰上，托着腮，想着远在家乡的亲人，想着在异乡读书的恋人，她是不是也和我同样的孤独？月亮圆如银盆的面孔突然幻化为女友的脸，大大的眼睛，水汪汪地看着我。她在黄河尽头，我却坐在黄河的源头，这里的月亮和她水盆中的月亮是同一个吗？她是不是正在端详那一轮明月？她水盆中的圆月像我还是仅仅就是一个月亮？家乡的月亮小而微黄，这里的月亮却大它两倍，且洁白如银，月亮上的环形山似女友的眼泪，挂满了脸庞，我忍不住伸手去拭。高原的夜空已经将月色浸得清凉，太阳早已掉了下去，把他的夕阳同时带走，只留下一轮圆月孤独地漂泊在夜空里，那月是我？还是我是月？是月孤独无依地望着同样孤独无依的我，还是孤独无依的我望着同样孤独无依的月？也许是我们彼此相望吧，同样的孤独同样的无助，心中装满了同样的相思。

月亮如果是一面挂在高空的镜子多好啊，我可以看到我的亲人，我的亲人也可以看到我。父亲身体好么？母亲是不是又烙了焦香的烙馍？姐姐和妹妹是不是也在月亮里看着我？家人怀抱的温暖，只有离开家的时候才能体察。不知什么时候，月亮的脸又化为女友凄迷的面容，泪水如泉，在脸上留下一道道的泪痕。

拿出手机，想给家人打个电话，让他们知道我想他们，山静如夜，夜静如山，眼睛里的每一个山头都好像是家人在看着我，孤独如高原的夜风，在寒冷的山野里四处流浪。手机没有信号，无奈地装在口袋里，再次与月亮对视，希望能从她的眼睛里找到亲人……

孤独的时候最想你，想你的时候最孤独。中秋团圆的日子里，我却孤独如月，悬在半空中。弯月似钩，更似微笑的唇，满月像什么？孤独寂寞时恐惧的吼叫？“清洁，我想你！”我突然大吼一声，声音似一把把标枪，向远山近岭及那天空悬挂的月投去，山腰上的人转过脸朝我所站的方向看了一会儿，然后站起身，张开双臂，大声吼叫，“爸、妈、老婆、儿子，我想你们——”声音似长了翅膀，在群山中飞舞，井场四周的山上和通向山口的路上传来了回声："老婆，我想你！""爸，我想你！""儿子，我想你！"……

学过很多咏月的诗，却想起了苏东坡的"十年生死两茫茫……"远离家人长年在外，是不是有一天也会突然有"纵使相逢应不识"的惆怅？"海上生明月，天涯共此时"，此时的月却明得让人心痛，心中只有孤独与苦寂，生命的欢畅显得如此苍白，好似只剩下我一个人陪伴着孤苦无依的月。

眼泪流了下来，默默地划过脸庞，慢慢地渗进嘴巴里，咸咸的、苦苦的，我不知道应该做什么，心中只有无穷无尽、细如牛毛的相思。

因为寂寞才想你
想你的时候更寂寞
孤独如月月如我
相思如丝
把我轻轻裹
飘零如风怕云问
泪悄流
独自暗暗抹
不敢做梦怕想你
不敢想你苦为乐
想你的时候最孤独
孤独的时候最想你……

（本文获《资源导刊》2011年度"好文章"国土文化类一等奖）

大山情怀

□胡俊芳

最初认识老李，是在那年的表彰会上。他作为年度先进代表发言，据说他有经验，有水平，应该能洋洋洒洒说上一段，可他仅仅说了一句就结束了。

他说："资源是珍贵的，我们一定要尽自己的所能保护好它，为子孙后代造福。"可就因为这一句铿锵有力的心里话，赢得了雷鸣般的掌声。我也因此记住了他，没想到有年单位轮岗，我去了他所在的那个乡所，他是那个国土资源所的老所长。

那是全县最偏远的地方，没去前，印象里好像就是天涯海角。听说要去那儿一年，别说家里人埋怨，连我自己都说服不了自己。老李得知我分到他那儿，高兴极了，打电话说本来想过来接我的，可是因为要巡查，也就过不来了。等我坐着进山的班车到达那个乡时，已临近中午。下了车，一路打听着找到所里时，早过了午饭时间。国土资源所建在半山腰，是几间普通的石头房子，值班的同志告诉我，老李上山了，到晚上才回来呢！叫我先适应一下环境，他忙着给我做午饭。我闲着没事，就帮忙在房子前面的菜地里拔菜，虽是一米见方的地方，却种着豆角、黄瓜、番茄、小葱好几样新鲜蔬菜，绿油油的长势很旺。午饭是野蘑菇小葱臊子，下的挂面，吃起来味道很鲜美，我夸奖那个同志手艺好，他却转过话题腼腆地笑笑说，平时巡山遇到野菜野果老李都让我们"颗粒归仓"，每次巡山回来，我们年轻人都累得要散架，他还要忙着侍弄菜园，忙着做饭，老李说我们这是发扬军人的光荣传统，自己动手，丰衣足食。我打住他的话问老李午饭咋解决，他说早上走的时候带着干粮呢！

说这里偏远，还真是，一天见不了几个人，满眼尽是荒山野岭。但是这里山上的矿产资源丰富且埋层很浅，因此盗挖的现象时有发生。制止非法开采，就是我们的主要任务。时间长了，知道老李是一名老党员，从部队转业下来的，原则性很强，干工作雷厉风行，铁面无私，这里的人都叫他铁包公，倒是很形象。因为长期呆在山里，脸膛黑红，腰板挺直，声音像洪钟一样响亮。又因为他爱山胜过自己，天天不离山，偶尔回家也像探亲一样，人家又叫他“护山神”。

老李平时倒是和蔼可亲的，碰到村里困难的山民，总爱帮助他们。可是见到盗挖资源的山民，他就显得不近人情，大声呵斥，怒目圆睁，样子很是怕人，不管盗挖的山民背着矿石跑多远，就是在山里转一天，老李也要把他追回来公事公办。有的盗挖者不了解他老李的为人，试图贿赂他，他不但不收礼，还要严厉批评警告，说服教育，让那些人对他是由畏惧到敬佩，以后再也不敢盗挖资源了。

我到国土资源所的那年夏天，雨水特别多，电视报纸上时有洪灾的报道。我们这里是山区，泥石流是防治的重点。从5月份开始，老李就带着我们所里几个人开始全面排查地质灾害危险点，发放地质灾害明白卡，对附近的村民进行防灾减灾知识普及教育。所里的同志整天精神高度紧张，老李更是吃不香睡不着，手里天天拿着收音机听天气预报。山里信号不好，隔一天听不到天气预报老李就急得像热锅上的蚂蚁，到处打探信息。7月中旬，接连下了几天大雨，因为监测有泥石流发生的可能，县里让我们通知村民转移，老李以我不熟悉地形为由让我和所里其他同志去了附近的村子，而他一个人去了深山里的一个村子。灾害真的发生了，群众安全转移了，而老李却为营救一个孤寡老人掉进了山沟，在医院昏迷不醒，一天一夜才脱离危险。

很快一年的轮岗时间到了，考核结束后局里征求我的意见，去与留由我决定。老李虽不希望我走，但也没有拦我，咋说也是深山老林，把一个年轻人窝在这里他心里也不好受。而我被老李的精神感染着，决定留在了这个全县版图上最远最小的乡国土资源所，继续着属于我们的事业。

（本文获《资源导刊》2011年度“好文章”国土文化类一等奖）

《国土所长》：为主旋律的旗帜添彩

——评电影剧本《国土所长》

□曹世忠

孟广友的电影剧本《国土所长》（根据同名小说改编）（载《大地文学》2011年卷五）给影坛吹来一股清新和煦的春风，读后不禁让笔者眼前一亮。

思想的高度，决定了作品的高度。真正有思想的作品，具有里程碑的意义，可以让读者通过文学审美，抵达人生之旅的每一个驿站，让生命绽放异彩。电影剧本《国土所长》深情关注我国当代农村的巨大变革，关注农民物质生活与情感心灵的渴望与期待。作品以国土队员们呕心沥血、不屈不挠、全力以赴保护农村耕地为主要线索，讴歌了他们为党的事业洒下一腔忠诚的奉献精神。

文学是人学。作为最大众化的电影艺术，电影剧本《国土所长》以曾代表与战友高达山、徐瘸子在土地问题上产生的主要矛盾为主线，与妻子刁玉丽和副所长小仲在工作、生活上产生的家庭和爱情的矛盾为辅线，他们相互间的恩怨纠结，以人物之间情感线索的推进，让他们各自不同的思想境界、性格特点、行为方式、情感状态置身于现代化发展的大环境中，在融合碰撞中生发出鲜活的故事，起伏跌宕，一波未平，一波又起，给观众带来视觉上的享受和心灵震撼。曾代表坚守原则和不徇私情的高尚人生观，与高达山、徐瘸子唯利是图的狭隘价值观每时每刻都在激烈碰撞。光明与黑暗，高尚和卑俗，正义和邪恶，最终决定胜负的不是金钱权利，而是道德良心的力量转化，在激烈的较量中描述人心人性的行动轨迹，演绎着人性的真善美。

对真善美的讴歌，聚焦在对崇高和无私无畏的礼赞，是电影剧本《国土所长》的浓重而精彩的一笔。国土所长曾代表叩问婚姻家庭领域的生存处境与人际关系的真相，尽管他无法、也很难走出现实的困境，但他“还带着部队的那股子气”，不卑不亢，不媚不贪，有理有节，始终保持着与崇尚实利的潮流风气的距离。曾代表和他的队员们做的每一件事情，都和时代风雨息息相关，都和人民的利益紧密相连。正是这种关联，使《国土所长》有了强大的生命力，受到广大观众的欢迎。之所以如此，是因为剧本所表现的人物是从生活中走出来的，是有血有肉的平民，也是大义凛然的英雄。他们高尚，却不是被任意拔高了的“高大全”式的英雄；他们或许都带着与世俗习见相异的色彩，却不乏亲情、友情和爱情；他们即使有这样那样的人格缺陷或者“污点”，读来仍然感到可亲、可爱。

作家孟广友坚持艺术操守和责任担当，把一系列的对立元素统一在作品的框架之中，收到了以小喻大，以简驭繁，单纯之中见丰富，平实之中见奇崛的艺术效果。在将小说改编为剧本的过程中，无论从具体的文本层面上，还是从全剧的思想基调的把握上，他都尽可能再现原作对当代土地的密切关注、对未来的美好向往，以及对温情善良的价值追寻；同时，又根据电影本身的特点，将原作的素材重新组合调整，对社会的丑恶和粗俗给予积极化解，进而以人性进步、境界提升和走向和谐来构成全剧的精神导向，从而让观众找到回归精神家园的途径。就这一点来说，电影剧本《国土所长》不愧为是一部为主旋律旗帜添彩的力作。

（本文获《资源导刊》2012年度“好文章”国土文化类一等奖）

我的理想我的梦

□陈汉江

公元二零一三年的春天与以往不同，
一个名词“中国梦”飞速走红！
它旋即进入了中国高层的思维和决策，
也迅速飞进了每个中国人的脑海与心中！
新任总书记习近平说：
中国梦是民族的梦，
也是每个中国人的梦。
于是，大江南北涛走云飞，
神州万里春潮涌动！
于是，二零一三年的春天
因为梦想变得飞扬热烈，
因为梦想变得绚丽厚重！
我庆幸，我生活在一个有梦想的时代，
在圆梦中国的队列里，我也位列其中；
我骄傲，我是土地督察人，
我能在振兴中华的梦想中立业建功。

一

经济的繁荣，各行各业都离不开国土，
民族的复兴，都需要土地的有力支撑！
不用说，
九百六十万平方公里的土地是我们共同的母亲！
她用她甘甜的乳汁哺育着十三亿华夏儿女，

她用她满腔的热血推动着时代列车的前行。
她用她有力的臂膀托起九天揽月的“神舟”，
她用她博大的胸怀抚慰五洋捉鳖的“蛟龙”。
然而，就像天空不仅有明媚的阳光，
宛若雨水不光将万物滋润。
浪费、破坏资源
啃噬着祖国母亲的肌体；
违规、违法行为
阻碍着民族巨轮的远行。
于是，无数有识之士忧心忡忡：
祖宗留下的基业绝对不能在我们手中断送！
我在想呵，
只要你我督察人同心协力，
坚守“红线”绝非没有可能！
只要你我督察人心系群众，
广大人民群众的合法权益就有保证！
到那时，
每一亩基本农田都五谷丰登，
每一块城市土地都高效利用。
天是这样蓝，
月是那样明，
山是这样绿，
水是那样清，
北京的天空不再十面“霾”伏，
广袤的黄土高坡整个绿草如茵，
“春城”的美誉不再为昆明所独有，
“花城”的称谓也不再是广州一家的别称！
这就是我，一个土地督察人的美好理想，
这也是我，一个土地督察人的中国梦！

二

一首《土地督察之歌》承载着多少督察人的心声：
“汗洒南北西东，笑迎秋月春风，……
为了庄严国土，我们在守望中风雨兼程!”
不用说，这歌词充满自豪，充满光荣，
但其中也折射出几分职业的艰辛!
我们秉承艰苦奋斗的优良传统，
不弃原始的做法——手写脚量；
我们追赶时代的脚步，
潜心研发在线督察系统。
借助天眼，巡天遥看，
我们在宇宙间编织恢恢天网；
发挥科技，在线督察，
我们在虚拟的三维空间，
铸就现实的钢铁长城。
我在想呵，
只要我们不懈努力，不断完善，
“坐地日行八万里，
巡天遥看一千河”一定能梦想成真。
到那时，我们足不出户将明了于胸，
运筹帷幄一定千里决胜。
这就是我，一个土地督察人的美好憧憬，
这也是我，一个土地督察人的中国梦!

三

说实话，选择督察就似乎选择了苦涩，
选择督察也就踏上了相思的征程。

多少回，我梦醒时分不知身在何处，
因为昨天还在另外一个城市奔走如风。
凭窗远眺，遥望星空，
我的思绪像雨像雾更像风！
我仿佛听到了“妈妈别走”的哭声，
我好像看到了妻子无助的眼神，
我宛若看到了母亲满头的白发，
我似乎看到了父亲佝偻的身影……
我敢说，督察人铮铮铁骨，作风强硬，
但绝对不少真情实感与柔情，
正像鲁迅诗云：无情未必真豪杰，
怜子如何不丈夫？
新时代的督察人是真正的刚柔相济，侠骨柔情！
我真想去参加一次孩子的家长会，
让老师和同学们看看我这母亲的面孔；
我多想每个双休都在家待着，
陪陪家人去公园里看看风景；
我真想和老母亲一起聊聊，
听她喋喋不休的俚语乡音；
我多想与老父亲席地而坐，
把话语装进酒盅高高举过头顶！
我们在思念中放飞青春和理想，
我们在守望中彰显对祖国的忠诚。
这就是我，一个土地督察人的美好愿望，
这也是我，一个平凡督察人的中国梦！

（本文获《资源导刊》2013年度“好文章”国土文化类一等奖）

痴语读书魂飞翔

□茹喜斌

没有什么能像书这样给我享受和启迪，给我痛苦和折磨。回想我的人生旅程，从“床前明月光”的背诵，到《史记》的阅读，从对《春秋》、《战国》的喜爱，到对现代文学的痴迷……无论是我痛苦抑或欢乐的时候，无论是我贫困抑或温饱的时候，捧卷在手，那书就是我的寄托和慰藉，就是我的幸福和甜蜜，就是我的笑容和泪水，就是我的精神和力量。于是，在我携书远行的时候，就有了明确的目标，就有了直向远方的视野。书中的那些情爱，那些故事，那些传奇，那些苦难，那些激扬，那些奋发……那些人生的起伏与跌宕，那些历史中沉淀的苍凉和悲壮，无不延伸着我生命的履痕、前行的思考。

潜心书中，灵魂飞翔。捧卷在手，行走无缰。这就是读书给我的快乐和幸福。

书是思想的利刃。它能把一切沧桑世事绘成长卷，它能把一切荣辱爱恨雕成塑像，它能把一切细节演绎成巨著，它能把心灵之思织成猎猎的旗帜……书中那千年之前的河流与明月，依然映照今人的行踪与追寻。它让美的更美，丑的更丑，并以此凿痛世人的灵魂，也蓬勃灵魂的根系，昭示日月的真谛和精诚。

一部伟大的著作，能使人抛弃卑琐而接近伟岸，能使人痛恨丑陋而走向崇高，能使生命经历涅槃一样的痛苦和解放，从而校正生命的走向，实现人生的价值，就像“仰天大笑出门去”一样，就像“直挂云帆济沧海”一样，就像“不尽长江滚滚来”一样，无不折射着人生的抱负和志向。

阅读《草叶集》和《少年维特之烦恼》时，有一种美的明媚和迷惘，有一种美的痛楚和颤栗，有一种美的柔嫩和忧伤。那青春爱情，那赞美感叹，那憧憬渴望，那甜蜜热烈，那辗转反侧，那无与伦比的陶醉……能让我看到心中的那一线小溪、那一片青草、那满目树林……是怎样的澈亮和青翠，是怎样的葱郁和旺盛，那是情感异彩纷呈的展示，那是生命匍匐在地又昂然站立的形象，曾经影响着多少人的生活和思想?

《红楼梦》中的晴雯，有着令人哀怜的绝伦之美，美得清莹悲伤，美得让人肝肠寸断。鲁迅笔下的祥林嫂，总让我垂泪，让我深感什么是凄惨和绝望。路遥那曲折起伏的《人生》，让我对人生有了更为透彻的认识：人生中的那些未知性，那些艰难的选择，那些美好的爱情，那些理想与现实的相悖，让多少人如风雨中的小船，经历了颠簸摇摆，也经历了起落沉浮。我无法想象伟大的作家在醉心创作时的心境和情状，但我知道，他们都在以思想和生命反复咀嚼着一个民族的命运，一个历史的主题。

书就是时空的阶梯，让精神不断地攀登，让精神在攀登中成为永恒。

屈原的《九歌》、《天问》让我看到了一个伟大的灵魂，是怎样让汨罗江流不尽日月的光辉、流不尽世人的追思和悼念。司马迁的《史记》，让我看到了一座与天地共存的巨峰，是怎样俯瞰着苍茫的大地，是怎样启迪着世人的思想。《三国演义》又使我目睹了那一场惨烈的血雨腥风，那一幕大剧中历史更迭的悲壮……是书在记载着历史的变迁和进程，是书在注解着人生的短促与无限，是书在丰富着生命的壮丽和辉煌，是书在繁衍着灵魂不绝的歌唱。那些逝去的岁月和生命，就镂刻在龟甲兽骨和青铜竹简之上，就书写在长长的绢帛和厚厚的黄纸之上，让我膜拜先祖的深刻和伟大，也痛悲自己的浅薄和渺小。

海明威的《老人与海》，让我感受到生命的执著和沉重；杨沫的《青春之歌》，让我懂得人生求索的意义；戴望舒那条窄窄的《雨巷》，是一轴淋湿的画卷，给我不尽的回味和怀恋；舒婷那《致橡树》，总使我泪如泉涌，伏案饮泣于渴望灵肉解放的大悲与大喜；余光中对于《乡愁》的吟唱，又给我凄凉的美感、苍茫的向往……沉于其间，更叠的日月星辉，历史的山川湖海，世事的风云变幻，人生的喜怒哀乐，生命的奔突追索，皆拥于怀，亦涌于心。于是，就有了我人生的丰富，生命的拓展。

书读古今，意在人生之丰富。凡有所读，欲在收获前人之精神。我知道，从那些千古不朽的卷帙里，随便抖落的一朵花瓣、一缕思绪，都是一种境界，一种思想，一种智慧，一种高度，都能拨响我心中的那一根动情的琴弦，都能让我的精神在天地间飞翔……

（本文获《资源导刊》2011年度“好文章”国土文化类二等奖）

给母亲一个爱的空间

□赵文英

是什么样的思绪在宁静的夜晚悄然泛起，让那一点牵挂胀满整个心房？是什么样的感动在一个毫不相干的瞬间突然掠过心头，让我不由自主地回忆？心里最柔软的地方轻轻地拨动，我想我应该回去一趟看看她老人家了……

她现在的状况让我很沉重……

母亲弯曲的背影、蹒跚的步履、粗糙的双手、满头的白发、虚黄的脸色、愈加浑浊的眼睛，她的一举一动，都让我的心痛了又痛！

母亲固执地爱着，不停地做着她认为孩子们需要的一切，忙忙碌碌，从这屋跑那屋，一身一身的汗，不停地捡些陈芝麻烂谷子的琐事说，我听得无趣，她也说得索然。于是沉默着，相对无言；吃饭的时候让来让去，一不注意她就给你倒一大碗，让你吃饱了也得吃完；要走了，她满屋地找，看有没有什么要给我的东西，我说我不要，她硬塞……她视力严重下降，大白天的看不清东西，医生要她多休息、多营养、少生气、少流泪，可她不听，好像有用不完的劲。

我给她使性子，说烦不烦啊，自己家人让什么让，吃饱了还让吃，不拿东西就是不拿，您要再这样我就不回来了！

空气好像浓缩……

她愣怔一下，转过身来的时候眼睛红红的。

我的心纠成一团！我也哭了。

可她依然还是按照自己的方式来。

我知道她这是高兴，她不知怎样来表达自己的爱。

年少时充满激情，以为靠自己的努力可以不让亲人受到伤害，可现实不是这样的，当日子逐渐走过才发现伤害的都是自己最爱的人！

在这个人世间，未来是未知的，但有一点我可以肯定，那就是母爱，它永远是那么伟大、无私，不会随着时间的流逝而消失。

母亲给予了我们很多很多，可是索取的或许只有是你我深情的称呼吧！

给母亲一个爱的空间！

（本文获《资源导刊》2012年度“好文章”国土文化类二等奖）

焦桐擎起绿无穷

□王琳宝

每次瞻望“焦桐”，都有一种无以言表的敬仰。那纯真的情愫瞬间点亮双眸，然后迅速以光速叠加放大，一次次定格显影，让我心底充满阳光和绿意。

2009年4月，在参观焦裕禄纪念馆之后，我又一次顺道去瞻仰“焦桐”。初夏时节，兰考大地一派生机，葳蕤茁壮的泡桐林夹道相迎，叫人心生睹物怀人之情。

车行如风。近了，更近了，“焦桐”伟岸的身姿扑面而来，霎时在我眼前幻化为一座青铜雕像。这棵泡桐栉风沐雨近半个世纪，仍和过去一样健硕硬朗，依然铜干铁枝，冠盖如云，满树繁花，暗香浮动，沁人心脾。

桐花香氛浓，追思何绵长。“焦桐”面前，我默然肃立，心驰神往。电影《焦裕禄》里的感人镜头一幕幕闪过我的脑海：风雪之夜访贫问苦，连绵沙丘艰难跋涉，通宵达旦呕心谋划，挥锹挖土亲植泡桐，强忍肝痛汗如雨下，一把藤椅竟被磨穿……在三年自然灾害时期，焦裕禄以多病羸弱之躯，扛起复兴兰考的重任，为根治风沙盐碱洪涝“三害”绘制蓝图，在风口沙路上竖起了第一面绿色旗帜！

眼望“焦桐”，泪眼迷离。此时此刻，我仿佛觉得傲然挺立的“焦桐”，已不仅是一棵普普通通的树木。他是一种不朽精神的载体，一位顶天立地的英雄，一座人民心中的丰碑！几十年来，“焦桐”那深根繁须，带着焦裕禄同志的未竟心愿，在兰考大地默默潜行，繁衍滋生，长成一片片耀眼的新绿，筑起一道道防风固沙的长城！

依依不舍惜别“焦桐”，满心满脑还是挥之不去的影子。记得前些年，曾闻兰考生产的古筝古琴等民族乐器畅销海外，我不由想起汉代的一种同名古琴。史传东汉蔡邕曾用烧焦的桐木造琴，号曰“焦桐”。张弓拉弦，声如阳春白雪，高山流水，朗雅俊逸，余音绕梁。唐张祜《思归引》写道："焦桐弹罢丝自绝，漠漠暗魂愁夜月。"明陈汝元《金莲记·弹丝》里亦有"音入蓝桥，响振琼瑶，却是羡焦桐一曲巧，芳心顿消"之词。可见此古琴声名远播。抚今追昔，我由衷感叹当代琴师们的匠心独运，正是他们选用兰考地道桐木，精雕细镂，使"焦桐"古琴复活新生，为魅力兰考同时也为焦裕禄精神扎上了音乐的翅膀！

回程路上，观"焦桐"照片，论英模精神，心潮久久难平。我意念里绿意盎然的"焦桐"愈发高大挺拔，仿佛已在我心田里植下深根，开出璀璨的精神之花。我情不自禁当场赋诗一首，以志此次兰考之行：三生不改爱民情，世纪沧桑透峥嵘。天地之间留浩气，焦桐擎起绿无穷！

（本文获《资源导刊》2013年度"好文章"国土文化类二等奖）

我的入党梦

□郝拴元

没有共产党就没有新中国。“……共产党辛劳为民族，共产党他一心救中国，他指给了人民解放的道路，他领导中国走向光明……”每当耳畔响起这首我在儿童时代就已耳熟能详的歌曲，总是热血沸腾，感慨万千，充满力量。这首雄壮的不朽乐章，唱出了人民的心声，唱出了中国人民的激情，也唱出了中国的真实历史。这首歌强有力的节奏、动人心魄的旋律，不仅深深铭刻在我幼小的心灵里，而且也让我牢牢记住了“中国共产党”这个伟大的名字。

我最初将入党作为人生奋斗目标的想法萌芽于上小学期间，那时，由于父母在滇西边疆屯垦戍边时的农场驻地没有学校，就将我送到十公里外的陇川县章凤小学住校学习。在这里，我遇到了一位令我终生难忘的好老师，他就是校长马兴隆。他经常给我们讲一个又一个令人心动的红色故事。马老师让我懂得了“没有共产党就没有新中国”的道理，在我幼小的心灵里，中国共产党成了英雄的代名词。特别是马老师关于人生要有远大理想，要把加入少先队、加入共青团、加入共产党作为人生三大目标的教诲，使我萌发了把入队、入团、入党作为人生路上追求的目标。小学三年级时，我加入了少先队，先后任中队长、大队委员。

对我追求入党产生影响最大的莫过于家庭的教育和熏陶。我是生在新社会、长在红旗下的新一代。我父亲是抗日战争初期参加革命的一名军人、共产党员。少年时代顽皮的我，经常从箱子中翻出父亲获得的众多奖章奖状，非常自豪非常骄傲地向同学们炫耀。那时，因战而残的父亲是我十分崇敬的英雄，也是我学习的榜样。在我心中，共产党员就是英雄，英雄就是共产党员。父亲的一言一行，都让我切身感受到共产党员的光荣和伟大。在家庭良好的熏陶、教育、感染下，我无比热爱新社会，热爱中国共产党。16岁时，还没有弄明白入党是怎么回事的我，就让父亲教我写入党申请书。当时父亲说我年龄还小，待长大成人后再写。我却缠着不依不饶，说刘胡兰15岁就入党，我都16岁了，我也要入党。无奈之下，父亲还是给予了赞赏和鼓励，并花了较多时间，认真而又耐心地辅导我写了我人生中的第一份入党申请书。这成为我以后正式写入党申请书的初稿和范本。

中学时代，是我世界观、人生观形成的重要时期，也是我立下这辈子一定要入党誓言的特殊阶段。那时，红色教育既普遍又深刻。课本、小说、刊物、宣传画、小人书、电影、广播里，总有许许多多的英雄形象和感人事迹。印象最深刻的有生的伟大、死的光荣的刘胡兰，舍身炸碉堡的董存瑞，用胸膛堵枪眼的黄继光，在烈火中永生的邱少云，为保护工厂勇斗烈火的向秀丽，坚贞不屈的江姐……一个个感人至深的伟大、生动形象，让我心灵震撼、眼眶湿润。《红岩》、《林海雪原》、《烈火金刚》、《钢铁是怎样炼成的》、《把一切献给党》、《红旗飘飘》……凡是能借到的一本本歌颂英雄小说，在我一遍甚至两遍、三遍如饥似渴的阅读中，一个又一个感人的英雄形象走进了我的脑海，成为我学习的楷模。我上中学的上世纪60年代初还是一个英雄辈出的年代，雷锋、刘英俊、王杰、麦贤得、王进喜、焦裕禄……一个又一个时代骄子成为全国人民学习的榜样。我曾经将舍不得用的零花钱购买了一本精美的笔记本，在扉页写上"锦言拾零"，用于摘记雷锋日记和英模们的豪言壮语，粘贴从报刊上剪下的英雄形象。英模感人形象和革命理想、优良传统的普遍、密集式教育，使我受益匪浅，上进心增强。一个个共产党员的高尚品质和伟大行为鞭策激励着我，使我更加坚定了要入党的决心。

1968年底，在知识青年上山下乡的洪流中，我离开母校——云南省保山第一中学，第一批下到地处潞江坝的坝湾公社大寨大队第一生产队插队落户。在这里，我向党组织递交了第一份入党申请书。在1970年的整团建团活动中，我光荣地加入了中国共产主义青年团，成为当年大寨大队百余名插队知青中唯一一名在农村发展入团的人。此后不久，我将16岁时写的入党申请书，经过认真修改后郑重交给了大队党支部书记。其后，大队党支部童书记专门找我谈话，表示已将我列为入党积极分子，鼓励我进一步严格要求自己，积极创造条件，争取早日加入党组织。1971年，由于在农村表现出色，在生产队、大队、公社的层层推荐下，我被首批招工到中共保山县委办公室从事机要打字员工作。

走上新的工作岗位后的第二年，我再次郑重地向党组织递交了我的第二份入党申请书。在这里，我虚心学习，积极工作，以自己高效率高质量的出色工作和良好的人品，赢得了县委办公室乃至县委县政府机关广大干部的普遍好评。在党组织无微不至的关心教育和同志们的爱护帮助下，我得到迅速成长。成为自1966年“文革”以来，县委、县政府机关发展入党的第一人。1973年12月1日，当我站在鲜红的党旗下举起右手时，一股暖流传遍了我的全身，只感到双眼湿润，我知道这是激动、自豪的泪水。我幼时即萌生的做一名中国共产党党员的理想，终于好梦成真。

从入党至今，转眼间38载的岁月流逝，我已是花甲之年。但是，萌生入党念头、创造条件积极争取入党的一串串美好的记忆，任凭岁月时光的流去，却永远无法冲淡。那段经历，那些记忆，那些历历在目的情景，至今想起，依旧是那样的令人兴奋激动，回味无穷，终生难忘。

（本文获《资源导刊》2011年度“好文章”国土文化类三等奖）

读你

——献给那些十九年来默默无闻战斗在汝州地矿战线的共产党员们

□孙利芳

我常常被一种职业、一个群体所感动着。
这种职业就是共和国的一项崭新的事业，她的名字叫地矿。
这个群体是一个朴实得不能再朴实的群体，她的名字叫地矿人——
作为这个群体的一员，我激动的心情久久难以平静……
是的，你是一部厚重的书卷，蕴藏着取之不尽的精神财富。
于是，我用全部的身心去读你，拼命地把你的营养一点点吸取——
我从省级文明单位那闪闪发光的金色牌匾中读你，
想从中寻找你创业的轨迹，
十九年前，十几个地矿精英在汝州老干部局三楼相聚，
拓荒者的艰辛令人感叹不已，
“筚路蓝缕，以启山林”，
执著地追求可歌可泣。
从无到有，从“寄人篱下”到笑傲汝州——
你用心血和汗水诠释着什么叫壮丽！
作为县级执法部门，你获得了河南省级文明单位的光荣称号，
难道这仅仅是一项荣誉？

我从征收矿产资源补偿费的数字中读你，
十九年来，你征收过的资金总额数以亿计，
收缴入库，让矿产资源的勘查开发有了保障，
处以罚款，让违法采矿者付出其应有的代价。

春夏秋冬，栉风沐雨，
年终评比，你成了国土资源系统地矿队伍的“佼佼者”，
你被河南省国土资源厅和平顶山市国土资源局同时授予“矿产资源补偿费征收工作先进单位”，
你用无私的奉献诠释了党的先进性的全部含义。

我从矿业秩序治理整顿任务的艰巨中读你，
日月轮回，斗转星移，
春秋冬夏，寒冬酷暑，
多少个夜晚在不眠中逝去。
是的，这是无烟的战争，
只有执著和奉献者才能够傲然挺立！
多少次，你制止了非法采矿行为，
用心血和汗水佑护着矿产资源有限的肌体。
多少回，你呕心沥血，
为矿山企业测量办证无数次去省里。
“执政为民”是对你的最高褒奖！
“资源卫士”是给你的无尚荣誉！

我从你饱经沧桑的额头读你，
仅仅不到二十岁的你，眼睛里却常常饱含着忧虑。
因为你对自己总是要求太高太高，
生怕辜负了人民的重托，难以让群众满意。
作为执法者，你深深地知道，
最重要的是摆正管理与服务的关系，
“寓服务于管理之中”，
是否有利于科学可持续的发展，
才是你判断是非标准的唯一。
十九年来，你紧紧围绕经济建设这个中心，
管帮结合，在平凡中书写一个个神奇。

你是一枝带刺的玫瑰，
但却忠实地履行着护花使者的职责，无所畏惧。

多少次，我在睡梦中读你，
只为了想探寻你蕴藏的秘密，
今天，你终于被我破解，
原来，你体内流淌着不尽的新鲜血液。
170多人的地矿队伍，
共产党员占了60%的绝对比例，
这，便是你，
先进性取之不尽、用之不竭的最大动力！

（本文获《资源导刊》2011年度“好文章”国土文化类三等奖）

枣儿红满枝

□胡俊芳

俗话说，七月边，枣红圈。刚刚进入农历七月，红枣就已经上市，街上到处都是枣，有的遍体通红，有的青中泛红，青的晶莹透明，让人一看就心生爱慕之情。

枣树虽说不是我们家乡的特产，但是家家户户房前屋后都会种上几棵。外婆家当院里的一棵枣树，由于时间久远，已经老得没有了朝气，花开得很稀疏，也就没有很多枣子。只有后院的两棵很是旺盛，一棵是大枣，一棵是小令枣。那是一个宽敞的后院，足足有几分地，四周围起高高的土墙，里面种着枣树、柿树、梨树、海棠树等。平时，后院的小门被外婆用一块大大的木板挡着，除了防止家禽入内，就是提防我们这些小孩子进去捣乱。我一直是这样想的。记忆里，这里虽然没有鲁迅百草园的丰富与神秘，但对于我来说，简直就是童年生活的乐园。

枣树比起桃李来开花较晚，每年五六月份，你会在不经意间闻到阵阵浓郁的香味飘散而来，无疑就是枣花啦。枣花很小，淡黄淡黄的，一串一串密密麻麻缀满整个枝头，点缀在枣树透亮的绿叶之间，通常四五枝叶片会促生成一串枣花。此时，蜜蜂像赶趟似的涌来，来来回回嗡嗡叫着忙着采集花粉，那沁人心脾的香气传得很远，整个村子温暖的空气里到处都飘荡着花香，人们像是生活在花的世界里。不知什么时候蜜蜂渐渐少了，只是看到满地满地的花瓣铺洒一层。虽然已香气渐无，但花瓣还是淡黄的颜色不肯褪去，我常常捡来放进瓶子里，希望它永远留下芬芳的味道。没几天工夫，在花瓣落去的地方便已经看到小小的枣子在风中摇曳了。

七八月间，当秋风携着一丝寒意悄悄来临，枣儿在不知不觉中成熟了。枣儿快要熟的时候，通常会把树枝压弯，尤其是小令枣结得很是稠密，像一个个红灯笼骄傲地挂在树梢隐藏在绿叶之中。我们小孩子往往经不住诱惑，在我的带领下，躲过外婆的眼睛，然后悄悄从门板下面挤进后院。于是枣树最下面的枣儿总被我们早早打掉，成为口中美味。只有高高的树梢顶上，仍挂着一串一串红玛瑙一样的枣子，每天从围墙外面经过时，都要眼馋地看上几眼，看看有没有能打下来的。那枣子实在是好吃，有的发虚发甜，有的酸中带甜。乡下的孩子没有什么好吃的东西，酸枣、红枣、桑葚之类我想应该是当时孩子们最好的吃食了。但外婆很霸道，一旦发现有人偷枣，会大声地吆喝，还会拿了棍子来吓唬，我们怕极了，也恨极了外婆。但终于有一次，在偷枣的行动中，我被一个同伴用石头砸伤了眼睛。外婆慌了，颠着小脚慌张着找医生，忙活了半天，还不断地自责。我暗自庆幸，认为这就是对外婆霸道的“报应”。当然，这期间为了给我增加营养，外婆不知从哪里弄了不少好吃的东西。后来，听母亲说，外婆因为心疼我，哭了好多次，把自己治眼疾的钱拿了给我买吃的。

“八月十五枣落杆”。终于在望眼欲穿的期盼中，枣儿成熟了。枣儿成熟的季节是孩子们最高兴的时候。身强力壮的年轻人自告奋勇上树，手里拿着长长的竹竿在上面打，下面四个人撑着毯子接。顿时，大大小小的枣儿像下珍珠一样噼里啪啦落下来，打在孩子们的头上、身上，捡一颗放进嘴里脆甜脆甜的。外婆张着没牙的嘴笑着，把红彤彤的枣儿装进口袋里，等到太阳好的时候，放在院子的席子上晾晒，送一些给亲戚邻居，剩下的便是我们孩子平时的零食了。大枣果肉肥厚，色美味甜，富含丰富的营养素，生吃酥脆可口，酸甜不腻。外婆常常给我们煮汤喝，煮熟的枣吃起来更是绵软香甜，回味无穷。

又是一年枣儿红满枝的时候，却再也看不到外婆蹒跚的身影，听不到她絮絮叨叨的话语了，想来伤感之至，不觉已是泪流满面了……

（本文获《资源导刊》2012年度“好文章”国土文化类三等奖）

洛阳新区赞

（外三首）

□刘桂珍

你是那么年轻，
如出水芙蓉，
一尘不染，娇娆动人；
像一颗璀璨的明珠，
光芒四射，剔透晶莹。
让四海宾朋流连忘返
魂牵梦萦。

你是那么厚重，
无法触摸你的个性，
只有用心去穿越时空，
用虔诚和睿智走进那层层黄土
沉淀积压的岩层，
在那些碎石、铜片和坛坛罐罐上，
一点点剥离出璀璨的文明，
才有可能掂量出你的重量，
把你的内涵真正读懂。

你是一部历史画卷，
追溯着古代，嵌接着新城。
是龙门石窟的佛光山色
和笑貌音容，
把洛伊大地唤醒；

是洛河的涓涓流水
滋润了川流不息的历史，
于是夏商文化、唐宋诗情，
才从久远的地表流经现代的文明。

当白马寺的经卷
启迪了河洛人睿智的头脑；
当定鼎门的钥匙
开启了人们的智慧聪明；
当天子驾六的马车
惊醒了惺忪的岁月；
当关林庙的忠魂
昭示了现代人的仁义忠勇，
洛阳新区便应运而生。
于是一群群雄伟的建筑拔地而起，
一条条通天大道镶嵌着绿树红花，
流动着碧波淙淙，
山无不秀，水无不清。
于是就有了隋唐植物园紫烟缭绕植
物茂盛，
国花园溪涧潺潺万紫千红，
体育馆如诗如画气势恢弘；
于是就有了洛河上腾空架起的道道
彩虹，
还有那千姿百态的牡丹，
国色天香华贵雍容。
华夏大地升起了一颗耀眼的明星。

你是人类的骄子，
传承着祖先的秉性；

你是时代的列车，
欢奏着历史的轰鸣。
你一路走来竟如此豪迈，
竟这般超凡脱颖，
让国人为你喝彩，
让世界睁大眼睛!

注："龙门石窟"系全国5A景区；"白马寺"、"定鼎门"（遗址博物馆）、"天子驾六"、"关林庙"等均系著名历史文化景区。"洛伊"指洛河、伊河两条河流。洛河自西向东流经洛阳古城与新区之间，沿河两岸为带状洛浦公园，河流碧波荡漾，河岸郁郁葱葱，曲径通幽，亭台掩映，可谓河从城中过，人在画中行。"彩虹"指洛河上架起的洛河大桥、牡丹大桥、王城大桥、西苑大桥、瀛洲大桥、凌波大桥等七座桥梁。

（本文获《资源导刊》2013年度"好文章"国土文化类三等奖）

山菊花

□胡俊芳

终日置身于日常琐事，难得有闲暇的时间，一日山里的同事来信说，秋天的山里实在丰富……说是丰富，但不知究竟丰富到什么程度，我想无非是些野生的栗子、酸枣之类的东西，再不就是满山窜的野兔或是长尾巴的小松鼠罢了。说是这样说，但对于久居钢筋水泥筑成的城市的我，这些就已经很有吸引力了……

终于在一个周末，我搭乘别人的车子，进了山里。山里的景色随着车子的进程渐渐地变得美好起来。满山发黄或是红的秋叶，其间星星点点散布着各种不知名的野花，黄的、红的，还有其他的颜色，看起来真是一幅美丽的画卷。临近中午时分，我到达她所在的国土所。办公室建在山脚下，背靠高山，是几间普通的石头房子。值班的是一位年轻的同志，他告诉我，今天很不巧，因为早上接到举报，下河村发生信访案件，她下村里处理纠纷了。等了一会儿没见她回来，我就一个人沿着小路上山了。

我以前不常进山，看着自然界的一切生灵在顷刻间涌进视线，我感觉一下子轻松了许多，心胸开阔了许多。脚下是窄窄的小路，两旁不知名的野草，绿中微微泛些黄意。路两旁还有些红红的酸枣点缀在绿叶间，我忍不住采了几颗，放在口里，味道酸酸甜甜的。忽然间，一股浓郁的花香随着微风袭来，我抬眼看去，只见不远处的沟沟崖崖布满了金灿灿的山菊花，一团团一簇簇，在瑟瑟秋风中摇曳着纤细的身体，散落于山野间，让人心醉，使人激动。

山菊花又名路边花，是常见的一种野花，大都生于路旁、山坡或是原野。每年二三月份，当大地还未曾脱去寒冬的景象时，山菊花就在枯草间发出了嫩绿的枝叶，这时人们会把山菊花的嫩叶掐下来，洗干净，撒上盐使劲揉搓，然后挤出嫩叶里面的水，再拌上麻油、味精等调料，一道美味的农家菜就做成了。在乡下，菊花菜配上玉米面糊糊简直就是美味佳肴！农历九月份，正是山菊花盛开的季节，花瓣金黄，芳香远溢，装扮着萧条的秋季，这时人们就采下它的花瓣，晒干后或泡茶清热解毒或做成枕头醒脑明目，老人常说，山菊花其实是农家的宝贝啊！

在我的记忆里，山菊花是家乡最普通的花，也是我最喜爱的花。我喜爱它不是因为它花香醉人，而是因为它虽娇小但朴实，不择环境，平平凡凡的缘故吧，还因为它在百花凋谢的季节给人带来一种实实在在的纯美的感觉。这让我想起了唐代诗人司空图《二十四诗品》中“人淡如菊”的境界……

直到掌灯时分，我才下山，很远就看到国土所隐隐的灯光了，她看到我跑过来说：“我刚回来，听说你上山了，正打算寻你呢！今天实在抱歉……”她惭愧地笑着，黑红的脸上满是歉意。我笑笑说：“我是来踏秋的，只是打扰了你的工作，没想到你休息日还忙活。”她告诉我：“因为山里的条件比较艰苦，所以都不愿在这儿工作。尤其是年轻人，刚下来的时候也是满腔热情，时间久了就有情绪。来这儿锻炼的人不少，最终留下的却很少。没办法，山区地方大，工作人员少，一进山就是一天，有时候工作忙起来，吃住在山里，个把月才回家一次，和孩子都生疏了……”

我知道，她是那年竞争上岗下基层的，全县十三个国土所，她是唯一一位女所长。基层三年，她风里来雨里去，其中的艰辛是可想而知的。走了多少路，流了多少汗，吃了多少苦，对于她来说，已经成为一段刻骨铭心的记忆。多少人来了又走，但她始终坚守在这片朴实的土地上。生活的考验，工作的磨炼，让她不断地成熟，她已不再是当初那个清秀白皙的女人，岁月和经历给予她稳重和自信。

晚上，我翻来覆去睡不着。忽然间，我觉得山里的同事们就像山野间那一丛丛散发清香的山菊花，不抱怨生存环境，默默无闻奔波于山乡，发挥自己的能量，他们的工作虽说不恢弘也谈不上多么的伟大，但为了山乡人们能够安居乐业，他们任劳任怨，在远离都市的山乡，辛勤耕耘……

（本文获《资源导刊》2013年度“好文章”国土文化类三等奖）

秋实集

QIUSHIJI

（下册）

袁可林　主编

黄河水利出版社

·郑州·

目　录

（上册）

第一编　言论篇

第二编 论文篇

第三编 消息篇

第四编 科普篇

第五编 国土文化篇

（下册）

第六编 通讯篇

第六编

通 讯 篇

编者按　坚持城乡统筹，大力推进社会主义新农村建设，这是我国改革开放和社会主义现代化建设的一件大事，也是我国全面建设小康社会的一件大事。围绕这一重大任务，由国土资源部门主导的土地整理工作应如何适应和为之服务？怎样才能把由国土资源部门开展的土地开发整理转变到由政府主导、各个涉农部门齐抓共管，实行田、水、路、林、村、房整治统一的土地综合整治上来？这是目前国土资源部门上下普遍比较关注的话题。在这方面，河南省邓州市国土资源局的同志们，以"敢为天下先"的胆略与实践，为我们作出了出色的回答。现将他们的经验予以发表，供各地学习、参考。请看——

邓州市如何创新推进土地综合整治

□袁可林

"邓州市的土地开发综合整治开了全省先河！"

"这里的不少工作都充满了创新精神！"

近来，当记者采访各地开展土地综合整治情况时，无论是省厅有关处室的负责同志，还是接触到的南阳市局负责同志，人们几乎异口同声地这样称赞。

为了印证人们的评价，深秋时节，记者一行踏上了前往邓州采访的路程。在邓州，接待采访的同志向我们介绍了该市的一些基本情况，提供了一些资料，接着我们便来到了一个叫腰店的基本农田开发整理示范区。放眼望去，只见明媚阳光下，巨大的示范区横标跨路高高矗立。大田上，一处处机井房规范排列，一排排路边绿树迎风挺立，一条条水渠纵横交错。在位于腰店乡南4公里处的黑龙村，记者欣喜地看到，全村五横六纵十一条道路全部得以硬化，且安装上了造型奇特的路灯；大多数村民住上了一栋栋宽敞的两层楼房；村里新建的两委办公楼、商业超市、小学、幼儿园、文化馆等布局错落有致，村容村貌焕然一新。总之，一个"田成方、林成网、路相通、渠相连、旱能浇、涝能排”的高产高效基本农田示范区和“产业集聚、用地集约、布局优化、生态适宜、设施齐全、村容整洁、民生和谐”的社会主义新村雏形已经显现。

那么，邓州市如火如荼的喜人的土地综合整治局面是如何形成的呢?

时代在呼唤：实行土地开发综合整治势在必行

邓州市地处豫、鄂、陕三省交界处，素有“三省雄关”之说。该市地势平坦，临近著名的丹江口水库，土地肥沃。全市人口156万，是目前国内有名的“第一人口大县”，人均耕地1.56亩。近年，作为河南省改革开放特别重点试点县（市）和35个扩权县（市）之一，该市的工业化和城镇化速度大大加快，从而使工业用地矛盾比较突出。为了解决建设用地指标少的问题，搞好耕地保护，做到占补平衡，该市从2004年以来，在土地开发整理方面投入了大量人力、物力、财力。为此，他们一方面争取国家和省基本农田土地整理资金1.1亿元和农业综合开发资金4344万元，先后完成了5个国家和省级土地整理项目、13个农业综合开发项目，新增耕地7760亩；另一方面，他们在全市着力开展以“空心村”治理为重点的“三项整治”工作，全市新增耕地3.6万亩。由于创造性的工作，该市国土资源部门曾连年受到国土资源部、省厅、南阳市局和当地市委、市政府的表彰。然而与此同时，他们也发现：尽管土地整理十分重要，他们整天辛辛苦苦，但不少部门认为搞土地整理是国土部门一家的事，在实际工作中往往形成“一家干、多家看”的局面，造成了人为的力量分散；而在另一方面，随着国家支农惠农政策的不断落实，全市一年各种涉农资金大约在1亿元左右，但由于缺乏统筹，布局不统一，基本上是“各炒各的菜，各吃各的饭”，资金不能集中使用，形不成资金的叠加效应。实践使邓州市国土资源局的领导和同志们认识到：适应社会主义新农村建设大形势，将各种涉农资金捆绑使用，推行土地开发整理综合整治势在必行。令人高兴的是，当邓州市国土资源局领导同志将自己的想法和省、部一些领导的意见向邓州市委、市政府领导汇报后，立即受到了重视。市委、市政府主要领导当即指示市国土、农业、财政等部门负责同志组团前往四川和重庆等地参观。真是“不看不知道，一看开了窍”。邓州市委、市政府在认真听取赴四川、重庆考察组学习考察意见的基础上，果断决策：立即在全市推行政府主导、国土搭台、多方合作、群众参与的形式，捆绑项目，整合资金，统筹规划，实施田、水、路、林、村、房综合整治。并决定组成由市委副书记、市长刘树华为指挥长，两个副市长及两位市人大、政协副职为副指挥长，由32个部门第一把手为成员的指挥部。从而揭开了该市推行土地开发综合整治具有历史意义的一页。

现实的选择：“各炒一盘菜，共办一桌席”

认识统一了，机构建立了，接下来便是如何捆绑资金和如何选择项目的事了。

基于当前邓州市辖各部门与上级对口部门不一样、资金渠道不同这一实际，邓州市政府领导经过慎重研究，决定采取以下思路，即：渠道不变，管理不乱，集中投入，各计其功。他们认为，这样做，不改变现行的各种联系和相关规定，便于处理与现实存在的各种关系，有利于充分调动各方面的积极性。因此，当这一思路和原则宣布后，受到了各方面的欢迎与支持。

再就是慎重确定项目。为了发挥典型示范作用，力争首战必捷，邓州市政府在充分调查研究并报请上级批准的基础上，决定在位于南邓高速公路以西、邓新公路以北的桑庄、腰店两个乡（镇）建设一个土地综合整治示范区，项目规模3.1万亩，预计总投资7068万元，计划分两期3年完成施工任务。其中，一期施工任务为1.6万亩，主要任务为土地平整、农田水利、田间道路、电力、农田防护等工程。根据项目情况，全市12个涉农部门分别报请上级有关部门批准注入项目资金4701万元。其中：土地整理项目投资1300万元，农业综合开发项目投资325万元，交通部门投资806万元，农业部门粮种培肥投资400万元，农技部门投资150万元，林业部门投资120万元，水利部门投资200万元，电力部门投资500万元，教育、卫生、科技部门投资300万元，广电部门投资100万元，乡镇筹劳筹资500万元。

捆起来的资金如何确定使用，这是有关方面比较关注的话题。为此，该市明确规定：各种支农资金的来源渠道和使用方向不变。总之，要坚持“各炒一盘菜，共办一桌席”的原则，充分发挥各个方面的积极性。腰店乡黑龙村是这个示范区规划的新农村建设试点村。这个村共辖两个自然村，全村2302口人，3927亩耕地。根据通过整治后“村容村貌明显改观、生态环境明显改善、基础设施日益完善、农业产能明显提高”的总体要求，市、乡、村三级规划总投资1157.9万元。按照各部门资金的不同用途，项目指挥部明确：由国土资源部门承担涉及全村土地整理和“空心村”整治资金360万元；交通部门负责村内水泥道路建设140万元；林业部门负责规划生态林网建设，负责植树成活后为植树者发放植树资金补助2万元；科技部门负责投资太阳能建设1.4万元；电业部门负责高压线路建设80万元；农业部门负责投资种子改良、农药、化肥及机耕燃油34万元；农技部门负责购买农机补贴12万元；市委组织部、市计生委、腰店乡政府负责投资村基层组织建设活动场地24万元；文化部门和网通公司负责投资远程教育5000元；水利部门负责坑塘建设资金10万元。总之，每一个部门均按照各自不同的分工和政策许可，在共同推进项目区的建设中充分发挥自己的光和热。

截至目前，邓州市桑庄、腰店两乡镇的土地综合整治示范区已取得喜人进展。项目区内已整治自然村4个，修建宽4米高标准水泥硬化田间路33582米、生产路39108米，开挖排水沟71302米，植树6000余株，修建桥涵344座，新打机井305眼。已整治项目区新增耕地558.7亩。项目区内规划设立的高效农业区、畜牧养殖区、林果苗木花卉区、蔬菜示范基地、农副产品加工区、新农村试点以及教科文卫服务区等七个专业功能区基础配套设施已基本完成。园区内鲁大寨、辛庄、安子营、郭庄四个新农村建设点正加紧建设。放眼望去，项目区内着力打造5000亩精品区已见雏形，水泥路两旁种植的风景树亭亭玉立，田间大路旁竖立的大型标志牌，凸显了项目区的景观效果。目前，一个“田成方、林成网、路相通、渠相连、旱能浇、涝能排”的高产高效基本农田示范区和“产业集聚、用地集约、布局优化、生态适宜、设施齐全、村容整洁、民生和谐”的社会主义新农村雏形已显现出来。

成功的启示：推进土地开发综合整治必须做到“六个坚持”

毫无疑问，目前邓州市率先推行土地开发综合整治已取得了明显的阶段性成果，并在周边产生了较大的示范效应。仔细分析其成功的前前后后，人们可以得出这样一个结论：要做好土地综合整治工作，必须做到“六个坚持”。

一是必须坚持当地党委、政府的主导作用。邓州市在实施桑庄、腰店土地综合整治时，坚持由市长挂帅，亲自担任指挥长，由“四大班子”副职任副指挥长、32个部门一把手担任指挥部成员的做法，事实证明是非常必要，也是非常得力的。市领导既挂帅，又出征，在项目进行中曾几次召开多部门办公协调会议，明确各项工程进度、质量、资金和管理等环节，督察解决遇到的各种困难和问题。在邓州采访时，该市国土资源局的一位负责同志称：“如没有市委、市政府主要领导的亲自过问，涉及这么多的部门和资金是难以捆绑在一起的。”

二是必须坚持注意发挥国土资源部门的主力军作用。无数事实表明，无论是从土地综合整治和新农村建设的重要内容上看，还是从投入的涉农资金数额来看，国土资源部门都是充当主力军的。因此，当地党委和政府在土地综合整治方面对国土资源部门寄予厚望是顺理成章之事。各级国土资源部门应充分认清自己肩上的重任，迎难而上，顺势而为，努力把土地综合整治工作抓紧、抓实，抓出成效来。在这方面，邓州市国土资源局的同志们是这样想的，也是这样做的。他们以自己的创新实践为各地树立起了一面旗帜。

三是必须坚持做好统一规划，分步组织实施。邓州桑庄、腰店土地综合整治项目，在实施前，市政府就组织相关部门专业技术人员及乡、村、组干部和代表广泛参与，深入实地进行现场踏勘，依实际现状规划设计实施方案。规划方案包含村庄整治区、中心集镇整治区、现代农业观光区、小集镇建设区、中心村建设区和滩涂开发整治区等。在规划中，坚持以土地整理项目区建设为主题，围绕改善农村居住环境，增加耕地数量，提高耕地质量，充分挖掘土地资源潜力，综合考虑田、水、路、林、村、房，统筹生产、居住和生态用地，科学划定整治区域和项目单元，打造高效农业和新农村建设的综合性示范区。然后，按照批准的规划，一一加以认真落实。

四是必须坚持严格的项目管理，努力打造精品工程。由于在土地综合整治中融入了社会主义新农村建设的多项内容，从一定意义上讲，推进农村土地综合整治工作，既有重大的经济意义，更有着重大的政治意义。因此，切实加强项目各种管理，包括严格工程招标、工程监理、质量监督、设计变更、资金监管等环节，是十分必要的。一年多来，邓州市的土地综合整治工作进展比较顺利，就是与他们精于管理分不开的。

五是必须坚持以民为本，充分相信和依靠群众，走群众路线。为此，他们在项目实施过程中，坚持把尊重农民群众的意愿放在首位，充分保障农民群众的知情权、参与权和财产处置权。并注意采取三项措施：一是采取灵活多样的形式，做好对群众的宣传工作，让群众明白土地综合整治是惠民政策的具体体现，是为民所办的实事好事。该市明确规定，所有项目都要严格按照“四议两公开”的要求进行，凡列入新农村规划的村庄，必须得到90%以上的村民同意。否则，暂缓进行。不能急于求成，或者包办代替。二是明晰产权，让群众放心。项目建设内容确定后，就及时制定政策，对机井、防护林等产权进行拍卖、租赁和承包，把产权和经营权交给群众，把工程变成群众自己的工程，让群众吃上“定心丸”。三是让群众参与，给群众以实惠。在项目施工中，为了充分调动农民群众参与基本农田建设的积极性，市、乡两级政府精心制订施工方案，及时协调解决当地通行、灌溉、排涝、新农村建设综合公益基础设施配套工程等实际问题，想方设法便利农民群众的生产生活。比如，市里规定，项目区的土方工程、挖掘工程、边沟、植树工程等均由当地群众参与实施，这样既让群众在项目实施过程中得到实惠，又为项目施工创造了良好的施工环境，保证了项目顺利有序地开展。

六是必须坚持多项结合，促进统筹发展。实行土地综合整治几乎涉及农村工作的方方面面，以及各项事业发展的前前后后，因此，必须坚持多元思维，做到统筹兼顾。在具体工作中，要十分注意土地综合整治同新农村建设密切结合，精心规划居民点布局，鼓励农民向新型社区集中，对布局分散的自然村逐步拆除复垦；要十分注意土地综合整治同农村基础设施配套建设密切结合，做好项目区内道路、给排水、电力、电信、有线电视等设施的规划和建设工作；要十分注意综合整治同产业发展密切结合，鼓励农业适度规模化经营，鼓励农民将农地承包权向种植大户、农产品生产、加工和经营的“龙头”企业流转，大力发展彩棉、蔬菜等高效种植业；要十分注意综合整治同城乡建设用地增减挂钩密切结合，促进城乡土地的优化配置。只有这样，方能取得良好效果。这是邓州市开展土地综合整治工作带给我们的珍贵启示。

（本文获《资源导刊》2009年度“好文章”通讯类一等奖）

编者按 努力做好平安建设，破解信访难题，构建和谐国土，这是摆在各级国土资源部门面前必须回答的重要课题。在这方面，南阳市国土资源局转变思想，创新实践，做了有益的探索。他们通过构建信访工作大格局的做法，迅速摆脱了被动，使全局出现了“工作成绩提升，群众信访下降”的良好局面。其做法很有推广价值。我们衷心希望能看到更多这样的报道。

南阳：四招奏响和谐乐章

——来自南阳市国土资源局构建国土信访大格局的调查

□袁可林

严峻现实引出的话题：构建国土信访大格局势在必行

让我们把关注的目光投向豫西南，投向风光秀丽有中华大地脊梁之称的伏牛山，投向古城——南阳。

或许你知道，南阳市古称“宛”，现辖1市10县2区，面积2.66万平方公里，人口1100余万，有全国第一人口地级大市之称。自从1948年11月4日，南阳市回到人民怀抱之后，这里的工农业生产日新月异，人民生活水平不断提高，作为“中原粮仓”，南阳对全国粮食安全的贡献也越来越大。但是，近年来，随着当地城镇化水平的突飞猛进和经济建设的飞速发展，因土地问题引起的群众信访量也越来越多。据统计，时至2007年，全年到市县国土资源局上访群众达上千批次和3000余人次，约占南阳市信访总量的20%。大量的信访案件，错综复杂的难题，一度引起了上级领导的高度关注，国土资源管理工作面临着严峻挑战。然而，面对这种情况，当地个别同志仍不以为然，说什么“南阳是全国第一人口地级大市，人多、事稠，历史积怨沉重，信访量大在所难免”。这一情况引起了刚刚到任的市国土资源局局长包建铎和全体班子成员的沉思：执政为民，维护群众合法利益，这是国土资源管理工作的出发点和归宿点，现在问题这么多，如不予解决，我们还有什么脸面去面对上千万南阳父老乡亲。至于人多事稠与群众上访量大没有必然联系，只要我们坚持依法行政，真心为百姓办事，再加上方法得当，就没有办不成的事、跨不过的坎。

在充分调查研究和请进来、走出去学习外地先进经验的基础上，局党组一班人形成了破解难题的共识：那就是面对严峻的现实，必须调整思路，变“社会性问题一家管为社会性问题大家管”，争取将涉土信访纳入地方党委政府信访“大盘子”，着力破解涉土信访难题。认识统一后，他们主动向南阳市委、市政府领导汇报，得到了充分重视和支持。

“四不四坚持”，让国土信访大格局充满活力

为了将涉土信访大格局落到实处，从2008年初以来，该局在实际工作中，注意抓了四件事：

一是在组织上不搞“领导只挂帅不出征”的作秀文章，坚持确立“领导抓、抓领导”，实行“全员信访机制”。通过反思以往的经验教训，该局的领导清醒地认识到，过去一些单位的信访工作之所以搞不上去，从根本上讲是在思想上没有树立“抓好国土资源工作是政绩，做好国土资源信访稳定工作也是政绩”的理念，因此尽管口头上也强调领导挂帅，但是往往是“只挂帅，不出征”，遇事推着走，绕着行，结果是老案结不了，新案又出现了，十分被动。针对这一情况，南阳市局决定，从自身做起，坚持“领导抓、抓领导”，务必把信访工作搞上去。该局局长包建铎首先身体力行，仅在2009年一年，他就亲自主持10余次不同规格和范围的信访专题会议，集中解决若干重点问题。与此同时，班子其他成员则实行“一岗双责制”，在抓好分管工作的同时，抓好分管领域的信访工作。由于全系统上下齐心协力抓信访，大大提高了信访案件的处理效率。据统计，近两年来，该局先后受理督办、转办、交办各类案件355件，全部按期结案，做到了件件有落实，事事有回音。

确立“领导抓、抓领导”的信访责任制，尤为重要的是把坚持执政为民的理念和规范依法行政行为，做到公正、公平，力争从源头上避免信访案件的产生。基于此考虑，该局自2008年以来，认真做了三件大事。首先是在征地补偿问题上，坚持就高不就低，多给老百姓办实事、办好事。比如，该市在办理某高速铁路征地时，按照市中心原有标准最高每亩可补偿4.6万元，但在国土资源部门努力争取下，提前使用新的区片标准使每亩达到7.2万元，仅此一项，就使当地农民多收数亿元。其次是在用地和矿业权审批时，严格把关，不仅要看用地项目是否符合国家产业政策和节约用地要求，还要看给被征地百姓的经济补偿及安置是否合理、资金是否到位，是否照顾了当地老百姓的利益，从源头上为老百姓把好关。再次是充分尊重群众意见，即使对群众有益的事，如果群众一时不理解，那就深入细致做好思想工作，等群众意见统一之后再去做。邓州市桑应镇陈堂村，在进行村庄整治时，曾围绕一条道路是否取直尽管多数人意见一致，只有一户有意见，村干部也不简单搞“少数服从多数”，而是不嫌麻烦，连续21次到这家征求意见，商谈解决办法，最终使问题得到了圆满解决。这样，不仅有效增加了老百姓对政府的信任，又从根本上大大减少了信访案件的产生。

二是在工作上不搞“单打独斗”，坚持将国土资源部门信访工作纳入当地政府的“大盘子”，实行“政府主导、部门联动、齐抓共管”。这个局领导班子在分析以往信访案件时，发现不少信访案件往往是因当地基层政府违法用地引起的，因此，为了使信访工作做到更有针对性、更加及时有效，他们主动向市政府领导汇报，建议市政府出台了《关于建立国土资源违法案（事）件处理情况定期报告制度的通知》，由各县市区政府定期向市政府报告当地违法案件处理情况，这样既强化了地方政府的责任，分解了国土部门的压力，又有效遏制了因土地违法导致信访攀升的势头。自2009年开始，他们又报请市政府同意将涉土信访纳入各县市区政府工作责任目标，并且层层签订目标责任书。同时，又进一步明确了国土资源部门与包括公检法部门在内的各有关部门的信访责任。这样，就使全市很快形成了政府主导、社会参与、部门联动、齐抓共管的涉土信访工作大格局。在具体工作中，他们还注意狠抓落实。

根据市政府的统一安排，一年中曾几次对各县市区涉土信访适时进行督察、讲评，下发督察通报，提出整改意见。随着一件又一件信访案件的解决，有力促进了当地的社会稳定与和谐。

三是在方法上不搞“眉毛胡子一把抓”，坚持统筹兼顾，突出重点，注意公正、公平。实践表明，国土资源管理工作的重点服务领域也往往是群众上访案件的高发、多发区，因此，这个局近年来将该局的信访重点结合工作明确为四个方面。首先是围绕国家和当地重大建设项目的服务保障工作，特别是在土地征用方面，自觉维护好被征地农民的权益。为确保补偿安置费用及时足额到位，该局两年来十分注意，严格执行征地区片保护地价，合理提高社会保障费用；同时强调凡存在信访问题的坚决不组织报件，群众补偿不到位，坚决不进行征地。从而，有力维护了群众利益，减少了信访案件的出现。其次是围绕市区城中村改造和新农村建设开展信访预防工作，把各种可能产生的问题消灭在萌芽状态之中。比如，邓州市近年先后启动了1853个自然村的村庄整治工作，尽管涉及数十万农民的利益，但由于工作细致，运用了“四议两公开”方法，全市基本没有出现一起大型群体上访事件。再次是围绕做好集体土地及宅基地遗留纠纷调处等工作，努力化解老矛盾，避免新纠纷。在这方面，新野县国土资源局配合县政府转变作风，通过变被动接访为主动向下接访、超前介入，重初访、重协调、重化解，使该县发生的68起农村集体土地产权纠纷，经协调解决36起；立案调处32起，结案率达到100%。此外，他们还注意围绕国家和当地的一些重大活动做好重点时段的信访工作，通过“全天候”接访和“日碰头”制度的实施，严防死守，避免了重大恶性信访案件的产生。

努力做到公正、公平，尽可能避免信访案件的出现，这是南阳市国土资源局在国土资源管理工作中十分注意的问题。为此，近年来，他们不仅在土地市场和矿业市场严格实行了招拍挂制度，而且在局内建立了由信访部门参加的预审制度，努力将公正、公平思想贯穿到各个方面。比如，这个市在进行全国第二次土地调查时，原预算全市需要资金2.6亿元，但通过对省内外有资质的86家地测单位进行招标，最后确定了45家参与调查，由于整个招标过程公开、公正，大家比较信服，结果，不但按时保质完成了调查任务，而且还节约资金达1.3亿元，受到了广泛好评。

四是在作风上不搞一味“坐等上访”，坚持“主动下访”，尤其是注重构筑乡村信访前哨阵地，建立健全从市到村四级执法、信息网络。南阳市国土资源局“一班人”从实践中认识到，转变作风，变“坐等上访”为“主动下访”，努力把各种信访案件消灭在萌芽状态之中，对做好信访工作十分重要。因此，近年来，他们在努力转变机关员工作风，坚持深入基层调查研究的同时，还把构筑信访前哨阵地，做好乡镇国土所及村级土地协管员队伍建设工作当做大事来抓。这个市现有乡镇国土所211个，由于种种原因，国土所的硬件和软件建设进度一度较慢。为此，从2009年开始，市局报请市政府批准，将全市国土所规范化建设纳入各县市区政府目标考核体系，使建设进度大大加快。截至2009年底，全市已投入资金8000万元，211个国土所中已有160个有了独立的办公用房，达到了规范化建设的标准，为充分发挥国土资源管理工作“桥头堡”作用奠定了良好基础。与此同时，他们还按照上级要求，在全市组建了一支有4404个村级土地协管员参加的村级土地协管员队伍，从而使市县国土资源管理部门安上了“千里眼”、“顺风耳”，做到了问题早发现，有事早解决，充分发挥了“信访流动前哨”的应有作用。这个市的唐河县信访形势一度严峻，但近两年来，通过加强乡镇国土所及村级土地协管员队伍建设，使不少信访难题一一得以化解，全县群众涉土信访量2009年同2007年相比，在上访批次和人次方面分别下降了47%和38.2%，全局出现了“工作成绩提升，群众信访下降”的良好局面。

实施结果：国土信访大格局带来满园春色

两年多来，南阳市国土资源局通过转变思路，努力构建信访大格局，不仅使涉土信访量大幅下降，而且有力地带动了其他工作，使全系统各项工作出现了满园春色的喜人局面。请看——

全系统2009年群众信访量总批次和总人次分别比2007年下降了34%和48%，涉土信访案件占全市总量由2007年的20%下降到2009年的15%，被河南省国土资源厅授予信访工作先进单位。该市的新野县信访工作更是大步走进全国先进行列，其经验在全国会议上得以推广。

耕地保护工作成绩突出。全市建设项目全部做到了先补后占，连续11年实现了耕地占补平衡，全市粮食连年实现了超百亿斤，为国家粮食安全作出了重要贡献。尤其可喜的是，该市所属的邓州市在全国率先将各种涉农资金捆绑使用，全面开展土地综合整治，既有效增加了耕地面积和提升了耕地质量，又大大推进了新农村建设，受到了国家有关部门的充分肯定。

全市节约集约用地亮点纷呈。仅2009年一年，全市就盘活存量建设用地8670亩，新建标准厂房80万平方米。同时，在市区土地管理上实行“大储备”战略，由市委、市政府主要领导挂帅，统筹全市的土地储备工作。据统计，仅2009年一年，全市国有存量土地出让价款就达27.6亿元，有力支持了全市城市建设发展。

全市地质整装勘查喜结硕果。该市在地质勘查和矿产开发上，果断采取有进有退战略，为全市推进地质整装勘查创造了有利时间和空间，大大促进了地质找矿工作。该市的唐河县找到了一处大型铜镍矿，被列为全国十大找矿发现之一。

国土执法监督网络进一步完善。随着全市从市、县、乡到村四级执法网络的“无缝对接”，动态巡查机制进一步完善，全市2009年的土地违法违规案件宗数比2007年有大幅度下降。全市依法管地、用地步入了良性循环轨道。

（本文获《资源导刊》2010年度“好文章”通讯类一等奖）

春风迎来艳阳天

——来自漯河市围绕“三早”创新土地执法机制的调查

□袁可林　刘云召

让我们把关注的目光投向处处生机盎然的河南省漯河市。

近年来，随着国土资源管理事业的日益深入，该市的耕地保护出现了日益规范，土地违法案件呈现连年下降的喜人局面。据统计，在2009年比2008年在违法占地宗数、占地面积分别下降了43.2%和89.6%的基础上，2010年上半年与上年同期相比，全市土地违法宗数和占地面积分别又大幅下降了67%和47.5%。更为可喜的是，该市的郾城区和经济开发区，2010年上半年率先在全市实现了“违法用地零发生”的创新性目标，创造出了令人称叹的奇迹！

“问渠哪得清如许，为有源头活水来”。漯河市土地执法工作为什么能够取得如此骄人成绩？在采访中，当记者问起这其中的奥妙时，市国土资源局局长李新祯介绍说，关键是我们立足一个“早”字大做文章，努力构建“早发现、早报告、早处置”的土地执法网络，产生了良好的结果。谈起几年来走过的历程，他告诉记者——

闪光的经验与沉重的现实引出的话题：建立土地执法“三早”机制势在必行

在漯河市国土资源管理史上，2006年和2007年是一个有着辉煌纪录的年份，是值得大书特书的年份。因为在这段时间内，享誉全国的彻底告别“秦砖汉瓦”的河南省砖瓦窑场整治就发起于此。

人们至今尚清楚地记得，2006年4月20日上午，在该市的召陵区，有上千公安干警、武警战士参加的砖瓦窑整治动员会议上，随着河南省副省长张大卫的一声令下，一座座高大的窑场烟囱在轰鸣中倒在了地上。

据统计，时至2007年底，该市共拆除各种规模砖瓦窑场377座。为了拆除这些砖瓦窑场，仅根据2007年4~6月统计，全市各县区就出动国土、公安、法院、纪检、环保、电力等单位人员7000余人次，各种车辆1000余台次，费力费时之大是显而易见的。虽然这是件功在当代、利在千秋的大好事，但给当地当年财政和窑场主造成的直接经济损失不下40亿元。执法的难度之大和执法的成本之高，人们不难想象。另一方面，在2007年该市的查处各类土地违法案件中，其中拆除违法占地建筑27处，涉地26亩，拆除地上建筑物1.9万平方米。为了拆除这些用大量资金堆积而成的违法建筑，当地每次都动员组织了大量人员和推土机等装备参加，付出了较大的执法成本。

这两件事，对当地政府和国土资源部门领导都触动很大。现实促使他们在思考这样一个问题：能否建立这样一种机制——即把各种土地违法案件尽可能消灭在萌芽状态，一方面尽量避免人民群众产生的不应有的损失，另一方面又把执法成本降低到最低点？答案显然是肯定的。根据市政府领导同志的要求，市国土资源局党组决定：全市要围绕“土地违法零发生”目标，努力构建“早发现、早报告、早处置”的长效执法体制。从而，揭开了漯河市国土资源管理新的一页。

坚持顶层设计，实行关口前移，从多个侧面构建“三早”执法保障体系

漯河市国土资源局党组一班人的意见，得到了漯河市委、市政府的高度重视与支持。为此，从2008年初开始，该市国土资源局围绕“三早”（即早发现、早报告、早处置）和土地违法案件零发生的创新目标，先后采取了四项有效措施。

一是抓队伍建设，构建执法网络。为此，漯河市国土资源局先是报请市委、市政府批准，将市国土资源监察大队由原来的科级升格为副处级的监察支队，人员由原来的编制12人增加到17人。同时，由各县（区）局充实与加强了各县（区）执法监察大队。此外，明确各乡镇国土资源所实行“一岗两责”，在履行其他职能的同时，行使执法监察中队的责任。

在此基础上，该市局制定了全市土地执法监察动态巡查办法，建立健全了相关制度，明确了市、县区和乡镇三级执法网络各自的职责分工。其中，各乡镇的职责主要是及时发现违法苗头，县区局的职责是制止和查处违法案件的出现，市局的职责是帮助县区局制止和处置土地违法案件。为了将“早发现、早报告、早处置”落到实处，市局明确要求，乡（镇）所在违法用地出地基之前必须发现，并在1小时内报告县区局；县区局必须24小时内到达现场制止；市局接到县区报告后，必须在24小时内与有关部门一同前往现场制止。否则就被视为失职，就要受到应有处理。

二是将执法关口前移，切实加强乡镇国土资源所建设。大量事实证明，乡镇国土资源所是国土资源执法的前沿阵地，它的职能发挥如何，事关耕地保护大局。为此，他们在乡镇所建设上着重做了四件事。其一是千方百计改善各乡镇所的办公用房条件，为各所配备一至两辆执法用车，以及电脑、照相机等必备用品。其二是改变以往为乡镇所下达经济罚没指标的做法，鼓励各乡镇所把心思集中放在土地执法上，努力提高执法水平。其三是严格奖惩制度，将乡镇所执法任务完成情况与年终评奖、考核挂钩。局里明确规定，各乡镇所凡年终责任目标能够按时完成的，执法经费全发；连续2年完不成目标任务的乡镇所，所长撤职；连续3年完不成任务的乡镇所，全体人员待岗半年。其四是按照“局聘所管”的模式，各县区普遍建立起了国土资源协管员队伍。为使其充分发挥作用，各乡镇所还根据各自不同情况，建立起了一套行之有效的管理办法。这些土地协管员，由于深植广大百姓之中，与群众关系密切，对身边发生的土地违法苗头，往往能及时发现，并予以劝阻。对于他们不便和不好处理的问题，则报告乡镇国土所派人解决，等于为国土资源部门安上了“千里眼”。据统计，由于各乡镇所的及时报告，2009年全市有65起土地违法案件在未形成规模时就及时得以制止，使129.59亩耕地免遭非法占用。

三是建立政府领导下的共同责任机制，实行部门联动。大量事实表明，土地管理涉及方方面面，要做好此项工作，将耕地保护落到实处，必须坚持政府挂帅、国土参与，实行部门联动。基于这一考虑，近年来，遵照漯河市政府领导同志的指示，该市首先是于2008年建立了由公、检、法、监察和国土等部门参加的土地执法联席会议制度，即根据各自职责分工，重申了市政府各部门的责任。例如，市电力部门按照职责分工，仅在2010年上半年，就在接到国土资源管理部门土地执法通报以后，关闭了7个违法用地户的用电。其次是由市委组织部、宣传部会同国土资源局，对全市县乡村干部普遍进行了国土资源有关法律法规知识的业务培训。最后，为了解决国土资源部门执法难的问题，经上级批准，漯河市公安局成立了由7人组成的国土资源公安室。据介绍，为了配合全国第9次卫片执法检查，该公安室先后依法传讯了27人，并刑拘5人，从而有力促进了卫片执法的顺利进行。在市政府的领导下，各个部门对土地执法齐抓共管，不仅大大提高了土地执法的公信力和集合力，使土地由原来的“一人管、大家用”变成了“大家管、大家用”，而且形成了良好的社会氛围，使国土资源管理步入了良好的发展轨道。

四是启动约谈、问责机制，确保“三早”要求实施到位。漯河市政府和市国土资源局的领导从实践中体会到，建立“三早”的土地执法机制再好，也得靠各级干部去落实。如果不狠抓落实，再好的制度也没有用。为此，该局会同市纪委、监察局于2009年3月，联合出台了《漯河市乡、村两级违反土地管理规定行为责任追究办法》。这个《办法》自实施以来，该市先后约谈县区及乡镇领导9人次，约谈村党支部书记20人，在乡村干部中引起了较大震动。例如，去年年中，该市召陵区万金镇，对在镇政府所在地的路两旁私建门面房一度屡禁不止，市区国土资源部门前去制止未能奏效。为此，市监察、公安、国土三部门共同启动了约谈机制，在某日下午约谈了当时在家主持工作的镇人大主席，当天晚上镇里便召开了镇领导班子成员会议，做出了停建决定，第二天乱建门面房的问题便得以解决。与此同时，市国土资源局按照要求启动了内部约谈机制。2010年5月，针对所辖两县违法占地较多的情况，市局领导和有关人员对两县局领导进行了警示性约谈，并对两名工作不力的乡镇国土资源所所长分别给予了撤职和警告处分，有力地促进了两县工作的进展。如今，这种动真的、来硬的约谈机制，犹如一股强劲东风为当地土地执法注入了强大动力。当地一些乡村干部每谈起此，就说：“耕地保护是件严肃的事，再也不能不当回事了。”

漯河市构建“早发现、早报告、早处置”土地执法机制带给人们的启示

从2008年起，漯河市围绕土地执法“早发现、早报告、早处置”构建长效机制，至今已两年零七个月了。两年多来，他们通过不断完善实施细节，执法框架已愈来愈清晰，方法已愈来愈娴熟，效果已愈来愈显著。最突出的一点是，各地土地违法苗头发现较快，在尚未有较大资金投入的情况下使之得以处理，且执法成本小，社会舆论反应较好。另一方面，对改善国土资源部门形象，密切联系群众也产生了良好作用。

显然，它给人们带来的启示是多方面的，但记者认为，其中有三点尤其值得人们注意：

其一，无论什么事情都需要创新，同样，建立土地执法长效机制也需要创新。漯河市国土资源局围绕力争土地违法案件零发生的目标，以落实“早发现、早报告、早处置”的“三早”为着力点，整合各种执法手段，力求把各种土地违法苗头消灭在萌芽状态，具有创新性意义。其做法具有较大的推广价值。

其二，建立约谈、问责机制是做好土地执法的关键环节。漯河市国土资源局及有关部门，从实际出发将约谈机制扩展到乡、村干部之中的做法，不失为对上级有关规定的创新与完善。事实充分表明：约谈机制是个宝，土地执法离不了。

其三，无论何时何地都要坚定执法信心。时下，当一些人常为土地违法现象大量出现而心存担忧的时候，漯河市国土资源局的领导同志却自我加压，向市政府承诺了一个创新性目标：力争实现土地违法零发生。这是一种何等的气魄和胸怀。他们用自己的实践向世人宣告：只要从“早发现、早报告、早处置”的“三早”着力，整合好各相关手段，就一定会在实现“土地违法零发生”目标的前进中不断创造出喜人成绩！

（本文获《资源导刊》2010年度“好文章”通讯类一等奖）

面对地灾险情，国土人冲锋在前

——河南省国土资源系统抗洪防灾救灾纪实

□张永强 谷西甫 赵福海 吴瑞方

从7月23日夜里开始，一场特大暴雨突袭我省豫西南山区，引发了山体滑坡、泥石流、地面塌陷等地质灾害，仅栾川县就引发地质灾害点和地灾隐患点多达上百处，严重威胁着当地居民正常的生产生活。似乎一夜之间，美丽的豫西山川，失去了往日的温情。

哪里有险情，哪里就有国土人。面对地灾险情，河南省国土资源系统干部职工挺身而出，冲锋在前，为保障灾区群众生命财产安全全力以赴，谱写了一曲国土人防灾救灾之歌。

未雨绸缪 部署早反应快

河南省委、省政府和河南省国土资源厅对地质灾害防治工作一直高度重视，多次召开地质灾害防治工作会议，对防灾督促检查、气象预警预报、群测群防体系建设等进行全面部署。在前不久召开的全省突发地质灾害应急防治指挥部扩大会议上，张大卫副省长强调，各级各部门要克服麻痹思想和侥幸心理，保持高度警惕，采取有效措施，切实做好汛期地质灾害防治工作。

今年5月，在登封市召开的全省地质灾害防治工作会议，要求各地以“十有县”建设为抓手，强化责任，加强监督，创新机制，加大应急能力建设和宣传培训，全力做好地质灾害防范工作，确保国家和人民生命财产安全。

在7月21日召开的全省国土资源管理工作座谈会上，张启生厅长再次强调，我省已全面进入“七下八上”主汛期，地质灾害防治形势十分严峻。他要求各级国土资源部门要建立严格的责任制，进一步完善地质灾害群测群防体系，把新发现的危险性较大的地质灾害隐患点及时纳入群测群防体系，完善地质灾害应急中心和地质灾害应急专家队伍建设，进一步提高防灾应急能力。

豫西特大洪水灾害发生后，河南省国土资源厅迅速派出6个专家组20余人到栾川县开展灾后地质灾害普查工作，以全面查清栾川境内的所有地质灾害点、隐患点，划出地质灾害易发区，健全群专结合的监测网络，有计划地开展地质灾害防治，减少灾害损失，有效保护人民群众生命财产安全。

伊河岸边　国土人抢险在前

伊河发源于熊耳山南麓的栾川县，流经嵩县、伊川，穿伊阙而入洛阳，东北至偃师注入洛水。

7月23～24日，栾川县境内遭受百年不遇的特大暴雨，昔日温柔的伊河水似脱缰的野马，冲出堤岸，席卷两岸，给栾川人民造成了巨大的生命财产损失，特别是沿伊河的乡镇陶湾、石庙、赤土店、庙子、潭头等灾情严重，大量农田被毁。

灾情发生后，栾川县国土资源系统干部职工冲锋在前，迅速投入抗洪抢险第一线。

栾川县国土资源局领导在第一时间做出反应，迅速投入抗洪救灾。在东河桥头，县国土资源局副局长李毅中亲临现场指挥抢险，组织群众撤离，排除险情，直到24日下午4点钟，洪水消退才离开东河大桥。

相比其他乡镇，潭头镇受灾情况比较严重。在洪灾到来后，潭头国土资源所全体人员迅速投入抗洪救灾第一线，每天平均休息不足五个小时，走村串户查看灾情。期间，潭头所工作人员多次中暑，但他们没有因此而停下工作。所长尚伟因为劳累过度高血压多次发作，副所长张新伟县城家中一楼大量进水，但为了抗洪救灾他们始终坚持奋斗在救灾第一线。

灾情发生时，栾川县地矿局全体防汛值班人员不顾洪水吞噬家园，严守工作岗位，无一人脱岗。

24日上午9时，伊河水位暴涨，洪水殃及两岸居民及商户。地矿局局长魏敏强，副局长宇洁、冯保才，纪检组长张文伟等，带领防汛工作组人员冒雨赶到分管的防汛河段，疏导周边群众及过往人员，在倾盆大雨中坚守到下午4点多伊河水位退去，才陆续撤离。由于出动及时，确保了该河段无人员伤亡事故发生。

地矿局党支部副书记、城关站站长常献法家里一楼被淹，他把年迈瘫痪的老父亲转移到安全地点后，顾不上清理屋里的淤泥，就带领同志们对辖区地质灾害隐患点逐一进行排查；潭头矿管站站长崔茹良顾不上自家房屋和妻子开设的服装店被洪水淹没，坚守岗位，抢险救灾……

特大洪涝灾害后，栾川县地矿局领导严密部署，立即组织7个工作组，克服交通受阻困难，深入灾区一线，察看全县各地质灾害点，采取超常举措应对灾情。在三天时间里，他们对全县25处地灾点逐一进行了隐患排查、预防监控、协助组织撤离等工作。对排查中新发现的15处较大地灾点，工作组配合当地政府逐个核实监测人员及联系电话，对新增的地灾点建立了避灾防灾明白卡并落实了监测人。同时，对监测人员进行相关知识再培训，进一步提高了监测人员对地质灾害的预警监控能力。

特大洪水　卢氏局有备无“患”

7月23日夜11时至24日下午1时，卢氏县普降特大暴雨，继2007年“7·30”特大洪水灾害之后，又一次遭受特大洪水灾害，14个小时局部降水量达到250毫米（“7·30”最大降雨量186毫米），全县19个乡（镇）全部受灾。

然而，在这次特大洪灾中，全县地质灾害隐患点没有出现人员伤亡和涉及地质灾害方面的重大财产损失。可以说，卢氏县国土资源局应对特大洪水灾害是因为有备方能如此无“患”。

多年来，特别是2007年卢氏发生特大洪水灾害以来，各级政府和国土资源管理部门领导高度重视地质灾害防治工作，每年汛期前都要组织专家深入各隐患点进行检查督导。今年6月28日，河南省国土资源厅副厅长杨士海深入卢氏检查指导地质灾害防治工作，对每一个重点隐患区进行了实地踏勘，现场提出整改要求。

7月23日下午，接到市国土资源局和县防汛指挥部预警通知后，县国土资源局立即通知县地质灾害防治工作领导小组成员单位以及各矿管站、土地所、矿山企业做好预警宣传、动态监测、疏导群众和应急抢险准备工作。24日凌晨2时40分，张寿西局长根据雨情雨势立即发出指令，启动地质灾害应急抢险预案，成立抢险救灾突击队，由局领导带队，分为7个小组，深入19个乡（镇）开展灾情调查和抢险救灾工作。

各矿管站24日凌晨3时接到县局通知后，立即进入疏导群众和抢险救灾战斗状态。五里川站站长李庆华一方面安排值班人员通知辖区三乡（镇）地质灾害点监测员和矿山企业尽快组织人员撤离，一方面组织人员冒雨用手摇警报器引导河道附近群众撤离，疏散河道两岸看洪水人员；城郊中心矿管站站长赵小俊早着手、早安排，汛前通知洛河采砂户停止作业，撤出洛河，并于23～24日在洛河沿岸分班不停巡回督导检查……

正是因为有了之前到位的工作和充分的准备，才使得在这次特大洪水灾害中，卢氏县地质灾害点没有人员伤亡和重大财产损失。

形势严峻　国土人严阵以待

面对高温和强降雨等极端天气频繁，地质灾害频发、高发的严峻形势，河南省国土资源厅采取了多项紧急措施，进一步加强当前主汛期地质灾害防治工作。

7月26日，河南省国土资源厅印发了《关于进一步加强汛期地质灾害防治工作的紧急通知》，要求各地将因强降雨引发的新地质灾害隐患及时纳入群测群防体系，落实防灾责任人和监测责任人，制订防灾预案，公示地质灾害防治责任单位、责任人、监测人的联系电话等。从7月27日起建立地质灾害日报告、零报告、速报告制度，进一步完善工作制度，各级各地国土资源部门从7月27日起每日12时前及时报告地质灾害发生、发展信息。

省厅要求，认真落实负责人带班的24小时值班制度，值班人员必须现场值班，不得脱岗，不得将值班电话转移到手机上，值班电话和地质环境管理人员、应急中心工作人员手机应保持24小时畅通。

同时，省厅成立6个督导组，分别由厅领导带队，对全省14个有地质灾害防治任务的省辖市和重点县进行督促检查。

7月28日，张启生厅长亲自带队，首先来到登封市告成镇苇园沟村地质灾害隐患点检查。该村一组居民区住宅后山体于7月25日发生裂缝险情后，当地相关部门立刻启动了应急预案。当地负责人介绍情况后，张启生关切地询问："该处地质灾害隐患涉及多少户家庭？群众转移了吗？他们的生活怎么办？我们的相关部门下一步如何跟进？"当听到当地负责人回答"该处17户居民已全部转移，生活均已妥善安置，相关部门对隐患点实行24小时监控，后续治理工作均已全面展开"后，张启生厅长满意地点点头。

在登封市白坪乡煤窑沟村，为看清地质灾害隐患点全貌，张启生一行不顾山路的陡峭崎岖，一口气爬到了山顶。张启生一再叮嘱有关部门：无论什么时候，都一定要把群众的生命财产安全放在第一位，地质灾害监测部门一定要组织力量实行24小时巡查，决不能放过任何一处险情。

同日，省国土资源厅其他厅领导也分别按照划分区片，分赴各地，到全省各个地质灾害隐患点进行现场督导。

与此同时，全省国土资源系统也都绷紧了地质灾害防治这根弦，采取多种措施，严阵以待，随时应对可能发生的地质灾害。

针对持续强降雨，地质松软易发地灾的实际情况，新县国土资源局立即启动地灾隐患紧急排查预案，全局派出4个工作组，分赴各乡镇和城区排查地灾隐患，共排查出山体滑坡2149处，泥石流56处，塌方244处。

7月下旬，沁阳、灵宝、修武等县（市）相继进行地灾防御应急演练，切实提高了各级各部门地质灾害应急指挥和抢险保障能力，增强了辖区干部群众群测群防、防灾抗灾意识。

（本文获《资源导刊》2010年度"好文章"通讯类一等奖）

“特殊赠匾”与它诠释的三个W

——记洛阳市国土资源局局长丁新务

□袁可林

日前，在刚刚到任的洛阳市国土资源局局长办公室里，多了一块“赠匾”。由于赠送方式和赠送人身份的特殊，在当今现实生活中极为少见，所以被人们称之为“特殊赠匾”。

匾的形状、大小与常见奖牌差不多，黄底红字，唯一不同的是赠给个人的，而不是通常的集体。匾上写着：“赠丁新务同志：执政为民服务发展，开拓创新保障有力。”落款是：“中共焦作市委、焦作市人民政府”。时间是：“2011年3月”。知情人介绍说：这是焦作市委书记路国贤几经斟酌后，经四大班子合计，由市委秘书长安排连夜赶制的——因为焦作市国土资源局局长丁新务已调任洛阳市国土资源局局长，立刻就要走马上任。很显然，内中蕴含着焦作市委领导同志的一片深情与难舍难分之意。

“一石激起千层浪”。“特殊赠匾”的出现，立即在河南国土资源系统，在焦作、在洛阳，引起了人们的广泛热议：

有的说，一个地方的领导为离任的下属“赠匾”，或许只在反映历史的电影等文学作品中出现过，而在当今年代，实在是太少见了，是件稀罕事。

也有的说，“赠匾”是对丁新务在焦作几年任职工作的充分肯定。君不见，在2007~2010年短短四年间，焦作市局先后获得了市级及其以上的表彰与奖励就达61次，其中以焦作市委、市政府名义表彰的有23次，以省国土资源厅名义表彰的有12次，以河南省人民政府和国土资源部名义表彰的有4次。这其中，尚不包括该局曾两年在全省18个省辖市年终考核总分第一，省厅党组曾发文号召向他们学习的事。

还有的说，时下，随着土地和矿产资源在国民经济发展中的位置显著，国土资源管理任务艰巨而又光荣，国土资源局长难当，已是不争的事实。对此，人们看到，不少人或者疲于应付，或者怨天尤人，可丁新务却不是这样。他迎难而上，从容面对，一路凯歌，省厅及地方政府领导皆给予充分肯定。他以一个共产党员的实践回答了“当今市县国土资源局长应怎么干”这一热点命题。

人们知道，他是于2007年3月接到去焦作市局任职通知的。尽管他愉快表示了服从分配，但面对新环境、新政策、新要求，又使他不得不多了几番冷静和思考。他必须理清思路、找准定位，真正弄明白身处夹缝之中的“当今国土局长的使命是什么”这个看似简单而又较为复杂的问题。最终他做出了以下选择——

坚持“两个第一” 转变管理服务方式

在丁新务看来，地方政府设立国土资源部门，绝不是只让做摆设的。一个国土局长应认清自己的职责与使命，既要当好资源保护的“守护神”，更要当好保障发展的“助推器”，不能置身其外，而要置身其中。要站在科学发展观的高度上妥善处理一切。

初上任的那几天，丁新务几乎走遍了全市所属的10个县市区，拜见了市四大班子领导和有关局委负责人，广泛征求了本局干部和用地企业的意见。最终，针对如何处理保护与保障这一难题，在学习新政的基础上，他提出了“树立两个第一”（即保护资源是第一责任，保障发展是第一要务）的工作理念，继而又围绕“转变管理服务方式”，提出了实行“三个转变”（观念、职能、作风）、“三个转移”（农村、基层、滩区）等具体工作措施。他第一次在全局干部大会上响亮提出：“保障科学发展是我们的使命，我们必须尽心尽力，决不能因我们工作的失误而耽误国家及省市的重点建设项目一分钟。”

先转作风，主动作为。丁新务把以前的被动办事变为主动服务，把等人上门变为登门服务，把单纯行政审批变为行政服务，对重点项目建立“绿色通道”，实行“全时受理、全程跟踪、专人负责、限时办理、责任追究”。在具体项目服务上，一是及时了解省市及县区有关建设项目信息，做到“心中有数”，提前深入做好工作，力争做到地等项目，而非项目等地。二是派人进省赴京，专人负责报批工作。对于一些难题重点项目，丁新务则坚持“既挂帅，又出征”，与有关人员共同商讨解决良策。一次，原本是属高速公路连接项目，但由于原报批名称提法有误，结果审批进度迟缓。后来，他发现此事后，建议有关人员更改项目名称，结果使这一问题较快得到了解决。

几年过去了，有人算了算，通过全局上下的共同努力，焦作市共报批新增建设用地11.2万亩，使599个国家及省市重点建设项目落了地，从而有力地促进了当地招商引资和城镇化、工业化的发展。焦作市主管国土工作的副市长贾书君每提起此事，都赞不绝口：“焦作市局的工作作风和保障能力是一流的。”与此同时，该市的耕地保护和矿产资源管理工作也上了一个新台阶。几年中，全市土地整理面积47.3万亩，其中新增耕地6.6万亩。全市连年实现了“占补平衡”，保证了289万亩耕地红线安然无恙。

谁都知道，耕地红线不能碰，发展用地要保障，这似乎是一道难以解决而又必须解决的课题。在这方面，围绕“建设用地瓶颈咋解决”的命题，丁新务理出的思路是——

坚持“四向四要” 按节约集约布局空间

保障发展绝不是一时一事的事，而是件长远的事。长远之事，就得统筹做出长远安排。为此，丁新务曾多次翻开焦作市地图看了又看，并多次上山、下滩、进机关，多方面征求意见。最终他集思广益，提出了“四向四要”的节约集约用地布局。

所谓的“四向四要”，即从全市实际情况出发，向黄河滩区要农业用地；向太行山山前冲坡地要工业用地；向城区空间拓展要建设用地；向北部浅山区要城市用地。这一充满智慧且又完全符合实际的节约集约用地之路一经提出，便得到了焦作市委、市政府领导的充分肯定，很快被纳入了全市土地利用总体规划。采访中，局里一位负责同志高兴地说，如照此办理，起码到2020年，不仅可以确保全市28万亩耕地红线安全，而且，所需建设用地也可基本得到保障。

说了算，定了干。“四向四要”的大会战展开了，人们高兴地看到——

近20万亩的黄河滩区土地整理在各级政府和黄河管委会的大力支持下，大张旗鼓地动起来了。截至目前，焦作市已为其投入1.5亿元，开发整理耕地9.6万亩，其中已有5万亩交由农民耕种。如今，倘若你来到滩区，一定会欣喜地发现，昔日荒凉之地如今已被田成方、林成行、路相通及一眼望不到边的滚滚麦浪所代替。

太行山山前冲坡地开发拉开了序幕。焦作市北临太行山，约有500平方公里的山坡砂石地，其中相当一部分土层瘠薄，土质差，不宜耕种，但地质稳固，且临近水源、交通干线，适应工业聚集摆放。经过省政府批准，目前各市县已在这里一溜建起了11个工业聚集区，扛起了焦作市经济发展的大旗。

向城市空间拓展要地战役打响了。首先是市内23个“城中村”改造战役打响了。这一项目完工，除安置农民回迁和城市基础设施4500亩用地外，仍可盘活土地1500亩。按照“退二进三”的指引，全市39家工矿企业拟迁出闹市区。此项工作结束，可盘活土地1700余亩。此外，市政府又出台了鼓励高层建筑，注重挖掘地下空间，千方百计提高建筑容积率，全市城市用地步入了节约集约发展的良好轨道。

向北部浅山区要城市用地的行动起步了。在该市的北部有3万多亩坡度平缓的山坡地，征地费用只有平原区土地的五分之一，完全符合城市建设“占孬地不占好地”的思路。在市委、市政府和市人大的支持下，目前该区已纳入焦作市未来城建发展目标。人们完全可以看到，一个“城中有山、山中有城”的崭新市区不久就会出现在焦作大地上。

时下，一个需要正视的现实是，由于种种原因，不少地方的国土资源部门已成了滋生腐败的高危区，案件产生的多发区。要想避免这种情况，进而完成保护资源和保障发展神圣使命，就必须认真回答“国土资源管理队伍如何带”这一不可忽略的命题。在这方面，丁新务和他的同事们的做法是——

坚持“三抓三从”　让创先争优唱大戏

如今，倘若你走进焦作市国土资源局的荣誉室里，一定会被一块块奖牌、一面面锦旗、一个个奖杯所吸引。因为这其中的每一个荣誉都是一首动人的诗篇、一个优美的故事。这些会从各个侧面告诉人们：焦作市国土资源的队伍建设是卓有成效的！

打基础先从基层乡所抓起，是丁新务到任后走的第一步棋。因为在他看来，乡镇国土资源所是国土资源管理的最前哨，很多工作都要靠它去落实。同时，基层乡所又是机关工作的一个窗口。因此，他提出要人、财、物等方面支持乡所建设。按照市局的要求，该市的修武、武陟等县的乡所无论是硬件方面，还是软件方面，均取得了不菲的成绩。据统计，仅2009年，全市就有13个基层乡所被省市分别评为“基层满意的基层站所”，受到了社会各界的广泛好评。

抓廉政先从班子自身做起。上任伊始，他就配合局党组书记颜建芳，共同研究加强全局廉政建设的综合措施，提出了“抓源头、重预防、建机制、强教育”的整体思路，坚持经常用身边的正反两方面典型，对党员干部常念“紧箍咒”，早打“预防针”，多浇“反腐剂”，做到身处危境不违纪，常在河边“不湿鞋”，使全局处处形成清洁区和安全区。他敢在大会上当面叫板：“廉洁奉公，从我做起！欢迎大家监督！”他还为自己“约法三章”：一是不以领导自居搞特殊化；二是决不以手中的权力为自己和亲人谋私利；三是要求别人做到的，自己首先做到。他是这样说的，也是这样做的。记得刚来焦作时，局里曾把他安排到宾馆吃住，他说太贵了，让办公室给他租了价格低的民房住了下来。在就餐问题上，他和职工一样，坚持在机关食堂就餐，遇到晚上机关食堂不做饭，就自己随便做点什么吃的，从来不搞特殊化。在平时工作中，始终坚持依法依规办事，做到法无授权不可为，始终坚持依法依规创新，做到法无禁止想法为。他说，这不仅是廉政的重要举措，也是干部自我保护的重要途径。在他和班子成员的共同带领下，全局形成了风正气清的良好局面。2009年，在全市行风评比中，该局由2006年的第45名上升为第8名，提升了37个名次。之后，一直保持在较高水平，被评为焦作市党风廉政建设先进集体。

抓年度目标管理从创先争优做起。借助创先争优活动，努力在全局形成“见红旗就扛，有第一就争”的良好氛围，这是丁新务几年来的一个突出特点。他经常挂在嘴上的两句话，一句就是“不争第一就是落后”，再一句就是“高标准是财富，低标准是包袱”。为此，他和他的同事们把全局宣传报道工作始终放在突出位置。以2010年为例，全局一年在各种媒体上发表各类稿件达3875篇，其中，在国家级报刊和网站上发稿318篇，在省级报刊上发稿158篇，宣传报道稿件连续四年居全省国土资源系统省辖市第一位。随着宣传报道工作的强势推进，全局各种创先争优活动出现了高潮迭起，喜讯频传的良好局面。

这就是丁新务，一个从军营走出来的共产党员，他以一个国土人的博大胸怀在开拓创新的伟大实践中以他特有的方式诠释了“当今国土资源局长的使命是什么”、“建设用地瓶颈咋解决”和“国土资源队伍如何带”三个命题。他用自己的实践表明，“特殊赠匾”既是对他和他的同事们昔日工作的喝彩，更是对社会的庄严昭示：谁心中装着人民，人民将把他铭刻心中……

（本文获《资源导刊》2011年度“好文章”通讯类一等奖）

编者按 胡锦涛总书记日前在讲到国土资源管理时，曾强调指出："各级党委和政府要把土地管理工作纳入重要议事日程，建立健全党委领导、政府负责、部门协同、公众参与、上下联动的工作格局。"在这方面，河南省南阳市从2008年以来做了有益尝试，并取得了明显成效。请看——

东风劲吹歌满坡

——关于南阳市在国土资源管理中建立党政主导下共同责任机制的调查

□袁可林

仲秋八月，本刊记者一行来到古城南阳采访。所到之处，只见青山吐翠，溪水欢歌，处处瓜果飘香。在一望无际的田野里，那沉甸甸的稻穗和长长的玉米棒儿，预示着又一个丰收年景的到来。然而，令记者一行兴奋不已的是，仅仅三年时间，这里的国土资源管理工作却发生了一系列重大变化。

君不见——

昔日这里的土地违法居高不下，如今已被"全国国土资源依法行政先进单位"所代替；

当年困难重重的建设用地保障工作，如今已大步跨进了全国"双保行动"先进单位行列；

在全市政风行风评比中，该市国土资源局由2006年的倒数第一名，一跃成为2009年正数第四名，并进而冠上了全省党风廉政建设先进单位和政风行风建设优秀单位称号。

"问渠哪得清如许？"带着这些问题，记者一行日前专门来到这里采访。所到之处，所见所闻，令人振奋，催人向上。然而，感受最深的一点是——

建立党政主导下的共同责任机制势在必行

采访中，市国土资源局负责人告诉记者，该市在国土资源管理中建立党政主导下共同责任机制是从2008年初逐步开始的。

与不少地市的情况类似，当时该市耕地保护不容乐观。据统计，仅2007年全市发生各类土地违法案件就达数百宗，涉及土地面积上千亩，远远超过了15号令的问责标准。尤其令人不解的是，在上述土地违法案件中，政府主导的违法案件占了相当部分。与此相连的是，全市涉土信访案件也一度居高不下，2007年高达1370件，为当地社会稳定留下了隐患。另一方面，基于“多家用地一家管地”的现状，加上政府和各界对国土资源部门“保障用地”方面的微词及批评较多，全局干部职工承受的各方压力较大。2006年，在全市有50多个单位参加的政风行风评比中，该局被评为倒数第一名。大量的事实表明：要想摆脱这种被动局面，必须探根求源，建立起党政主导下的共同责任机制，让“龙头”真正昂起来。

令人高兴的是，以实干和创新思维著称的南阳市委市政府领导审时度势，认真听取了市国土资源局的工作汇报和建议，决定于2008年在国土资源管理中实行党政主导下的共同责任机制。在此思想主导下，该市市委市政府从2008年开始，到2010年底两年多的时间，先后出台了40多个规范性文件，对如何严格耕地保护、保障经济发展、加强对土地违法案件查处、规范地质勘查和矿业开采、做好地灾防治等方面做了详细规定。比如，在该市出台的《关于建立土地管理共同责任制度的通知》中就明确指出：“各级人民政府对本行政区域内耕地保有量和基本农田保护面积、土地利用总体规划和年度计划执行、违法用地及单位GDP所消耗的新增建设用地情况负总责。政府主要领导为第一责任人，分管领导为直接责任人。”并对相关的发展改革、城建、规划、劳动社保、民政、农业、林业、监察、信访及公安等部门的职责做了明确分工。值得注意的是，在该市印发的关于南阳市地质灾害防治部门工作责任制度的通知中，甚至对包括军分区、武警支队、广电局、供电公司、中国移动和中国通信等近30个部门的职责分工均一一做出了明确规定。为了加强对国土资源重点工作的领导，南阳市委决定，由市委书记黄兴维出任由21个部门参加的南阳市土地储备管理委员会主任，由市委副书记、市长穆为民出任南阳市中心城区闲置国有土地清查处理工作领导小组组长。随着高规格的党政主导下的共同责任机制的建立，该市的国土资源管理工作步入了“柳暗花明又一村”的佳景。

昂起“龙头”，重点做好五个方面工作

实践表明，建立党政主导下的共同责任机制，就要对国土资源工作的一些旧观念、原有程序和方法等进行创新，以形成新的管理格局。遵循这一思路，南阳市党政领导在国土资源管理方面重点抓了五个方面的工作。

一是在重点建设项目保障用地上，将以前的“地方上项目，国土保供地”的单一模式变为“部门各司其职，政府统筹决策”的多维模式。在具体实施中分三步进行。首先是每年年底，由各县区政府对当地次年项目用地需求做出统计预测，上报市政府汇总分析。其次，由市国土资源局组织局各科室人员对预测产生的建设项目逐一按照规定进行内部预审。自2009年实行以来，据统计，这一预审制度共预审了建设项目1113个，通过565个，通过率50.8%。之后，将用地项目分别交发改委、规划局征求意见。最后，由市国土资源局根据发改委、规划局的意见，结合年度用地计划指标和行业用地控制标准，按照“有限指标保重点，一般项目靠挖潜”的原则，对项目进行审查、筛选，提出年度用地计划使用方案，报市领导主持的市政府联席会议审定。如此一来，由于党政领导走上了供地保障的第一线，国土资源部门原来一些诸如国土部门保障不力，制约了经济发展等不应有的压力与误解得到了化解、同时由于地方政府和有关部门心中有数，大力促进了节约集约用地风气的形成。

二是在全市土地利用总体规划修编上，将以前的“国土部门一家单干”变为“政府主导下的部门联动”。近年来，随着当地城镇化和工业化的迅速发展，人口、环境、资源的压力不断增加，原定规划在建

设用地规模、结构和布局上已难以适应新的发展需要。为了做好这项工作，南阳市政府在保证经费、人员的同时，采取了政府组织、国土部门牵头、部门合作、公众参与、科学决策等措施，使这项工作按照省部要求，在较短时间内得以完成。同时，市政府明令该市城乡建设用地规划、产业集聚区发展规划及其他各项专题规划均要同该市土地利用总体规划实现无缝对接，实现了“三规合一”，有效避免了因重复调整规划，给项目建设带来的问题，确保为南阳市未来发展留足空间。按照这一思路及国家对南阳市的城市发展定位，该市报请上级批准在确保耕地红线不被突破的前提下，将该市2020年的中心城区面积调控为165平方公里、扩展区规模35平方公里。与此同时，该市所属的11个县级和216个乡级土地利用规划编制均已圆满完成，并受到了充分肯定。

三是在土地整理和综合整治上，将以前的“一人一把号，各吹各的调”变为政府主导下的“各炒一盘菜，共做一桌席”。南阳市政府领导深知，要想多用地，就得多造地。因此，当地各级政府十分重视耕地后备资源和土地整理工作，千方百计做好补充耕地工作。市委常委、副市长陈长杰还亲自出任了该市耕地资源开发利用工作领导小组组长。为此，自2008年以来，该市先后向国家和省申请资金6.68亿元，先后完成土地整理项目34个和占补平衡项目152个，改造中低产田63万亩，新增补充耕地11.76万亩。此外，为加强土地综合整治，进一步推进城乡统筹发展，该市还规划到2020年全市整理农田400万亩、新增耕地40万亩，每年新增耕地3万亩、提高粮食产能2亿斤以上的目标。为了大力推进此项工作，该市从2008年开始在邓州、新野等地进行了土地综合整治试点。在此项试点中，邓州市委书记亲自挂帅，促成各方面涉农资金约1亿元捆绑使用，使包括邓州桑庄、腰店两个乡镇30个行政村在内的5万亩土地进行了综合整治，现已正式竣工。受到了国务院领导同志的充分肯定。

四是在对土地违法案件的查处上，将以前的“国土部门单打独斗”变为“联动执法，齐抓共管”。针对政府违法一度成为当地违法主体的情况，南阳市政府自建立共同责任机制以来，在强调自身要依法行政的同时，还密切关注各县（市、区）各时段发生的土地矿产违法情况，并于2008年6月4日，发文要求各县（市、区）将此作为一种制度，于每月

20日前上报上一月土地违法案件发生及处理进度情况。这样一来，不仅大大促进了各县（市、区）政府对动态巡查制度实施的重视，使一些土地和矿产违法案件做到了早发现、早报告、早制止；而且还强化了社会各部门对国土资源部门执法的支持力度。一次，南阳某市区一些人打着兴建回民清真寺的幌子在规划绿地上兴建商住楼，且态度嚣张。了解到具体情况后，市政府就牵头组织有关部门，调集大型拆除设备，对违法建筑依法强行进行了拆除。

五是在国土资源队伍建设上，将以前的“条条管理与我无关”变为“主动关心，破解难题”。比如，该市按照国土资源管理业务需要，拟在全市208个乡（镇）建立国土资源所，但建一处乡所办公用房，按当地市场建筑材料情况约需50万元，全区累计约需上亿元方能解决问题。由于资金困难，县级国土资源部门一度无力解决。了解到这一情况后，南阳市委、市政府从2009年起，将乡（镇）国土所的标准化硬件建设纳入了各县（市、区）的目标责任管理，由他们统筹解决。结果，仅仅近两年时间，在各县（市、区）政府的大力支持下，目前，全市绝大多数乡镇国土所均盖起了式样别致的办公用房。采访中，陪同的同志告诉我，过去在南阳曾有个说法，到村里一看最漂亮的建筑必定是学校；而今，在各乡（镇）机关里，大多数地方最漂亮的建筑莫过于乡（镇）国土所了。采访中，目睹着一幢幢漂亮、整齐的乡（镇）国土所办公楼房的兴起，记者心中有一种无比欣慰的快意，心想，如果方方面面都这样关心乡（镇）国土所工作，那么，在我们面前还有什么困难不能克服呢？

与时俱进，将国土资源队伍素质建设纳入规范、阳光轨道

随着该市党政主导责任机制的确立，国土资源管理原来一些较为难办的事情如今变得相对容易了。对此，市国土资源局的领导清醒地认识到，这些变化固然是好事，但这决不意味着，国土资源部门可以松一口气了，相反，所负责任更重了，要求也更高了。尤其是在做好政策咨询、为政府决策当参谋、参与宏观调控等方面均对国土资源部门自身的素质提出了较高要求。因此，必须认真抓好国土资源部门自身的思想和业务素质建设。

基于上述思考，该局近年来在队伍建设上着重抓了四项工作。

第一，以规章制度建设为抓手，努力形成依法按章行事，坚持用制度管权管事管人。为此，该局近年来进一步建立健全了包括党委集体领导制度、工作办事规则、工作运行程序、公文处理规定、财务报销等50多个内部管理制度，使全局每一项工作、每一个环节都有了明确的规定。为了便于全局职工贯彻执行，局里将此编印成册，坚持一人一册。为了使各项制度认真落到实处，局领导坚持从我做起，明确责任，加强督促检查。随着全局50多项制度的全面实施，有效避免了各科室推诿扯皮现象以及程序混乱、政令不畅等问题，促进了全局相互配合、协调高效的运转机制形成。

第二，以阳光行政为平台，着力提升部门形象。出于对党风廉政建设和提高效能的考虑，从2008年开始，南阳市国土资源局坚持对本局凡涉及项目供地、矿权审批、登记发证等审批性业务全部进行局内部集体预审。即所报批件，统一由局办公室受理，不与业务处室直接打交道。在预审中各个科室实行合理的“一票否决”，然后形成纪要，按照法定程序运行。这样，既有效避免了请客送礼、徇私舞弊等不良行为，净化了机关空气，又大大提高了行政审批的效率和透明度，　在社会上赢得了好评。通过一个时期努力，该局在全市50多个单位参加的政风行风评比中，由2006年的倒数第1名上升到2008年的第11位，后又一跃为2009年的第4名，继而又于2010年进入了全省党风廉政建设和政风行风建设先进行列。

第三，以创先争优、弘扬正气为载体，着力营造健康的价值取向和用人导向。几年来，该局根据各级党组织倡导的创先争优活动精神，在全局认真开展了“优秀科长、优秀科室、优秀公务员”的“三优”评选活动。同时明确了优秀科长必须从优秀科室中产生、后备干部必须从优秀科长中产生。在所有的评比中，坚持将年度责任目标做到细化、量化，不搞随意性，实行以考评定优劣，以政绩论英雄。如此一来，昔日那种“平日工作稀松，争官跑官成风”的不良风气被讲党性、比奉献和干事创业的风气所代替。

第四，以健全民主集中制为根本，充分发挥班子成员的集体创造力。为此，在班子成员分工上，根据局长包建铎的意见，该局改变了以往由局长直接管人事、财务的做法，坚持将各项职责全部分给各个副局长和纪检组长，局长则集中精力抓大事，抓宏观协调，实行分工合作。由于局长重视发挥副手们的作用，大家心往一处想，劲往一处使，全局形成了较强的凝聚力和向心力，各项工作均出现了新的起色。

新机制实施后取得的喜人变化

"机制一变天地宽"。自该市建立党政主导下的共同责任机制以来，南阳市的国土资源管理工作出现了一系列喜人变化。

第一，全市耕地保护得到了进一步加强。自2008年以来，该市一方面通过层层建立耕地保护责任制，并且将保护责任落实到每一块田地、每一个人；另一方面，几年中先后投资6.68亿元，实施土地整理项目34个和占补平衡项目152个，新增耕地11.76万亩，连年实现了耕地动态占补平衡，确保了全市1491万亩耕地和1296万亩基本农田安然无恙，赢得了全市粮食年产上百亿斤，被誉为中国有名的"粮仓"之一。

第二，全市依法管地、用地渐入佳境，昔日土地违法严重势头得到了有效遏制。据统计，年土地违法案件已从2007年的731宗，下降到2010年的123宗，涉及土地面积已由2007年的5760亩下降到2010年的420亩。在南阳，土地违法主体已由昔日的政府为主体变为以城镇集体和个人为主体。同时，随着各级监察部门的介入和公检法等部门的配合，全市对土地违法案件查处的力度得到了强化。

第三，全市重点建设项目用地得到了有力保障。近年来，该市在建设用地指标有限的情况下，通过挖掘潜力盘活存量、实行土地综合整治与城乡建设用地挂钩等措施，有力保障了国家与省市重点建设项目用地需要。资料表明，近三年来，该市共上报各类建设项目1497项，用地面积达8.03万亩，平均每年报地2.68万亩，有力保障了当地重点项目的用地需求，并解决了历史上近两万亩违法违规用地遗留问题。据统计，随着大批项目的上马，全区的国民生产总值逐年大幅上扬，2010年已达到1956亿元，由原居河南省的后几位一跃而为全省第三名。

第四，全市节约集约用地氛围逐渐形成。随着市政府加强对市辖区节约集约用地的监管和考核，各地贯彻节约优先战略有了实质性进展。市区通过城市挖潜及“城中村”改造，几年中，已使1万余亩闲置土地派上了大用场。西峡县在发展产业集聚区时，坚持有山坡地不用好耕地，使用荒山坡土地面积占了全产业集聚区土地面积的68%。目前全园区已入驻企业166家，2010年全园区业务收入已突破250亿元，步入全省先进行列。

第五，全市国土资源管理工作出现了大面积提升。随着该局内部管理制度的健全及管理的加强，队伍素质的提升和局内良好风气的形成，全局各项工作呈现出全面发展的良好态势。在全局政风行风跨入全省先进行列的同时，近几年，该局先后五次荣获全国先进称号：全国国土资源依法行政先进单位、全国“双保行动”先进单位、全国地籍管理工作先进单位、全国地质灾害防治工作先进单位、全国测绘工作先进单位。同时，该市国土资源局还连年被省厅和市政府评为目标管理优秀单位，受到通报表彰。

“忽如一夜春风来，千树万树梨花开”。在南阳采访的几天中，记者在为该市的变化之大感叹之余，也从内心发出呼声：愿南阳市所创造的党政主导下的共同责任机制能在更多地方开花、结果。倘如此，全省乃至全国的国土资源管理工作必定是前程似锦，处处充满阳光。

（本文获《资源导刊》2011年度“好文章”通讯类一等奖）

编者按 近年来，随着党和国家对农业、农村和耕地保护工作日益重视，国家在国土、交通、教育、卫生等方面投入的惠农资金也越来越多，如何安全有效使用好这方面的资金以造福农民，是各地党委和政府普遍关注的话题。

在这方面，河南省息县县委、县政府从2008年以来，率先以农村土地综合整治为平台，将国土、交通、教育、卫生等10多个部门的惠农资金实行集中投放，统一使用，极大地促进了城乡统筹协调发展。息县的做法和经验值得各地在土地综合整治工作中学习、借鉴。近日，本刊记者深入该县实地采访、撰写本篇报道以飨读者。

“各炒一盘菜，共办一桌席”演绎出的惠农盛宴

——关于息县集中各种惠农资金进行土地综合整治的调查

□袁可林　张隶君

令人欣喜的一组惠农投资数据

当我们把目光投向豫南大地时，一个令人心动的域名——息县，分外引人关注。

息县，曾是华夏大地上首次实行“郡县制”时被设为县制的地方，而且是近三千年不更其名、不易其地的中华古县，曾享有“天下第一县”之称。

初冬时节，记者一行驱车行走在息县大地上，只见一眼望不到边的农田里，处处麦苗青翠；平坦宽阔的公路两旁，屹立着一处处新颖别致的新楼房，处处涌动着青春的活力与朝气。

项店镇李楼村是息县较早开展的土地综合整治试点之一。当记者一行来到这里时，发现这里的新农村已具雏形：宽阔的村中大道两旁，依序排列着造型时尚的居民住宅、幼儿园、敬老院、卫生室、文化大院、农机站等建筑。在村民住房的下方一层多为门面房。村支书李峰告诉记者，这个村共有2085口人，分布在几个自然村里，原共占地1377.3亩，新村规划占地409.3亩，如全部完工且搬迁完毕，仅此一项可整理出新增耕地1140亩。

谈起李楼村土地综合整治项目资金的来源时，县国土资源局的同志介绍，该村的新村建设资金来源主要有两个方面，一个是由村民们自筹解决村民住房的问题；再一个是村庄的公益性设施和土地复垦项目，则从国家的惠农资金中统筹解决。据介绍，在该村的土地综合整治项目中，全县共有13个部门参与，共投入资金643.55万元，其中——

县国土资源局投入资金155万元，用于土地整理项目；

县农业局投入35.35万元，用于农田基本建设、种植小区及沼气推广；

县农办投入39.2万元，用于农业综合开发；

县交通局投入24万元，用于村村通工程；

电业局投入45万元，用于灌溉电网建设；

林业局投入20万元，用于林业生态项目；

水利局投入130万元，用于农田水利建设；

卫生局投入5万元，用于村卫生室建设；

教育局投入30万元，用于村小学及幼儿园建设；

民政局投入120万元，用于村中心敬老院建设；

文化局投入5万元，用于村文化大院建设；

农机局投入20万元，用于村农机站建设；

环保局投入15万元，用于村几处公厕建设。

令人兴奋的是，目前，上述各部门投入的惠农资金按照各自的使用方向已全部到位，从而使李楼村村容村貌发生了重大变化。透过李楼村各个部门惠农资金的投入清单，人们在为各个部门服务“三农”的积极性而倍加赞赏的同时，难道不为息县政府“各炒一盘菜，共办一桌席”的杰作而拍手叫好吗？

然而，李楼村的情况并非个例，而是全县诸多事例中的一个。采访期间，息县国土资源局局长申军介绍，目前全县共有19个类似李楼村这样的土地综合整治项目试点村。据其中14个土地综合整治村统计，共投入惠农资金4753.39万元，其中国土资源部门投入土地整理项目资金1295万元。全县“各炒一盘菜，共办一桌席”的良好局面已基本形成。

顺势而为，让土地整治成为全县“富民工程”

说起息县集合多部门惠农资金进行土地整治的事，还要从2008年说起。这年年初，中共中央、国务院一号文再次传达了党和国家对“三农”工作的重视之声。文件提出，要努力营造全社会参与和支持社会主义新农村建设的氛围。并强调，巩固农业基础、加快农村发展是全社会的共同责任，各行各业要结合自身特点，发挥各自优势，积极参与支持社会主义新农村建设。息县县委、县政府领导在认真学习领会中央和省市有关文件精神的同时，还认真分析了来自国家各有关部门惠农资金投入情况，发现该县各种惠农资金每年约在1.2亿元。然而，由于一度“各吹各的号，各唱各的调”，乱撒胡椒面儿，使之不能发挥应有作用，实在令人惋惜。正在这时，该县国土资源局向县里提出了集中各种惠农资金在全县进行土地整治项目的建议，受到了县委、县政府的高度重视。县委、县政府认为，这是促进全县工业化、城镇化、农业现代化协调发展的有力措施，是件强农富民的大好事。于是，就将“综合整治万亩土地”列入了2008年“全县十大实事”之一。

为了确保将好事办好，县委、县政府成立了全县土地综合整治领导小组，并决定由县长余运德担任领导小组组长，各有关局委和乡镇领导均为领导小组成员。同时明确各乡（镇）政府为试点项目实施主体，各乡（镇）主要负责人为农村土地综合整治第一负责人。为强化土地综合整治责任，县政府分别与各乡镇政府签订了土地综合整治与耕地保护目标责任书，将此项任务完成情况纳入政府绩效目标考核体系，从而在全县形成了“政府主导、国土搭台、部门配合、群众参与”的工作机制。

搞好土地综合整治，加大资金投入是件大事。为此县政府专门召开各相关局委人员会议，请大家共同探讨集中用好强农惠民资金之路，最终形成了“渠道不乱、用途不变、各记其功、统筹安排”的思路。由于这一思路从实际出发，易于操作，受到了各方面的欢迎。各有关局委纷纷表示，一定要齐心协力，尽好职责，为息县新农村建设作出应有贡献。

创新机制，“五招并举”谱新章

为了将各部门的惠农资金集中使用好，让土地综合整治为民造福，几年来，该县在实际工作中注意了五个方面。

一是坚持规划先行。该县县委、县政府领导认为，所谓土地综合整治，实际上就是对全县田、林、水、路、村按照合理、科学原则进行一次新的规划安排，事关全县长远发展，事关重大。为此，该县首先组织力量在全县土地利用总体规划、全县新农村建设和村镇体系规划、全县产业集聚区建设规划基础上，充分汲取各方面意见，编制出台了《息县土地综合整治规划》和《农村土地综合整治试点规划》。在规划中，坚持以促进经济平稳较快发展为目标，以优化城乡建设用地布局为方向，以节约集约利用土地为核心，合理安排土地、用途和布局，促进土地规模经营，人口集中居住、产业集聚发展，农民生活条件改善。按照规划，全县拟在原来338个行政村基础上规划建设360个新社区，并在较短时间内完成了项店镇曹围孜村、刚李店乡方老庄村等土地综合示范村的规划，以及190个行政村的建新区和拆旧区项目的可行性研究报告编制工作，为全县大规模开展土地综合整治奠定了良好基础。

二是实行典型引路。为了保证试点成功，该县十分重视选点工作，明确试点必须具备三个条件，即各村应有坚强的村两委班子，干部素质及威信较高；村里有较多的土地复垦资源，具有土地整理立项可能；新村区位地理等条件较佳，对四邻影响较大。为了便于协调各方面力量，县里对每个试点村均明确一位县四大班子成员担任名誉村长。县纪委书记马富增告诉记者，“我就是李楼村的村长呢”。他还说，能为新农村建设出一把力，这个名誉村长当得很荣幸。

三是充分尊重民意。该县县委、县政府的领导认为，土地综合整治是件强农惠民的大好事，但将好事办好，仅凭好的意愿、好的出发点还是不够的，必须按照中央有关部门要求，在农村严格实行“4+2”工作法，把有关政策、规划向试点村农民讲清楚，诸如选址、规划、房型等重大问题由村民自己讨论决定。试点村之一的东岳镇大刘庄村村支书徐培芝介绍说：“我们村就是严格按照‘4+2’工作法去办理的。整治开始前，我们不光将政策、规划告诉大家，还让大家对住房的式样等投票表决。在整治中，我们村干部带头建新拆旧，我就是第一个拆旧的。”由于充分发扬民主，全村群众比较满意，没有一个到县和市上访的。他还告诉记者，大刘庄村原有13个自然村，原村庄占地1600多亩，新村规划占地只有300来亩，复垦出来的土地由于比较肥沃，种上庄稼后普遍长势较好。采访中记者了解到，目前在全县已开展的19个试点村，村民们普遍比较满意。岗李店乡方老庄村一位村干部告诉我们：目前农民们在土地综合整治表现出的兴奋之情，简直可以同改革开放之初的心情相比。

四是切实加强监督管理。为了确保将好事干好、办了好事不出事，按照息县县委的要求，各试点区普遍实行了三项制度。首先是严格实行项目招拍挂制度，为确保土地综合整治的严肃性，县里纪检监察和检察机关还派员到会监督。其次是建立严格的项目管理和资金管理制度，坚决杜绝各种漏洞。再次是组织财政、农业、环保、交通、水利等部门专家和技术人员组成工程质量监督小组，对项目的全过程进行监督检查，确保工程质量。

五是建立有效激励机制。为了鼓励人们参与土地综合整治的积极性，该县县委、县政府制定了三项挂钩政策，即：将土地综合整治与乡村目标责任制挂钩，好的表彰，差的批评；将土地综合整治与建设用地指标挂钩，各乡镇多造地多用，不造地不用；将土地综合整治与资金奖励挂钩，每新增一亩耕地，县政府奖励2000元，其中乡、村各1000元。为此，县财政还筹资5000万元建立起了专项奖金，推动了全县土地综合整治工作的强力展开。

成效显著，未来前景将更加喜人

东风洒雨露，汇入天地间。自2008年初，全县开展土地综合整治以来，如今已三年多了。三年多来，通过各个部门、乡镇政府和试点区干部群众的通力合作，全县土地综合整治已取得显著成效。

成效之一：全县土地整理和耕地保护成绩喜人。据统计，三年多来全县共投入资金1.48亿元，实施土地综合整治项目34个，整治土地7.8万亩，新增耕地2万亩。仅据全县19个试点村统计，土地复垦面积就达1.94万亩，其中新增耕地1.2万亩。东岳镇等15个乡镇投入1600万元开展基本农田整治，使3.2万亩土地成为了“田成方、树成林、路相通、渠相连、旱能浇、涝能排”的优质高产田，大大提高了耕地产粮能力。

成效之二：新农村建设亮点闪闪。在全县开展的新农村建设中，目前除少数外，已有14个试点村基本完工，有近5万村民搬进了新居，享受到与城里人一样的生活。在不少村庄，当村民们看到宽敞的街道两旁排列着一栋栋小洋楼、广场上摆满了齐全的健身器材时，一个个心花怒放。任店村一位50多岁的村民说：“能住上这样的房子是我们过去连做梦也想不到的事，谁知道今个竟变成了现实。”一村建新房，四邻受感染。全县人民建设社会主义新农村的热情也因此更加高涨。

成效之三：随着大量新增耕地的出现，为全县报批新增建设用地指标提供了有利条件。三年多来，该县先后向上级申报了四批建设用地指标，满足了全县各个方面的用地需求。尤其可喜的是，由于耕地储备指标充足、有效保证了西宁铁路二线和西气东输淮武段等国家重点项目的建设用地需求，有力促进了全县经济的可持续快速发展。

放眼今日息县，“山上、山下，风展红旗如画”。采访中，县里同志还介绍了一个振奋人心的好消息：日前，一个拟投资3.87亿元、整治面积达27万亩的土地综合整治项目已报省政府有关部门批准。届时，全县的土地综合整治必将在更大范围内得以强力推进。我们完全可以相信，随着项目的实施及各相关部门惠农资金的力度进一步加大，古老息县大地上的土地综合整治热潮一定会出现新的可喜局面，进入新的更高阶段。我们对此完全充满信心。

（本文获《资源导刊》2011年度“好文章”通讯类一等奖）

他，用生命守护国土红线

——记商丘市国土资源局睢阳分局执法监察二中队原队长孙会中

□袁可林

2011年11月16日的豫东大地，天气有些阴，微风中不时夹带着一些雨滴。这一天，对于商丘市国土资源局睢阳分局的职工们来说，是个十分难忘的日子。

就在这天早上，该局执法监察二中队队长孙会中仍像往常那样，7点半，就来到了单位。打扫完办公室、楼道和公厕的卫生后，恰好到了上班时间。回到办公室，他将桌子上的日历轻轻地翻到了当天的一页——11月16日。

队员到齐后，孙会中把副队长魏险峰几个人招呼过来，对大伙说："今天上午咱们到坞墙镇去，配合镇政府将一个违法占地兴建的煤气液化气站拆除掉，这个液化气站位于人口稠密区，已被市、区政府列为重大安全隐患建筑，决不能再让它存在！"不用细说，队员们心里早已清楚，当地群众因为担心自身安全，已多次向区政府反映，要求予以拆除。队员们二话没说，迅速收拾妥当跟着孙会中坐上了前往现场的执法巡查车。

但不巧，当同乡政府组织的人员一块来到违法建筑工地时，原准备拆除用的铲车却因机器出了故障不能到位。怎么办？是等铲车修好后再拆除，还是依靠人力予以拆除？如等铲车修好后再拆除，时间最起码要往后推迟两三天。考虑到危险建筑早拆除一天群众就会多一分安全，违法占地就会早一天得到解决时，孙会中毅然做出了人力拆除的决定。

到了下午3时左右，通过孙会中与几个工作人员的共同努力，违法建筑的大部分建筑得以拆除，大家的心里美滋滋的，可在拆除东墙的最后一段时，却遇到了麻烦，任七八个人一起用力推，也无可奈何。见此情形，孙会中抡起铁锤，对同伴们说：“你们几个闪开，这儿有危险，我来砸！”大家应声闪到了一边。孙会中一锤、两锤，用力地砸着，眼看东墙那块受力砖要被砸掉的时候，意外的情况却突然发生了：南墙开始摇晃。说时迟，那时快，孙会中猛地向后一挥手，大喊：“大家快跑、快跑！有危险！”在他的喊声中，8个执法队员全部躲过了这生命攸关的一劫，毫发无损，而他——商丘市国土资源局睢阳分局执法监察二中队队长孙会中——却被轰然倒塌的残墙重重地砸在了下面……当人们簇拥着将他抬到附近的镇卫生院时，任凭医生怎样抢救，他始终未能苏醒过来，最终合上了那双明亮的眼睛，永远告别了他身边的战友们，告别了他为之辛劳15年的土地执法监察工作。此时，他过完48岁生日才2天。

消息传开，古城肃立，沙河哭泣。人们的心里无论如何也难以接受这一残酷事实。坞墙国土资源所所长王志印泣不成声地说：“他发现危险后，完全有机会躲过这一劫，可他却把生存的机会留给了我们。”在分局机关，局执法监察队队长王伟华含着热泪说：“他生前的几天说自己血压有点高，我劝他休息几天吧，他说手头还有几件事，干完再说，谁知这一说竟成了永别。”孙会中去世后，睢阳区国土资源分局、商丘市国土资源局先后做出了向孙会中同志学习的决定。目前，在睢阳，在商丘，在中原大地，一个学习孙会中心系国土红线、爱岗敬业、廉洁执法、自觉实践科学发展观的活动，正在广泛深入地开展。

“干一行就得爱一行。既然我选择了土地执法这个职业，我就得想方设法把它干好，让党和人民放心。”这是孙会中常说的一句话。

孙会中出生在山东省曹县的一个普通农村家庭，祖祖辈辈靠务农为生。长期的农村生活，使他对土地是民生之本有着特别的感受和感情。或许正是由于这个原因，1996年随着一纸调令，组织上将他从外单位调入商丘市睢阳区国土资源局做土地执法监察工作，一干就是15年。

刚刚上任那会儿，一位领导告诉他：要搞好土地管理不能光靠热情，重要的是要依靠法制，不加强法制学习不行。因此，他便主动找来《土地管理法》等相关法律、法规，认真地学习起来，并在书上画了又画，重要的则用笔记记下来。为了加深理解，他还从报纸上或其他地方找来不少案例，认真分析、领会，加深理解。在他桌边放的一本土地法规汇编，几乎每个页码都布满了红笔和蓝笔道道。功夫不负有心人。一段时间下来，他竟成了队里有名的法律行家。从此，队里每遇到案卷整理，领导就常常交由他办。而他也不负众望，据统计，10余年间经他整理的上百宗案件竟没一宗因整理有误被上级退回来，也没一宗行政案件出现行政败诉现象。

孙会中的爱岗敬业在单位是出了名的。采访中，他的战友们告诉记者：我们队长每天上班在全队甚至全局都是比较早的，一般每天早晨7点多一点便可在局里看到他打扫楼道和办公室的身影，至于厕所里的卫生几乎成了他的“专利”，长期被他“承包”。在他眼里，办公室就是他的家。长期以来，他几乎每个星期天都是在办公室里度过的，从办公室到家，再从家到办公室，两点一线几乎成了他的行踪规律。不能让个人的私事影响工作，这是他对自己的一贯要求。一次，他的岳母住院病危，妻子唤他到医院帮助料理，看着到了上班时间，他便急忙赶回局里。当他从局里办完事中午赶回医院时，平时对他关怀备至的老岳母已离开人世两个多小时了，以致他的妻子每想起此事，就伤心落泪。

为了加强对耕地的动态执法巡查，及时发现违法苗头予以处理，局里将三个执法监察中队队长的手机号向社会做了公布，孙会中就是其中的一个。从此，13937066468，便成了睢阳区70余万农民向国土部门反映情况、沟通信息的一个窗口。也就是从这会儿开始，孙会中手机便成了局里最忙碌的手机之一。及时接听手机并处理相关事宜，成了他平日的一项重要工作。2009年的农历大年三十，孙会中正和妻子、儿子一家人围坐在电视机前观看春节联欢晚会时，突然手机铃声响了起来，一村民反映：某砖瓦窑厂趁节日违法取土。合上手机，他对家人简单说了一声：“又有事了，得赶紧去。”他的儿子见状十分生气：“你当了多大的官？再说，有多大多紧的事等过罢节再处理就不行吗？”他回答说：

"违法的事在苗头阶段制止效果最好。"说罢就披上衣服冲了出去。那一晚，直到夜很深很深他才回到了家。他刚躺下一会，窗外便噼里啪啦响起了鞭炮声。这就是孙会中，他用制止砖瓦窑厂的非法行为的实践迎来了来年的新一天。

"凡是违背耕地保护的事，咱一件也不能放过。"孙会中常常这样要求自己。为此，他被人们誉为"刚正不阿，一身正气"。

时下，一些地方打着发展经济的旗号，乱占滥占耕地现象时有发生。土地管理难、执法难，是个不争的事实。对此，孙会中作为执法监察二中队的队长，更有深切的体会。

2010年，辖区内的冯桥镇拟建一处新的镇中心小学，曾一度为省事将校址选在100多亩基本农田里。这可把镇国土所的同志难为坏了，几次找镇中心小学和县教育局的领导谈都没用。后来，受局领导委托，孙会中多次找到有关部门，反复阐明国家土地有关政策，推心置腹指出：建中心小学是个利国利民的好事，我们支持，但按照国家规定不能建在基本农田里，必须另选其他地方。同时，他还根据当地情况，提出了另外一种方案供选择，最终使问题得到了圆满解决，避免了一起违法用地事件的发生。在孙会中看来，保护耕地就必须从每一宗用地项目做起，从严把好关，这样才能真正有效。

敢于碰硬，不怕得罪人，是孙会中执法中的一个重要特点。就拿前几年区里按照省里要求进行关闭砖瓦窑厂、从"虎口夺地"那件事说吧。全区砖瓦窑厂一度达105处，占地近万亩不说，光每年蚕食毁掉土地就近千亩。事实表明，要想保护耕地，就必须坚决关闭砖瓦窑厂。但是，当整顿开始时，一些窑主态度消极，阻力较大。一时间，来自方方面面求情、打招呼的电话接连不断。每逢遇到这种情况，孙会中总是耐心地予以解释，宣传党和国家的政策，帮助他们转产新型建材或另谋出路。对此，多数人比较理解，照着去做了，但也有一部分窑主却心怀仇恨，匿名谩骂、恐吓电话接二连三。一次在关闭一个砖瓦窑厂时，窑主对孙悄悄说："你做个样子就行了，不必认真，我们会感谢你的，否则没你的好果子吃。"但孙会中不为所动，说："关闭砖瓦窑厂是省政府的要求，是为了保护耕地，对老百姓有好处，我没有应付不办的理由。"硬是顶着压力，将那个砖瓦窑彻底关闭。就这样，他一直奋战在窑厂拆除的第一线，协助和配合当地政府，经过20多个日日夜夜的努力，终于将辖区内26座砖瓦窑厂全部予以拆除，复耕后当地新增耕地3000余亩。在这之后，针对砖瓦窑一度反弹较为厉害的情况，孙会中和他的战友们通过抓反复、反复抓，终于使这一"虎口夺地"之战取得了决定性的胜利。

要做好耕地保护工作，有时还不得不被人误解、蒙受委屈，甚至遭人"暗算"。有一次，某企业拟占200余亩基本农田建粮库，孙会中受局领导委托前去制止。但对方不但不听，反而指责国土局的人"阻碍发展经济"。见此情景，孙会中就对他们说，保护耕地不是妨碍发展而是为了保障长远发展，耐心说服并帮助他们另选新址。为了保护耕地，孙会中和他的战友们类似的委屈没少受，甚至还有时招来"暗算"。一天晚上，他骑电动车回家，被几个年轻人挤到路边，硬是痛打了一顿，然后扬长而去。还有一次，他晚上下班回家，被一辆无牌照摩托车猛地带了一下，将他连人带车摔到了地下。回到家里，当家人见到他的衣服被扯破，问他怎么回事时，他怕家人替自己担心，硬说没啥事，是自己不小心摔了一下。到了第二天，他仍然像没事人一样，该干啥干啥。他常对人说："一个真正的土地执法干部是不会被邪恶势力吓倒的。"

一个普通土地执法者15年时间所创造的价值究竟有多大？孙会中去世后局里的同志们算了算，自从孙会中干上土地执法监察这一行，他先后参与查处的土地违法案件，大大小小不下1000起，起码能使5000亩耕地得到保护，免遭厄运。如果这些耕地都种上庄稼，正常年景，如按每亩产800斤粮食计算，这些地可产粮200万公斤，可供近万人吃上一年。一个是1000起土地违法案件，一个是5000亩受保护的耕地，一个近万人的一年口粮；透过这一组看似枯燥却金光闪闪的数据，人们难道不是从中看到了一个土地执法监察干部的光荣与自豪吗？不是看到了他们为国家守护耕地红线付出重大奉献所带来的巨大效益了吗？

坚守廉洁，乐于助人，是孙会中的又一高尚品质。他常说："不管别人咋样，我得对得起共产党员这一称号。"

孙会中是1986年12月30日加入中国共产党的，那时他才23岁。人们记得，他第一次在党员大会上就庄严地向党组织表示："我一定要说到做到，做一个名符其实的共产党员。"如今25年过去了，他以自己表里如一的言行向世人表明，他这个党员是经得起检验的，是过得硬的。

时下，在一些人的心目中，国土资源部门既有权、又有钱，是个富得流油的好地方。可是有谁会想到，当人们清理孙会中的遗物时，竟发现他多年穿的服装全部加一块也只有10来件。他经常穿的那件夹克衫，是1992年春买的，至今已穿了整整19年；一件常披在身上的风衣，是1995年买的，至今已有16年的历史。在清理他的遗物时，人们还发现，孙会中参加工作28个年头不仅没有1元钱存款，反而有因购房及儿子上学向银行及亲友们借款11.4万元的清单。妻子黄书梅介绍说："不怕你们笑话，你们别看他平时穿戴很干净、整齐，其实他穿的衣服都是很好洗、很好晾干的衣服。一般都是晚上脱了洗干净，白天再穿着上班。"目睹此情此景，人们惊呆了——这就是我们国土局一个执法监察中队长的全部家当吗？这就是被人们称之为富得流油部门职工的家庭收入全部吗？

长期以来，在同事们的心目中，孙会中的家庭和睦，儿子学习成绩好，却没有人知道他的家庭竟是如此困难——他的爱人黄书梅因单位经济效益不佳，长期在家待岗；母亲长年瘫痪卧床；儿子又在上大学，每年有上万元的学费和生活费支出。而这一切都要靠他每月1970元的工资来支配。为了节省开支，他平时尽量不在外面吃饭，哪怕是只有六七元一碗的烩面他都不舍得去买，而是骑上电动车回家吃饭。以前大家不了解内情，直到现在才知道其中的原因，这其中固然有回到家帮助妻子照顾瘫痪母亲的因素，但节省开支也算是其中一条重要原因。另外，为解决全家日常生活吃菜问题，他自己动手利用居民区内一小块的闲置地种上了各种蔬菜。由于浇水施肥及时，蔬菜长势很好，成了他家的菜篮子，基本上做到了自给自足。对此也有人说他太抠，可是细细想起来，对于一个不贪不占的执法监察干部，除此之外，他还有什么办法呢！在孙会中的影响下，正在上大学的儿子也十分争气，早早地就在学校搞起了勤工俭学以弥补学费及生活费的不足。总之，在孙中会看来，家穷但志不能穷，作为一名共产党员，绝对不能动不动就向同事们诉苦，动不动就向组织上伸手，不然，还怎么立身做人。

对自己他是严了又严，但对队里的每个队员他却在尽可能的范围内予以关心和照顾。队员曹红霞的公爹因病住院，只有婆婆和小孙子在家，困难较多。得知这一情况后，孙会中几次利用空闲时间带着其他队员，拎着东西去看望。每年局里都给队上分有困难补助指标，可他总是把有限的名额一次次地让给了别人。有一次，指标下来了，同事们劝他说："队长，你家里比较困难，你就把自己报上吧！"但他没有这么做，他说："队员刘永正，比我困难。"硬是把指标让给了刘永正。队里的同事们说，像这样的事，实在是太多、太平常了！对同事如此，但凡遇到单位组织救灾捐献什么的，他总是毫不犹豫走在前列。捐献时，他因自己无多余衣被，就上街买来崭新的军大衣、被褥之类交了上去。特别是汶川大地震那会儿，他不光按规定缴纳了特殊党费300元，还悄悄通过其他渠道捐赠了3000元。别人说他家境困难，可少捐点，但他说，这个时候灾区人民比我们更需要钱，起码我们生命比较安全，一个人有一分热就发一分光吧！

令人欣慰的是，孙会中去世后，市局和分局党组在号召大家向他学习的同时，又发出了向孙会中家庭伸出友谊之手的呼唤。于是，孙会中所在的执法监察二队的队友们来了，睢阳分局的领导和同事们来了，商丘市国土资源局的领导们来了，区委、区政府有关部门的领导也来了，大家排起了长队，自觉掀起了向国土执法卫士孙会中的捐献活动。请看，商丘局长彭显文捐了1000元，睢阳分局班子6名成员每人捐了1000元，队友魏险峰捐了500元，队员曹红霞捐了200元……在短短的几天里，大家先后捐款近5万元。望着一捆又一捆捐来的现金，队里一位同事说："这是俺队长一生中唯一接受别人的捐赠啊，好人就是应当得到好报啊！"……

时代在呼唤，耕地保护的神圣事业在呼唤——祖国需要孙会中这样的执法监察干部。让我们对着高山、对着大地呼唤——孙会中，你一路走好！

青山肃立致敬意，黄河扬波唱悲歌。人民的好儿子，国土资源战线的优秀执法干部，中国共产党的一名优秀党员——孙会中，他带着对党的事业的无限忠诚，带着对耕地保护的责任与自豪，带着对老母亲和妻儿的愧疚之情，带着对国土资源执法监察系统战友们的无限眷恋，依依不舍地走了。

他走得太急了。由于走得急，他还没有来得及给母亲妻儿和战友们留下一句的话，还没有还上尚欠银行和亲朋们的11.4万元借款。但是，他留下来的爱岗敬业和廉洁执法的件件往事，留下来的刚正不阿、一身正气的好口碑，却永远回荡在广阔豫东大平原的每一个角落。

他就这样走了。古老的睢阳城再也看不到他那结实的身影，滔滔的大沙河再也听不到他那匆匆的脚步声。为了践行国土人"严守18亿亩耕地红线"的庄严承诺，为了守护每一分基本农田不受损害，他把满腔热血献给了豫东大地，从而谱写了一曲国土资源卫士的嘹亮赞歌。

孙会中就这样走了。不，他没有走。他永远活在广大国土资源系统战友们的心中，永远同广阔的豫东大地融合在一起……

（本文获《资源导刊》2012年度"好文章"通讯类一等奖）

我以我血荐国土

——记宁陵县开发区国土资源所所长王文超

□吕忠义　贾孝印

右前额大出血！伤口有5.4厘米！一共缝了11针！当医生为伤者包扎完毕后，也对其拼命护国土的英勇行为敬佩不已。这个伤者就是宁陵县产业集聚区国土资源所所长——王文超。

保耕地，滴滴鲜血见真情

事情发生在3月19日那天。上午8点，王文超像往常一样驾驶着执法车外出巡查，刚到石桥镇刘楼行政村王皮自然村东100米处，便发现该村村民王某在已经征收补偿过的耕地上强行建造4间简易板房，妄想再次领取拆迁补偿费。王文超随即出示执法证，责令其停止违法行为。谁料王某拿着电钻，怒气冲冲地说："我的地我当家，想盖房就盖，你们管不着。"这时，其父冷不防拿起一块木板，一下子把副所长史志海打蹲在地，头上起个大疙瘩。王文超还没反应过来，头上就重重挨了一下，血流如注。接着，国土员吕金勇、翟国栋和黄豪均被电钻和木板击中。这些国土卫士面对打骂保持了最大的克制和忍耐。王氏父子行凶后逃之夭夭，县公安机关随即在网上发布了通缉令。

可能有人会问：为了那几间破板房，值得拼命吗？谈到这个问题，他是这样说的："保耕地受点儿伤、流点儿血，这值！"熟悉他的人都知道，他出生在一个农民家庭，土生土长，从小就知道土地的金贵，参加工作后一直在国土部门工作，对国情、国策、国法有着深刻的了解，加之职责所系，已经把保护耕地看成生命中不可或缺的一部分。

"他从来不过节假日，简直是个'工作狂'。平常遇到土地违法行为，不管是亲戚朋友，还是请客送礼，甚至是威胁恐吓，他都坚守原则，秉公执法。我粗略算了一下，他干基层所所长这十几年，先后共制止各种多占、毁坏耕地案件120起，减少土地损失500亩。”副所长史志海一提王文超，算是打开了话匣子。

带队伍，强将手下无弱兵

2003年入党、现年30岁的王文超，中等身材，浓眉大眼。自1999年至今，他先后担任过刘楼、张弓等6个基层国土资源所所长。

平时善于动脑筋的他，从实践中总结了一些工作心得：一是要营造一个像家一样称心如意的工作环境，以便留住人拽住心；二是要培育一支蓬勃向上、干事创业的职工队伍。所以，他到张弓镇任正职的第一站就把这个“法宝”给用上了，并取得了不凡的业绩。

2006年，王文超担任张弓国土资源所所长，该所办公条件很差，当时他们七八个人挤在两间简陋的办公室里工作。为了操持好这个“家”，王文超先从他农村那个家拿来一个没用过的钢精锅，顺便带些柴、米、油、盐，兵马未动，粮草先行。他不辞辛苦，凭着一腔热情和执著，到县局要求，向地方政府反映，采取边借、边建、边买的方式，很快落实了办公室、会议室、档案室、接待室、集体宿舍和厨房等基础设施，并配备了电脑、电话、复印机、数码相机等工作用品，使同志们真正体会到了“家”的温暖。

王文超把每个工作人员视为亲兄弟，政治上关心，工作上支持，思想上帮助，生活上照顾，谁要是有个感冒发烧，一天都问好几遍，催着到医院去看，哪个人家中有困难，他亲自慰问，尽力帮助。

如今，王文超带过的兵，全部得到县国土资源局的提拔重用，其中任正所长的4人，任指导员的1人，任副所长的4人，真是强将手下无弱兵。

调纠纷，不留积案稳民心

在张弓任所长时，别说各种新出现的问题，单就原来遗留下来的四大宅基地积案，也考验着新到任的王文超的智慧和能力。

王文超权衡利弊，决定先啃硬骨头，打响第一炮。任庄村张氏兄弟相邻地址的土地证面积均超出实际面积，双方都不想吃亏，又协商不成，结果“兵戎相见”，大打出手，结怨甚深。王文超接手这桩积案后，在镇、村干部的配合支持下，一次次到两兄弟家中做思想工作，动之以情，晓之以理，有时都谈到深更半夜。当时他父亲因骨结核在郑州手术住院一个多月，他都顾不得前去伺候。两兄弟从当地干部口中听到这个消息后深受感动，一致同意接受实有面积。王所长趁热打铁，帮助丈量并办理土地使用手续，然后送到他们手里

王文超就是这样，不仅连续破解了四大积案，后来又在该镇调处各种土地纠纷28起，未出现一例反复。镇领导称赞他“工作过得硬，确实有一套”。王文超的工作能力不仅来自他的真诚和专注，同他深深的国土情结也密切相关。

这就是普普通通的王文超同志，这就是为保卫国土不惜洒热血的他，这就是任劳任怨、无怨无悔，在国土资源前沿阵地一干就是13年的他，每年都被评为市（地）、县先进工作者和优秀共产党员，他所领导的国土所也被授予“目标管理先进单位”、“耕地保护先进单位”、“信访稳定先进单位”等诸多荣誉称号。

（本文获《资源导刊》2012年度“好文章”通讯类一等奖）

中原大地风正劲

——徐绍史部长河南考察调研侧记

□袁可林 张永强 程秀娟

盛夏的中原大地，处处洋溢着丰收后的喜悦。

6月18～19日，国土资源部部长、党组书记、国家土地总督察徐绍史一行在河南省委副书记、省长郭庚茂和副省长张大卫的陪同下，在河南省新乡市、平顶山市进行了为期两天的考察调研。在短短两天时间里，徐绍史一行顶烈日、冒酷暑，先后到新乡市凤泉区、卫辉市、新乡县、延津县、辉县市及舞钢市，深入国家矿山公园、土地整治项目区、社区、农户家中和地质勘查现场考察调研。河南日新月异的变化，让徐绍史感到欣喜。

调研期间，徐绍史还会见了河南省委书记、省人大常委会主任卢展工，并与郭庚茂省长签署了共同推进土地管理制度改革促进中原经济区建设合作协议。

“没有发展就没有保护，反过来保护不好，发展的质量也不高”

18日一大早，徐绍史一行就来到了新乡市凤凰山国家矿山公园，考察矿山环境恢复治理工作。

凤凰山国家矿山公园位于新乡市凤泉区北部，曾是一座以石灰岩、泥灰岩矿和建筑石料为主的矿山。凤凰山在为地方经济和城市建设作出重大贡献的同时，也付出了沉重的环境代价。2002年，新乡市委、市政府下达“禁采令”，实施了修建挡渣墙、清理矿体危岩、土地复垦、封山育林、荒山造林、退耕还林等环境治理工程，使生态环境得到恢复改造。2008年4月获得省级矿山公园称号，2010年5月获得国家矿山公园创建资格。目前，这里已经形成了以矿山遗迹为主，地质遗迹为辅，融自然景观与人文景观于一体的综合性矿山公园。

在凤凰山矿山公园，徐绍史边走边看边问，详细了解凤凰山矿山公园建设情况。他对陪同的新乡市市长王战营说：“没有发展就没有保护，反过来保护不好，发展的质量也不高。”

“手牵手同保生命线，心连心共护金土地”

土地开发整理工作牵动着徐绍史的心，这次河南之行，一个重要的目的就是想了解河南推进农村土地整治和高标准基本农田建设情况。

在卫辉市唐庄镇十里沟的拦水坝上，全国乡镇党委书记的好榜样、唐庄镇党委书记吴金印向徐绍史介绍十里沟土地开发情况。

唐庄镇境内的十里沟原是一条乱石滚滚、杂草丛生、荒废多年的旧河沟。国家重点工程——南水北调中线引水工程从唐庄镇境内穿过，需占用该镇土地1420亩。为充分利用南水北调工程弃土，增加耕地面积，唐庄镇党委提出向荒山、荒沟、荒坡要耕地，利用5个多月时间完成了十里沟土地开发项目，造出土地120.7公顷，净增耕地113.8公顷。看到地里浓密的麦茬和露出绿意的玉米苗，徐绍史啧啧称赞：“地真不错。”

河南省南水北调渠首及沿线(新乡片区)200万亩土地整治重大项目，是国土资源部重点支持的土地整治项目。该项目总投资28.86亿元，涉及原阳、延津、封丘3个县33个乡镇847个行政村，建设期为5年。项目实施后，可净增耕地14万余亩，每年可增产粮食6亿多斤，将建成“田成方、林成网、沟相通、路相连、旱能浇、涝能排”的高标准高质量基本农田。

在土地整治重大项目延津县项目区现场，徐绍史听取了工程建设情况汇报，并向延津县国土资源局局长申宝魁详细了解了土地整治工程建设单位、监理单位、资金来源和竣工验收审计情况。看到项目区路边公示牌上“手牵手同保生命线，心连心共护金土地”的标语，徐绍史大声念了两遍，连连称赞“写得好”。

走好内涵挖潜、盘活存量之路

正是烈日当空的午后，徐绍史来到辉县市旧城改造现场。

辉县市在城市建设的探索和实践中，按照“内涵、组团、集群、紧凑、节约”的建设理念，确立了“以拆促建、拆建并举、整体推进”的工作思路，走出了一条土地集约利用，群众利益得到保证，内涵为主、外延为辅的新型城市化发展道路。

辉县市坚持在原有规划控制范围内改造提升，坚持利用现有空间内部挖潜、少占或不占耕地发展城市，达到聚人聚财聚物的目的，有效提高城区土地利用率，促进城市可持续发展。近三年来，在25平方公里的城市建成区内，该市共完成拆迁面积250万平方米，新开工面积480万平方米，竣工面积370万平方米，聚集人口25万人，城镇化率达到43%。

听到辉县市闸住城区边界，几年发展不外延的介绍后，徐绍史连连点头，肯定地表示：“城市建设就要走内涵挖潜、盘活存量的路子。”

“只要你高兴，我们就高兴”

新乡县祥和社区位于古固寨镇东部，由后辛庄、崔井、王连屯3个行政村组合而成，共1260户5700口人。老村占地1580亩，而新村占地仅为780亩，节约土地800亩，节地率达51%。截至目前，该市区已腾出土地772亩，复耕220亩。一个“占地不多功能多，造价不高品位高”的新型农村社区已初具规模。

徐绍史详细地询问了新区建设情况。他问：“有没有上访的?”听到当地干部介绍说原来有上访不愿搬的，后来上访是要求尽快搬时，徐绍史点头表示满意。

舞钢市的情况也同样令人鼓舞。2009年，舞钢市确立了“土地向经营大户集中，农民向城镇集中”的发展路径，将全市190个行政村整合规划为4个中心镇、17个中心社区，形成“一城四镇十七个中心社区”的城乡统一发展蓝图，以新型农村社区建设为载体，利用城乡建设用地增减挂钩政策，鼓励农户搬新拆旧;通过土地整治，对分散、低效利用的农村建设用地进行有效整合。当年，舞钢市便启动了3个中心社区建设试点，张庄中心社区就是其中之一。

走进舞钢张庄中心社区，青瓦白墙的二层联排小楼鳞次栉比，矗立于青山绿水之间。目前，张庄中心社区一期已投入使用，占地130亩，建成住宅235户，社区内道路、绿化、景观、供水、排水、排污等基础设施和公用服务设施一应俱全。

徐绍史来到居民郭香民家中，详细询问了生产生活状况。郭香民开心地向徐绍史介绍这三年来发生的变化：搬迁以前，一家住在四间平房里，但占地比现在上下两层共八间房的楼房大，现在在社区内卖山野菜、办农家乐，每个月有1万多元的收入，另外耕种三四亩地，每年的粮食都吃不完。

徐绍史问道："你觉得这个事情办得怎么样？"

"好！"郭香民干脆利落地回答道。

"只要你高兴，我们就高兴。" 徐绍史笑着说。

据悉，舞钢市居民点原来占地7.11万亩，而新型农村社区建设将减少占地4.33万亩，节约比例达61%。

徐绍史说："农村土地整治和增减挂钩是城乡统筹的重要途径，也是'三化'协调推进的重要抓手。看完舞钢市农村社区建设的情况，我非常高兴，舞钢市确实把农村土地整治和增减挂钩政策用好用足了。"

落实地质找矿新机制，争取地质找矿新突破

舞阳地区深部铁矿整装项目是河南省国土资源厅探索地质找矿新机制确定的重点整装勘查项目之一。2010年，国土资源部提出"公益先行、商业跟进、基金衔接、整装勘查、快速突破"地质找矿新机制后，河南省国土资源厅牵头组织，河南省有色金属地质矿产局第四地质大队实施，在舞钢市铁矿原空白区和既有矿区深部进行了重点勘查。仅用9个多月的时间，舞钢市深部铁矿勘查工作就取得了重大突破。

在舞阳深部铁矿整装勘查项目现场，徐绍史一行听取了河南有色四队总工李怀乾关于铁矿勘查情况的介绍。在得知已经勘查的区域铁矿石最高品位达到53%，总储量在5亿吨以上时，徐绍史非常高兴，并不顾天气炎热，兴致勃勃地走上钻台，看望一线钻探工人。

阳光下，一截截岩芯被放置在专用托盒中，深灰色岩芯泛起点点金

属光泽。陪同的人说，这些铁矿石标本能被磁铁吸起。徐绍史饶有兴趣地拿起红布包裹着的吸铁石，吸起了产自杨树湾的铁矿石，验证了矿样的高品位。

依法依规管好用好土地、矿产，建设勤政廉洁国土资源管理队伍

无论是新型农村社区建设的喜人景象，还是地质勘查取得的丰硕成果，哪一样都离不开国土资源人的努力。正因为如此，.在看望新乡市国土资源系统干部职工时，徐绍史给他们送上了诚挚的问候，并作了热情洋溢的讲话。

徐绍史说，河南是我国第一人口大省，又是中部的一个重要省份，经济社会发展任务非常艰巨，发展的压力也非常大。而且河南经国务院批准正在建设中原经济区，所以大家身上的担子比较重，借这个机会给大家提几条建议：第一，大家一定要为新乡乃至全省的经济社会发展，为中原经济区的建设做好服务工作，这是我们国土资源管理工作最最重要的一个理念；第二，一定要依法依规管好用好土地；第三，一定要依法依规管好用好矿产资源；第四，一定要做好汛期地灾防治工作。

徐绍史最后强调，我们这支队伍管理的是稀缺资源，外部环境非常复杂，诱惑也很大，希望大家注重党风廉政建设和队伍建设，要抓紧抓好，进一步树立我们良好的形象，增强我们行政的公信力。

在舞钢市国土资源局看望干部职工时，徐绍史说，一要做好“双保”工程2012年有关工作，既要保障发展也要保护好资源。二要做好找矿突破战略行动的具体项目和任务。三是一定要抓好党风廉政建设和队伍建设，进一步树立起国土资源人的形象，进一步增强公信力。

盛夏中原满眼金。徐绍史一行在河南的调研，给蓬勃发展的河南国土资源管理事业注入了新的活力。

（本文获《资源导刊》2012年度“好文章”通讯类一等奖）

人生无悔

——记洛阳市国土资源局局长丁新务

□袁可林

引　语

亲爱的朋友，你是否发现，当今社会，有个十分有趣的现象：那就是每当国家进行一次机构改革，就必然产生一些新的机构、新的称谓。比如，现时的国土资源局及其相应的国土资源局长，就是这样一种情况。

让我们把时间定格在1998年3月10日。此时，在北京召开的九届人大一次会议第三次会议正在通过一份国务院提交的机构改革方案。在那个方案中，有一个新增的国家部委，即由原地质矿产部和国家土地局等组成的国土资源部赫然入内。同年4月8日，该部在全国政协礼堂举行了隆重的成立仪式。时任国务院副总理的温家宝亲往参加会议，并代表党中央、国务院对新成立的国土资源部提出了殷切希望……

自那以后，随着机构改革的逐渐深入，在全国各省（除市自治区）陆续成立了国土资源厅，而在全国333个地级和2856个县级行政区划单位，也陆续挂上了一块醒目的大招牌：××市（县）国土资源局。而有多少国土资源局便由多少国土资源局长，便是不言而喻的事了，对此，有人认真算了算，如果从2000年算起，至今，“国土资源局长”这一称谓在中华大地上已有12年历史了。

12年，对于历史而言，它不过是短暂的一瞬，然而，对于一个新生系统、一个新生部门、一个新生角色而言，却意味着将会发生一系列重大变化与变革，意味着将会发生大量人们的辛勤与开拓，意味着将会有无数可歌可泣、感动百姓的事情发生……

因此，当我们把关注的目光投向众多国土资源局长这个群体时，我们便会发现一个人——他，中等偏上的个头，国字形的脸庞上镶嵌着一对明亮智慧的眼睛，走起路来踏实有力，见人未说话就露出了笑容，他就是现任的洛阳市国土资源局局长丁新务。

丁新务生于洛阳市宜阳县农村，1974年12月入伍，20年军营生活后于1995年3月转业到当时的洛阳市土地规划局。他先是担任局建设用地科科长，2003年12月起任局副局长、党组成员，2007年3月起调任焦作市国土资源局长，2011年2月，他被调回洛阳市国土资源局任局长。就是说，在国土资源管理战线上，除去当建设用地科科长和副局长不说，仅在“一把手”局长位置上，他就干了整整5年。

那么，我们该用何种语言来评价他这些年所干的工作呢？用他自己的话说：“我不敢说我把什么工作都做好了，但我敢说我用尽全力了，我感到问心无愧！”

好一个“用尽全力”、“问心无愧”！正由于此，多彩的历史档案中才记下了一页又一页闪光的篇章……

面对社会上一些地方一度违法用地成风，他说：洛阳新区决不能。他认为：法无授权不能为。他以其依法依规坚定实践维护了国家土地法律法规的神圣与尊严

那是2003年12月，洛阳市政府一纸任命，让时任市国土资源局副局长的他，兼任洛阳市洛南新区开发建设办公室副主任、党组成员，具体负责新区用地规划、报批及征地、拆迁、安置等项事宜。说实话，这是一副重得不能再重的重担。时任市国土资源局长张现林怕他为难，像兄长一样拍着他的肩膀说：“局里这一块就交给你了，你就放开手脚大胆干吧，我们全力支持你！”

丁新务简洁的回答也着实让领导听着踏实：“放心吧，我会努力的。”

建设开发洛南新区是洛阳市城市开发建设中的一件大事，规划开发面积50平方公里，涉及行政、文化、商务中心、体育中心和大学城区五个功能组团，而且时间要求比较紧，任务十分繁重。

两大难题立马摆在刚刚走马上任的丁新务面前：一个是尽快完成用

地报批，再一个是征地拆迁补偿。对此，丁新务自我解嘲道："国土资源两大难，都让我和我的同事们摊上了。"

要知道，洛阳市处于中国八大古都之一的特殊地位，不少建设用地项目还要到国务院报批，增加了报批的程序和时间。加之当时用地报批要件较多，资料准备工作量较大。而另一方面，省市领导对洛南新区开发要求较急，一些项目急着要落地。

一时风急浪涌，形势逼人。

有人提议："实在来不及，干脆学着其他地方的样子，边报批边用地算了。"

但丁新务坚决不同意，他说："法无授权不能为。我们国土部门是执行《土地管理法》的，不能想执行就执行，不想执行就不执行！"

丁新务开始行动了。他就和局里有关同志马不停蹄地踏上了赴省进京的征途——为了加快项目的报批，为了古都洛阳开发新区的早日建成。一次次看到他们的风尘仆仆，一回回感受到他们的认真负责精神，省部有关部门同志被感动了，就告诉他们"诀窍"：一是有的报批内容可提前准备，二是每次报件不超过3000亩。听了后，他们回来马上组织人员照着办。结果，接连报了几个批次都迅速被批了下来。从2003年到2006年11月的3年间，仅国务院就为他们批准建设用地2.8万亩，为全区1080个项目准备了落地空间。

后来，在河南省召开的一次土地管理会议上，一位领导直面挑出："你们在座的谁敢拍着胸脯说，我那里没有违法用地？"参加会议的洛阳市局负责同志当即回答："我们洛阳洛南新区敢说这话！"事后，受上级领导委托，一家报社记者前去采访，仔仔细细调查了一番，回去后在报纸上发表了一篇文章，题目是《古都洛阳唱新曲——来自洛阳市洛南新区依法依规用地的调查》。文中说——

"从2003年至今，仅仅是3年多时间，在中原大地就出现了一个令人振奋的城市新区——洛阳市洛南新区。目前，该区已累计开工各类工程1080项，综合投资252亿元，完成开发面积22.19平方公里，初步聚集人口约20万人。放眼望去，只见洛河以南、龙门以北的偌大范围内，到处是一幢幢高耸挺立的高楼，一条条宽广平坦的大马路，一处处造型艺术的绿地和湖泊。面对水在城中流、城在山水间、不是江南胜江南的新城区，有多少人对此称赞不已，又有多少文人墨客为此诗兴大发，尽抒内心的澎湃激情。"

尽管如此，还有人为洛南新区的开发建设心存疑虑。因为现在不少地方在新区开发时，往往秉承着"只要是为了发展经济，即使违法占地也没有什么"的想法，再加上离洛阳市不远的郑州龙子湖违法占地现象的出现，让一些人更产生了"联想"："你们洛南新区3年多用了那么多耕地，都合法吗？"更令人哭笑不得的是，某个地方的国土资源局局长甚至"真诚"地向他们求教："你们如此大量用地，从没听到上级如何责难处罚你们，你们的高招何在？"

显然，赞誉与怀疑同在，喜悦与忧虑并存。为了解开这个谜，记者前往洛阳进行了实地采访。结论是——总体依法用地，不容置疑。

当然，在洛南新区，依法用地的道路上并不总是处处一帆风顺。为了保证将国家有关法律法规落到实处，他们在确保总体用地不违法的同时，还十分注意组织力量密切关注下属每一个地区或具体项目的用地活动，一旦发现有违法现象，立即制止并纠正。曾经一个时期，一个商家未经批准在洛南隋唐遗址上将牡丹园改建高尔夫球场。他们发现后，就立即报告市政府，并采取坚决措施：拆除地面一切设施，严肃处理了这个地方所在区的负责人和建设部门的负责人，在当地产生了较大影响，从而有力抑制了一些违法用地现象发生，从总体上保证了全区依法管地、依法用地的良好秩序。——它以雄辩的事实告诉人们：坚持依法依规用地，既是国土部门的职责所使，更是保障国家经济建设的必由之路。

这在河南、在全国，当时是件很了不起的事。

作为洛南新区开发建设中征地及拆迁安置方面的负责人，丁新务知道自己责任的重大。出身农民家庭的他，更深知土地对农民具有怎样的意义。他认为，无论是从党的为民宗旨来讲，还是从新区开发建设的远景来讲，作为一个受党教育多年的共产党员，都要把安置补偿这件大事办好。为此，他向上级提出明确建议：在新区补偿中，一定要按政策规定的"最高标准"予以农民补偿。

与此同时，他还建议，采取"五种途径"安置拆迁农民。

返还地安置：即按照总供地面积的15%（毛地）返还给区政府，由区政府统一安置被征地村民；

引进企业安置：充分利用工业园区和经济开发区这两大支撑点，对进区企业的多种就业岗位实行对失地农民定向培训，使其上岗就业；

依托城市进行安置：对新区的保安、物业管理、绿化管理及道路养护，由被征地村集体成立公司，组织农民予以承担；

校地合作安置：根据教育部"大学后勤保障社会化"这一要求，反复做新区各高校工作，将征地补偿款集中使用，用于学校后勤服务项目建设，学校按期付息还本，前十年按10%付息，后十年每年付息还本各10%，既减轻了学校资金周转的困难，又增加了农民收入；

在建设中安置：即在项目建设中让农民参与，实现短期务工安置，有能力的村集体还成立起自己的建筑公司。

是丁新务的上下奔走，多方动员，促成了以上多渠道安置措施的实施，使被征地村民得到了应有安置，加之生活质量和水平得到明显提高，基本上做到了"群众顺心、企业称心、政府放心"。

如今，这些虽已是过去多年的事了，可是在河南各地，每提起如何安置拆迁农民时，洛阳洛南新区的不少办法仍不时被人们提起，传为美谈。

既要保障发展，又要坚守"红线"。既要做好当前，更要考虑长远。作为一局之长，他常对人说："我们切不可干让子孙后代伤心之事，一定要走节约集约之路。"

或许是对丁新务在洛南新区工作的认可和肯定，或许是对他充满无限信任和更大期待，2007年3月，河南省国土资源厅党组研究决定，赋予丁新务更大职责，调丁新务到焦作市国土资源局任局长。

由此，丁新务人生历程上新的一页，又揭开了。

说实话，听到这个消息，丁新务心里既喜又忧。虽说是洛阳距焦作只有100多公里，但对焦作市的情况他还是了解一点的。

他知道，焦作市是一个以煤兴起的资源型城市，早在清朝末年采煤业已经兴起，经过上百年矿业开发，现已被国家列为首批12个资源枯竭型城市之一。那里的生态环境破坏严重，经济转型任务十分艰巨。一方面，工业化和城镇化发展对用地保障要求甚高，另一方面，焦作市人均土地只有0.8亩，处于联合国粮食安全的警戒线，保障发展难题不可小视。事实很清楚，当个焦作市国土资源局长并不是一个轻松的活。可是，多年的军营生活熏陶使他养成了一个良好习惯，那就是从不向任何困难低头，不屈不挠、一往无前。于是，当省厅领导征求他的意见时，他坚定地回答："请党组织放心，感谢组织上对我的信任，我一定努力把这个局长干好！"

丁新务，又一次走马上任了。

但他心里十分清楚，要想当好这个局长仅凭满腔热情和良好愿望是不行的，必须迅速摸清底数，制订出一个科学方案，才是根本之策。因此，在他初上任的几天里，他顾不得休息几乎马不停蹄走遍了焦作全市10个县市区，一一拜见市四大班子领导同志，与机关干部差不多谈心谈了个遍，广泛征求厂矿企业意见。

几天下来，他感到听到最多的一句话就是：建设用地紧张——城市经济转型产业布局需要用地，工业化城镇化发展需要用地，诸多招商引资项目也需要用地。另一方面，耕地保护和生态环境保护形势十分严峻。怎么办？问题从哪着手？思考再三，他觉得必须基于焦作市的实际和国家对焦作市的发展定位，做好全面统筹安排，努力走出一条节约集约之路。

在大量调查研究的基础上，经过多方面征求意见，最终他和班子集体集思广益，向市委、市政府提出了"依山傍滩、集约挖潜"即"四向四要"的节约集约用地布局方案——

向黄河滩区要农业用地；

向太行山山前冲坡地要工业用地；

向城区空间拓展要建设用地；

向北部浅山区要城市用地。

这一充满智慧且又完全符合实际的节约集约用地之路一经提出，便得到了焦作市委、市政府的充分肯定，很快被纳入了全市土地利用总体规划。采访中，局里一位负责同志高兴地说，如照此去做，起码到2020

年，不仅可以确保全市28万亩耕地红线安全，而且，所需建设用地也可基本得到保障。

说了算，定了干。“四向四要”的大会战展开了，人们高兴地看到——

黄河滩上，机声隆隆，近20万亩的黄河滩区土地整治在各级政府和黄河管委会的大力支持下，大张旗鼓地行动起来了。截至2010年底，焦作市已为其投入1.5亿元，开发整理耕地9.6万亩，其中已有5万亩交由农民耕种。如今，倘若你来到滩区，一定会欣喜地发现，昔日荒凉之地如今已被田成方、林成行、路相通及一眼望不到边的滚滚麦浪所代替。

太行山山前冲坡地开发拉开了序幕。焦作市北临太行山，约有500平方公里的山坡砂石地，其中相当一部分土层瘠薄，土质差，不宜耕种，但地质稳固，且临近水源、交通干线，适应工业集聚摆放。经过省政府批准，目前各市县已在这里一溜建起了11个工业集聚区，扛起了焦作市经济发展的大旗。

城市，在节约集约中天天长高：首先是市内23个“城中村”改造战役打响了。这一项目完工，除安置农民回迁和城市基础设施4500亩用地外，仍可盘活土地1500多亩。按照“退二进三”的指引，全市39家工矿企业拟迁出闹市区。此项工作结束，可盘活土地1700余亩。此外，市政府又出台了鼓励高层建筑，注重挖掘地下空间，千方百计提高建筑容积率，全市城市用地步入了节约集约发展的良好轨道。

北部浅山区，“城中有山、山中有城” 的崭新市区就要一步步变为现实了：那里3万多亩坡度平缓的山坡地，征地费用只有平原区土地的五分之一，完全符合城市建设“占孬地不占好地”的思路。在市委、市政府和市人大的支持下，该区已纳入焦作市未来城建发展目标。用不了多久，太行山前就会崛起一座新城。

在着眼长远发展的同时，丁新务还在局机关干部大会上提出了保护资源是第一责任、保障发展是第一要务的工作理念，继而又提出了转变作风，把以前的被动办事变为主动服务，把等人上门为登门服务，把单纯行政审批变为行政服务，对重点项目建立“绿色通道”，实行“全时受理、全程跟踪、专人负责、限时办理、责任追究”。对有些重点项目，丁新务则坚持“既挂帅，又出征”，与有关人员共同商讨解决良策。一次，原本是属高速公路连接项目，但由于原报批时名称提法有误，结果审批进度迟缓。后来，他发现此事后，建议有关人员立即更改项目名称，使这一问题较快得到了解决。

几年过去了，有人算了算，通过全局上下的共同努力，使焦作市内599个国家及省市重点建设项目落了地，从而有力地促进了当地招商引资和城镇化、工业化的发展。与此同时，该市的耕地保护和矿产资源管理工作也上了一个新台阶。几年中，全市土地整理面积47.3万亩，其中新增耕地6.6万亩。全市连年实现了“占补平衡”，保证了289万亩耕地红线安然无恙。就这样，在国土资源局长这个岗位上，丁新务赢得了闪闪发光的头彩。以至于当他后来调离时，市委、市政府领导还特意借鉴古代送万民伞的事例，给他个人赠送了一块“特殊赠匾”。其情之深，其意之长，令人回味无穷。

团结出政绩，作风树形象。为此，几年中，他十分注意抓班子建设，注重通过创先争优为队伍凝神聚气，鼓劲给力

多年军营生活的熏陶和长期国土管理实践，使他从中悟出了一个道理：要想把国土资源管理搞好，仅靠局长一人或少数人是不行的，必须通过抓班子、严作风，广泛开展争先创优活动，才能使队伍凝神聚气，形成合力，达到应有效果。

他把班子建设看得十分重要。到焦作上任后的第一次班子会议上，他说：“我初来乍到，两眼一抹黑，一切都靠诸位同仁相助。如果我有什么不对的地方，请大家及时批评指正。”针对现在各地在国土资源管理中实行行政首长负责制这一特点，他时时告诫自己，千万不能犯个人说了算的毛病，时时处处注意尊重各个副职的意见，做到用人不疑，鼓励他们主动大胆工作。在这当中，尤其要注意处理好局长同党组书记的关系，摆正自身位置，把自己置于党组领导之下。丁新务知道，时任局党组书记颜建防在焦作市和局里可谓德高望重，要想做好工作，没有他的大力支持是不行的，因此，无论遇到啥事他都注意同颜书记商量、向他请教。俗话说得好，“半斤换八两，俩好搁一好”。看到新任局长对自己处处尊重，颜建

防十分高兴，他对丁新务动情地说："老弟，你看得起我，我得支持你。让我们携起手来，共同把焦作市局的事情办好。"针对丁新务初来乍到，具体情况一时不熟悉，颜书记就一边向他细细介绍，一边陪着他到各县区转，后来又帮他理清思路，及时处理好局内外关系，使全局上下心往一处想，劲往一处使，很快以崭新的面目展现在全市面前，赢得一片喝彩。

在队伍建设方面，丁新务十分注意加强全局的制度建设，坚持用制度管人、管事，这是丁新务在队伍建设方面的重要一环。没有规矩不成方圆，在法制社会的今天，更是这样。为此，局里先后建立健全了国土资源局工作规则、局长办公会议和局党组议事规则，规范重大事项集体讨论的程序，以保证重大问题依法、科学决策；为提高工作质量，还将ISO9000国际质量认证标准引入国土资源管理工作中，完善了89项工作制度，规范了76项业务工作流程和办理时限，使业务工作的每个环节格式化、标准化、程序化。此外，他们还利用金土工程建设成果，将电子政务的先进性、科学性、智能性和规范性充分运用到行政审批各个环节当中，实行建设用地预审、审批、供应、采矿权登记、土地登记等业务网上审批。如此一来，市局通过制度加科技管理方式，不仅大大提高了工作效率，还使各环节得到了有效的监督和规范，有效杜绝了弄虚作假、"以权谋私"的发生，将全局的国土资源管理水平提升到新的档次。

军人出身的他，还建议局里结合全局年度目标责任考核将部队思想政治工作经验巧妙运用到国土资源管理中，大力开展创先争优活动。他常挂在嘴边有两句话，一句是"不争第一就是落后"，再一句就是"高标准是财富，低标准是包袱"。努力在全局形成"见红旗就扛，有第一就争"的良好氛围。通过不懈努力，全局很快出现了比学赶帮超良好局面。细心的人们算了算，从2007年4月到2011年3月四年下来，焦作市局先后从上级扛回了61面各种各样的锦旗、奖状和奖牌，其中有4项奖牌是河南省人民政府和国土资源部授予的。各种各样的锦旗、奖状和奖牌、奖杯，在偌大的局荣誉室里摆了一行又一行。目睹这些林林总总，人们无不感慨万千，因为这其中包含了人们太多的辛苦和开拓，有忧愁更有欢乐，这一面面锦旗、奖状和奖牌，分明就是一首诗、一首歌、一幅催人奋进的战旗。此外，丁新务和他的同事们还将部队重视宣传报道工作的好传统运用得淋漓尽致。由于上下各方共同努力，该局的宣传报道工作曾连续四年走在全省各省辖市的最前列。以2010年为例，这一年该局在各种媒体和网站上发稿竟达3875篇，其中，在国家级报刊和网站上发稿318篇，在省级报刊上发表158篇。篇数之多，质量之高，影响之大，令左邻右舍称羡不已。

尤其可喜的是，随着这一件件创先争优措施的实施，使全局出现了团结一心，干工作，干啥啥成、比学赶帮争上游的喜人局面。

面对国土资源局长时下在不少地方成了各种“糖衣炮弹”进攻目标的严酷现实，丁新务认为，要想不辱使命、干成一番事业，就必须一身正气，两袖清风。为此，他向全局干部承诺：廉洁奉公，从我做起！

平心而论，对于丁新务来说，最不愿意看到报刊上什么什么国土局长“出事”了，什么什么国土部门的干部被“双规”了之类的报道；也最不愿听到此类的传闻。因为这些报道、这类传闻不管是外地的还是本地的，毕竟有损国土资源部门的形象，是同我们党倡导的传统美德背道而驰的。喜欢不喜欢是一回事，但实际上国土资源部门已成了滋生腐败高危区已是不争的事实。这也难怪，国土资源部门手中握有土地和矿产资源开发处置之权的情况，早已使它成为存有各种杂念人施放“糖衣炮弹”的进攻目标。俗话说，“不怕贼偷，就怕贼惦记”那是有一定道理的。对此，作为一局之长的丁新务，他认为自己有一个不可推卸的责任：那就是既要带领全局完成历史赋予的“保发展、保红线、保民生”的神圣任务，同时也要带出一支勤政廉政的高素质队伍。一句话，要把“高危区”打造成“清洁区”、“安全区”，党和人民的“放心区”。

正是出于打造“安全区”、“放心区”的神圣职责驱使，这几年，他每到一处任职都把廉政建设抓得紧而又紧。2007年3月到焦作局任职时，他在机关廉政建设中提出了“抓源头、重预防、建机制、强教育”的整体思路，组织广大干部开展“职务是什么？权力是什么？工作是什么？”的大讨论，帮助人们确立把职务当做义务、把权力当成责任、把工作当做使命的理念，正确处理权力关、金钱关、享乐关、荣辱关。同时，通过开展“如何把高危区变成安全区、清洁区”大讨论，组织人们到焦裕禄故居参观学习以及利用重大反面案例进行警示教育，对党员干部常念“紧箍咒”，早打“预防针”，浇注“反腐剂”，做到警钟长鸣，廉风常吹。由于工作措施有力，不仅保证了全局当年无发生重大违纪案件，而且大大促进了全局政风行风的好转。在当年焦作市政风行风评比中，从上年的第45名，一下子提升了26个位次，后来又提升了11个位次，位列全市前8名，令全市上下瞩目。2011年3月，他调回洛阳市局任职后，又以“高血压人群应常记服药，高风险人群应警钟长鸣”自勉，坚持廉政教育常抓常新，针对全局查找出的376个廉政风险点，完善化解措施，以及实行“一公开三监督（内部、社会、媒体）”，使全局的党风廉政建设快步驶入了新的健康轨道，在“两整治一改革”活动中被国土资源部评为先进单位，其经验在全国得以推广。

“廉政建设，从我做起，我要给大家当好表率。”这是丁新务在局机关干部大会上多次重复的一句话。他是这样表示的，更是这样去付诸行动的。

请看——

他刚到焦作那阵儿，局里安排他在宾馆吃住，他说不行，这里太贵了，能省一点就省一点吧，再说这样容易脱离群众，硬是让有关人员给租了套民房住下；

在公务接待中，他从来公私分明，坚持自己的客人自掏腰包。一次，他从小学到中学的一个同学，分别40年后从福建来看他。在洛阳的几天时间，从吃、住到景点门票，一共花了5800多元，他都坚持从自己工资中支出。他说：“公就是公，私就是私，作为一名共产党员，我决不能占公家一点便宜，否则我会心里不安的。”

在涉及行政审批、项目招标、干部任免等方面，他坚持一切按规矩来，坚持集体研究决策，从不个人说了算，大力推行“阳光行政”。他说，这样做不仅体现公正公平，同时也是干部自我保护的良好途径。

他带头遵守劳动纪律。在焦作时，他基本上每周五下班后回洛阳。为了赶上星期一早上8点到岗，他基本上是早上6点来钟就起床，一个多小时到焦作后，找个地方随便吃个早点，7点半钟走到办公室。几年中，他几乎没有一次因个人原因而迟到的。回洛阳任职后，他更是如此。总是每天7点半多一点到办公室。他对时下一些领导干部把马列主义当成手电筒，只照别人不照自己十分反感。他常对别人说："如果一个局长连这一点都做不到，还当什么局长，还怎么说别人、带队伍。"局机关看大门的同志每说起来，崇敬之情溢于言表。

在倡导人们一身正气、两袖清风的同时，丁新务还把"关心群众生活"、"以人为本"看得比什么都重要。平时，机关干部谁家里有什么事了，谁生病住院了，机关午餐办得怎么样，他都一一记在心里，或者去医院探望，或者想办法帮助解决困难。有一次他得知一位部队转业干部到局工作后，家属一直在家待岗，生活十分困难，他就想方设法为其安排工作。而人们知道，此时他儿子大学毕业后尚在家里待业呢。尤其让干部职工感谢不尽的是，2007年他到焦作市局任职后，得知局里的家属楼因诸多原因拖了6年多未能开工，干部职工心里非常着急。于是，他就把它当成大事来办，接连数天到市里找领导，跑相关部门，协调做好内部有关人员工作，终于在较短时间内使问题得到了解决。广大干部职工为此奔走相告："新来的局长真办实事，这样的局长我们打心眼里佩服！"

就是这样，丁新务以"廉洁、大气、创新、实干、亲和"为一体的国土资源局长形象深深印刻在广大干部群众的脑海之中。他用自己的一言一行向世人表明，一个以清廉正气为荣的国土资源局长，必然会受到人民群众的无比爱戴！并向世人庄严昭示：对于国土资源局局长这一称谓，他是称职的，是无愧于这一创造奇迹的时代。

不是结尾的尾声……

当我们的采访即将结束时，记者问丁新务："你这一生的最大追求是什么？"他稍停顿了一会儿，告诉记者："能否概括为这样两句：不辱使命，人生无悔！"

好一个"不辱使命，人生无悔"！人们高兴地看到，正是在这一思想指引下，他点燃了一束又一束生命火花。且不说他20年军营生活过得充实有趣、令人时常怀念，也不说他8年国土科长当得尽职尽责、颇有建树，更不说他4年洛南新区开发中依法依规、多有创新，仅从2007年3月以来5年多的国土资源局长生活，就够多彩多姿、分外夺目了。

请看——

仅在焦作4年，他就火花频闪，不说受到的地市级50多项奖励，仅省政府和国土资源部的奖励就有四次；

回洛阳仅有2年，他不仅带领全局各项工作来了个华丽转身，并在“两整治一改革”和“双保工程”方面受到了国土资源部的表彰……

采访中，丁新务向记者介绍了一件令他心灵受到震颤的事儿。那是2012年洛阳牡丹花会期间，他的20多位战友从西安前来看他，当他向他们汇报回到地方后的十几年经历，特别是5年多国土资源局长的生涯后，20多位战友刷地突然起立，向他端端正正行了一个标标准准的“军礼”。那一刻，墙上的时钟仿佛凝固，全场格外寂静，刹那间，他的眼眶猛然潮湿了起来……

20多个人的标准军礼！一个看似平凡却又蕴含无限深情的军礼！这其中难道不是既包含着战友们对他阔别多年的思念之情和深情厚谊，也表达了战友们和更多人们对他五年多来国土资源局长的认可和赞许吗？

不！那不只是20多个人的军礼和情谊，那其中还包含着成千上万人对他和无数国土资源局长们的认可和赞许。因为，正是由于像丁新务这些国土资源局长的开拓奉献和辛勤努力，我们祖国的国土资源管理事业才有了如今的天高地阔，如今的欣欣向荣，如今的处处充满生机！

（本文获《资源导刊》2013年度“好文章”通讯类一等奖）

为了“一库清水送京津”

——南阳市国土资源局推进生态文明建设纪实

□袁可林 温云凌

据报道，到2014年底，我国又一重大水利工程——南水北调中线，将把丹江口水库的清水送往1277公里之外的京津地区，以缓解京津地区的缺水之苦。这是一个令人企盼的好消息。那么，当前渠首附近的生态环境如何？水质状况如何？这是大家比较关注的话题。令人兴奋的是，日前，记者从长江委水文局获悉，该局对丹江口水库入库沟等7个断面进行的最新采样监测评价结果表明，丹江口水库库区水质达到国家一类饮用水标准。一句话，完全符合调水要求。

日前，记者到南水北调中线渠首地南阳市采访，当谈到何以取得这一喜人成果时，市里一负责人称，这是全市人民共同努力的结果。当然，也和全市国土资源部门的辛勤努力分不开。

之所以这样说，是因为——

一个重大工程，国家关于“构建南水北调生态走廊、建设中线工程渠首水源地高效生态经济示范区”的战略定位，给南阳市国土资源管理提出了崭新课题——必须把生态文明建设放在重要位置。

自1952年10月30日，毛泽东在视察长江时提出：“南方水多，北方水少，如有可能，借点水来也是可以的。”此后，在党中央、国务院的领导和关怀下，经过广大科技工作者的艰苦努力，最终形成了包括南水北调东线、中线和西线的调水方案，而以中线方案尤为注目。南阳市就处于南水北调中线渠首核心位置。为了保证渠水的质量，国家在规划中将南阳市定位于“高效生态示范区”。据此定位，为的是呵护好丹江口水库这一京津“大水缸”。南阳市政府对当地生态环保工作一直抓得紧而又紧，并且提出“政绩融进碧水里，丰碑刻在青山上”和“一库清水送京津”的庄严承诺。按照市政府的统一要求，南阳市国土资源局自成立以来，尤其是2008年以来，在认真履行“保障发展、保护资源”各项管理职能的同时，自觉将生态文明理念贯穿始终，落实到每一项工作当中。几年中，围绕推进生态文明建设确保优良库水一事，南阳市国土资源部门做了一系列有益的尝试与努力。

心系大局，“五招”并用圆就生态梦

国家对南阳建设“高效生态示范区”的战略定位，南阳市政府确保“一库清水送京津”的承诺，激励着该市国土资源局党组一班人，他们决心通过自身工作，加强“生态南阳建设”的责任感、紧迫感。局长包建铎说：“做好这项工作，无论从哪方面来讲，我们都责无旁贷。”

为此，南阳市国土资源局先后在五个方面采取了措施：

一是精心编制全市土地利用总体规划。按照国家对南阳市的战略定位，以及南阳市新型城镇化、新型工业化、新型农业现代化“三化”协调发展的要求，实行城乡统筹，协调发展，科学布局全市各产业的开发，注意为生态农业、生态工业和以旅游为主的现代服务业预留足够的发展空间，构建生态保护、生态开发、生态拓展等战略功能区。为了避免规划“朝令夕改”的随意性，增强规划的严肃性，该局按照市政府的要求，将全市土地利用总体规划与城乡建设规划、产业集聚区规划实行“三规”合一，努力做到无缝对接。从而，为建设“生态南阳”奠定了良好基础。

二是大力推进地质环境保护，加强地质公园建设。南阳市地处伏牛山中国中央山系、秦岭造山带东部的核心地段，独特的地理条件孕育出诸多壮观的自然山水景观与独具特色的地质遗迹。该市于2001年向国土资源部申请建立了内乡宝天曼国家地质公园，接着又于2004年向国土资源部申报建立了西峡伏牛山国家地质公园，之后又在整合上述两家国家地质公园和南阳恐龙蛋化石群国家级自然保护区的基础上，以“山、水、龙”为主题，向联合国教科文组织成功申报了世界地质公园，并于2007年揭碑开园，园区面积有1000余平方公里。在园内建立了两个地质博物馆，即：内乡宝天曼地质博物馆与西峡恐龙蛋化石博物馆，并建立了分布在西峡、内乡和马山口的3个地质广场。与此同时，还利用废弃矿山旧址，报请国土资源部批准，在全国较早建立了独山玉国家矿山地质公园，使昔日的荒山变成了绿树成荫、鸟语花香的旅游胜地。在此影响下，该市邓州、桐柏、唐河、淅川等县市，又先后兴建了3家省级地质公园与2家市（县）级地质公园。截至目前，全市地质公园面积达1544.35平方公里，占南阳全市总面积的5.04%，在全国位居前列。众多地质公园的建设，为南阳市的生态建设书写了浓墨重彩的一笔。

三是在矿业秩序整顿和资源整合中大力倡导绿色矿山建设。该市一方面通过矿业秩序整顿，坚决取缔无证非法采矿，同时大力推进资源整合。截至目前，全市采矿权已由昔日的上千家整合到目前的371家，探矿权由以前的301家减为现在的185家。另一方面，在全市大力推进地质环境治理工作。据统计，自2005年至今，该市已先后投入资金9896万元，用于33个矿山的地质环境治理。其中，清理矿渣45.5万立方米，清除危岩17万立方米，治理地面塌陷18处，塌陷回填6719立方米，治理滑坡5处，泥石流3处，植树11万株，复垦矿山土地3200亩。全市因采矿业而出现的大量水土流失和矿山地质环境问题有了较大改善。如今，通过倡导绿色矿业，不少矿山重视“三率”回收和地质环境保护渐成风尚。数家矿山企业被省部有关部门命名为“绿色矿山”，受到了表彰。

四是严把新上项目建设用地关。凡是不符合产业政策，不利于地区生态环境的项目，一律不予供地。以2009～2001年统计的数据为例，全市共新上项目609个，批准建设用地面积4.1万亩。但在会审时，被刷掉的与生态环境建设有违的项目就有520个，既避免了数万亩耕地受到损害，又避免了新的污染源产生。与此同时，该局与有关部门密切配合，先后关闭污染企业800多家，搬迁环保不达标企业38家。有力地推进了全市生态环境的改善。

五是大搞土地整治，让南阳大地处处充满生机。为了重塑南阳秀丽的田园风光，自2006年以来，该市先后投入资金9.83亿元，实施土地开发整理项目44个，改造中低产田93万亩，新增耕地4.1万亩。2009年，该市为配合南水北调中线建设，向国家申报了渠首及沿线土地整治重大项目，建设规模达150万余亩，投资23.67亿元，计划5年建设完工，可新增耕地7.3万亩。从而，不仅对完成国家下达耕地保护任务，保护粮食安全及保障经济发展提供了坚强支撑，而且对促进地区生态改善起到了重要作用。近年来，南阳国土资源局按照市政府的安排，通过土地综合整治，着力推进新型农村社区建设，大大加速了全市城镇化的步伐，较大改善了农民生活和生产条件，使全市城乡面貌发生了喜人变化。

亮点闪闪，尽显生态文明建设成效

经过几年来的不懈努力，生态文明理念已融入全市国土资源管理工作的方方面面，取得了一系列喜人成果。

成果之一：全市天更蓝、山更绿了。几年中，通过大力推进地质公园建设，该市目前地质公园数目已达6个。其中，世界地质公园1个，省级地质公园3个，市级地质公园2个。全市地质公园面积已达1544.35平方公里，占全市总面积的5.04%，居全国前列。随着各个地质公园的美化、绿化工作的进一步加强，各地植树造林活动广泛开展，全市森林覆盖率已由过去的34.5%提高到40%，库区淅川、西峡等地的森林覆盖率则接近80%，森林环绕水库已成为现实，“天然氧吧”遍布全市。

成果之二：全市耕地得到保护，粮食产量大幅上升。据统计，该市的国民生产总值，已由2003年的724亿元增加至2012年的2367亿元，尤其令人兴奋的是，在全市经济飞速增长的同时，该市耕地保护不但没有削弱，反而得到进一步增强，粮食产量已由2003年的77.6亿斤增加至2012年的122.3亿斤，占全省粮食产量的11%，全国产量的1%，跻身全国粮食生产先进行列，被誉为全国有名的“大粮仓”、“大厨房”。

成果之三：生态文明建设持续向好。由于全市上下各级领导的重视，各个部门的密切配合，环保执法的逐年强化，全市推进生态文明建设成效显著。据统计，仅2012年，该市就查处纠正各类环境违法行为535起，依法取缔涉案企业41家，取缔搬迁养殖场97家，对91家石灰厂、灰粉厂限期整顿。作为渠首的淅川县，近年来累计投入资金1亿余元，先后关停并转小冶金、小化工企业200余家，建成治污设施160台（套），对境内19条河流进行了有效治理，确保了渠首水质一直处于优质水平。

放眼未来，生态文明建设仍然任重道远

采访中，当谈到如何看待该局前段时间在生态文明建设方面所做的工作时，局长包建铎说："虽然前些年我们根据上级要求，在推进生态文明建设方面做了一定工作，而且取得了一定成绩，但总体看，我们的自觉性仍待提高，同时成效也有待拓展。下一步，我们将以十八大关于加强生态文明建设的指示为指针，认真落实国土资源部的具体要求，进一步提高自觉性，增强针对性，将其贯彻到国土资源管理工作的方方面面。比如说，要认真抓好渠首一带渠道8万多亩移土培肥工程，抓好多项地质环境治理，强力推进矿山复绿行动和绿色矿业示范区建设等等，在确保'一库清水送京津'方面作出我们的应有贡献。"

（本文获《资源导刊》2013年度"好文章"通讯类一等奖）

削权去利 维护权益

——河南省国土资源厅开展党的群众路线教育实践活动纪实

□吴强华 袁 华

“机关有些处室官气太重，相互间推诿扯皮，会签个文件要跑七八趟，要真反‘四风’，先把这股‘官僚气’给反了。”

“矿权审批时间太长，为了一个报件，我们是天天跑、月月跑，门难进、事难办。对我们来讲，时间就是金钱，等不起呀！”

李雅亭是河南省土地储备中心一名普通干部，刘建民则是一位民营企业家，他们互相并不认识，但在9月初举行的省国土资源厅党的群众路线教育实践活动基层座谈上，两人却不约而同地对反“四风”提出了这样的建议。

让他们“意外”的是，建议很快得到了厅党组的回应，围绕李雅亭、刘建民等提出的办证程序多、处室间推诿扯皮等问题，河南省国土资源厅迅速出台《厅行政服务规则》、《河南省建设项目压覆重要矿产资源管理办法》等一系列文件，较好地解决了上述问题。

提起那次座谈，李雅亭还“心有余悸”：“说实话，这两年类似的教育活动没少搞，感觉好像都是‘一阵风’，但这次整改的速度和力度之大，是之前所没有的，看来是要动真格的了。”

“动真格”的何止这些。在河南厅党的群众路线教育实践活动中，厅党组按照“照镜子、正衣冠、洗洗澡、治治病”的总要求，认真听取群众意见，聚焦“四风”突出问题，紧盯问题反思自身，明确各自应负责任，做到件件问题有人领、具体整改有人做，务求踏石留印、抓铁有痕，围绕群众呼声和权利维护，重塑权力运行、监督机制，让权力围着权利“改”，在机关干部、基层群众中引起了强烈反响……

削权去利，让机关干部从心底感谢：教育实践活动让我们再次明白，只有清廉清正才能真正守护自己和家人的幸福……

谈起教育实践活动的感受，省矿权交易中心办公室主任孙仓勤深有感触，他说：“‘反四风’，既是党‘强身健体’的需要，也是一记警钟，他让我们明白，真心批评，才是真正爱护！我们身边有太多这样的例子，一些曾经勤政廉洁的好干部，经不起名利诱惑而堕落变质，以致身陷囹圄，妻离子散！人生之路，走错了就没有归途，教育活动让我们再次明白，只有清廉清正才能真正守护自己和家人的幸福，谢谢这次活动！”

省国土资源科学研究院党总支书记周其芳深有体会：“说实话，从1975年参加工作起，参加了无数次政治运动和活动，渐渐产生了厌倦和怀疑的心态，但这次明显不一样，作风建设取得的成果最明显、最实在，所有党员干部受到的教育和触动最大，吃喝风遏制得也最彻底，认真遵守各项纪律规定不搞“四风”，这其实是对我们自身的督促和爱护。”

实际上，这方面有较深感受的何止他们两人。谈起活动带来的收获与变化，信访处马晓波也有一肚子的话。“活动教育让我知道，干好工作其实是一种幸福。具体到信访工作，跟基层百姓直接打交道，虽然‘权力’很小，但是‘责任’很大，扪心自问，信访工作到底是为了啥？为名为利都不可取，只有获得老百姓的信任和口碑，才是最大的幸福！”

作风建设不是在“无菌室”中进行，领导干部也不是在“防尘罩”下工作。反对“四风”，不仅要有纪律的重申、理论的宣明，更要面对复杂的社会文化环境。身处社会转型期，面对抛不开的人情、理不清的关系，要把反对“四风”落到实处，这需要公务人员高度的自觉、领导的带头，更需要制度建设坚强的保障。

在厅党组民主生活会上，厅长盛国民率先对自己“开炮”：“以前在地方当领导时，骑着自行车把县里300多个行政村都跑遍了，经常跟村民一起吃住。而现在却很难做到了，为啥？显然同自己的理想信念淡化、宗旨意识弱化、贪图稳定安逸的思想有关。”

在厅长带头下，大家瞄准“病根”，开门见山，直奔主题，不放“空炮、哑炮、礼炮”，每位班子成员均收到了8条以上批评意见，最多的达到14条，由最初的不好意思、“好人”思想，到红红脸、出出汗，灵魂深处得到了一次难得的净化和飞跃。

厅党组和机关处室立说立行、即知即改，在较短时间内，便使广大群众感到身边发生的一系列变化：

曾几何时，公务用车是人们议论比较多的话题，现如今，原来超标准配的4辆车和2辆借用车全部得到了妥善清理。

对办公面积超标问题，一些人曾不以为然，但厅领导认为，中央的指示必须不折不扣地执行。在厅领导的带动下，各处室坚决按照规定进行了全面清理调整，厅机关一下子腾出办公面积1000多平方米，足足有两层楼。

原来厅里会议比较多，领导往往是开了这会赶那会，但如今轻松多了，因为以厅名义召开的会议数量同比减少32%，简报数量由原来的27种下降到6种。

……

当然，更重要的是领导作风转变方面的变化。活动开展以来，河南省国土资源厅党组紧紧围绕中原经济区建设、郑州航空港综合示范区等重点工程，转变作风，深入基层，把为重点项目排忧解难当做大事来抓。彻底摒弃以往的基层往上“跑”汇报工作，变为机关往下“跑”排忧解难。为此，盛国民率先垂范，先后到信阳、驻马店、南阳等地调研并现场办公，为10余个国家和省重大项目解决了用地难题。尽管上任只有几个月，他已经跑了十几个省辖市，并计划再用一点时间，争取能跑遍全省每一个县。盛国民说：“单位好，好在作风；单位败，败在作风；干部形象好也好在作风，差也差在作风；群众对干部的评价，敬佩在作风，怨愤也在作风。”在其带动和影响下，厅里其他领导和处室纷纷结合本职工作，以基层为镜，查找不足，全厅求真务实、争创一流蔚然成风。

维护权益，让基层群众前所未有地感谢：为村民增加征地补偿款750余万元，申办采矿证周期从3个月缩减到30天……

一提起“四风”问题，商丘开发区柳行村的周家田就“气不打一处来”。“高高在上、官架十足、门难进、脸难看……真把自己当官老爷了！有没有一点共产党员的样子？”他对“四风”问题深恶痛绝。

2013年初，柳行村因为征地补偿问题和开发商闹起了别扭。作为村里的“能人”，周家田带领村里群众一次次地上访，“闭门羹”没少吃。教育实践活动开展以来，河南厅对梳理出的41件违法占地、征地纠纷、权属争议等突出信访案件，采取厅领导带头下访、包案，用实际行动维护广大群众的切身利益。周家田的事儿被河南省国土资源厅列为督办案件。当信访工作组来到村里了解情况时，周家田先是冷眼旁观，在工作组走访了20多家农户、开了3个家庭座谈会、笔记本记了半本的时候，周家田才正式“露了面”，一口气将村里父老乡亲的要求说了个“底朝天”。

周家田的态度为何改变？他的话很朴实：“群众不是瞎子，你是来‘基层一日游’，还是住下来看真东西，我们当然能看得到。对于‘走过场’的干部，我们也用形式主义对付你，对于真心想帮助我们的，我们才真心感谢。”

周家田的感谢发自内心，通过工作组多方沟通和协调，最终帮助柳行村群众增加征地补偿款750余万元，全村群众得此消息纷纷奔走相告，无不拍手叫好。

在周家田和乡亲们看来，不摆谱、没架子、不作秀、不造假的党员干部，或许看着不太像“官”，却更能为群众接纳和信赖。

“四风”渐行渐远，群众越来越近，优良作风在回归，正气在上升，基层群众看到了希望，更坚定了信心。对此，北京宏鹏中拓矿业投资有限公司的李保民深有感受，兴奋之情溢于言表。他说：“过去办一个采矿证，如果报件齐全，最快也得3个月，时间长的五六个月也不少见，现在已缩短到30天，这种变化实在是太大了，真感谢这次教育实践活动！”从3个月到30天，李保民从自身办证效率的提高感受到了群众路线教育实践活动带来的喜人变化。

省厅作风变了，市县国土资源部门有何反应？偃师市国土资源局规划科长张震的感触颇有代表性：“现在变了，省厅急基层之所急，想基层之所想，过去一般20天才能办完的用地报件，现在一般只需要15天就行了，这是件好事。”回忆起以往为了一个用地报件一趟趟跑省厅的往事，往往是一方面地方建设项目“急得挠头”，另一方面是省厅的按部就班、慢条斯理，作为一个基层办事人员，夹在中间的滋味不好受。他逢人便说：“这样的活动如果再早一点搞就好了。”

教育活动“走过场”的疑虑已消除，但“一阵风”的担忧还存在，河南厅以简政放权、整改建制回应群众的期待和担心……

河南厅变了。而且，这种变化实实在在。

如果来到这里，你会发现——每天早上不到8点上班时间，绝大多数机关干部都已坐在了办公桌前；机关会议少了，汇报工作一改以往的“慢腾腾、乱拉扯的”风气，一个个简明扼要；领导的作风变了，下基层的次数多了，而且集中乘车，不搞迎送，杜绝宴请和形式主义；机关行政审批提速，重点项目保障坚决有力……

当然，更为喜人的是，通过“照镜子、正衣冠、洗洗澡、治治病”，广大机关干部的精神面貌发生了深刻变化：以民为本、务实清廉，一切为了群众，一切依靠群众的意识大大增强。随着各项便民措施的实施，来自各方面的赞誉纷至沓来，好评如潮。

然而，面对成绩，一些群众依旧“有疑虑”——

“现在大家都在反‘四风’、走群众路线。每个人都感受到实实在在的变化，但厅里的活动会不会又习惯性的变成‘一阵风’？能否真正变成我们每天都能呼吸到的空气？”

“反‘四风’的作用立竿见影，但办事效率能否快些、再快些？服务能否好些、再好些？能否形成长效机制？我们群众对机关作风的要求和期望也在不断提高。”

……

对此，河南厅党组的回答是坚定的。为巩固教育实践活动成果，河南厅印发《党的群众路线教育实践活动“回头看”实施方案》；针对活动中群众提出的各种意见，拟着力进行21个方面的整改，现已完成整改的有11项，其余正在抓紧进行；厅党组研究要办的11件实事，已有7件得到落实。

结合党的十八届三中全会《中共中央关于全面深化改革若干重大问题的决定》（以下简称《决定》）精神，河南厅通过深入学习《决定》精神，拟将转变职能与深化改革全面融入第三环节教育实践活动当中，进一步加快审批制度改革，进一步推进资源配置市场化改革，加快推进阳光服务等。

（本文获《资源导刊》2013年度“好文章”通讯类一等奖）

编者按 当前，面对国际金融危机的蔓延，国家进一步加大了“扩内需、保增长”战略方针的实施力度，各地建设用地需求强劲。在这种情况下，如何实施“有限指标保重点、一般项目靠挖潜”，将“保护资源、保障发展和实现资源的高效利用”落到实处，成了各地国土资源部门十分关注的话题。为了交流这方面的经验，本刊记者近日采访了焦作市国土资源局副局长丁长春，请他介绍了焦作市这方面的情况，现予发表，以便互相交流。

做好“挖潜”是“扩内需、保增长”的重要条件

——焦作市国土资源局副局长丁长春如是说

□袁可林

记者：你好！长春局长，我们来打扰了。

丁：太客气了，不是打扰，是我们请来的贵客，平时请都请不来。你们去的地方多，希望能给我们多介绍一些兄弟单位的先进经验。

记者：好。那我们就切入正题了。如你所说，“有限指标保重点，一般项目靠挖潜”，这是河南省委、省政府提出的保障建设用地原则，并已得到了国土资源部党组的充分肯定，正在全国叫响。我想问的是，你作为焦作市国土资源局副局长，是怎样理解这个问题的？

丁：我认为，“有限指标保重点、一般项目靠挖潜”这一用地原则，是基于河南省乃至全国人多地少的实际，站在可持续发展的战略高度提出

来的，它充分体现了节约集约用地的理念和态度。也可以说，这是一个充满智慧和创新精神的好办法。这个办法完全符合科学发展观和国家土地宏观调控精神的要求，符合河南人多地少的实情，体现了解放思想、开拓创新的精神。同时，我认为，这一用地原则，不仅有现实意义，而且有长远的指导意义。换句话说，其意义之重大，就是怎么高估计也不过分。

记者：所谓“有限指标保重点、一般项目靠挖潜”，主要有两个内涵。一个是国家和地方的重点项目，这个比较好说，因为有用地指标作保证。另一个是普通地方项目，因为没有用地指标，主要是靠挖潜用地，压力比较大。也有人说，这实际上是“倒逼”机制，你怎么看？

丁：我认为这种说法从某一方面讲，是很有道理的。之所以这样说，是由于长期以来各地用地比较粗放，确实存在着“挖潜”空间。比如农村人均建设用地，国家规定人均占地150平方米，但河南人均占地达到180平方米，高出了30平方米。如按人均挖潜22平方米（80%左右）计算，每300万人可挖潜10万亩。那么仅此一项，全省可挖潜出土地110万亩。总之，我认为上级强调普通项目靠挖潜是有实际根据的。当然，挖潜也并非易事，需要去努力、去想办法。

记者：你能否谈一下，焦作市这一年多在“挖潜”方面想了哪些绝招？成效怎样？

丁：绝招谈不上。一年多来，我们主要是坚持了“四向四要”。

一是向滩区要农业用地，拓宽耕地保护和城镇发展用地空间。焦作市南临黄河，有约526平方公里的滩区面积，其中有19.36万亩的宜耕老滩地，地势平坦，土地肥沃，水源充足，通过整理便是旱涝保收的高产田、丰产田。因此，2008年，我们先后投入资金8000多万元，进行土地整理，现已开发耕地4.5万亩；近期将又有4万亩滩涂地开发工程开工。黄河滩涂的开发，不仅为粮食核心生产区建设、保障农民增产增收起到了积极的作用，更重要的是确保了全市耕地红线稳定，为经济社会和谐发展拓展了空间。

二是向山前冲积坡要工业用地，拓展工业发展建设用地空间。焦作市北临太行山，约有500平方公里的山坡地、砂砾地，其中有相当一部分土层薄、地质贫，不宜耕种，但其地质坚硬稳固，地层耐力大，其中有近50平方公里坡地紧邻矿点、水源、交通干线，适宜工业集中摆放。开发利用这些山前冲积地，不仅能满足大量建设用地需求，而且能减少和节约大量的建设占用耕地，还能使工业基础设施资源共享，减少重复投资，降低配套设施成本。目前，我们以山前冲积地为依托，在全市建立了11个工业集聚区，有力地保障了全市工业建设用地。仅我市西部工业集聚区已融资2.5亿元，平整山坡地3000余亩，规划修建10条道路和3个标准厂房建设区，拟建标准厂房86栋100万平方米，已引导23家企业入驻工业区，使昔日荒凉闲置的废弃地，变成产金出银的金土地，有力地拓展了全市工业用地空间。

三是向空间拓展要建设用地，整合土地资源，提高土地利用效率。首先是实施“退二进三”策略，盘活城市建设用地。在市政府统一安排下，近年来全市先后投入资金8000多万元，盘活20多家污染倒闭企业存量土地1500亩，节约土地700亩，使治理城市环境污染与节约集约利用土地齐头并进。同时，通过盘活中心城区土地，达到了“企业搬迁、城市改变、政府受益”的“三赢”效果。如我市鑫诚轻工耐火材料厂是一家生产高强耐火砖的大型企业，位于中心城区，占地面积200亩，拥有职工800余人，年产值3200余万元，但企业污染排放严重超标，严重影响城市环境。我们帮助该企业实施了搬迁技改，不仅使年生产能力由原来的时产2.5万吨提高到现在的9.6万吨，年产值突破1.8亿元，而且企业新址只占地110亩，比原厂区少占地90亩。我们还对散布在全市范围内和位于繁华商业地段的45家行政事业单位用地进行外迁整合，变分散办公为集中办公，节约土地150余亩。通过内涵挖潜，我们在外迁后的土地上引导、鼓励、兴建了第三产业，使产业布局得到优化，城市面貌得到改善，土地区位优势得到充分发挥，土地资源得到合理配置。其次是开展“三项整治”，置换用地空间。我市对“三项整治”潜力进行了认真细致的调查摸底，“空心村”、砖瓦窑和工矿废弃地的整治潜力有6万亩。针对这部分潜力用地，近年来，我们采取政策激励、资金扶持、示范带动等措施，投入2000多万元对“空心村”、砖瓦窑、工矿废弃地进行整治，复垦土地3万亩，保障了全市近三年的建设占用耕地总量平衡。同时，还利用各类工程弃土，整治非耕地、边坡地、低产田、砂砾地，仅对焦作大沙河废弃河道进行“治河造地”一项，就增加耕地面积近1000亩。再次是向地下要深度，向空中要高度，推进节约集约利用。我市共有城中村21个，不仅与现代城市建设不相匹配，而且对城市稀缺的土地资源是一种浪费。我局经过调查发现，对这21个城中村开发改造，将有近200公顷的用地潜力可挖。我们通过调研向市政府建议出台了《加快城中村改造的意见》，向市政府提出了“出台优惠政策，鼓励建设高层建筑的建议”，在改造旧城中鼓励高层建筑，限制多层建筑，向地下、向空中发展，提高城市用地容积率，增大城市生活绿地率。目前在城中村和旧城改造中，有近百座建筑建成了高层，大大缓解了焦作市城市建设用地压力。未来几年我市还将投入近4亿元资金，建设200栋高层住宅，占地约1000亩，搬迁6个城中村，安置2.3万人，将腾出建设用地近6000亩。

四是向北部浅山区要城市用地，拓展城市建设空间。我市北山距市区仅一公里左右，地质坚硬，海拔在150米以下；坡度平缓，在15度以下，约有21平方公里、3万多亩土地可开发利用，是大自然赋予我们焦作得天独厚的天然资源。我们对浅山区土地利用情况进行了调研：利用浅山区土地与平原土地的能效比是5∶1，也就是利用浅山区3万亩相当于利用平原地6000亩的生产效益。利用这片浅山区地进行城市建设，不仅能够节约大量的城市建设占用耕地，而且符合省政府“两保一高”的要求。

我们坚信，只要坚持“四向四要”的用地措施，到2020年，我市不仅能坚守住288万亩耕地红线，而且能满足我市144平方公里城市建设和工业发展用地。

记者：你讲得非常好。我还想问的一点是，一年多来，你们在贯彻“有限指标保重点，一般项目靠挖潜”方面有些什么心得体会？

丁：我们的体会主要有两点。一是一定要有一个良好的精神状态，要有创新思维，要有干劲。没有这一点，要做好“挖潜”是不可能的。二是建议上级有关部门要给“政策”，不然“挖潜”就不可能奏效。具体说，有这样三点，即：要落实土地资源整合政策，比如允许将几块小的零星的空闲地调整到一处用于建设用地；要尽快落实农村建设用地减少与城市建设用地增加的挂钩政策；要简化部分规划土地的调整政策，比如一般小调整是否报县级以上人民政府批准即可；再就是尽快落实“三项土地整合”的指标置换政策。我们的体会是，在挖潜方面，必须有政策上的适当调整作保证，不然就放不开手脚，有碍挖潜空间的进一步扩大。

记者：听了你和其他同志的介绍，给人耳目一新的感觉。如果时间充裕的话，真想再多听一会。

丁：谢谢你的鼓励。实事求是讲，在贯彻“有限指标保重点，一般项目靠挖潜”方面，我们是做了一些工作，并且取得了一定成绩。但距上级要求和先进单位相比，尚有一定差距，下一步我们将继续努力，欢迎批评指导。

（本文获《资源导刊》2009年度“好文章”通讯类二等奖）

情洒中原沃土

——国土资源部部长、党组书记、国家土地总督察徐绍史考察河南纪行

□张昌全 袁 华

五月的河南，满目葱茏，麦浪滚滚，丰收在望。

正值全省上下全力以赴积极应对金融危机、保持经济平稳较快增长，国土资源部门积极服务经济社会发展大局，扎实开展“双保”行动的关键阶段，国土资源部部长、党组书记、国家土地总督察徐绍史专程来河南考察调研。

5月20～23日，徐绍史一行先后来到郑州、洛阳、漯河、许昌、周口等地，看望国土资源战线的干部职工，深入土地综合整治和违法用地复耕现场，考察耕地保护、基层国土资源所建设、节约集约用地工作，与地勘部门的干部职工一起探讨地勘行业的大发展……一路走、一路看、一路讲、一路想，他看得很多、问得很细、讲得很透、想得很深，对中原厚土的期望，对国土资源系统干部职工的深情，尽在一言一行中。

“这是我们看准了的事，值得下一番功夫去做”

5月20日下午，从飞机上俯瞰中原大地，一马平川的田野延伸舒展，由北向南渐渐泛黄的麦田显得格外耀眼。徐绍史一行乘坐CA1481航班17时10分抵达郑州新郑国际机场。

在从机场去市区的路上，徐绍史部长就直奔主题，与副省长张大卫聊起了今年夏粮收成和土地综合整治。

河南已经多年保持全国第一产粮大省，今春虽受到50年不遇的特大干旱，但由于抓得紧，措施得力，从现在看保持去年的夏粮丰收水平是

可能的。徐绍史赞扬“这是了不起的成绩”。

张大卫告诉徐绍史部长，省政府刚刚在周口市召开了土地综合整治现场会，推广了一些好的经验。省政府要求各级政府要把推进土地综合整治，当做各地加快发展、推进城乡一体化和新农村建设的一项紧迫任务，花大力气抓紧抓好。现在，漯河、周口、信阳等市在“三项整治”的基础上，统筹安排各部门、各方面的涉农资金，统筹安排农村基础设施和公共设施配套建设，已取得了可喜成绩。

徐绍史不住地点头：“这恰好给土地综合整治提供了机遇，我们应该抓住修编土地利用总体规划的良机，大力推进农村土地综合整治，搭建新农村建设和城乡统筹发展的新平台。如果我们不抓住这个机遇，加快推进这项工作，将会造成资源的巨大浪费。”

从2004年开始，河南在全国率先开展了以整治“空心村”、砖瓦窑场和工矿废弃地以及积极推进土地整理复垦开发为主要内容的“三项整治”。截至2008年底，已累计整治土地159.36万亩。2001年以来，全省共安排土地开发整理项目458个，建设规模397.2万亩，为严保耕地“红线”，节约集约用地发挥了重要作用。

“通过开展这项工作，耕地增加了，老百姓的问题解决了，城市建设用地也有出路了，当下还可以拉动农村投资和消费需求。这件事是我们看准了的，值得下一番功夫去做。这是国土资源部门采取的积极的建设性保障和保护措施。”徐绍史颇为激动地说。

“应该说为河南的经济发展做出了重大贡献！”

河南省国土资源厅成立于2000年，几年来，从租房办公、条件简陋，到现在舒适明亮的办公写字楼、现代化的办公设备，连年被省委、省政府授予精神文明先进单位，各项国土资源管理工作取得的巨大成绩，无不饱含着河南国土资源系统全体干部职工的辛勤汗水。

5月21日下午，晴空万里。省国土资源厅院内一片欢声笑语，徐绍史一行到这里看望河南省国土资源系统干部职工。

听说部长要来，大家纷纷奔走相告。有色地质、煤田地质、核工业地质、测绘等国土资源各部门的同志们来了。一些离退休甚至行动不便的老干部职工也在家人的搀扶下来到国土资源厅大院。

徐绍史远远就认出在大厅门口迎接的原省地矿厅厅长、离休干部张鹏远，快步上前紧紧握住张鹏远的手关切地问道：

“老朋友，怎么样？身体还好吧？”

“我很好。”

“一定要保重身体。”

“谢谢部长。现在还能够做一些力所能及的工作。”

“离退休专家、干部是我们国土资源战线的宝贵财富！”徐绍史跟随行的同志们说着。陪同考察看望的郭庚茂省长频频点头赞同。

“这是我到国土资源部工作以后第一次到河南来。”面对干部职工激动的眼神，徐绍史动情地说：“在国务院办公厅工作的时候曾经多次来过河南。在我记忆中，2006年春节就是和国务院领导在河南度过的。我还随国务院领导同志去过上蔡文楼村。为了搞好新型农村合作医疗，我也到新乡专门搞过调研。所以我对河南很有感情，也长期关注着河南的经济社会发展。”

“近年来，河南省国土资源厅无论是在地政管理、矿政管理、测绘管理还是地质找矿等各个方面都做了大量工作，使我们的土地和矿政管理等各方面都在进一步走向规范，地质找矿也有了许多发现，应该说为河南的经济发展做出了重大贡献！”

徐部长的话语激励着现场每一位干部职工，热烈的掌声久久回荡……

在河南省地质博物馆，面对博物馆丰富的地质矿产、古生物、矿物标本及现代化的展台设计，徐绍史部长和郭庚茂省长不住地点头称赞。当得知该博物馆自2008年4月26日开馆至今已累计接待观众60万人次，成为全省科普教育和实践科学发展观活动教育重要基地时，徐绍史高兴地对博物馆馆长张兴辽说：“非常好！”

从博物馆参观出来时，徐绍史称赞道，“一些设计和展品超出了国家地质博物馆，看了之后也学到许多知识，难怪博物馆参观人数达60万，确实很吸引人！”

“你们很辛苦！有你们在一线，我很放心，谢谢你们！”

徐绍史一行调研违法用地整治情况是预选内容之一。在前往考察点的车上，河南省委常委、郑州市委书记王文超和市长赵建才就主动介绍起了全市违法用地整治进展情况。

近年来，郑州市违法用地现象屡禁不止，尤其是去年国土资源部因土地违法约谈了九个城市市长后，郑州市委、市政府深感违法用地的严重性，下决心彻底铲除违规、违法用地这一“毒瘤”，从2008年11月下旬开始，一场集中整治违法用地、违法建设专项行动在郑州市全面展开。短短一个多月，郑州市共整治违法用地1775宗，面积14220亩，拆除违法建筑物面积337万平方米，恢复耕地面积9500亩。

5月21日下午，郑州市郊。碧绿的玉米、花生长势正旺，在太阳光下熠熠闪光。这块地去年以前被8家企业违法占用，在集中整治中被一次性拆除，共整治违法用地350亩，拆除违法建筑物5.5万平方米。目前都已全部复耕到位并种植了花生等农作物。

“眼前的这片玉米、花生地去年还是面目全非的违法建筑。”郑州市国土资源局局长吴洪杰介绍。

徐绍史部长满意地点点头：“看来我们约谈的目的达到了。”

21日下午17时，徐部长一行前往巩义市豫联集团填沟造地现场。沿着崎岖的山道缓慢前行，巩义的山区地貌展现在人们面前。此起彼伏的黄土荒丘沟壑纵横，无论是搞工业建设还是发展农业，在这里都难以找到一处八亩以上的成块平地。

汽车在一座山坡处停下。刚走下车，人们的目光便被眼前忙碌的景象所吸引。近处，一座座一二十米高的小土丘正在被推倒，一条条深浅不一的沟壑正在被填平，几十辆大卡车、推土机忙碌地在工地上穿梭；远处，一座座现代化的标准厂房已经拔地而起。指着眼前的施工现场，巩义市市委书记李公乐介绍道：“自2002年以来，豫联集团充分利用荒山荒坡削峰填谷、填沟造地，调运土方2000余万立方米，在秃山荒沟之间人工造出近2000亩平地。一方面解决了建设用地需要，建成生产能力超百亿、绿化面积74万平方米的现代化工业园区，另一方面把世代居住在偏僻山区的农民从山沟搬迁出来，还为农民和社会提供了6000余个就业岗位。”

“资金是怎么解决的？”徐绍史关切地问。

“政府出一部分，企业出一部分，再从土地收益中拿一部分。”

“这种筹资方式不错。”

“巩义市地处浅山丘陵地区，山多人多地少。市委、市政府把企业上山、填沟造地作为保障企业用地的一项措施。同时，加大村庄整治、中心村建设力度，千方百计盘活土地存量，一定程度上缓解了用地供需矛盾。”市委书记李公乐补充说。

“土地综合整治的潜力很大！”徐绍史肯定地说，并关切地叮嘱：“在整治的同时要切实维护农民的利益，要充分考虑到他们今后的就业、医疗以及生活的各个方面。他们是弱势群体，我们政府有义务、有责任把这些问题处理好，真正让农民感受到土地整治带来的好处。”

在巩义市城区国土资源所，车还未停稳，徐绍史就亲切地向基层所职工挥手致意。来到职工中间，徐绍史详细询问了国土所的建设、村镇规划、基本农田保护和涉地上访情况，并逐一视察国土所的信访、执法、档案办公室。

“我们强力推进国土所标准化建设，工作上档次，服务上水平。今年又推行村级土地协管员制度，各种涉地矛盾、信访案件消化在村、乡，至今没有出现赴京、赴省上访案件。”巩义市国土资源局局长马振杰告诉徐部长。

徐绍史高兴地握住土地协管员郅雪宝的手说：

“工作开展有困难吗？”

“说实话困难不小，但我们有信心把各种违法用地及信访案件消化在基层！”

“今年解决消化了多少？”

“23起。”

协管员的回答让徐绍史不住地点头：

“你们很辛苦！有你们在一线，我很放心，谢谢你们！”

“你们做了一个非常有益的尝试和探索”

雨后的豫西山区显得格外宜人。山下麦浪滚滚，山上树木郁郁葱葱。

5月22日，徐绍史一行来到洛阳嵩县矿集区进行考察。

嵩县矿集区位于小秦岭—熊耳山—外方山金银多金属成矿带内，是河南省重要的金、钼、铅锌多金属矿产地。为了加快勘查进度，实现以大项目带动找矿大突破，河南省地矿局提出实施整合勘查，在这里打响了新时期的地质找矿大会战。

整合勘查是指根据矿床的形成规律，对位于同一成矿区带、同一成矿系统或处于一个矿集区、一定范围物化探异常区内的矿权区，进行统一工作部署、统一组织实施的勘查形式，同时也是对人员、技术、资金、设备等资源要素的优化整合。

河南省地矿局局长唐全国说：“通过探索实践，我们总结出整合勘查具有四个鲜明的特征：一是资源要素的整合，通过对矿权、人才和技术的整合，形成联合出资、统一勘查、风险共担、成果共享的整合勘查区和技术高超、装备精良的科技和施工团队。二是组织形式的大会战，一个矿集区部署一个整合勘查大项目，成立项目部，建立项目管理制度和技术标准，创新管理体制机制。三是勘查投入的大平台，成立15个地勘单位参股的全资国有性质的豫矿公司，并与中国五矿集团等多家大型企业建立战略投资关系，形成多渠道、大平台的勘查投入新机制。四是实现找矿大突破，遵循地质工作规律，按照成矿区带加强整装勘查的部署研究，谋划大项目，组织大会战。”

“目前整合勘探进展怎样？”

“很顺利，各个方面都满意。”

徐绍史高兴得频频点头：“当前，地质勘查单位正在深入开展‘地质找矿改革发展大讨论’活动，要通过开展大讨论，强化大地质，组织大会战，实现大突破，取得大成果。通过广泛深入开展大讨论活动，边实践，边思索，不断总结认识，找出规律，提升水平，使地质找矿工作更好地服务于经济社会发展，同时又实现地质找矿工作自身的持续发展。”

走进勘探区食堂，徐绍史详细查看伙食情况，嘱托后勤人员要合理搭配好伙食，让大家吃饱吃好。

在职工宿舍，徐绍史拉住一位老勘探队员的手深情地说："大山深处，远离家人，你们辛苦了。"徐绍史嘱咐勘探管理人员，要安排好休假，定期让同志们回家休整休整。

紧接着，徐绍史一口气爬到山顶上的4号钻机作业现场。"大干一百天，拿下两万米，实现新突破"的横幅格外醒目，徐绍史语重心长地对奋战在野外一线的地质队员们说："你们做了一个非常有益的尝试，也是一个非常有意义的探索。有这样的矿区，让我们地勘人员大显身手，机会难得。有这么大的一个平台，希望大家更加努力工作、很好地实践，深入思考，总结出具有规律性的经验，为全国地勘单位的改革发展提供借鉴。"

"一定不辜负部长的期望！"响亮的回答在山谷回荡。

"你们不仅保护了耕地，治理了污染，还催生了新产业，促进了地方经济的发展！"

作为全国粮食产量最大的省份，河南要主动为国家的粮食安全担起重任。同时，"实现跨越式发展，在促进中部崛起中发挥更大作用"也是中央对河南提出的明确要求。对于河南来说，当前和今后一段时期，保障发展、保护资源的压力都很大！

正是在这样的背景下，河南"三项整治"工作如火如荼。全省通过开展"空心村"、砖瓦窑场和工矿废弃地等整治工作，已累计整治土地159.36万亩，新增耕地78万亩。其中，拆除黏土砖瓦窑8060座，复垦土地32.46万亩。

5月22日下午，徐绍史来到漯河市召陵区，考察这里的砖瓦窑整治和新型墙材生产情况。

一到罗庄片窑厂占地平整复垦现场，徐绍史便问召陵区委书记江志安："黏土砖瓦窑整治工作有什么感受？"

"感受，用六个字就能表达。"

“哪六个字？”

“真难、真干、真好。”

徐绍史笑着用河南话重复着：“真难、真干、真好？”

“真难，是指利益关系复杂，拆除复耕难度大。砖瓦窑业曾一度成为召陵区、乡两级财政的支柱和农民增收的主要来源，最多时达到400座左右，密度位居全省之首。2006年召陵区财政收入中来自砖瓦窑业的比重高达52%。”

“真干，是在省政府的统一指挥下，村、乡、区各级领导干部层层签下责任状，实际上是辞职书。完成任务辞职书退还本人，完不成任务辞职书生效。我们必须顶着压力啃下硬骨头，没有退路！”

“真好，是既拆出了耕地，拆出了好空气，也拆出了更大收益。整治之后，全区每年可节约煤炭45万多吨，节约电力2300多万度，减少二氧化硫排放量6000多吨。老砖窑关停后，建起了一批新型节能建材厂，去年区财政增收20%。”区委书记江志安激动地说。

罗庄片窑厂占地平整复垦项目总投资112万元，复垦土地384亩。项目区内原有黏土砖瓦窑厂9座，通过整治，土地平整成片，已经种上了玉米。

拿起望远镜，徐绍史仔细查看了这里的复耕情况。放眼望去，满目的玉米和小麦随风飘香，只有零星标高用的小土柱子才使人们联想起这里曾经的场景。

徐绍史高兴地对江志安说：“你们办了一件大好事。你们不仅保护了耕地，治理了污染，还催生了一个新产业，促进了地方经济的发展！”

在周口市淮阳县朱庄“空心村”整治现场，徐绍史详细了解了整治工作开展的每一个细节，嘱托当地工作人员一定注意工作方式，要顾及每一家农户的利益，要让群众真正满意。

结束了在河南三天的紧张调研，谈起几天来的感受，徐绍史欣慰地说：近年来，河南省的土地管理工作越来越规范；土地利用计划执行较好，连续10年实现“占补平衡”；“三项整治”起步早，决心大，效果好；矿政管理特色突出；地质找矿工作扎实推进，整合勘查实践迈出新步伐；地勘单位改革发展取得新进展。这些成绩的取得得益于国土资源管理工作者的辛勤努力，更得益于省委、省政府对国土资源管理工作的高度重视和支持。希望河南国土资源系统的同志们，进一步解放思想，改进作风，努力构建促进和保障科学发展的新机制，为河南经济社会发展提供更加有力的支撑。

从城市到乡村，从省厅机关到基层国土资源所，从工矿企业到田间地头，短短几天的调研，徐绍史部长对河南国土资源管理工作所蕴含的关注是那么倾心、那么深远……

（本文获《资源导刊》2009年度“好文章”通讯类二等奖）

稻花香里说丰年

——信阳市实施土地综合整治工作纪实

□张永强　江素枝　汪　洋

初秋时节，走进豫南信阳市，如同进入金色的“海洋”。一片片成熟的稻田，在阳光下闪烁着迷人的风采，微风轻拂，泛起一波波稻浪。这光景在告诉人们——今年又是一个丰收年。

然而，吸引记者来到这里的，是信阳市开展的土地综合整治工作。2008年以来，信阳市积极谋划，将土地整理与新农村建设相结合，聚合各方资金，统筹规划，整村推进田、水、路、林、村、房综合整治，搭建新农村建设和城乡统筹发展的新平台，取得了良好的社会效益和经济效益。

王湾村：土地整理搭舞台　涉农项目争相来

8月29日，记者一行冒雨来到信阳市淮滨县栏杆镇王湾村。这里是信阳市市级农村改革发展综合试验区示范村。

在淅沥的秋雨中，王湾村68岁的党支部书记王振发在王湾村土地整理项目标志牌下正等着我们。

“这块地是我们村的老村台旧址，现在已经复垦为耕地，全种上了蔬菜。”王书记指着面前的菜地说。一个个塑料蔬菜大棚整齐地排列在田间。路的另一侧，即将成熟的水稻已经泛黄。远处，一排排两层小楼掩映在绿树丛中。“那里是我们的新村台。”王书记介绍说。

汽车沿着田间道路向村里开去，清一色的水泥路面，完全没有印象中的田间土路的泥泞难行。“要想发，水泥路修到家。”“水泥路修得光，走在路上心不慌。”说起修路，王书记兴致勃勃，一连给我们说了几个他总结的顺口溜。“这些路都是搞土地整理时给我们修的……”

王湾村位于豫皖两省交界处风景秀丽的洪河岸畔。全村总面积5平方公里，耕地1100多亩，辖7个村民组，226户，人口1016人。2008年，信阳市将王湾村作为土地综合整治的试点，开展了土地综合整治。

淮滨县在信阳市土地综合整治办公室的指导下，按照统一规划、分步实施的原则，实施规模化综合开发建设。王湾土地整理项目在实施过程中，结合新农村建设，对水、电、气、路、通讯和绿化基础设施统一规划设计，建设了一个占地3公顷的土地整理农民集中安置区，安置搬迁户120户。经过半年的紧张施工，开发整理土地83.74公顷，新增耕地32.11公顷，新修道路4.8公里，水渠1000米，种植观赏树3000棵、果树6000棵。项目区形成了田成方、渠配套、林路成网的标准农田结构，取得了较好的社会效益、经济效益和生态效益。

该项目在实施过程中，坚持将涉农项目统筹考虑，统一规划，集中布局。国土部门投入土地综合整治资金210多万元，水利部门投入农村安全饮水资金30多万元，农业部门投入资金20多万元建设沼气池，教育部门投入资金25万元对村级学校进行改造，扶贫部门投入资金50多万元对农田水利设施进行改造，交通部门投入40多万元对农村道路进行改造，农机部门投入资金8万元对农业机械进行补贴，规划部门发挥优势对王湾村做了新农村建设详细规划。不到一年，原来的“高岗洼井”就变成了平整的农田，一道道土沟变成一条条规范的水渠，田间土埂变成笔直的水泥机耕路，杂乱的居民点也变成了规划有序的农民新村。

农业部门看重项目区整理后完善的基础设施，经过充分考察论证后，将无公害蔬菜大棚项目落户到该村，共投资20万元，修建大棚13个。由于整理后的土地土质得到极大的改善，当年投资当年见效益，每个大棚年产出1万元。规划有序的新村引来了沼气项目的投入，该项目投入16万多元，建沼气池200个，如今家家户户用上了清洁能源，村民不用出一分钱，沼液用于农业生产是真正的绿色肥料，所培植的农作物通过农业部产品质量安全中心的认证并获得其颁发《无公害农产品证书》。这种模式犹如一张完好的白纸，各项目的增色添彩，减少了重复选址建设，节约了大量支农资金，形成了规模效应，发挥了综合效益。

通过土地综合整治，王湾村彻底改变了模样，田成方，渠成网，路相通，林成行，望天地成了高产田。村容整洁优美，住宅经济美观，农民生活得到较大改善，农民切切实实地感受到了土地整理开发后的巨变。邻村范岗村村民亲眼目睹了王湾村的巨变，积极要求政府对其土地进行整理。

土地综合整治：搭建统筹城乡发展平台

王湾村土地综合整治项目，只是信阳市土地综合整治工作的一个缩影。

信阳是农业大市，地质地貌复杂多样，高山纵横，丘陵绵延，河流众多，土地资源的利用率相对较低。长期以来，“空心村”现象较为突出，严重影响土地资源利用效率。此外，信阳市境内河流较多，多处河道滩地长年荒芜，亟待开发。

随着信阳经济社会的持续、快速发展，特别是工业化和城镇化的推进，对土地的需求也不断上升，经济发展和建设用地之间的矛盾日益突出。调查数据显示，全市可进行土地综合整治的潜力为130万亩，通过整治可增加耕地面积71.8万亩以上。

有效破解土地供需矛盾，提高土地利用率是关键，而土地利用率的提高，离不开土地整治这个抓手。

“以往的土地整理，多是就耕地保护说耕地保护，虽然一定程度上改善了农田基础设施和农村生产生活条件，但是还没有将其放在城乡统筹发展和建设新农村大局中去考虑，没有将土地整理与推进土地流转、发展现代化农业有机结合起来。土地整理的最大效益没有得到充分发挥。”对土地整理工作，信阳市国土资源局主要负责同志董元成有着清醒的认识。

2008年初，信阳市国土资源局一班人提出了土地综合整治的构想。与以往的土地整理不同，他们提出的土地综合整治是一项系统工程，含义广泛，内容多样，不仅涉及田、水、路、林、村、房的综合整治，而且涉及土地、农业、林业、水利、环境、交通、建设、财政等多行业、多部门。

“开展土地综合整治是缓解土地资源供需矛盾的创新之举，是事关经济发展全局的大事，大有潜力、大有作为，一定要抓紧抓好抓出成效。”整治工作伊始，市委书记王铁就做出了重要批示。

经过科学论证，最终明确了信阳市土地综合整治工作的方向，就是以科学发展观为统领，坚持把土地综合整治作为统筹城乡发展的重要平台，政府牵头、部门联动、统一规划、试点先行、规模整治、整村推进，开源与节流并重，走可持续发展的路子。

整治工作开始后，信阳市成立了由市委常委、宣传部部长、副市长张春香任组长，市直有关部门负责同志任成员的土地综合整治领导小组，把土地综合整治纳入目标管理，督促检查，总体监控。市政府出台了《信阳市综合整治土地保障科学发展的通知》，层层明确了土地综合整治任务，细化了奖惩措施。各县（区）也都成立了相应组织。市、县（区）、乡（镇）政府层层签订目标责任书。

按照《信阳市土地利用总体规划》和《信阳市土地开发整理专项规划》，各县（区）对以基本农田整治为主的，宜耕种的“空心村”、砖瓦窑、工矿废弃地、滩地、荒草地等，进行田、水、路、林、村的综合整治。2008年全市综合整治土地81.2万亩。

为了配合土地综合整治工作的推进，信阳市出台了一系列配套政策和措施。

一是科学论证，精心规划。为了充分发挥土地开发整理规模的效益，切实把土地综合整治纳入科学化、规范化的轨道，信阳市委、市政府组织力量编制了《土地置换规划》、《土地开发整理专项规划》等，提出了“科学论证、规划带动，以点带面、示范促动，政策驱动、资金拉动”的实施方案和步骤，坚持把村镇规划、小城镇建设、灾后重建、农田水利、交通和小康村建设等有机结合起来，以实施土地置换规划为契机，带动村镇建设、用地项目的协调布局。

二是因地制宜，整合资源。该市采取“以点带面，试点先行，亮点出效”的方法，选择适宜的项目区进行连片整理，在严格执行上级下达的各项控制指标的前提下，结合土地利用总体规划，完善各类用地布局。

三是政策驱动，资金拉动。为突破资金制约难题，信阳市建立了以耕地开垦费和新增建设用地土地有偿使用收入为主体，运用多元投融资渠道驱动各方资金实施土地综合整治工程的资金投入、引入机制。按照国土资源部提出的“渠道不乱、用途不变、专账管理、统筹安排、各计其功”的原则，整合各类涉农资金，共同投入项目区使用。

四是严格管理，发挥效益。项目实施过程中，坚持规划先行、统筹安排、规范运作、抓好管护。所有国家级土地整理项目都大力推行五项制度，即项目法人制、招投标制、工程监理制、项目合同制和公告制，强化工程质量监督，严把质量关，并落实责任人，保证耕地质量长久不降低。

一系列创新举措和优惠政策，吸引了众多农民踊跃投入整治活动，外来投资者也纷纷参与治理项目的竞标。国土资源、建设、财政、公安、水利、林业、电力等相关部门参与协作，明确分工，发挥优势，形成合力，共同推进土地综合整治工作。

示范带动：土地综合整治生机勃勃

示范带动提速——在开展土地综合整治过程中，信阳市涌现出了一大批示范工程，向人们展示着土地综合整治的巨大效益和勃勃生机……

8月31日上午，记者走进信阳市平桥区洋河镇北部，映入眼帘的景象令人耳目一新——昔日成片的荒山坡地，变成了错落有致的茶园，一棵棵新绿吐翠的茶树苗在微风中摇曳着身姿，一片盎然生机。这里正是信阳市土地综合整治项目区的一部分。

该项目是信阳市国土资源局、财政局2008年投资项目。项目区涉及洋河镇大山头、卧牛店、苏庙、陈畈、陆庙、白土堰六个村六个治理片。项目建设规模287公顷，总投资1886万元，建设工期为1年，建成后新增耕地263公顷。目前，项目建设基本完工，已进入验收阶段。

该镇在项目建设中，始终按照科学规划设计，坚持山、水、田、林、路、渠综合治理，使土地整理与环境保护、调整农业产业结构相结合，达到治理一片国土、建成一片生态茶园、保护一片国土、改善一片环境、建成一座山庄、惠及一方农民的“六个一”的治理目标。

该镇在新整治的土地上，按照依法、自愿、有偿的原则，引导土地流转，发展特色产业。目前，新整治的土地通过出租、转让、转包等方式共流转土地171公顷，签订流转合同280份，集中承包给河南格瑞提贸易有限公司，发展产茶业，占项目建设总规模的59.6%，占洋河镇茶园总面积的51.3%。

罗山县土地综合整治万亩茶栗示范园项目，是信阳申林茶业开发有限公司在国土资源管理部门支持下实施的国土综合整治项目，位于罗山县中南部的潘新、周党、山店、彭新四个乡镇接合部的浅山冈陵地带。项目按照统一布局、整体规划、因地制宜的原则，合理规划园、林、路、渠、塘（库）等工程，共整治茶园面积8000亩，修排水渠24条，总长3600米；新修坑塘5口，蓄水11000立方米，修坑塘及沟渠护坡共计4680平方米，修建园内生产路4条，总长4.2千米。

地处光山县孙铁铺镇西部的江湾村，是信阳市农村改革发展综合实验区先行试点村。今年4月，该村成立了河南省第一个农村土地信用合作社，通过集存土地，实行土地集约经营，面向社会市场，吸引能人、大户发展现代高效农业和特色农业。

江湾村西临淮河支流竹竿河，全村16个村民组，565户，2460人，原有耕地2400多亩。村内多坑塘，田里多坟地，土地浪费严重。2006年，该村党支部、村委会开始着手村庄的整体规划。这一年，江湾人迎来了一个难得的机遇，国家投资的光山县孙铁铺镇土地整理项目正式启动。江湾人抓住机遇，将土地整理与“空心村”整治、迁户并村、新村规划结合起来，开展土地综合整治。2006年11月，项目开始动工，村干部带头，全村迁移坟墓2200多座，填平坑塘320多处，整治“空心村”4个，净增耕地1070亩，使全村耕地增加到3480多亩。整治前，4个自然村占地300多亩，迁户并村后，新村占地只有40亩，节约用地320多亩。

“我们力争用两年时间，将其他12个村民组的村民集中居住，复垦旧村址，届时可增加耕地1700亩……”谈到将来的打算，江湾村党支部书记江世学信心满怀。

大力推行的土地综合整治，确保了信阳市耕地占补平衡，实现了耕地面积不减、基本农田保护面积不减、粮食播种面积不减、粮食总产量不减 “四个不减”的目标。

据统计，目前，全市已完成土地综合整治项目3278个，累计整治土地32.08万亩，新增耕地15.84万亩，关闭拆除砖瓦窑442座，复垦土地面积13159.87亩，实现了“双保双赢”。

尝到土地综合整治甜头的信阳人，2009年又规划土地综合整治35万亩,其中：中低产田改造基本农田33.8万亩，未利用地1.2万亩。并要求土地综合整治要做到“三个结合”：一是与新农村建设有机结合。尽可能整村推进，积极稳妥地开展“村庄土地整理”，促进农业生产向规模经营集中，引导农民居住向中心村和小城镇集中。对农村田、水、路、林、村及其他闲置低效利用的建设用地进行综合整治，发挥好土地整理在增加耕地面积、提高粮食生产能力、改善农村基础设施条件、统筹区域协调发展等方面的综合功能；二是与农业产业结构调整及农村集体土地流转有机结合。综合整治土地的用途应根据土地适应性和农业生产需要合理确定，按照宜农则农、宜林则林、宜建则建的原则，积极拓展土地利用空间，开展农村集体土地流转，最大限度发挥土地效益；三是与农业综合开发、小流域综合治理、乡村道路、农村电网建设、骨干水利工程、农业产业化工程等有机结合。统筹考虑涉农项目，统一规划，合理布局，集中投入，形成整体合力。

稻花香里说丰年，听取笑声一片。我们相信，信阳这方青山秀水，将在实施土地综合整治，加快农村改革发展的大好机遇中强势崛起，奋力腾飞。

（本文获《资源导刊》2009年度“好文章”通讯类二等奖）

60年，河南矿业一路凯歌飞扬

□袁可林

翻开中国矿业的史册，人们会惊奇地发现：作为我国重要矿业大省之一的河南省的矿业，60年一路走来，其成绩是那样的辉煌！那样的鼓舞人心！那样的可歌可泣！

让数据展示昨日的辉煌

新中国成立60年来，河南的地质找矿和矿业开发成绩究竟有多大？在大量的数据面前，任何语言都会显得苍白无力，还是让数据来说话吧——

在地质找矿方面，新中国成立初期，河南省矿产资源只发现有20种，而到2008年已经增长为127种，增长5倍多；探明矿产资源量，由新中国成立初期的零矿种猛增到75种。在2008年前探明的矿产储量中，居全国第一位的有15种，前五位的有47种，前四位的有85种。其中，优势矿产可归纳为煤、石油、天然气三大能源矿产，钼、金、铝、银四大金属矿产，天然碱、盐矿、耐火黏土、蓝石棉、珍珠岩、水泥灰岩、石英砂岩等七大非金属矿产。在这些矿产地中，大型（特大型）的有231处，中型的有347处，小型的有1199处。与此同时，河南全省的地质勘查队伍由新中国成立初期的40人，发展到目前的近5万人，其中高级科技人员上万人，成为一支讲究奉献、开拓进取、攻坚克难的高素质队伍，无论是在国内还是国外，都颇有名气。

在矿业开发方面，新中国成立初期，河南全省可开发利用的矿产不到10种，然而到了2008年，全省可开发利用的矿产已猛增到90种。河南省矿山数量已由新中国成立初期的100多个发展到2008年的4488个；年产量由新中国成立初期的100余万吨猛增到2008年的3亿吨；矿业产值已由新中国成立初期的区区几十万元猛增到2008年的855.6亿元，其中石油、天然气现价工业总产值为268亿元。几何级的增长速度，使河南走进了全国五大重要矿业省份的行列。

数据或许是枯燥的，但其所反映的事实是令人振奋的。那么，辉煌的成绩是怎样得来的呢？

四大因素铺就矿业辉煌路

用飞速发展、硕果累累来形容河南矿业60年来的巨大变化，可以说一点也不过分。考究其原因，大体有四个方面。

第一，新中国的建立，党和各级政府的重视，为河南矿业的发展提供了根本保障。以地质找矿为例，新中国成立的礼炮刚一响过，当时的河南省人民政府主席吴芝圃等领导同志就马上意识到，为了紧密配合最重要的工业建设，勘测地下资源是一项刻不容缓的事业，并立即拟定计划、组织调查队，邀请冯景兰、张伯声两位教授来豫调查地质矿产。1950年5月至7月，冯、张两位教授来到河南豫西指导找矿，为平顶山煤田和巩县铝土矿后来的勘探及开发奠定了良好基础。在此基础上，中南地质局401队于1953年正式成立，并很快投入到平顶山地区的煤田地质勘探中，经过辛勤工作，于1955年6月提交了河南省第一个符合工业要求的地质报告，题名为《宝、叶、襄、郏煤田平顶山矿区地质勘探报告书》。此后又有多份地质报告交出，最终于1957年促成了中原第一个矿业城市——平顶山市的建立。

再比如，有“中国钼都”之称的栾川钼矿和中原油田等矿产地的勘探和开发，都是在党和各级政府领导的关心下取得成功的。回顾河南矿业兴盛的历史，人们可以清楚地看到，是社会主义制度的优越性为河南矿业的发展注入了无比的活力。

第二，实施科技兴矿为河南矿业插上了腾飞的翅膀。曾几何时，由于受到岩矿测试技术的限制，地质工作者在寻找金矿时只能借助于其他矿产的寻找才能实现。然而，河南黄金测试技术提高到百万分之三以后，才使“以金找金”变成了现实。地质队员们先是在小秦岭发现了特大型金矿田，后又在洛宁、嵩县等地相继有一系列新发现。

栾川钼矿伴生矿——钨矿的综合回收率，也是科技兴矿的一个成功范例。昔日，由于选矿工艺不过关，选矿回收率低，每年有大量含钨的矿石得不到利用，被白白堆积在荒山之中。从2003年开始，通过引进国外浮选新技术，使栾川钼矿的选矿回收率由原来的78%提高到85%。2006年，通过与国外先进技术联姻，成功破解了钨矿回收中的“贫、细、杂”等技术难题，从而使栾川钼矿珍贵的钨矿资源得以回收，为洛钼公司创造了新的盈利点，实现了中国钼矿开发上的新突破。

第三，矿业开发必须走改革开放之路，引入市场机制，一切按经济规律办事。为此，新中国成立以来，河南各地在矿业开发上注意了两件大事。一是坚持解放思想，在加强对矿业宏观管理的同时，注意按照国际惯例实行多元化融资，充分调动各方面办矿的积极性，把以前的“一花独放”变为今日的“百花齐放”。以河南煤炭业为例，全省的煤炭国有资产由新中国成立初期的零发展到1998年时的200亿元，后又由1998年时的200亿元发展到2008年时的1040亿元，正是这一全新的发展思路才为河南煤业的发展打造了具有强大支撑力的“发动机”，使河南迎来了煤业发展的黄金期。二是注意拉长矿产品深加工链条，大力发展下游产业。比如在铝土矿开发上，尽管河南有较丰富的铝土矿资源，但由于受计划经济的影响，以前河南生产的铝锭要运到山东等地加工成铝制品，然后由河南人到外省去购买。如今铝制品加工业已成了河南工业经济的一支重要新军，不仅促进了河南铝矿资源的开发，而且大大推动了河南铝工业腾飞。

此外，在盐矿开发上，也一改以前的以卖原盐为主，转而在大力推进盐化工上下功夫，使其产值实现了几倍甚至几十倍的增长，有力促进了地方经济的发展。

第四，大力发展循环经济，坚持走节约集约利用资源之路，使河南矿业走向辉煌的又一重要原因。新中国成立以来尤其是近年来，河南矿业之所以得到了长足发展，得益于该省采取了两个重要举措。其一是，针对以前矿业发展中一度存在的“散、小、乱”局面，在各级政府统一指导下，坚持依法依规进行矿产资源整合，促使矿产资源向优势矿产企业集聚。以煤炭为例，通过资源整合，全省1569个乡镇煤矿，减去了949个。与此同时，全省45家地方国有煤炭企业和16家在建矿井也完成了整合。随着全省煤炭资源整合的完成和矿山管理的加强，各煤矿企业的采煤回收率普遍有10%以上的增长，经济效益有较大提高。同时，煤矿事故起数和死亡人数同比有较大幅度的降低。尤其是2006年，全省煤炭行业一举创下新中国成立以来全省百万吨死亡率仅为0.54和煤炭年产量1.87亿吨的两大奇迹，为全国同行业所瞩目。其二是，在提高资源利用率方面狠下功夫。灵宝市银家沟铁矿的开发就是一个很好的例证。这个硫铁矿生产出的矿产品中有共生矿产金、银、铜、锌等多种元素。过去，在矿业开发中，主要销售品位30%以上富（一级硫）矿，二级硫铁基本废弃，是典型的“采富弃贫”，造成了资源的浪费，企业效益也不好。2004年后，该矿通过实行综合利用，大力推进循环经济，一方面通过优化选矿工艺制取硫酸，用于磷复肥化肥生产，余热用来发电，另一方面，所产硫酸渣含铁60%以上作为铁精粉出售，使企业的年销售收入达1.11亿元，实现利润1745万元。目前一期资源综合利用计划已成功完成，正在进行二期其他伴生矿产的回收计划。一旦完全成功，该矿的经济效益将有数十倍的增长。

在推行循环经济、变废为宝的理念指导下，昔日散落全省各地堆积如山的煤矸石正随着新型建材——矸石烧结砖的兴起，逐渐变成了抢手货，昔日长期存在的秦砖汉瓦也即将永远淡出中州大地。

“三都二城”“两大企业”将引领河南矿业明日辉煌

回首往事，河南矿业60年一路走来，可谓处处是歌、件件是诗。这些丰硕成果，既是向新中国成立60周年大庆敬献的贺礼，同时也铺就了通向未来辉煌之路的基石。

展望未来，人们可以兴奋地看到，全省5万地勘职工、40余万矿业职工及上百万相关行业的人们，将在科学发展观的统领下，坚持走资源节约集约之路，实行循环经济，推行科技兴矿，河南矿业的明天一定会十分美好。人们深信，置身于河南矿业群星中的“三都二城”和“两大企业”，将在未来的河南矿业辉煌中闪耀出异彩光芒。

“三都二城”，即：中国钼都——栾川，中国天然碱之都——桐柏，中国岩盐之都——叶县，中国金城——灵宝市，中国铝城——郑州市上街区。上述五处资源分别在全国占有举足轻重的领先位置，且发展后劲充足，可以相信，在河南乃至全国矿业滚滚发展大潮中，它们在相关行业中必能充当“领头羊”位置，从而必定对促进中原崛起做出重大贡献。

“两大企业”，即两大矿山企业，一个是位于豫东的永煤集团。永煤集团的主要经济指标在连续六年实现翻番之后，目前企业总资产已达194亿元。该集团正在实施相关多元化的发展战略，将煤炭采选、煤化工、有色金属列为核心业务和支柱产业，不断调整经济结构，加强与国际知名企业的合作，力争走上国际经济大舞台，发展前景广阔。另一个是有河南煤矿“大哥大”之称的平煤集团新近与全国最大的尼龙生产企业神马集团重组后产生的中平能集团。资料表明，重组前，平煤集团年销售收入已达596.7亿元，产品在全国供不应求的神马集团年销售收入已达数十亿元。两家大型企业按照循环经济的思路重组后，可谓资源有保障，成本有优势，诞生了煤化工和盐化工两条完整的产业链，形成了全球最大的煤盐化工基地。集团的职工称他们这两条产业链为“龙飞凤舞”。在可以预见的未来，上述企业必将会创造出更加骄人的成绩，进而引领全省矿业跨上一个新台阶。

（本文获《资源导刊》2009年度“好文章”通讯类二等奖）

编者按 建立国土资源协管员制度究竟有无好处？意义究竟有多大？怎样才能做好这项工作？在这方面，宁陵县国土资源局的同志们大胆创新、勇于开拓，给我们作出了明确的回答。宁陵局的经验表明：搞好国土资源协管员队伍建设，贵在真抓实干，不能只是停留在嘴上、停留在文件上，必须狠抓落实、落实、再落实。我们深信，只要用心去做，宁陵县局能做到的，其他市、县也完全能够做得到。

真抓实干路子宽

——来自宁陵县加强国土资源协管员队伍建设的调查

□袁可林　宁局文

这是一件令人振奋的事儿：

从2006年2月起，在豫东宁陵县的366个行政村，村村都有了自己的“土地协管员”。随着这一制度的实施，全县的耕地保护工作出现了令人鼓舞的变化。有关资料显示，三年多来，由于这些土地协管员的积极参与和辛勤付出，该县涉土信访量和土地违法案件分别下降90%和85%；全县80万亩耕地面积不仅没有减少，反而净增2240亩。几年中，全县无一进郑赴京上访人员，被河南省国土资源厅评为“信访稳定先进单位”，被国土资源部评为“全国执法监察工作先进单位”和“全国耕地保护工作先进单位”。

人们不禁要问：宁陵县为什么能取得如此良好的成绩？该县的国土资源协管员队伍究竟是怎样建立起来的？

日前，记者在宁陵县采访，当问起其原因时，该县国土资源局局长冯业茂说：关键是做到了“一个提高”，做好了“三件事”，坚持了“三个落实”。

乘势而为，让“村官”走上耕地保护第一线

采访中了解到，宁陵县包括乡所上划的国土资源管理体制改革是于2005年底完成的。从县国土资源局到乡镇国土资源所都是新人。新的面孔、新的使命，大家干事创业的积极性空前高涨。但是他们不久便发现，尽管大家用了不少力气，可是县土地违法案件仍然频频发生，土地信访量居高不下，国土部门防不胜防，经常处于被动状态。面对这一严峻形势，局党组不得不坐下来召开专题会议，集思广益，共谋良策。分析原因有三：一是土地违法点多面广，国土人员顾此失彼，等到发现，已经形成事实，造成损失。正如一位国土资源所长所说：“俺没有‘千里眼’‘顺风耳’，一个所总共四五个人，管十几个行政村，百把个自然村，好几万人，每天不停地跑还是招呼不过来。”二是有不少村干部配合不积极。有的认为事不关己，高高挂起，想躲就躲，能推就推，个别人甚至站在一旁“看热闹”。三是国土资源所人员不能天天住在农村，时时守着耕地，这就给违法人员提供了钻空子的时间和地点。一些不法分子同国土资源所人员玩猫腻、打游击，你白天巡查，他就在夜间行动，你在村东搞宣传，他到村西去起土。事实表明，要制止土地违法，切实保护耕地安全，单凭国土资源管理部门还远远不够，必须在每个行政村物色一名得力干部，协助国土资源所管好用好土地，此人最好由农村党支部书记或者村委会主任兼任。因为他们在广大群众中威信最高，说话有人听，做事有人帮，具有影响力、号召力和凝聚力，能担当起保护耕地红线的重任。认识统一后，宁陵县国土资源局将其当做一件大事，特意向商丘市国土资源局和县委、县政府作了汇报，并得到他们的重视和支持。县政府专门以宁政办〔2006〕2号文发文件，要求各乡镇从现任村党支部书记或村委会主任中，采取群众推荐、领导把关、国土资源局审核批准并颁发聘任证书的方式，为每个行政村选配1～2名土地协管员，负责宣传土地法规政策，协助国土资源所做好耕地保护和土地纠纷调解等项工作。就这样，经过宣传、推荐等一系列程序，2006年2月，全县366个行政村的498名土地协管员终于走马上任了。从此揭开了

宁陵县耕地保护新的一页。

采取“三项措施”，让土地协管员制度日臻完善

近五百名土地协管员上任后，很快使全县的国土资源管理出现了新的景象。但在个别土地协管员中也暴露出一些明显问题：有的责任心不强，怕得罪人，遇事不开口，绕着矛盾走，多种花，少栽刺，想当“老好人”。有的国土资源知识贫乏，法制观念淡薄，说不到理上，讲不到法上，甚至违反法律规定。还有的处理宅基地纠纷时，只让双方息讼止争，究竟怎样解决却拿不出道道。有的片面理解农村土地归集体所有，存在村里“想咋着就咋着”的错误思想，随意安排宅基地，甚至把可耕地租赁给机关单位或企业使用，改变农地用途。为了使这支队伍尽快融入国土资源管理工作中去，真正发挥其应有的作用，该县根据国土资源管理的形势和任务，结合土地协管员的具体情况，制定了《关于加强土地协管员管理的实施方案》，采取了一系列有力措施。

一是实施“教育培训工程”。就是组建县、局、所三级学习网络，全面提高土地协管员素质，着力增强他们的责任意识、法律意识和程序意识。县委把国土资源知识培训纳入基层干部教育培训整体规划，作为各级党校重点教育内容，电台电视台常年开辟专题栏目，做到“报纸有文章、电视有图像、广播有声音”，使土地法规宣传进社区、进车间、进课堂，并定期举办培训班。国土资源局为每个土地协管员赠订一份《资源导刊》杂志，发送《宁陵县土地协管员工作手册》和《乡镇村干部国土资源知识读本》各一册，且坚持每月集中学习一次。乡镇国土资源所定期组织土地协管员开展业务研究。通过专家讲座、业务辅导、案例分析、实地参观等方式，使广大土地协管员不仅增强了责任感和依法管地的自觉性，还提高了实际工作能力。

二是建立“三项制度”。一是对土地协管员实行聘任制，不搞终身制。聘期一般为三年，称职者可连续聘用，不称职的随时按程序予以解聘。二是例会制度。各乡镇国土资源所每月召开一次会议，听取土地协管员工作汇报，交流信息，传送上级文件，以互相促进，并将土地协

管员工作表现和思想动态及时上报国土资源局。三是领导督办制度。县委、人大、政府、政协四大班子每月召开一次专题会议，认真研究解决土地协管员中出现的问题。县国土资源局领导班子成员还明确分工，一人分包两个乡镇，深入村组协助督促解决有关问题。

三是实行“约束激励机制”。该局明确土地协管员实行局聘所管的领导体制，要求每个人写出相应的责任承诺书，以便考核和监督执行。年终总评，每年组织一次先进事迹报告会。县委、县政府拨出专款，对成绩突出的给予奖励。如2007年4月县里隆重召开会议，给80名先进土地协管员披红戴花，在县城大街上展示风采，在社会上引起了较大反响。

狠抓“三个落实”，充分发挥土地协管员积极性

宁陵县国土资源局领导在实践中体会到，建立国土资源协管员队伍是完善国土资源五级执法网络，将执法关口前移，夯实国土资源管理基础的一件大事，同时也是一件新生事物。因此，必须紧抓不放，力争将每一个环节都要落到实处。为此，三年来，他们坚持从三个方面抓了落实。

一是抓好组织落实。首先是根据有关文件精神，对协管员的任用条件、聘任程序、职能定位、工作任务、目标考核等要求，一一落到实处，不搞空对空。各乡镇国土资源所将本区域的各行政村土地协管员一一填表造册，纳入网络管理，使全县形成了横到边、竖到底、全覆盖、全天候、全参与的土地立体执法网络。这一执法网络的出现，使不少矛盾纠纷在基层得以化解，不少各类土地违法案件被消灭在萌芽状态。据不完全统计，三年来，全县协管员就地调解土地纠纷1000余件，在第一时间制止和帮助国土部门查处违法案件856起，切实做到了早发现、早制止、早报告、早查处。

二是抓好管理落实。要想做好一项工作，不搞好建章立制不行，但更重要的是必须注意抓好落实。一句话，决不能使各项制度“挂在墙上”、停留在口头上或文件上。在落实各项制度时，该局特别注意了三件事：一是由各乡镇国土资源所召开一次定期或不定期的例会制度。一方面听取土地协管员的工作汇报，另一方面传达上级有关精神，通报先

进地区工作经验，不断提升自我。二是在实践中逐步建立完善了“七制三表一书”管理机制，即建立“聘任制度”、“教育培训制度”、“学习制度”、“工作制度”、“汇报制度”、“业绩档案制度”、“事迹报告制度”，制定协管员工作记录表、协管员考核表和协管员考核积分一览表。三是联系制度。这其中包括县局领导分包乡镇国土所制度、乡所人员分村包片制度，以及各土地协管员的定期请示汇报制度。

三是抓好待遇落实。宁陵县国土资源局“一班人”清醒地认识到，广大土地协管员身居耕地保护第一线，责任重大、任务艰巨。因此，不仅在政治上信任他们，在工作上依靠他们，还应十分关心他们的生活，随时帮助他们解决工作上或生活上存在的这样那样的问题。平时，他们注意了两件事：一是建议县里设立耕地保护基金，每年通过以奖代补的方式，给予广大协管员适当的补助或补贴。二是为每个土地协管员订阅一份《资源导刊》杂志以及发放必要的文件等学习资料。如此一来，有力调动了广大土地协管员的主观能动性。如今，在宁陵县798平方公里土地上和1052个自然村的各个角落，四百多名土地协管员就像守卫边防的战士那样辛勤地站岗放哨，默默地奉献，一旦发现土地纠纷就调解，遇到土地违法案件就制止。从而使全县耕地保护工作跨入了新的阶段。程楼乡沟厢西村北地原有30亩良田，是有名的“金不换”好地。从2003年开始，就有人不断在承包地里栽树，引发许多矛盾，结果16户承包者都在那里种上了树，改变了农地用途。该村党支部书记、土地协管员陈玉钦看在眼里、疼在心上。他就召开专门会议，针对不同情况，逐人逐户做工作，动之以情，晓之以理，循之以法，经过长达8个月的艰苦努力，硬是将2000多棵杨树全部清除，使耕地恢复了原貌，披上了新绿。刘楼乡胡举行政村土地协管员金永良，一直致力于新农村建设，他带领群众将三个自然村合并成一个村，节省土地400亩。他们开街道、盖排房、建学校，发展农村经济，从而成为商丘市新农村建设的样板。

（本文获《资源导刊》2009年度“好文章”通讯类二等奖）

十斤大葱表心意

□李荣海

2009年12月11日下午4时，宁陵县孔集乡桑庄村党支部书记乔传民和两位农民代表，特意将10斤新鲜的大葱送到当地国土资源所。

“老乔，你这是弄啥呢？‘平白无故’送捆葱？”所长不解地问到。

“啥叫‘平白无故’，俺不送拗不过去呀！”老乔的表情既激动，又无奈。接着，就给国土所的同志们讲了事情的来龙去脉。

桑庄是孔集乡的一个行政村，与国土所相距两公里远。全村350户，800多亩耕地，人多地少，常年种植玉米、小麦，粮食虽够吃，但手头没钱花。常到这里宣传土地法规政策的国土人员，看到这种情况，认为不能再像以前那样单纯地种地，决心帮助当地农民改变传统生产模式，带领群众致富奔小康。于是，他们经过市场调查发现，大葱价格一直稳中有升，便深入各户做工作，又从商丘引进优良大葱品种，先试点，后推广，结果，把麦茬地全部改种了大葱。几年下来，亩产值都保持在七八千元左右。仅此一项，全村年收入就达五六百万元。现在，家家有了存款折，一多半农户盖起了两层小楼。

吃水不忘打井人。得到实惠和富裕起来的村民心里感激，一定要向国土所“表示表示”。但他们明知道这些国土人送礼不要，请客不到，甚至连锦旗都“拒收”。于是，就想到了地里种的大葱，要让国土所的同志们尝尝自己种的“土特产”。可是，这事也挺难，因为各家都要送，不让谁送谁有意见。这下可让乔书记作了难，后经多次协商，总算想出了一个折中的办法：送10斤大葱，小棵不要。大家派三个代表，拿着铁锨，到地里去挑葱。按照公开、公平、公正的原则，像 “选美”一样，边走、边看、边刨，累得三个人满头大汗。最后，还要捆好，负责送到国土所。

听完乔书记的解释后，所长立马摸着腰包说到：“老乔，这葱我们一定要付钱。”

“这可不行啊！”老支书不无感慨地说：“你们别小看这10斤大葱，它可代表着我们全村350户村民的心啊！”

（本文获《资源导刊》2010年度“好文章”通讯类二等奖）

编外协管员

□胡美琳

爷爷今年75岁，是从宁陵县粮食局退休的老干部。爷爷和粮食打了一辈子交道，退休后又回到老家，因为他过去是管粮食的，所以他对家乡那片土地有着深厚的感情。

爷爷退休的时候家人都劝他住在城里，不要再回农村了，可他不同意，说是在城里闲着不自在，守着家里那几亩地心里才踏实。他是这样说的也是这样做的，回乡的爷爷每天大部分时间都花费在那几亩责任田里，像对自己孩子一样精心呵护着那块儿地。

前几年，黏土砖瓦窑厂没有关闭，在经济利益的驱使下，我们村的大部分人纷纷在自己的耕地里取土卖给窑主，可无论别人怎么做，爷爷坚决不允许在我们家田地里取土，他还劝说别人："土地是我们生存的根本，咱们可不能随便糟蹋啊！"

我毕业之后被分配到县国土资源局上班，爷爷知道后高兴得合不拢嘴。他说："咱们农民的孩子做这样的工作最适合了，你一定要帮爷爷看护好咱们的土地。"我每次回去看他的时候，他都少不了要问我工作上的事，他最喜欢听我给他讲我们下乡去执法时的情形。听到我说怎么制止别人在耕地上盖房和取土时，爷爷总显得很兴奋，像是他自己也参与了一样。

几个月前，爷爷让我帮他收集一些关于土地管理方面的资料，于是我就给他找了几本局里发给土地协管员的小册子，爷爷像得到了宝贝儿一样，每天戴着老花镜仔细研究，还在上面圈圈划划，像小学生一样认真。

前几天我回家，在村边儿远远地看见一群人像是在争吵，走近一看是爷爷正在和别人理论。原来是我的一个堂叔想在自己承包的责任田里建房，正准备找人打地基，在地里干活回家的爷爷看到了正在劝说他呢！

我听见堂叔说："大伯，我这是在自己的地里盖房子，你管那么多闲事干什么？"爷爷说："如果大家都像你一样在耕地里盖房，时间长了地里全是房子，到时候拿什么去种庄稼，我们靠什么吃饭？再说在耕地上盖房是违法的，不信你看，这《土地管理法》上面都写着呢！”说着爷爷从兜里掏出随身携带的小册子让他们看。爷爷神情专注得连我来到他身边了都不知道。我被他的精神感染了，连忙走向前去说：“叔，我爷爷说得一点儿都不错，你们在耕地里盖房违反了《土地管理法》，应该限期恢复土地原貌，建起来不但要被拆掉，还要缴纳罚款。违法的事情咱们可不能做，你建房需要宅基地的话可以依法申请，我可以按照程序帮你申请呀！”

堂叔见我这个国土资源局的“公家人”也这么说，就不再坚持了，挠了挠头说：“申请宅基地的事，我可是一窍不通，到时候你要帮我呀！”

我连忙表态：“你放心吧，包在我身上了。”

松了一口气的爷爷和我一块儿回家，路上我说爷爷：“你那么喜欢管土地的事，我去找领导帮你申请个土地协管员当当吧！”

爷爷笑着说：“不用了，每个爱护土地的人都是编外土地协管员。”

（本文获《资源导刊》2010年度“好文章”通讯类二等奖）

河南省地调院：
“空白区”探出大富矿

□张　毅

1月3日，中国地质学会评选产生2009年度十大地质找矿成果，由河南省地质调查院承担的“河南省新安县郁山大型铝土矿床”项目名列其中。据了解，此项成果已查明中高品位铝土矿资源3125万吨，远景资源量将超过1亿吨，其潜在经济价值达200亿元。

值得一提的是，这项全国年度十大地质找矿成果，竟然位于找矿前景不被看好的“空白区”。

“空白区”竟藏富矿

洛阳市新安县城西南5公里有个铁门镇，多年来，这里盛产辣椒，却与铝土矿无缘，曾被划为铝土矿资源“空白区”。

令人意想不到的是，2009年底，一个关于新安县铁门镇郁山地区的地质勘查成果出炉，从而为新安县铁门镇贴上了铝土矿藏丰富的“标签”。

此项地质勘查成果显示，在新安县铁门镇郁山存在一个大型中高品位铝土矿床，初步查明铝土矿3125万吨，远景资源量超过1亿吨，总体埋深200至650米；同时，矿体伴生的镓、轻稀土矿、耐火黏土等矿床，规模均达到大中型以上。

然而，这个成果的意义却不仅是提交了一处大型铝土矿床。

“从项目启动到成果出炉，花费了我们近5年的心血，它成功打破了该地区中深部没有规模性铝土矿的定论。”郁山铝土矿勘查项目负责人、省地质调查院高级工程师赵建敏说，这项成果之所以能在全国115个项目中脱颖而出，当选“2009年度全国十大地质找矿成果”，除去探明的铝土矿属大型外，更在于其具备的“三个突破”，即铝土矿找矿理论、找矿方法和找矿成果的突破。

隐伏“深闺”有人识

中国地质学会有关负责人表示，2009年度十大地质找矿成果评选结果具有三大特点：一是围绕国家紧缺矿种的找矿成果显著，特别是在深部找矿和油气勘查领域成效显著；二是基础地质研究领域瞄准世界前沿；三是金属矿产、油气资源、放射性矿产勘查评价方法技术创新实用。赵建敏提到的获奖成果的“三个突破”，均能在其中得到印证。

据了解，“河南省新安县郁山大型铝土矿”成果的获取，依托于省地调院承担的“河南省重要成矿区带1∶5万区域矿产调查”及其相关项目“河南省覆盖区隐伏铝（黏）土矿资源潜力评价和找矿技术研究”，总投资超过2000万元。作为我省公益性地质矿产勘查项目，该成果将服务于省国土资源部门进行覆盖区和中深部铝（黏）土矿的勘查规划部署，并为我省铝工业发展中长期规划提供科学依据。

“项目的性质决定了它注定是个创举”项目另一负责人、省地调院矿产地质调查中心主任李中明介绍，“传统观点认为，含矿地层经地表风化淋滤作用，才能培育出规模性矿床，否则无大矿。”多少年来，这个标准屡试不爽，新安县郁山覆盖区曾被认为是“空白区”，主要依据也在此。然而，省地调院经过多年潜心研究，认为3亿年前含矿地层沉积才是铝土矿“浑然天成”的主要条件，也就是说，即便含矿地层未经地表风化淋滤作用，也可能存在富矿。

带着这种略显“异类”的认识，2005年，省地调院踏入这块所谓的“无矿区”后，开始重新对这2520平方公里的土地进行全面“体检”，并多次组织专家“会诊”。

“我们圈定的铝土矿目标靶区，正是前人认定的‘空白区’，压力可想而知。但既然选择了，就要尽力出成果。”李中明回忆道，通常的探矿取样是一米一个样，他们为了深入研究铝土矿成矿规律，采用了精细的研究方法，在优选钻孔含矿层内，每10厘米采一个样，最多时甚至10米就能取108个样！

因为主要区域基本不存在地表风化淋滤作用，郁山铝土矿并没在地表“露馅”，而是悄悄隐伏在地下600米左右的中深部找矿区。业内缺乏中深部铝土矿成功勘探的经验，省地调院只能摸着石头过河，困难重重。

“找矿阶段一共打了4500米的钻孔，仅报废孔就有1500米。看到辛辛苦苦打下的钻孔遇险报废，许多高大威猛的钻机机长虽然两眼含泪，却没有一个打退堂鼓的。”李中明现在想起这些惨重的损失虽然很心疼，但却为自己的队伍迎难而上、善打硬仗感到骄傲。

5年间，地调队员风餐露宿，爬冰卧雪，累计钻探19000米，终于嗅出了宝藏的“气息”。

“由于郁山地区地层沉积形成覆盖层，矿体被覆盖后埋藏较深，依据传统的铝土矿成矿理论很难被发现。但也正是这较深的覆盖层，恰恰又保护了3亿年前形成的铝土矿。”不但发现了宝藏，还证明了新的找矿理论，赵建敏说他当时激动得几天都没睡好觉。

专家在成果鉴定中认为，新安县郁山大型隐伏铝土矿床具有突破性意义：它颠覆了传统成矿找矿理念，拓展了铝土矿找矿空间，是中深部找矿的典范；它成功探索建立起的一套在覆盖区寻找铝土矿经济有效的方法技术组合，达到国际先进水平；其远景资源量在1亿吨以上，潜在经济价值达200亿元，有效缓解了我省铝土矿资源的压力。

“随着省内重要成矿区带地质矿产工作的不断推进，铝土矿地表勘探已基本无迹可寻，覆盖区中深部必将成为铝（黏）土矿的主要找矿空间。”省地质学会相关负责人表示。

（本文获《资源导刊》2010年度“好文章”通讯类二等奖）

守卫耕地红线的钢铁战士

——记项城市国土资源局新桥国土资源所原所长张铁成

□袁春红　麻　峰

2010年4月9日，颍河哽咽，大地无语。

此时此刻，项城市新桥镇张庄村哀乐齐鸣，上千名干部群众有的拿着花圈、有的拿着挽联、有的捧着刚从田野里采来的散发着浓郁香味的油菜花，从四面八方赶来为一个普通的国土资源所所长送行。

这个所长是谁，为什么这么多人为他送行？他就是项城市国土资源局新桥国土资源所原所长张铁成，刚过41岁，恰是风华正茂的年龄。

邻村的孤寡老人李大爷泣不成声地说："铁成就像我的儿子一样，帮了我不少忙，咋说走就走了呢？"

在送行的队伍中，有一位姓黄的企业主，眼含热泪地告诉笔者说："要不是铁成，我的项目怎么能这么快投产啊？"

铁城的弟弟铁帅叹息道："早让他注意身体，他却老说工作忙，早点检查早点发现也许就好了……"

走在送行队伍中的项城市国土资源局党委书记、局长郭剑惋惜地说："铁成走了，是我们国土资源基层队伍的一大损失啊！"

人们清楚地记得，铁成是倒在耕地保护第一线的。他把全部心血和汗水都倾注在了他所热爱的国土资源事业之中……

励精图治　志当一名守卫耕地的钢铁战士

自1992年9月参加工作以来，张铁成一直在新桥镇政府工作。出身于农民家庭的他，对土地有着深厚的感情。

1998年年底，随着项城市局对乡镇国土资源所实行垂直管理，张铁成主动请缨加入到国土资源管理队伍中，成了一名光荣的国土资源卫士。

他深知，要想做好国土资源管理工作，必须不断提高自己的政策法规水平。因此，除按时参加市局举办的培训班外，他每天还抽出时间学习研究《中国国土资源报》、《资源导刊》。在他的办公桌上，经常摆放着他细心整理的报刊剪贴本，内容包括典型的土地违法案例和有关问题解答等，重要的部分他还加上批注。工夫不负有心人。经过不断深入学习， 2008年4月，在项城市局举办的各基层所学习国土资源新政知识竞赛中，他以参赛年龄最大、回答问题最熟练而获得最佳选手奖。

丰富的国土资源管理法律法规知识，强烈的事业心和责任感，使他在2009年初走上了新桥镇国土资源所所长的岗位。任前集体谈话时，该局局长郭剑说："现在我们国土资源部门是在矛盾的夹缝中履行职责，在利益的焦点上开展工作，基层所就要像钢铁长城一样，牢牢守住18亿亩耕地红线。"局长的一番话对张铁成触动很大，他深感责任重大，在日记中写道："在国土资源管理形势严峻的当前，局党委对我委以重任，我张铁成，不能仅仅满足做一名普普通通的基层国土所长，而要做一名守卫耕地红线的钢铁战士。"

恪尽职守　工作敢啃硬骨头

上任之初，新桥镇有一个重点建设项目的选址迫在眉睫。项目投资者黄某找镇领导要求说："我看上镇北边的一块耕地了，风水好，地势好，交通好。除了这块地，其他地我不用，否则我就取消投资计划。"镇领导把这个"烫手山芋"交由张铁成处理。对新桥镇每一寸土地都熟悉的张铁成，知道镇里有3处破产企业的厂址，每宗地都有土地利用档案，而这些土地恰好可以作为项目建设用地。按照省长郭庚茂提出的建设用地"有限指标保重点、一般项目靠挖潜"的原则，张铁成及时向乡镇领导汇报，提出"腾笼换鸟"即盘活现有存量建设用地避免占用耕地的思路，得到了镇领导的理解与支持。张铁成又找到投资商黄某，讲政策、摆道理，从国家严格土地管理的政策的"禁"，到为投资者节约成本的"利"，动之以情、晓之以理，最终说服黄某利用废弃厂址改造建厂。

一个项目落地了，一宗违法用地避免了。铁成坚持原则和热情服务感动了黄某，不打不相识，两人还因此成了好朋友。

坚持原则 严守耕地红线

作为一所之长，总有一些违法者请求他“高抬贵手”，面对这种情况，他总是漠然置之，坦然面对，不为利诱所动，不为恐吓所惧，坚决不拿原则做交易。

2009年3月中旬，在验收宋桥集李营村村民李某的新房时，张铁成发现该户宅基地超出规定50多平方米，如果去掉院墙及门楼，刚好不超面积。可李某面对花费数千元刚刚砌好的崭新门楼，说什么也不肯拆，并请来村支书及张铁成在本村的一个亲戚为他说情，张铁成始终不为所动。一上午的思想工作后，张铁成终于说通了自己的亲戚和村支书。中午张铁成请村支书吃饭，但这位村支书心里还是不痛快，嫌铁成上午没给他面子。明知道铁成不喝酒，他还是倒了一大杯白酒说：“张所长你把这杯酒喝了，回去后我做工作让他拆掉。”张铁成二话没说，一气把酒喝了下去。果真下午村支书和铁成又到李某家劝说其拆除了违法建筑。

2010年4月21日，张铁成和所里一名工作人员在巡查时，发现了存民庄村民杨某，擅自占用耕地盖起了房子，一盖就是8间。“那可是农民的口粮田啊！”他一边说一边冲进了施工工地。当他要求施工队伍停止施工时，在当地比较强势的杨某竟抓起砖头向他掷击，一块砖头飞来，张铁成的鼻梁受伤，顿时鲜血直流。随行工作人员赶紧把他送到了医院。医生刚给他包扎好，没等完全止住血，他就要返回纠违现场，对医院要求他住院留观的“命令”，他抛下一句：“流点血不算啥，良田被抢走才是大事，我住不起啊。”就这样，当他穿着血迹斑斑的衣服再次出现在违规用地现场时，杨某害怕了，他让建筑队停了工。张铁成在扣押了施工工具后，天快黑了，只得返回所里。可张铁成他们第二天又去查看时，眼前的景象让他惊呆了，有人连夜加班垒墙，已出地面1米多高；在工地前面的空地上，坐了近20个残疾人！张铁成一到，他们一下子围了上来，有的指桑骂槐，有的掏烟套近乎，有的挤眉弄眼。面对这种情况，张铁成没有退缩，立即向局党委进行了汇报，在市局的支持下，制订了解决方案，很快就拆除了这一违法占地建筑。此次行动不仅打击了蛮恶势力，而且震慑了全镇上下的违法用地者。

勤恳务实 把老百姓的事时时放心间

为化解土地纠纷给农村带来的不稳定因素，张铁成把涉及土地的矛盾纠纷和信访问题放到了突出位置，每天工作的第一个内容就是处理涉及土地信访问题，而且注重“实际”，突出“快”字。

2009年7月3日中午，天气炎热，张铁成正在所里吃饭。李楼村村支书打来电话，说他们村两户村民因宅基边界栽树发生纠纷，双方都纠集了亲朋好友拿起了家伙，剑拔弩张，一触即发。接到消息后，他匆忙扒了两口饭，便立即动身前往，很快赶到了现场。从下午一直忙到晚上11点多，通过深入细致的调查以及耐心的劝导，终于使双方达成了共识，避免了一场流血事件的发生。

他为老百姓办事，从不拖拖拉拉。石树梅村村民杨某在翻建新房时与邻居发生矛盾，并遭到邻居的粗暴阻止，新房未能建成，只能居住在窝棚内，生活极其不便。为此，他到所里来反映问题，说话非常激动。了解情况后，张铁成一面好言安慰，一面迅速派人到现场调查了解情况，通过大量的调解工作，终于使两家人达成谅解。

农村与城市习惯不一样。村民通常没有上下班的概念，往往到下班时间才来反映问题。对此，张铁成丝毫没有埋怨过，总是热情接待，耐心解释，能办理的办理，不能办理的耐心说明，尽量方便当事人。由于他卓有成效的工作，几年来，全镇没有发生一起因土地纠纷引起的越级上访事件。

甘于奉献 舍小家顾大家

“我是一名共产党员，一个农民的儿子，我能走到今天，全是党和政府培养的结果。局党委给所里这么宽松的环境，干不好工作，我对不起组织，对不起领导。”这是张铁成常说的一句话。

在单位，张铁成是不知疲倦的老黄牛，累活重活他总是抢着干。由于家庭经济状况不太好，妻子没有工作，年迈的父亲抱病在床，还要供两个孩子上学，张铁成的家可以用“窘迫”来形容。没有当所长的时候，他常常骑车10多里回家。当上所长后，他回家少了，因为中午、双休日要有人值班，要是所里没人的话，老百姓来反映问题怎么办？于是，面对妻子的埋怨，他毅然决然地把锅碗搬到了所里，有时工作忙，错过了饭时，他就泡一包方便面充充饥。2009年农历腊月二十三，是传统的小年。天黑时，妻子心想他忙活了一年了，这个时候也没人到所里反映问题了，就打电话让他回家吃饭。可他却说，“今天是小年，我让所里其他人都回去了，我留下值班。”妻子拗不过他，只得盛了一些饭菜给他送去，黑漆漆的夜刮着凛冽的寒风，当妻子推开他办公室的门看见铁成正端着碗吃方便面时，刹那间，妻子的眼里汪满了泪水……

2010年3月，铁成因长期劳累而倒在了工作岗位上。消息传出后，局领导、镇领导以及很多农户纷纷到镇医院看望他，劝他安心养病。在院方确诊张铁成为肝癌晚期后，项城国土资源局立即联系市医院，要求他转诊到市医院。张铁成却拉着局长的手说：“我还是在新桥镇医院住吧，既然是晚期，最后几十天了，我想和乡里乡亲的再多见见面……”听着他那朴实的话，一向坚强的郭剑局长一时间泪流满面。

他走了。

他是为耕地保护事业耗尽了心血而离开我们的。

他走了，他的音容笑貌和无数动人的事迹却永远留在了豫东大地，留在了与他朝夕相处的同事和亲人们的记忆里。

铁成，你放心走吧。你的战友、你的亲人，一定会把你一生为之奋斗的事业坚定地进行下去……

（本文获《资源导刊》2010年度“好文章”通讯类二等奖）

三个男人一台戏

□桑 康□述 陈 海 整理

汝阳县上店国土资源所，是这么一个其乐融融的三人之家：我，年龄最小，却是一家之主，主管家里的全面工作；田永前，主管家里的档案、巡查台账登记、地质灾害防治工作；郭敏庆，年纪最大，是我们心目中的老大哥，负责着家里的信访纠纷、农宅审批资料的整理上报工作。

多年来，在普通的工作环境中，在国土资源管理事业最前沿，我们亲如兄弟，以所为家。满怀对国土事业的忠诚和激情，不断为上店国土资源所添砖加瓦，为国土基层管理工作做出了我们应有的努力。三个个性迥异的男人照样唱出了满堂喝彩的一台戏。

“上台”

记得我们三人刚到国土所时，一没经验，二不懂业务，是地地道道的“门外汉”。镇政府领导担心我们经验不足，无法胜任全镇的国土资源管理服务工作，曾多次向县国土资源局建议派一名业务能力强的同志来所里领导工作，扭转上店镇涉土纠纷和涉土信访案件居高不下的被动局面。我们仨人感到很惭愧，便共同商议：“绝不能让县局给我们所配置人员，人活一张脸，树活一张皮，让县局给我们配置人员，那我们仨人的脸面可丢大了。”于是，我们联名向镇政府立下了“军令状”：一年后，如果上店镇涉土纠纷和涉土信访量与去年同期相比，没有下降，我们仨人接受镇政府的建议，同时我自愿辞去所长一职。

“学戏”

在郑重给镇领导递上书面保证书后，我们仨人憋足了劲，争取在最短的时间内拿出工作成绩，让镇领导对我们放心。所里规定没有特殊情况晚上一律不准回家和外出，充分利用晚上和空闲时间集中学习业务，同时邀请县局执法监察大队、信访法规股、地籍管理股等负责人来我们这里讲课。每次外出巡查，必带物品就是《土地管理法》和《矿产资源法》，边巡查边对照书本上的法律、法规调解涉土纠纷。一个月后，我们仨人的业务水平和调解纠纷的能力明显提高。在县局组织的《土地管理法》和《矿产资源法》业务考试中，我们取得了全局14个国土资源所第二名和案例分析第三名的好成绩。全镇涉土纠纷与去年同期相比下降了40%，涉土信访县访与去年相比下降了25%，市访、省访、京访为零。我们的工作得到了镇政府领导的充分肯定。

“入戏”

记得那是2007年国庆节长假过后的第二天，一位老大爷来所里反映问题，因当时正在调解他人的纠纷，在做完记录后，我们让大爷先回去，等我们把眼前的纠纷调解完后，再去解决他的问题。可老大爷听后，立马火冒三丈，当即恶语相加，站在楼道里不停地谩骂。

随后，在调解过程中，我们始终笑脸相迎，真诚相待，没有因大爷骂我们而偏袒另一方。在向他们耐心细致地讲解有关法律和政策规定的同时，我们还分别给两位当事人讲解处理好邻里关系给自己带来的便利，使他们的对立情绪得到缓和，在我们拿出公平、公正的调解意见后，这位大爷终于被我们真诚的工作态度所感动。出门时，他对自己的邻居说：“这三个小伙子脾气真好，我这么骂他们，他们还这么耐心细致地为咱调解。”以后的日子里，大爷逢人便讲：“国土所的三个小伙子不仅脾气好、工作态度好、办事公平，并且工作责任心强，是我们农民的好帮手。”

工夫不负有心人。通过我们的不懈努力，上店国土资源所连续5年未出现一起因涉土案件引起的越级上访事件，连续5年被县局评为“先进基层站所”和“信访稳定先进单位”，被镇政府授予“维护稳定先进单位”、“新农村帮建先进单位”和“支持经济发展先进单位”。

（本文获《资源导刊》2010年度“好文章”通讯类二等奖）

为藏乡羌寨筑安全屏障

——河南地矿建设集团援建映秀镇堤防加固工程纪实

□周 强

近日，东莞援建汶川“5·12”震中映秀“交钥匙”工程项目顺利完成并移交当地政府。作为三家施工单位之一的河南地矿建设集团承担了该项目水利工程的部分建设任务。该集团干部职工一年多来顶住余震、飞石、泥石流等生死考验，克服了重重困难，用自己辛勤的汗水，在满目疮痍的藏乡羌寨，用无私奉献的精神，向灾区人民交上了一份满意的答卷……

边设计 边施工 边调整

2009年7月，河南省地矿建设集团从全国69家企业中脱颖而出，中标东莞市对口支援映秀镇灾后恢复重建水利项目，对位于映秀镇的岷江和渔子溪两岸进行堤防加固改造，项目资金2亿元。

7月28日，该公司进入到处是瓦砾废墟的场地。面对踏勘沿途山体破碎、地貌变形和不时掉下的石块，施工人员没有退缩，他们冒着危险进行详细的地质踏勘，摸清了当地地质情况。由于时间紧任务重，他们决定边设计、边施工、边调整，抓紧时间把工期往前赶。该公司施工人员只有一个信念：要以最快的速度完成任务。

工程于2009年9月5日开工，该公司7支施工队的800余名施工人员在岷江和渔子溪两岸拉开了施工帷幕。

映秀镇灾后重建多家单位同时施工，施工交通与作业面相互交叉，项目部就通过工程管理处与其他施工单位协调作业。渔子溪两岸存在耕地征用、施工单位板房、政府板房等施工障碍，将整体施工面分离，形不成贯通的施工作业面，整体规模作业受阻。他们就调整施工设计和程序，先做可以施工的地带，等有关单位搬走后再施工。

2010年10月10日，援建任务全面完成庆祝大会在震中映秀镇举行。没有豪言壮语，没有惊天动地的事迹。400多个日日夜夜，全体施工人员克服各方面困难，完成两段堤防总长约4.7公里，主要结构为重力式挡墙与加筋挡土墙，堤防设计标准为50年一遇洪水，工程等级为三等。

新技术　新工艺　新材料

提起施工中的难题，项目经理汪明说："项目部加大新技术、新工艺、新材料、新设备投入，加大施工中的科技含量，为项目完成提供了保障。"

为了保证援建任务的顺利进行，他们在技术措施上采取了设置施工围堰，保证施工作业面的安全。施工前期正处于汛期，围堰被冲毁，后来经批准加大截面采用双围堰模式，外围土石围堰用挖掘机填筑，内围堰采用砂袋围堰，两个围堰间采用防渗膜止水，保证了堰体和施工作业区的安全。

锚固灌浆工程全部采用CMS2008多路智能灌浆记录仪进行监控。经检验堤坝工程全部合格，未出现任何工程质量问题。

为达到"安全、环保、舒适、和谐"的目标，他们在施工中严格遵守国家和地方控制环境污染的法律和法规，尽量使施工区的一草一木不受损失。渔子溪项目经理李超说："我们采用了新技术，就像是给水泥浆'喂药'，让它'长'出青草。这个'药剂'其实也是一层浆，但里面含有草种、营养剂、能凝住石头的黏土，喷完后，外面覆盖一层网，就可以等着长草了。生态袋是一种新型环保设施，放在工程中便于植物的生长。"

而今，记者在现场看到，渔子溪一带已成为当地的街心花园，堤坝上树木枝叶繁茂，环境幽雅。

三控制　三管理　一协调

越是加快进度，越要重视安全和质量。项目部以现场管理为核心，确定了“三控制三管理一协调”的现场管理方法，即进度控制、质量控制、费用控制，目标管理、合同管理、信息管理，组织协调。在创质量优良的同时，力争提前完成施工任务。

集团公司总经理牛先进介绍，项目部制订了详细的“以周施工计划保月施工计划，以月施工计划保节点工期，以节点工期保整个竣工日期”等科学严谨的施工计划。

“要突出加强安全质量管理，确保施工人员安全，确保工程质量安全可靠，努力打造援建的精品工程。”河南省地矿局领导和公司领导在考察堤坝工程时再三叮咛。

项目部始终将工程质量放在首位，按照“高起点、高标准、高质量、高水平”的方针，建立以总工程师为首的质量监督检查组织机构。

强有力的措施，使所有职工严格做到了“三不”交接：上道工序不合格下道工序不接，上道工序施工现场不规范下道工序不接，上道工序现场不整齐下道工序不接，从而确保了业主提出的分项工程合格率90%以上。

8月22日凌晨，汶川“8 · 14”特大山洪泥石流灾害暴发以来的最大洪峰经过映秀，江水流量为每秒1450立方米，新建的防洪大堤有效防御了特大洪水。8月31日，经过各鉴定机构专家的检测鉴定，已建成的大堤经受住了特大泥石流地质灾害考验，结构完好，安全性和主要的使用功能未受影响。

河南地矿建设集团的地质工作者用信念与执著为映秀镇绘出了一幅又一幅美丽新景。

（本文获《资源导刊》2010年度“好文章”通讯类二等奖）

哑叔护地

□贾孝印

哑叔叫王富，是爷爷的外孙，比我父亲小五岁，今年四十开外。他平时穿着讲究，骑着电动车，从外表根本看不出是个聋哑人。

哑叔两岁时因发高烧没钱治，错过了最佳治疗期落下后遗症，成了聋哑人。他3岁那年父母早早离去，哑叔成了一个可怜的孤儿。爷爷奶奶对他疼爱有加，那时候虽然连肚子都填不饱，爷爷还是狠狠心，把他送到聋哑学校上了9年学。

2006年，我们县聘任土地协管员，村党支部书记给他报了名，哑叔没被聘上，不过，从那以后，他就开始关注耕地保护工作了。国土所人员每次散发保护耕地传单，他都认真阅读，仔细保管，并经常在国土资源部门设立的宣传栏前驻足观看。

“人家一个聋哑人，经常骑着自己的电动车巡查，自觉保护耕地，不计报酬，我们国土部门的工作人员更应该努力工作，尽职尽责。”这是当地国土资源所所长在所里开会时讲的话。

在哑叔眼里，不能种庄稼的地就是“死地”，他曾经用哑语告诉我：“我要让土地活着。”

2009年10月的一天，我下班路过张庄村，老远就看到一群人在吵吵闹闹。走近一看，只见哑叔对着一个中年男子比画着，原来那人垫宅基地需要用土，未经批准就擅自在自家的耕地里取土。看到我，哑叔比画得更加起劲了，意思是让他把土运回去，恢复土地原状。我在纸上写道：“这事让我来处理。”然后递给哑叔看，他不吭声了，其他人也陆续散去。我先给当事人讲解在耕地上擅自取土是违法行为，接着又与国土所人员联系。原来他们已经知道了这件事，正往这里赶，是哑叔用手机短信通知了他们。

村东头紧挨乡级公路有哑叔承包的四亩责任田，哑叔已耕种多年，这是他的希望所在。看到葱绿的禾苗和金黄的麦穗，哑叔的笑容格外灿烂。

三年前，他的堂兄看上了这块地，要拿自家的责任田和他交换，准备在那里建一个预制板厂。他跟哑叔商量说，种哪块地不是种啊，何况我的那块地比你的还要多出三分，你这块地临路，我只是为了过车方便点儿。但是，哑叔拒绝和他换地。

没过多久，一个外地人看中了这里的交通优势，想以每亩两万元的价格将哑叔的承包地买下，建一个养殖场。一亩地给他两万元，四亩地就是八万。这对哑叔来说可不是个小数，有了这笔钱，他的生活条件能改善很多，连侄子上大学的学费也不作难了，可是哑叔不肯卖地。

后来，那个外地客商多次找到哑叔，说地价还可以商量。由于不能用语言交流，他只好用笔写道："坚决不卖，地是农民的命根子！"朴素的话语不仅表明了哑叔的心迹，也使意图侵占耕地的外地客商彻底死了心。

（本文获《资源导刊》2011年度"好文章"通讯类二等奖）

他用忠诚书写人生

——记河南省国土资源厅执法监察处处长、共产党员王秋生

□于 文

在当今的一些政府机关，不少人常常是隔几年就要调换一下岗位，可是王秋生就不同了。自他于1995年从部队团级干部转业到河南国土资源系统至今，15年来，尽管单位机构几次调整变动，可他就像钉子一样，一直“钉”在那里没动。也或许就是由于这一原因，在当今的中原大地，不论你走到哪里——不管是国土资源系统，还是一些市县政府，只要你提起一个名字——王秋生，很少有人不知道他的。他那心系大局、勇于执法的一身正气，以及他那顾大家、舍小家的无私精神，在人们的心中留下了深深的印记。人们无不从心里称赞他：“王秋生，好样的！”

采访期间，每当谈起对王秋生工作情况的评价时，人们称赞他——

把保护耕地看得重于一切

作为全省国土资源系统一个执法处处长，王秋生深知自己肩上担负的重任。因此，他常常以如履薄冰的心态，认真对待每一个案件的立案及查处工作，他在处里的会上常说：“保护耕地红线，保护有限的矿产资源，从哪儿做起？说透了，就是要从办好每宗案件做起，我们决不能做对不起子孙后代的事，决不能做对不起党和人民的事。”

他是这样说的，更是这样做的。十几年来，面对一些市县政府的盲目用地冲动，他总是从国家大局出发，严格执法、敢于碰硬。

那是2004年6月，某市市政府为了发展经济，拟建十个小型炼钢厂，

正在申请办理用地手续。王秋生十分清楚地知道，小型炼钢厂属于“两高一资”的国家禁止项目。为了防止该市政府违法占地和违反国家产业政策办企业，他曾多次找到市委、市政府主要领导进行协调沟通，使他们清楚地认识到这种项目既浪费土地，又会造成严重的环境污染，最终这批项目全部被停建。2008年，一次当他见到已经是某省领导的原市委书记时，这位领导拉着他的手说：“当时多亏听了你的话，没有建炼钢厂，否则，我们真成了人民的罪人啦。”

国土资源执法难度大，常常要面对各种恐吓，这是很常见的事。“执法就要敢于碰硬，不要怕这怕那”，这是王秋生常说的一句话，也是他带领执法团队严格执法的信念支撑。2009年5月，为了坚决遏制违法采矿，避免矿山事故，全处正配合各地对全省矿山进行清查。有一天，他接到了某市一个矿老板的电话，气冲冲地指责他说：“那么多领导给你打招呼都不听，不知道你的官有多大，让纪委查你，到你家找你。”第二天又接到同样的短信。他立刻意识到这条短信是针对他正在查处的平顶山某矿。对此，他不为所动。他对这位矿主说：“你的违法行为不停止，我这执法监察处长就辞职！”让违法者气焰顿消。从事执法监察工作多年，每每面对违法者的暴力恐吓、围攻，王秋生总是冲在最前面，以不怕得罪人、敢于碰硬的工作作风，赢得了人民群众的广泛赞誉。

采访中，谈起他的为人时，人们称他——

面对“糖衣炮弹”，不为所动

王秋生深知，国土资源系统发生的案件，无论是土地非法占用，还是矿产开发，都往往牵涉着当事者的巨大利益。因此，这些违法矿主、老板在来硬的不行时，往往利用人情试图打开一条通道。但王秋生对他们说：“这一套对我不管用！”在多年的办案过程中，他始终把廉洁作为立身行事的第一准则，坚持堂堂正正做人，做到自重、自省、自警、自励。

15年来，他既感受过形形色色的当事人对公正执法的期盼，也感受过亲情、友情和金钱对一个执法监察干部的诱惑，无愧地做到公正执法、清正廉洁。有一天晚上11点多钟，他接到老家母亲的电话："我病了，你马上回家。"第二天，他第一时间赶回了老家，看到母亲安然无恙地坐在床上。母亲说："其实我没有病，就是让你回来答应我一件事。"原来，他正在承办的一起违法占地案件的房地产开发商是老家一个远亲，在他兄弟八人缺吃少穿的时候帮过他们，想让他网开一面。在亲情与人民利益之间，他还是说服了母亲，坚持按照原则办事。

2007年8月，在他家属身患癌症躺在病床时，一天中午，一名中年男子走进病房，对他家属说："我是王秋生处长的朋友，来看看你。"随手将一个信封放在了床头，便离开了，也没有留下姓名。没过几天，他在查办周口一企业违法占地案时，企业老板说前几天他去医院看嫂子了。王秋生这才明白那两万元的来历，立即把钱退了回去，并把违法建筑物依法拆除，复耕到位。

采访期间，不少人还举出不少事例，称赞他——

务实创新，干啥都能出彩

在认真执法坚决拆除一些诸如违法建筑时，一方面在享受到法律的尊严得到维护的快意时，另一方面王秋生和他的同事们也在思考这样一个问题——如何构建这样一种机制——将违法案件消灭在萌芽状态，尽可能做到既减少损失，又降低执法成本。据此，他和他的同事们形成了一个共识，那就是将执法关口前移，夯实执法前哨阵地。

为此，几年中，他和他的同事在厅党组的领导下着重抓了两件事。

一是从2006年以来，全省农村普遍按照"局聘所管"模式组织了国土资源协管员队伍。据统计，目前全省这支队伍已达4.8万人。由于这些人多数是村长和村党支部书记，身置群众之中，谁家占地盖房，哪里挖洞采矿，均一清二楚，等于为国土资源管理部门安上了"千里眼"、"顺风耳"。该省的宁陵县由于在全省市率先开展了这项工作，全县出现了土地违法案件和来信来访大幅下降的喜人局面。这一做法受到了国土资源部的高度重视，并已在全国得以大力推广。

二是在全省建起了以“早发现、早报告、早处置”为中心内容的五级动态巡查执法网络。该省的漯河市从2008年以来，坚持在“早”字上大做文章，规定了“乡镇所必须在农村违法占地出地基后1小时内发现违法苗头，县区局要在接报告后24小时内前往制止，市局要在接报告后24小时内前往处理”。从而使该市2009年的土地违法宗数、占地面积比例比2008年大幅下降了43.2%和89.6%，2010年上半年又比上年同期分别大幅下降了67%和47.5%。更为可喜的是，该市的郾城区和开发区实现了“土地违法案件零发生”这一喜人目标，创造了该省土地执法史上的奇迹。

随着全省执法关口前移，前哨阵地的加强，使该省近年的土地执法工作不断受到国土资源部门、省政府和济南土地督察局的肯定和表扬。

俗话说得好，“是金子到哪里都能闪光”。在执法监察上，他是好样的。同样，1997年在他担任平舆县某村扶贫帮困领导小组长时，工作也干得同样出色。

入村后，他和扶贫组的同志深入调研，在广泛征求群众和各方意见的基础上，确立了“修路祝福、扶智治本、科技兴农”的扶贫思路和工作计划。他们通过计算发现，要实现这些任务，没有150万元资金作保证是万万不可能的。那么，钱从何来？是一味坐等，还是自力更生，多方协调、争取？王秋生和他的同事们选择了后者。至今王秋生还清楚记得，在一个单位争取资金时，对方提出让他一次喝6碗约有1斤的酒。这使他十分为难。但当他想到村里建设急需用钱时，很少喝酒的他，竟然一口气将6碗酒喝到了肚里。功夫不负有心人。经过不懈的努力，他们终于筹备了22万元，用来修了一条3000米长的乡村柏油路；多方筹资38万元新建了一所“国土希望小学”，并配备了课桌、电脑等教学设备，大大改善了当地教学条件，解决了学生上学难的问题。此外，他们还针对当地农民种植观念陈旧、缺乏种植经济作物的意识，帮助村民们确立“调整种植结构，改善种植条件”的新思路，为该村争取扶贫贷款20万元，鼓励农民发展养殖业、种植业。随着农民们在种植、养殖观念上有了较大的突破，全村很快涌现了一大批种植蔬菜、中药材等专业户和养猪、兔、鸽等养殖专业户，改变了该村种植模式单一现象，使当地农民走上了致富路。对于王秋生和他的同事们创造性的工作，《河南日报》和当地的报刊、电台、电视台均作了充分报道，受到了社会各界的广泛赞誉。

采访中，当有人问到他是如何处理小家与大家，公与私的关系时，人们说他——

把单位当家建，把工作当事业干

俗话说，无情未必真丈夫。可是，在如何选择亲情与工作感情的问题上，他的选择却是“把单位当家建，把工作当事业干”。这就是他多年来遵循的工作准则。

2005年10月，王秋生年迈的母亲由于不小心跌倒，腿骨折了，家里多次打电话让他回去照顾。当时他正在平舆县东皇庙乡刘营村修柏油路、建“国土希望小学”，因为没接替人，一时走不开，没有顾上回家照顾母亲，直到把路修好，小学建了起来，他才急忙回家看望年迈的母亲。此时，母亲已经出院了。母亲和兄弟姐妹都很生气，当他把事情的原委说明时，母亲才转怨为喜，说：“你做得对，这才是咱王家人做事的风格。”

2007年，为了配合国土资源部和中纪委联合查处郑州“大学城”违法占地案，他一连30天坚守在工作岗位上。妻子曾多次说自己不舒服，想让他陪自己检查身体。但他都是因为工作忙推辞了，一次、两次、三次……妻子终于坚持不下去了，到医院检查后，诊断证明上清楚地写到“肺癌晚期”。这一消息就如晴天霹雳，他简直不敢相信自己的眼睛，但他清楚地认识到，他没有尽到自己的责任，他为此十分难过。可是，在他看来，单位的事再小也是大事，小家的事哪怕是再大也是小事。因此，为了不误工作，在他妻子生命的最后半年里，他几乎是白天上班，晚上照顾妻子，每天的休息时间不到3小时，可他都没有请过一天假。而这样的日子，他一直坚持了200多天。当看到丈夫一天天消瘦下去，妻子也被深深打动了，她对丈夫说：“我理解你，你也不要太累了。”然而，此时，他做什么，都无法挽回妻子那宝贵的生命，到了2007年7月27日，妻子过早地走完了人生的最后一步……为此，王秋生的思想长时期陷入极度悲愤之中。

（本文获《资源导刊》2011年度“好文章”通讯类二等奖）

一个杠杆撬出科学发展的“四重天”

□任德成　袁可林

“十一五”期间，河南把深化国土资源管理作为最有力的杠杆，以节约集约开发并重为支点，化危为机，变资源不足的瓶颈为加快经济发展方式转变、推动科学发展的强大动力，开创了以国土资源管理创新促经济发展方式转变的河南模式，撬出了粮食接连5年超千亿斤、连续3年国家耕地保护责任目标考核全国先进的佳绩，撬成了不以牺牲农业和粮食、资源与环境为代价的三化协调发展道路，撬来了中原大地科学发展的“四重天”。

思想认识成果的“秋天”

“十一五”对河南国土资源系统来说是极不平凡的5年。这5年办成了一系列大事，办好了一系列喜事，办妥了一系列难事。这5年所取得的成绩来之不易，更为难能可贵的是形成了具有河南特色的国土资源管理理论体系。

一体化规划、规划一体化。河南在新一轮土地利用总体规划修编中，创新规划理念——各类规划必须与土地规划无缝衔接。所谓无缝衔接，河南省副省长张大卫是这样解释的，就是在一张土地蓝图上，土地利用、城乡建设和产业集聚区三个规划的编制实施必须统筹协调，城乡规划和产业集聚区规划确定的建设用地不得超过土地利用总体规划确定的建设用地范围和规模，土地利用总体规划要充分体现城市产业集聚区发展要求，合理配置建设用地指标，确保三个规划在空间上实现精准重叠。

2009年，河南省土地利用总体规划大纲率先通过国务院批复。在此基础上，郑州、洛阳、南阳等市先后实施了城乡规划、新农村建设规划、产业集聚区规划与土地利用总体规划的无缝对接。今天，各类规划无缝衔接的理念正在中州大地产生着生动的催化效应。

“有限指标保重点，一般项目靠挖潜”，开辟一条不以牺牲农业和粮食为代价的三化同步发展道路。针对城镇化、工业化步伐的加快，土地资源相对不足这一河南省情的新特征和土地利用粗放这一历史性的问题，河南省省长郭庚茂对症开出良方——“有限指标保重点,一般项目靠挖潜”，使全省资源与经济社会的协调发展上了一个新台阶。在全国率先盘活存量土地的河南“三项整治”，累计整治土地159.3万亩，新增耕地83万亩；科学安排用地、加快用地报批和增加土地供应，一大批高速公路、航空、铁路、水利、能源等基础设施建设项目和教育、卫生、污水处理等民生项目，以及产业集聚区、招商引资重大项目用地得到及时有效保障。

2010年，河南省委书记卢展工立足河南的省情，围绕抓住用好战略机遇期，建设中原经济区的任务，审时度势，用全局的思维和战略的眼光，对河南省国土资源工作提出了“有效保护、有序开发”的新标准。“有效保护”就是要关紧资源调控的“闸门”，管住违法违规和闲置浪费；“有序开发”就是要打开资源利用的“富裕之门”，引领科学发展和改善民生，这一理论为河南国土资源管理工作指明了方向。

集约内涵发展的“夏天”

河南是农业大省，生产了中国1/10的粮食，不但养活了自己近亿人口，还每年向外输出150亿公斤以上粮食和粮食制成品，在保障国家粮食安全中发挥了不可替代的作用。土地是粮食之基。站在新的历史起点上，农业大省要推进工业化、城镇化，建设中原经济区，应如何解决耕地可能减少、粮食可能减产、资源环境约束加剧等突出矛盾和问题呢？

河南省国土资源厅厅长张启生说，土地问题不仅是一个民生问题，还是发展的问题，在土地供需矛盾日趋加剧的今天，集约是实现“两保”的必由之路。而在当今的河南，集约的本质要求就是更加注重人口向城镇、新农村集中，更加注重产业向园区集聚、向空中“升级”。

加快建设多层标准厂房。在河南省，凡是能够使用多层标准厂房的电子电器、生物工程、软件工程、服装加工等10类项目必须进入多层标准厂房区，不予单独供地。截至2010年底，全省已建成标准厂房2985.66万平方米，入驻企业2000余家，节约土地50%以上。

吹响集节号，打好“服务”地方发展的主动仗。河南国土资源管理以集约高效为主题，以优化国土空间布局为主线，以提速新农村、多层次的城镇体系和产业集聚区建设为抓手，实现了国土资源利用的散、小、低向集、大、高转型的巨变。加快城镇向农村延伸、农村向城镇靠近。目前，河南已经确定354个省级新农村建设示范村，仅新乡市，首批重点新社区全部建成后，就可节约土地约26万亩；积极稳妥推进城镇化，实现大中小城市和小城镇协调发展。2010年，河南城镇化率达到了39.5%，比“十五”末提高近9个百分点，年均增长近1.8个百分点；突出“企业集中布局、功能集合构建”，全省已建成175个产业集聚区，其中郑州、洛阳、安阳、南阳高新区相继晋升为国家级高新区。

“三高一低”生产的“冬天”

河南省国土资源厅厅长张启生说，加快经济发展方式转变的战略任务迫切要求加快资源利用方式转变。经济发展方式在相当程度上决定了资源利用方式，落后的发展方式往往导致资源大量消耗和粗放浪费；资源利用方式反过来也深刻影响着经济发展方式，粗放外延的资源利用方式会进一步固化和加剧落后的经济发展方式。

“十一五”期间，河南严把用地预审关、用地审批关和土地供应关，坚持执行限制和禁止供地目录。2006年以来，全省在预审中被核减的不合理用地达2万余亩，单位GDP建设用地消耗下降24%，并率先在全国打响了消灭黏土砖瓦窑厂的攻坚战。目前，河南已累计拆除黏土砖瓦窑10255座，不仅每年可以减少占用耕地5万～10万亩，同时也为新型墙体材料发展腾出了市场空间。与此同时，加快了矿产资源的战略整合力度，以“治乱、治散、治本”为重点，对全省矿产资源开发秩序进行整顿和规范。“十一五”期间，全省小煤矿、小铝土矿分别减少了67.6%和

63.9%，煤炭骨干企业、重点氧化铝企业占有及控制资源分别占到全省的70%和90%，推动煤炭企业兼并重组和升级改造，大大提高了矿产资源开发利用水平。如今，煤炭、铝土矿、黄金等重要矿产的开采回采率、选矿回收率均处于全国先进行列。

放眼河南，目前资源经济呈现出了好趋势、好态势、好气势，企业数量减少、产量增加，链条拉长，安全好转。选择了可持续，不仅选择了一种生产生活方式，追寻一种精神品质，更是确立了一条走向未来的道路，那就是科学发展。

机制体制创新的“春天”

2010年11月4日，对河南国土资源系统来说是一个不同寻常的日子。全国全面推进地质找矿新机制座谈会在郑州召开，来自全国国土资源、地勘系统的350余名代表参加了这一盛会，河南“嵩县模式”得到了部领导和全国同行的高度认同。

实现经济平稳较快发展，资源是保障。2009年7月，河南省政府与国土资源部签署了共同开展豫西地区地质找矿合作备忘录，在全国率先编制了河南省地质找矿行动计划，实施了“6139”工程，创造了闻名全国的地质找矿新机制“嵩县模式”——政府引导、市场运作，对矿业权、资本、技术、管理等地质找矿要素进行整合，整装勘查。“十一五”期间，河南累计投入勘查资金约46.24亿元，新查明大中型矿产地938处。地质找矿接连实现多项重大突破。

创新是加快经济发展方式转变的强大动力和保障。纵观“十一五”这5年，是河南国土资源系统“两保”最艰难的5年，同时也是机制体制创新源泉充分涌流的5年。河南省各级政府从2007年初开始将耕地保护纳入政府年度目标考核体系，省、市、县（区）、乡（镇）层层建立目标责任制，将耕地保护情况与各级干部升迁使用挂钩，变以往的“多家用地一家管”为“多家用地多家管”的共同负责局面。在全国率先成立了国土资源警察支队，与国土监察大队统一管理、合署办公、共同巡查、联合办案，大大提高了执法效率和质量。创建国土资源协管员制度，为每一行政村选配1～2名国土资源协管员，负责宣传土地法规政策，协助基层国土资源所做好耕地保护、土地纠纷调解工作。

面向“十二五”，河南国土资源管理工作以“三个转变”为抓手，即转变管理理念，树立新型资源观和资源管理观，从单纯的资源管理走向资源、资本、资产三位一体管理，从单纯的数量管理走向数量、质量、生态三位一体管理，从单纯满足需求走向供需双向调节；转变管理职能，开始实现从微观走向宏观，从重审批走向重监管，从项目安排走向制度设计；转变管理方式，综合运用经济、法律、行政和科技手段加强资源监管和服务，开创以国土资源管理方式的转变推动经济社会科学发展的新局面。

（本文获《资源导刊》2011年度“好文章”通讯类二等奖）

大漠里的誓言

——探访库布齐沙漠里的勘探队员

□宋仲科

库布齐沙漠位于鄂尔多斯高原脊线的北部，为中国第六大沙漠，因其自然条件极其恶劣而著称，号称“死亡之海”。然而在这个“人类的禁区”，常年战斗着一支以为国家提供资源保障为己任的河南省煤田地质局一队的勘探队员们。他们为国探宝，战沙斗寒、攻难克坚，让沙海璀璨，让大漠泛光，让我们感动……

大漠腹地我们终于找到了钻机

从小生活在平原地带，我从没有见过沙漠，这次因工作关系有幸在岁末年初之际踏上了库布齐大沙漠，真正体会到了“大漠孤烟直，长河落日圆”的意境。

我们一行5人从队部出发，驱车近1600公里后在内蒙古杭锦旗的一个小镇见到了迎接我们的项目部同志，在他们的带领下我们直奔钻机。沙漠里本来植被就少，冬天更显得空旷和苍凉，沙丘上几棵稀疏的沙棘在刺骨的寒风中“瑟瑟发抖”，偶尔见到一点儿绿影，也被风沙吹打得东倒西歪，越显得百枝凋零。突然间，前面领路的陈师傅把车子停了下来，打断了我的思绪。只见他走下车，认真辨别着周围的方向。项目部的负责同志对我们说：“这里本来就没有路，通往钻机上的路也是自己闯出来的，有时一刮风，沙丘一滚动，就把路给埋住了，沙漠一望无际，没有任何标志，最容易迷失方向，在这里行路要看‘敖包’（是用石块垒起的“坟”状石堆子）和周围的枯树，它们是沙漠里的‘指南针’。这次幸亏是白天，如果是晚上，就很麻烦了，如果不是有经验丰富的老司机和当地老乡，我们很难找到回家的路。因此，我们的施工钻机才有了严格规定，晚上不准任何人外出。”听完这话，沙漠美好的意境早已从我的脑海中消失，反而多了几分恐惧。车外，风呼呼作响，大中午车内显示的温度已是零下14度，经验丰富的陈师傅辨别好方向后，迅速地调头，我们又向另一座沙丘驶去。

翻过一道道沙梁，我们终于在下午3点钟到达了钻机。钻机上的同志们见到我们，就像见到了远方的亲人，粗糙的双手拉着我们久久不愿松开，他们冻得发紫的脸颊、干裂的嘴唇上洋溢着憨厚的欢笑……

滴水成冰的大漠生活

1201钻机安装在两座沙丘之间，钻机周围各种管材摆放有序，标示牌赫然醒目。突然，钻场里到处轰鸣，钻机都开始“起钻”了，工人们纷纷站在各自的岗位上，熟练地完成着每一个动作。此时，北风夹杂着大片雪花，狂“咬”着他们的脸颊和耳朵，寒气直往骨头缝儿里钻，可他们顾不得这些，仍在忙着自己手头的工作。

钻机的立轴打开后，泥浆泵又开始工作起来，工人们说：“这里太冷了，有时晚上零下二三十摄氏度，下钻时必须开泥浆泵，让循环槽不停地流动，不然的话，一会儿工夫就冻住了，就这还得给泥浆不停地加温。”我清楚地看到在泥浆池上面生着一个硕大的火炉，即使这样泥浆池上面还是有一半给冻住了。

钻机附近整齐的帐篷一字排开，每顶帐篷都被绳索牢牢地固定在冻土上，最显眼的是在帐篷附近有一个30多平方米，三四米深人工开挖而成的池子，里面蓄满了水，说是水，其实是冰，池塘里的冰厚已有半米之多，上面布满了大锤敲击的痕迹。据同志们讲，这是他们的生产和生活用水源地（虽然这里干旱少雨，但地下水位很浅，挖不太深就能取水）。大家每天都要破冰取水，先是用大锤和钎子凿个冰洞，然后再用泵抽或者用小桶一桶桶提。

虽然冬天的库布齐沙漠格外寒冷，但帐篷内火炉正旺，暖意融融，下班归来的工人们有的围着火炉在“谈天说地”，有的在看书，有的三人一群，两人一组，打起了扑克，摆起了象棋，其乐融融，别有一番情趣。

阳光总在风雨后

库布齐沙漠的上部属于三叠系地层，砾岩层较厚，坚硬难打，打到基岩，岩层又较松散，容易孔斜，这成为制约钻探效率的最大障碍。许多施工单位都望而却步。但是，面对国家对能源的刚性需求，善于打硬仗的河南煤田一队人勇敢地向该区发起了挑战。五部钻机，90多名河南汉子在戈壁许下诺言：哪怕再苦再累，也要尽快查清库布齐沙漠里的资源量。他们勇敢地担起了在库布齐沙漠找矿的重任。

这里的砾岩层厚达80~120米，在地勘行业砾岩层通常被称作钻探的克星，更何况又是这么厚的砾岩！为了攻克这道难关，项目部制订了详细的施工设计方案，每一步都按照方案稳扎稳打，终于顺利穿过砾岩。孔斜是该区钻进过程当中遇到的另一大技术难题，针对这一难题，项目部制订了多套解决方案，通过增加导向、定点测斜、采用合适的钻探技术参数、定向纠斜等多种方式攻克了这一难关，钻探效率大大提高。

凭着地质人坚忍不拔、吃苦奉献、敢于创新的精神，一个个钻孔顺利结束，捷报频传，孔孔见煤，仅可采煤层就达5~7层，有的煤层累计厚度有80多米。煤质属高热量、低灰分、低硫优质动力煤。河南煤田一队的勘探队员在鄂尔多斯高原赢得了一片掌声。

（本文获《资源导刊》2011年度“好文章”通讯类二等奖）

用激情点燃国土管理希望之火

——访商丘市国土资源局党组书记、局长彭显文

□袁可林　冯业茂

记者：彭局长，从省厅到商丘局工作近两年时间了，能否请您谈一谈您角色转换后的感受？

彭：好的。我是2009年9月，根据省国土资源厅党组的安排，到商丘局主持工作的，时间过得真快，不知不觉已近两个年头了。这两年，我的总体感受，是商丘局多年来在历届党组的带领下，打下了很好的基础，有一个素质较高的班子，有一支廉政勤政的干部队伍，各项工作都取得了较好的成绩，某些工作在全省国土资源系统位次比较靠前。我到商丘局工作以后，得到了班子同志们的大力支持，全系统干部职工精神状态非常高。近两年来，我们结合实际，认真调查研究，保护耕地、保障发展、卫片执法监察、国土资源文化建设等方面都取得了长足进步。但是，也存在一些问题和困惑。比如保障重点项目用地发展任务还相当艰巨，耕地占补平衡仍然是制约我们发展的一大难题；一些农村违法占地现象还较为突出。

记者：针对这些问题和困惑，商丘局主要采取了哪些措施、想了哪些办法？

彭：面对这些问题，我们局党组本着实事求是的态度，进行了认真梳理和调查研究，着重采取了以下几点措施。一是统一思想，凝聚集体智慧。二是开展批而未供、供而未用土地专项处置工作。我们本着对历史负责、对人民负责的态度，坚持“尊重历史、面对现实、解放

思想、实事求是”的原则，妥善解决了3万亩存在一定问题的土地，净化了土地市场，提升了政府垄断土地一级市场的能力，规范了土地利用程序。2010年，全市土地收益达到了50多亿元，为商丘市城市建设聚集了资金，化解了全市大量土地历史遗留问题。三是狠抓了卫片执法检查工作。第十次卫片执法检查，我市被国土资源部列为全国155个卫片执法检查例行督察城市之一，被卫片监测到的违法用地图斑达469宗，面积达8700亩，违法占用耕地比例达到46.3%。面对这个现状，我们及时召开党组会议，统一了思想，向市委、市政府建议强力推进整改工作，受到了市委、市政府领导的重视。在实施拆除中，我们通过周密组织、强制拆除，顶住来自各方面的压力，追究了4个乡镇党委书记、乡镇长；处理了我们国土系统2个主管执法监察的副局长和16个乡镇基层所长；对违法用地责任人提出党政纪处分25人，移送司法机关处理24人，使全市违法占用耕地比例由原来的46%下降到4.36%，避免了被问责的风险。四是进一步完善了国土资源体制机制建设。在新一轮政府机构改革中我们抢抓机遇，多方协调，在政府部门整体机构减少的前提下，新增设了测绘科和测绘队，增加编制35个。升格两个机构、新设一个副处级单位。同时敦促县(市、区)政府参照落实了机构升格，增加了相应机构和编制。五是加强行风建设，提升部门形象。前些年，由于多方面的原因，社会上对我局的认同度不高，尤其是2008年，商丘国土系统在全市职能部门的评议中位居倒数第三，社会影响很大。为彻底扭转这一局面，我局新一届党组狠抓行风建设，采取了制度加科技的办法，启动了OA系统，用地审批全部实行了网上办公，部门形象大幅度提升。2009年，被商丘市纪委评为“政风行风建设优秀单位”。同时，我们着力加强了国土文化建设，制定了《国土文化建设五年规划》，制作了廉政文化墙，开展了廉政文化进机关、进家庭和精神文明创建系列活动。最近，我们又组织开展了全系统第三届职工运动会开幕式暨文化建设五年规划启动仪式活动，向社会各界展示了我们这支国土资源队伍良好的形象。我们计划用3至5年时间，力争使11个县局和市局机关全部进入省级文明单位行列，努力打造成全省国土资源文明系统。

记者：2011年是“十二五”规划开局之年，是中原经济区建设起步之年，面对新的形势、新的使命，作为国土资源部门，你们准备重点抓好哪些工作？

彭：今年年初，围绕全市中心工作，我局研究确立了2011年需着力抓好的几项重点工作。一是强化粮食核心区基础地位，在耕地保护上力求新突破，继续抓好补充耕地和占补平衡工作，全年补充耕地不少于1万亩。二是促进全市土地节约集约利用，在资源利用方式转变上力求新突破，全年盘活存量建设用地不少于5000亩。三是保障经济社会发展用地需求，在用地指标运作上力求新突破，全年保障各类建设用地不少于2万亩，新增建设用地1.8万亩。四是积极拓展建设用地保障空间，在土地开发利用上力求新突破，全面推进农村土地综合整治百村工程，每个县完成3～5个试点村建设，整治规模达到5.4万亩，新增耕地0.9万亩，置换建设用地指标不少于0.9万亩，市辖区完成土地收购储备不少于2000亩，城乡建设用地新增7200亩，城镇工矿用地新增1.62万亩。五是强力推进宅基地有偿退出复耕试点工作，在统筹城乡发展和新农村建设上力求新突破，在全市范围内筛选出2个试点强力推进。六是加大土地出让力度，在聚集城市建设资金上力求新突破，全市完成土地收益80亿元。同时，为加强队伍管理，提升服务意识，目前，我们利用3个月时间，在全系统组织开展“增强服务意识、提升工作水平”主题教育活动，重在“打基础、补短板、上台阶”，狠抓国土资源思想作风建设，旨在“提效能、促发展、树形象”，确保商丘经济社会又好又快发展。我想通过这样的活动，势必会在全系统营造一个风清气正的浓厚氛围，掀起一个服务全市经济社会又好又快发展的高潮。

记者：近来，从中央到省委都提出，要通过用领导方式转变加快发展方式转变，作为商丘局主要领导，你们下一步有何打算？

彭：我们知道，用领导方式转变加快发展方式转变，是深入贯彻落实科学发展观的客观要求，是破解“保护资源、保障发展”两难局面的重要举措，是克难攻坚做好新时期国土资源工作的法宝。因此，我们打算在具体工作中要做到三个坚持，即坚持用辩证唯物主义的思想增强调查研究的自觉性，坚持用改革与创新的思想提高工作的有效性，坚持用科学发展的思想促进工作作风的转变。我认为，作为我们国土资源管理部门来讲，必须严格按照国家有关法律法规办事，但在执行时要善于从纵向横向多角度、时间空间多纬度、动态静态多形态、政治经济社会文化等多层面去判断局势，用哲学的立场、观点和方法，融会贯通地判断事物之间的关系、事物内部各因素之间的关联，真正做到“运筹帷幄之中，决胜千里之外”，既要“十个指头都动作”，又要学会“弹钢琴”，不能“眉毛胡子一把抓”。要做到“思大事不辞为小事，做小事胸中有大局”；一手拿望远镜，一手拿显微镜，坚持大处着眼，小处着手，力求在全局的驾驭上轻松自如、在细节的把握上得心应手。一句话，要通过国土资源管理方式的转变促进当地经济发展方式的转变。

（本文获《资源导刊》2011年度“好文章”通讯类二等奖）

人生有梦不觉累

——记全国国土资源管理工作先进工作者、南乐县土地整理储备中心主任郭毛选

□姜慧琴

他，远近闻名，身材偏胖，声音洪亮。

他，创造了南乐县国土资源局的多个第一：第一个土地估价师证书的持有人，第一个获得“全国国土资源管理工作先进工作者”荣誉称号……

他，就是郭毛选，南乐县国土资源局土地整理储备中心主任。用他自己的话说，他是一名党员，一名普通的国土卫士，一个因为梦想在不断学习的学生——

梦想起航，有所学：我的老家在河南河北交界处的一个小乡村，少年时代那个黄沙遍地、尘土飞扬的环境影响了我，也让我的理想从此出发。

郭毛选1989年以优异的成绩毕业于河南大学地理系。随后到成立不久的南乐县土地管理局工作。他说：“那时候，人人提起我们老家都知道有一个‘西沙窝’，顾名思义，就是黄沙成堆成窝。我印象最深的就是父辈们望着寸草不生的沙滩唉声叹气，那时的我总想，如果自己能变魔术让沙滩长出庄稼就好了！”所以从工作的第一天起，他就十分努力，用废寝忘食来形容一点儿也不为过。他从一个小小的名词解释开始学起，如有疑问的地方，就翻阅有关法律条文或请教有关专业人士，不闹明白是不罢休的。回想过去，郭毛选自嘲地笑：“现在看来，当初也许有些不是问题的问题，却让我费了很大的劲儿去研究，但我不后悔！

没有辩论就不会清楚，没有疑问就不会进步。理论掌握得不够、法律掌握得不深、业务掌握得不精，怎么能够干好工作？”

正是由于这样的较真儿和“钻牛角尖儿”，他的业务能力日益精通臻化。由他主持编写的《南乐县土地利用总体规划》曾获国家土地管理局土地利用优秀成果三等奖、河南省土地利用优秀成果二等奖。

梦想展翅，有所用：说得再好不如拿出实际行动，我工作的目的就是为了百姓为了乡亲，幸运的是，我从事了这样一项力所能及的工作，我会用心来搏。

南乐县国土资源局的土地整理工作是单位的工作亮点也是荣耀，在濮阳市也首屈一指，上级领导部门及其他兄弟单位等代表多次到南乐现场观摩交流。但是最初的探索道路却是曲折艰难的，郭毛选既是项目的管理参与者，也是南乐土地整理变迁的见证人。

南乐县黄河故道土地开发整理项目是南乐县第一个土地整理项目，也是国家投资地方承担的重点整理项目。郭毛选结合外地先进经验与本地实际不断探索，办公室、项目现场来回跑，连续不断加班，苦心钻研。根据自己掌握的情况，他提出了很多有建设性的意见，如：成立专门的土地开发整理机构、制订相应的项目实施配套措施、研究出台本县土地整理专项工作规划等，终于摸索出了适合本地的土地整理项目工作长效机制，黄河故道土地开发整理项目得以成功实施，也让此后该局实施的24个土地开发整理项目得以顺利开展。

2003年开始，南乐县国土资源局找到了依托土地整理项目平台，服务“三农”发展之路。黄河故道土地整理项目就是成功的一例，郭毛选往返在县、乡、村之间进行沟通协调，和当地政府一起组织群众代表去外地参观考察……经反复研究，他硬是带领大家在昔日的“不毛之地”种植节水莲藕，如今这里已变成“农业观光示范区”。

几年来，由于郭毛选的成绩突出，尤其是在土地整理工作方面有较大贡献，2004年他荣获“濮阳市学习李连成建设西辛庄式小康村活动优秀驻村工作队员”称号，2010年被评为“全国国土资源管理工作先进工作者”，2011年又获得“南乐县优秀共产党员”等荣誉称号。

梦想飞翔，有所思：走过风雨，走过成败，今天的我对自己有了重新定位，那就是用自己的所学服务于决策，服务于更广阔的天地。

郭毛选说过一句话：“我常常在想，一个人所学到的东西，一是服务百姓，二是对人有用。”笔者曾经领教过他的“求实为民”。一次填写测量数据时，我将3.45公顷四舍五入写成3.5公顷，我清楚地记得他看了我上报的数据后很生气：“谁允许你写成3.5公顷的？你以为这是做数学题呀？多出来的0.05公顷算谁的？我们不仅仅是为了做好自己的工作，笔下一个小数点都会给老百姓带来很大麻烦！”我当时十分生气，认为他小题大做。可是当我亲临纠纷现场，看到老百姓为了尺寸之地而闹得不可开交时，我才明白，大意不是年轻的资本，面子不是工作的前提。

因为业务精通，郭毛选多次在不同场合进行授课，把所学知识传授给大家。在工作之余，他也开始利用自己所掌握的知识亲自或参与撰写各种理论文章，写出自己的心得和经验，为别人提供服务或决策参考。

走到今天，郭毛选已在南乐县国土资源局工作二十余年，他说：“工作了那么多年，我有愧于家庭，有愧于父母、爱人和孩子，但是我无愧于社会和百姓，因为有梦一直引领我在为民服务的道路上认真前行，如履薄冰，虽苦犹乐。”

（本文获《资源导刊》2011年度“好文章”通讯类二等奖）

李所长的“新年礼物”

□姜慧琴

2011年12月24日，对南乐县西部国土资源所所长李联合来说，是个不同寻常的日子，因为在这一天，从来都是拒收群众礼物的他，第一次开心地接收了“新年礼物”！这让他想起了过去的一幕。

2011年7月份的一天，李联合在西部乡苏苑村动态巡查时，碰见了正在村口来回踱步的村委会主任苏银增。李所长正想询问最近村里的土地情况时，眼尖的老苏早已小跑过来：“哎呀，李所长啊，正有急事找您哩。”李所长下车后，拍着老苏的肩膀说：“老苏，别慌，有啥事您说。”老苏喘了口气，说起了令他烦恼的一件事。

原来，自南乐县黄河故道土地开发整理项目成功实施后，西部乡几个村庄一直致力于研究依托整理项目进行农业结构调整。2010年，苏苑村建起了400亩蔬菜大棚基地，可建起后出现了不少难题，如对外的宣传和销售、农民的投入和收益等，这让他这个带头人一筹莫展。老苏为难地说：“那可是400多亩的蔬菜啊，前期也没宣传，后期资金还十分匮乏，万一烂在手里谁不心疼啊！可我却不知该从何下手。这不，正好碰见了你这个‘大救星’。”

听老苏讲完，李联合所长立即回答：“好的，没问题，等我电话吧。”老苏显得有些吃惊：“李所长，这么快你就答应了？你说的是真的吗？”李所长握着苏银增的手，坚定地说：“是的，等我电话吧。”李所长立即掉头回到所里，把自己涉及农业、税务的朋友一一打电话咨询个遍。同事看李所长忙来忙去，不禁问道：“所长，这个难事，你咋那么爽快就答应苏主任啊？”李所长说：“我知道这事情不好办，起码需要很多部门的配合和协作。可是，我不能犹豫，如果连老百姓拜托的事都办不好，我还当什么所长。”听所长讲完，同事们打心眼里佩服他。

经过一个月的忙活后，李所长亲自把名为“南乐县莲园果蔬科技合作社”的营业执照送到了苏银增手中，并把有关技术人员的联系电话留了下来，还嘱咐道："老苏，营业执照和技术人员基本齐全，我知道你们现在缺少的是资金，等会儿你们拿着营业执照跟我到乡信用社去一趟，你们好好协商一下贷款问题吧！"此时的老苏已是老泪纵横。

2011年12月24号，正在忙着一年工作总结的李联合接到了老苏的短信："李所长，贷款200万已办好，我谨代表全村的父老乡亲向您表示最真挚的感谢！我们村的大学生村官说快到元旦了，那就提前送上我们大家最真的祝福，节日快乐，并祝好人一生平安！"看着这条带着喜悦与祝福的短信，李所长开心地笑了，他回复：这份"礼物"，是我今年收到最好、最大的礼物，我收下！

（本文获《资源导刊》2012年度"好文章"通讯类二等奖）

实现城乡统筹发展的光明之路

——且看舞钢市是如何以城乡建设用地增减挂钩为载体促进城乡统筹发展的

□袁可林　孙德峰　袁　华

积极探索不以牺牲农业和粮食、生态和环境为代价的“三化”协调发展的路子，是中原经济区建设的核心任务。

——摘自《国务院关于支持河南省加快建设中原经济区的指导意见》

阳春三月，春回大地。细心的人们惊喜发现，素有“南有苏杭、北有舞钢”之称的河南省舞钢市，随着国家加快中原经济区建设战略的实施，一个时期以来，来自全国各地的参观者竟越来越多了，即使用句“络绎不绝”来形容也毫不夸张。

了解情况的人们知道，在众多参观人流中，有一部分到此不仅仅是因为这里生态环境优美，城市建设依山傍水，山水林城融为一体，形成了城在山中、水在城中、人在村中、行在“画中”的极佳人居环境。相传《诗经》中“关关雎鸠，在河之洲，窈窕淑女，君子好逑”的“在河之洲”就位于此。更重要的是，这里的人们近年在以城乡建设用地增减挂钩为载体大力推进城乡统筹发展方面进行了卓有成效的尝试，受到了国家有关部门和河南省委、省政府的充分肯定，成了各地实施“三化”协调发展的一面旗帜。

“问渠哪得清如许”。日前，记者一行来到这里细探究竟。谈起该市以城乡建设用地增减挂钩试点促进城乡统筹发展的缘由时，舞钢市国土资源局长郑建华介绍说——

城乡统筹发展在呼唤：城乡建设用地增减挂钩政策必须迎难而上

舞钢市总面积646平方公里，总人口32万人，辖13个乡镇和街道办事处。全市产业特色鲜明，是全国著名的宽厚钢板生产和科研基地，全市年产钢量达500万吨、宽厚钢板300万吨。与此同时，该市纺织行业和旅游行业发展较快。时至2009年，全市生产总值达100亿元。快速的城镇化建设和大量招商引资项目的引入，对建设用地提出了较高要求，而国家下达的建设用地指标杯水车薪，缺口较大。尤其令市委、市政府领导一度头疼的是，作为河南省城乡一体化试点，但苦于缺少建设用地政策支持，难于实施。显然，如何解决建设用地问题成了该市社会经济发展难题中的难题。恰在这时，市国土资源局为市里提供的一份资料表明，现全市190个行政村、834个自然村、1241个村民组共占地7.11万亩，户均占地1.1亩，大大超出了国家农村人均占地100平方米的要求，如将其予以规范，起码可腾出建设用地3.58万亩，为该市今后20年提供发展用地空间，这使市领导眼前为之一亮。因此，当省市提出将该市纳入全省城乡建设用地增减挂钩试点时，市领导当即表态：这是天赐良机，是件大好事，欣然表示同意。为了切实做好这项工作，市委、市政府决定成立全市城乡建设用地增减挂钩领导小组，由市长任组长，成员由市发展改革、国土、城建、农业等部门及各乡镇负责人组成。此外，为了加强对试点工作的领导，市里还明确三个试点分别由书记、市长和副书记三人分包，从组织上予以保证。就这样，经过一番精心筹划之后，从2009年年中开始，一个影响深远的舞钢市城乡建设用地增减挂钩试点，在中原大地上率先扬帆起航了。

如今，三年过去了，记者在舞钢大地上行走，只见一处处风格各异的社区建筑与绿树红花相互映衬，分外夺目，大片招商引资而来的项目工地内吊车高悬，彩旗迎风招展。陪同采访的同志介绍说，截至目前，全市规划的17个中心区已有10个开工建设，其他7个中心社区将于6月底开工，现已完工新居3068套，大批村民正兴高采烈入住新房，全市城镇化率现已达到50.9%，比上年提高了2个百分点。随着全市近百个工业项目的落地，2011年该市国民生产总值119.6亿元，较2009年增长19.6%。尤其令人高兴的是，全市耕地连年保持在1.87万公顷，实现了占补平衡；全市粮食产量连续三年稳定在2.88亿斤，以不牺牲粮食和生态环境为前提的“三化”协调发展，向世人展示了舞钢市城乡建设用地增减挂钩的成功与喜人成绩。

在实施城乡统筹发展中，该市为了避免城乡发展中的“长官意志”及重蹈盲目建设的老路，坚持用科学发展观统筹一切，具体做法是——

统筹规划　整体推进　分步实施

科学规划也是生产力。基于这一思考，舞钢市委、市政府在实施城乡统筹发展时，坚持把科学制定好各种规划放在十分重要位置。为此，该市首先组织力量，精心完成全市《2010～2020年土地利用总体规划》修编工作。在进行修编时，有关人员多方征求意见，尽可能做到既要实事求是，又要适度超前，为未来发展留有空间。与此同时，该市还组织力量制订全市经济社会发展规划、产业集聚区规划、城乡建设规划及基础设施建设规划。为避免各个规划打架，该市政府明确要求，各种规划都必须以土地利用总体规划为基础，实现有机衔接，决不许出现自搞一套。在此基础上，市委、市政府做出了将全市一个城区、13个乡镇、190个行政村、834个自然村整合为“一城四镇十七个中心社区”的城乡发展蓝图。陪同的同志介绍说，按照整体规划、分步实施的原则，市里于2009年首先启动了3个中心社区建设试点，之后又有7个中心社区开工建设，预计2012年6月，全市17个中心社区将会全面启动。如果没有大的变化，到2015年底，全市土地规模经营面积可望达到80%、农村转移人口达到80%、城镇化率达到80%，届时该市将会在全省率先实现城乡一体化目标。

在新型中心社区建设上，是随心所欲、放任自流，还是高起点设计、高标准建设，对此，该市响亮提出——

不在没有规划的地方建房子　不建没有设计的房子

坚持高起点设计、高标准建设，这是舞钢市各中心社区建设的突出特点。陪同的范运朝副局长告诉记者，新中国成立以来，当地农民在建房方面曾经历过50年代建土坯房、70年代建砖瓦房、90年代时兴建楼房，不少地方出现老子前头建房、儿子后头扒房的现象，给本不富裕的农民造成相当大的财产损失。为了改变这种情况，避免造成经济损失，该市一开始就明确提出，要树立适度超前意识，瞻前顾后，力争做到新建房子50年不落后，100年不后悔。为此，该市各试点中心社区分别请来清华大学、同济大学、重庆大学、天津大学等国内著名的一流建筑设计单位进行项目设计。尹集镇张庄社区聘请清华大学设计院按照“以人为本、生态文明、适度超前、把社区建成景区”的理念，着力把社区打造成一个集“生活居住、休闲娱乐、观光度假”为一体的旅游服务型社区。目前，大片大片的建筑群已经完工，不少村民已经入住。日前，记者一行置身其中，仿佛有人在村中、行在“画中”之感，不禁为当地村民的优越居住条件连声赞叹。当地一户姓李的村民掩饰不住内心喜悦说：“能住在这样环境的村里，过去祖上八辈子也想不到啊！”张庄社区的建筑设计突出了旅游观光，八台中心镇丰台社区的建筑风格则突出了文化、景观特色。区内不仅文化广场、幼儿园、卫生所、污水处理厂等应有尽有，而且社区大门、景观大门、假山、健身游园等设计风格新颖别致、极具特色，为提升社区品位增添了不少色彩。

建房兴业需要大量资金，然而“天上不会掉馅饼”。对此，该市的措施是——

多方融资　为城乡统筹发展鼓风扬帆

建设用地及建设标准解决了，仍需解决建设资金从何而来的问题。在这方面，仅靠当地农户的自身力量，或者市乡财政投入，都是很不够的，必须开拓思路，广开财源，动员各方面力量，为城乡统筹发展提供足够的资金支持。为此，该市审时度势，确立了“政府引导、财政奖补、群众自愿、多元投入”的方针，使这一难题逐步得到破解。

其一，坚决整合全市各种涉农惠农资金，实行“各炒一盘菜，共办一桌席”。近年来，随着国家对三农工作的日益重视，全市国土、水利、交通、农业、文化、教育、科技、扶贫、金融、供电、林业等部门，每年涉农资金不断增多。为了使这些资金发挥较大作用，该市按照“渠道不乱、用途不变、各记其功、统筹安排”的原则，将各种惠农资金精心整合，打捆使用，有效提高了资金的聚合效应和使用效益。截至目前，该市已先后整合各种涉农惠农资金1.3亿元，从而有力促进全市新型城镇化建设步伐。在张庄中心社区，镇政府一位同志介绍说，截至目前，这里已使用交通、国土、环保等方面的涉农资金800多万元，用途主要是基础设施等方面，下一步可能还有一笔水利资金要到。

其二，实行土地收益反哺政策。为了给城镇化提供资金、该市政府明确将通过城乡建设用地增减挂钩政策节余指标产生的土地收益反哺农村。其中，中心镇中心社区建设用地增减挂钩指标节余部分的50%由乡镇自主运作，其收益由乡镇投入到社区建设；中心城区集中使用的指标，按一定的收益比例补给乡镇，从土地出让金中列支。例如，舞钢公司配套项目，利用城乡增减挂钩指标588亩，实现净收益5000万元，这是该市近年来较大的一笔土地收益，全部用在了新农村社区建设上。

其三，加大各级财政投入。一是由市财政出资实行建房购房补贴。该市规定，各农户凡在中心镇中心社区内建设购房给予每户5000～15000元资金奖补，并对困难农户购房实行3万元3年期政府贴息贷款。二是匹配建设资金。市财政对中心镇中心社区基础设施和公共服务设施建设资金按照1：1进行奖补。2009年以来，市、乡两级财政已在这方面投入1.8亿元。三是加大财政投入。市政府决定，市财政每年投入到新型城镇化建设资金不低于5000万元，“十二五”期间，对新型城镇化建设平均投资增长幅度不低于10%；对在2012年年底前完成整村搬迁，复耕完成土地挂钩指标及年度目标任务的乡镇，市财政给予每个项目10万元奖励；对土地规模经营大户以每亩200元的标准进行实物奖补，连续5年。

其四，广泛吸收社会资金。为此，该市建立“政府主导、农民主体、金融支持、社会参与”的多元化长效投入机制。一方面采取单位帮扶、企业援建政策，引导社会力量参与中心镇中心社区建设，据统计，2009年以来该市已吸收4.8亿元支持新型城镇化建设。另一方面，该市充分利用城乡建设投资公司等融资平台，以乡镇为主广泛进行社会融资，目前已融资1.5亿元。来自社会多方面的资金投入，加之广大农民的自觉投入，使该市的城镇化、工业化和农业现代化步伐不断加快。

城镇新区建成只是万里长征走完了第一步，只有真正实现村民们

“搬得进、留得住、就得业、能致富”，才能做到安居乐业，不断提升居民生活水平。为此，该市在建设新型社区中着力做好——

坚持产业为基 就业为本

这个市的领导从实践中体会到，通过推进土地向规模经营集中，村民向中心城镇集中，改进农民的生活居住条件是重要的，但更重要的是要解决好农民们的就业致富问题，确保农民生活水平不降低，经济收入有上升。因此，该市在推进城乡统筹发展中，十分注意把经济发展规划与城镇建设规划同步推进，要求各中心镇社区依托自身优势和传统，至少培育1～2个优势产业，靠支柱产业实现农民充分就业。尹集镇中心社区依托当地山水林自然条件优势，大力发展特色旅游服务业，帮助各家各户创办农家乐项目，现户均年收入10万元以上。尹集镇柏都社区依托当地中药材加工种植成了气候这一特点，大力发展中药材种植，目前种植面积5000余亩。另外，该中心社区还结合当地旅游资源丰富的实际，积极发展农家宾馆、饭店、特色产品经销店，使入住村民做到了家家有产业，户户有收入，生活水平得到明显提高。尚店镇产业集聚区根据本地实际，大搞招商引资培育现代非农产业，现已有三家企业入驻，其中有两家企业投资额达到1亿元以上，已吸纳当地300多名社区居民就地转岗就业成为产业工人。从而，大大增强了中心新型社区的吸引力、辐射力、感召力，推动了该市城镇化的进程。

在实施城乡统筹发展时，确保建新拆旧得以落实，事关城乡建设用地增减挂钩试点的成败。为此，该市采取的措施是——

四措并举 确保建新拆旧得以兑现

真抓实干，多措并举，使舞钢市建新拆旧工作得以顺利进行。在这方面，该市先后采取了四项措施。一是充分尊重民意，在每个项目实施前市里都要召开包括听证会在内的各种会议，充分尊重群众意见，同时大力宣传国家有关土地增减挂钩政策，争取广大群众支持。二是在制度层面上，市里将建新拆旧工作列入各乡镇目标责任制，把建新拆旧完成情况与各级党政干部政绩及升迁挂钩，增强各级领导干部的责任心与担当意识，促使他们过细地做好工作。三是将建新拆旧同财政奖补资金挂钩。该市规定，凡是搬新后主动将旧房拆除复耕，可得到市里5000元到1.5万元不等的资金补贴。此外，仍与享受医疗保险、参加养老等社保政策挂钩，不搬新拆旧的不予办理。四是坚持实行一户一宅政策。对于因孩子长大需要另立门户的家庭，这个市明确规定，可采取住进楼房的单元房解决，绝不允许出现一户多宅。采访中得知，通过以上四措并举，加之广大党员干部带头示范，目前各中心社区建新拆旧工作总体进展良好。在该市采访，一位中心社区副书记介绍说，我们有个自然村共36户，现已搬进新居34户，剩下的两户原来有点想不通，现在态度开始转变了。为啥？建新拆旧不仅可以使家里居住条件得以改善，有利于子女们成家立业，何况仍有那么多的经济利益，不拆旧才是傻呢。

几天的采访中，记者一行从城区到农村，又从中心社区到乡镇所在地，所见所闻，令人振奋。记者深感，舞钢市三年来在城乡统筹方面所以能取得如此喜人成绩，还有一个重要原因：他们在实际工作中坚持了——

创新行政社会管理　为城乡统筹发展提供强力保障

在一个646平方公里的偌大范围内，统筹城乡协调发展，其工作量之大、任务之艰巨、难度之复杂，不难想象。面对诸多难题，舞钢市委、市政府领导“明知山有虎，偏向虎山行”，不断开拓创新，众志成城，破解了一个又一个难题，夺取了一个又一个胜利。为了夺取以城乡建设用地增减挂钩为载体促进城乡统筹发展的胜利，他们还在行政社会管理方面做了诸多创新实践，令人刮目相看。请看：在管理体制上，他们率先在全省建立了“党委领导、政府负责、部门联动、依法行政”的工作格局；在中心社区管理上，他们打破了传统的乡、村、组三级体制，创新建立了社区管理机构，完善了社区自治章程，制定了社区居民公约等规章制度，逐步使管理走上制度化、规范化、正常化轨道；在土地管理上，他们坚持大局着眼，将该市2400多亩城乡建设用地增减挂钩指标与4424亩农转非建设用地指标，以及城区存量土地的3980亩指标融为一体，统筹协调使用，有力保障了城乡统筹发展需要；在国土资源队伍管理上，他们充分发挥党组织的战斗堡垒作用和党员的先锋模范作用，坚持围绕城乡统筹发展开展创先争优活动，在短短三年时间里，该市国土资源部门先后获得.省市授予的各种荣誉称号27项，以自己优异的成绩和辛勤的汗水向党和人民交出了一份满意答卷。

（本文获《资源导刊》2012年度“好文章”通讯类二等奖）

追思“活龙王”

——记河南省有色金属地质矿产局第一地质大队原高级工程师刘振江

□叶　晨

河南省有色金属地质矿产局第一地质大队退休干部、高级工程师，我省著名水文地质专家、劳动模范刘振江同志，2011年7月27日在参加河南省有色金属地质矿产局组织的抗旱打井工作途中遭遇交通事故，经抢救无效，不幸于当天13时15分因公殉职，享年70岁。

噩耗传来，河南省有色金属地矿局局长朱东晖第一时间召集会议作出指示，一是迅速成立善后工作小组，妥善安排专家后事；二是对专家因公不幸逝世表示沉痛哀悼，局党组追认刘振江同志“优秀共产党员”称号；三是在全局开展“关于向刘振江同志学习的决定”，号召全局广大干部职工要以刘振江同志为榜样，爱岗敬业，无私奉献，学习他一心为公，永远忠诚党的事业。

2011年早春时节，河南省遭遇了60年未遇的干旱灾害天气，中原大地到处良田龟裂，麦苗枯黄。河南是农业大省，河南的旱情牵动着党中央、国务院领导的心，有关部门相继出台政策支持河南抗旱，国土资源部也在第一时间号召全国地勘单位加入抗旱突击队，作为长期和土地打交道的地质队员，他们拥有专业知识和专业找水设备，理应成为抗旱打井找水的生力军。

刘振江就是在这个时候主动请缨重返这个队伍中的。刘振江，男，1942年2月出生，共产党员，1961年7月毕业于郑州煤田地质学校水文工程地质专业，高级工程师，河南南召人，参加工作后一直战斗在地质找矿最前线，因当年在豫北林州找水工作成绩突出被当地老百姓尊称“活龙王”。他的先进事迹曾以“找水的活龙王——记省冶金第一地质大队水文地质工程师刘振江”为题，于1982年7月27日在《河南日报》头版头条大篇幅进行报道。刘振江，这样一位享誉全省的水文专家，这样一位已退休多年的老同志，这样一位70岁高龄的老人，这样一位儿孙满堂、本该安享晚年的老人。当得知要在豫北找水，主动找到设在安阳市郊的“河南省有色地矿局抗旱打井指挥部”，主动请缨参加抗旱，考虑到他年事已高，工作人员劝他别参加了，他卷起衣袖，摆摆手，连声说：“你说说看，在豫北这个地方，还有谁比我更了解这里的地质构造情况，我在豫北工作40多年，这里每寸土地都留有我的足迹，再说，我是党员，关键时刻我能视而不见？”就这样，刘振江以一个老地质专家的身份冲上了抗旱打井找水第一线。

抗旱打井找水是个苦差事，跋山涉水、实地查看地形地貌、丈量、勘测、采样……有些活原本年轻的地质队员可以去做，但刘振江总是亲自带着年轻的队员做，大家心里都清楚，他是想用他的经验来搞好“传、帮、带”。“地质工作，实践非常重要，来不得半点马虎。”他经常这样对年轻地质队员说。3个月的日日夜夜，他同指挥部地质队员同吃同住同劳动，其实老人的家离指挥部不到1000米的距离，但他很少回家，老伴曾开玩笑说：“我家老刘又回到刚结婚那阵儿了，忙工作，家都不要了。”是的，他的工作大家有目共睹，白天穿梭于安阳县和林州的村村寨寨。个子不高，体态偏瘦，走路奇快，快人快语是他给人的印象。对于安阳的地形地貌，地质构造，哪个地方有水，哪个地方没水，哪个地方能找到水，哪个地方找不到水，他心里有张清晰的地图。打井定点工作被安阳老百姓俗称为定井。经“活龙王”定井的地方肯定能找到水，对于这点大家深信不疑。

林州市河顺镇井上村祖祖辈辈靠天吃水，据说这个村有600多年没有吃地下水的记录，这里没水可吃已经根植于人心，上到80多岁的老人，下到几岁的娃娃，只要见下雨都会以最快的速度拿出家里能存水的容器来接水。村民为了节省用水，通常洗脸的水都不舍得倒掉，经沉淀后再用来吃，反复循环使用，洗澡对于他们来说简直是奢侈，就是这样一个地方，在这次抗旱打井找水中，经老专家刘振江的“定井”，攻坚打井不分昼夜进行了整整一个月，别的地方通常100多米就能见水，而井上村的井打到270米时，仍旧没出水，有人质疑，有人退缩，但刘振江坚持要往深处打！难忘2011年4月19日的又一个不眠之夜，当得知打井陷入困境时，井上村的父老乡亲们闻讯赶来，老老少少不约而同齐聚打井处，让地质队员刻骨铭心的一幕永远定格在大家的脑海深处。没人组织，没人招呼，村里百十号人齐刷刷地跪倒在地，双手合一，叩首，叩首，再叩首，他们用最原始的虔诚来默默祈祷能打出水。看到这一情景，大家的眼睛都湿润了，刘振江扶起身边一位80多岁的老大娘，坚定地对她说："老大姐，你放心，根据我们的勘查和数据，这个地方一定能打出水，打不出水，我们就不走！""又一根钻杆打断了。"年轻的地质队员报告。"换新的，继续打！"老专家果断地说。一点点地掘进，钻杆换了一根又一根，已经记不清换了多少次，人员换了一拨又一拨……"下面地层太坚硬，根本打不动。"又一个地质队员报告。此时，时针已指向凌晨1时许，井上村的乡亲们依旧迟迟不愿散去，和地质队员一道坚守在井口周围。看着乡亲们渴望的眼神，再次查看一下数据，老专家刘振江坚定地说："灌水冲洗，继续打。"皇天不负有心人，当该钻机打到415米时，冲天的水柱奔涌而出，全村沸腾了，老大娘"扑通"一声跪倒在刘振江面前，井上村男女老少又一次跪倒在地质队员面前，此情此景，任何语言也表达不了乡亲们的心声，老大娘热泪盈眶，用颤抖的手捧着水，激动得合不拢嘴，喃喃自语："真是'活龙王'啊，我们有水啦!有水啦！"

在这次抗旱打井找水战斗中，河南省有色地矿局共在安阳地区完成水井70眼，累计出水量约1300立方米每小时，解决了6万多人的吃水和1万多亩土地的灌溉问题。当地群众自发赠送锦旗18面，该局下属岩土公司获得国土资源部"北方四省抗旱找水打井先进集体"称号；突击队员王庆阁等11人获得国土资源部"北方四省抗旱找水打井先进个人"称号。

在送别刘振江老专家的出殡现场，原本干燥无雨数月的安阳大地竟然阴雨蒙蒙，或许是巧合，或许是上苍的恩赐，大家都说是"活龙王"显灵了。安阳旱区的老百姓们来了，河顺镇井上村的乡亲们来了，英雄故里占元村的群众代表来了，当地各级政府的领导们来了，慕名而来的人群中，有老人孩子，认识的，不认识的都来了，他们眼含热泪，都要来送老专家一程……

（本文获《资源导刊》2012年度“好文章”通讯类二等奖）

编者按 这是国土资源管理历史上极为重要的一页。2011年8月23日，在中央政治局第31次集体学习会上，胡锦涛总书记代表党中央，在总结国土资源管理经验的基础上，明确提出了要在全国建立“党委领导、政府负责、部门协同、公众参与、上下联动”的工作格局。讲话传达之后，全国各地积极响应，认真贯彻落实。在全国较早试行这一工作新格局的南阳市，更是欣喜若狂，他们紧密结合本地实际，认真学习落实、总结提高，使南阳市的国土资源管理上升了一个新的台阶。请看——

“新格局”为南阳国土资源管理带来新变化

□袁可林

工作格局变，带来国土管理方式变。近日，当记者一行再次来到南阳，下基层、进工厂，所见所闻，令人耳目一新。当谈起工作格局变了之后，该市国土资源管理方式发生了哪些变化时，南阳市国土资源局办公室的负责同志高兴地介绍说——

保障发展——“三项制度”设计使该市由“地方上项目，国土保供地”变为“部门各司其职，党政统筹决策”，国土部门不再受“委屈”了！

曾几何时，在一些地方政府负责人脑海里，什么“依法用地、节约用地”，那只是国土部门的事。地方上项目，无论情况如何，国土部门只有保障用地的份，如稍不如意，当地领导便横加指责，更有甚者，个别地方政府甚至说什么“你不办成事，我就找个能办事的人来办事”。国土部门的同志常常在国家耕地保护红线与地方用地刚性需求之间艰难前行，“压力大、风险大、工作被动”几乎成了常态。日前，当记者一行来到南阳采访，所到之处听到最多的一句话就是：“昔日的种种艰难、忧愁，如今在我们这里再也看不到了。” 市国土资源局局长包建铎告诉记者：“根据党中央关于构建国土资源管理新格局的要求，南阳市已发文明确了各级人民政府对本行政区域内耕地保有量和基本农田保护面积、土地利用总体规划和年度计划执行、违法用地及单位GDP所消耗的新增建设用地情况负总责，并制定了40多个规范文件。”这就是说，市县党政领导成了保障用地的第一负责人，项目供不供地、供多少地，都由政府说了算。

保障发展用地，无论是以前和现在都是各地发展经济的重要课题。为了做好这项工作，该市一改以前的“地方上项目，国土保供地”的单一模式变成了“部门各司其职，党政统筹决策”的多维模式，在实际工作中采取了三项措施：一是由以前的临时盲目用地变为科学计划用地。即每年年底由县（区）政府对当地次年的项目用地做出预测统计上报市政府，由市里统筹决策。二是建立项目用地预审制度。即在各县（区）上报资料的基础上，由市政府各部门按照部门分工，对各县（区）汇总上来的项目用地是否符合产业政策、符合规划、环境保护等要求做好评估，然后由国土资源局按照“有限指标保重点，一般项目靠挖潜”的原则及当年用地指标情况将全市拟建项目排出先后顺序，提出供政府决策参考方案。三是变个人决策为集体决策。即由市政府主要领导主持召开市政府联席会议集体研究决定。如此一来，由于坚持“从群众中来，到群众中去”的路线，过程和政策透明，党政领导走上了用地保障第一线，了解到了事情的方方面面，各级领导对原来存在的诸如“保障不力”、“制约经济发展”等不应有的压力与误解得到一一化解。据统计，近年来，该市先后将各县（区）上报的1113个建设项目中的500多个项目否决。原来，人们曾担心市国土资源局的政风行风评议会受影响，谁知近年在评议时名次不但没有下降，反而逐年大幅度上升，这使广大国土资源干部备受鼓舞。党委政府主导供地保障后，使各项保障工作更为及时有力。2011年，省里原来只给该市下达用地指标6339亩，但是经过上下努力，全年土地报批量竟达到4.07万亩，名列全省第三。从而，大大促进了国家南水北调和全国农运会项目的顺利进展及全市社会经济的发展。

耕地保护——“三大变改”使该市由以前的“各吹各的号，各唱各的调”变为政府主导下的“各炒一盘菜，共办一桌席”，坚守“红线”更加扎实有力！

确保全国18亿亩耕地红线，这是党中央、国务院赋予国土资源部门的神圣职责。具体到南阳市，就是要确保耕地保有量稳定在1488.3万亩，基本农田稳定在1279.5万亩，实现耕地占补平衡，即“两个稳定、一个平衡”。这是南阳市国土资源部门必须坚守的“红线”。然而，曾经一个时期，有不少部门的人认为这些只是国土资源部门的事，因而“事不关己，高高挂起”，在行动上往往是“各吹各的号，各唱各的调”。可是，当各地党的领导走上耕地保护第一线的新的工作格局形成后，这里的耕地保护工作出现了一系列喜人变化。

变化之一，该市各级各部门严把建设用地关口的自觉性从来没有像现在这样高。据统计，由于严把建设项目用地关，该市将原来的招商引资变为招商选资，在社会各地“招商热”面前保持清醒头脑，先后砍掉各类不符合产业政策的高能耗和污染项目数百个，使上万亩耕地免遭昔日厄运。

变化之二，人们节约用地意识从来没有像现在这样强。据介绍，随着领导耕地保护意识的增强，该市政府在推行“项目上山”的同时，还大力推进“工厂上楼”，通过建设标准厂房612万平方米，为上百个电子、食品、服装企业提供了项目用地。各县（区）建设标准厂房的热情空前高涨，仅2010年，全市就兴建标准厂房265万平方米。

变化之三，全市通过土地整治“造地”的热情从来没有像现在这样迫切。市里为此成立了由一名副市长为组长的领导小组，切实加强对耕地补充工作的领导，督促各县（区）抓紧开展此项工作。几年来，该市已完成34个土地整理项目和152个占补平衡项目，全市新增耕地11.76万亩。并在试点的基础上，提出了“科学选址、全域规划、资金整合、政府群众共同参与”的土地综合整治方案。规划到2020年全市整理农田400

万亩，新增耕地40万亩，每年新增土地3万亩以上。去年以来，随着南水北调中线渠首及沿线大型土地整治项目的上马，全市土地整治无论从规模还是质量上均进入了新的阶段。市国土资源局一位科长充满信心地说："我们对今年实现耕地占补平衡充满了信心。"

行政执法——"四十二个文件，三项举措"使该市由以前的"国土部门单打独斗"变为"党委领导，政府负责，部门协同，齐抓共管"

国土资源执法难、执行难，是各地曾经普遍存在的问题，南阳市也不例外。为了保护18亿亩耕地红线，维护法律的尊严和群众的应有利益，该市一改以前的"国土资源部门单打独斗"，市委、市政府先后出台了42个规范性文件，并明确规定党政领导为辖区整治违法用地的第一责任人，对控制、查处、拆除辖区违法建设负总责。

为此，在行政执法方面，该市采取了三项措施。一是横向方面建立土地管理共同责任机制，在明确当地政府对当地行政执法负总责的同时，对国土管理所涉及的发展、规划、公、检、法等30多个部门的责任一一予以明确。二是纵向方面，从下到上层层建立违法用地月报制度。即要求乡政府一周一报，县政府一月一报，确保各级政府及时掌握各地违法动向。对超出国土部门权限的违法问题，由当地党委、政府及时组织力量予以解决。三是实施责任追究制度。市里专门下发了《南阳市违反土地管理规定行为警示约谈办法》，明确规定，年度内凡有1起违法搞建设的，对街道、乡（镇）党政主要领导和分管领导给予诫勉谈话或通报批评；发生2起的，对街道、乡（镇）党政主要领导给予停职或调离岗位，对分管领导给予诫勉谈话或通报批评；发生3起的，对街道、乡（镇）党政主要领导和分管领导给予就地免职或降职，对县（区）分管领导给予停职或调离；情节特别严重的，对县（区）分管领导给予免职直至降职，对县（区）党政主要领导给予停职或调离岗位。

随着这些措施的实施，全市出现了"四更加一降低"的良好局面，即：各级政府管理国土资源的责任主体地位更加明确了，涉土部门的土地管理责任意识更加增强了，国土资源工作更加主动了，国土部门的地位更加重要了，违法违规案件及信访量明显下降了。例如，全市发生的土地违法案件，已由2007年的731宗，下降到2010年的123宗，涉及土地面积已由2007年的5760亩，下降到2010年的420亩。进入2011年以后，情况更为乐观。无数事实说明："老大难、老大难，老大挂帅就不难。"

今年3月以来，上级决定对2006年至2010年的开发单位囤地圈地违规用地土地闲置浪费问题进行清查。由于事情涉及不少党政机关和重大项目单位，如果按照常规由国土部门唱独角戏，肯定困难重重，但这次是市纪委唱了主角戏，所以整个工作进行得非常顺利。在较短时间内，便对全市批而未征、征而未供、供而未用、违规用地情况进行了过细摸底，从而大大促进了全市节约集约、依法用地的规范进行，受到了上级有关部门的充分肯定。全市国土资源队伍建设也上了一个新台阶。在该局政风行风建设由前几年的较后排序一跃而为全省先进行列的同时，该局由于依法行政和"双保"工作成绩优异，分别荣获了全国国土资源依法行政先进单位和全国"双保行动"先进单位荣誉称号。南阳市的同志们以自己的创新实践再次告诉人们：构建国土资源工作新格局，是做好国土资源管理工作的根本途径，应进一步抓紧、抓好。

（本文获《资源导刊》2012年度"好文章"通讯类二等奖）

“我是党员，哪里需要往哪里冲”

□许丽丽

大家都十分熟悉，每年的地质灾害防治都是一项很棘手的工作，干不好还要被政府问责。可在我的印象里，我的同事——牛文革每次都是首当其冲，勇担重任。用他的话说，就是“我是党员，哪里需要往哪里冲”。

2010年10月的一天，所里接到峡窝镇沙固村打来的电话，说汛情严重，群众有生命危险。放下电话，老牛连忙召集抢险队赶赴现场，我作为后勤部的一员也跟了去。由于降雨强度大，沙固村又处于低洼地带，排水不及，多处民房受淹，群众乱作了一团。老牛作为抢险队的总指挥，拿着扩音喇叭，一边稳定群众情绪，一边指挥抢险队分组分片进入民房救人，右手又不停指挥着组织人员疏通避险通道。

半个多小时过去了，大雨丝毫没有减小的迹象。老牛神情镇定，抢险工作也在紧张有序地进行着，就在老人妇女被一个个转移到安全地带时，一个小孩儿趴在抢险队员的背上，扭着头，指着不远的一处房子，哭着喊：“奶奶！奶奶！”老牛听着哭声怔了一下。他经常下村巡查，对每家每户的情况都了如指掌，这个小孩儿平时是和奶奶一块儿生活的，怎么没见老人呢？

想到这儿，老牛扔下喇叭，便朝那处民房蹚去。老人住的房子是土坯瓦房，由于在雨水中浸泡时间过久，东山墙已经出现了明显的倒塌角度，随时都可能坍塌。大家急得大喊，劝老牛不要过去。老牛仿佛没听见一般，快步冲进去。大家这时都屏住呼吸，直勾勾地盯着那面东山墙，为老牛祈祷。大概有两三分钟的时间，老牛背着老人气喘吁吁的地奔了出来。刚跑出两步，东山墙“轰隆”一声坍塌，瓦制的屋顶也跟着倾倒下来。看着老牛背着老人愣在浑水中，我们几个冲上去，走近了才发现老牛只穿着一只鞋，另一只不知何时被水冲走了……

2010年，老牛被评为“优秀共产党员”。从此，老牛不管干什么工作，这句“我是党员，哪里需要往哪里冲”的口头禅也成了他的工作准则。

（本文获《资源导刊》2012年度“好文章”通讯类二等奖）

编者按　当一些地方常常为“经济上去了，耕地却减少了、粮食产量下降了”而苦恼时，在河南省滑县却出现了“国内生产总值和粮食产量双双大幅上升、耕地实现占补平衡”的喜人局面。为此，2011年12月，在国务院召开的粮食生产表彰大会上，温家宝总理亲自把沉甸甸的奖杯送到了滑县人的手中。欲知内情，请看——

产粮大县背后的耕保演绎

□袁可林　张自磊

组组数据产生的共鸣：这里的耕地保护可圈可点

党的十八大召开前夕，记者一行来到素有“中原第一产粮大县”之称、连续九年荣获“全国粮食生产先进县标兵”的河南滑县采访。所到之处，只见园林般的县城里，道路宽敞，布局优雅，多种风格的高楼在阳光下熠熠闪光；在广阔的田野上，纵横交错的多条高速公路上的各种车辆疾驰而过；在新型农村社区的中心广场上，三五成堆的老人或围棋而坐，或抱孙逗玩，一派其乐融融的氛围。所见所闻之后，更为滑县人勇于担当的气魄与境界，以及滑县人所创造的非凡业绩而受到震撼。

滑县人的非凡成绩，首先表现在他们近年的经济发展上。请看：2002年时，该县的国内生产总值仅仅40.9亿元，但到了2011年，该县的国内生产总值已达152.5亿元。10年间，国内生产总值翻了近两番。这是何等的发展速度，不能不令人为之惊叹！

尤其可贵的是，滑县人的非凡成绩，还表现在他们的粮食产量上。统计资料表明，2002年，该县的粮食产量只有18亿斤，而到了2011年，全县粮食产量已大幅跃升至27亿斤，其中小麦产量达到17亿斤，夺取了“中国小麦第一县”的桂冠。作为中原第一产粮大县、连续九年的“全国粮食生产先进县标兵”，滑县在全国粮食安全中的贡献和位置，受到了无数国人的敬重。

与此同时，滑县人在经济发展和粮食大县背后的国土资源管理工作同样精彩。10年间，该县严格土地管理，大搞土地整治，全县耕地保有量和基本农田保护面积连年不仅没有减少，而且做到了稳中有升。这其中人们究竟付出了多少艰辛和创新，有谁能为其说个明白！

三组数据，每一组都来之不易，每一组都令人浮想联翩，每一组都令人激动不已。它以雄辩的事实告诉人们：河南滑县的耕地保护是强而有力的，滑县的国土管理工作是可圈可点的。

采访期间，谈及该县成为粮食大县的缘由时，陪同的同志告诉记者，关键在于滑县人曾有个郑重承诺——

发展经济决不以牺牲粮食安全为代价

滑县地处豫北平原，县域面积1814平方公里，耕地195万亩，人口136万。由于地处黄河故道等原因，加上地下矿产资源不多，工业底子较薄，是个典型的农业大县。县财政收入常年只有一两亿元，是个典型的吃饭财政。到了2005年，全县城镇化率只有11.2%，比同时的全国城镇化率低了31.79%，比同时全省城镇化率低了近20%。种种因素，不仅使滑县成了河南省有名的贫困县，而且成了全国有名的国家级贫困县。沉重的贫困县帽子使当地人思变思富心切，发展经济的愿望十分强烈。

同时，滑县又是全国闻名的产粮大县。从历史上看，滑县人曾因粮而兴，那是出自于对以农为本的历史传承；滑县人更因粮而荣，那是源自于对土地和粮食的血肉情感；滑县人也因粮而勇于担当，那是来自于为国分忧的境界。这份责任来自于党中央、国务院对该县粮食生产的关心。时任党中央总书记胡锦涛在视察河南时，曾语重心长地指出：“能不能保障国家粮食安全，河南同志的肩上是有责任的。”温家宝总理曾亲自来到滑县了解粮食生产情况。钟情于奉献的滑县人深知自己肩上责任的重大与深沉。

然而，无论是上项目发展经济也好，还是生产粮食也罢，都是需要足够的土地来保障的。如何统筹处理好发展经济与保护耕地的关系，做到“三化”科学协调发展，成了滑县县委、县政府应该回答而且必须做出正确选择的问题。就在这时，国务院在关于支持河南省加快建设中原经济区的指导意见中，明确指出：要努力走出一条不以牺牲农业和粮食、生态和环境为代价的工业化、城镇化和农业现代化协调发展的新路子。这使县委、县政府一班人眼睛为之一亮。在他们看来，滑县要想走出贫穷，甩掉国家级贫困县帽子，就必须奋发努力，拿出比别人更快的速度，才能跟上全省全国的步伐。但这种发展应具有大局意识、创新意识、责任意识，坚持科学思考，统筹安排。为此，针对少数人说什么“贫困县咋着发展都有理”的想法，县委、县政府明确向全省全国郑重承诺：滑县人民在脱贫致富发展经济的伟大实践中，一定要把粮食生产和耕地保护放在首位，一定要高高举起粮食生产先进县这面令人感动的鲜艳红旗！

认识统一了，担当责任的意识确立了，国土资源管理行动路径与措施也就明确了。为此，该县县委、县政府在国土资源管理中，坚持实行——

“五招并举”创新“耕保”新路

这发展，那发展，说到底都要立足脚下这块土地来发展，离开这一条，一切均将无从谈起。为此，滑县县委、县政府及其国土资源管理部门，在国土管理和耕地保护中先后采取了五项举措。

其一，根据国家对滑县的主体功能定位，认真做好全县土地开发利用总体规划、城镇建设规划和产业集聚区规划，优化布局全县国土空间开发格局。该县在制定规划时，坚持立足当前，着眼长远，按照人口资源环境相均衡、经济社会生态效益相统一的原则，控制开发强度，调整空间结构，给经济发展留下更多充足的空间，给粮食生产留下更多良田，给子孙后代留下天蓝、地绿、水净的美好家园。同时，县委、县政府明确要求，全县各个专业规划都要以全县土地利用总体规划为依据，决不能自以为是，各吹各的号，各唱各的调，强调各个规划之间要做到无缝对接，坚持一张蓝图绘到底。一句话，坚持从宏观上为粮食生产留足空间。

其二，在工业发展上，该县一改昔日的“村村点火，乡乡冒烟”的传统做法，大胆实行产业集聚发展战略。为此，他们根据本县实际，报请省政府批准，在县城附近设立了一个产业集聚区。为了将节约集约土地落到实处，该县在产业集聚区里大力推进标准厂房建设，截至目前已投入资金1.5亿元，建成标准厂房15万平方米，为一大批电子、轻工业等产业入驻产业集聚区提供落脚之地。仅此一项，节余土地近500亩。经过几年的不懈努力，截至目前，该县产业聚集区已累计吸引各方投资216.9亿元，落地项目248个，从业人员达2.4万人，年主营收入88.5亿元，实现利税9.1亿元。2012年以来，该县又有16家企业在此落户。目前，这里正逐步成为全县工业项目的集聚区、对外开放的载体、改革创新的实践区和新农村建设的示范区。采访中，县国土资源局一位陪同的同志高兴地说：“现在全县人民对产业集聚区充满希望和期待，但愿这个全县脱贫致富的火车头能有更好的表现。”

其三，大搞土地整治，提高基本农田质量，为全县粮食稳产、高产奠定良好基础。自2001年以来，该县国土资源部门先后投入3.4亿元，启动土地整治项目26个，实施总规模34.28万亩，全县新增耕地7.54万亩。在实施的土地整治项目中，全县共新建沟渠116.7千米，新打机井3718眼，铺设地埋管线570.48千米，修筑农田道路985.86千米，建设高压线1020千米，植树146万株，达到田成方、林成行、旱能浇、涝能排，大大提高了抗旱抗灾能力，为农业生产奠定了坚实的基础。此外，该县国土资源部门还配合县农业部门在全县规划实施了44个万亩方、55个千亩方、15个百亩方高标准粮田建设。与此同时，根据县委、县政府的统一部署，全县各个部门“各炒一盘菜，共做一桌席”，在服务粮食生产上做了大量工作。比如，县水利部门通过努力，使全县上百万亩农田形成了旱涝保收田；农机部门通过健全农机推广体系，全县大中型农机保有量现已达到1854台，全县机收水平达到99.4%；种子推广部门，通过不懈努力，使全县优质品质专用率达到了90%以上。凡此种种，都为全县农业丰收奠定了良好基础。

其四，严守耕地红线。首先，层层建立严格的耕地保护责任制。该县明确各级行政首长为本地耕地保护的第一责任人，从县长到乡（镇）

长、村委会主任，层层签订责任目标，在全县形成了严密的县、乡（镇）、村三级管护网络。其次，严把用地报件关。凡不符合国家产业政策和当地规划要求以及投资强度和容积率达不到要求的，一律不予报批。再次，建立日常巡查、社会监督、遥感监测“三位一体”的执法监察体系，严肃查处违法用地。坚持发现一起、查处一起。仅2011年，全县就查处各类土地违法案件64起，涉及土地56.5亩，其中立案44起，及时制止、拆除违法建筑20起。从而，将国家耕地保护制度一一落到了实处。

其五，切实加强国土资源管理队伍建设。在构建“党委领导，政府负责，部门联动，齐抓共管”的全县国土管理格局的同时，该县有关部门还十分注意加强国土资源管理队伍建设。在组织上，他们继理顺县局和乡（镇）国土所关系之后，又在全县1019个行政村聘任了国土资源协管员，使土地管理做到纵向到底、横向到边。在硬件建设上，通过加大投入，逐步改善了全局土地执法人员的办公和生活条件。更重要的是，通过加强国土资源文化建设，广泛深入开展创先争优活动，使全局干部职工的精神面貌发生了深刻变化，全局出现了爱岗敬业、扎实肯干、新人新事大量涌现的良好氛围。近年来，滑县国土资源局有多项工作受到了县委、县政府和上级有关部门的表彰，并被河南省国土资源厅授予“创先争优先进国土资源局”称号，被河南省委、省政府授予“省级文明单位”称号。

如果说“五招并举”使滑县的耕地保护和国土管理大显风采的话，那么，谈起该县今后有何打算时，记者听到的最多一句话就是——

牢记使命，勇于担当，让耕保工作再上新台阶

采访中，滑县国土资源局局长王树盛告诉记者，虽然前些年该县的耕地保护与国土管理有些成绩，那是滑县县委、县政府正确领导和各个部门、全县上下共同努力的结果。作为国土资源管理部门只是做了一些应做之事。展望未来，耕地保护尚任重道远。这并不是一句虚应之词，而是严峻的现实。以全县城镇化水平为例，经过努力，2011年，该县的城镇化水平虽然较前有大幅度提升，但仍然只有20%多一点，远远低于全

国51.27%和河南省的40.6%，136万人的大县年财政收入仍不到3亿元。尽快发展经济任务不仅十分迫切，而且必须快马加鞭。同时，国家要求该县粮食生产任务将在27亿斤基础上有所增加。面对有限的土地，确保全县经济发展和粮食增产绝不是一件简单之事。但是，困难难不倒勤劳勇敢且富于创造的滑县人。滑县县委、县政府从建设小康社会的总体目标出发，决心进一步优化全县国土空间开发格局，拟将全县1019个行政村规划整合为209个新型社区，其中城镇社区37个，农村社区172个。这些新型社区全部建成后，不仅可以从根本上改善全县人民的生活、生产条件，大大提高全县的城镇化和小康社会水平，而且可"抠"出耕地15万~20万亩，从而为全县招商引资等社会经济发展提供充足的建设用地保障。届时，滑县的历史必将揭开新的篇章。

采访期间，恰逢该县县委书记李若鹏在《河南日报》发表文章，题目为《产粮大县的责任与担当》，文中全面概述了滑县人的今后打算，并坦言：滑县因粮而兴、因粮而荣，也因粮而困，那是来自于保障粮食安全的严峻挑战。面对新起点、新挑战，滑县人如何担当使命，既保证国家粮食安全，又实现"洼地起跳"、富民强县，做到"三化"协调发展？答案是：必须以领导方式转变促发展方式所变。"以转促转"，关键在转；"以变求变"，落脚在变。放眼未来，讲大局，种好粮，富百姓，作表率，是滑县人的甘愿担当与选择。他们决心勇挑重任，不负使命，谱写"两不牺牲"和"三化"协调科学发展的新篇章。

（本文获《资源导刊》2012年度"好文章"通讯类二等奖）

情系群众的国土所长

——记商丘市国土资源系统2011年度“十大优秀基层所长”韩守才

□段根华　何茂华

民权县西北6公里处，是该县重要的产粮区——程庄镇。该镇位于鲁豫两省的商丘、开封和菏泽三市交汇处，辖54个行政村，104个自然村，总人口10.6万人，耕地面积11万亩，版图面积120平方公里。

2009年6月，民权县国土资源局把这一片肥沃土地的管理权交给了一个看上去三十岁左右、皮肤白净、身材高挑、温文尔雅的年轻人手里。他能担当此重任吗?上任伊始，不少人都存在这样的疑问。

3年来，在这位年轻人的带领下，程庄国土资源所全体人员团结拼搏，开拓进取，勇创一流，连续3年被民权县国土资源局评为“先进国土所”、连续两年被商丘市国土资源局评为“信访工作先进单位”，2010年被河南省国土资源厅评为“全省达标基层所”，多次受到民权县国土资源局党组及程庄镇党委、政府领导的表扬与肯定。程庄国土资源所从过去综合排名处于下游的团队一跃成为全系统各项工作都名列前茅的先进单位。

这位年轻人就是民权县国土资源局程庄国土资源所所长韩守才。

把身子“沉”下去，了解群众疾苦，为群众排忧解难

“把身子‘沉’下去，了解群众疾苦，为群众排忧解难”，韩守才时刻牢记职责使命。为群众办事，他始终做到公平、公正，始终做到心系群众，把群众忧愁装心间，真心为群众办实事、排忧愁、解难题。

2011年6月，程庄国土资源所接到县局转交的辖区西胡庄村一件涉土

上访案件，作为所长的他立即与该村国土资源协管员联系，来到上访人何某家中了解情况。通过调查得知，几年前程庄镇按照县政府要求在西胡庄村挖了一条河，占用了何某9分地。按照当时规定，不给土地补偿，但可以免除该块土地的农业税等。当时，何某权衡利弊后表示同意，并与村镇签订了相关协议。但随着国家政策的改革，国家取消了农民的农业税。看到这种情况，何某不愿意了，加上何某本人又得了一场大病，花了不少钱，经济出现了困难。他也没有向镇政府反映，直接把电话打到了市长热线，并以此事为条件，要求镇政府为自己办理农村低保。韩守才了解情况后向镇领导进行了汇报，镇领导当即表态：如果何某符合办理低保条件，便优先上报、优先办理。两个月后，何某的农村低保顺利地办了下来。一件关系群众切身利益的信访案件得到了妥善解决。

3年来，经他调处的35起土地纠纷信访案件，全部做到了件件有落实，事事有回音。韩守才也被群众热情地称为自己的“贴心人”。

把责任提上来，严格执法，维护国土资源法律尊严

11年的基层国土资源管理工作，让韩守才充分认识到土地执法工作的重要性。因为他知道，只有做到执法必严、公正公平，才能维护国土资源法律法规的权威和尊严，才能保证国家利益不受损害。

2011年4月，程庄国土资源所在辖区李堂村动态巡查时，发现有人在村东头路边占用耕地建房。经过调查得知，该村村民李某准备在此建房开超市。巡查人员当即对此违法行为予以制止，并下达了《责令停止土地违法行为通知书》。当事人李某为了能够继续施工，辗转找到了韩守才一个非常要好的朋友张某，前去国土所找他说情。韩守才热情接待了李某和朋友张某，得知来意后，他没有和李某和朋友张某谈违法建房的事，而是和他们聊起了国家粮食生产面临的严峻形势，聊起了耕地保护工作的重要性。一个小时过去了，李某不好意思地低下了头，表示愿意配合国土部门做好耕地保护工作，自愿拆除自己的违法建筑并接受处罚。但他的好朋友张某却感觉面子过不去，感到韩守才没有给自己“面子”，招呼没打就气呼呼地走了。韩守才常说，“我干国土工作，可能得罪了一部

分人，但我从不后悔，只要我一心为公、一心为民，我相信他们会理解我的”。

立足本职，主动作为，积极服务乡镇经济发展

近年来，国家土地新政不断出台，建设用地指标被大幅度缩减，土地报批难度逐步增大，土地问责力度也逐步加强。但随着经济社会的快速发展，建设用地需求面临越来越大的压力。

为了解决辖区内经济发展面临的土地需求问题，有效促进辖区经济快速发展，实现“双保”目标，韩守才带领全所工作人员串乡村、走地头、访农户，搞测量、做数据、整资料，结合乡镇实际，在全镇开展了一系列土地“三项”整治、土地增减挂钩等项目。3年来，他走遍了全镇的边边角角，村村落落，带领各村累计平整土地580余亩，并全部实现了耕种。此举一方面极大地缓解了乡镇经济发展用地压力，另一方面也使群众得到了切切实实的实惠。

11年的基层国土工作，韩守才始终奉行有情服务、无情执法。他常说：“只要你心中放着国土资源法律法规的公平正义，只要你心中抱着为群众排忧解难的信念，你就会成为一名合格的国土人，因为‘国土人’这三个字本身就是一份沉甸甸的责任。”

（本文获《资源导刊》2013年度“好文章”通讯类二等奖）

梅花香自苦寒来

——记汝州市第二届青年科技专家、汝州地矿局职工孙利芳

□陈亚强 王大庆

如果把女子比作花，那么孙利芳这个普普通通的基层地矿工作者也许就是一朵不怕苦寒的“梅花”了。她，工作上无私奉献，克难攻坚；学习上自学成才，刻苦钻研；生活上乐于助人，团结友善；学风上严谨细致，不骄不躁；组织教育上，鼓励大家，共同进步……她无愧于“优秀共产党员”的称号，她是一朵科技领域的“巾帼之花”。

书山有路勤为径，掌握技能苦钻研

古人云：“非学无以广才，非志无以成学。”要适应时代的要求，跟上时代的步伐，就必须不断地学习。孙利芳把学习当做一种兴趣，多年来一直坚持边工作，边学习，边进步。每天晚上照顾完孩子，她都学习到深夜，每天早晨她都天不亮就起床……工夫不负有心人，经过坚持不懈的努力，在干好本职工作的同时，她先后取得了会计师、审计师、高级会计师、注册会计师、税务师等资格，成为基层地矿工作的佼佼者。她结合自身专业和工作实践所撰写的《浅谈行政单位的现金和银行存款核算》《如何做好固定资产管理工作》《浅谈稽查矿产资源补偿费的审计方法》《浅谈矿产资源补偿费和资源税的区别》等多篇论文都公开发表在杂志上，为解决工作中的难题提供了依据。2011年她参与的汝州市的审计课题《基层审计现状及其思考》获得“河南省审计厅科研项目二等奖”。

爱岗敬业如一日，脚踏实地比奉献

“衣带渐宽终不悔，为伊消得人憔悴”是她15年来地矿工作的真实写

照。从踏入汝州市地矿局的大门起，她就把满腔的热情和掌握的技能化作对工作的无限热爱和忠诚，工作上从不挑肥拣瘦，总是哪里需要就去哪里。她说："工作岗位转变是组织工作需要的安排，转变的只是岗位的工作内容，但永远不能改变的是爱岗敬业、无私奉献、勤学进取的心灵。"

在从事审计、财务和办公室工作期间，孙利芳利用自身的财务会计和财务管理专业优势，先后制定了切实可行的《内部财务管理制度》《固定资产管理制度》《机关后勤服务政府采购制度》等多项制度，促进收入及时足额上缴国库，支出合法、合理、节约、高效。2007年，财政部布置在全国范围进行首次行政事业资产清查工作，她组织清查了自单位成立以来的所有资产，建立健全了固定资产清查管理系统、固定资产卡片系统、一物一卡登记制度、定期盘点、定期清查、专人保管制度，保证了国有资产的保值增值。

有人认为她现在所从事的人事工作是个实权工作，但她想到的是"责"。小到每位干部职工的简历、工资晋升，大到每位干部职工的考核、职务任免，每一个环节她都认真对待，没有一丝一毫的马虎。在2006年工资制度改革中，她了解到同样是大专文凭，如果上班前是全日制统招毕业的，每月工资就比非全日制、非统招的高几十元。在查阅档案、晋升工资时，对每一个细节她都核实核实再核实，在细节中体现责任，在奉献中体会责任，做到百分之百准确，保证每一位干部职工的切身利益不因自己的工作失误而受到损害。

平时工作中，她不仅自己勤于学习，还鼓励带动身边的同事一起学习，形成良好的学习氛围，促进了"学习型"机关建设。近几年来，在她的组织带动下，该局有13名同志获得了经济、工程、档案多个专业的中级职称，10名同志获得助理工程师资格；学历教育人数也不断增多，共有20多名同志分别参加函授、自学等学历教育，现有职工中大专以上学历的占50%，为地矿队伍培养了一批政治业务素质高的专业技术人才。

清风明月淡名利，一缕书香润心田

"心无城府人如玉，腹有诗书气自华"是孙利芳的座右铭。在工作学习之余，她把读书和写作当成忙碌时的休憩。工作中平凡但感人的点点滴滴，生活中亲情友情，心中无尽的祝福和美好的愿望，都被她用妙笔化成文字，化成爱和感恩的种子，播撒在文学这片葱茏的田野里。

辛勤的耕耘换来了收获的果实，短短两年时间，她业余时间创作的《又到槐花飘香时》、《读你》、《忠诚铸就矿业路》、《地球地球我们的家》、《黄河冬韵》、《我愿如莲》》、《誓言无声》等30多篇文章分别发表在《今日汝州》、《资源导刊》、《中国国土资源报》上，《读你》还被《资源导刊》杂志评为“2011年度好文章三等奖”。

有付出就有回报。多年来，孙利芳先后获得“财政部注会考委会会计全国前十名”、“汝州市首届优秀青年科技工作者”、“汝州市第二届青年科技专家”、“优秀共产党员”、“三八红旗手”、“资源导刊优秀特约记者”、“汝州市统计工作先进个人”、“汝州市行政强制法知识竞赛最佳选手”、“汝州市审计学会常务理事”等多项殊荣。

作为国土资源战线普普通通的一员，她用自己的执著和奉献，战斗在保护矿产资源的战场上，她用自己的勤奋和敬业，书写着无怨无悔的人生！

（本文获《资源导刊》2013年度“好文章”通讯类二等奖）

旗帜下的先锋

——记巩义市竹林国土资源所所长赵智勇

□张永强 张利娜

“竹林国土资源所所长不好当，没有两把刷子真干不了。”熟悉巩义市情况的人都这么说。

竹林国土资源所，位于巩义市竹林镇，辖竹林、小关、大峪沟3个镇43个行政村，面积150平方公里，辖区有10万人口。竹林镇是国家可持续发展实验区，全国发展改革试点城镇，联合国可持续发展中国小城镇改革试点镇，是郑州市乃至河南省农村经济发展的一面旗帜；小关镇是郑州市经济社会发展“十快”镇；大峪沟镇是河南省综合实力30强乡镇、郑州市财政收入10强乡镇。所辖的3个镇均是经济发展重镇，发展要求强烈，发展态势逼人，保障发展与保护资源职责异常突出。

但就是在这“不好干”的地方，赵智勇从2006年7月开始，在竹林国土资源所一干就是7年，并且干得风生水起，国土资源管理工作受到辖区各个镇党委政府、巩义市党委政府以及各级国土资源管理部门的充分肯定。竹林国土资源所连续3年获郑州市国土系统信访工作先进集体，连续6次获巩义市国土资源局目标考核先进集体；连续6年获竹林镇、大峪沟镇和小关镇先进单位或公仆杯金、银奖杯。2009年，该所被上级命名为“郑州市规范化矿政管理国土资源所”。

走进竹林国土资源所，走近赵智勇，我们看到了一位敢想敢干、用“心”做事的基层国土资源所所长，看到了一位在竹林这面旗帜下保障经济发展用地的“先锋官”。

“轻轻松松干不好国土工作，按部就班不适应国土工作”

2012年岁末的一天，在竹林国土资源所赵智勇所长整洁的办公室里，听赵智勇讲着竹林的故事。

"轻轻松松干不好国土工作，按部就班不适应国土工作。"赵智勇说，这是他多年的工作体会。

用地矛盾日益突出，用地指标严重不足，地方经济发展又要求强烈，怎么办？在竹林这几年，赵智勇时刻想的是如何当好当地政府的参谋，如何使有限的资源发挥最大的效益，助推镇域经济发展。"当所长心里得有一本明白账。"这是他对自己的要求。的确，在他心里，辖区的土地、资源都有一本明白账。哪个镇今年有什么招商引资项目？今年总共有多少用地指标？还可以盘活多少低效用地？有哪些项目用地指标还没有着落？这些问题时时装在他的心里。

"地方经济发展要上项目，上项目就要用地，保证项目落地，咱国土部门要当好'先锋官'。"赵智勇对自己的工作有着清晰的定位。为了优先保障镇里的重点项目建设，每年年底他都会向镇政府咨询第二年镇里的用地意向，提前做好安排。2010年底，他在向小关镇领导汇报工作时，了解到2011年镇里安排了几个招商引资项目，这些项目投资均达到了2000万元以上，但是按照市里的规定达不到单独供地条件。为了解决小关镇项目用地难题，他把目光盯在了小关铝矿多年废弃的工矿用地上，带领国土所的同志查规划，跑外业，多次和中国铝业河南铝业分公司协调，最终为小关镇解决建设用地70余亩，解决了招商引资项目的用地难题。

2009年7月，投资12个亿的陶粒沙项目准备在竹林镇开工建设，该项目计划占地300亩，年创经济效益上亿元，可解决600余人的就业问题，当地镇领导非常重视。了解到这个情况后，他主动向镇领导讲明当下用地指标非常紧缺，300亩的用地指标无法保障，但是突击建设又会造成违法占地的事实，在一年一度的卫片执法检查中就通不过，对企业的长期发展不利，建议镇政府利用自身优势积极向上争取省重点项目。由于省重点项目计划单列，不受用地指标的限制，可以最快解决企业用地难题。镇领导最终采纳了他的建议，用地难题迎刃而解。

为了使有限的资源充分发挥作用，赵智勇多次深入辖区调查研究，把国有土地出让和集体土地的盘活流转作为缓解用地指标的重要举措，加快土地的盘活流转。近年来，他从内涵挖潜入手，先后整治小关尾矿

200余亩；盘活流转土地7家，节约土地120余亩，有效缓解了3个镇重点项目的用地难题，真正成为镇域经济发展的“助推器”。

“保护好国土资源就是守护住了我们的阵地”

对于保护好国土资源，当兵出身的赵智勇常说：“保护好国土资源既是领导交给我们的任务，也是我们的职责。150平方公里的土地就是我们的阵地，保护好国土资源就是守护住了我们的阵地。”

竹林国土资源所现有工作人员8人，要管好43个行政村、涉及辖区10万人的国土资源管理工作，难度可想而知。但赵智勇巧妙使用两招，利用国土资源协管员制度管住了土地矿产违法、管住了国土资源信访案件。一是让国土资源协管员在村里立威。让村里群众来办理涉及国土资源管理类事项时，一律通过协管员来办理，不单独接受群众个人的申报，一下子提高了协管员在群众中的威信，协管员说话的分量自然而然就重，这样就为国土资源协管员管理国土资源工作铺平了道路；二是利用奖惩制度，提升了协管员的荣誉感和责任心，使协管员自觉地制止违法违规事项，主动调处国土资源类纠纷案件。他对国土资源协管员实行月考评制度。每月按照国土资源协管员的表现，给予奖惩。在每月考评中，凡发现国土资源协管员管辖的村里有违法占地或违法采矿现象，而协管员未发现、未及时报告、出现越级上访的，给予通报批评，并扣发当月的补贴。在以后的管理中如果得到改正，年底时一并退还。这样43个国土资源协管员就像43个流动哨所，能够及时发现违法苗头，及时报告，及时查处；村里的不稳定因素也能够得到及时发现，及时化解。

现任巩义市大峪沟镇大峪沟村党支部委员、村委委员的刘树阳，兼任村国土资源协管员，在村民中有很高的威信。在村民眼里，刘树阳是一个爱管闲事、热爱土地的有心人。对违法用地行为，他及时制止和举报，对本辖区的国土资源信访问题，他积极调处和化解，发现集体上访苗头，他及时报告，做到小事不出村、大事不出镇，矛盾不激化。有一次，刘树阳外出办事，恰巧村里两户人家闹土地纠纷，就等着他回去解决。有人说，他不在不是还有村委主任和村支书吗？村里人说，找他们不管用，找土地协管员刘树阳管用。2011年，河南省国土资源厅对全省优秀国土资源协管员进行表彰，刘树阳是巩义市唯一一个受到表彰的“河南省百佳国土资源协管员”。

由于充分发挥了协管员的作用，近年来，该所辖区违法占地、违法采矿等行为得到了及时有效查处，16起信访纠纷案件得到了及时化解，未出现过一起集体上访、越级上访案件，真正做到了小事不出村，大事不出镇。

“打非扫恶，必须彻底”

竹林国土资源所小关镇辖区有一个中铝公司小关国营矿区，曾一度在国营矿区范围内存在乱采滥挖现象。在小关国营矿山规模开采之后留下的残矿矿体区域内，有十几家规模采矿点和二十余户手工采矿的零星矿点，这些采矿当事人多数没有采矿证，有的还与恶势力勾结，霸占资源，打架斗殴，引发了系列上访案件，严重影响了社会稳定。

2007年，赵智勇借着全市非煤矿山大规模整顿之际，开始着手治理这个顽症。当时，正值三九寒天。他将全所人员分成三组，冒着严寒深入矿点进行清理整顿，依靠当地政府，会同公安、电业、工商、安检等部门采取联合行动，对“钉子户”现场断电，充填矿硐，掩埋矿坑，实行彻底取缔。在长达一个多月的整顿行动中，赵智勇几乎没有回过家，有时在山上一呆就是十几个小时，甚至到深夜。他感冒了，嗓子哑了，同志们多次劝他下山休息，都被婉言谢绝。他说，“打非扫恶，必须彻底”。

在他的带领下，国营小关矿区乱采滥挖的违法活动得到了有效遏制，并两次顺利通过市检查验收组的检查验收。为了巩固整顿成果，防止“死灰复燃”，他积极与相关领导沟通，制定出了群众监督、村级负责、加强巡查、部门联动的长效防治机制，从根本上遏制了无证采矿的发生。

“保护人民群众的生命财产不受损失是我们义不容辞的责任”

由于竹林国土资源所管理的3个镇大部分都是山区，地质条件复杂，极易发生地质灾害。每年汛期都是赵智勇最忙的时候。汛期到来之前，赵智勇就要带领所里的工作人员，深入地质灾害隐患区实地踏勘，全面掌握第一手资料，积极向各隐患点发放宣传资料，帮助制订防灾预案。若遇到强降雨、连阴雨天气，他就24小时吃住在所里，加强对隐患区的监控。

2010年7月中旬，因遭遇持续强降雨，巩义市大峪沟镇岳寨村多处出现地裂缝和局部滑坡现象，16户群众生命财产受到威胁。发现险情后，赵智勇在向当地政府和市局汇报的同时，立即赶赴地灾现场，摆放警示标志，组织受灾群众按防灾预案设定的路线撤离。当时，虽然已经出现了险情，但还是有部分群众存在侥幸心理，不愿撤离。赵智勇就和他的团队不厌其烦地向群众讲解地质灾害可能造成的危害以及地灾的突发性，并向群众承诺一定会帮助他们重建家园。由于处理及时措施到位，16户群众全部安全转移。事后，赵智勇又积极协调，按政策给受灾群众落实宅基地新址。如今，这16户群众都已搬进了新居。当群众向他表示感谢时，他说："保护人民群众的生命财产不受损失是我们义不容辞的责任。"

天道酬勤。任竹林国土资源所所长7年来，赵智勇带领全所干部职工取得了骄人的成绩，他本人也先后被评为河南省政府基本农田保护先进个人、郑州市国土系统执法监察先进个人及郑州市国土系统信访先进个人，连续5年被评为巩义市优秀共产党员和先进工作者。这是党和人民对竹林国土资源管理工作的肯定，也是对赵智勇辛勤工作的褒扬和鼓励。

（本文获《资源导刊》2013年度"好文章"通讯类二等奖）

目前，全国有不少地方都在认真探索如何加强绿色矿山建设，并积累了不少经验。焦作市在这方面，醒得早，动作快，且富有成效。请看——

矿山复绿在焦作

□袁可林　张　涛　袁　华

510余处废弃矿山引出的话题

焦作，是一座因煤而兴、因煤而荣，也是因煤而产生诸多烦恼的城市。

焦作市的煤炭开采历史悠久，最早可以追溯到明朝时期，19世纪末英国商人在此开始大规模开采。新中国成立初期，国家将此列为全国156个重点项目之一。1995年，焦作市的煤矿企业达865家，目前有证煤矿达137家，年产量1000余万吨。在煤炭企业快速发展的同时，该市黏土矿、水泥灰岩等矿产也有了较大发展。由于煤质较为优良，深受周边市区、周边省份及南方各省用户的欢迎，并出口到日本、德国、韩国、美国及东南亚各地。据不完全统计，从1949年到2012年，该市共产煤7.9亿吨，有力地支持了地区经济和国家建设的发展。毫不夸张地说，焦作市作为矿业城市的丰功伟绩与无私奉献，在共和国的发展史上是金光闪闪、可圈可点的，是值得人们为此尽情放歌的。

但是，采矿也使这个城市付出了沉重代价，留下了510余处规模不一的废弃矿山。坑坑洼洼的地面上，四处蚊蝇肆虐，野草丛生。与一座又一座煤矸石山相伴的是一处又一处地面塌陷，其中较大面积的塌陷深坑达18处，破坏严重的耕地有60万亩，全市生态环境破坏面积达120平方公里。从而，不仅严重影响了城市的形象，而且制约着全市经济社会的发展。

面对510余处荒凉的废弃矿山，焦作市委、市政府迎难而上，按照国家有关部门要求，组建领导小组，明确各部门的具体责任，并抽调人员进行调查摸底，制订方案。2010年以来，一场规模空前的“矿山复绿”

攻坚战在焦作打响了。

统筹规划，突出重点，让废弃的矿山披上新绿

矿山复绿任务十分繁重，不可能一蹴而就，必须坚持统筹规划，明确重点，分步实施，方能取得成效。基于这一思考，按照国家有关部门要求，该市决定，把矿山复绿的重点确定为“三区两线”，即云台山世界地质公园、太行山自然猕猴保护区、焦作市区北部居民集中生活区的周边以及焦枝铁路、太洛公路、焦晋高速、旅游道路等交通干线，河流湖泊直观可视范围内的废弃矿山旧址，并根据资金投放情况，确定了各个年度的复绿工程项目。

中站区武钢黏土矿废弃矿山治理是个鲜明的例子。这个废弃矿山是20世纪50年代末至90年代中期国家开采黏土矿造成的，矿区占地面积1.58平方公里，区内留下大面积采坑11处，采坑最大深度30米，崩塌点13处，不稳定边坡25条，废弃矿渣总量24万立方米，危岩体1.2万立方米，并留下了大量崩塌、泥石流等地质灾害隐患，对下游工业集聚区和当地居民的生命财产构成了严重威胁。为了变患为利，焦作市在该项目治理中，将项目设计与建设生态焦作、城市规划园林相结合，一部分设计为衡苑矿山公园，按照黏土矿的用途烧瓷，以及开采形成的一条山脊，犹如园区中的一条卧龙，设计立意为：“瓷瓶千古返古韵，伏龙再现游现世”，即矿区好比一个精美的陶瓷瓶，而龙脉犹如瓶上精美花纹。同时，融合了许衡文化的元素。该公园依托矿区浑然天成的地质风貌和延绵千年的陶瓷文化，以矿区改造为依托，开发矿区内商业服务、商务办公、休闲娱乐等现代矿山公园功能，景观结构为一脉、三区、八景、三十点，塑造了一个能体现和提升焦作市新形象的矿山公园。项目区东部设计与易生园酒庄设计相结合，按照易生园酒庄设计结合矿山地质环境整理项目的施工要求，为其建设打下基础。

日前，记者来到这里，放眼望去，昔日的荒凉景象早已被面貌一新的矿山公园所代替。前来参观游览者络绎不绝，成为该市又一处新的靓丽风景。

类似武钢黏土矿废弃矿山旧址治理的例子，如今在焦作市可谓比比

皆是。焦作市的北部地区有一处较大型的采石场，由于多年的采石，到处坑洼不平，野草丛生。2010年经国土资源部批准，在此兴建了国家矿山公园。国家与地方先后投资9000多万元，采用国内先进的厚层基材岩石边坡喷播绿化技术，按照公园分区、道路布局要求，分别对区内40万平方米的地方进行了精细治理。昔日裸露岩石坡面已变成了郁郁葱葱的草灌结合的植物群落，昔日的废弃矿坑变成了错落有致、造型讲究的园林，成为焦作市一处美丽的后花园、市民茶余饭后休闲娱乐的重要活动场所。

转变观念，源头治理，让合法矿山实现“绿色生产”

让合法矿山做到文明绿色生产，这是焦作市“矿山复绿”活动中的一项重要内容。为了打造南太行绿色屏障，该市从2011年3月起，全面开展了以打击取缔非法采矿和非法矿产品经营加工点、整顿持证矿山经营过程的环境污染、逐步恢复北部山区生态环境为主要内容的“两取缔一整顿一恢复”专项治理活动。为确保工作的顺利开展和目标任务的完成，市政府从各成员单位抽调专人组建了市矿产资源开发秩序联合执法队，建立联席会议制度及查处非法采矿奖惩、联合执法和群防群治、矿山企业准入、严格采矿权审批管理等机制，实施联合执法20余次，对全市248个非法采矿点按照“遣散人员、拆除线路、拆除设备、封堵井硐”四项标准，710家非法矿产品经营加工点按照“遣散人员、拆除线路、拆除设备”三项标准全部取缔到位，乱挖滥采得到了有效遏制，使全市矿业生产纳入了依法依规办矿的健康轨道。

与此同时，焦作市在合法矿山中广泛开展创建绿色矿山活动。该市在一些小型矿山或矿产品加工企业中，大力推进生产“四化”标准化生产，即生产工序净化、加工场所棚化、道路场区硬化、周边环境绿化。经过验收，全市已有82家小型矿山和矿产品加工点告别了以前的露天生产、粉灰飞扬的现象，做到了文明绿色生产，使北部山区的生态环境出现了显著变化。

对一些大中型矿山，在全面推进绿色矿山建设活动中，市里则引导各矿山普遍把综合利用煤矸石、尽量减少因采煤引起地面塌陷放在突出位置。河南煤化集团焦煤公司为达此目的，近年在中国矿大及省市有关部门的支持下，成功完成了膏体充填绿色采矿技术重大科研项目。所谓膏体充填项目，是指要求生产煤矿把附近的煤矸石、粉煤灰、炉渣、劣质土、城市固体垃圾等在地面加工成不需脱水的牙膏状浆体（亦即低成本的混凝土），利用充填泵或重力作用通过管道运输送到井下，适时充填采空区，达到支撑上覆岩层，防止地表沉陷的目的。

好技术带来大效益。河南煤化焦煤鑫珠春公司，就是一个典型的例子。几年前，该公司的前身朱村煤矿因资源枯竭而宣布破产，井下可采储量不足150万吨，矿井服务年限只有短短5年左右。如今，该公司因实施《村庄下与承压水上膏体充填》绿色开采技术，不仅消化了大量的煤矸石和粉煤石等物质，而且有效解放井下煤炭资源300余万吨，使矿山服务年限达到了10年以上。正所谓“风吹雨唱创业路，冬去春来扭乾坤”。焦煤鑫珠春公司通过绿色矿山创建，不仅使昔日矿山企业得到了新生，职工生活得到较大改善，而且以自己的实践表明，只要将科技创新贯穿绿色矿山创建活动始终，那么单位的创业之路就一定会一路高歌、前程似锦。

几点珍贵的启示

采访即将结束时，记者的脑海里忽然闪出了这样一个问题：焦作市政府对绿色矿山建设如此重视，如此卓有成效，实在难得。那么，人们应从中得到一些什么启示呢？

其一，困难大，并不可怕，重要的是地方政府要重视。“老大难，老大难，老大挂帅就不难”。焦作市的经验说明，只要地方政府重视，加强领导，迎难而上，勇于面对，那么，一切难题即可迎刃而解。

其二，面对大量需要治理的废弃矿山，必须统筹兼顾，突出重点，分批实施。这其中，既急躁不得，又拖延不得，须从容面对；既要全面安排，又要突出重点，坚持循序渐进。

其三，创建绿色矿山，要切忌空谈，必须真抓实干。要坚持从现在做起，从每一个矿山抓起，从每一件小事做起，以量变促质变，最终进入生态文明的理想境界。

（本文获《资源导刊》2013年度“好文章”通讯类二等奖）

绽放在服务窗口的“微笑”

——记郑州市“金水区十大杰出青年”薛军华

□申 楠 马振强

人常说，眼睛是心灵的窗户，微笑是最美的语言。来到郑州市金水区行政审批中心，给人印象最深的不是整洁清爽的办公环境、有条不紊的忙碌身影，而是区国土资源局综合服务窗口那一个个真诚服务的微笑。

其中，薛军华就是笑得最真诚的一个。2004年5月，她初次踏进金水区国土资源局的大门。2009年，被安排到区审批中心国土局服务窗口工作。短短几年时间，她先后获得了“区优质服务标兵”、“金水区首届奉献明星”、“年度优秀公务员”、“金水区十大杰出青年”诸多荣誉称号。

她有怎样的魅力，能将诸多荣誉加于一身？面对询问，她只是微微一笑说：“微笑。”十年来，她常给身边的人说，在每天的工作中，能微笑着为老百姓服务，是她最快乐的事情。

嫣然一笑除烦恼

作为郑州市最大的中心城区，金水区辖区面积最大、人口最多、经济最发达。当然，来国土局服务窗口办的事也多，办事的人也是形形色色，嘈嘈杂杂之中免不了产生一些烦恼。

刚到综合服务窗口工作，薛军华就遇到了尴尬。一天，有位大娘前来办理土地证，刚到窗口就冲着她喊：“服务员，俺办理土地证都要啥手续啊？”一声“服务员”叫得薛军华好生别扭，审批中心的其他工作人员纷纷将目光移到她身上，还有人在窃窃发笑。当时，薛军华心想：我可是国土局的工作人员啊，好歹也是个公家人，怎么就成了服务员了？正想跟大娘理论一番，可转念一想，自己本来就是人民的公仆，就是一个为群众服务的“服务员”嘛。这样一想，薛军华心里就爽朗多了，微笑着给大娘讲解了一番。

后来，每当有人称薛军华为“服务员”，她都会嫣然一笑，耐心地告诉他们如何办理手续。身边的同事会问：“军华姐，人家叫你‘服务员’，你不生气啊？”她会这样说：“没事儿，我坐在这服务窗口就是服务员，有什么不懂的都可以问，这是我的工作。”

“窗口就像一面镜子，你给别人送去微笑，回报给你的也是微笑。”薛军华就如她自己说的那样，在平凡的岗位、小小的窗口，数年如一日，微笑服务，默默奉献。

会心一笑博称赞

打开金水区国土局的网站首页，一行温馨的字会跳到你的眼前：欢迎来到郑州市金水区国土局，我们会给你家人一样的服务态度！什么是家人？什么是家人一样的服务态度？薛军华给了我们答案。

2012年2月，家住金水区的高怀英老人有处商品房，通过公证将房产赠予孙女姜浩。姜浩来到金水区国土资源局办理土地证过户手续，但因资料不全，无法给予办理。看到姜浩焦急的样子，负责办理工作的薛军华就把所缺资料列了个单子，同时告知她办理过户手续原户主高怀英必须到场。听完薛军华的解释，姜浩可犯了难。原来，高怀英老人年近九旬，长期卧病在床，无法来到现场。正当姜浩左右为难的时候，薛军华告诉她：“根据政策，办理过户手续户主必须到场，如不能到场需公证处委托。但你的情况比较特殊，这样吧，你先等几分钟，我向局领导反映一下，再给你答复。”姜浩连忙称谢。后来，经局领导同意，窗口工作人员决定上门服务，并和姜浩约定三天后的下午3点半准时办理手续。看到薛军华楼上楼下忙个不停，姜浩非常感动，握着薛军华的手说：“太谢谢你了，你们的服务太好了……”

转眼三天过去了。可那天一大早，姜浩给薛军华打来电话说，下午家里有急事，看能否提前办理。闻讯后，薛军华与工作人员小李当即商定，提前一个小时上门服务。见薛军华她们如此真诚的服务态度，躺在病床上的高怀英老人十分感动，不禁竖起了大拇指。然而，薛军华只是会心一笑，说道："老奶奶，这都是我们应该做的。"

真诚一笑赢尊重

窗口是服务的最前沿，老百姓感受最真实；窗口是国土事业的代言人，关乎国土人整体形象。薛军华经常对窗口的工作人员说，一个真诚的微笑，也许就能让前来办事的群众满意而归。

2012年8月，薛军华接待了来自深圳的李某，而他所要办理的城镇住房土地登记的契税证上的名字打错了，需要到市房管局查档案纠误后才能办理。当时已经下午4点，往返窗口、市局时间紧促。李某急得直跺脚，焦急地说："肯定来不及了，等我去改完名字回来你们就下班了，而我回去的飞机票都买好了……"考虑到李某的难处，薛军华果断地说："没事儿，你先去办理其他手续，我会在这里等你。"一直到7点，李某再次来到窗口前，薛军华果然在那里等他。等手续办理完毕后，李某显得很激动："真是没想到，你们这么晚了还在等我。一句话，十分感谢你。"这时，薛军华真诚地笑道："不必客气，你还是赶快去机场吧！"

赠人玫瑰，手留余香。在微笑服务的同时，薛军华和他的团队赢得了大家的尊重，更收获了累累硕果。在2012年全省国土资源系统行政服务窗口"联创齐争优质服务窗口"活动中，金水区国土资源局服务窗口取得了郑州市排名第一的好成绩，并多次被评为"区优质服务窗口""中心红旗窗口"、"中心党员示范岗"。

（本文获《资源导刊》2013年度"好文章"通讯类二等奖）

栉风沐雨花更艳

——记河南省煤田地质局二队地质勘察研究院院长米利华

□麻　蕊

利落的短发，亲切的笑容，一直行走在地质工作一线的她是河南省煤田地质局为数不多的女性教授级高级地质工程师。

岁月改变了她的容颜，却无法抹去她对地质事业的满腔热爱，在钻井现场、绘图台前、中层岗位上，她走过了25年的风风雨雨，用自己柔弱的肩膀担起一项又一项重任，带领她的团队创造了一个又一个骄人的业绩。

她就是洛阳市“五一劳动奖章”获得者——河南省煤田地质局二队地质勘察研究院院长米利华。

勤钻研勇挑重担

米利华1988年毕业于淮南矿院煤田地质与勘探专业，分配到河南省煤田地质局二队工作。地质行业的艰苦使得从事这一行的几乎都是男性，但是米利华从不后悔，因为从事地质是她心中的梦想，从工作的第一天起，她就暗下决心，一定要做出一番成绩。在野外，环境的艰苦和生活的不便都没有让她退缩，她工作认真负责，刻苦钻研业务，虚心求教，凭借着扎实的专业知识和勤奋好学的态度，一步一个脚印地努力着，20多年间，从一名普通的技术员成长为一名教授级高级工程师。

由于工作出色，2005年米利华被任命为二队地质勘察研究院副院长。承揽地勘基金项目是二队的一项重要工作，然而地勘基金项目要求高，竞争激烈，立项难。队领导把这个任务交给了米利华。她翻阅大量资料，反复研究立项要求，精心组织，明确分工，带领全院职工搜集资料，整理数据、报表，积极做好每一次立项的准备工作。功夫不负有心人，8年间，共有19个项目成功立项，为二队带来近2亿元的收入。

2009年，她上任地质勘察研究院院长不久，又一项重任压在了她的肩上。2010年省国土资源厅下达了河南西部煤炭资源利用现状调查项目，这个项目工作量大，费用低，但必须按时完成，否则会影响到二队两权项目的申报和全队的资质。当时，2009年的矿业权核查项目、资源潜力评价项目需要修改，3个大型煤勘普、详查项目的地质技术工作正在进行，宜洛等9个区立项和设计刚刚开始……每一样工作都必须抓紧。米利华牺牲了休息时间，把女儿安排在学校寄宿，全身心投入工作，带领职工深入每一个项目工地，白天调查研究，晚上加班分析数据。正在忙得不可开交时，她的丈夫遇车祸去世。为了不耽误工作，她强忍悲痛，处理完丈夫的后事，又重返工作岗位……

抓技术质量为本

为了提交高质量的地质报告，米利华返聘经验丰富的老专家对报告的编制给予指导，组织经验丰富、技术水平高的人员作为报告编制的主力，对报告的每一个数据、每一张图表、每一个句子都仔细斟酌，认真核对。她制定了一套报告编制的制度和措施，组织报告编制研讨会，建立总工程师、项目负责人、主编三级质量管理体系，设置安全监察员，层层落实安全责任。建立项目内审制度，确保报告质量。由于层层严格把关，他们提交的报告以内容规范、数据精准、细致严谨屡受好评，多次被河南省国土资源厅评为优质报告。

有的项目时间紧、任务重，为了按时提交报告，她经常熬夜加班。2009年，为了按时完成平顶山李村、郏县安良镇勘探项目地质报告，一盏灯、一摞厚厚的资料、一台电脑，不知伴着她度过了多少个不眠之夜。在她的努力下，该项目获得储量3亿多吨，并一举夺得了河南省国土资源厅科技成果二等奖。《偃师市矿产资源规划》2011年获国土资源部科技成果二等奖。因专业技术水平突出，她多次被评为河南省煤田地质局技术骨干，2012年、2013年连续两届被评为河南省煤田地质局地质专业学术技术带头人。

严管理培养人才

米利华深知，人才是发展的根本，提高全院职工的业务水平和整体素质是她不变的追求。她在抓好全院职工学习培训的同时，鼓励职工进修、学习。她精心组织，合理调配技术人员，组建了以主编为首、老专家为技术指导的项目部，建立健全了严格的技术工作制度，确保项目高质量、高效率完成，也带出了一支高水平的技术队伍。

米利华尤其注重对年轻人的培养。2009年开始聘用老专家，开展“师带徒”活动，坚持在报告编制和野外施工中“一对一”指导，使年轻人尽快熟悉业务，提高技能。她大胆起用新人，为他们搭建平台，提供机会。在职称评定、荣誉奖励方面为他们积极创造条件，加速他们成才。如今，一批年轻大学生已逐渐成长起来，成为业务骨干。在中层干部竞聘中，叶建和禹志嘉分别当选为地质勘察研究院副院长和非煤中心副主任。看着自己培养的年轻人一个个迅速成长起来，米利华感到由衷的欣慰。

在一连串的荣誉面前，米利华并没有喜形于色，她说：“荣誉只代表过去，我热爱这一行，不管有多苦，有多难，我都要坚持下去！”这是一个前行者最真挚的心声，这是一个地质人最朴素的宣言，怀揣着梦想，背负着责任，她又带领她的团队踏上了新的征程！

（本文获《资源导刊》2013年度“好文章”通讯类二等奖）

一样“元宵”别样“闹”

□魏 姗

2月6日一大早，随着裁判长“预备——开始”的一声号令，一双双灵巧的双手立刻在键盘上飞舞起来。“陕县国土资源系统庆元宵电脑操作比赛”也由此拉开了帷幕。

这次比赛共有60多名选手参加，内容主要是打字、排版、保存等一些基本的操作方法。为什么要举行这样的比赛？其实这与该局实行的一项新的规章制度有关。

根据工作需要，陕县国土资源系统各部门已经全部配备了电脑和打印机。但很多部门的文件材料还在外边打印社打印。为节约开支，去年12月，该局规定各部门所有材料一律由自己打印。这项制度的实施每年将节约打印开支一万余元。制度一公布，全系统16个股室和13个国土资源所积极响应，短短一个月时间，全局干部职工的电脑操作水平有了很大程度的提高。为了检验大家的实际操作能力，进一步提高广大干部职工的电脑操作水平，元宵节前夕，局党组决定，举行一次电脑操作比赛，来“闹”元宵节。

虽然组织这样的“元宵节”活动与往年拔河、打扑克、爬山、跳绳等一些互动活动形式截然不同，紧张有余热闹不足，但同志们的参与热情却有增无减。

（本文获《资源导刊》2009年度“好文章”通讯类三等奖）

“贴心”所长

——记开封市城区分局西郊国土资源所所长赵金银

□左金安　王振民　丁红霞

黑黑的脸庞，高高的个子，表情严肃，说话爽快，办事干练，这就是开封市城区国土资源分局西郊国土资源所所长赵金银给人的第一印象。熟悉赵所长的人都说他是一位一心为群众着想、全身心投入到工作中的人，同事们亲切地称他为“贴心”所长。

在群众眼中，赵金银是一位办事公道，为群众利益着想，值得信赖的好所长

把群众利益挂在心上，尽职尽责为群众办实事、办好事是赵金银日常工作的真实写照。辖区的西郊土地整理项目接近尾声时，赵所长发现通往项目区的主干道路，路面坑洼不平，有两座桥也因年久失修，严重坍塌，不仅给当地群众生产生活和出行带来极大不便，而且严重影响该村农田排水灌溉。但这几个项目工程又不在项目区规划内，赵金银看在眼里，急在心头。他找来乡、村、组干部认真商量研究，向局领导汇报，一次不行就两次，也不知跑了多少次，“软磨硬泡”终于换来了好结果。目前，两座桥和一条600米长的柏油路维修工程已顺利完工，村里的群众无不拍手称赞。

在领导眼中，赵金银是一位认真负责，工作上靠得住让人放心的好所长

西郊国土资源管理所位于开封市西郊，是开封经济发展的“前沿阵地”，大项目多，工作量大，而且往往是时间紧、任务重。在任务面前，赵金银总是站在第一线，冲在最前面。

2008年1月7日，该所接到清点河南大学二期工程地上附着物的任务。当时，南方遭遇雪灾，当地也下起了多年未见的大雪，需要清点的地方又在郊外，积雪厚，天冷路滑。接到任务的当天，赵金银就带领全所人员踏着积雪进了田地，在零下十多度的低温下，拉皮尺，清点树木。大家的鞋从干到湿，湿了又干，仅用7天时间就完成一千多亩地上附着物的清点工作。当他把清点数据交到乡领导面前时，这位领导不相信地连说："真不敢想，国土所这么快就完成了任务！"

在西郊国土资源所管理辖区内，有一房产开发项目需占辖区内吕庄、苏岗两个自然村的田地。为了更多地得到补偿，许多村民们在征用的土地上抢栽、抢种、抢打井，在投资商中造成了不好的影响，西郊乡领导要求对抢栽的树木给予拔除，对新打的机井给予封堵。一些村民因此寻衅闹事，为了不使矛盾激化，清点工作一度搁浅。2008年2月底，赵金银带领所里人员对该地附着物进行清点。然而，一些村民仍不听劝解，拒绝清点、签字，并对赵金银大喊大叫："又不拿你家的钱，你管那么多干啥？"甚至有人威胁说："你们等着，不赔偿我们，大家都没有好结果。"赵金银看到部分工作人员有畏难情绪，就坚定地对大家说："只要我们用公开、公正、公平的原则去干工作，让群众明白，让领导放心，就不怕那些找茬儿的人。"就这样，赵金银从头到尾和大家一起，按原则完成了清点工作，受到了投资商和政府的赞誉。

在同事眼中，赵金银是一位热爱集体、关爱他人，为所里付出全部精力的好所长

所里的同事们说，赵金银所长在工作中是好领导，在生活中又是好大哥。早在2005年，所里人员在体检中，一位同事被确诊为甲状腺癌，当时她爱人又不在身边。突如其来的打击几乎把她击垮，赵所长知道后，一边安慰她，一边帮助她联系医院，准备手术。手术当天，赵金银和所里12位同事从下午2点一直守在手术室门外，直到晚上8点手术顺利结束，一切安排好后才离开医院。

因长期劳累，赵金银落下了腰痛病，可清点附着物、测量要不停地弯腰走路。据统计，自2005年以来，他们先后完成了34个企业及道路的地上附着物的清点、拆迁及兑付工作。在汴西新区四号路北延清点工作中，由于时间紧，任务重，赵金银带领大家加班加点，因连续工作时间太长，他腰疼得直不起来。在大家的强制下他才到医院去检查，医生建议他卧床休息，可医生前脚刚走，他后脚就又到了工地。他总说："不行啊，活赶着呢，吃点儿药就好了。"就这样他歪斜着腰，带领大家仅用三天时间，就完成了地上附着物的清点、丈量房屋、动员拆迁、兑付等工作，无一出现错发和漏发。

付出总有回报。赵金银自2004年3月任所长以来，所里连年被开封市西郊乡党委、政府评为"文明站所"、"先进站所"、"突出贡献站所"等先进荣誉。2007年，该所被河南省国土资源厅评为先进国土资源所。赵金银也先后荣获"先进工作者"、"优秀共产党员"和"人民满意的乡干部"等荣誉称号。

（本文获《资源导刊》2009年度"好文章"通讯类三等奖）

“金大姐”小传

——记沁阳市紫陵国土资源所职工李金枝

□王　涛

金大姐其实不姓金，姓李名金枝，今年49岁。因她为人随和，总是笑容满面，大家在一起时间久了，叫金枝叫顺了，都喜欢叫她金大姐，而且她还有一颗金子般的心。

金枝工作的紫陵镇被人们称为“沁阳的西伯利亚”，是一个有山区、丘陵和平原的农业镇，同时也是两省（河南、山西）三市（沁阳、济源、晋城）交界重镇。辖区有13个行政村，也是沁阳市第二个偏远的乡镇，距离城区50多里。家在县城的金枝却在这里默默无闻地工作着，没有半句怨言。她总是说：“自己年龄大了，能在工作岗位上为党工作的时间已经不多，所以要加倍珍惜每一天，等退休的时候才不会留下遗憾。”她是这样说的，也是这样做的。

所长说她是“工作狂”

当初金枝被安排到紫陵国土所分管内勤工作的时候，家人就说内勤工作是杂货摊，然而她毫不犹豫地接过所长交付的任务，一干就是两年。可别小看这两年，每天在各村跑来跑去不说，还得受信访人的怨气，二三十岁的年轻人尚且承受不了，何况已经年近50的金枝。说是内勤，其实整理档案、上情下达、汇报材料、接待来访、上门测量等工作都要做，相当于内外勤。她每天早上班晚下班，两头很少见太阳，牺牲节假日、星期天更是常事。最让大家难忘的是奥运会期间他们下乡进行土地纠纷大排查，当时金枝因劳累过度，已经持续两天低烧，大家劝她在家休息，她却摆摆手说：“我已经吃过退烧药了，不要紧。”说完，拿起调查台账开始了一天的工作。难怪，紫陵国土所所长贺全成每次提起李金枝总是赞不绝口："金大姐好样的，就是一样不好，干起工作连身体都不顾了，真是个工作狂啊！"

同事夸她是"大厨师"

当紫陵国土所搬进新办公大院的时候，贺所长对金枝说："咱们所就大姐你一位心细的女同志，这个事务长的钥匙就交给你保管了。"于是，金枝又肩负起了照顾全所人员一日三餐的重任。因为没有固定厨师，所以做饭是轮着做，金枝虽是事务长却也有轮班做饭的时候，她在所里做内勤的时间相对多些，自然做饭的时间也就多。几个月下来，大家发现金枝做的饭菜最香最可口。原来，金枝每次做饭的时候，为了让同志们吃到可口的饭菜，她总是变着法子做，几乎每天每顿都不重样。她还总是自己掏腰包给大家买些排骨、鸡蛋来贴补伙食，保证大家营养。

女儿说她是"家里的骄傲"

金枝由于整天忙于工作，对家人难免照顾不周，一家人几乎很难聚在一起。丈夫是市直某机关干部，儿子在外地上班，女儿还在读高一，按说正是需要她照顾的时候，她却没有时间。为此，她很内疚地对家人说："现在我照顾家少，对不住你们，但我保证退休后，加倍补偿你们……"2008年底，基层所验收的时候，金枝既要忙着准备完善各类资料，又要做好基层信访稳控工作，但在这个节骨眼上，学校打来电话说她女儿重感冒高烧，丈夫偏偏又出差在外，金枝为了验收工作正常有序推进，隐瞒了这一情况。她强忍心痛，悄悄给亲戚打了求助电话，让其帮助照看女儿。直到验收工作完成，她才匆忙赶往女儿输液的病房，母女俩紧紧抱着许久没有分开。事后，女儿却说："妈妈，你是咱家的骄傲！"

乡亲称她为"娘家人"

"用真情温暖群众的心灵，用真挚赢得群众的信任。"金枝脱口道出了自己的基层工作经。2008年“两会”期间的一天，金枝在所里耐心劝解某村的几个来访者，给他们讲解相关政策，好不容易使他们放弃了继续上访的念头，又接到上级电话，说镇里的一涉土信访户在市信访局上访，要求国土所派人尽快去劝返。而此时贺所长和同志们都下乡了，金枝连忙与几个来访者商量好下次见面的时间，并承诺一定亲自上门解决相关问题，几个信访人对她说：“金大姐，你放心吧，俺们相信你，肯定不会去越级上访的。”临行前金枝还自己掏钱给他们付了车费，看到几个信访人离开后，才放心地匆匆赶往市信访局。刚进门，上访人一看是金枝，忙走上前说：“金大姐，俺只是来问问俺的宅基地解决了没有，那天去所里没有见到你，才……”金枝急忙说：“大妹子，你放心吧，你的申请很快就能批下来了，那天我下乡了，真是过意不去啊，让大妹子跑这老远的路，都怪我啊。”第二天，当金枝亲自将审批好的宅基地手续送到上访人家里时，上访人紧握金枝的手，感激地说：“金大姐，你真是俺们的娘家人啊……”汗流满面的金枝笑了。她婉言谢绝了这位乡亲为她准备好的热腾腾的饭菜，蹬着早已没了电的电动车又匆匆离开了，因为她还要去给困难计生户送救助款。

（本文获《资源导刊》2009年度“好文章”通讯类三等奖）

李所长戒烟

□陈　海

日前，遇到来县局开会的三屯国土资源所的李所长，我连忙递上一支烟说道："李所长，最近忙吗？抽支烟……"李所长笑着回答道："谢谢了，我已经戒烟了。"

李所长这个"瘾君子"也能戒烟？我大为疑惑。

"啊，这多亏了我们'家'的两位小同志……"

"家"？

"是呀"李所长慢慢道出了他的戒烟故事。

"我说的'家'，就是我们三屯国土资源所，人不多，只有3个人，但只有一间办公室。我是'家'里唯一的男同志，你是知道的，我爱抽烟。烟吸多了，夏天还好说，门一开，室内烟消云散。天一凉，就有点不好意思了，一吸烟，满屋烟雾缭绕，自己也觉得不好意思，吸烟时只好到外面去。有时一不留神，办公室里就会被我搞得乌烟瘴气。我'家'的会凤和伟锋见了，总是半开玩笑地说：'老大，我们要给你赞助了'。

'给我赞助？赞助啥？'我还没明白。人家就笑着说：'赞助你啥？钱呗！我们两个每天赞助一点，叫你买烟吸啊！'

一下子说得我真有点不好意思起来。原来她们是想让我把烟戒掉啊！这可是太难啦！好像不太现实，我毕竟有十几年的烟龄了，心里想着，再抽烟的时候尽可能避开她们不就行了？

可没想到，两个人竟然要我与她们签订戒烟协议。我说：'你们干工作都没这么积极呢，逼迫我戒烟干嘛这么积极？'她们都不理会我，反倒是戒烟协议在十几分钟就搞定了，协议规定发现我吸一支烟罚款10元，我安排她们的工作没有按时完成同样罚款10元，罚款放到伟锋那里，攒足了钱'全家'下馆子。

戒烟协议签字完毕，我开始后悔了：对我来说，这些条款就是'不平等条约’，工作是大家的，烟可是我自己掏钱买的，像我这样的‘大烟鬼’，在办公室不抽烟还不憋死？事已至此，协议已签，只有执行了，有啥办法呢？

第二天一上班，我偷偷地躲在外面吞云吐雾，立即被眼尖的伟锋发现，伸着小手向我要罚款。我这才猛然想到昨天被她们逼着签订的‘不平等条约’，我这就算被她们温柔地宰了一刀。看来她俩还动真格的，不服还真不行。这一天，我一直控制着没敢再吸烟，可总觉得丢了魂一样，坐立不安。一周内，我被她们发现抽烟24次，总共罚了240元，而我给她们安排的巡查、解决纠纷、台账登记和整理二次土地调查资料工作，她们一样也没出错，这不是明摆着的‘不平等’吗？我强烈要求撕毁协议，可她们两个说啥也不答应。面对她们强硬的态度，我只能是‘牺牲我一个，幸福千万家’喽！为了咱这个‘家’，咱当家的能不妥协吗？

一周，两周，三周过去了，没想到，我还真戒烟啦。你说我这个‘不平等条约’签得值不值？”

听完，我乐了，连声说：“值！值！”

（本文获《资源导刊》2009年度“好文章”通讯类三等奖）

愚公移山谱新篇

——济源市土地开发整理工作纪实

□张永强

愚公移山的传说脍炙人口，愚公移山的精神世代相传。如今，在愚公故里济源市，这种精神更注入了新的时代内涵。像愚公一样求真务实、埋头苦干的济源人，年年实施土地开发整理，连续八年实现了耕地占补平衡，谱写了一曲新时代的愚公移山之歌。

摸清家底　果断决策

济源市位于河南省西北部，土地总面积1893.76平方公里，是中原城市群经济隆起发展带的重要组成部分。境内主要以山地为主，山区、丘陵面积约占土地总面积的88%。全市共有11个镇、5个办事处，534个行政村。截至2008年年底，全市土地总面积为284.0634万亩，耕地面积62.3513万亩，规划确定基本农田保护面积60.5万亩，人均耕地不足0.8亩。

近年来，济源市经济迅速发展，城乡建设日新月异，同时用地需求量较大，土地供需矛盾日益突出。如何挖掘土地潜力，在保护资源、保障发展的同时，确保全市耕地总量动态平衡，成为济源市国土资源局领导探索的课题。他们把目光聚焦在了土地整理上。

2003年，济源市国土资源局组织有关人员对全市土地资源情况进行了全面调查，摸清了家底：全市可开发整理耕地38.07万亩，可新增耕地面积潜力按13%计算，预计可新增耕地4.95万亩。基于这样的调查，市国土资源局党组召开专题会议，局长杨学忠在会上斩钉截铁地说："发展要用地，必须要造地，而且要想尽一切办法造出好地。"

造地，不是简单的两个汉字组合，而是要实实在在地造出一片片肥沃的庄稼地，造出能为济源工业经济发展提供支撑的建设用地。

于是，强力推行土地开发整理，实现建设用地占补平衡，保证经济建设项目用地需求，成了济源市国土资源工作的重头戏。

多管齐下　开发整理

济源市的土地开发整理主要采取两大措施：一是积极争取国家、省土地开发整理项目，二是大力开展市级土地开发整理项目。

济源市委、市政府历来重视土地开发整理工作，把土地开发整理作为提高耕地质量、改善农民生活条件、促进新农村建设的抓手来抓，于2001年批准组建了济源市土地整理中心，成立了以主管副市长为组长，财政、国土等有关部门主要领导为成员的项目领导小组，先后出台了济源市土地开发整理项目实施管理制度等十余项规章制度。在项目实施过程中，各级领导多次亲临项目区实地考察、调研，指导工作。

在对全市土地资源进行调查后，他们因地制宜地制订了土地开发整理实施计划。从2001年至今，济源市先后争取国家和省级投资3325.45万元，实施了济源市五龙口镇土地开发整理项目、轵城镇土地整理项目2个国家投资项目和承留镇五指河土地整理项目、轵城镇张金土地整理项目、下冶乡砖阳河土地整理项目、王屋镇阳下土地开发整理项目等4个省投资项目，开发整理土地21240亩，新增耕地6577亩。

在利用好国家、省土地整理资金的同时，济源市也加大投入，大力开展市级土地开发整理项目。为了多造地，市国土资源局党组成员跑遍了全市的沟沟坎坎，只要能通过整理变成耕地的荒山、荒坡、滩涂地，哪怕只有10亩也绝不放过。从2005年开始，济源市每年冬季在全市范围大搞万亩土地开发工程，把实施土地开发整理项目作为全市三项重点工程之一，同水利建设、造林绿化同部署、同落实。

在土地开发整理工作中，济源市上至市长、市政府相关部门，下至有关乡（镇）、村，上下联动，齐心协力。市国土资源局高度重视，各相关部门积极配合，使土地开发整理工作有声有色。市政府将开发土地指标分解到每个乡镇，进入政府台账，作为对乡镇的年终考核目标。同时，市政府采取以奖代补的奖励政策，先后拿出1500万元，大张旗鼓地对土地开发整理先进单位进行奖补，极大地调动了全市上下开发整理土地的积极性。全市11个镇通过平整土地，归并零散地块，规整农村居民点用地，建设道路、机井、沟渠、护坡、防护林等农田和农业配套工程的改造，进行土地综合整治，由此增加全市耕地面积，提高农用地质量，优化土地利用结构，为今后有效保障土地利用率及土地产出率，奠定了坚实的基础。

2001年以来，济源市先后投资2871.39万元,实施了王屋大路土地开发整理项目、克井白涧土地整理项目、克井村土地整理项目、五龙口镇化村土地开发项目、下冶镇逢北土地开发项目、下冶镇下韩旺土地开发项目等市级土地开发整理项目105个，整理土地773公顷，新增耕地554公顷。还完成了济洛、济邵、济晋、济焦四条高速公路以及小浪底水库、沁北电厂等40余个国家大型工程和大中型企业建设用地的占补平衡任务。

典型引路　整体推进

几年来，济源市国土资源局创新典型引路、自我加压的工作方法，对一些行动迅速、组织得力的村镇，将其树为典型，以点带面，有效带动广大群众的积极性和各施工单位的工作热情，积极推进整体工作。

王屋镇乔庄村在土地开发整理中，村干部带头拆房、迁坟，把开发整理和“三项整治”有机结合起来，极大地鼓舞了群众开发整理土地的热情，主动将上级下达的整理任务从430亩增加到630亩。

邵原镇牛庄村土地开发项目位于牛庄村西下沟内，土质良好，地势条件优越，开发前为无人耕种的荒坡，总面积650亩。牛庄村投资160万元，采取起高垫低、小块并大块的做法，将600亩劣质地、零散地改造成高产田，新增耕地410亩，计划规划成烟田示范区、薄皮核桃示范基地。现已种植薄皮核桃280余亩。

继王屋镇乔庄村、邵原镇牛庄村典型引路之后，下冶镇、坡头镇的工作也卓有成效。下冶镇王树沟村项目针对开发整理资金不足的实际，大胆创新，将新增的土地承包给个人，用承包权换取了开发资金，有效地解决了项目资金缺乏的问题，确保了项目资金及时到位，最终使工程保质保量地全部按时完成。

为了保证土地整理项目顺利实施，落实到位，济源市委、市政府专门成立了项目督导组，将项目进行量化后一一落实到各乡镇。各乡镇也相应成立了一把手为负责人的项目领导小组，按照项目计划落实到地块。同时，市国土资源局成立了由局党组成员为负责人的督导组，抽调30名业务骨干组成11个督导组，采取分片联系乡镇的方式，指导、督促各乡镇开展土地开发整理工作。

土地整理　效益显著

“不积跬步，无以至千里。不积小流，无以成江海。”小片小片的土地开发汇聚起来就是一串百位数、千位数、万位数的土地。2005年以来，济源市共实施土地开发整理面积4.8万余亩，新增耕地面积1.69万亩，而招商引资和项目建设占用的耕地是1.5万余亩，实现了耕地占补平衡略有盈余。

这一串鼓舞人心的数字，充分说明近年来国土资源部门实施的土地开发整理为全市经济建设驶入快车道提供了有力支撑。土地开发整理反哺“三农”，为农村社会的和谐稳定，为促进新农村建设、推进城乡一体化进程起到了固本强基的作用。

通过土地整理，使未充分利用的土地充分利用起来，使原来分散的耕地相对集中起来，变小地为大地，变散地为整地，推动了农业结构的调整和优化，推进了农业产业化进程。各镇对完成的项目进行了深入的规划与布局，一些镇村成片迁并到主规划村，同时将旧宅拆除后造成优质良田。一些镇、村对田、水、路、护坡林进行统一规划和布局，以此形成生态环境优越、生产效率较高、生产条件良好、田间景观优美、整体功能较强的高效生态农业用地。2008年实施的下冶逢北土地开发项目，实施前，项目区土地均为望天田，耕作条件艰苦，实施后，项目区“田成方、路成行、旱能浇、涝能排”，新增耕地278亩。该村村委会主任田文正告诉记者：“我们在市国土资源局开发整理的基础上，又筹资150万元建起了50座温室大棚，一座大棚一年可以实现收入1万余元，仅此一项，我村人均收入就可增加1000多块呢！”其兴奋之情溢于言表。

通过土地整理，在有效增加耕地面积的同时，也促进了新农村建设。王屋镇大路河土地开发整理，是用水泥和石头垒成一道宽2米、高1.5米、长3公里的防洪坝，然后从山头取土，在拦水坝外的河滩上造出了近千亩耕地。地造成后，全部交给王屋乡西门村、大路村、上关村的农民耕种。仅大路村就人均新增耕地0.3亩，年均增收千余元。同时，市国土资源局与大路村将取土后的山头平整后，进行了统一规划，盖成了一栋栋红砖房，将原来山上居住的34户人家全部迁到新村，并将他们原来的宅基地整理成耕地。

面对佳绩，济源市土地开发整理的脚步从未停息，作为承担土地开发整理任务的国土资源部门，他们深深地明白自己肩上的责任。

“济源市山多，平原少，只有造地才能保障经济发展所需；只有造地才能确保66万人民的口粮。”采访中，济源市国土资源局局长杨学忠如是说。

（本文获《资源导刊》2009年度“好文章”通讯类三等奖）

“该补偿群众的一分都不能少”

——记济源市国土资源局征地事务所所长赵年义

□江素枝

近年来，济源市经济社会发展迅速，2007年至今各种项目征地就达500多公顷，仅国有土地征地补偿费用就达3亿多元。过去因征地补偿居高不下的群众上访，这几年却呈下降之势。今年上半年，济源市实现了征地补偿零上访。当地群众和用地单位都说，这一切和济源市征地事务所所长赵年义是分不开的。

当我们走近赵年义，想探究其中的奥秘时，他却说：“征地工作说难就难，说易也易。说它难，征地工作涉及面广，弄不好就会惹出很多矛盾和纠纷，引起群众上访甚至影响项目进驻；说它易，只要我们用心了，各个环节理顺了，就不会出现什么大差错。说到底，也就是要把握住两条主线：对群众负责，对国家及用地单位负责，所谓的问题也就迎刃而解了。”

理清思路　带好队伍

1994年，赵年义从部队转业到济源市国土资源局，先后担任过地籍科长、土地估价所所长、勘测规划分院院长等职务。2006年3月至今，担任济源市征地事务所所长。

刚到征地事务所时，面对纷繁复杂的征地事务和因历史遗留的征地补偿问题引起的群众上访不断，赵年义也曾感到无所适从。可他一上任就接手的济源市技术学院征地问题的解决对他触动很大，启发很多。

这是起纠缠很久的一个遗留问题。赵年义通过调查得知，济源市技术学院之所以不能顺利进驻工地，主要是因为有两户村民对地上附着物赔偿要求过高，其中一户要求赔偿100万，少于80万不说事。了解情况后，赵年义和所里的同志来到两户村民家里，读文件、讲政策，然后他们和村民一起重新对建筑物进行实地测量。村民对测量结果表示满意。第二天，赵年义将两位村民请到所里，按照测量数目对照国家补偿标准和他们共同计算。计算结果，要价100万的那家实际应赔偿30多万，该村民心服口服，认定了价格并当场就签了协议。这起纠缠了几个月的补偿纠纷不到两天就这样解决了，一周内技术学院就顺利进驻工地。院长很感动，亲自上门要宴请赵年义和其同事们，被他婉言谢绝了。

这件事使他体会到，征地工作一定要脚踏实地，熟悉业务，熟悉政策，对于补偿一定要公开、透明，让群众知情、知理。为此，他逐步制订完善了一系列规章制度。为增加工作的透明度，他制定了征地面积及地面附着物登记公示制，即对征地需要补偿的土地面积、地类、地上附着物情况实地测量后登记造表张贴公示，如群众有异议，实地核查；如无异议，经所有人签字后一式两份，所有人一份、征地事务所一份。下一步就根据有关补偿标准计算补偿金额，群众一般都明白认可，减少了很多不必要的纷争。

同时，赵年义还主持制定了项目负责制，即每个征地项目都要有项目负责人专门负责，使人人都有目标有责任。这样一来，切实增强了干部职工的责任感，确保了各项工作有序开展。

“保障项目顺利开工是我们的职责”

赵年义常对同事们说，随着各类重点工程、招商引资项目源源不断在辖区涌现，位于前沿的征地工作责任重大。因此，我们一定要以高效的服务、高度负责的态度保障项目顺利开工。

每接到一项新的任务，他都带领同事们以最快的速度投入工作，实地测量、制订补偿方案……加班加点，争取早日完成。2008年9月底，国家、省重点工程项目沁北电厂三期项目进入开工倒计时，工期紧，任务重，他果断放弃了国庆长假，带领所业务骨干认真开展地面附着物调查补偿工作。由于该项目占地范围大，且地处山区，树茂林密，给调查工作增加了难度。为能掌握第一手资料，保证数据准确无误，白天他们穿行在山坡树林之中,晚上加班到深夜整理调查资料。仅用一个星期的时间就完成了600余亩土地附着物调查登记工作，保证了项目按期开工建设。

“对经手的补偿费用负责”也是赵年义常常告诫同事们的一句话。在维护群众利益的同时，科学合理补偿，不使国家补偿费用浪费和流失也是他们的一贯追求。在征地的前期测量登记中，常会有人来找赵年义，希望给他们多报数目，都会遭到严厉拒绝。一次，在清点一果园内的果树时，果树所有人将赵年义拉到一边，掏出一个信封说：“大热天的，给大家买点东西降降温吧。我这果树由于品种不同有些是挂果期，有些是盛果期，如果你们都给我按盛果期登记，一棵树就能多补100多元呢，这么大个果园登记下来，还愁兄弟们没酒喝？”赵年义严肃地对他说：“念起都是乡里乡亲的，我劝你赶快把钱收起来。否则，我就如数交公，看你面子往哪儿搁？至于果树如何登记，是啥就是啥，不会让你吃亏，但你也别想占国家的便宜。”那人只好悻悻而去。

还有个别人为了骗取补偿费用，会在被征地上玩起临时建房或栽树等小把戏，这些都会被赵年义和其伙伴们的火眼金睛识破，使其不能得逞。

时间长了，大家看征地事务所的同志们办事公正、合理，对他们越来越放心了，那些原来想多报数目、弄虚作假的情况也越来越少了。

“该补偿群众的一分都不能少”

“征地补偿，一肩挑两担，哪头都不能轻。”赵年义所长经常告诫大家，“我们既要保证项目顺利进驻，又要保证群众利益不受损害。”

工作中，他们坚持做到公开、透明，维护群众的知情权。对每一宗被征用的土地，赵年义都要求做到登记后由村委会公示，群众如有异议，重新测量核实；如无异议签字后一式两份。同时，公布补偿标准，让群众明明白白、清清楚楚。因此，因征地补偿问题而出现的群众上访现象越来越少了。

“该补偿群众的一分都不能少”。赵年义常说，土地是农民的命根子，农民失去了赖以生存的土地，今后的生活就没了着落。但他们为了国家或地方经济建设，依然服从政府安排，献出自己耕种了多少年的土地，所以在给农民补偿时一定要按照国家有关政策规定，不折不扣，一分都不能少。

他清楚地记得，有一宗项目用地涉及几个村子、几百户人家，地类、附着物情况各异，在测量面积、清点附着物时，用地单位来人邀请赵年义他们吃饭，赵年义说："饭就不吃了，有啥事就在工地说吧。"来人才说希望征地事务所在登记时统统按下线标准登记补偿，以减少他们需要支出的补偿费用，同时也减少征地事务所的大量工作。赵年义听后一口回绝："这是我们的工作，不怕麻烦。情况不同，不能就低'一刀切'，群众该得到的补偿一分不能少！"就这样，赵年义和他的同伴们硬是冒着酷暑，穿梭在果园及庄稼地中，根据不同情况一一清点，整整忙了一个月，才全部清点完毕。经公示，97%的群众无异议，个别有异议的经二次现场复核，也维持了原状。群众的合法利益得到了保护，赵年义才长长出了一口气。

（本文获《资源导刊》2009年度"好文章"通讯类三等奖）

地质博物馆的姑娘们

□刘晓玲

2005年6月30日，王屋山国家地质公园在人们的欢呼声中揭碑开园，12名平均年龄只有20岁、散发着浓郁青春气息的姑娘们，开始了她们看馆的岁月……

刚刚从校园踏上工作之路的她们，怀揣着青春的梦想，怀揣着对人生的憧憬。她们来自不同的家庭，有着不同的学历，但是她们的愿望相同，因为她们明白，让地质博物馆为国土人添彩,为济源旅游经济服务的重担将从今天挑起。

上班第一天，伴随着如潮的游客，她们忙忙碌碌，按照各自的分工，讲解的讲解，清扫卫生的清扫卫生。统一着装、配戴胸牌的她们，脸上洋溢着青春的笑容。她们每天从早上8点干到下午5点半，没有一个人叫累，没有一个人抱怨，因为她们心里明白，她们看护的是济源市唯一一张世界级品牌，她们接待的是来自各地的、慕名而来的客人。她们要让游客在这里真切地领略王屋山20亿年前地球的造化神功，领略王屋山奇特的地质遗迹……

凭着这样一种使命感，这群姑娘们日复一日地履行着看馆的责任。地质博物馆开馆第一年的那个夏季，雨水特别多，而且特别大，扯天扯地的雨水，混着泥沙蜂拥而下。博物馆广场洁净的地面上淤上了厚厚的泥土。姑娘们二话没说，挽起衣袖和裤腿，光着脚丫，有的用高压水龙头冲洗，有的用扫帚清扫……使出浑身解数，清扫淤泥。汗水顺着她们的脸庞流了下来，几乎睁不开眼睛，已经湿透的衣服全是污泥，脸上、衣服上溅满了泥点，你看着我笑，我看着你笑，浑身是泥的她们戏谑地说，我们身着的是有钱也买不到的“迷彩服”。姑娘们说，不能因为下雨淤泥而影响明天的开馆。那年夏天，几乎隔几天，老天爷就要下一场暴雨，每每这时，姑娘们就要大动干戈，进行一次全面的清扫。究竟有多少次，她们笑笑说记不清了，只记得那个夏天，消防栓用坏了好几根，扫帚和垃圾斗坏了无数。

夏天的考验刚刚远去，但那年冬天的惨景至今想起还让人瑟瑟发抖。那个冬天的雪仿佛永远也下不完似的，一场又一场的雪，下得特别特别大。厚厚的积雪使通向博物馆的路全部堵塞，住在冰冷潮湿的地下室的她们，仅凭煤球的那点暖气，抵御不了零下十几度的寒冷，有的人冻得蜷缩在被子里取暖。通向山外的道路又被大雪覆盖，几乎是弹尽粮绝。在这样艰难困苦的条件下，姑娘们忍受着刺骨的寒风，用铁锹一铲一铲地将覆盖在博物馆地面的厚厚积雪铲掉……然后堆成一堆堆的雪人儿。她们说，这个季节说不好有客人到博物馆参观呢，不能让积雪阻挡了参观的路……

从2005年5月至今，已经历了4年多春夏秋冬的她们，每天都过着周而复始、单调乏味的枯燥生活。她们不累吗？没有人叫过苦吗？有一个姑娘曾经告诉我，过去是10天进行一次轮班休息，由于长时间在山里，远离城市，远离人群，休假时，回到人群高度密集的市区，整个人感到迷茫，连与家人和同学对话都不知道从哪儿说起。每每谈起这事，她们只是笑笑……

还有一个姑娘说，我们业余生活很单一，但是我们自找乐趣，下雨了，博物馆没有客人时，我们就在一起玩“抢板凳”、“捉迷藏”、“猜猜我”的游戏。下班回宿舍，我们三五成群在一起打羽毛球、乒乓球，有时候在一起哼哼歌，绣花什么的，其乐无穷……

2006年9月18日，王屋山地质公园被评为世界地质公园。消息传来，姑娘们兴奋得手舞足蹈。她们说，地质公园的升级，意味着我们肩上的责任又重了。那一年，为了王屋山世界地质公园的长远发展，济源市国土资源局又筹措资金，在地质博物馆旁边建设了一座地质科普培训基地，地质博物馆的姑娘们又一分为二到科普基地上班，她们的身份又从一个看馆人变成了端盘子的姑娘。虽然身份变了，但是那一份对工作的敬业没有变，那从心里洋溢出来的笑容依然闪烁在她们的脸上。在那片远离城市喧哗的博物馆，她们种花、植树……她们为游客精心讲解，为客人提供最为热情的服务。她们播种着希望，也播洒着快乐。她们说，虽然我们长年工作在远离市区的博物馆，虽然我们的业余生活单调而又乏味，但是我们选择了它就没有后悔。

如今，这群看馆的姑娘们，有的已经当了母亲，有的即将走上红地毯……让我们真诚地为她们祝福！祝她们永远年轻！永远快乐！

（本文获《资源导刊》2009年度“好文章”通讯类三等奖）

两个100%与一个0的成功取得

——石武铁路客运专线鹤壁段征地拆迁和信访稳定工作纪实

□王保星　王　轩　周文军

“用地计划100%给予了保障，拆迁问题100%得到了解决，到目前还没有发现有群众信访问题。作为业主单位，我们非常感谢鹤壁市委、市政府及市国土资源局对国家重点项目的大力支持。公司特别委派我们向市委、市政府赠送锦旗和感谢信。同时，我们将以饱满的热情，不辜负市委、市政府的期望，为和谐共建世界一流的客运专线做出应有的贡献。”日前，石武铁路客运专线河南有限公司北线指挥部负责人带着锦旗和感谢信专程来到鹤壁市政府，感谢鹤壁在河南全省率先完成了征地拆迁任务，并为项目建设奠定了稳定的群众基础。

石家庄至武汉铁路客运专线是国家重点工程项目，穿越鹤壁的淇县、淇滨新区和开发区，全长36.6公里，需要征地近1300亩，临时用地上千亩，还有众多的民房、养殖场和乡镇企业等繁重的拆迁任务。鹤壁市委、市政府将这份沉甸甸的征地和拆迁重任交给了市国土资源局。

鹤壁市国土资源局及时制定了项目用地报批、征地拆迁补偿以及保护群众合法权益三者齐头并进的工作思路和保障目标。通过周密部署，集中攻坚，创新措施，比省政府规定时间提前一个月完成了征地拆迁任务，共提供永久性用地1270.6亩，永久性用地长度34.6公里，料场临时用地685.8亩，道路用地400多亩，完成总征地任务的100%；征地红线内拆迁面积82822.31平方米，完成拆迁任务的100%；截至目前，没有发生一起因项目征地和拆迁补偿引发的群众来信来访事件。那么，两个100%和一个0的纪录的成绩是怎么取得的呢?

鹤壁市委、市政府将石武铁路客运专线和鹤壁市“发展大工业、建设大城市”的规划建设思想统一起来，要求各县（区）政府、市直各部门和有关单位充分认识石武客运专线对带动鹤壁实现跨越发展的重要意义。市国土资源局代表市政府与沿线的淇县和淇滨区政府、开发区管委会签订了征地拆迁实施协议书，明确规定了淇县和淇滨区政府、开发区管委会主要领导是征地拆迁工作的第一责任人，辖区国土资源部门是征地拆迁工作的实施主体，辖区国土资源局局长是直接责任人。

鹤壁市政府专门成立了石武铁路客运专线征地拆迁工作领导小组，并启动联审联批办公机制，市国土资源局等市直有关部门、各县（区）政府（含开发区管委会）也成立相应组织，建立高效工作机制。辖区国土资源部门抽出业务骨干，主动深入用地区域，实地勘测和清点附着物，调查摸底，掌握实情。该市国土资源局安排专人负责征地报批，主动与项目单位联系，积极协助整理备齐报批材料，及时予以审批和上报，并跟踪催办落实，确保了项目用地手续迅速上报省厅汇总，大大提高了项目用地报批质量和效率。

在征地拆迁工作的前期，该市国土资源局迅速争取到石武客运专线征地拆迁资金9000万元。在拆迁工作中，该局制定并严格落实征地拆迁资金管理办法，对主动拆迁户和企业提供补偿安置优惠政策，对存在补偿争议的建筑物或者附着物，委托评估机构确定评估标准，做到了补偿标准公开透明、补偿费用足额兑现。

在拆迁过程中，淇滨区长江路办事处姜庄村、开发区黎阳路办事处大八角村、淇县朝歌镇的东关村和中山街村均在城市规划区范围内的村民，普遍反映450元每平方米补偿标准较低，该局立即组织人员科学测算，并与被拆迁户代表沟通，将补偿标准提高到720元每平方米，并报请上级部门批准，受到了被拆迁户的欢迎。

今年2月底，针对淇县城区拆迁户比较集中、难度比较大的实际情况，淇县国土资源局、朝歌镇政府以及相关村委会抽调工作人员共35人，组建拆迁工作组，集中在朝歌镇办公，以行政村划分组建了4个工作小组，具体负责各村的拆迁工作。为加快拆迁进度，淇县国土资源局、淇滨分局负责人亲自带队，多次深入被征地农户家中和企业做思想工作，讲解国家重点工程的意义和国家建设征地补偿有关政策，并在拆迁地段张贴通告和宣传横幅，在拆迁房屋上注明拆迁范围，营造了浓厚的宣传氛围。

在征地拆迁工作中，该市国土资源局建立了督察制度、日报制度和定期通报制度，及时协调解决征地拆迁中遇到的问题。淇县国土资源局变被动等待为主动服务，联合公安等部门成立项目优化办公室，经常深入到施工单位帮助破解难题，对各类影响项目建设的不正当行为坚决制止、打击，保证了项目建设的顺利进行。

（本文获《资源导刊》2009年度“好文章”通讯类三等奖）

俺村有个“耕保迷”

——记修武县郇封村国土资源协管员蒋保国

□范　燕　忠　华　会　明

在修武县郇封镇郇封村的大街小巷、田间地头，时常出现一个五十岁上下的中年男子，有时骑自行车有时步行，在全村来回巡视着，看见有人在地头动土就上前询问，看见有空闲房屋、空闲地块就掏出随身带的本本记录下来，看见有人在建房就上前问个究竟……他，就是郇封镇郇封村村委会副主任兼国土资源协管员蒋保国，大家亲切地称他“老蒋”。

“老蒋为人正直、有爱心，责任心强，清正廉洁……”正因为有如此好的群众口碑，担任村干部多年的蒋保国，2007年被聘为该村国土协管员。郇封村是郇封镇政府所在地，人口6010人，耕地面积6462亩，其中：基本农田面积5181亩，是全镇最大的一个行政村，保护耕地的任务重大。

妻弟吃了“闭门羹”

2007年8月中旬的一天傍晚，蒋保国正在家吃饭，他妻弟登门来访，说有事要和他商量。原来，老蒋的妻弟承包了村里50亩窑坑地，虽然村里出台了“谁承包、谁整理、谁受益”的复耕优惠政策，但当下复耕需要投入一定的资金。为此，他想趁整理时借机往外卖一部分土，这样既复耕了窑坑地，还能弥补一下经济损失。

“姐夫，你是咱村的协管员，跟国土所人熟，到时你去通融一下。我算过了，这批土卖出去后，利润不小，到时也有你的份。”老蒋妻弟很自信地说道。

“不中，坚决不中！”老蒋放下手中的碗筷，斩钉截铁地答道。

“兄弟，你咋这么糊涂哩？过去砖瓦窑‘吃’土把咱村多少好地都给毁了，现在为啥要把黏土砖瓦窑场都给关掉，这不是明摆着的道理吗？

现在国家对耕地保护这么重视和严格，不就是想保护好咱们老百姓的‘饭碗’吗？我给你说，现在即使经过批准占用农地建厂，也得先把上面的耕作层剥离下来，这样做是为啥？不就是要保护这珍贵的‘喂养’我们多年可耕肥土吗？你如果没钱整地，我借钱给你。我是咱村的国土资源协管员，你可别往我脸上抹黑啊！”看到老蒋如此“固执”，妻弟只好悻悻地摔门而出。

老蒋宣传有“三宝”

“村民们注意啦，村民们注意啦！今天，咱村八组有村民找我咨询，说他想发展养殖要建一个养殖场，问我按照国家规定应该建在哪儿？我现在把建养殖场的有关用地政策给大家伙说一下……”听到村广播里又传出老蒋那熟悉的嗓音，许多村民纷纷放下手中的活计，侧耳倾听……

“农村村民一户只能拥有一处宅基地，其宅基地的面积为：城镇郊区和人均耕地一亩以下的平原地区每户用地不得超过134平方米……”这是老蒋在村委会门口黑板上书写的国家有关宅基地方面的规定。

该村村民们都知道老蒋宣传有“三宝”：广播、手机、黑板报。

老蒋认为，只有大家的法律法规及政策水平提高了，才能从根本上消除或减少国土资源违法行为的发生。为此，老蒋充分利用村委会广播、村委会门口的黑板报、手机短信等多种途径，宣传一些与群众生产生活息息相关的以及农民群众所关注的国土热点问题，增强农民土地保护意识。同时，他还把自己的手机号码向全村村民公开，欢迎大家有什么问题，可以随时和他进行联系咨询。

老蒋成了耕地“保护神”

去年初秋的一天，老蒋按照惯例，骑着自行车在村北地进行巡查，一路上看着地里一人多高、长势喜人的玉米，他心里满是惬意。当他走到一块地头时，听到有人在地里说话：

“建伟，这是耕地，你咋在这里取土？”老蒋听得出，这是村民薛垂河的声音。

“我家盖房垫宅基地，就用两车就够了。”村民薛建伟怯生生地答道。

“不行，这是基本农田，老蒋说过，基本农田谁都不许动，这是‘红线’，是‘命根’地！村里不是专门把南地旧窑地作为家用起土用地吗？”村民薛垂河不依不饶。

听到这儿，老蒋止住了脚步

“我已经用废土垫地基了，这不是想在上面再垫点儿好土嘛！”“垫宅基地没必要用好土，你这是在破坏耕地。”

“你又不是咱村的国土资源协管员，你管这个闲事干啥？”

“老蒋说了，保护耕地，人人有责。你如果不住手的话，我就去告诉老蒋。”“别别别，我不挖了，我把地平好，行了吧，你可别告诉老蒋。”随后便听到三轮车发动的声音。

一直站在不远处的老蒋轻轻地掉转车头，轻盈地跨上车，嘴里哼着豫剧《朝阳沟》，满意地离开了。

三年来，蒋保国认真履行着一名国土资源协管员的职责，使辖区违法占地、涉土信访量分别比去年下降了53%和60%。突出的成绩，得到了县国土资源局、镇国土资源所领导的充分肯定，老蒋连续三年被评为“全县优秀国土协管员”。

（本文获《资源导刊》2009年度“好文章”通讯类三等奖）

风风火火"风"所长

——记修武县方庄国土资源所所长封志中

□刘海权　刘拥军

"风"所长，原本姓封，大名志中，任职于修武县方庄国土资源所。由于他风风火火的性格，被大家嬉称为"风"所长。长相嘛，个头不高不低，身材不胖不瘦，国字脸，小平头，一双明亮的眼睛透着少见的利落和精明。要说工作，有人这样评价他："百姓事儿挂心中，来去像阵风。"

一腔热情，为解决新农村建设难题，他跑前跑后

新农村建设规划实施中的拆迁工作，最令国土资源所的同志们头疼，群众工作难做不说，还要经常挨骂受气。封所长常常安慰大家："只要农村的落后面貌能够改变，我们就是吃点苦受点累，也值得。"

就拿辖区佐眼村来说，由于群众居住分散，情况复杂，新农村建设进展十分缓慢。2009年7月，烈日炎炎，封所长带领两名工作人员和佐眼村干部一道，走村串巷，展开了对7家拆迁"堡垒户"的"攻坚战"。他们忘记了上下班时间，没有了白天黑夜，常常是这边刚送走反映意见的群众，那边想不通的拆迁户又上门来缠；前脚刚做通工作的拆迁户，后脚又跑来反悔。连续一周封所长没回过一次家，多年养成的午睡习惯也丢掉了。该村带头抵制拆迁的张某找到封所长故意挑衅："哟！做通几家了？咋没人找我这落后分子？等着呢，啊！"封所长应道："马上就去。"说去就去，封所长跑了20多公里，找来张某在外乡当干部的哥哥一同去做张某的思想工作，硬是攻下了这个"堡垒"。

一马当先，为企业脱困解难，他马不停蹄

昌源环保建材有限公司是修武县全面关停黏土砖瓦窑厂后，重点扶

持的新型环保建材企业，也是2009年“企业服务年”活动中，方庄国土所重点帮扶的对象之一。5月份，封所长在对其定期回访中了解到，该公司因受全球金融危机影响，产品严重滞销，资金周转困难，企业陷入困境。

回到所里，封所长一边动员全所人员联系销路，一边给在邻县一家建筑公司当经理的朋友打电话，可朋友在外出差，要一个月才能回来。他等不得，马不停蹄拉上昌源公司张经理一起赶到了30多公里外那家建筑公司，找到了供应科杨科长。见了面，寒暄几句后，封所长不动声色，一会儿倒水，一会儿递烟，一句话也不说。杨科长憋不住了：“小封啊！你就别忙活了，你的事经理给我说了，抽时间我过去看看。”

封所长等的就是这句话，他接过话茬，趁热打铁，力邀杨科长到昌源公司实地考察：“杨科长，我们这么大老远来了，专程来接你的，就今天吧！”或许是碍于自家经理的面子，或许是被封所长的诚心打动，一番推辞，杨科长上了他们的车子。

“你是公司管销售的吧？”路上，杨科长问封所长。“哪啊！他是我们那里国土所的封所长。”昌源公司张经理哈哈大笑。“我还以为……”杨科长也笑了起来，他用钦佩的眼光看着封所长说：“没说的，就冲这，我就相信你们，只要产品质量没问题，我们签合同。”

到此，考察的事不必再说。昌源公司的产品质量自然没问题，合同也顺利签订。值得一提的是，为帮助昌源公司渡过眼前难关，在封所长的竭力游说下，建筑公司还预付了定金10万元，彻底解了昌源公司的燃眉之急。昌源公司渡过了难关，在当地的影响越来越大，新型环保建材被群众逐渐接受，该镇的黏土砖瓦窑从此无一例死灰复燃。

一切从速，遇急情特事特办，他雷厉风行

时钟显示：2009年11月9日17时30分。方庄国土所便民服务大厅工作人员正准备下班。“同志，请等一下！”一位青年人急匆匆地闯了进来。工作人员张改云放下手中的材料，热情地招呼他坐下。

原来，来者是一位现役军人，准备今年退伍后成亲，因家里住房紧张，想用部队的住房公积金贷款建房，可办理住房公积金贷款需要当地国

土部门的证明。因部队有任务，需缩短假期，马上归队，这下他急坏了。

了解情况后，张改云犯了难。她如实相告："住房公积金贷款证明必须所长审阅签字后方可盖章，而所长下午去局里开会，这会儿又下班了，不可能再来。"

听到这些，军人更加着急："这可咋办？明天归队，复员前不可能再回来，等复员后再办理吧，一来一回光路费就得200多元。"看他着急的样子，张改云赶紧给封所长打电话说明情况。"咱们急事急办，你先抓紧审核材料，会议结束我马上过去。"封所长吩咐道。

时钟显示：19时15分。封所长驱车20多公里赶回了所里。当接过已办妥的手续时，军人如释重负。"走，我请客！"此时此刻，他觉得唯有这句话最能表达感激之情。封所长却摆摆手说："不必了，赶快回去和家人聚聚吧，明天就要走了。"军人这才满意地离开了。

（本文获《资源导刊》2010年度"好文章"通讯类三等奖）

编者按　矿山环境问题，是人类工程活动引发的各类环境问题中最重要的类型之一。矿产资源的开发极大地促进了经济繁荣、社会进步和人类文明，而相伴而生的大量矿山环境问题，不仅严重威胁人民的生命财产安全，而且严重影响区域乃至全国的经济社会的全面协调、可持续发展，甚至影响社会安定。

胡锦涛总书记在十七大报告中提出要“建设生态文明”。加强矿山地质环境治理工作以协调矿产资源开发和矿山环境保护正是建设我国矿业生态文明的重要措施。近年来，依煤而兴的鹤壁市针对日益恶化的矿山地质环境问题，率先开展了矿山地质环境治理工作，取得了良好的环境、社会和经济效益，成功探索出一条资源合理开发与利用的新路子。

再造鹤壁青山美景

——来自鹤壁市矿山地质环境治理工作的调查

□周文军　耿百鸣　仲　岩　姜　皓

鹤壁是一座因煤而建、依煤而兴的煤城，国务院于1957年批准建市。依托储量大、品位高的煤炭资源以及包括瓦斯气、水泥灰岩、白云岩在内的30多种丰富的矿产资源，鹤壁市成功探索出了一条资源合理开发与利用的新路子。尤其是针对因矿石开采造成地面塌陷、地裂缝、煤矸石随意堆放及破坏自然生态环境的矿山地质环境问题，鹤壁市率先开展了矿山地质环境治理工作，如今，一曲曲绿色矿山、和谐矿山之歌在鹤壁大地越唱越响……

危害：矿业背后的潜在杀手

众所周知，鹤壁矿产资源较为丰富。矿产资源的开发利用一直是鹤壁市经济发展的重要支柱。资料显示，截至2008年，鹤壁市已发现矿产

33种，已开发利用19种，全市拥有各类开采矿山196个，矿业开采总产值为41.76亿元，占全市工业总产值的12.21%。其中煤炭开采产值为34.91亿元，占整个矿业开采总产值的83.6%。

矿业发展的另一面，是伤痕累累的矿山地质环境。受利益驱动，该市采矿业一直沿用简单粗放的模式，甚至一度出现个人、集体、国有企业一哄而上的局面。大矿小采、一矿多采、盲目乱挖滥采的情况更是屡见不鲜，地质环境遭受了很大破坏。一是地形地貌景观破坏严重。全市露天采矿场最多的时期达到200处，破坏占用、改变及破坏土地3248.95公顷，其中耕地达1851.2公顷。二是诱发地面塌陷和地裂缝等地质灾害。其中煤炭集中的山城区和鹤山区，因井下开采导致采空区面积达到36.854平方公里、塌陷区达到41.3平方公里；地裂缝达到8条，其中3条为大型规模、5条为中型规模，全部分布在煤炭开采区。三是矿区含水层遭到破坏。每年的矿坑水排放量达到2452.8万吨，使矿区地表水受到污染，地下水位下降，矿区水环境不断恶化。

矿体破坏！地灾频繁！土地退化！环境恶化！一系列问题摆在了鹤壁人民面前。面对受到破坏的矿山地质环境，鹤壁市委、市政府审时度势，果断决策，责令由市国土资源局牵头，迅速研究解决措施。

接到任务后，鹤壁市国土资源局党组立即组织有关科室，兵分两路寻找破解难题的办法。一路人马系统研究矿山地质环境有关政策规定，从政策层面寻找治理的依据，了解学习治理工作；另一路人马与有关县、区政府协调联动，深入到矿区实地调查，摸清矿山基本情况和开发对生态环境的影响，查明存在的地质环境问题。2004年年初，一份依据国土资源部、财政部治理矿山地质环境政策，大力开展矿山地质环境治理的工作报告顺利完成并得到了该市主要领导的高度评价，并批示在全市范围内积极申报实施。从此，鹤壁矿山地质环境掀开了新的一页。

治理："五抓"并重　稳步推进

2004年以来，鹤壁市矿山环境治理工作实现了从无到有、从点到面、从摸索到规范、从借鉴到创新的升华。作为矿山环境治理的主管单位，鹤壁市国土资源局从当地实际出发，采取了一系列得力有效的措施。

抓专项规划，统筹持续发展。为了纠正重开采轻保护、重经济轻环境、重短期行为轻长远发展的错误认识，实现矿山环境治理工作的统筹发展，鹤壁市国土资源局党组专门成立了由一把手任组长的鹤壁市矿山环境治理工作领导小组，一方面积极申报矿山环境治理项目，另一方面把科学规划摆在了更加重要的地位来抓。结合鹤壁实际，该局制订了《鹤壁市矿山地质环境保护规划》、《鹤壁市地质灾害防治规划》，编制完成了《鹤壁市矿山地质环境保护与预防分区图》、《鹤壁市矿山地质环境现状评估分区图》、《鹤壁市矿山地质环境治理规划图》等，将鹤壁市矿山地质环境划为重点保护分区、一般保护分区与重点预防分区，有计划地开展矿山地质环境重点治理工程，努力实现全市矿产资源开发与地质环境保护的良性循环。由于规划站位高、重点突出、布局合理，不仅一次性通过了有关专家的评审验收，得到了鹤壁市委、市政府及有关部门的大力肯定，而且在鹤壁矿山环境治理工作的有序推进中，发挥了很好的目标导向作用。

抓公开招标，实现阳光作业。矿山环境治理项目下达后，鹤壁市国土资源局严格按照《中华人民共和国招标投标法》的规定确定施工单位，在招标方案制订、代理机构选择、资格审查等关键环节，全部采取纪检、检察、财政、国土联合办公、集体研究的方式，不搞领导指定，不搞闭门决策。评标委员会人员从河南省地质灾害危险性评估评审专家库随机抽取。评标过程邀请该市纪检、检察部门全程监督，保证了招标工作的公平、公正和透明度。该市已实施的所有招标工作从没有暗箱操作现象，从没有发生一起群众反映违法违纪问题。

抓部门联动，保证建设质量。鹤壁市高度重视项目的质量问题，在实施每一个矿山环境治理项目中，都成立由项目所在地政府的分管领导任组长，政府办负责人和国土资源局局长任副组长，财政、公安、交通、电力、国土等部门领导参加的项目建设协调、服务和保障工作机构，为项目高质量建设创造了良好的外部环境。该市还建立了“市、县（区）两级监控，监理现场把关”的质量监控体系，努力打造精品工程。一是严格落实项目监理制，聘请有资质的监理公司进行监督，现场监理人员跟踪作业，全程监管，发现质量隐患，现场纠正、现场整改。监理公司和监理人员对工程质量终身负责。二是建立业主代表审核制。县（区）国土资源局委派业主代表常驻工地，与项目监理联合监管。施工中所有工序流程监理认可后，须经业主代表审核确认，业主代表对审核事项负责。三是建立市级专家核查制。国土、财政部门专家组不定期对项目建设情况实施抽查，督促工程进度，核查工程质量。这一做法责任明确，运作规范，保证了工程质量，树立了项目形象。

抓资金共管，确保安全高效。为保证项目资金安全高效使用，鹤壁市采取了国土、财政两个部门互为监督、联合审拨的资金管理方式。工程建设按进度拨款，施工企业的请款事项经监理及业主代表认可后，同时报请市国土、财政部门审核。两部门指派人员会同专家组，对请款事项深入项目现场逐项核实，工程质量合格、数量准确的，方予拨付工程款。所有项目资金自觉接受审计和纪检、检察部门的监督检查，保证了每一分钱都花得合理，用得高效。

抓群众参与，确保三方满意。鹤壁市的矿山环境治理工作尤其得到了项目所在地广大农民群众的积极支持。鹤山区崔村沟煤矿区矿山环境治理项目在选址申报前，鹤山区国土分局与有关专家邀请崔村沟群众代表一道现场勘察，调查研究，收集整理基础资料，分析确定规划目标和任务。初步规划方案形成后，召开由群众参加的论证会3次，召集企业和群众代表征求意见35人次。在治理工作中，该村3名群众代表对每一项工程、每一个环节，乃至原料质量都参与审查监督，使得项目从规划到竣工，更加符合该地实际，合理科学，取得了各方面都满意的效果。

效果：和谐矿山的喜人变化

鹤壁市的矿山环境治理工作走过了七年历程，争取到位资金2046万元。落实了8个由国家、省投资的矿山地质环境治理项目，随着治理工作的纵深推进，绿色矿山、和谐矿山正在美丽的鹤壁大地上大放光彩。

矿山地质环境逐渐恢复。随着8个治理项目的陆续完工并发挥作用，填埋废弃矿井60多对，治理护坡1.5万立方米，挖填土方31.55万立方米，清运矿渣12.8万多立方米，植树5.5万株。矿坑被填平了，废弃物不见了，矿井水害治理了，地表污染消失了，山变绿了，矿山生态环境有了极大改善。

人为地质灾害隐患大大减少。在矿山环境治理前，有些采矿区的开采边坡角度很大，甚至超过70度；废渣堆像一座座小山，极易引发崩塌、滑坡等地质灾害，通过采取针对性措施，地灾隐患问题得以消除。比如，鹤壁煤业（集团）四矿矿山地质环境治理项目针对滑坡、泥石流灾害隐患的特点，采取管道、涵管、护坡等措施对矿区环境进行治理，修建过水涵洞1座，铺设管道672米，护坡622.54平方米，保证了该矿区煤炭资源的运输通道——四矿铁路的安全畅通。

当地群众生产生活质量明显提高。鹤壁市国土资源局在实施矿山地质环境治理中，始终从维护群众的利益出发，修建生产路和生活路5.06公里，极大方便了群众出行；恢复林地和耕地361.23亩，美化了生存环境，增加了农民收入。尤其是鹤壁煤业（集团）一矿通过两个矿山环境治理项目，修建了一处面积近3000平方米的休闲广场，成为附近群众娱乐、休闲的好去处。

树立了国土部门在农民群众心中的好形象。矿山地质环境治理前，废弃的矿井坑存在极大的安全隐患；废弃的矿渣毫无价值地占压着良田……诸如此类的问题导致了农村不稳定因素的产生。鹤山区崔村沟煤矿区地质环境治理项目实施后，4对废弃矿坑被填埋，156亩煤矸石堆放地被平整为梯田。说到治理项目的好处，该村党支部书记连连说：“俺村没有一个群众不说国土部门好的。”

（本文获《资源导刊》2010年度“好文章”通讯类三等奖）

“黑包公”

——记临颍县国土资源局土地监察大队队长宋建伦

□刘风明

在临颍，提起宋建伦这个名字，很多人都耳熟能详：30多岁，中等个头，工作中丁是丁，卯是卯，秉公执法，有勇有谋，现任临颍县国土资源局监察大队队长，被人们称为“黑包公”。

1994年，宋建伦从其他单位调到临颍县国土资源局土地执法监察队工作。十几年来，他一步一个脚印，从土地监察员到监察大队队长，面对新时期国土执法的严峻形势以及坚守耕地红线的压力，宋建伦带领他的队员，以勇猛善战、敢打硬拼的精神，谱写了一曲曲动人的执法赞歌。

给钱也不要　坚决要拆掉

2007年4月，一场史无前例的黏土砖瓦窑厂治理整顿工作在临颍县拉开了序幕。关闭拆除黏土砖瓦窑厂阻力大、困难多。作为前线拆窑指挥官的宋建伦深知自己的责任重大。为使拆除工作得以顺利实施，他带领他的队员们，冲锋在前，敢于碰硬，不管是谁，只要阻碍拆除工作，他都毫不留情，坚决拿掉。在拆除瓦店镇某村窑厂时，窑主和其家人趁人不备，冲到了窑厂，一边阻止拆窑，一边将宋建伦拉到一边，偷偷塞给他2000元现金，让其高抬贵手，放他一马，还许诺说：“你只要给老兄个面子，今后咱们就是难兄难弟，绝不会亏待你。”面对这突如其来的情况，宋建伦镇定自如，严厉斥责道：“把钱收回去，别枉费心机了，这次集中拆除，是省政府的指示，任何人也逃脱不了。”望着眼前这位坚定的汉子，窑厂主终于带着家人撤离了现场。就这样，经过数月的全力奋战，全县63座黏土砖瓦窑厂和32座废弃烟囱全部安全关闭拆除，并顺利通过省市验收，至今未有一座窑厂死灰复燃。

记住也白搭 停你没商量

执法中遇到“钉子户”、“难缠户”如家常便饭，面对这些，宋建伦总是无所畏惧，勇往直前。2008年10月的一天，宋建伦突然接到群众举报，某开发商私自在固厢乡七里头村耕地上取土。案情就是命令，宋建伦立即带领监察队员火速赶到现场，只见现场拉土的三轮车就达十多辆，几处麦田已被破坏，取土已达50多平方米。拉土司机一见宋建伦一行来了，慌忙逃跑，宋建伦迅速命令执法车辆堵住其逃跑必经路口。不一会，开发商老板赶来，指着宋建伦吼道：“你们算个鸟，给我闪开，今天我记住你了！”并指使拉土司机围攻执法队员。宋建伦一边稳住拉土人员，一边警告该老板：“你记住我也白搭，这事我见得多了，你也记清了：必须马上停止取土，恢复土地原状。”该老板一计不成，又生一计，威胁到：“某某领导是我的老朋友，某某领导是我的铁哥儿们，他们要是来了，恐怕你很难收场。”宋建伦却哈哈一笑：“就是老天爷来了我也不怕，不信你把他们叫来……”该老板再也无招可使，只好低头，并愿意接受处理。

叔叔要用地 也不给方便

宋建伦常常给他的同事们讲，要想执法公道必须一视同仁。这样，群众才能服你，才能维护法律的尊严。他是这么说的，也是这么做的。一次，宋建伦的叔叔给他打来电话，说准备在自家责任田修建个养殖场，砖已拉到地里，让侄子给批个手续。听到这个消息，宋建伦先是一愣，但他没有马上责怪叔叔，而是心平气和地与叔叔攀谈起来：“你想建养殖场是好事，我支持，只是你选的位置不对。”叔叔说：“那是咱自家的责任田，又不建在别人地里，再说，你正管着土地，别人谁还敢说个‘不’字？”宋建伦语重心长地告诉叔叔：“责任田是咱家的不假，但那是基本农田，国家有规定，基本农田、耕地不准建养殖场，虽说你侄儿管着土地，我咋能因为咱家而破这个例，那以后我还咋管别人？万一有人歪歪嘴，说我开绿灯，以权谋私，你侄儿还怎么工作？如果你真想建，可在咱村找片空闲地，我回去帮你协调，按政策办理手续，你掂量掂量，是不是这个理儿？”听着听着，叔叔哽咽了。他当场表示：“我听你的，今天就把地里的砖运出去。”

一分耕耘，一分收获。几年来，宋建伦带领他的队员们，严格依法行政，保护耕地，使全县土地违法案件逐年下降，受到社会各界好评。他本人连续多年被市、县局评为先进工作者；他所在的中队、大队被评为先进单位；临颍县政府及县国土资源局也先后被河南省人民政府评为土地执法模范县、黏土砖瓦窑厂整治先进单位，前不久宋建伦又被市县国土资源局推荐为河南省国土资源执法监察工作先进个人。

（本文获《资源导刊》2010年度“好文章”通讯类三等奖）

该上报的数据，一亩也不能少

□杨国生

日前，方城县第二次土地调查中的农村调查全面完成，其中一项统计结果令人吃惊：该县耕地总面积较第一次土地调查统计结果整整多出27万亩!

27万亩耕地是一个什么概念？按该县目前人均1.4亩的耕地占有量计算，等于增加了19.3万人的口粮田；按夏秋两季亩均产粮1500公斤计算，意味着每年粮食增产40多万吨，其经济、社会效益何等显著，由此可见一斑。

人们不禁要问，在城镇化、工业化步伐不断加快，建设用地规模日益扩张的形势下，该县的耕地总量何以不减反增呢？其原因有四：一是近年来，该县数个国投、省投土地整理项目相继开工，累计增加耕地2万余亩。二是“三项整治”工作持续推进，累计复垦工矿废弃地和废弃砖瓦窑场、“空心村”占地12万亩。三是县级投资的占补平衡项目连年实施，及时补充了建设占用耕地。四是群众自发性造田活动富有活力，如随着农业机械化的普及，以往大面积占地的打谷场失去用武之地，近年来，全县复垦打谷场用地5万余亩，同时通过开发改造“五荒”资源，增加耕地6万余亩。

对于“多”出的这27万亩耕地是否如实上报国家，该县国土资源局内部出现了两种声音。一种是主张不报，其理由一是可以将之挪作补充耕地使用，服务以后的土地报批，而县里亦可在相当长的一段时间内不必实施占补平衡项目，能够节约大量资金；二是耕地多了保护的任务将会加重，被问责的几率也会随之提高。另一种意见是坚持上报，其理由是国家开展第二次土地调查工作旨在摸清土地家底，为实施宏观调控和制订发展规划提供决策依据，来不得半点虚假，同时这也是一项十分严肃的政治纪律和工作要求。

两种说法各有道理，应当如何抉择？该局为此专门召开班子会，实行集体讨论决策。与会者多数认为，求真务实、为国家负责是国家工作机关所应遵循的基本原则，仅仅为了地方和部门的利益而去打埋伏、搞投机不但有悖于原则，更重要的是一旦暴露还将被严厉追责，得不偿失，绝不可取。据此，会议形成最终决议：报。

于是，在该县第二次土地调查办公室随后上报国家的工作报告中就出现了这样的文字表述："方城县第二次土地调查耕地总面积191.7万亩，比第一次土地调查上报专项统计数据多27万亩……"

（本文获《资源导刊》2010年度"好文章"通讯类三等奖）

“献身煤田地质一辈子，值！”

□李建设 口述 常曙瑜 张长杰 整理

我19岁到原河南省地质局物探队参加工作，现在是河南省煤田地质局物探测量队地震三院的院长。至今我已在野外干了整整40年。40年来，我和我的地质队兄弟姐妹们，南征北战，风餐露宿，完成了一个又一个煤田地震勘探项目。这其中，有成功时的喜悦，有困难时的痛苦，也有对家庭的愧疚。但是作为一名地勘人、一名共产党员，能够为国家能源建设、为河南煤田地质事业的发展做点贡献，我觉得，值！

野外施工，方方面面都会遇到沟沟坎坎，但只要我们坚定信念朝前走，就没有过不去的坎。

地震项目野外施工，尤其是大面积的三维地震勘探，免不了要与当地农民打交道，青苗赔偿就是一件很棘手、令人头疼的事，处理不好影响施工不说，甚至激化矛盾，发生冲突，影响工农关系。为此半途而废或者造成工程搁浅的不在少数。在处理青苗赔偿问题时，我坚信“办法总比困难多”，只要坚定信念朝前走，就没有过不去的坎。在这种信念的指引下，无论遇到再困难的项目、再复杂的工农关系，我带领的队伍都能保证顺利施工，不仅成功完成了一个又一个项目，还结交了很多朋友。

2007年秋，焦作市某村有一个三维地震项目。这个项目临近矿区，又处于煤矿塌陷区内，加之该村村委领导班子瘫痪，村民家族派性严重，个别老乡漫天要价，青苗赔偿工作难度非常大。为了这个项目，省内外多家地质队已经几进几出，最后都不得不放弃。后来，矿方领导联系到了我们，队领导硬着头皮接下了这个项目，并将这个硬骨头交给了我。为做到知己知彼，我并没有盲目进驻队伍，而是首先带着有关文件找到当地县、乡政府，讲明来意，取得帮助和支持。并多方收集所涉区域内各村的信息，调查村子里存在的问题和主要矛盾。然后找到施工所在村村长和村支书。前几次都无功而返，他们避而不谈。没办法，只能继续找，第六次去的时候，老村长终于被我的诚心所打动，开始谈及我们的工作，不过又提出，说前面有个地质队干了半截儿跑了，谁要接着干得先交20万元押金，不干拉倒。好不容易出现一点转机，又陷入了被动。我灵机一动，笑着说，“村长，咱先不谈这事，你请我吃顿饭吧！我也来你家儿趟了，就是个过路的你也该管顿饭吧？”村长先是一愣，继而哈哈一笑，“好！吃饭可以，走，我请你。”我们俩来到一家小饭馆，酒过三巡之后，我说：“这样吧，村长，我老家是辉县的，离这儿不远，你到我家看一看，还有几间房，如果我跑了，你就把我家房子卖了。”村长抬头看我一脸的真诚，端起酒杯感动地说：“老李，你这么大年龄了，为了公家的事，一趟一趟，这么下劲儿，我真是服了。来！咱俩干了这一杯，你的事儿我包了。”这以后，村长把我当成了朋友，真心实意为我们协调，逐家逐户做村民工作，俨然成了一位地质队的驻村工作者。到施工结束队伍撤离时，我们已和村民建立了深厚的感情，当时还差几千元钱没有给村民结清，回到郑州后我立即派专人乘车去送余款。接到钱后，村长给我打来电话说：“老李啊，再来我们这儿施工，谁再不信任你，我给你做担保……”

2007年冬，我们物探测量队中标内蒙古自治区一个地震勘探项目，工期要求3个月内提交最终报告，仅野外施工就需要近两个月。队上把这一艰巨任务交给了我。我立即带领队伍日夜兼程，在最短的时间内完成了爆炸手续的办理、施工驻地的选址等前期工作。施工时，我们遇到的第一个问题就是当地群众对我们的不信任。我就带领相关人员挨家挨户做工作。一次在宴请当地负责协调的人员时，一名村长拿来一个大玻璃杯，倒上满满一杯酒，让我喝，并表示只有喝出“诚意”，才能大力支持我们的工作。我身体有病，医生早就嘱咐不能喝酒。但为了项目按时完成，我啥也顾不上了，端起酒杯一饮而尽。由于饮酒过量，我当场倒下，被直接送到了医院。对方被我这种“大公无私”的精神深深打动，深感自责，在以后的工作中，他们全力配合我们。

2008年底，我们地震三院在豫西施工一个三维地震项目。野外作业快结束时，当地水利部门的工作人员到项目部找到我，说有群众反映我们在灌渠上打孔放炮，破坏国家水利设施，要告我们，并让我们赔偿30万元。我先是一惊，心想我们严格按照煤田勘探规范施工，为确保万无一失，施工的孔深和炸药量都比规范要求的数值还小，这其中肯定有误会。我很快镇定下来，心平气和地对他们说："同志，这里面肯定有误会，你先听我解释！"对方很急躁，根本不听，并让随行的工作人员立即将我带走。我笑着说："那你们把我抓走好了，我还高兴呢！""你这是什么意思？"对方感到莫名其妙。我说："你看，马上要过年了，结果我因工作中的误会进了拘留所，俺单位领导不得来看看我？说不定还会给我家发一笔不小的慰问金呢！"对方一听，不由得笑了，"你这人倒挺会说话"。一看对方气消了，我就趁机拉着他们到现场察看了钻孔的位置和当天施工日志，核对了钻孔与灌渠的安全距离、孔深和炸药量。然后对他们说："同志，我们这是国家勘探项目，因为工期紧，施工当天考虑到能够确保灌渠安全，就没有及时与你们联系，是我的失职。不过，我们严格按规范施工，不会对水渠造成影响。另外，我们施工结束后已将钻孔填实……"一番话说得对方服口服心服，问题得到了圆满解决。临走时，水利部门的领导还拉着我的手说要让他们的工作人员学习我老当益壮的精神、豁达开朗的性格和机智灵活的处事方式呢。

说起来容易，做起来难。40年来，面对困难，我也曾流过泪，也曾想到过退却。但每当想到领导的信任、职工的期盼，想到身上担负的责任，想到不难要我们基层领导干啥时，我都咬紧牙关，鼓励自己再坚持一下，就这样一次次坚持下来。然而，往往成功就得益于最后时刻的坚持。实践也证明，只要我们有这份责任，办法总比困难多。

干煤田地质40年，一年四季在野外，家里的事管得很少，心里也不是滋味，但自己的事毕竟是小事，能为国家煤田事业发展做点力所能及的工作，再苦再难，我都觉得，值！

我今年59岁了，按照规定早已到了可以提前退休的年龄。多年来的野外奔波，使我患上了严重的脉管炎，两条腿青筋暴突，惨不忍睹。夏天天再热，我也从不敢穿短裤，怕吓着大家。加上高血压和腰椎间盘突出，医生多次建议住院治疗。老伴也一直劝我退休，回家好好养病，好好陪陪家人。然而，每当看到领导们好不容易争取来的项目和职工们期待的眼神，我总是放不下，就跟老伴说："这病一天半天要不了命，等我退休了咱躺到医院好好治治，也能天天陪着你们……"老伴终于被我说服，勉强同意我继续工作！

身体的病痛对我来说不是最难克服的。最让我放不下的是对家人的愧疚与牵挂。2008年5月，我正带着队伍在新乡市吴村镇施工。由于马上就到麦收季节，工程施工难度非常大。正当施工的紧急关头，我老伴从新乡市医院打来电话，说刚两岁的小孙子病了，已经从县医院转到新乡市医院好几天了，病情还是不见好转，医生让立即转到省儿童医院。儿子不在家，让我一定回去。我挂断电话后，满脑子想的都是我可爱的小孙子，整整蹲在施工的路边半个多小时没有说一句话，真想马上乘车回去。然而，工地实在走不开。无奈，我就给老伴打电话说："租个车赶快去郑州吧，先别等我了，反正我在省医院也没有熟人，去了也起不到啥关键作用，等我这边忙完了，我就直接去郑州。"电话那头传来老伴愤怒的抱怨声："你就在新乡施工，离家这么近，出这么大事，知道你忙，这么多天了都没敢告诉你，现在要往省城转，儿子不在家，只有我和儿媳妇，到郑州了我们两眼一抹黑，哪是哪都不知道，实在没办法了才打电话找你，你还是不管。你让儿子儿媳怎么想？小孙子万一有个什么好歹你怎么交代……"没等老伴说完，我就挂了电话，把眼泪擦干又去处理施工问题了。当天晚上招待乡、村干部时，乡领导说了一句："你们为工作付出了很多啊，整天在外，根本顾不着家啊。"我实在抑制不住内心的情感，流着眼泪握住乡领导的手说："领导说到我心里，我都快60岁的人了，唯一的小孙子就是我的心头肉，小孙子有病从县医院转到市医院我不在身边，这又要转到郑州了，我还不能在身边，帮不上一点点忙，我心里愧疚啊……"乡干部知道此事后，很是感动。他们在接下来的工作中给我们了很多支持。然而，直到今日提起这事，我仍觉得很对不起自己的老伴、儿子、儿媳，特别是我的小孙子。

值得欣慰的是，领导和同志们对我的工作都非常支持，我所带领的地震三院，被誉为一支能啃硬骨头的"铁军"。在刚刚过去的2009年，我们地震三院全年共签订合同额3729万元，完成产值2856万元，占物测队工作量的近1/3，实现人均产值102万元，各项经济指标均创物测队地震实体历史新高，连续三年实现安全生产零事故，连续三年被评为局、队先进集体。我本人也先后获得队、局级劳动模范和郑州市劳动模范。

回首投身煤田勘探40年的风风雨雨，每当想起能为国家煤田事业发展做点力所能及的工作，再苦再难，我都觉得，值！

（本文获《资源导刊》2010年度“好文章”通讯类三等奖）

当泥石流袭来时……

——河南省煤田地质一队共产党员张艺耀勇救同事脱险纪实

□谢存涛

一场泥石流突袭河南省煤田地质局一队在新疆阿克苏拜城苏杭河勘探区施工的1201钻机。共产党员张艺耀不顾自身安危，在泥石流袭击职工驻地之前，安全救出9位同事。

泥石流来了

夏日的拜城苏杭河勘探区，时晴时阴，时风时雨，天气变化无常，一连几天降雨使钻机旁的小河暴涨。6月24日，在此施工的1201钻机的队员们像往常一样，下班后躺在帐篷内休息，中午时分，勘探区下了一场阵雨，雨过之后，乌云向山的深处移动。站在山谷中的钻机上，顺着幽远的山谷还能看到大山深处的天空中仍然乌云密布，然而，危险正一点点向他们逼近。

由于正在施工的水文钻孔处于水位观测期，钻机上只留下记录员张艺耀和另一名队员值班。下午5点40分，突然一声巨响，就像有什么重物从高处往下掉，接着地面开始有些颤抖，响声越来越近。距钻机不远的山谷中，咆哮的洪水夹杂着石头滚滚而下，激起2～3米高的巨浪，咆哮着冲向钻机。“不好，泥石流来了！”钻机上的张艺耀心里一惊，此时，山下帐篷内休息的9名队员还浑然不知，危险正从天而降，张艺耀顾不上多想，冲出钻机，冲向帐篷。

勇救队员

“大家快跑，泥石流来了！大家快跑，泥石流来了！……”随着连声呼喊，张艺耀发疯般跑向职工们居住的帐篷，他以最快的速度，赶在浪头前面，顾不上尖石扎脚的疼痛。此时身后的泥石流前锋已冲进钻场，击穿场房，石头撞击在钻塔上发出“咚咚咚”的阵响。听到呼喊，有的人跑出帐篷，有的人还迷迷糊糊地躺在床上不知发生了什么事。张艺耀冲入帐篷大喊：“快，快跑，泥石流来了！”有人慌乱中还抓起床头的衣服往身上穿，“别穿了，快跑！”张艺耀一边喊，一边拽住发愣的同事往外拉。大家跑出帐篷后，张艺耀又返回来，确定三顶帐篷内都没人后，顺手抓起一本地质资料，才最后跑向高处。大家刚刚离开帐篷，洪水就夹杂着巨石泥沙奔涌而至，顷刻间，击穿了帐篷，泥石流淹没了一切。好险，还好，这一切刚好躲过。在泥石流越来越响的“轰隆”声中，惊恐万状的队员们不由得抱成一团，大家一边相互安慰，一边清点人数。10个人，一个都没少。

“我是党员”

泥石流过后，呈现在队员们眼前的是一片乱石狼籍，一条浑浊的激流从中穿过，发出沉闷的响声。队员们的帐篷已被汹涌的泥石流夷为平地，冲下来的石头有的重达三四百斤，杂乱的石头中间到处露出队员们的棉被和衣物等。

“多亏了小张，出事前我正在睡觉，一点也不知道。”回忆起刚才那恐怖的一幕，钻工小王的脸上依然透着惊恐。“要不是小张我就完了，当时我还往回走去拿被子，是小张把我拽出来的……”钻工老党心有余悸地说。

张艺耀，今年24岁，中共党员，是今年新来的大学生，平时，他学习刻苦、工作认真，不怕脏、不怕累，深受同事们的喜爱。事后，在大家的感谢声中，张艺耀嘴边始终挂着一句：“我是党员，在危险面前，我不能只想到自己。”他是这样说的，也是这样做的，在这次泥石流灾害中，他用实际行动践行了共产党员的先锋模范作用，以勇敢无畏的气概，谱写了新时期地勘人最闪亮的篇章。

（本文获《资源导刊》2010年度“好文章”通讯类三等奖）

平凡书写大爱

——平顶山市国土资源局开发区分局何继东捐献造血干细胞纪实

□江素枝　徐亚伟　文梅英

7月19日夜，江苏某医院。

一名白血病患者正在接受造血干细胞移植。当一滴滴殷红色的造血干细胞悬浊液滴入他的血管时，他和门外等待的家人眼中都涌满了泪水。

这一刻他们等得太久了，7年，整整7年。7年中他们一直等待配型相同的捐献者，今天终于等来了！此时此刻，患者及他的家人无比感谢他们的救命恩人——远在河南不知名的捐献者。正是由于他的善举，使一个身患绝症的人有了重生的希望。

捐献造血干细胞的人叫何继东。他是平顶山市国土资源局开发区分局职工，今年33岁，一米七八的个头，不善言辞，腼腆中透着坚毅，平和中透着善意和质朴。

说起这次捐献，何继东介绍说，他3岁时，奶奶因患白血病去世了。当时还年幼的他，现在依稀记得奶奶病重时的痛苦表情。当从有关媒体了解到，造血干细胞移植是目前治疗白血病最有效的手段之一，而我国目前有400多万的血液病患者，却只有100多万的骨髓库容量，每年都有很多患者因为找不到合适的配型而死亡时，他热血沸腾，决心做一名捐献造血干细胞志愿者。正巧，2004年平顶山市局团委组织职工参加市红十字会组织的捐献造血干细胞志愿者活动，他就和同事们一起报了名，成了中华骨髓库的一名志愿者。

从此后，他天天盼望着自己的捐献之梦能变成现实。可是一直没有机会，直到2006年，终于与一位白血病患者低配相合，后因高分不合而终止，这让他感到十分遗憾。

2010年3月，机会终于来了。何继东接到了与江苏一名患者配型相同的通知。他高兴极了，觉得自己太幸运了，只有万分之一的几率，能配型成功是缘分，一定要捐献。当他把这一决定告诉家人时，家里人非常支持。在平顶山市卫生局工作的父亲说："孩子，你付出的是勇气，挽救的却是另一个人珍贵的生命。爸爸支持你。"于是，他积极配合做进一步检查，抽取高分辨血样，结果相合。体检结果却有一项不符合捐献要求。但他没有灰心，不愿意轻易放弃。经过一段时间锻炼后，他自己又偷偷跑到医院，进行了复查，结果这次合格了。于是，他兴奋地拿着复查结果找到红十字会工作人员说："我又复查合格了，请安排捐献吧。"

7月14日，何继东在平顶山市红十字协会工作人员和平顶山市干细胞捐献第一人邹超平的陪同下来到郑州准备捐献。7月15日开始，何继东连续注射了4天"动员剂"，其作用就是把骨髓当中的造血干细胞动员到外周血，进入血液循环，便于采集。那几天，他严格按医生要求克制自己不去公共场所，不吃生冷辛辣食物。他的脑海里总是出现另一幅图画：对方焦渴的眼神。因为他从医生那里得知：供受双方的手术是同时进行的，他这边注射动员剂，患者一方则正在进行"灭髓"，让没有功能的造血干细胞腾出空位等待他的健康的造血干细胞的入驻。

7月19日，何继东迎来了他生命中神圣而又激动的时刻——正式开始造血干细胞的采集。在河南省肿瘤医院造血干细胞采集室，血液分离机在空调冷气的笼罩下发出有规律的运转声，从上午8点55分到下午1点，何继东静静地躺在造血干细胞分离机旁边的床上，看着自己体内的血液缓缓流入血细胞分离机，机器的另一端是离析出的造血干细胞悬浊液，这一小袋悬浊液将是另外一个年轻生命的希望。他说，那一刻，他感到很欣慰，因为实现了自己多年的夙愿。

下午5点，当省红十字协会工作人员告诉他，经检测上午捐献的造血干细胞数量达标不用再采集时，他两眼含满了泪水，激动地说："我终于捐献成功了，悬着的心放下了。"

何继东的善举在社会上产生了积极的影响，得到了社会各界关注。河南省红十字会专职副会长何传军前往医院看望，送去了鲜花和捐献造血干细胞荣誉证书。省国土资源厅财务处副处长高梅、副调研员赵凤云受厅纪检组长司喜云的委托，专程到宾馆看望捐献后的何继东，并送来鲜花和营养品。他们高度赞扬何继东的捐献行为及作为河南省国土资源系统捐献造血干细胞第一人的深远意义。平顶山市国土资源局和开发分局领导专程赶到医院慰问并接他返程。市国土资源局及高新区分局的干部职工前往兰南高速路口，以隆重的仪式欢迎英雄归来。随后，平顶山市国土资源局高新区分局又召开欢迎何继东座谈会。平顶山市国土资源局党委做出决定：号召全局职工向何继东同志学习，学习他无私奉献的精神。

默默无闻的何继东，因捐献造血干细胞出名了，在平顶山市一下成为家喻户晓的人物。而他却很低调。当有人问他今后有啥想法或打算时，他腼腆地一笑：捐献只是我生活中的一件平常事，过去就过去了。要说想法，就是想用切身体会告诉大家：对一个健康的人来说，捐献造血干细胞对身体健康没有什么影响。

这就是何继东，一个用平凡书写大爱的人。

（本文获《资源导刊》2010年度“好文章”通讯类三等奖）

有了困难不用慌 进门就能见局长

□麻 峰

8月20日，在项城市国土资源局一楼办事大厅发生了感人的一幕：77岁高龄的袁启林送来锦旗，老泪纵横，握住郭剑局长的手不放，激动地说："我上访了18年，到郭局长这一任，我的事才得到解决，我真不知道该怎么谢谢您……"

这是项城市国土资源局实行局长值班制度以来，局党委书记、局长郭剑亲自接访、处理的众多案件中的一个。

面对近年来国土资源管理工作头绪多、任务重、信访量大等特点，2009年，以党委书记、局长郭剑同志为首的项城市国土资源局新一届党委班子，积极分析新形势，探索新办法，立足于内部挖潜，推陈出新，实行了局长值班制度，在集中精力抓大事、有效服务"双保"行动的同时，方便群众办事，收到了良好的效果。

该局在机关办事大厅设立局长值班室，5名局党委成员每周轮流值班，局机关各股室、各二级机构的主要负责同志陪同值班。值班局长当值期间，全权负责局各项业务工作的运作和办理，全天候接待群众来访。此举方便了办事群众，提高了工作效率。特别是当老百姓遇到困难或者发生土地权属纠纷时，只要来到国土局，不用打听，不用各股室之间来回跑，就能直接见到值班局长，面对面地反映问题。由于各股室、二级机构的负责同志都在场，值班局长立即就能组织有关负责同志对来访群众反映的问题进行讨论，能立即答复的当场答复，不能立即解决的，拿出方案，限期解决。如袁启林上访案件，当周值班的郭剑局长接访后，先后4次组织召开会议进行研究，注销了已经颁发给其儿媳的土地证，又呈请市政府给其儿媳安排了廉租房，最终促成了问题的圆满解决。

推行局长值班制度后，该局党委的主要精力得以集中到征地、出让、卫片执法检查等大事、要事上，为地方经济发展做出了积极的贡献。该局理顺了土地征收程序，坚持属地管理原则，以乡（镇、办事处）为主体，国土、住建、财政、审计、监察、公安等部门配合，提高了征地效率。今年以来，该局已完成土地征收1200亩，保证了政府引进项目有地可用、集聚城建基金有地可供，并成功拍卖了4宗土地，收缴土地出让金4620万元，其中湖滨路西侧260平方米临街门面房用地实现土地收入1719万元，每亩均价突破240万元，创历史新高。

（本文获《资源导刊》2010年度“好文章”通讯类三等奖）

仨书记抢订《资源导刊》

□张泽斌 高 屹

“郝所长，2011年度的《资源导刊》能不能先给我们村订一份，现在就把定金给你，咋样？”“大中书记，我报名在先，你缴定金也不中啊！”10月27日，孟州市东葛村的党支部书记闫大中和四联村的党支部书记薛卢生，刚开完人口普查会议，就急匆匆地来到河阳国土资源所的办公室。

“你们抢着订《资源导刊》，‘她’究竟有什么好处呢？”坐在办公桌边的郝永利所长不紧不慢地问道。

“好处多着呢！比如一些看着费劲的政策法规，《资源导刊》上都用简洁、通俗的话说得清清楚楚。其中‘乡村一线’、‘中州各地’、‘法律天地’等栏目，都是一些真人真事、典型事例、经验之谈，在我们村干部化解‘涉土’矛盾纠纷以及土地管理过程中，都收到了事半功倍、意想不到的效果。”闫书记兴奋地说道。

“是啊，在解决群众的宅基地纠纷时，参考《资源导刊》上的一些经验做法，比着葫芦画瓢，解决起问题来是得心应手啊！”薛书记也附和道。

两个书记你一言我一语，正讲得起劲，函丈村的党支部书记杨修山不知什么时候走了进来，接过话茬说：“最关键的你们还是没说出来啊！”他故意停顿了一下，卖起了关子。“是啥，你快说。”薛、闫两个书记迫不及待，异口同声地问道。“嘿嘿，其实也没啥，这书最关键的一点是字比较大，我看着格外清楚。”杨书记一句话逗得在场的人都大笑起来。

“我看这样，今天谁的理由有说服力，就先给谁订阅。谁的理由不充分，今天晚上就做东请客，各位书记，咋样？”郝所长调侃道。

“中，我先说。我们村去年第一个缴款订阅，今年还是第一个来报名，这理由中不中？”四联村的薛书记抢先发言。

“不中。我们村经济条件一般，但去年订阅了导刊后，许多党员和群众都爱看，所以，尽管今年的报刊征订经费有点儿紧张，我还是把订阅《资源导刊》作为首选。我这理由你们给评一评。”东葛村的闫书记不服气地说着。

“先别急，等我说完咱一块儿评。我们东葛村因为流转土地发展蔬菜大棚的事，经过咱们河阳国土所的‘秀才’宣传，今年有两篇文章在《资源导刊》上发表，引起了上级领导的高度关注，为我们争取到了60多万元的低息贷款。刚一年多时间，我们村就流转了200多亩土地，发展到了60座蔬菜大棚，使群众走上了致富的道路。我们是真正的订刊、学刊、用刊啊！”函丈村的杨书记讲起话来，依然是有理有据、不愠不火、柔中带刚。

这时，郝所长劝道：“好了，三位书记不用争了，你们说得都有道理。去年我们辖区17个村都订阅了《资源导刊》，村干部珍惜和保护国土资源的意识明显提高了。感谢三位书记支持我们的国土工作，请各位放心，今年的征订工作一旦开始，我第一时间就把你们仨村报上去！”

（本文获《资源导刊》2010年度“好文章”通讯类三等奖）

古有花木兰替父从军
今有父替子上山救火

□康战渠

近日，汝阳县国土资源局年已六旬的正科级退休干部郭宏凯，主动替代生病的儿子上山救火，在2010年12月12日县里组织的西泰山扑火救灾时表现突出，被传为佳话，大家盛赞“古有花木兰替父从军，今有父替子上山救火”。

2010年12月12日早晨5点钟，一阵急促的电话铃声把已经退休在家的郭宏凯同志从睡梦中惊醒。当他得知西泰山景区发生重大火灾，国土资源局正组织年龄在40岁以下的年轻干部职工上山救火时，在部队当过营长的郭宏凯马上意识到灾情就是命令。他不敢有丝毫马虎，首先想到的是立即通知儿子到局里参加救火队伍。为节省时间，他一边打电话，一边骑车子赶到儿子住处。儿媳知道情况后不好意思地说：“爸，实在对不起，阳阳昨天得了重感冒，现正发着高烧，看看能不能跟局里的领导请个假？”郭宏凯看到这种情况心疼地说：“孩子，阳阳有病不能参加救火，你在家好好照顾他，我会和局里领导讲明情况的。”

去单位的途中，老郭边走边想：“山火无情人有情，孩子有病去不了，可我作为一名共产党员，虽然年龄大了点，但还能干点力所能及的事情，不能眼睁睁地看着国家和人民的生命财产受到任何威胁。”于是，他决意参加局里组织的救火队。

当他把情况向局带队领导说明后，局领导说：“孩子有病去不成大家都能理解，但你这么大年纪了说啥也不能去。”郭主任诚恳地说：“孩子去不了，已经少了一个人，多一个人多一分力量，我去决不会拖局里的后腿。”最后，在他的执意要求下，局领导勉强同意了他的要求。

在救火现场，他自始至终战斗在第一线，哪里有火他就出现在哪里。扑火现场，县委常委、常务副县长李灵锋同志多次劝他休息让年轻人上。他总是笑着说“我年龄大有经验”，始终不下火线。就这样，他一干就是5个小时。当最后一处火情被控制后，郭宏凯的脸上终于露出了欣慰的笑容。

（本文获《资源导刊》2011年度“好文章”通讯类三等奖）

"创"出一片新天地

——鄢陵县国土资源局开展创先争优活动纪实

□苏可喜

2010年5月8日，鄢陵县国土资源局在全县县直单位中率先召开创先争优动员大会。

会上，局长刘付民的话语铿锵有力："创先争优活动一定要紧紧围绕建一流队伍、创一流业绩、树一流形象，深入开展创建'学习型、服务型、效能型、廉洁型、节约型'五型机关，在为服务全县经济发展中实现创先争优的目标！"

半年多来，无论是鄢陵县国土资源局机关干净整洁的办公大楼，还是机械轰鸣、紧张繁忙的土地综合整治工地，花都大地入目皆画，正在处处焕发着科学发展、创先争优的勃勃生机。

科学谋划引领创先争优航向

鄢陵县国土资源局党组把创先争优活动融入全县国土资源事业跨越发展的进程中，在全系统3个基层党组织积极发动，全局112名党员干部踊跃参与，共同奏响鄢陵县国土系统党员干部同心全力谋发展的精彩主旋律。

该局将创先争优活动与党建"三项"目标责任制落实相结合，在全系统党员干部中开展理想信念教育，开展"我为群众对象办实事"活动；将创先争优活动与贯彻落实"十二五"规划相结合，认真学习领会"十二五"规划对国土资源工作提出的新要求，努力把素质优势转化为发展优势，为国土资源的有效保护、有序开发提供有力支撑，确保"十二五"规划良好开局；将创先争优活动与落实党风廉政建设责任制相结合，围绕项目用地报批、土地交易、矿产管理、收费、经费开支、重大项目招投标等工作排查各项工作环节中可能出现的廉政风险，汇总梳理出部门廉政风险点40个，修订完善前期预防、中期监控、后期处置的38个防控措施和工作制度，积极构建反腐倡廉长效机制；将创先争优活动与行风评议活动相结合，在16个国土资源所深入开展群众满意的基层站所创建活动，适时进行优质服务、优秀职工、优秀共产党员评议，并将其事迹广泛宣传，用激情激发锐气，用锐气推动发展，打造一支“想干事、能干事、干成事”的党员干部队伍。

创新载体推进创先争优活动

在创先争优活动伊始，鄢陵县国土资源局党组就提出要求，要设计有效的载体，充分激发基层党组织和党员的热情和动力，让活动符合实际需要，化为实际行动，取得实际成效。

该局党组结合部门实际，围绕全县工业经济发展，扎实开展“园区建设提速增效年”和“工业服务月”活动，切实解决企业用地审批等问题，积极引导党员干部在重点项目建设等岗位攻坚克难，在本职岗位和重点难点工作中建功立业，把精力用在发展上、用在落实上，实实在在为企业解决困难和问题。

对全县确定的40个重点项目用地，该局全面推行“调查研究主动办、跟踪服务及时办、重大项目优先办、多头管理协调办”的服务模式，开通审批服务“绿色通道”，实行“保姆式”、“一对一”服务，依法优化审批流程，实现了收文、受理、承办、审核、会审等环节环环相扣。用地预审组件报批时限也由原来的30个工作日减少到10个工作日。

总投资5000万元的中国鄢陵花木城是鄢陵县引进的集花木交易和物流运输为一体的大项目。选址申请报到该局后，立刻进入“绿色通道”。工作人员迅速审核材料，7个工作日便完成了项目的预审和组件上报工作。

针对一些用地单位对用地报批程序和报批要件不够清楚而延误报批时间的情况，该局主动同项目业主联系，及时在项目用地预审阶段和组织报件阶段提出合理化建议，为缩短用地审批时间创造条件。

2010年以来，该局共上报土地报件13个批次，面积5070亩，其中省政府已批准2478亩，创历年来新高，先后确保了许昌市鄢陵县龙源世纪二期工程、中国鄢陵花木城等省联审联批重点建设项目用地需求。

分类实施推进创先争优纵深开展

开展创先争优活动贵在一个“实”字，选准主题才能做到载体实、效果实。鄢陵县国土资源局党组在局属3个基层党支部中开展了“一个支部一个主题”、“一名党员一份承诺”活动，叫响了“我是党员，向我看齐”的口号，营造了浓厚的比学赶超的创先争优氛围。

该局机关党组、工会、团委等部门党员干部围绕共性承诺、岗位承诺、实事承诺三方面作出庄严承诺：加强自身建设，尽最大努力为群众办实事、做好事、解难事。局行政审批中心窗口、利用股等重点股室根据自身岗位工作要求，设置党员示范岗，在攻坚一线按照工作阶段和时间节点作出集体承诺，真正树立“大服务”理念。

在“七一”即将到来之际，该局举行了庆“七一”暨新党员宣誓大会，局领导殷切希望全体党员牢记誓言，努力工作，充分发挥党员先锋模范作用，增强党员使命感，以实际业绩投入创先争优活动；7月30日下午,该局监察室举办了一次廉政教育党课，全系统112名党员干部一起观看了廉政警示教育专题片《一个贪官的两面人生》、《官商勾结的代价》等，并每人撰写一篇廉政教育心得体会；8月16日，局工会组织机关近30名女职工聆听妇科专家张容梅主任主讲的关爱女性健康知识讲座；11月中旬，该局号召全系统干部职工、共产党员学习韦寿增精神；全系统各党支部普遍开展了召开一次专题组织生活会、上一次党课、开展一次党组织活动、进行一次走访慰问、宣传一批先进典型活动的“五个一”活动。2010年以来，该局召开组织生活会20次，上党课30余次，开展各类文艺活动10多场（次）。

群众满意检阅创先争优实效

“金杯银杯不如群众的口碑，金奖银奖不如群众的夸奖，创先争优活动必须赢得人民群众的拥护。”该局局长刘付民的话掷地有声。该局党组要求基层党支部和全体党员干部必须带着与人民群众的深厚感情，想民所想、急民所急、办民所需，把工作做到人民群众的心坎上，以人民群众的认可与满意作为唯一标尺。

鄢陵县安陵镇苏岗社区是该局驻村工作队分包的社区之一。该局带着感情、带着问题、带着责任开展帮扶工作，组织党员干部走进社区居民家中，真切为民办实事。了解到苏岗社区居住的19户群众家中因下水道堵塞，整个社区臭气熏天的情况后，该局党员干部主动协调，及时组织人员进行了彻底清理。根据苏岗社区实际，该局在北环路社区路段种植高档水杉1000株，清理占道垃圾1.8万处，使村容村貌得到明显改善。

该局以“保民生”为落脚点，大力实施土地综合整治，让“民心工程”真正得民心。鄢陵县只乐—陶城国家级土地整治项目，总投资2040万元，整治规模2459.24公顷，新增耕地87.83公顷，涉及只乐、陶城、南坞3个乡的10个行政村。在整治项目设计规划上，该局坚持公众参与，体现群众意愿，确保整治项目真正造福于民。7月21日上午，该局在只乐、陶城和南坞3个乡举行了隆重的基本农田项目水泵配套设施移交仪式，为项目区内所涉及的塔庄、安赵等10个行政村配装了水泵519台、接水管7795米。通过对项目区田、水、路、林、村的综合整治，让项目区的群众得到了实实在在的好处。

“问渠哪得清如许，为有源头活水来”。扎实有效的创先争优活动，使该局上下创建先进基层党组织和争做优秀共产党员的热情空前高涨，创先争优的积极性、主动性、创造性得到有效激发。2010年以来，该局共办理国有土地使用权证400余本、集体土地使用权证228本；开展土地综合整治项目9个，总投资1211万元，整治规模1747公顷；出让土地34宗1397.36亩，成交总价款3.5297亿元，为历年来新高。

（本文获《资源导刊》2011年度“好文章”通讯类三等奖）

特殊的年夜饭

□郭永照

旱！旱！旱！正当人们喜迎2011年新春佳节之际，豫南平原百万亩冬小麦却面临着干旱的威胁。自去年10月以来，黄淮地区无有效降水，导致豫南平原冬小麦出现旱情，至1月底，干旱天气依然持续，小麦旱情日趋严重。

旱情牵动着各级党委政府的心，也牵动着遂平县国土资源局全体干部职工的心。

1月31日是农历虎年的腊月二十八，新春佳节近在眼前。这天下午，布置完全局的春节假期工作后，局党组又召开了扩大会议，专题研究服务全县的抗旱保苗工作。参加会议的人员除全体党组成员外，还有各基层国土资源所长、二级机构单位负责人。在听取了部分基层国土资源所长关于当前小麦旱情的汇报后，局党组书记、局长杨利说，国土资源管理工作是保红线，但更要促丰收，因此，面对当前的旱情，服从政府安排，发挥部门职能，服务全县的抗旱保苗工作是县国土局义不容辞的责任。会上，局党组向局土地整理中心下达了一个紧急任务：对全县土地整理项目区内的灌溉设施进行全面检修，确保项目区内的灌溉设施正常使用，服务群众抗旱浇麦！

接到任务，土地整理中心主任曾成芳感到了自己肩上的压力。距春节只有短短两天时间，天气预报说近期仍无降水，春节过后必将迎来群众抗旱高峰，项目区内的井房、电缆、排水管都必须抓紧时间检修一遍。时间紧、任务重，曾成芳暗下决心，就是不过这个年，也要完成好任务，不能误了乡亲们抗旱！

腊月二十九，曾成芳带领土地整理中心的技术人员开始奔波于阳丰乡、沈寨乡土地整理项目区内，调试机器，查看管道，与村委干部结合工作……直到天色已晚，他才带着同志们返回县城。县城的街道已是张灯结彩，曾成芳这才想起来，该问问家里的年货办齐了没有。

腊月三十，曾成芳和他的同事们又来到了离县城20公里的花庄乡土地整理项目区。曾成芳原计划下午早些时候收工，返回县城，毕竟是大年三十了。但该项目区建成较早，一些灌溉设备确已损毁，急需更换，任务量依然不小，提前回家看来是难以实现了，真是计划赶不上变化。

收工的时候，已近下午6点，周围的村庄开始响起噼噼啪啪的鞭炮声——除夕的鞭炮响了。一直陪着他们的花庄国土资源所所长李国成笑着说："曾主任，当初项目区建好了，你们也走了，乡亲们请你们吃个饭的机会都没有。正好，今儿个的年夜饭我代表乡亲们请了。走，到我家去。"李国成的家就在不远的村子。

这下，曾成芳犯难了，这大过年的……可再想想，也是，去餐馆吃，都关门了；回家吃，都过了饭时了。也罢，就去李所长家吃吧，同事们在一起吃顿年夜饭，也是个团圆。

虽是在农村，晚饭却也很丰盛，李所长的妻子还端出了几个特色腌菜，很是爽口。李所长的妻子还说，项目区建好后，打的粮食多了，群众的收入多了，乡亲们都说是国土局给俺们办了大好事，都感动得不得了。

回来的路上，不时有璀璨的烟花绽放，五彩斑斓，瞬间又像雨滴一样飘落大地。曾成芳说，参加工作这么多年了，这顿年夜饭吃得最特别，最有味。

（本文获《资源导刊》2011年度"好文章"通讯类三等奖）

春风和暖“小家园”

——宝丰县周庄国土资源所见闻

□康会昌 胡俊芳

在宝丰县，久闻周庄国土资源所是一个环境怡人，管理严格而又充满和谐友爱的小集体，又得知该所被评为“全市国土资源系统优秀基层所”荣誉称号，于是更加期盼了解那里的人和事，感受那里春天般的气息。近日笔者有机会前往，终于了却了这桩心愿。

环境优美小天地

走进国土所大门，首先映入眼帘的是两层崭新的办公楼，院子收拾得干干净净，几株白玉兰开得正艳。东面的一片空地上，菠菜、油菜、小葱、蒜苗，青翠欲滴，长得很喜人。一下子，我们便被这里的景象给迷住了。看到我们十分惊奇，国土所的老康笑着说：“现在这些还不算稀罕呢，夏天你们再来，请你们尝尝咱所里的‘八大珍宝’，是我们自己种的西瓜、甜瓜、黄瓜、西红柿，辣椒、茄子、瓠子、青豆角，绝对纯天然。”

说着话，老康带我们参观了他们的办公楼。只见楼上的会议室、档案室、活动室、微机室都是修葺一新。老康高兴地说：“自从开展基层所规范化建设以来，我们所发生了很大变化，由原来的租赁办公到现在拥有自己独立的办公场地，配置了完善的办公设施，小到桌椅板凳，大到相机电脑、巡查车辆，一应俱全。而且，我们还建立健全了各项规章制度，整个国土所面貌焕然一新……”

仔细参观以后，我们确实感受到基层所这几年来发生的可喜变化，也从老康兴奋的话语里，感受到了基层工作人员的那份自豪。

严格执法保耕地

上午10点左右，办公室值班人员接到群众举报，舍庄村有人正在自家耕地建猪舍。老康一听，脸色一下子严肃起来，立即叫上所里正在整理档案的两位工作人员准备出发。

“真对不起，所里的其他同志全部分组下乡巡查了，我们必须马上赶到现场，只是你们初次来……”老康面露难色。

“没事，要不，我们跟着你现场学习吧！”

“中！”老康爽快地答应了。

不一会儿，我们赶到现场。只见一个中年男子正指挥着工人在农田里卸石头。

“你好，我们是国土资源所执法人员，请问你有没有办理土地使用手续？”老康亮出执法证严肃地说。

“什么土地手续啊，俺可不清楚。再说这是俺自家的田，我是建养猪场又不是盖住房。”中年男子很迷惑地说道。

“你家的地也不行，如果都像你这样在自家耕地里建房，还不乱了套，你们还吃啥？你知不知道，这是违法行为？现在立即停工。你建猪场，也要通过正常程序，经相关部门批准才行。咱们完全可以利用村里的闲散地，帮你建养猪场……”老康耐心地说。

看到老康很真诚，中年男子当即让人把卸下的石头装回车上，并表示立即恢复原貌。这时，我看了一下表，前后不到30分钟，老康他们便制止了一起违法占地的事件。

回来的路上，大家深有感触，都说基层的工作很辛苦。老康却说：“把土地管理好，我们心里也觉着舒坦。”

和睦温馨一家人

中午，本打算返回，老康一再挽留，说既然来了，就一定要尝尝我们的大锅饭，盛情难却之下只好留下来吃饭。12点半，下乡的同志们陆续回来了，老康的饭也差不多做好了。蒜苗腊肉满院子飘着香，引得大家口涎欲滴。在这里，同志们就像和和睦睦的一家人，吃饭，工作都是那样的自在和舒服。

下午2点，是所里规定的学习时间。突然，我们看到一位老人提着一个塑料袋，大概是怕影响大家学习，就站在门外等。国土所的同志一见到老人，赶紧站起来把老人请进办公室。他们围着老人坐下，问这问那，像一家人一样亲热。老人说："有阵子没来所里了，今天拿了自己种的花生，炒炒给大家吃，不为别的，就是挂念你们……"

送走老人，老康感慨地对我说："这就是咱们所里国辉同志的父亲。"他这一说，我想起来了，国辉同志在2010年5月遭遇车祸不幸身亡。当时县里曾号召全系统干部职工为他年迈的父亲和年幼的女儿捐款。老康激动地对我说："就这几年时间，老人先后失去四位亲人，为了让老人坚强地活下去，我们抽空就会去看望老人，给他送些日常用品，陪老人说说话，国辉走了，我们都是他的孩子。"他还告诉我，当初说这话时，老人激动地看看这个，摸摸那个，含泪笑着说："国土所就是我的家，你们都是我的孩子。有你们在，不管再苦再难也会带着小孙女过下去的……"

当我们走出周庄国土资源所时，西边的晚霞正红。明天，肯定又是一个艳阳天！

（本文获《资源导刊》2011年度"好文章"通讯类三等奖）

韩张所：

退伍老兵的“后军营”生活

□姜慧琴

南乐县韩张镇韩张国土资源所成立于2005年12月，分管韩张镇、张果屯乡两个乡镇，辖区内耕地面积5952.72公顷，8万余人口，曾多次受到濮阳市国土资源局和南乐县委、县政府表彰，连续五年被评为“南乐县国土资源局先进国土所”称号，2006年被河南省国土资源厅评为“先进国土资源所”荣誉称号。

韩张所的工作人员是清一色的男子汉，三个人都来自军营，平时皆以“兄弟”相称。在这个朴实的豫北小镇的平凡岗位上，他们以吃苦耐劳的精神、认真负责的工作态度，唱响了一曲国土青年奋斗之歌，赢得了乡亲们热烈的掌声。他们用青春的活力，在基层所辛劳的岗位上，书写着激情无限的“后军营”生活。

正气浩然：都是青春年华，都是热血儿郎

一进韩张所办公室，你就会看到一面特大的锦旗：保护耕地，尽职尽责。那是去年9月的一天，韩张所接到群众举报，称韩张镇罗庄村有人夜里偷偷在耕地上取土。接到举报后，三个“老兵”一商量，干脆也来个“偷偷”蹲守的方法。他们埋伏在隐秘地带，及时制止了违法行为，并在天亮之前恢复了土地原貌。问他们折腾了一夜累不累？李圣权所长感慨道：“要说咱们国土部门，工作中确实会遇到或大或小的困难，可是，一有大多数群众的理解和支持，二有各级领导的关怀和帮助，想想也就不觉得累了。”旁边的任记胜接过话来：“别说是普通群众了，李所长就连自家人来说情，他也不留情面的，绝对称得上铁面无私。”

说到这，又想起一个故事。去年4月的一天，有群众打电话给李圣

权："李所长吧？你哥李山岭知道你从元村所调到韩张当所长了，正在往地里拉土想建房子，你管不管？"李圣权一听就急了，马上带领所里的弟兄来到老家了解情况。原来，李所长的本家哥哥想在自家耕地上以发展养殖业为名建房，在所里两个"兵兄弟"的注视下，李圣权开始了义正词严的劝说，从轻从重均给予了说明："山岭哥，《土地管理法》第三十六条规定，非农业建设必须节约使用土地，可以利用荒地的，不得占用耕地；可以利用劣地的，不得占用好地。禁止占用耕地建窑、建坟或者擅自在耕地上建房、挖砂、采石、采矿、取土等。现在咱们国家正在进行卫片执法检查，咱们县的制度你也了解，如果房子建起来之后再拆除，损失就更大了……"就这样，从接到举报到恢复地貌仅用了两天时间，李圣权的本家哥哥也表示以后一定支持弟弟工作，不论是举报人还是乡亲们，都对他竖起了大拇指。

诙谐多趣：什么也不说，祖国知道我

工作之外，韩张所里经常是一片欢笑声，用任记胜的话说就是："俺们当兵的人就是这个样儿，在部队就爱唱军歌，现在也改不了，尤其是军旅歌曲。"有一次，在全县国土资源系统大会开始前，李圣权不由自主地唱了一句："有过多少不眠的夜晚，抬头就看见满天星辰……"任记胜听着听着，不由自主就接上了："想家的时候很甜蜜，家乡月就抚摸我的头。"旁边的赵德强听得傻了眼："同志哥，你俩唱的这是几首歌呀？"两个人愣了愣，旁边的同事禁不住大笑起来。

普法宣传是与日常工作紧密结合在一起的，有时候也会闹出一点"小插曲"。有一次，他们在张果屯乡一个村里的老集会上进行宣传，刚摆好宣传彩页，就过来几个学生模样的人相互低语道："咦，这好像是房地产公司的彩画吧，走，咱们看看去。""不会吧？他们卖房子卖到农村来啦！"听他们这么一说，平日爱搞笑的任记胜接过话茬说："来吧来吧，朋友们，说卖房子也不是卖房子，但确实跟房子有关。"一听说跟房子有关，围上来的老百姓就多了，他们三个便趁机开始了宣传，当天共发放宣传彩页500余份。李圣权还现场编了一个顺口溜："想盖房，要符合条件；不能瞒，更不能强占；遇困难，我们帮您办；若违法，自有法来管；护土地，是你我使命；为自己，更为美好明天。”说得乡亲们边笑边鼓掌。

这让我想起了李所长说过的一句话：“我们三个都是从部队上走出来的，有军人的情结，有军队的精神，严肃认真是我们的性格，追求和平是我们的向往，我们秉着一颗当兵的心，保卫全县的土地，服务于全县的老百姓，没别的想法，就希望乡亲们和我们一样，永远都乐乐和和的！”

（本文获《资源导刊》2011年度“好文章”通讯类三等奖）

“许不赢”的官司赢了

□赵福海 王宝轩

6月18日下午1点40分，栾川县栾川乡南沟村村民许刚兴高采烈地回到家里，刚进院就把买好的一挂1000响的大鞭“噼里啪啦”地点燃了，招来了许多邻居。

有人问：“许不赢，看你这高兴劲儿，官司赢了？”

许刚昂着首，挺着胸道：“哎……俺……俺打……打了12年的官司，今天打赢了。这得感谢县国土资源局，如今成立了一个什么委员会，他们工作认真、取证有力、态度和蔼，又从县司法局请来法律专家坐镇，俺的官司才有了最终的好结局。”

原来，栾川县国土资源局为了创优质服务环境，提升工作效能，解决好人民群众的土地纠纷信访问题，从去年10月起，结合本局土地信访案件实际，与司法局联合成立了人民纠纷调解委员会，遇到疑难土地纠纷法律问题，请司法局的法律专家出面解答。截至今年6月底，调解委员会已经成功调解8起陈年土地纠纷案件，深受群众好评。

许刚与王营从上辈人就是邻居，两家建房子时趁一个山墙。十多年前，许刚与王营两家都要扒老房盖新房，又要两家用一个山墙，王营不答应，引出了宅基纠纷。开始官司在组里打，后来到村里打，再后来到乡里打。由于许刚口吃，越是着急越说不清楚，而王营在居民组里家族势力大，邻居们不敢出面为许刚作证，造成官司打打停停，停停又打打，一打就是十多年。许刚的官司老打不赢，就有人给他起了个外号“许不赢”。

在今年《信访条例》实施六周年宣传月活动中，栾川县国土资源局在县城闹市区设立法律咨询台，进行土地法律法规政策宣传。许刚就把自己的宅基纠纷问题再次提了出来。法制信访室的工作人员认为这个案件特别，就马上立了案。第二天，法制信访室的工作人员在主任杜建军的带领下，顶烈日，冒酷暑，深入一线调查取证。经过前后20多天六次反复做工作，耐心细致地对群众进行说服教育，最后取得了有力证据。杜建军又与司法局的法律专家对照有关法律条文进一步研究案情，制订了周密的调解方案。

6月18日，栾川县国土资源局法制信访室通知乡、村、组的干部和双方当事人许刚、王营到国土资源局人民调解委员会处理此事。从上午9点开始，到下午1点结束，经过引经据典，摆事实讲道理，耐心细致的说服教育。王营答应拿出1000元作为许刚宅基地补偿费，最终达成皆大欢喜的协议。

“许不赢，这次你的官司打赢了，你总得感谢感谢国土资源局才对呀！”有人感慨地对他说。

许刚拍着胸脯道：“那是自然。俺明天，就送……送锦旗去。”

（注：为维护当事双方隐私权，文中双方姓名均为化名。）

（本文获《资源导刊》2011年度“好文章”通讯类三等奖）

紧急撤离

——伊川县国土部门避免一起地灾伤亡事故

□周红钦

9月中旬，持续不断的大雨给伊川县葛寨乡瑶头村带来一场灾难，20多米高的滑坡体悄然俯冲吞噬群众的住房，但由于及时预警、预防得当、应急处置到位，该村居民无人员伤亡。

9月17日夜里12时多，瓢泼大雨不停地下，葛寨乡瑶头村村民大多数都已进入梦乡。突然，设置在村子西邻30多米高山坡上的滑坡自动监测报警仪发出了刺耳的警报声，紧接着监测员的手摇报警器也紧急鸣叫起来，警报声、鸣笛声、惊叫声响成一片。接到险情报告的伊川县国土资源局干部及乡政府干部迅速赶到现场，同村干部一道开始了紧急救援清查工作。他们冒着大雨和生命危险挨家挨户清查。刚将群众撤离不久，轰隆一声，村西山坡20多米高约3000立方米的滑坡体坍塌下来，以排山倒海之势扑向紧临山坡的四排房屋，黄土、泥水、杂草、树木顷刻间涌向街道，堵塞了路口，有几家民房岌岌可危。

“好险啊，要不是撤离及时，我们就没命了。”逃离危险的村民们感叹道。

凌晨2时，县乡国土资源部门工作人员与村干部按照应急预案，安置群众，清点人员，并组织邻村200余名群众赶来增援，紧急抢险。

接到险情报告后，河南省国土资源厅地质环境处处长饶维智，洛阳市政协副主席、市国土资源局副局长陈卫平及市国土资源局地质灾害防治中心主任星玉才等领导及专家，立即赶到葛寨乡瑶头村滑坡现场，查看灾情，开展灾情评估，并对下一步防灾避灾工作和对滑坡体彻底进行治理作了具体指示。

近年来，伊川县政府高度重视地质灾害防治工作，成立了县、乡（镇）、村、组四级地质灾害防治体系，对全县地质灾害防治全面布置，每年3月就及时开展地质灾害巡查，并把巡查出的危险区域和危险点列入县政府的防治方案和应急预案。同时，县政府与各乡（镇）签订地质灾害防治责任书，将地质灾害防治工作逐级落实到人，各乡（镇）都有自己的防治方案和应急预案，对县政府划出的危险点都派有专职地质灾害巡查员密切关注。该县每年还从财政拨出专款对重要地点进行应急治理，购买防灾防汛物资，在滑坡区安装自动监测报警仪，在居民房屋安装裂缝自动报警器。葛寨乡瑶头村逃过一劫就是该县高度重视地灾防治并依靠科技监测手段做好防范工作的有力证明。

（本文获《资源导刊》2011年度“好文章”通讯类三等奖）

践行诺言十六年

——记灵宝市豫灵国土资源所所长赵少伟

□刘泉锋 梁 巍

赵少伟是一位颇具书生气的硬朗汉子，今年38岁，是灵宝市豫灵国土资源所所长。曾经多年的军旅生活，练就了他过硬的工作作风。他十六年如一日，勤勤恳恳工作在基层第一线，先后获得了“灵宝市新长征突击手”、“灵宝市十大优秀青年”等殊荣。他常说的几句话就如他所走过的路。

“岗位就是咱的家”

“岗位就是咱的家。”赵少伟经常这样说。写这篇文章时，笔者做过一次调查，赵少伟从参加工作至今，从未无故迟到、早退过一次。这个结果不容置疑，确是事实。从1995年至今，赵少伟无论是作为一名普通工作人员，还是担任基层所副所长，他都严于律己、以身作则，真正起到了一名行政执法人员的模范带头作用。2006年，赵少伟调到了中心矿产资源所工作，因为局里要对全市基层管理所工作人员实行考试定编，很多基层所都停止了工作，大家全力以赴应对考试。那段时间，河道采砂专项整治活动到了关键时刻，加上其他工作又比较繁杂，赵少伟没有丢掉眼前的工作，而是始终如一坚守岗位，确保了河道采砂专项整治活动的顺利进行，其他各项管理工作也顺利开展。近年来，他先后担任阳平所、豫灵所所长。家住城区的他每周一从几十公里外的家里赶到所里上班时，单位值班的同事常常还未起床，之后的一周内，他都以所为家，与同事们同食宿。有同事开他的玩笑说：“所长，老这样守在这里，小心嫂子有想法啊！”赵少伟笑笑说：“在基层干了这么多年，其中的酸甜苦辣她能不知道？有意见是肯定的，但不会有想法，多亏她通情达理，理解我、支持我，不然纵是一个铁打的人，我也坚持不了这么多年啊。”

“就是要当‘和事佬’”

赵少伟在担任阳平矿产资源所所长时，对社会的公开承诺是“倾心服务矿权人，甘做企业守护人”。为了维护辖区矿业生产秩序，该所的同志严格按照巡查工作制度，翻山越岭，忍饥挨饿，从海拔620米到海拔1980米，跑遍了辖区的沟沟岔岔。为了查处和制止非法越界行为，他们高度警惕，随时出动，钻万米深的坑道，爬六十度的洞坡，时刻监视着“密闭墙”的安全。为了应对不法矿主的围攻和纠缠，他们忍辱负重，苦口婆心地讲法律讲政策，直到对方心服口服。赵少伟经常对大家说：“作为行政管理人员，不能一味用行政手段去要求管理对象，沟通也非常重要，多与他们接触，在交流中沟通，在沟通中理解，相互间就增加了信任，咱们的工作就好做得多。其实，从某种意义上讲，我们就是和事佬！”多年来，在赵少伟的带领下，他们与周边的村镇、企业和睦相处，从而也带动和改善了村镇与企业之间的关系，从根本上化解消除了许多矛盾和纠纷，真正维护了当地矿业秩序的稳定。

“执法不公谁服你”

作为土地、矿产等资源的保护者和管理者，自然是社会关注的对象。近年来，随着国土资源部门违法违规案件的增多，赵少伟时刻不忘提醒所里的同志们心中要时刻装着一杆秤，时刻清除“门前雪”，真正做到秉公执法。他常说：“执法不公谁服你？”为此，他得罪了不少人，但同时也得到了更多人的赞许。2005年8月，他带领执法人员在矿区巡查，发现原来封堵的非法采矿工程正在被人扒开。赵少伟当即向当事人宣传《中华人民共和国矿产资源法》和相关的法律法规，并口头责令其停止施工，不料当事人蛮不讲理，执意要继续违法行为。赵少伟意识到问题的严重性，若继续下去，一方面将对合法的采矿工程构成威胁，另一方面由于该矿洞长期封闭，坑内氧气缺乏，极易对施工者造成危害。为了防止重大安全事故的发生，他及时向局里汇报了情况，并不顾个人安危，毅然冲入坑口，切断了进入坑道的道路，即使肇事者对他进行谩骂和拉扯推搡，他也没有后退半步，直到国土资源执法监察大队赶来，才彻底制止了当事人的行为。今年3月，赵少伟出任豫灵国土资源所所长，在一次例行土地巡查时，发现该镇一居民私下与村民签订了租地协议，并擅自建房。在多次对其宣传土地管理法律法规无效的情况下，赵少伟组织人员到现场下达了书面通知，强制其停工。不料，该用地户趁着国土所工作人员下班休息时间进行抢建，发现这一情况后，赵少伟再次前往该居民住处勒令停工，并派人员日夜巡查。事后，用地户到处托关系、找熟人企图贿赂赵少伟，但都遭到了赵少伟的断然拒绝。用地户无奈，只好拆除违法建筑，恢复了耕地原貌。

（本文获《资源导刊》2011年度“好文章”通讯类三等奖）

农民就地“出气” 民怨当场化解

□刘海权

致力于化积怨、消冲突、构和谐，修武县国土资源局与乡信访办、派出所、司法所、法庭等联手，确立了纠纷调解“早、快、效”的方针，为防止矛盾激化做到介入早，为消除严重后果做到动作快，为避免久拖成怨、反目为仇做到高效率。2011年以来，该局共受理宅基地等涉土纠纷39起，全部调解到位，无一起投诉，群众满意率达99%。

提前预警，体现“早”

对群体性纠纷或有可能导致不良后果的信访事件，该局在快速介入的同时，及时向当地派出所预警，双方密切配合，力争第一时间与纠纷双方见面，积极稳妥地予以处置。

2011年3月7日，高村国土资源所接到村民邢某的电话，反映邻居伊某翻盖房屋时超出法定面积，妨碍自家排水。村委会调解时，伊某非但不听，还扬言谁敢阻拦就“灭”了谁。国土所立即向派出所通报情况，并及时展开调查。在查清事实的基础上，国土所、派出所拿出处理意见，并协调村委会具体负责疏通两家关系，力促双方和解。当晚11时，两家终于冰释前嫌。

联合行动，讲究“快”

本着“优势互补、各司其职、快速反应、降低危害”的原则，着眼在最短时间内控制事态、稳定情绪、消除影响、化解矛盾，该局与派出所建立了联合行动机制，在基层实行24小时值班制度，确保行动及时、快捷。

2010年5月8日，刁村村民王某与仝某因争夺房后风道发生冲突。派出所接到群众举报后，立即通知国土所。5分钟内，双方赶到现场，及时控制了事态。国土所摆事实、讲政策、谈危害，最终使两家达成和解协议。

借力而行，追求“效”

为将纠纷平息在初发时，避免久拖不决造成纠纷双方积怨日深，并引发新的矛盾，该局充分利用乡镇搭建的“四长”（司法所长、派出所长、法庭庭长、国土所长）接访日平台，通过对纠纷信息的收集、整理、研判，及时发现其中潜在的隐患性、冲突性苗头，做到了一般访当场化解处理、疑难访专业解析会诊、无理访多方教育稳控、违法访及时依法处理，将涉土矛盾纠纷解决在萌芽状态。

2010年11月，村民范某在承包地里栽树，与相邻地块的王某发生纠纷，两家争吵不休，矛盾不断升级，村干部多次调解无效。该局接访后，会同司法所登门调解。尤其是在谈到当年范某在外打工，其母生病，是王某半夜起床将其送往医院的情形时，范某被深深感动了，主动提出尽快拔掉树苗。王某也不好意思地表示，愿意承担100元的损失费，并当场在调解协议书上签了字。

（本文获《资源导刊》2012年度“好文章”通讯类三等奖）

冯所长“巧”解纠纷

□张亚超 口述　胡俊芳 整理

今天轮到我和小王值班，心想：小王新婚，可能会来得晚。谁知，当我赶到办公室，却看见刚上任的冯所长正忙着收拾屋子。

“冯所长,今天不是你休息吗？”我满脸疑惑。

“小王新婚，我让他在家休息呢。”冯所长边整理桌子边说。

“休息啥呢？在家歇了几天闷得难受，我早想上班了。”话音未落，小王走了进来。

就在这时，桌上的电话响了起来。

“我是张庄村的，我们这儿发生了土地纠纷，你们快来人管管吧……”电话那头，一位中年男子急促地说。

放下电话，冯所长让小王留下值班，带上我赶往张庄村。来到现场，只见双方你争我吵，各说各的理。为弄清事情原委，冯所长让他们停止“舌战”。可是两家人都在气头上，火气一家比一家大，谁都不愿少说一句话，声调越来越高，眼看着就要动手。

“你们究竟想不想解决问题！”所长大喝一声，让在场的人吃了一惊。看到所长铁青着脸，当事双方停止了争吵。经调查，去年8月份，何家准备建房，郝某发现何家竟然占用了大约0.5米的出水搭架，便以此为由，让何家让出出水搭架。但何家拒绝出让，双方矛盾不断升级恶化。

在了解事情全部经过后，冯所长笑着说：“咱今天不说出水搭架的事情，就说说闲话，拉拉家常，好不好？”

“冯所长，事情都到啥份上了，你还有心说笑话？”何某莫名其妙。

“问题不解决，俺心里堵得慌，还是先说事吧！”郝某也满脸困惑。

“老郝，你今年多大岁数了。”冯所长仍不慌不忙。

“60多了，都儿孙满堂了。”郝某说。

“老何，你们两个年龄差不多吧。”冯所长接着问道。

“嗯，孩子都大学毕业，成家立业了……”说起孩子，何某情绪似乎好了许多。

“你们两个人的生活可让人羡慕了，衣食无忧，儿孙绕膝，一大家子其乐融融。没事的时候老伙伴们聚一起说说话，健健身多好。上点年纪的人就是要保持身心舒畅，身体健康，这比啥都强，是不是？”冯所长语重心长地说。

“你不知道，要不是这点事心里一直窝着火，我能吃能睡好着呢？”郝某的语气缓和了下来。

“谁不是呢？我也想心里落个清净。整天这样吵闹，血压都高了。你说，都是多年的邻居，我也不是故意占那一点地。只是当初你老郝态度强硬，把我的倔脾气给别上来了。”何某说出了心里话。

“其实，你们两家的事还真不是啥大事。俗话说，退一步海阔天空，如果当初都宽宏大量，事情就不会发生了。再说了远亲不如近邻，说不定哪会儿就用上了呢？”冯所长见两家态度都有所好转，趁机撮合。

“不就那么大一点地方，我让出来就是了，当初也怪我大意了。”何某真诚地说。

“要不算了，都是我过于计较，其实也不影响以后盖房子……”

看着两个人态度缓和下来，都互相谦让，大家也都开心地笑了……

“冯所长，这么大的纠纷，您一会儿就给解决了，真神了啊。”回来的路上，我佩服地说。

“这里面没啥学问，其实只要你把百姓的事情真正放在心里，真正为他们着想了，就能够找到处理问题的办法。”冯所长认真地说。

（本文获《资源导刊》2012年度“好文章”通讯类三等奖）

“巴掌”所里的“拳头”兵

□杨玉琴

我所在的修武县城关国土资源所，被全局干部职工称为“巴掌”所，之所以被这样称呼，有两个原因：一是片小，我们所的辖区在全局8个国土资源所里面积最小；二是人少，全所共有5名工作人员，扳指一数，正好一“巴掌”。

别看我们所片小人少，工作成绩可不含糊，连年被县局和城关镇政府评为工作先进单位和贡献突出单位，2006年还被河南省国土资源厅评为全省先进国土资源所。

所长薛金河常常这样对大家讲：“我们所就如同一只手，在日常管理工作中，我们要五指张开，各有分工，各尽其职；在查处违法行为时，我们就紧握成拳，紧密团结，重拳出击。”

五指张开　各尽其职

所长薛金河，性格沉着稳重，思路广、办法多，遇到许多难题到他这里总能迎刃而解，大家都喜欢称他“金点子”所长。

副所长王书战，军人出身，能写善画，任劳任怨，对所里的土地管理工作样样精通。去年，在土地变更调查过程中，由于时间紧、任务重，于是大家白天搞外业调查，王书战便利用晚上进行绘图，一干就是一个通宵。第二天早上，大家便会看到桌上一摞绘好的图纸，心中都敬佩不已。

工作人员李利和张俊杰，主要负责动态巡查工作。李利也是一名退伍军人，性格朴实，不善言谈，张俊杰在全所年龄最小，活泼可爱。去年夏季的一天，他俩下乡去巡查，走到小梁庄李某的养殖场时，只见养殖场大门紧锁，但能听到里面有搬砖、水泥搅拌机的声音。凭着以往的经验，他俩断定里面有猫腻。为了不打草惊蛇，张俊杰蹭蹭几下，就爬到养殖场围墙边的大树上。低头一看，只见院子里钢筋、水泥等建筑材料齐全，几个工人正在建住宅。张俊杰用相机拍照取证后，找到了养殖场主李某。在铁证面前，李某惭愧地低下了头。

我负责所里的内勤工作，分管信访接待、档案管理等，同时还担负着大家的后勤保障。如果谁的工作实在忙不过来，我就会挺身而出，大家都说我是他们的“替补队员”。

五指并拢 精诚合作

尽管我们五个人各有分工，但遇到艰巨的任务，我们又配合得十分默契。

“二调”工作期间，从早上到晚上，全所人员全力以赴，精诚团结，忙得真是不亦乐乎。记得有一天，薛所长驾车，带着大家下乡调查。由于多天劳累，同志们在车上打起盹来。突然，一个急刹车，大家猛一惊，睡意全无。大家下车一看，只见车子的右前轮陷入了路边的泥坑里。原来这坑是群众给庄稼浇水时为了方便堵水挖的，浇过地之后刚填上土，所以没有及时发现。“推出来！”大家异口同声。薛所长重新把车发动，王书战、李利和张俊杰主动站到车前准备往后推，我赶紧在旁边找了几块碎砖头往车轮下垫，随着大家“一、二、三”的号子声，车子徐徐从泥坑里倒了出来。车子是出来了，可大家都笑了起来，原来书战、李利和俊杰在奋力推车时，车轮转出来的泥水喷了他们满腿都是。看着自己满腿是泥，书战也幽默了一把：“我们终于成了真正的泥腿子！”大家上车后，所长笑着说：“众人拾柴火焰高啊，真有你们的！”

紧握成拳 坚强有力

2011年6月的一天，临下班时，薛所长从办公室急匆匆出来，着急地对副所长王书战说：“书战，快跟我走，李利来电话说西关村杨某又开始动工了，他和俊杰俩人在现场阻止，杨某拒不停工，咱俩赶快去。”

辖区西关村杨某未经批准，擅自占用村集体土地建皮毛加工厂，所里已对其下达了《责令停止国土资源违法行为通知书》，对他进行调查处理，但他仍心存侥幸，坚持要把厂房建起来。

“薛所长，让我也去吧！”看到他们全体行动，我也主动请缨。

“你一个女同志，就甭去了！”薛所长劝道。

“多一个人，多一分力量！”不容他们答应，我起身就往外走，上了执法监察车。

当我们赶到现场，便看到一群人正围着李利和俊杰，场面比较混乱。薛所长一下车，便拨开人群，用身体护住了李利和俊杰，四周扫视了一下，却不见当事人杨某。李利告诉所长，杨某授意施工队强行施工，而自己却躲了起来。得知详情后，薛所长对着工人们说道：“这是违法占地建厂，正在接受调查处理，请大家配合，收拾工具赶紧撤离！”

“不管违法还是不违法，我们只管干活挣钱，只要老板不让停，我们就不停。”有人在人群中拉着怪腔说。

见状，薛所长厉声喝道：“我们在依法行政，无关的人不要妨碍我们执行公务，要不然后果自负！”随着薛所长铿锵有力的声音，王书战、李利、俊杰还有我，都站成了一排，用我们的身躯履行着我们的职责，捍卫着法律的尊严。看到我们的坚定和执著，在场的施工人员没有一个人敢走上前来。最终，杨某露了面，表示不在集体耕地上建厂。

瞧！这就是我们巴掌大的城关国土资源所！

（本文获《资源导刊》2012年度“好文章”通讯类三等奖）

将错就错巧解难

□魏　姗

4月21日，已是午饭时分。陕县西张村国土资源所的副所长任春娥已经把面条下到了锅里，同志们都眼巴巴地等着就餐。这时，一阵急促的电话铃声响了起来。

“您好，这里是陕县西张村国土资源所，请问有什么事需要帮助吗？”工作人员小侯有礼貌地问。

“百草村的刘志伟和邻居因为垒宅基地围墙要打起来了，你们快来吧。”还没等小侯仔细询问，那边已经把电话撂下了。

放下电话，小侯立即向所长薛江波做了汇报。情况紧急，薛所长顾不上吃饭，一边打电话联系百草村的协管员，一边招呼小侯和老杨，立即决定驱车赶赴百草村。

到现场后，薛所长大致了解了情况。原来，百草村村民刘某在自家宅基地上建房，却遭到了邻居阻挠。邻居称刘某建的围墙越界了，要求立即将其拆除。可刘某不服，两家就开始大吵大闹，原本和睦相处的两家关系顿时紧张起来。闻讯后，该村国土资源协管员连忙赶来劝解，无奈双方各执己见，矛盾不断升级。于是，围观的村民就拨通了国土资源所的电话。

“你我两家中间有20厘米的空隙，我怎么会垒过界，你这是无理取闹，故意阻挡我盖房。我今天这围墙是垒定了，看你能把我怎么样！”还没到现场，薛所长就听到了刘某的吆喝声。

“我家当初盖房子的时候在围墙外留了40多厘米呢，你今天想把围墙垒在我家的宅基地上，门儿都没有。”邻居也不甘示弱。

两家人你骂一句，我还一句，情绪异常激动。看到这种情况，薛所长知道，处理这种纠纷，要是没有证据是无法处理的。于是他一方面安排在所里值班的工作人员将两家的宅基地档案资料立即送来，另一方面带小侯、老杨走到两家人中间进行现场调解。

“我们是国土资源所的，我是所长薛江波，刚才你们说的都在理，但是都没有拿出证据，这样争吵下去解决不了问题。这样吧，都先冷静一下，等档案资料拿来，我们拉尺子一量，一切都清楚了。”

“就是，薛所长说的在理，你们这样吵下去都耽搁事，还伤和气，划不来。”围观的群众也都纷纷附和着。

薛所长的一番话，使现场的气氛立即缓和下来。不一会儿，档案资料送来了，经过测量，刘某家的围墙确实垒过界20厘米。

“我也不知道会把围墙垒过界，但是现在已经垒了半截了，薛所长你说怎么办？”刘某求助地看着薛所长。

根据近几年的基层工作经验，薛所长明白，其实农户之间发生这种宅基地纠纷，只是互相争一口气，解决好了，不仅能够减少群众的损失，还可以缓和邻里关系，会起到一举两得的效果。于是，他决定从老刘不想拆围墙这个缺口入手，解决这起纠纷。

“老刘啊，按照规定你今天必须拆除建起的围墙，而且必须向人家赔礼道歉，但是你已经垒了一半围墙了，现在工价这么贵，拆了挺可惜的，我建议你跟邻居好好道个歉，好好跟人家沟通沟通，我今天也可以给你当一回“说客”，没准人家会同意你继续垒。”薛所长把老刘拉到一边语重心长地说。

“今天的事情是我错了，你说得很对，我听薛所长的，一定给人家诚恳道歉，只要人家不让我拆围墙，怎样都行。”刘某惭愧地说。

刘某的态度明确了，薛所长又把刘某的邻居叫到一边说：“今天这事情确实是老刘做得不对，他现在也很后悔，没及时跟您沟通，但是老刘建个新房不容易，都是乡里乡亲的，你的房子已经建好了，多余这20厘米也没用，不如你哥俩坐下来好好商量商量，让老刘给你做出一定的赔偿，这地还是你的，老刘摁过指印的，我也是直接证人，这样你们都不受损失，你看怎么样？”

“就是，你们两家原来关系那么好，因为这点小事就闹翻，多不值呀！”小侯和老杨也在旁边附和着。

就这样，在薛所长巧妙地处理下，最后刘某家的围墙保住了，两家人也握手言和，邻居反倒帮忙给刘某垒起了院墙。

（本文获《资源导刊》2012年度“好文章”通讯类三等奖）

在国土执法中铸就忠诚

——记项城市国土资源局副局长谷志明

□尚　瑜　袁　华

他，虽然没有惊天动地的壮举，没有轰轰烈烈的业绩，但却用自己的一言一行，践行着国土执法干部的铮铮誓言，决不让18亿亩耕地红线受到一丝一毫影响，唱响了一曲慷慨激昂的耕地保护之歌。

此人不是别人，他叫谷志明，是一名退伍军人，现任项城市国土资源局副局长，主管执法监察工作。自2007年至今，他带领同事们先后查办了80多起国土违法案件，有力地维护了国土资源法律法规的尊严。他也因此先后荣获“市五一劳动奖章”、“周口市国土资源系统先进标兵”等多项荣誉，受到了社会各界的广泛称赞。

不畏艰难　捍卫“红线”志不移

项城地处中原腹地，是传统的农区，人地矛盾十分突出。特别是近几年，随着项城城镇化推进力度的不断加大，一些人为了获取利益，置法律、道义、良心、道德于不顾，不择手段，违法占地、违法建设，在基层干部群众中造成了恶劣影响。

2011年8月，家住光武办事处的谢某，仗着家族势力大，有家人在公安局、检察院工作，违法占用蛤蟆寨村集体土地30多亩进行房地产开发。办事处与居委会多次要求其拆除，不是被她骂走，就是被她打伤，以致她违法建设的情况被多次举报，仍无法得到有效制止。致使周围一些群众也产生“她能建我也能建、谁不建谁吃亏”的失衡心态，引发了群众盲目“跟风”，违法突击建设的问题。为及时将这一“毒瘤”拔掉，市委、市政府决定由谷志明同志担任指挥长，务必在半个月内将违章建筑拆除。

实施拆除当天，大雨滂沱。根据市政府统一安排，谷志明带领200多人对违章建筑内的人员、财物进行了四次现场清理。其间，一名购房群众不顾事先承诺，站到楼顶拒不配合。看到这种情况，谷志明和他一起站在大雨中，面对面耐心地和他沟通、解释。当了解到他突然不想搬的原因是怕孩子上学路远影响学习时，谷志明答应为他在学校附近找一临时住所，并留下了自己的名字和联系方式，这名群众被谷志明的诚意感动，立即随他下了楼。

此后，项城市政府以此次强拆为突破口，迅速掀起一场声势浩大的集中处理攻坚战，组织集中行动16次，拆除违法建筑20多处，4600平方米，收缴专项资金4000余万元，违法占地、违法建设的势头得到了有效遏制。

危急时刻 冲锋在前作表率

土地执法既是利益的博弈，也是意志的较量，是正义与邪恶的斗争。每次行动时，谷志明总是第一个冲锋在前，直接同违法者作针锋相对的斗争。

2011年7月，谷志明带领执法人员前往郑郭镇时某违法占地现场执法，无论如何做思想工作，时某因利益驱使，始终不愿拆除违法建筑。当谷志明按照市政府的安排，组织人员依法实施拆除时，遇到了违法当事人的暴力抵抗。时某等3人躺在车辆前面拒不让车辆进入现场，将6辆执法车辆玻璃打碎，轮胎扎破。更为甚者，时某的儿子拿着菜刀、时某拿着红缨枪向执法人员暴力行凶，造成3名工作人员受伤，其中一人被从平台推倒后摔成膝盖粉碎，一人被砸脚趾骨折。在整个执法过程中，谷志明始终以军人特有的镇静和睿智，一边严肃指出时某的违法事实，一边让工作人员现场录像。当时某看到谷志明正义凛然、毫不畏惧，并没有被自己的狠劲吓跑，才感觉以前的“一哭、二闹、三威胁”的老办法现在失效了，不得不正式接受了国土部门的处罚，并被公安部门刑事拘留。

雷厉风行是谷志明的又一大特点。一天夜里，一条匿名信息发到了谷志明的手机里，举报有2个黏土砖瓦窑厂主在自家院内夜里偷着生产。为了取得直接证据，谷志明连夜带着执法监察大队两名队员前去查看。晚上蚊子叮咬得厉害，他硬是忍住不吭一声，生怕打草惊蛇；三天时间内，他们终于查实了两个窑主的违法事实。最终在公安局的配合下，将两名非法生产的黏土砖瓦窑厂主拘留。一名窑主的儿子放出话，要让谷志明活不过三天。当有人劝谷志明外出躲避一下或调一下工作时，谷志明总是笑着说："我是在军队的大熔炉里炼过的，一点小小的威胁是吓不倒我的。"他的乐观坚毅，擎起了国土资源"勇敢执法、敢于碰硬"的大旗，诠释着国土监督"保障用地、保障发展"的历史使命。2008年以来，项城市先后组织了大规模窑厂拆除行动34次，拆除窑厂476座；移送公安机关查处涉土案件67宗，因涉嫌犯罪被依法追究刑事责任3人；执法监察无一例错案发生。

勇于创新　着力建立长效机制

多年的国土执法实践让谷志明深深懂得，要确保执法监督工作机制良性运转，单靠几个人、几次执法是解决不了问题的，必须有一整套行之有效的执法监督制度作保障。

为此，在他的建议下，项城市国土资源局先后制定了有奖举报制度、违法案件督办制度等八项工作制度。各乡镇、办事处都建立了动态巡查台账、登记卡和案件移交单。为使各项制度落到实处，他从解决执法监察人员不愿干、不想干、不会干入手，以"争创土地执法模范"、"行风评议回头看"等一系列活动为载体，营造落实各项制度的良好氛围。每次外出督察，他都提前制订详细的工作计划，周密安排并严格实施，对需要踏看的现场和需要现场核查的图斑，不管路多远、多难走，他都坚持到达，绝不少一个。由于机制健全，巡查内容和区域清楚，责任明确，有效提高了巡查质量，2011年全市违法案件发生率同2010年相比下降了80%。

在队伍建设上，他一方面积极组织国土资源执法监察工作骨干和执法队长参加省、市举办的各类执法监察培训班，增强对法律法规的理解，帮助大家学好法、用好法、执好法；另一方面，他建议局里为执法监察机关配齐了电脑、摄像机、GPS机等设备，监察车辆由4部增加到6部，办公场所由5间办公室发展到有了自己独立的16间房的院落，监察队由4个中队发展到8个中队，执法人员从25名增加到76名。随着这支朝气蓬勃、充满活力队伍的建立，有力保障了全市执法监察工作的顺利进行。

严于律己 无私奉献真楷模

凡了解情况的人都知道，谷志明是一个视工作高于一切的人。平时除公务外，他几乎没有一天不加班加点，有时要工作到15小时以上。他以局为家，与妻儿虽近在百米，却是聚少离多，有时在局里加班一连几天不回家。妻子埋怨他没有一点家庭观念，他则愧疚地说："我是同志们的带头人，要同志们做的，我首先要带头做。你和孩子就委屈点吧，以后我会补偿你们的。" 在他眼里，办公室就是他的家。不能让个人的私事影响工作，这是他对自己的一贯要求。一次，就在谷志明接受攻坚"军令状"时，一手抚养谷志明长大的舅舅因家里失火烧伤，面积高达91%，奄奄一息地躺在医院，但他二话没说就一头扎进强拆违法建筑的工作中。拆除过程持续了12个小时，在大部分人员撤离后，他直到第二天凌晨五点，违章建筑被完全拆除后才离开现场匆忙赶去医院。可舅舅已因伤势过重、抢救无效永远地闭上了眼睛！那一刻，这个面对威胁毫不畏惧的钢铁汉子，再也抑制不住自己的感情，扑倒在舅舅的病床前失声痛哭……正是由于他这样忘我地工作，不懈地追求，从而使项城国土资源执法监察工作一直居周口市各县（市、区）前列。

在别人看来，他是十足的"傻子"。作为一名分管国土执法监督的副局长来说，他掌握着案件的调查指挥权和处罚建议权。在办案中，难免遇到人情招呼，甚至利诱和恐吓。但他始终牢记，自己的一切权力是人民给的，就要权为民所用。"执法必须公正，不能徇私情。"他是这样说的，也是这样做的。2010年6月的一天，他表姐夫因盖房问题与人发生争执，他立即带领人员去实地查看，当看到表姐夫的房子是违法建筑时，他沉着脸对表姐夫说："如果大家都像你一样不经审批随便盖房，那项城不就乱套了吗？"他表姐夫不以为然地说："只要你同意就可以。"谷志明严肃地对跟着来的执法监察人员说，违章建筑立即拆除。表姐夫气得铁青着脸说："我们是亲戚，你不但不照顾，还帮着别人拆我的房，以后我们不再是亲戚。"但谷志明终不为所动。在他看来，如果这个讲一点私情，那个讲一点私情，那么人民的利益、法律法规的尊严还从何谈起？

要做好执法监察工作，有时还不得不被人误解、蒙受委屈，甚至遭人"暗算"。在一次违法拆除中，对方态度强硬，通过各种关系给谷志明施压，并想采用经济手段达到目的。当被拒绝后，就想通过不正当的手段让谷志明退缩。一天，谷志明妻子在回家的路上，被几个不明身份的人用摩托车硬生生地撞倒；儿子上学的路上被几个年轻人打了一顿；他本人多次被人跟踪，一次上班时刚没走几步，就被几个年轻人围了上来，幸亏家离单位近才免遭毒手。他自觉做到拒腐防变，一尘不染，敢说"对我监督、向我看齐"。在查处国土资源违法案件时，严格实行案件处理意见集体讨论，严把督察中队审核、大队案件集体讨论小组讨论、局案件集体审议三道关卡，使每一宗案件都做到"材料齐全、程序到位、定性准确、处理恰当"，国土资源执法监察做到全过程"阳光操作"。

在群众心中，他是一盆冬天温暖的炉火。不管大事小事，他总是积极为群众排忧解难，处处为民着想。每逢有困难群众上访，他总是细细询问，并根据实际情况想方设法给以解决。

在日常的生活、工作中，他时刻牢记自己是一名共产党员。在平时的工作中，时时严格要求自己，以一名组织干部来约束自己，对事业兢兢业业，勤勤恳恳，表现出强烈的事业心和高度政治责任感，他扎根基层、干事拼搏、直情为民、敢于碰硬的优良作风，在推动科学发展、促进社会和谐中创先争优，为其他党务工树立了榜样。从事国土执法监察工作多年来，谷志明同志怀着对国土工作的无限忠诚，无私奉献，默默工作，在平凡的工作岗位上做出了不平凡的成绩。

（本文获《资源导刊》2012年度"好文章"通讯类三等奖）

编者按 2006年2月，面对国土资源管理的新形势、新任务、新特点，在宁陵县里诞生了一个响亮的称号——土地协管员。如今6年过去了，366个行政村都活跃着土地协管员的身影，全县国土资源管理也出现了新的景象。那么，作为最前沿的土地守护者，有着怎样的心声，又有怎样的探索实践？请看——

苗尤真：守护土地的不老人

□吕忠义 郭妍妍 贾孝印

“巾帼示范村”、“优秀党支部”、“工作先进村”、“治安模范村”……在宁陵县逻岗镇小郭庄一座普普通通的农家堂屋里，居然贴满了由县、镇等各级机关授予的荣誉奖状！在当地，只要提起这家主人的名字，村民们几乎都能脱口而出。她就是——宁陵县逻岗镇小郭庄村党支部书记、土地协管员苗尤真。

更让人称道的是，她自2006年6月被宁陵县国土资源局聘任为土地协管员以来，连续6年来都被评为“优秀土地协管员”，小郭庄5个自然村8个村民组全部实现了土地法规宣传无死角、调解土地纠纷无上访、保护耕地安全无违法，成为全县学习的一面光荣旗帜。

“要管理，就一定要管得住”

今年65岁的苗尤真，虽然头发已经苍白，黝黑的脸上平添许多皱纹，但身体硬朗，精神矍铄。在言谈中，她会不时引用毛主席的经典名言，显得格外老练、沉稳。“我初中毕业，1969年4月入党，当过妇女队长、团支部书记，1981年开始任党支部书记，三个儿子现已分家另住，我们老两口至今还种着几亩地。”面对笔者，性格爽朗的她先来了个自我介绍。

接着，她给我们谈起了最初当土地协管员的“尴尬”。当时，她走村入户都佩戴着印有“土地协管员”的袖章开展工作，却引来了不少人围观。小孩子们跑前跑后看热闹，上年纪的村民则调侃说：“你看，咱们的苗协管真像文革时的‘红卫兵’！”听到这样的话，苗尤真刚开始感到哭笑不得，认为自己保护耕地、守土有责，又不是故意找事给人添堵。后来听得多了，她也就习惯了，反而坚定了她守护土地的信念。

“上级领导叫我管理国土资源，我就一定要管得住！”这是6年前苗尤真接到土地协管员聘书时的庄严承诺。6年来，她是这样说的，也是这样做的。

“要保护，就一定要护得牢”

谈起土地，土生土长的苗尤真兴致就更大了：“不种地，就感觉不到土地的金贵，也就认识不到土地管理工作的重要性。但要保护，就一定要护得牢。”

为了做好土地协管员工作，苗尤真专门召开了党支部会和党员会，经过充分讨论研究，决定要像当年学习毛主席著作那样，把《土地管理法》、《基本农田保护条例》和《农村宅基地管理办法》作为土地管理工作的“老三篇”，由支委分别利用5个村民组的大喇叭，向村民们宣读法律法规，并结合农村实际，引导村民制定10项村规民约，从而形成了用法律和规章制度管人、管事、管地的良好氛围。

在耕地保护上，各种利益诱惑在苗尤真眼前都是浮云。有一年，小郭庄村外出务工人员领着一位温州开发商来到这里，说这里花生种植面积大，资源多，品质好，计划在公路旁租地30亩，每亩租金1000元，要建一个花生收购加工厂，村民可到厂内做工，每年再向村委提交红利5000元，签订协议后即付租金。听到这个喜讯，很多村民高兴得跃跃欲试，个别村委干部也有些动心。可苗尤真心想，说得再好，最后还是要触动耕地红线。于是，她客客气气地说：“要办厂，咱们可以协商利用废闲地，如果要租我们的可耕地，别说每亩一千元，就是给个‘金马驹子’，我也绝不同意！”后来那位开发商只好悻悻而去。

“要调解，就一定要解得开”

随着人口的增长和土地升值空间的扩大，不管是耕地还是宅基地，村民都视为至宝，由此引发的各种矛盾纠纷也接踵而来。小郭庄村委也不例外。

按农村习俗，儿子结婚要分家。可这对汤庄村的张老汉来说，分家也弄得心力交瘁。原来，张老汉给两儿子各建了一处宅子，可老二认为自己宅基地面积比老大的小，非让哥哥给他留5尺滴水檐，为此兄弟俩大打出手，反目成仇。闻讯后，苗尤真就把他们父子三人叫到一块，苦口婆心，好言相劝。她说：“你们啊，真是没孝心，张老汉给你们分好的家，现在让老头的脸面往哪儿搁？按规定平房滴水檐是3尺，老二提出要5尺，这是无理要求。再退一步说，本来宅基地使用标准是3分，你们两家都超过了规定面积，宅基地的所有权都归集体，村庄马上就要规划建设，今天还闹‘窝里斗’……”兄弟俩的脸一个比一个红，都认识到了自己的错误。

每当遇到这些纠纷，苗尤真经常会说：“土地协管员走到哪里，就要将国土资源知识宣传到哪里。有了纠纷要及时调解，调解一定要解得开，解不开等于不解。”

（本文获《资源导刊》2012年度“好文章”通讯类三等奖）

太行山上“扎根”的兵

□李会明

修武县西村乡位于太行山南麓，毗邻风景秀丽的云台山世界地质公园，是个风景秀丽的山区乡。这个乡不但风景好，矿产资源也很丰富，有煤、铁、高岭土、方解石等多种资源，是县里有名的经济发展支柱乡镇。就在这西村乡的大山上，有一支长年保护矿产资源、维护矿产开发秩序的国土资源管理队伍，这就是修武县西村国土资源所。

铁铸的胆识柔情的汉

俗话说：“火车跑得快，全靠车头带。”提起西村所，就不能不说说这支队伍的领头人——所长康向明。今年35岁的康向明，中等个头，身材敦实，尽管来西村乡工作还不到两年，可他凭着严谨的工作作风和严厉的执法力度，赢得了西村乡乡亲们的一致好评。在违法用地者面前，康向明就是一个铁铮铮的硬汉。

今年春天，县局开展北部山区生态环境治理，一些违法分子仍怀着侥幸心理偷采矿产资源。3月10日晚，康向明接到村民举报：有人在某村动用机械盗采页岩资源。放下电话，康向明立即率领全所人员前去查处。盗采者见到突如其来的国土员，想驾车强行逃离现场。说时迟那时快，康向明一个箭步冲到正打算逃离的汽车前，伸开双臂大声命令违法者停车接受调查。看着康向明圆瞪的双眼，盗采者只好乖乖下车“束手就擒”了。

当然了，这个硬汉也有柔情的一面：他时常交代所里的做饭师傅，一定要变着花样改善同志们的伙食。今年所里有4名同志被县里抽调到路卡上工作，每次路过卡点，他都要停下来看看这些同志过得咋样，问问有啥需要的没有。所里不管谁家里有困难，他总会及时赶到伸出援手。

副所长孟小宁说：“每次打击违法采矿，康所长总是身先士卒。我最喜欢听他说一句话：‘大家跟我上’，感觉自己浑身都是力量！”

内勤史聪说：“跟着康所长工作，我不仅学到了很多东西，还觉得特别痛快，好像身上有使不完的劲儿似的！”

铁打的营盘“扎根”的兵

都说“铁打的营盘流水的兵”，但是在西村所这个营盘里，却有几个“扎根”的兵。2006年建所至今，该所这几个“扎根”的兵，如同太行山上的荆条一样，把根深深扎在大山之上，他们就是陈伟、康保国和康保平。

只要一提到西村国土资源所，县局的干部职工首先想到的就是一个字：“苦”！苦在哪儿？一是条件艰苦。建所之初，所里临时租用一个旧院子办公。办公设备陈旧不说，还面临缺水危机，每天的生活用水都得去买、去挑，必须计划使用。西村乡距离县城30多公里，交通不便，所里的同志们一周难得回家一次。二是工作辛苦。西村乡面积大，都是山区，大家巡查不能光靠摩托车，有时还得翻山越岭徒步前进。辖区矿产资源丰富，不法之徒为防止被发现，往往在晚上偷采，只要发现情况或者接到举报，所里的同志们就要随时出击查处，日夜颠倒、睡眠不足早就成了家常便饭。所以，西村所成了大家望而生畏的地方。能在这里扎根的“兵”，简直就是我们心里的“铁人”。

西村国土资源所的前身是西村地矿站，副所长陈伟那时就在这里工作，至今已有13年了。他几乎走遍了大山的沟沟坎坎，摸遍了大山的道道梁梁，不管提起西村哪个地方，他都如数家珍，早就把这里当成了自己的家。在乡亲们眼里，陈伟爱“家”、有责任感。可在他妻子眼里，陈伟却是一个不顾家的人。西村距离县城30多公里，陈伟每周只能回家一次，工作繁忙时，十天半月都回不去一次，家里的事情自然都落在了妻子肩上。前年冬天，县里开展冬季严打违法采矿专项行动。一天傍晚，陈伟的妻子打来电话，说儿子发烧在医院输液，陈伟闻讯立即骑上摩托车，冒着严寒赶到县城医院看望生病的儿子。看到从山上赶来的陈伟头发凌乱、一身尘土，妻子又疼又气，埋怨道：“你在山上工作这么多年力也出了，汗也流了，也该顾顾咱自个儿的家了吧？你找领导说说咱家情况，调下山吧！”面对正在气头上的妻子，陈伟骗妻子说，等这次专项行动结束后就去找领导。第二天早上天没亮，他亲了亲还在熟睡的儿子，又踏上了回所的路……

“在西村所工作苦是苦了些，时间长了就习惯了，再苦的活儿总得有人干呀！”带着一副厚眼镜的岳小军笑着说。

外号“黑李逵”的葛攀兴奋地补充道：“现在条件好了，我们搬进了新的办公楼，执法车、电脑、桌椅等办公用具全部都是新的，我们已经知足了！”

“苦里也有乐呀！”所里“海拔”最高的黄斌很风趣：“看到矿产资源得到了保护，我们心里挺乐呵，这就是我们的苦乐年华啊！”

抱团的集体廉洁的心

“人心齐，泰山移”，这正是西村所全体弟兄们的真实写照。

“我的这帮兄弟们，在工作中没有一个‘掉链子’的，个顶个的强！”谈起全所工作人员，康所长很自豪。

西村所全所13人，都是清一色的男子汉。所里距县城远，最快也要三五天才能回家一次，可以说，大家在一起工作的时间比和家里人在一起的还多。因此，大家都把所里当成了自己的又一个家。在多次打击违法采矿行动中，弟兄们恪尽职守，精诚团结，毫不退缩，把西村所打造成维护采矿秩序、保护矿产资源的坚实堡垒。在今年开展的修武县北部山区生态环境治理工作中，弟兄们从大局出发，始终坚守在工作一线，按时完成了上级下达的治理任务，得到县政府的通报表扬。

“如果绳不往一股拧，劲不往一处使，啥事都不会干好！” 平时话不多的闫福生说。

“小事毁人”，这是康向明经常挂在嘴边的一个词。他经常告诫大家，许多不廉洁的行为就是从一顿饭、一包烟、一瓶水开始的，因此他要求大家在工作中管好自己的嘴，管好自己的手。

东大掌村本是一个很普通的小山村，可几年前这里发现了丰富的铁矿资源，由于埋层浅，易采挖，加上经济利润高，很快就成了不法分子们垂涎的目标。

去年夏季的一天下午，薛东红和焦敬涛两人巡查到一个不起眼的路口时，发现有新的三轮车轮胎印，两人便随着车辙往山坡上搜寻，在半山坡上，发现了一个坑口，上面架着小铁架，坑口还有一台小型卷扬机。

这时，在此盗采的郭某走过来说："兄弟，这里深山野岭的，只要你俩不吭声，谁也不知道。这是我的一点儿心意，给你们买烟抽。"边说边把一沓钱往两人兜里塞。

"甭费心机了！"两人断然挡住郭某伸过来的手："哪些钱能拿，哪些钱不能拿，我们还是'拎得清'的！"看到两人不为所动，郭某只好接受了处罚。

"不拿、不卡、不要，为的就是能让自己的腰杆挺得直！"这是全所弟兄们共同的心声。2011年，西村国土资源所被河南省国土资源厅授予"两整治一改革"先进国土资源所荣誉称号。

（本文获《资源导刊》2012年度"好文章"通讯类三等奖）

把青春奉献给大地

——记卢氏县国土资源局党办原主任胡发军

□杜文颖

他是一个普通的国土资源管理工作者，他的人生只有45个春秋，然而他的离去却牵动了许多人的心。病重住院，同事们为他捐款，他离去的噩耗传来，同事们悲痛不已，泣不成声……他，就是卢氏县国土资源局党务办公室原主任胡发军。

出生于1967年的胡发军，是陕西省商洛市商南县富水镇人，18岁应征入伍成为一名通信技师，后因技术过硬转为志愿兵，在陕西省驻卢氏县横涧乡的一个通信基地整整干了8年。1992年从部队转业，生前任卢氏县国土资源局党办主任，负责党务纪检宣传等工作。

2012年春节刚过完，胡发军像往常一样忙着制订各项工作计划，有条不紊。3月5日下午4点30分，他正在准备第二天的全年工作会材料，不经意间身体撞到了桌角上，一阵绞心的疼痛让他突然倒在了沙发上，大汗淋漓。当时他还以为是低血糖造成的，没想到这一疼就是连续3天。在爱人的催促下他到医院做了检查，“肝部血管瘤，不要紧”，当着他的面医生这样说。背过他，医生告诉他爱人，因长期熬夜，疲劳过度，他患上了肝癌，需要手术。从那时开始，病魔已经缠上了这个年仅45岁的陕西汉子，并且把他的生命一点一点吞噬……

2012年4月，胡发军在西京医院做了手术，一个月后回到家。当时，他并不知道自己得了不治之症，他像常人一样休息了几天后就上班了，他又操起了自己的老本行，起草文件，宣传报道……然而，身体却一天不如一天，他又一次累倒在办公室，再次检查，已是晚期。2012年10月10日，因癌细胞扩散到全身，肺部严重积水，导致呼吸困难，他走完了他人生的45个春秋，永远离开了人间。

默默无闻　无私奉献

军人出身的胡发军始终保持着以服从命令为天职的本色。胡发军服役的通信营驻扎在卢氏县横涧乡的一个小山沟里，在这个几乎被上帝遗忘的地方，他每天埋电缆线、检查线路……没有都市的繁华，没有霓虹的闪烁，与大山为友，与星光做伴，他从来没有叫过苦，没有喊过累。老家商南和卢氏相邻，可他很少请假回家探亲，甚至两次春节轮休他都让给了离家远的川籍战友。服役期间，他因技术过硬，办事可靠，几次被领导推荐调往西安总部，可他都把机会让给了别人。

胡发军转业后，先是在土地局执法监察大队工作。遵纪守时、雷厉风行的军人作风使他每天都是第一个到单位，最后一个下班回家，即使没有事干，他也会坚持看报学习到下班时间再回家。节假日，别人都是争着休息，而他是让领导催着休息，因为谁都知道他“好说话”，所以无论谁有事都让他替值班。领导交代他任何一件事，他从来没有畏难情绪，都能办到最好。他整理的案件资料，一宗宗一卷卷都做得非常认真仔细，所有的材料他都保存完整，分类清楚，装订整齐，受到局领导的一致好评。

爱岗敬业　恪尽职守

“坐得住，靠得实，像胡发军这样的同志应该去办公室。”时任卢氏县土地局长的宋海锋这样评价他，并把他调到局办公室。办公室工作苦、累、杂，可在胡发军看来，正是锻炼人的好机会。他拿出军人的作风，早上班，晚下班，遇到事情还要加班。

2004年，卢氏县土地局创建省级文明单位，可忙坏了胡发军，一方面要制订方案，上报资料，一方面要积极准备硬件设施，制作专题纪录片，办公室的日常工作还不能耽误，所以他常常是白天忙日常工作，晚上加班整理资料到深夜，利用星期天他跑到三门峡市其他单位学习，光是档案资料他就整理了3遍，整整一个月的时间他没有歇过一个星期天。

最后，全县省级文明单位创建现场会在卢氏县土地局召开，他所整理的档案资料被当做示范样本让各单位参考学习，并一举拿下了省级文明单位的荣誉称号。

2010年7月24日，卢氏县突降暴雨，西南7个乡镇再次经受了洪灾的肆虐。卢氏县国土资源局担负着全县倒房重建的选址、审批、重建、发证和全县灾毁耕地的统计、复耕工作。胡发军被抽调到灾后重建领导小组负责资料汇总上报工作，并配合各科室工作。这下他成了“万金油”，哪里需要哪里去，白天跟着业务科室下乡督察，夜晚加班写汇报材料。一份份耕地灾毁情况汇总了上来，一个个地质灾害隐患点排查结果统计了上来，他又从大量的素材中挖掘出典型事件向社会各界宣传卢氏县国土资源局的工作。

2010年10月底，为了迎接全县倒房重建验收工作，他在办公室熬了两个通宵赶写出了反映卢氏县国土资源局工作的专题报道《重建纪实》，并制成音像资料选送到三门峡市委、市政府，引起市领导的高度关注。在随后召开的全市倒房重建表彰大会上，卢氏县国土资源局被三门峡市委、市政府授予“抗洪救灾暨灾后重建工作先进单位”，被卢氏县委、县政府授予“抗洪救灾和倒房重建先进单位”“为卢氏争光奖”。可胡发军却因连续熬夜患上了重感冒，但他无怨无悔。

面对水毁的20621亩耕地，时任卢氏县国土资源局党组书记、副局长张建品亲自坐镇，一面组织基层土地所发动群众进行扶植复耕，一面组织制订水毁耕地复耕方案。田间地头，他走到哪里都带着胡发军，做笔记，核数量，搞调查，做影像记录。胡发军都做得一丝不苟，认真负责。他成了领导最得力的助手。两个月后，由胡发军牵头制作的专题报道《为了大地的丰收——卢氏县灾毁耕地复垦纪实》灾情汇报影像资料报到了省厅领导的面前。到年底，该局共争取到位资金4533.8万元，其中土地整理项目资金630.54万元，灾毁耕地项目资金2062万元，地质灾害和地质环境治理项目资金799万元，矿产资源节约利用资金1000万元，基层国土所建设资金42.3万元。全县共复耕灾毁耕地7500亩，超额完成了年度复耕计划。同时，该局还赢得了一个“争取政策性资金先进单位”的荣誉。一个个荣誉，一个个奖牌，都离不开胡发军同志的默默奉献。

2010年底，国土资源系统开展“两整治一改革”专项行动，胡发军任专项行动办公室主任，负责日常工作。他先后到栾川、开封参观学习，回来后结合卢氏实际制订了卢氏县国土资源系统专项行动方案，确定了廉政风险排查点，设计出具有卢氏特点的风险排查一览表，制作成版面，举办学习园地，每一项工作都精心部署，周密安排，每一个阶段每一个细节他都做得一丝不苟，将全局专项行动工作开展得轰轰烈烈。在全市国土资源系统专项行动检查中，他整理的档案资料完整齐全，设计精美，成为全市学习的典范。卢氏县国土资源局的专项行动工作在验收评比中排名全省第三、全市第一，受到省、市领导的充分认可。而今，胡发军整理的所有档案资料仍放在他原来用过的柜子里，满满一柜子都是他日夜辛勤的劳动成果。他所用的过电脑上还留有他写的所有材料，每一项工作都有始有终，那么认真，那么详细，成为珍贵的素材。

胡发军从西京医院做完手术回家休养一个月之后，病情稍有好转他就上班了，制订方案，整理材料，撰写宣传报道，悄无声息地做着办公室最平凡的日常工作，还在为迎接“两整治一改革”专项行动检查验收做准备，完全没有把自己当做一个病人。然而，没等他的专题片制作出来就又一次住进了医院。同事去看他，他躺在医院的病床上，还在询问录制专题片的事落实了没有，说他的U盘存着好多资料都能用上。爱人含着泪戏谑地笑他说：“离了你地球都不转了？”

他走了，他带给亲人的是永远的痛惜和想念，他留给同事们的是永远的动力和精神。

忠厚善良　乐于助人

说起胡发军的点点滴滴，同事们都有说不完的感动。

胡发军作为新组建的卢氏县国土资源局的党办主任，他担任着全局纪检、党务、宣传、工会、人事教育和多个专项活动的工作，平时要上报的资料特别多，很多时候需要加班加点写材料印文件。多少个夜晚，局办公楼胡发军的办公室都亮着灯，他又在电脑前加班熬夜写材料，经常是很晚才回家。

文印员小张说，每逢和胡主任一起加晚班印文件，胡主任都要骑摩托车把她安全送回去，从不让她一个人回家，说一个女孩家走夜路不放心。像一个大哥哥，没有造作之意，没有献媚之情，一句简单而又朴实的话，体现了他为人忠厚善良。

胡发军是一个苦命的孩子，9岁父亲去世，19岁母亲离世。他爱人是回族，在一家企业单位上班。结婚后一直和岳父母住在一起，从小失去双亲的他像照顾自己的父母一样，对两位老人十分孝敬。回汉合亲，虽然许多习俗不一样，可他们十多年来从来没有红过脸，不知道的人还以为他是儿子呢。直到前年他才搬进国土局家属楼，买房子欠的账还没有还清，生病以后做手术所花的十几万都是爱人娘家亲戚凑来的。当他最后得知自己的病情时，坚持从医院回到家里，放弃治疗。他不想再拖累爱人和孩子。

“小胡是个好同志，为人忠厚，办事认真，工作能力强，他现在有难了，我们要向他伸出援手……”2012年9月18日晚8点，卢氏县国土资源局召开领导班子紧急会议，局长张建品当场捐款500元，并倡议全体干部职工为胡发军同志奉献爱心。没有隆重的仪式，没有明确的要求，在局领导的带动下，第二天不到一天的时间里，全局干部职工捐款21000元。局领导又筹措资金5000元，由局长张建品将26000元捐款悉数送到医院。看到局领导和同事为自己捐款，胡发军这个一向坚强乐观的陕西汉子一下子流泪了。他多想再回到工作岗位，把自己最最平凡的工作做得有声有色。然而，他的愿望没能实现，20天后，他带着亲人、领导、同事们的关怀离开了人世。

胡发军同志是一名基层国土资源工作者，他没有惊天动地的业绩，他的名字不被众人所知，但在与他朝夕相处的同志们的心中，他的工作是最认真的，他的责任心是最强的，他的办事能力是最信得过的，他的作风也是最朴实的。他把20年最宝贵的青春奉献给了卢氏的山山水水，奉献给了卢氏的国土事业。他无愧是国土资源系统的优秀工作者。

（本文获《资源导刊》2012年度“好文章”通讯类三等奖）

编者按 目前，全国各地正在认真落实党的十八大会议精神，“大力推进生态文明建设”，“努力建设美丽的中国”是其中一项重要内容。相对于那些矿产资源枯竭型城市来讲，如何推进生态文明建设、完成经济结构转型、转变经济发展方式，意义尤其重大。如何作好这方面的工作，人们普遍比较关注。在这方面，河南省焦作市主动推进生态文明建设、变“黑色印象”为“绿色主题”，走“三化”协调发展的道路，对各地很有借鉴意义。请看——

河南焦作如何推进生态文明建设

□袁可林 张 涛 李铁柱

曾几何时，河南焦作长期以“煤城”享誉国内。大自然的厚爱，使这里的地下蕴藏着煤等40余种矿产资源。新中国成立后，国家确定的156个重点项目建设中，焦作就在其内。该市一度煤炭产值为全市生产总值的80%以上。然而，到了“九五”时期，随着全市煤炭资源枯竭，这里煤炭产量开始下降，GDP年增长仅为3.5%，分别比全国和全省低4.8和6.6个百分点，沦为全国十大污染城市之一。2008年3月，被国务院列为全国首批12个资源枯竭型城市之一。大量的生态文明欠账就像一座大山，重重压在焦作360万人民头上。

然而，如今变了，在国内——

只要一谈起焦作，人们首先会将它同云台山联系在一起，同云台山世界地质公园为代表的焦作山水联系在一起。有报道称，仅2011年，焦作山水旅游游客已达2281.25万人，其中国外游客25.84万人，旅游总收入达到171.9亿元，在地区生产总值中所含比重由1999年的不足1%跃升为11.7%，比全国、全省分别高6.9和1.4个百分点。

只要一谈起焦作，不少人就会将它同该市大力推进生态文明建设，大搞“矿山复绿”工程联系起来。截至目前，该市已累计投入地质环境治理资金5.038亿元，已完工项目14个，在建项目21个。昔日的510余处废弃矿坑遗址，被一处处风景秀丽的矿山公园和绿荫所代替。

只要一谈起焦作，不少人就会将它同该市经济转型联系起来。令人兴奋的是，借助党和国家政策的强劲东风，加之全市人民的努力，目前该市煤炭资源型企业增加值所占的比重已经由昔日的高达80%以上，降到了不足3%。目前，该市又被河南省确定为全省经济转型示范市。

采访中，谈起焦作市何以发生如此重大变化，焦作市国土资源局局长冯进城充满感情地告诉记者——

严峻现实：生态建设非抓不可

焦作市的形成源于煤炭开采。该市煤矿开采的历史悠久，可以追溯到明朝，19世纪末英国商人就开始在焦作大规模开采煤矿。建国初期，焦作只是一个单一生产煤炭的矿区，规模小，人口少，原煤年生产能力为63万吨。为了支持该市发展，国家曾将其列入全国156个重点项目进行建设。到“二五”时期，国家继续加大开发焦作煤炭资源的力度，又建成了韩王矿、冯营矿、方庄矿等矿井，煤炭年产量达到690万吨。党的十一届三中全会以后，焦作统配煤矿稳定发展，地方煤矿产量突破1000万吨，达到1019万吨，创历史最高水平。同时煤炭开采配套工业企业逐步建成并发展，煤炭工业成为全市主要支柱产业之一。

在煤炭企业发展的同时，焦作市于1961年建成了焦作市上刘庄黏土矿，1962年建成了柏山硫铁矿，1985年建成了武汉钢铁公司焦作黏土矿；依托焦作市优质的水泥灰岩，焦作市先后建成了十多个水泥厂，各种石料厂星罗棋布。后又依托这里丰富的水资源等条件，建设了全国规模较大的铝业基地。到2009年底，焦作全市有137个各种经济性质的矿山企业，有3.13万人从事矿业生产活动，年产矿石量1506.29万吨。大量的矿产品资源流向周边市区、周边省份及南方各省份，并出口日本、美国、德国、韩国及东南亚20多个国家和地区。统计表明，从1949年到2012年，全市共产煤7.9亿吨，有力支持了地区经济和国家建设。焦作市作为矿业城市的丰功伟绩与无私奉献，在共和国的发展史上是金光闪闪、可圈可点的，是值得人们为此尽情放歌的。

但是，经过百余年开采，焦作煤炭开采深度逐步加深，开采难度越来越大，可开采量越来越少。由于资源枯竭，矿山企业经营困难，发展乏力，无力进行生产探矿、技术改造以及设备更新，导致许多企业破产。1995年全市有865家矿山企业，到2009年时仅剩137家，减少了84%。与此同时，随着煤炭产量大幅下降，此时，全市GDP年增长量仅为3.5%。无数事实充分说明，该市经济转型任务十分迫切，容不得人们再有半点犹豫。

尤其严重的是，因采矿活动带来的地质环境局面十分严峻。据不完全统计，全市散落各处的已废弃矿山、矿井达510余处，大面积塌陷坑达18处，严重破坏耕地达60多万亩，全市生态环境破坏面积达120平方公里。因采矿引起的全市地下水大幅下降，造成生态失衡，加之由采矿产生的大量煤矸石堆积、山体崩塌、滑坡、泥石流、地裂缝等矿山地质问题，令人触目惊心，严重制约着全市经济的发展。

大量事实使焦作市委、市政府一班人认识到，大力推进生态环境建设，无论是从城市的经济转型和可持续发展来说，还是从生态环境建设本身来讲，已是摆在全市人民面前的迫切任务，不是可搞可不搞，而是必须搞而且要尽快搞的问题。思想认识的升华，带来了行动上的自觉，从此揭开了焦作市实行经济转型，大搞生态环境建设的新篇章。

资源开发：从黑色转向绿色

1999年，在焦作发展史上是个十分有意义的年份。正在焦作市委、市政府为城市经济转型焦虑之时，一个喜讯从北京传来：为了适应人们随着生活水平的提高，日益崇尚自然、热爱山水、喜爱科普的强烈需求，国家拟按照联合国教科文组织的要求，在全国推进地质公园建设。这使市委、市政府领导眼睛为之一亮。在他们看来，这简直是天赐良机。因为焦作市背靠太行山脉，在500多平方公里的地方，广泛分布着以裂谷构造、水动力作用形成的地质地貌景观，或青山叠翠、绿水潺潺，或幽谷纵深、瀑潭交错，或蜿蜒回转、地貌奇特，简直就是异彩纷呈的山水画廊，就是一处天然乐园。

确定这一目标后，焦作市马上派人与该市的省地质二队联系，邀请他们参与云台山国家地质公园申报工作。省地质二队接受这一任务后，拿出当年为国家地质找矿的劲头，立即派出精兵强将，按照要求，在较短时间内完成了国家地质公园相关资料的整理工作，为申报工作创造了条件，并于2001年11月获得了国土资源部的批准。

随着国家地质公园的建立，当地风景区很快出现游客激增的喜人局面。这使该市领导极受鼓舞。因此，当后来听说国家拟推荐一些国家地质公园申报世界地质公园时，焦作市委、市政府马上召开会议，决定举全市之力，将该市的神农山、青天河等景区与云台山一起捆绑申请世界地质公园。为此，他们采取了三项有力措施。一是邀请国内著名地质专家教授为申报工作做顾问；二是邀请中国地质大学（武汉）、河南地调院、省地质二队的一流科技人员组成报告编写班子；三是邀请中央电视台著名主持人赵忠祥为其宣传片做解说。此外，为扩大社会影响，该市还邀请全国著名风光摄影家来焦作采风，并参加焦作山水风光摄影大赛。

功夫不负有心人。一系列精心的举措，保证了该市申报世界地质公园工作取得了圆满成功。在此之后，该市按照世界地质公园的建设要求，进一步完善了公园内地质博物馆及道路、通信保障、停车场等各项设施建设。自2004年1月13日云台山被联合国教科文组织批准为世界地质公园以后，这里的游客逐年递增。到2011年，该市已有旅行社111家，星级酒店32家，直接从业人数4.4万人，间接从业人数24.2万人，全年接待游客2281万人次，旅游综合收入达到171.9亿元，在地区生产值所占的比重已由1999年的不足1%提升为11.7%，大大高出当地煤炭在地区生产总值中所占3%的比重。这一重大变化，标志着该市资源开发从地下黑色经济转向地上绿色主题，大力推进生态建设打了一场漂亮的翻身仗。

环境治理：废弃矿山绿起来

为了全面推进生态环境建设，做好城市经济转型工作，焦作市委、市政府又打出了第二张好牌。近年来，该市在一方面强化地质公园建设的同时，已先后投入资金近3亿元，完成了14处废弃矿山治理项目。同时，该市先后又投入资金近1亿元，对焦作市北部昔日十余个废弃采石场进行了生态环境综合整治。对陡崖以上裸坡平整成梯田状、客土种植柏树，对下部较缓的边坡地带种草种树、进行边坡绿化，并实现了管道供水浇灌。如今，过去的裸露岩石坡面，已经生长出青翠的草灌结合植物群落，过去矿山开采遗留破坏的生态环境，已变成现在的绿色灌木园林。伴随着远近闻名的缝山矿山公园出现，已成为全市人民周末的游玩好去处。这样的项目还有很多。在原武汉钢铁公司黏土矿的废弃采区内，原有大面积采坑11个，崩塌点13处，不稳定边坡25条，废弃矿渣24万余立方米，如今，一个新的矿山公园正在建设中。该公园依托浑然天成的地质风貌和延绵千年的陶瓷文化，以采矿区为依托，区内商业服务、商务办公、休闲娱乐等现代矿山公园功能，应有尽有。公园结构为一脉、三区、八园、三十点。目前，公园雏形已经显现，每有参观者到来，联想到昔日的景况，无不有“震撼性”的感觉，对该区的未来充满希望。

2011年以来，该市根据国务院关于在中原经济区建设中构建“太行生态区、黄河滩区生态涵养带和南水北调中线生态走廊”的区域生态格局要求，以及国土资源部办公厅印发的《全国矿山“复绿”行动方案》的原则，结合该市实际，又做出了一个重要决定，那就是在全市大力推进“矿山复绿”工程。

为此，他们在实施工作中，抓了四项工作：

一是抓好治理规划。即在对全市矿山地质环境进行全面调查的基础上，对矿山复绿工作统筹进行规划。为此，该市抽调精兵强将会同河南理工大学、河南省地矿建设工程集团有限公司等单位科技人员，对全市四区三县（市）矿山地质环境现状和所产生的矿山地质环境问题的类型、特征、分布情况、危害程度等进行了全面的调查，并分析了产生的原因和变化趋势，编制出了《焦作市“矿山复绿”行动实施方案》。坚持统一规划，分步实施。

二是突出工作重点。根据《全国“矿山复绿”行动实施方案》要求，该市明确在2012～2015年三年的“矿山复绿”行动中，实施的重点是云台山世界地质公园、太行山自然猕猴保护区、焦作市北部居民集中生活区的周边，以及焦枝铁路、太洛公路、焦晋高速、旅游通道等重要交通干线、河流湖泊直观可视范围，即“三区二线”地带。为此，该市拟在2013年完成15处废弃矿山治理项目；在2014年完成10处矿山治理项目，在2015年完成9处矿山治理项目，治理总面积达到88平方公里。其中，2013年的重点是改善南水北调工程两侧、云台山世界地质公园快速通道沿线等，方法是通过修复地形地貌景观，消除地面塌方、崩塌等地质灾害隐患，实施绿化工程，让各处环境美起来，亮起来。

三是明确责任主体。该市领导认为，在全市推进生态环境建设，由于各处地质环境形成原因比较复杂，必须区分不同情况明确治理责任，实行统筹兼顾。为此，该市明确凡新建矿山所产生的地质环境问题，由矿山负责治理；生产运营矿山，按照“谁破坏谁治理”的原则，由矿山企业负责治理；闭坑矿山和政策性关闭矿山等治理责任主体已灭失或不明确的，由地方政府财政负担。在治理资金筹集上，该市一方面积极争取上级有关资金支持，一方面启用该市已收取的采矿权人上缴的矿山地质环境恢复治理保证金予以配合。

四是强化组织领导。为了保证全市“矿山复绿”工程成功，该市成立了以市政府主管副市长为组长，由国土资源、财政、环保、林业、旅游、安检、监察等部门的主管领导为成员的领导小组，下设环境治理项目办公室，并建立月例会制度，及时协调处理有关问题。该市报纸、电台、电视台按照市委的要求，大造“矿山复绿”工程舆论，在全市形成了人人关心复绿、个个支持复绿的舆论氛围。

经济发展：优先上马生态项目

推进生态文明建设，必须从做好经济结构转型做起。为此，焦作市委、市政府根据国家对焦作市的发展定位，结合本市实际，提出了“打造新型工业城市、山水旅游城市和生态宜居城市”的发展思路，在全市规划出了焦作新区、9个省级产业集聚区、十大产业园区和十大产业集群，使全市的经济发展具有明确的目标。

在这方面，该市王封煤矿的兴衰是一个很好的例证。曾几何时，这个矿在为新中国奉献出4000万吨原煤之后初期转产为有13个高炉的铁合金厂。但是，由于铁合金属于高能耗、高污染企业，与城市发展主调不协调，后来被迫关闭。在此之后，该矿把矿名更名为“开元化工”，把发展经济的目光转向了制造光伏材料和新材料方向，实现了由资源主导型向科技主导型的转变。受此启发，为避免不应有的损失，该市明确提出：今后全市所有新上项目，必须符合国家产业政策，符合环保要求，有利于生态建设，否则，一律不予批准。

该市在产业发展方面，一是注重抓创新，将传统产业转向现代化产业。河南中轴股份有限公司原本是家生产农用和煤矿机械配件的小企业。该公司依靠不断的技术创新和技术改造，几年间迅速发展成为年销售额为30亿元的国内最大的汽车轴类件生产企业。目前，焦作有省级以上企业技术中心和工程技术中心93家，国家级高新技术企业28家。

二是注重牵手央企、借势登高。风神轮胎和中国化工合作之后，新上了一批项目，去年的销售收入一举突破了100亿元，连续两年成为河南省的出口冠军。焦作先后与中国铝业、中国昊华签订了股权转让协议，由两家央企控股焦作万方铝业公司和风神股份公司，拓展了企业发展空间。在此以后，又有投资23亿元的中国兵器装备集团焦作汽车零部件及装备制造产业园项目和投资25亿元的奇瑞汽车焦作发动机生产基地项目落户焦作。从而，为焦作市经济发展注入了新的动力。

目前，焦作市上下正意气风发，按照国家建设中原经济区的要求，努力走出一条不以牺牲农业和粮食、生态和环境为代价的“三化”协调、科学发展之路。为此，他们认为，必须坚持城镇化为引领，以建设好新型社区为切入点。按照新型社区向城市集中、向中心镇集中、向中心村集中、向产业集聚区集中的思路，该市拟通过8年时间在全市兴建100个新型农村社区。据测算，这些规划如果全部建成，不仅可以大大改变全市人民的生产、生活条件，而且在确保全市耕地面积不减少的同时，仍可节约土地8.83万亩，为全市经济社会发展腾出新的客观发展空间。届时，一个更加生机勃勃、生态环境宜人的城市形象将以崭新的面貌出现在世人面前。

（本文获《资源导刊》2013年度“好文章”通讯类三等奖）

创建“五型团队” 实现“两个提升”

——平顶山局优化机关工作作风纪实

□穆凯乾

去年以来，针对干部管理水平偏低，创新意识、服务意识和责任心不强等突出问题，平顶山市国土资源局党组提出了“确立一个目标，坚持一个主线，实现两个提升”的工作思路，即：立足当前，着眼长远，狠抓基础，以创建“五型团队”（学习型、服务型、和谐型、实干型、廉洁型）为目标，内强素质，外树形象，全面提升班子队伍建设；以“保护资源、保障发展”为主线，创新思路，研究政策，全面实现班子队伍建设和国土资源管理服务水平“双提升”，通过“抓基础、促规范，抓协调、创环境，抓监督、促落实”，使全系统干部队伍的凝聚力、向心力和执行力得到进一步提高，队伍的正气、活力和后劲明显增强，机关作风和效能有了较大提升。

在省国土资源厅2012年度综合考核中，该局被授予“全省完成责任目标优秀单位”称号。2012年以来，该局单位、个人获得上级各项荣誉73个（省级以上24个），其中市局获得“省级行政审批优质窗口”等各项荣誉43个（省级以上13个）。今年5月，平顶山市政府为表彰该局在经济发展中作出的突出贡献，决定为该局记集体三等功一次，为局长梁再培同志记个人二等功一次。

以岗位练兵为抓手，全面建设学习型机关

该局以全面提高干部职工综合素质为出发点和落脚点，开展形式多样的岗位练兵活动，全面建设学习型机关，坚持集中学习与自学相结合，利用内网和办公长廊开设了“学习园地”、“职工书屋”，把周五下午定为雷打不动的集中“学习日”，开辟了“科长大讲堂”，制

订了详细的学习计划，学习内容涉及业务知识、时事政治、应对媒体能力及危机管理等，共举办集中学习讲座80余次，参学人员3700多人（次）。

今年4月，该局组织140名业务骨干，分两批赴北京大学参加了“平顶山市国土资源局干部能力建设与素质提升研修班”的培训学习，内容既包括政策研究和业务知识，又涵盖了公共关系、阳光心态与压力管理、中国文化创新等，使参训学员拓宽了视野，学到了新知识，增强了新能力。

以“三个服务”为抓手，全面建设服务型机关

该局始终把“服务基层、服务企业、服务群众”贯穿于整体工作的全过程。去年以来，为进一步掌握基层实情，帮助县（市、区）局查摆问题，分析问题，解决问题，市局持续开展了“下基层督导调研”活动。局党组、班子成员先后3次带领机关干部，到各个基层单位调研，共收集到基层局提出的问题和建议69条，均逐条逐项地给予答复，有效地促进了各项工作的开展。

中国平煤神马集团是平顶山市一家以能源化工为主的国有特大型企业集团。2012年10月，了解到该公司在国土资源方面还存在大量亟待解决的问题后，该局高度重视，抽调精兵强将，深入企业，集体现场办公，对企业提出的问题“认真研究、周全措施、倒排时间、限时办理”，主动为企业排忧解难。目前，该公司提出的3个方面31类191个具体问题已解决134个，占问题总数的70%。同时，为方便办事群众，该局进一步简化了土地登记等6个审批事项的办事程序，2012年以来共受理土地、矿产报件22750件，办结率100%，实现了零投诉。

2012年11月14日，平顶山市委书记陈建生作出重要批示：“国土局主动服务企业的做法值得提倡。希望深入具体地研究解决问题，取得实效。企业要积极配合，共同营造发展环境。”2013年4月，该市新任市长张国伟在深入企业调研中，对平顶山市国土资源局在极短时间内解决17件有关企业涉地涉矿问题给予高度评价：“市国土局顾大局，服务意识

强，办事效率高，想企业之所想，急企业之所急。”

以“文明单位”创建为抓手，全面建设和谐型机关

“把单位当成家来经营，就是要把单位的事情，当成家的事情来办”，这是梁再培局长提出的和谐团队建设理念。2012年以来，该局把创建“文明单位”融入“和谐型团队”建设的全过程，着力改善工作和生活环境，在院区绿化、食堂改造、消防安全、职工书屋等方面先后投入百余万元，争创了市级“文明单位”。同时，出台了《送祝福送慰问制度》，开展了“送祝福送慰问”活动，建立困难职工档案，定期走访慰问；探望患病住院职工；为结婚、生日、子女升学赠送纪念品；开展各级干部和职工之间的经常性恳谈活动，全方位了解职工思想动态，帮助职工解决实际问题。

2012年10月，该局组织机关全体干部职工分两批开展了拓展训练活动，达到了“熔炼团队、锤炼意志、陶冶情操、增进友谊”的目的，有效地促进了上下级之间、同事之间的沟通交流，初步形成了“互相担当，互相体谅，在幸福快乐的互相协作配合中推进工作”的良好氛围。

以效能督察为抓手，全面建设实干型机关

该局成立效能督察办，修订完善了《效能督察办法》，对重点工作和责任目标进行层层分解，倒排工作时序，根据工作实际进展情况和时间节点，加大效能问责力度，严格督察，做到奖优罚劣，以督察促工作，以督察促服务，以督察促实效。2012年以来，该局报批各类建设用地2384.2073公顷，供应土地1751.59公顷，收缴土地出让价款60.47亿元，保证了全市重点项目和基础设施建设用地及时落地；储备补充耕地指标8678亩，上报备案土地综合整治试点项目68个，有效保护了耕地；立案查处各类国土资源违法案件641件，有力地遏制了国土资源违法行为。

以制度建设为抓手，全面建设廉洁型机关

该局努力建设内容协调、程序严密、有效管用的党风廉政制度体系，真正实现靠制度管人、靠制度管事，出台了《平顶山市国土资源系统进一步改进工作作风密切联系群众的实施意见》，制定了《财务管理制度补充规定》和《局属单位财务监督管理规定》，成立了财务会审小组，进一步合理高效使用资金，严控“三费”支出，今年1~4月份“三公”经费总额同比下降了38.8%。

该局还在加强部门协作方面狠下功夫。今年初出台了《关于进一步加强部门协作提高工作效率的意见》，建立全市国土资源系统各级、各部门之间“密切配合、运转协调、规范有序、优质高效”的工作协作机制，明确了具体的、具有可操作性的协作措施，进一步增强了干部职工“干事创业一盘棋”的责任意识；进一步修订完善了《考勤和请销假管理制度》，严格了机关干部下县、下乡从事公务活动的制度规定，增强了队伍管理的规范化、制度化，优化了工作作风。

通过各项廉政制度的建立和落实，该局实现了“一升一降”的目标，即政风行风评议名次显著提升，由2008年的第40位上升到2012年的前15位；违法违纪案件数量较前几年大幅下降，2012年以来无一人因违法违纪受到处理。

（本文获《资源导刊》2013年度“好文章”通讯类三等奖）

20分钟，97名群众安全转移

——洛阳市栾川县突发地质灾害应急避险演练侧记

□李智生

6月14日上午10时30分，栾川县潭头镇上沟村预警广播在不断重复着："由于连日降雨，山体滑坡随时可能发生，请村民赶快按明白卡上指定的路线向安置点转移……"

由栾川县民兵应急四排40人和潭头镇护林员30人组成的抢险突击队，携带着抢险救灾设备和工具率先进入现场；

在镇、村干部的组织下，受威胁群众正在有序向安全地点转移；

派出所的民警，正在拉警戒线，封锁灾害现场，维持秩序；

通信和电力抢险分队，正在全力对受损的通信和电力线路进行抢修；

医务人员及救护车接到指令，也迅速赶赴现场；

镇民政办、财政所的同志也来了，他们带来了帐篷和日常生活用品；

……

10时50分，上沟村里空无一人，全村29户97名村民，除两人受轻伤经初步处理已送到镇卫生院继续观察治疗外，其余95人全部安全转移，并得到妥善安置。

这是14日当天，由洛阳市国土资源局和栾川县政府共同组织的地质灾害应急避险演练活动的一幕幕画面。尽管只是一场演练，但现场充满了地质灾害突发时的紧张气氛，村民们争分夺秒，最终顺利、安全地完成了此次应急避险演练活动。

潭头镇镇长、演练指挥长常光磊介绍："这次演练内容包括地灾预报、巡查监测、险情上报、应急调查与响应、启动预案和发布预警、部门联动紧急抢险、人员转移安置和应急处置等8个部分，目的是锻炼应急抢险队伍，检验各部门的快速反应能力，让受威胁群众明白地质灾害预警信号、撤离路线、应急避险场所，增强防灾避险意识。"

在现场观摩的洛阳市国土资源局局长丁新务说："洛阳是矿产资源大市，每年汛期地质灾害预警防范已成为常规。今天这次演练是近年来规格较高的一次，不但栾川县地质灾害应急指挥部22家成员单位、全县14个乡镇主抓领导及潭头镇26个行政村的领导班子成员、所有地质灾害点所在村民组的组长和地质灾害监测员观摩了演练，而且全市各矿产资源重点县国土资源局的领导也观摩了今天的演练。我们已作出安排，要求近期各县都要开展丰富多彩的演练活动。"

（本文获《资源导刊》2013年度"好文章"通讯类三等奖）

为了修武山水更美丽

□薛海江

“北部山区生态环境治理，不仅是为云台山创造良好的旅游环境，更是为了保护好山区生态环境，这是造福子孙后代的良心工程，是我们义不容辞的责任！”在修武县北部山区生态环境治理工作动员会上，县长刘小波的话掷地有声。

修武县是焦作的东大门，位于河南省西北部，北山南川，山川各半，矿产资源有煤、铁、铝、石灰石等20余种。云台山世界地质公园地处修武县境内，因其独具特色的“北方岩溶地貌”被列入首批世界地质公园名录。修武县把发展旅游产业作为促进县域经济的重要支撑，通过整合旅游资源，打造山水品牌，成为河南省有名的旅游经济强县。在云台山世界地质公园周边山区，蕴藏着丰富的矿产资源，主要有煤、铁、高岭土、方解石和石灰石等。在“靠山吃山”传统观念的影响下，采矿成为当地经济发展的主要支柱，尤其是石灰石资源埋层浅、易开采，非法采石现象较为普遍，采石点最多时达100余个。

然而，却很少有人知道，这个县曾经也是“有水快流”“有矿快采”政策的受害者，无序开采造成部分山体千疮百孔，生态植被遭到破坏，并带来了地质灾害隐患。从远处望去，北部浅山一带千疮百孔，白雾升腾，众多采石场形成的白色粉尘不仅使空气质量大为下降，也严重影响了修武旅游业的健康发展。

靠山吃山　生态环境遭破坏

“靠山吃山，靠水吃水。要想赚钱快，就去挖铁矿。”这是过去流传在修武县北部沿山村庄的一句顺口溜，非常真实地反映了当地采矿的情况。

上世纪90年代中后期，随着经济社会的快速发展，该县的采矿业发展迅速，受经济利益的诱惑，北部山区一度成为许多人眼中“取之不尽，用之不竭”的“金银山”，一些不法分子对山区的矿产资源“垂涎三尺”，大大小小的采矿点如雨后春笋般遍地开花，最多时达300余家。有证的、无证的，露天的、洞采的，开采者“八仙过海，各显神通”。他们置国家政策和国土资源管理法律法规于不顾，为了盗采矿产资源，采取“你来我跑”、“你追我藏”、“昼伏夜出”等游击战术，实施非法采矿。由于多数矿点只开发不治理，只索取不投入，致使矿山环境开始恶化，水土流失，不仅给附近村民的生产生活带来严重影响，而且还诱发了地质灾害。在该县北部山区西村、方庄、岸上三个乡镇的一批主干道，尤其在通往云台山世界地质公园的主公路修成后，裸露出来的岩石像一块大伤疤长在山间；山崖上，零星长着一些泡桐、马尾松，更多的地方则寸草不生，严重影响了山体景观和视觉景观。

一边是依靠矿产资源的经济发展，一边是生态环境保护，暂时的经济利益与整个山区的生态环境相比，孰轻孰重？这成为当地政府及国土资源管理部门需要尽快解决的重要课题。为加快经济发展方式转变，实现科学持续发展，在痛定思痛之后，修武县提出了不以牺牲生态和环境为代价换取经济发展的新思路，并作出了坚定果断的抉择：科学规划，集中整治，把北部山区打造成修武县的后花园。

敢于亮剑　打响治违“攻坚战”

为了实现“生态修武”的规划目标，该县采取了对合法采矿管理实行硬规定、对违法采矿打击实行硬手腕的“两硬”治理措施。从建立矿产品流通检查站到设立警示场地，从关停无证照矿洞、铁矿井到检查运输矿产品车辆运输通行证，修武县北部山区生态环境集中整治行动轰轰烈烈地开展起来。在实施北部山区生态环境治理、全面整顿和规范矿业秩序面前，修武县以敢于亮剑不手软、硬起手腕办大案的作风，在当地打出了声威。

为切实解决北部山区生态环境问题，严厉打击非法采矿行为，彻底杜绝乱挖滥采现象，切实改善北部山区生态环境，该县周密部署，对集中整治工作进行了专题研究，全面部署。县委、县政府要求各乡镇、各职能部门严格按照活动实施方案，各司其职，确保集中整治工作取得实效。

依据《修武县矿产资源规划》，该县在北部山区醒目位置设置禁采和限采标志，组织有关乡镇政府和单位对北部山区进行了地毯式排查；先后成立了打击非法采矿、非煤矿山集中整治、北部山区生态环境治理等多个领导小组，加强对北部山区治理工作的领导；出台《修武县集中打击非法采矿行为专项整治活动实施方案》等一系列文件，细化整治活动的目标、任务、时间安排和职责；下发严肃法纪、严格责任追究的有关规定，建立了各乡镇、各有关职能部门在活动中失职、渎职的责任追究体系。

2012年初，该县在北部山区聘请235名专职巡逻队员，成立山区“五责合一”巡逻队，建立了巡山制度，并以县政府一号文件的形式出台了《深化非煤矿山集中整治意见》，充分发挥开展北部山区生态环境治理领导小组联席会议制度的作用，联手打击违法采矿行为。在不断完善县乡村三级动态巡查网络和“五责合一”巡查机制的基础上，县政府抽调52名业务骨干在重点矿区的交通要道口设立4个固定检查站，抽调17名具有执法资格的人员成立联合执法大队，确保非法矿产品查得严、堵得住。

按照县委、县政府的部署安排，修武县国土资源局、公安局、安监局、林业局、电业局和七贤镇、西村乡、岸上乡政府等单位，联合行动，采取切断电源、没收设备、充填井筒、遣散人员等方法，集中取缔非法采矿点，做到“不留人员、不留采矿设施，炸毁或封闭井筒（硐），恢复地貌”。行动开展以来，该县累计出动执法车400余台（次），执法人员300余人（次），先后查处了大南坡非法采矿、当阳峪盗采矿产资源、古洞窑河道非法采砂、赤庄村河道非法采砂等多起非法开采案件，先后取缔非法采矿点87家、非法加工点79处，抓获违法当事人12名，查扣挖掘机、井架等非法采矿工具23台（套）。目前，持证矿山监管力度进一步加大，矿产开发秩序得到了进一步好转，非法采矿行为得到有效遏制，生态环境也逐渐好转。

为使被关闭和取缔的矿山不再反弹，有效保护矿产资源，该县建立了北部山区生态环境治理长效机制。北部山区乡镇政府是规范矿产资源开发利用秩序的责任主体，县北部山区环境治理领导小组对本辖区非法采矿行为负总责，并将目标责任逐级落实到村民委员会、村民小组，实行目标管理，层层签订目标责任书；从国土、公安、安监、林业、电业、工商等部门抽调人员建立矿产品流通检查站，加强矿产品流通领域监管，凡未携带非煤矿山企业车辆运输通行证的非煤矿产品运输车辆一律扣押；组建了综合执法大队，开展联合执法，并配合乡镇政府开展非法采矿等破坏生态环境违法行为集中整治行动；在北部山区主要道路醒目位置设立警示场地，将扣押的运输非法矿产品车辆和非法采矿的机械设备停放在警示场地内，以达到震慑效果；组织国土、安监、公安、电业、环保、林业等职能部门对北部山区非煤矿山企业逐个验收，对未取得合法证照、安全生产条件不符合要求、无水土保持方案、环保设施不达标、未足额缴存矿山地质环境治理保证金的企业，均依法予以关闭；对在工作中利用职权包庇袒护，使非法采矿行为应止而未止的，一查到底，严肃处理。同时，县、乡镇设立举报电话，实行有奖举报制度，使非法开采能及时发现、及时制止、及时查处。

彻底治理　绿色北山秀太行

为确保这些工作落到实处，修武县明确提出“立足可持续发展，开发与保护并重”的原则，将生态保护与建设置于各项经济工作的首位，并动员全社会的力量，在全县营造“人与自然和谐相处，经济与环境协调发展”的良好氛围，并对影响旅游发展的众多采石场、铁矿井、矸洞等进行关、停、并、转，北部山区地质环境严重破坏情况有了根本好转。但是遗留下来的众多“白色疮疤”——废弃采石场如何处置，却成为修武县政府及国土资源管理部门需要尽快解决的重要课题。

修武县政府一方面招商引资，按照“绿色生态进、非法开采退”的工作思路，吸引了荷鹿农庄等生态项目入驻北部山区，绿化荒山2000余亩，既改善了周边环境，又使附近的山体免受破坏。另一方面，申请2200万元云台山旅游专线地质环境恢复治理项目资金和600万元山门河泥石流治理项目资金，不断加大地质灾害治理力度。此外，该县还投资

1000余万元，对青云大道进行了高标准绿化，对车辆进行封闭式运输，减少矿产品运输对环境的破坏。

近年来，该县先后投入资金1724万元，完成了云台山世界地质公园地质遗迹保护和回头山矿区（大坝采矿点）及西村乡东交口新村东两个煤矿塌陷区的治理工作，为有效保护地质生态环境和保障山区群众生命财产安全奠定了坚实的基础。

该县制订了取缔关停矿区植被恢复实施方案，将非法采矿区纳入治理计划，逐步实施植被恢复治理工程。按照“谁污染谁治理，谁开发谁保护”的原则，要求各矿山把防尘、绿化和矿区道路硬化作为建设和生产的前提条件，确立“工作场地棚化、路面硬化、环境绿化、空气净化”的治理目标，并成立验收工作领导小组，达不到环境整改目标的矿山企业一律不准开工生产。截至目前，全县矿山“四化”建设已完成投资2000余万元，建立了两个生产工序净化、加工场所棚化、道路厂区硬化、周边环境绿化的“四化”矿山示范点，其余有证矿山企业按照示范点标准开始棚化建设，已全部完成了道路硬化和建设水池、购买洒水车、安装喷淋设备等净化任务。

经过治理，一座座高大挺拔的轻钢封闭式彩棚拔地而起；破碎、选料、分流等容易产生粉尘的生产环节从原先的露天生产转变成室内生产，且配备了雨淋、雾化喷头等除尘环保设备；厂区生产道路得到硬化，洒水车每天定时进行喷洒。

在开展矿山企业“四化”的同时，该县还开展了太行山造林绿化大会战，实施桑湾经济林种植园区建设、退耕还林等工程，使北部山区的生态环境得到极大改善。近几年，先后完成荒山绿化5.5万亩，封山育林6.9万亩，退耕还林2万亩，建成了集中连片的桑湾生态经济林种植园区，进一步改善了山区的生态环境，使山区森林覆盖率达到55.7%。2012年，该县又以创建全国森林县城为目标，大力开展“造林绿化年”活动，完成绿化面积1.6万亩。

（本文获《资源导刊》2013年度“好文章”通讯类三等奖）

废矿区将变“花果山”

——沁阳市废弃矿区整治小记

□崔　伍

“看着废弃的矿区将被果树园取代，俺村即将拥有一座美丽的‘花果山’，心里甭提有多高兴了。”日前，在沁阳市西万村，该村村委会主任董小柱对笔者说。

近日，笔者在沁阳市西万红炼废弃矿区整治项目现场看到，一台挖掘机正在挖掘树坑，庞大的机械就像灵巧的手，不一会儿就挖了好几个，它的身后已经留下了一个个深深的脚窝。这意味着在不久，一棵棵果树苗将在这里扎根，这里正孕育着几百亩的生态园。从此，这片昔日的废弃矿区将获得新生。

站在山上，瞭望四周，一片片梯田式的平地尽收眼底。施工人员说：“平整这些土地费了老大劲儿了，为了填平一个矿坑需要推平一个山头呢。”

沁阳市西万红炼废弃矿区复垦整治项目区位于西万镇西万村村北，是2012年沁阳市被河南省列为开展工矿废弃地复垦利用试点工作县（市）后，选定实施的首个项目。2012年，焦作市国土资源局立项，2013年3月开工，计划于今年12月底完工。

该项目总投资额为1244.99万元，计划平整土地320余亩，打深500米机井2眼，配备水泵2台，架设高压线1.1千米，低压线0.02千米；修筑3米宽泥结碎石面的生产路2.38千米，种植果树43450株。截至目前，该项目区已完成平整土地工程，并安装变压器2台、架设高压线1.5千米、低压线0.02千米，目前正准备打机井，项目区覆土工程将在10月底完成。

“通过初步调查，沁阳市工矿废弃地面积达6100余亩，可复垦面积3000余亩，复垦利用潜力较大。西万红炼废弃矿区复垦整治项目的实施，不仅可为沁阳进行大面积废弃矿山整治提供经验，而且对其他地区整治废弃矿山、促进矿山生态建设具有引领和示范作用。”沁阳市国土资源局规划科吕科长如是说。

（本文获《资源导刊》2013年度“好文章”通讯类三等奖）

爱管“闲事”的国土人

——记温县南张羌国土资源所优秀共产党员李占亭

□刘爱霞

“老李，又去哪儿管闲事呀？”一上班，他便骑着自行车要出门，门卫老张头打趣道。他憨憨一笑，应道：“转转，看看。”

他就是温县南张羌国土资源所所长李占亭，大家心目中的“闲事王”。

说他爱管“闲事”，是因为他自2007年调到南张羌所后，对镇里的大事小事他都要参与、料理，对违反土地政策的事更是毫不含糊。

人们常说：“农村工作两台戏，计划生育宅基地。”南张羌镇自规划以来已近30年，存在着许多遗留问题，如占道建房、划新丢老不执行协议等，制约着村镇规划的正常开展，干部着急，群众埋怨，因宅基地纠纷引发的邻里矛盾不断，经常影响着全镇安定团结的和谐局面和经济的发展。

笔者在南张羌村碰到一位姓陈的老人，提起李占亭，他的感激之情还溢于言表：“感谢占亭呀！还多亏他管‘闲事’，要不然我这20年的心结，不知等到啥时候解决哩！”

事情的缘由得从1993年说起。当年，温县南张羌村进行村镇规划，规划时将与陈家同住一院的任某的部分宅基地使用权调整给陈家使用。因当时任某没有在家居住，无人提出异议。1993年陈家盖房时受到了任某的阻拦，致使陈家无法盖房。陈家要求乡政府处理此事。乡政府根据南张羌村的村镇规划和村里的调整，做出了处理决定书，将此处宅基地的使用权划给陈家。而任某权利被侵犯后，不是及时向上级申请复议，也不向人民法院诉讼，而是阻挡陈家在此处宅基地上盖房。从此，陈家开始了漫长的上访之路。这一访就长达20年之久。2012年10月，陈家再次到国土所要求解决问题。李占亭知道后说：“走，让我再去看看。”

别人劝他别管了，说他管不了。他脖子一横：“我不信这事一直弄不好！”经过他多次耐心与双方当事人沟通，征求双方意见。最后和村两委协商，由镇、村一次性对任某进行补偿。任某放弃对这块宅基地的使用权，不再干涉陈某盖房。至此，一场旷日持久长达20年的上访案件终于得到了妥善解决。过后李占亭苦笑说：“真难呀！心说都是一个村的人，说说都过得去就行了，谁知道让我跑了这么多趟。”

为给困难户解决批划新宅基地问题，李占亭始终如一，坚持分户标准，严格按程序办事，首先考虑在老宅基地上解决，若同四邻有矛盾，他就出面做思想工作，尽量不占耕地建房。近几年来，经他解决的8家住房困难户，都在老宅基地上按规划建了新房，并且做到全村的建房档案材料户户齐全，无一遗漏。

李占亭管“闲事”，就连亲家也不放过。2009年，南张羌村村口有个大坑地，经过垫埋平整后整出一片地，能划出6个不大的院地，因为多年不划院地，多少人眼巴巴地看着、盯着。村委会想把这块地给村里住房紧张的困难户。他亲家多次去所里找他，想请他出面帮忙得到一块院地。他极力反对，劝亲家不要凑热闹：“你先不要急，现在先给那些困难户，等再有机会再说。”亲家一点也不服：“哪儿还有机会？你看多少年才弄出这一块地，你还在这儿站着哩，等你不在所里干了哪儿还有面子？更不要想再弄块院地了！”李占亭还是坚持自己的意见。这下可把亲家得罪了，在所里闹，让儿媳妇回家找，非要这块院地不行。他苦口婆心地劝：“你看看人家张老头三个儿子，老大和老二都已成家，全家儿孙十几口人挤在一起。你再看看村头那姜老婆，老头死了，带着两个儿子和一个女儿住在一起，不比咱们谁都更需要那院地？你看你现在住的一点也不紧张，最起码两个儿子都有房，比他们强多了。”亲家还是有点不愿意。一些村民知道后都在看热闹，有的还起哄也跟着要院地，这下惹恼了李占亭。他在村里的广播里吆喝：“谁想要院地可以，来找我，首先必须有张老头和姜老婆家的条件，还有村里几个特困户家的条件，要是没有具备这些条件，你们谁来也不行！”一席话让那些爱凑热闹、看热闹的人息声了。村里的特困户得到院地后逢人直夸：“咱真是遇上了为民办实事的好干部。”

针对因宅基地引发的矛盾纠纷，李占亭经常登门入户做思想工作，一次不行就去两次三次，实在不行就找当事人的亲戚朋友一同做工作，从不厌烦，永不放弃，直到双方握手言和。经他处理的宅基地纠纷都实现了软着陆，没有出现过反复。

自2007年调到所里之后，他深感自己对农村土地管理知识的贫乏。白天忙碌没时间，他就利用晚上自学土地管理方面的法律、法规，并时常就土地方面的热点难点问题，和全所同志一起探讨交流。所里订阅的《中国国土资源报》、《资源导刊》等报刊是他每天必看的内容。处理土地方面的问题他俨然已成为当地的“专家”，一些村民遇到土地方面的问题就主动向老李请教。

由于李占亭工作务实，成绩显著，2010年元月他光荣地加入了中国共产党，多次被评为优秀党员，连年被市、县国土资源局评为先进个人。他所在的标准化乡所也成了全县国土资源所学习的榜样。

（本文获《资源导刊》2013年度“好文章”通讯类三等奖）

誓将焦书记的遗愿化为宏图

——兰考县国土资源部门助推当地经济发展侧记

□袁可林　程常利

1988年10月12日，是个值得纪念的日子。

因为就在这一天，一个崭新的县级局级机构——兰考县土地管理局宣布成立了，从而，揭开了兰考县国土资源管理新的一页。

斗转星移，光阴急迫，时至今日，历史已走过了25个年头。其间，兰考大地已发生了喜人变化：全县年生产总值，已由1988年的3.9亿元，猛增到2012年170.7亿元；全县年粮食产量已由1988年3.4亿斤，大幅提高到2012年的10亿斤；全县城乡面貌更是焕然一新，处处生机勃勃、蒸蒸日上……

面对此情此景，人们或许要问：这期间，兰考县国土资源管理部门为兰考经济发展做了些什么？请看——

促进“三个转变”，让兰考经济发展步入快车道

1988年10月县国土局成立之日，兰考县年生产总值也只有3.9亿元，年粮食产量也只有3.4亿斤。虽说较前已有不小进步，但仍然属于国家级贫困县之列。显然，尽早甩掉贫困过上小康生活，既是全县人民的一致愿望，也是国土管理部门的神圣职责，为此，他们抓了三个方面工作。

一是转变社会经济发展指导思想，不搞长官意志和放任自流，通过编制全县土地利用总体规划，坚持走科学发展之路。通过先后两次对土地利用规划进行修编，统筹布局全县城乡分布、道路路线选择、基本农田布局及新兴产业发展等。为做好此项工作，该县国土部门一方面从外地请来专家予以指导，做到登高望远；另一方面又广泛听取县内各方面意见，集思广益，让规划既有现实指导意义，又具有前瞻性，以较高的编制质量赢得了省市有关部门的好评。此外，他们还将土地利用规划

与城市建设规划、产业集聚区发展规划实行“三规合一”，做到无缝对接，从而，为全县未来发展蓝图奠定了基础。

二是转变经济发展模式，将以前的“村村点火、户户冒烟”，变为实行产业集聚发展。经过几年时间的努力，目前该县产业集聚区规划面积20.06平方公里，已建成面积12.5平方公里。按照“企业集中布局、产业集群发展、资源集约利用、功能集合构建”的要求，现已入驻企业124家，初步形成了以三环华兰、科瑞奇木业为龙头的高档家具及木业加工，以飞龙重工、新源机械为龙头的汽车零部件及装备制造和以禾丰牧业、天民种业、神人助面粉等为龙头的食品及农副产品深加工三个重点产业。在产业集聚区的带动下，目前全县工业企业达1484家，其中规模以上企业249家，2013年1～9月，全县主营业务收入139.6亿元，同比增长21.5%。产业集聚发展为全县经济发展注入了强大动力，使其走上了健康发展轨道。

三是转变土地粗放利用方式，按照“有限指标保重点，一般项目靠挖潜”的要求，积极做好国家和省市重点项目用地保障工作。据统计，2000年以来的13年间国土部门就先后组织报件105个批次，涉及土地面积2.8万亩。其中，经国务院、省政府批准的建设用地项目96个，为全县数百家企业和民生项目提供建设用地2.57万亩。2011年新增建设用地供地率达76%，居全省十个直管县之首。坚强有力的用地保障，有效保证了中原油田兰考油区、连霍高速、大广高速、郑徐高铁等国家重点项目和一大批民生项目的顺利实施。在保障全县建设用地的工作中，该县尤其把挖掘存量土地当做大事来抓，为此，全县几年来通过开展工矿废弃地、砖瓦窑和空心村整治，使近万亩闲置土地派上了用场。其中，仅实施黄河滩区砖瓦窑治理，就复耕土地5872亩。仅2012年，他们就通过挖掘，盘活了309亩闲置土地。目前，该县已形成“节约土地光荣，浪费土地可耻”的浓厚氛围。

推进耕地保护，让众多沙丘、盐碱地变成良田

兰考县地处黄河故道，全县耕地面积112.5万亩，其中基本农田100

万亩，全县人均耕地1.35亩。县国土局“一班人”深知，做好耕地保护，确保全县耕地实现占补平衡，是国土资源部门肩负的神圣任务，他们深知使命重大，不敢懈怠。

为此，他们首先狠抓耕地保护。一是按照国家有关要求，将全县耕地逐块进行划分，最终将全县基本农田确定为16个保护区、402个保护片和2267个保护田块，并将每块地保护责任一一落实到人。二是将耕地保护责任分别落实到局具体科室、监察队和乡镇国土资源所。三是根据省市要求，他们又将耕地保护提升到共同责任机制上来，即由县政府与各乡镇政府层层签订目标责任书，明确各乡镇长为当地执法检查工作的第一责任人，并且列入年度领导班子考核内容之一。严格的耕保制度，严格的土地执法监管，对土地违法的严厉打击，使全县纳入了依法管地用地的健康轨道，全县连年实现了耕地的占补平衡。

其次，大搞农村土地整治。由于历史原因，兰考大地曾经沙丘密布、盐碱肆虐。焦裕禄生前曾为治理沙丘出力流汗，临终前他仍嘱咐到医院看望他的人：“我活着没有治好沙丘……希望死后……把我埋在……兰考的沙丘上，我死了……也要看着兰考人民把沙丘治好。”焦书记这句话，一直深深刻印在全局干部的脑海中。牢记焦书记的嘱咐，大搞土地整理，让全县上千个大大小小的沙丘、沙岗绝迹，成了县国土部门的重要任务。对此，省市各级领导和国土资源部门给予了充分的理解与支持。自2005年以来，国家和省先后为兰考投资1.282亿元，用于开展9个土地整理项目，涉及耕地面积11.49万亩，新增耕地4.35万亩。与此同时，兰考县政府也从紧张的财政中抽出资金4928万元，用于全县10个土地整理项目的开发整治，仅此一项就为县里新增耕地1.34万亩。此外，他们还通过开展土地综合整治，不仅新增耕地4498.5亩，而且使数十个村庄村容村貌发生了变化。随着一个又一个项目的实施，分布在全县各地的1600余个大小沙丘沙岗，如今已再难看到了。尤其重要的是，通过土地整治，这些土地的土质及抗旱抗涝能力大大提高，专家们预算仅此一项就可为兰考每年增产粮食达两亿斤。

再次，积极推进土地流转，大力发展现代生态农业。为了适应农村人口大量向城市转移，大力发展现代农业生产，提高土地收益，近年来，该县国土资源部门还积极支持乡村开展土地流转。据统计，目前全县土地流转面积已达11.6万亩，已建成塑料大棚1.4万座，发展莲藕生产2万亩，种植小杂果7.6万亩，办起525个养殖厂区。为此，该县并被国家有关部委授予全国生态农业示范县称号。尤其喜人的是，该县依托天民种业公司，率先在县内建成了小麦良种繁育基地25万亩，成为全国唯一"超级小麦"育种国际合作基地。现良种基地亩产量已达1625斤。全县夏麦总产已达6.4亿斤，创下了历史最高纪录。

重视服务民生，时刻把维护群众合法权益当成大事来抓

资源既是民生之本、发展之基，又是财富之母、为政之要。深谙这一道理的兰考县国土资源部门"一班人"从该局成立之初，历届领导就把为民服务、惠及民生当做大事来抓。

长期以来，他们围绕"为民造福"这一主题，在实践中着重抓了四件事：一是针对征地价格一度偏低的状况报请上级批准，将全县征地区片价由25片合并为14个，最低标准由每亩2.4万元调至3.8万元，最高标准由每亩4.4万元调至5.3万元，每年可为被征地农民增收上千万元，有效维护了农民的合法权益。二是为农民发放集体土地产权证。从去年开始，他们争取财政专项资金1500万元，完成全县各个乡、村的集体土地确权登记发证工作，使之全部上了"户口"，为农村的进一步改革奠定了基础。三是通过土地综合整治，推进农村新型社区建设。据统计，目前，全县451个行政村，"十二五"期间，拟规划建设中心村或社区56个，现已开工29个，村民已入驻的新村7个。其中，葡萄架乡南家坡村、南彰镇的刘堡村，以布局合理、功能齐全的崭新面貌出现在人们眼前。农民的生活和工作条件大大改善。四是深入农村，走家串户，帮助群众排忧解难。葡萄架乡坝子村，曾被焦裕禄树立为全县五面红旗之一，由于该村处于黄河故道，自然条件较差，村民致富心情比较迫切。得知这一情况后，县国土部门将该村纳入了当地土地整理范围，修通了道路，打了机井，改良了土壤，村里的粮食产量和经济收入较前有了明显增长。目前，他们一方面支持该村发展养羊事业，一方面着力推进当地新

型社区建设。一旦这些措施得以落实，届时，坝子村的面貌将会发生喜人变化。不少村民告诉记者："县国土部门为我们做了不少好事啊！"

历史在继续，兰考在变化，更有呼唤……

兰考变了。

兰考25年来的确发生了一系列喜人的变化。

然而，兰考国土资源人对此并不满足，"奋发图强，再谱新篇"，成了全体兰考人和国土资源人的共同选择。

当采访即将结束时，该县国土资源局长张祖金对记者坦诚地说："实事求是来讲，这些年来，兰考县的变化是显著的，国土资源部门贡献是突出的。但与先进地区相比，这里的经济仍比较落后，现全县城镇化率只有30%多一点，远远落后于全国50%的城镇化率。全县国土资源管理工作，尽管成绩有目共睹，但对照先进地区仍有一定的差距，无论是基础建设，还是内部管理，尚有诸多不尽人意之处。我们将牢记习总书记在2012年视察兰考时所作指示，努力将焦裕禄生前拟写的文章《兰考人民多奇志，敢教日月换新天》中提出的蓝图一步步变为现实。我们真诚希望全国各地的朋友前来瞻仰焦书记的同时，能为我们传经送宝，提供更多助推兰考经济发展的真经实招……"

（本文获《资源导刊》2013年度"好文章"通讯类三等奖）

能救人生命，我感到很幸福

——济源局首例造血干细胞捐献者孟涛捐献干细胞侧记

□刘晓玲 李文静 丁玲玲

2013年10月30日一大早，郑州下起了小雨。上午8点，孟涛静静地躺在医院的造血干细胞分离机旁，一滴滴鲜血闪着生命的光亮，缓缓地从他的血管中流出。经过近4个小时外周血液循环，孟涛捐出了自己196毫升造血干细胞悬浊液，为深圳市一位白血病患者送去了重生的希望。

今年31岁的孟涛是济源市国土资源局的一名普通职工，性格腼腆，脸上总是挂着微笑。2012年5月，孟涛去献血时得知献血车上正在进行造血干细胞血样采集，当了解捐献造血干细胞能救人生命时，他没有多想，便报名参加了造血干细胞血样采集。

2013年6月初，孟涛接到了济源市红十字会的通知：他与一位血液病患者初配成功。按照规定，他有两天的考虑时间，如果同意就要进行高配，高配成功就可以为患者捐献造血干细胞了。刚接到通知时，孟涛有点犹豫，因为对捐献造血干细胞知识不了解，以为是捐骨髓，担心对身体有影响。为此，他上网查捐献造血干细胞的相关资料，又咨询红十字会医务人员，在了解相关知识后，他表态“没有关系，我可以去配型”。虽然孟涛答应去捐献，但是父母得知后，不太支持。他父亲说：“孩子，你再问问医务人员，捐献真的对身体没有伤害吗？”当时，只有妻子和7岁的儿子支持他，孟涛夫妻俩就一起做双方老人的思想工作。孟涛的父母不懂电脑，便找人帮忙从电脑上查看捐献造血干细胞的相关资料。最后，两位老人同意儿子去捐献。他们说：“儿子坚持去捐献，我们只是担心，不过最终还是由他来决定，相信他做的没错。”父母从担心变为支持，孟涛很高兴，开始为捐献造血干细胞做准备，如上下班走路，坚持锻炼身体，保持良好的生活习惯等。

10月25日上午，在亲友和同事的祝福声中，他来到河南省肿瘤医院。当他得知与他配型成功的白血病患者正在深圳一家医院等待移植，他将成为2013年河南省第60例、济源市第11例、济源市国土资源系统捐献造血干细胞的第一人时，心里很是激动。

10月28日晚上，检测结果显示，孟涛身上的白细胞增加到了30000多个，两天后捐献应该没有问题。随着捐献时间的临近，孟涛越来越小心，害怕身体有什么闪失影响到捐献。在来郑州之前，他还得了结膜炎，但为了保证干细胞质量，他不敢使用药物治疗。孟涛说，在肿瘤医院，他听到最多的一句话就是“你是个好人”——这是患者家属们对他说得最多的一句话。简单的几个字，带给他的是一种沉甸甸的责任。孟涛说，如果不来这里捐献，他不会知道捐献造血干细胞对于一个血液病患者来说意味着什么。医院血液科的医生们说，医院里大概有300多个血液病患者在等待，这个数字也只是血液病患者中很少的一部分，他们中大多数都还在等待配型。每当医院迎来一位捐献者，他们就仿佛看到了一丝希望。孟涛说：“如果可以，真想为他们多做些事。”

在孟涛捐献造血干细胞过程中，河南省红十字会专职副会长何传军来到医院看望孟涛，说孟涛是2013年河南省第60位造血干细胞捐献者。济源有“愚公移山”精神，济源人口虽少，却爱如潮涌，为造血干细胞捐献作出不小贡献，这也是城市精神文明建设的良好体现。济源市国土资源局党组成员、纪检书记郭玉升受局党组的委托，带着鲜花和营养品专程赶到省肿瘤医院看望了孟涛。

捐献完后的孟涛已经回到了工作岗位，问及他对捐献造血干细胞有什么感想时，孟涛说：“能救人生命，我感到很幸福！”

（本文获《资源导刊》2013年度“好文章”通讯类三等奖）

编者的话

《资源导刊》（原名《河南国土资源》）自2002年12月创刊以来，我们每年都邀请省内有关专家和有关部门领导，开展一次“好文章”评比活动，并将这些好文章先后编辑出版了《春雨集》、《夏荷集》、《百花集》等。现又有五个年头过去了，不少读者建议能否将几年来的好文章再编辑出版一本类似集子。我们认为这是个好建议。令人高兴的是，这一建议得到了厅领导的大力支持。河南省国土资源厅党组书记、厅长盛国民十分赞成，并欣然为本书题词。厅党组成员、副厅长文茂林对此给予充分肯定，并亲自执笔、逐字推敲、几易其稿，为本书作序。与此同时，黄河水利出版社的同志们，也向我们伸出了热情友谊之手。这些都使我们十分感动，在此一并表示感谢！

《资源导刊》杂志社

2014年5月12日